Kosmos Himmelsjahr 2003

Sonne, Mond und Sterne im Jahreslauf

Herausgegeben von Hans-Ulrich Keller
unter Mitarbeit von Erich Karkoschka

Mit 255 Grafiken und Fotos
sowie 116 Tabellen

KOSMOS

Mit 190 vierfarbigen Zeichnungen von Gerhard Weiland nach Vorlagen der Verfasser, 42 Farbfotos und 5 Schwarzweißfotos, 116 Tabellen, 6 Sternkartendarstellungen (Archiv) und 12 Monatssternkarten von Wil Tirion.

Umschlag gestaltet von eStudio Calamar, unter Verwendung einer Grafik von Conrad Höllerer
Grundlayout: eStudio Calamar

Redaktion: Hermann-Michael Hahn, Sven Melchert
Produktion: Siegfried Fischer

Anschrift des Herausgebers:
Prof. Dr. Hans-Ulrich Keller
Planetarium Stuttgart
Mittlerer Schlossgarten
D-70173 Stuttgart

ISSN 1438-3306
ISBN 3-440-09094-9
Printed in Germany / Imprimé en Allemagne
Satz und Repro: Typomedia GmbH, Ostfildern
Druck und Bindung: Parzeller Druck GmbH & Co. KG, Fulda

Verzeichnis wichtiger Abbildungen und Tabellen

Kurzhinweise zum Gebrauch

Finden Sie auf Seite 28

Das Himmelsjahr 2003

Monatsübersichten

Die Monatsthemen 2003

Fujinon FMT-SX

Hervorragende Optik, robuste Marinequalität, erhältlich als 7x50, 10x70 und 16x70. SuW-Vergleichstest 5-7/93 zum 10x70: "Seine Optik besitzt die höchste Qualität, die in diesem Test gesehen wurde ..." Nur € 599,-

Fujinon Techno-Stabi 14x40

14-fache Vergrößerung freihändig – dank Stabilisator ohne jeden Wahrnehmungsverlust. € 1.198,-

Galaxy Dobson – Das Weltall erleben

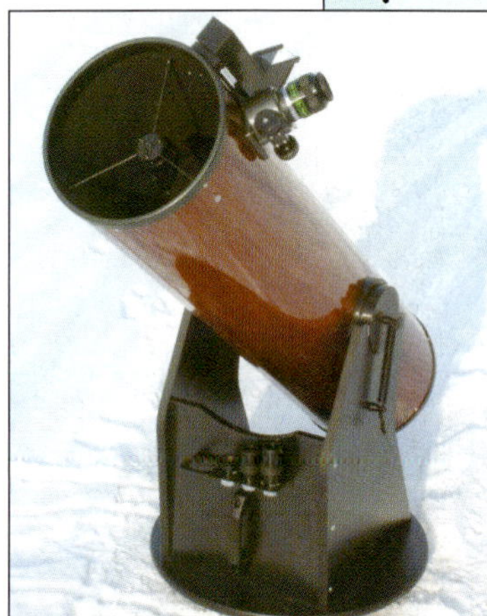

Galaxy Dobson-Teleskope erschließen Ihnen ein völlig neues Universum. Die große, beugungsbegrenzte Galaxy-Qualitätsoptik sorgt für ein hochaufgelöstes, helles und kontrastreiches Bild.

Mit dem D8 sehen Sie Wirbel in den Jupiterbändern, die Cassini-Teilung der Saturnringe, die Polkappe des Mars. Pluto ist bei dunklem Himmel sichtbar, wenn man die Aufsuchkarte im Himmelsjahr verwendet. Beobachten Sie problemlos fünf Saturnmonde, oder wie ein Jupitermond einen rabenschwarzen Schatten auf Jupiter wirft. Alle im Himmelsjahr genannten Kleinplaneten und "Objekte für Feldstecher und Fernrohr" sind klar und deutlich sichtbar.

Viele Deep-Sky Objekte sind keine diffusen Flecken mehr, sondern offenbaren Strukturen. Die Sombrero-Galaxie M104 bietet einen prachtvollen Anblick mit Staubband. Die Spiralgalaxie M51 ist direkt als solche sichtbar. Mit einem UHC-Filter wird der Cirrusnebel zu einem phantastischen Objekt mit dutzenden von Filamenten und Einzelheiten. Sehen Sie mit eigenen Augen, wie sich tausende von Sternen zu einem Kugelsternhaufen zusammenballen.

Die Dobson-Montierung ist genial einfach. Das Teleskop ruht oben auf einer Holzbox mit Drehplatte am Boden. Dadurch wird diese Montierung preiswert und dennoch sehr stabil. Auch bei hoher Vergrößerung kann man sanft und ruckfrei nachführen und ohne Gezitter scharfstellen. Das Dobson bietet maximalen Beobachtungsspaß ohne lästigen Ballast.

Galaxy D8: Freie Öffnung 200 mm, f=1200 mm, f/6. Ab € 499,-

Galaxy D10: Mit 250 mm freier Öffnung bietet dieses Teleskop noch bessere Deep-Sky Wahrnehmung. Ab € 925,-
Fordern Sie das kostenlose Galaxy-Info an.

Miyauchi Ferngläser mit Schrägeinblick

Komfortable astronomische Beobachtungen auch in Zenitnähe. Lieferbar mit 60, 77, 100 und 141mm Öffnung, alle mit Wechselokularen.
Das Miyauchi 15x60-45° erreicht im Zenit durch den angenehmeren Einblick die Wahrnehmung eines 80mm Fernglases. Scharfe und nahezu farbfehlerfreie Optik, randscharf und kontrastreich. Nur € 648,-
Für Detailbeobachtungen gibt es Okulare mit 22-facher Vergrößerung.

INTERCON SPACETEC®
TheSky 5D
Ihr Sternhimmel für jeden Zeitpunkt und jeden Standort. Kinderleichte Bedienung, professionelle Leistung, komplett deutsche Benutzeroberfäche. Der Hintergrund dieser Anzeige ist ein unveränderter Ausdruck mit TheSky. Ab € 148,-
TheSky
Ihr Sternhimmel für jeden Zeitpunkt und jeden Standort
Takahashi
Fluorit-Apochromaten der Referenzklasse.
M13
Boo
Nördliche Krone
Herkules
TeleVue
Apochromaten und Okulare der Spitzenklasse.
Deep Sky
Reiseführer
Nebel, Sternhaufen und Galaxien mit eigenen Augen entdecken
€ 29,90
Ronald Stoyan
Galaxy Newton
Gute Optik, robuste Mechanik, stabile Montierung, umfangreiche Serienausstattung.
Ab € 225,-
M11
M26
Schild
M16
M17
M18
M25
M24
M23
Alles für die Astronomie
TELESKOPE · FERNGLÄSER · ZUBEHÖR
BÜCHER · POSTER · STERNKARTEN · SOFTWARE
ICS · GALAXY · TAKAHASHI · TELE VUE · PENTAX
LOSMANDY · TAL · NGT · VIXEN · CELESTRON
CANON · DOCTER · FUJINON · LEICA · MIYAUCHI
Riesenauswahl · Große Ausstellung
Katalog ASTRONOMIE 2003
208 Seiten kompetente Information
Bitte 5,– €.
INTERCON SPACETEC · Gablinger Weg 9d
D-86154 Augsburg (Zufahrt nur über Talweg)
Fax 0821-414 085 · Telefon 0821-414 081
ASTRONOMIE 2003
INTERCON SPACETEC
www.intercon-spacetec.de

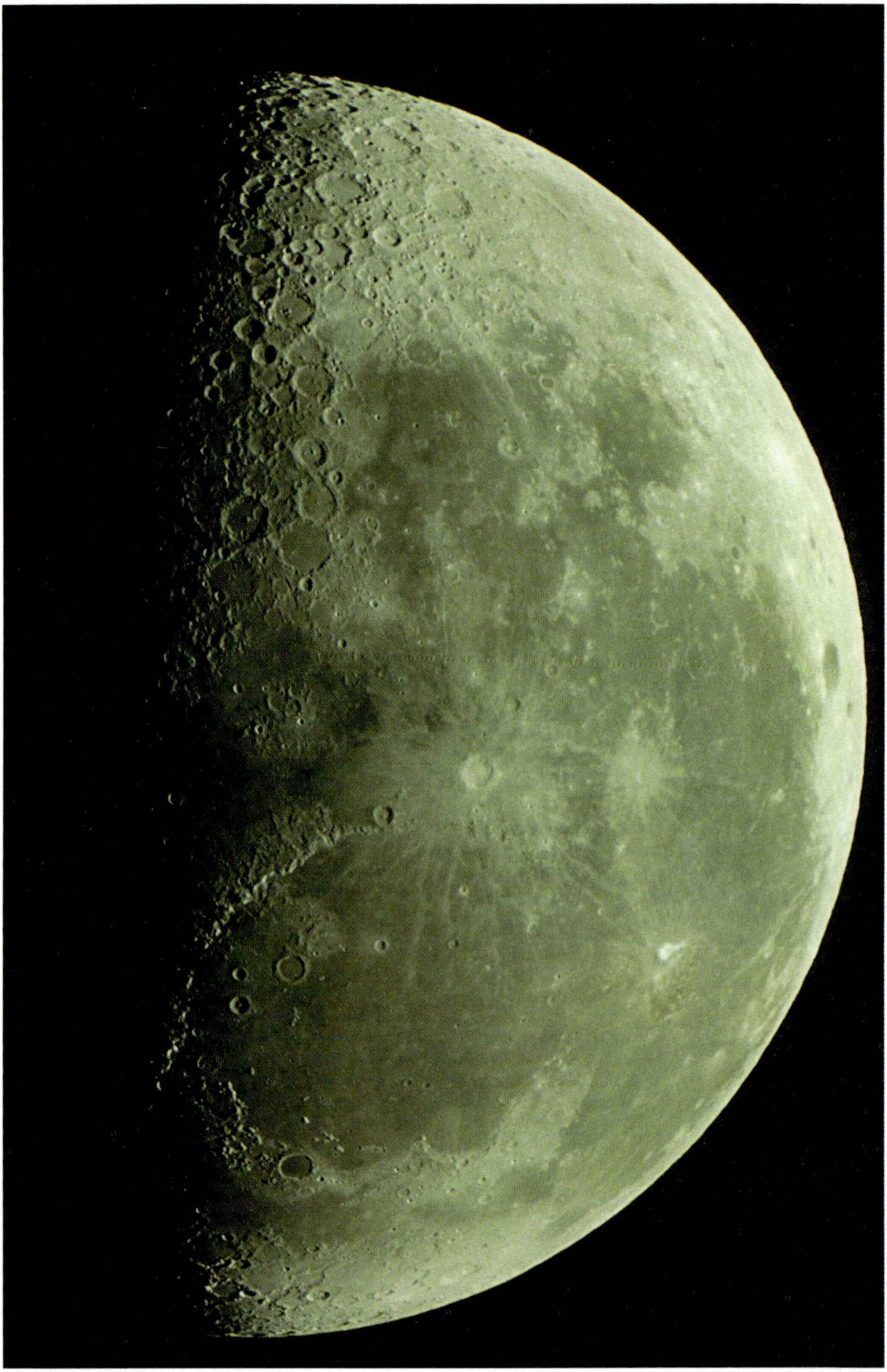

Das Himmelsjahr – ein Wegweiser zu den Sternen

Die Astronomie ist eine faszinierende Wissenschaft, die viele Menschen begeistert und in ihren Bann zieht. Nicht nur der heute so selten gewordene Anblick eines dunklen, klaren Nachthimmels mit seiner glitzernden Sternenpracht weckt oft das Interesse an der Himmelskunde und den Wunsch, mehr über das Weltall und seine Gestirne zu erfahren. Auch die sprichwörtliche astronomische Genauigkeit ruft Respekt hervor und steigert das Interesse an der Wissenschaft vom Universum und seinen Sternen. Vor allem die präzisen Vorhersagen zukünftiger Ereignisse wie Finsternisse oder Planetenkonstellationen beeindruckt unsere Zeitgenossen ungemein. So sagen die Astronomen voraus, dass erstmals nach 122 Jahren wieder die Venus vor die Sonnenscheibe treten und als dunkler Punkt vor der Sonne sichtbar sein wird. Von Stuttgart aus gesehen wird die Venus am 8. Juni 2004 exakt um 7^h20^m Sommerzeit die Sonnenscheibe berühren. Die Faszination an solchen Vorhersagen hat den häufig anzutreffenden Aberglauben zur Folge, auch das persönliche Schicksal ließe sich aus den Berechnungen der Astronomen vorhersagen.

E.1 Aufnahme des abnehmenden Halbmondes, gewonnen von Martin Gertz und Christoph Weishaar am 16. September 1995 auf der Sternwarte Welzheim des Planetariums Stuttgart.

Doch ganz so präzise geht es in der Himmelskunde nicht zu. Allein die Abnahme der Rotationsgeschwindigkeit der Erde bedingt, vom irdischen Standpunkt aus betrachtet, eine gewisse Ungenauigkeit in der Vorhersage astronomischer Ereignisse. Längerfristige Vorausberechnungen stoßen schnell an ihre Grenzen. Die exakten Positionen der Planeten in zehn Millionen Jahren anzugeben, ist nicht möglich. Dies ist jedoch im Vergleich zur fast fünf Milliarden Jahre währenden Existenz unseres Sonnensystems immer noch eine kurze Zeitspanne.

Bis vor wenigen Jahren waren auch die Entfernungen der Fixsterne nur recht grob bekannt. Niemand konnte definitiv sagen, ob der Polarstern 300 oder gar tausend Lichtjahre von uns entfernt ist. Erst seit der erfolgreichen Mission des Astrometriesatelliten HIPPARCOS weiß man, dass das Licht vom Polarstern 430 Jahre durch das finstere Universum zu uns unterwegs ist. Vom hellen Stern Sirius am winterlichen Abendhimmel braucht ein Lichtstrahl ziemlich genau 8,6 Jahre, um zur Erde zu gelangen. Von anderen Sternen ist ihre Distanz nach wie vor nicht genau bekannt. So wurde die Entfernung von Rigel, dem blauweißen Fußstern des Orion, zu 770 Lichtjahren bestimmt – mit einer Unsicherheit von plus/minus 150 Jahren! Vielleicht ist Rigel nur gut 600 Lichtjahre weit weg, möglicherweise aber auch 900 Lichtjahre! Deshalb plant man den Bau weiterer Astrometriesatelliten, um die Distanz der Sterne besser zu vermessen.

Nur recht grob lässt sich auch das Auftreten von periodischen Meteorströmen vorhersagen, sowohl ihre Erscheinungstermine als auch die zu erwartende Häufigkeit der Sternschnuppen. Einige Ströme sind recht genau bekannt, andere weit weniger. Meteorschauer vorherzusagen, gleicht manchmal einem Wetterbericht. Die Daten für die Meteorströme in diesem Jahrbuch stammen übrigens von der International Meteor Organization (IMO).

Apropos Wetterbericht: Einem häufig geäußerten Leserwunsch folgend, sind ab diesem Jahrgang wieder die Klimadaten in jeder Monatsübersicht vorhanden. Dabei handelt es sich nicht um eine Wettervorhersage, sondern die Klimaangaben sollen aufgrund langjähriger meteorologischer Aufzeichnungen eine Einschätzung des jeweiligen aktuellen Wetterverlaufes ermöglichen.

Wann, wo und wie welche Gestirne und Himmelsereignisse im Jahr 2003 zu beobachten sind, darüber will das Himmelsjahr die geneigte Leserschaft informieren. Einer jahrzehntelangen Tradition folgend, berichtet vorliegendes Jahrbuch über alle wichtigen astronomischen Ereignisse des Jahres in möglichst klarer und verständlicher Form. Jedes Jahr kommen stets neue Leserinnen und Leser hinzu, die sich erst in die astronomischen Fachbegriffe und in die spezifische Materie der Himmelskunde einarbeiten wollen. Sie schätzen eine möglichst einfache und doch vollständige Darstellungsweise auch komplizierter Sachverhalte. Für die Erstbenutzer ist das Einführungskapitel „Erläuterungen zum Gebrauch" in erster Linie gedacht. Nicht nur dem Neuling in der Himmelskunde will vorliegendes Jahrbuch dienen. Für fortgeschrittene Sternfreunde und systematisch arbeitende Amateurastronomen bringt es alle notwendigen Zahlenangaben (Ephemeriden) für eigene Beobachtungen. Um möglichst allen Benutzern – vom Einsteiger bis zum versierten Beobachter – zu dienen, wird in den Monatsübersichten eine einfache, beschreibende Darstellung aller interessanten Himmelsvorgänge gebracht, während im Tabellenteil am Schluss wichtige Beobachtungsdaten in Form von Zahlentafeln vermerkt sind.

Das Kapitel „Kurzhinweise zum Gebrauch" (Seite 28)soll Astronomiekundigen einen raschen Überblick über die in diesem Jahrbuch verwendeten Konventionen verschaffen, ohne dass sie lange das Einführungskapitel durcharbeiten müssen.

Dem Hauptteil ist eine Zusammenfassung der im Jahre 2003 stattfindenden Sonnen- und Mondfinsternisse vorangestellt. Auf Seite 9 findet man eine kalendarische Übersicht für das Jahr 2003 mit chronologischen Daten und Angaben der Festtage.

Der Anhang enthält ein Verzeichnis professioneller astronomischer Institute sowie eine Liste von Planetarien und amateurastronomischen Einrichtungen, die den Kontakt zu Gleichgesinnten erleichtern soll.

Die Daten für das vorliegende Jahrbuch stammen, soweit nicht nachstehend besonders vermerkt, vom Planetarium Stuttgart. Das Bureau des Longitudes, Paris, lieferte die Daten für die Jupitermonderscheinungen, die Angaben für die Sternbedeckungen das International Lunar Occultation Centre (ILOC), Tokio, die Sonnenfleckenrelativzahlen das Observatoire Royal de Belgique, Brüssel, und die Daten für die Sternschnuppenströme die International Meteor Organization (IMO).

Mein besonderer Dank gilt meinem Mitarbeiter, Herrn Erich Karkoschka (Lunar and Planetary Laboratory, University of Arizona, Tucson) für seine Ephemeridenberechnungen und Anfertigungen der Skizzen. Dank schulde ich auch Herrn Gerhard Weiland, der mit großer Sorgfalt und Umsicht die Reinzeichnung aller Grafiken angefertigt hat. Dankbar bin ich auch allen dienstbaren Geistern, die sorgfältig Korrektur gelesen haben.

Zu danken habe ich ferner den Mitgliedern der Beobachtergruppe des Planetariums Stuttgart für ihre hervorragenden Astroaufnahmen, die sie auf der Sternwarte Welzheim gewonnen haben. Dank gebührt auch Frau Claudia Dintner und Frau Marleen Müller für die sorgfältige Reinschrift des Manuskripts sowie den Mitarbeiterinnen und Mitarbeitern des Verlages, insbesondere den Herren Siegfried Fischer, Hermann-Michael Hahn und Sven Melchert, für die hervorragende Zusammenarbeit, ohne die dieses Jahrbuch nicht pünktlich erscheinen könnte.

Stuttgart, im März 2002
Hans-Ulrich Keller

Das Jahr 2003

Das Jahr 2003 ist nach dem Gregorianischen Kalender ein **Gemeinjahr** mit **365** Tagen.

Beginn der Jahreszeiten:

- **Frühling** (Tagundnachtgleiche): 21. März 2^h00^m MEZ
- **Sommer** (Sonnenwende): 21. Juni 20^h10^m MEZ
- **Herbst** (Tagundnachtgleiche): 23. September 11^h47^m MEZ
- **Winter** (Sonnenwende): 22. Dezember 8^h04^m MEZ

- **Sommerzeit:** Die Mitteleuropäische Sommerzeit (MESZ) geht gegenüber der Mitteleuropäischen Zeit (MEZ) um eine Stunde vor. Sie soll vom **30. März** bis **26. Oktober** 2003 gelten. Kurzfristige Änderungen sind möglich.

Fest- und Feiertage 2003

Neujahrstag:	**Mittwoch,** 1. Januar
Aschermittwoch:	5. März
Karfreitag:	18. April
Ostersonntag:	**20. April**
Ostermontag:	21. April
Christi Himmelfahrt:	Donnerstag, 29. Mai
Pfingstsonntag:	8. Juni
Pfingstmontag:	9. Juni
Fronleichnam:	Donnerstag, 19. Juni
Allerheiligen:	Samstag, 1. November
Buß- und Bettag:	Mittwoch, 19. November
1. Advent:	Sonntag, 30. November
Heiliger Abend:	Mittwoch, 24. Dezember
1. Weihnachtstag:	**Donnerstag,** 25. Dezember
2. Weihnachtstag:	Freitag, 26. Dezember
Silvester:	**Mittwoch,** 31. Dezember

Staatsfeiertage 2003

Tag der deutschen Einheit:	Freitag, 3. Oktober
Österreich. Nationalfeiertag:	Sonntag, 26. Oktober
Schweizer Bundesfeier:	Freitag, 1. August
Liechtenstein Staatsfeiertag	Mittwoch, 15. August

Kalender-Ären 2003

Das jüdische Jahr 5764 beginnt am 26. September mit Sonnenuntergang. Der jüdische Neujahrstag fällt daher auf den 27. September.

Das islamische Jahr 1424 beginnt am 4. März mit Sonnenuntergang. Der erste Tag des islamischen Jahres 1424 korrespondiert daher mit dem 5. März 2003.

Am 14. September beginnt in der byzantinischen Ära das Jahr 7512.

Am 1. Januar beginnt das japanische Jahr 2663.

Am 12. September beginnt das Jahr 1720 der Ära Diokletians.

Am 14. September beginnt das Jahr 2315 der Seleukidenära.

Am 14. Januar beginnt das Jahr 2756 der römischen Ära a.u.c.

Der 14. Januar 2003 des **Gregorianischen** Kalenders korrespondiert mit dem 1. Januar 2003 des **Julianischen** Kalenders.

Das Jahr 2003 entspricht dem Jahr 6716 der Julianischen Periode.

Der 1. Januar 2003 (0^h Weltzeit = 1^h Mitteleuropäische Zeit) hat die Julianische Tagesnummer 2 452 640,5.

Chronologie 2003

Sonnenzirkel: 24
Goldene Zahl (Mondzirkel): IX
Sonntagsbuchstabe: E
Indiktion (Römerzinszahl): 11
Epakte: 27
Jahresregent: Sonne
(Nähere Erläuterungen zu den chronologischen Zyklen, die auch Kalender-Zyklen genannt werden, siehe Seite 27).

Finsternisse 2003

Im Jahre 2003 ereignen sich eine ringförmige und eine totale Sonnenfinsternis sowie zwei totale Mondfinsternisse. Außerdem kommt es zu einem Merkurtransit - der sonnennächste Planet wandert vor der Sonnenscheibe vorbei.
Die ringförmige Sonnenfinsternis vom 31. Mai kann in den frühen Morgenstunden in ihren partiellen Phasen auch von Mitteleuropa aus gesehen werden. Der Bedeckungsgrad erreicht dabei bis zu 84 % für Orte in Deutschland. Die totale Sonnenfinsternis vom 23. November bleibt hingegen in ihrem gesamten Verlauf von ganz Europa aus unbeobachtbar.
Die totale Mondfinsternis vom 16. Mai kann in ihrer Anfangsphase in den frühen Morgenstunden von Mitteleuropa aus beobachtet werden. Um die Mitte der Finsternis geht der Mond unter.
In der Nacht vom 8. auf den 9. November kann die totale Mondfinsternis in ihrem gesamten Verlauf von Mitteleuropa aus beobachtet werden.
Der Merkurdurchgang vom 7. Mai findet in den Morgen- und Vormittagsstunden statt und kann in seiner gesamten Länge von Mitteleuropa aus verfolgt werden.
Nähere Angaben zu den Finsternissen findet man im Kapitel „Sonnen- und Mondfinsternisse" auf Seite 29 sowie in den Monatsthemen April („Merkur vor der Sonnenscheibe") auf Seite 101, Mai („Die ringförmige Sonnenfinsternis vom 31. Mai 2003") auf Seite 117 und November („Der Mond im Blickpunkt") auf Seite 214.

Planeten 2003

Merkur kann Ende Januar bis Anfang Februar und Ende September bis erstes Drittel Oktober am Morgenhimmel gesehen werden. Im April bietet er die einzige Abendsichtbarkeitschance in diesem Jahr. Außerdem ist der flinke Planet am Vormittag des 7. Mai als dunkler Punkt vor der Sonnenscheibe beobachtbar. Es findet ein so genannter Merkurtransit statt (siehe auch Seite 110).
Venus eröffnet den Jahresreigen als Morgenstern. Am 11. Januar erreicht sie ihre größte westliche Elongation von der Sonne. Im Juni zieht sie sich vom Morgenhimmel zurück. Am 18. August steht sie in oberer Konjunktion mit der Sonne. Von Oktober bis Jahresende spielt sie ihre Rolle als Abendstern.
Mars hat in diesem Jahr seinen größten Auftritt. Am 28. August kommt er im Sternbild Wassermann in Opposition zur Sonne. Es handelt sich um eine der günstigsten Periheloppositionen überhaupt. Mars kommt so nahe an die Erde heran wie seit über tausend Jahren nicht mehr. Im Sommer und Herbst ist der rote Planet ein auffälliges Gestirn am Nachthimmel. Zu Jahresbeginn kann er am Morgenhimmel gesehen werden. Im August und September ist er fast die ganze Nacht am Sternenhimmel vertreten. Mars bleibt bis Ende des Jahres dann am Abendhimmel gut sichtbar.
Jupiter erreicht seine Oppositionsstellung zur Sonne am 2. Februar im Sternbild Krebs. Zu Jahresanfang steht er hoch am Himmel und ist bei weitem das hellste Gestirn (außer dem Mond), bevor Venus am Morgenhimmel erscheint. Bis Anfang Juli kann der Riesenplanet am Abendhimmel gesehen werden. Am 22. August steht er in Konjunktion mit der Sonne. Gegen Ende September erscheint er wieder am Morgenhimmel. Zum Jahreswechsel 2003 auf 2004 steht Jupiter um Mitternacht bereits am südöstlichen Himmel.
Saturn ist bis Ende Mai am Abendhimmel vertreten. Die Sonne holt den Ringplaneten am 24. Juni ein – er steht in Konjunktion mit ihr. Ende Juli taucht Saturn wieder am Morgenhimmel auf. Zu Silvester steht er schließlich im Sternbild Zwillinge in Opposition zur Sonne und ist die ganze Nacht über am Firmament vertreten.
Uranus, **Neptun** und **Pluto** sind so lichtschwach, dass sie mit bloßen Augen nicht zu sehen sind.
Uranus kommt am 24. August im Sternbild Wassermann in Opposition zur Sonne, **Neptun** bereits am 4. August im Sternbild Steinbock.
Pluto, der kleinste und sonnenfernste der neun Planeten unseres Sonnensystems, steht am 9. Juni im Sternbild Schlangenträger in Opposition zur Sonne.

Ausführlichere Angaben über die Sichtbarkeit der Planeten entnehme man der Rubrik „Planetenlauf" in den Monatsübersichten.

Erläuterungen zum Gebrauch

Wer zum ersten Mal dieses Jahrbuch in Händen hält und noch keine Erfahrungen im Beobachten des gestirnten Himmels hat, sollte nachstehende Erläuterungen aufmerksam lesen. Sie geben eine kurze aber profunde Einführung in die Grundlagen der praktischen Himmelskunde. Wer sich jedoch schon am Sternenhimmel auskennt, kann sofort die „Kurzhinweise zum Gebrauch“ dieses Jahrbuches auf Seite 28 aufschlagen.

Nur noch selten bietet sich uns modernen Zivilisationsmenschen die Gelegenheit, ungestört von irdischen Lichtquellen die Pracht eines klaren, sternenübersäten Nachthimmels zu erleben. Schier endlos scheint die Zahl der flimmernden Lichtpünktchen am samtschwarzen Firmament zu sein. Schnell kommt der Wunsch auf, sich am Sternenzelt zurechtzufinden und mehr über die Wunder des Weltalls zu erfahren.

Die vielen Sterne, die man in einer mondlosen Nacht zu sehen bekommt, sind fast ausnahmslos Sonnen, also heiße, selbstleuchtende Gasbälle, gewissermaßen Geschwister unserer eigenen Sonne. Sie prägen dem Himmel ein scheinbar unveränderliches Muster auf, das heißt, ihre gegenseitigen Positionen bleiben unverändert; man nennt sie daher Fixsterne. Die Fantasie der Menschen erkannte schon in alter Zeit in der zufälligen Anordnung der Sterne die Gestalten von Menschen, Tieren oder Gegenständen, eben die Sternbilder. Das Beispiel des Großen Wagens ist wohl jedem bekannt. Seine Form ändert sich nicht, jahraus, jahrein erkennen wir ihn in gleicher Gestalt.

Das Aussehen des Sternenhimmels ändert sich jedoch von Stunde zu Stunde. Da sich die Erde dreht, gehen die Sterne – ebenso wie Sonne und Mond – auf und unter. Am Morgenhimmel sind andere Sternbilder zu sehen als am Abendhimmel. Da die Sonne im Laufe eines Jahres durch die Tierkreissternbilder wandert, ist der Himmelsanblick auch jahreszeitlich immer wieder verschieden. Schließlich hängt es noch vom Beobach-

E.2 Das Milchstraßensystem NGC 253 im Sternbild Sculptor (Bildhauer) ist zehn Millionen Lichtjahre entfernt.

tungsort auf der Erde ab, welche Sterne zu sehen sind. In anderen geografischen Breiten sieht der Himmel entsprechend verschieden aus. Das berühmte Kreuz des Südens beispielsweise ist bei uns in Mitteleuropa nicht zu sehen.
Im *Himmelsjahr* ist das Bild des abendlichen Fixsternhimmels für jeden Monat beschrieben. Eine Sternkarte erleichtert die Übersicht. Außerdem ist die Stellung des Himmelswagens um 22^h MEZ für jeden Monat aus einer Grafik ersichtlich. Der Himmelswagen ist in jeder klaren Nacht zu beobachten, da er bei uns zirkumpolar ist, also niemals untergeht.
Während die Fixsterne ihre Stellungen zueinander nicht ändern, sondern nur gemeinsam infolge der Erdrotation über das Firmament ziehen, gibt es Gestirne, die ihre Positionen im Laufe von Wochen und Monaten ändern. Man nennt sie Wandelsterne oder Planeten (griech.: πλανάωμαι = umherirren). Sie sind die Geschwister unserer Erde, die ebenfalls ein Planet ist. Mit freiem Auge sind fünf Planeten zu sehen: Merkur, Venus, Mars, Jupiter und Saturn. Nach Erfindung des Fernrohres wurden noch drei weitere entdeckt: Uranus, Neptun und Pluto. Somit sind heute neun große Planeten bekannt, die die Sonne, das Zentralgestirn, umkreisen. Wer die Sternbilder kennt, dem fällt ein Planet sofort als nicht dazugehöriges, gewissermaßen fremdes Gestirn auf. Ferner flimmern Planeten im Unterschied zu den punktförmigen Fixsternen nicht oder kaum, sie glänzen ruhig im geborgten Sonnenlicht. Die Planeten laufen ziemlich genau in derselben Ebene um die Sonne, die von der Erdbahn aufgespannt wird. Die Erdbahnebene entsteht durch den Umlauf der Erde um die Sonne. Sie heißt auch Ekliptikebene.
Von der Erde aus gesehen wandert somit die Sonne in einem Jahr durch die bekannten Sternbilder des Tierkreises. Der Wanderweg der Sonne heißt Ekliptik. Mond und Planeten bewegen sich ebenfalls in der Nähe der Ekliptik. Sie sind daher stets in den Tierkreissternbildern zu finden. Niemals kann beispielsweise die Venus im Großen Bären gesehen werden!
Ein Wort zu den Dimensionen im Weltall: Gibt man sie in Kilometer an, so erhält man die berühmten „astronomischen“ Zahlen, Ungetüme mit vielen Nullen, die kaum aussprechbar sind und unter denen man sich gar nichts mehr vorstellen kann. Anschaulicher werden die Entfernungen im Kosmos, nimmt man die Reisegeschwindigkeit des Lichtes zu Hilfe: Pro Sekunde legt ein Lichtstrahl 300 000 Kilometer zurück, das ist fast die Strecke von der Erde zum Mond.

Von der Sonne zur Erde sind es 8 1/3 Lichtminuten; dies entspricht 150 Millionen Kilometern. Die Entfernung Erde – Sonne wird auch Astronomische Einheit (AE) genannt. Sie ist die Basis für astronomische Entfernungsmessungen. Bis zum fernsten Planeten unseres Sonnensystems, dem Pluto, ist ein Lichtquant von der Sonne immerhin schon sechs Stunden unterwegs. Danach beginnt der Abgrund der Fixsternräume. Schon die nächsten Sterne, also Nachbarsonnen unserer eigenen, sind so weit weg, dass das Licht Jahre braucht, um die gewaltigen Distanzen zu überbrücken. In einem Jahr legt das Licht 9 460 000 000 000 Kilometer zurück, also fast zehn Billionen Kilometer. Sirius im Sternbild Großer Hund, ein sehr naher Stern, ist beispielsweise „nur" neun Lichtjahre entfernt. Die meisten Sterne sind aber Dutzende, Hunderte und Tausende von Lichtjahren weit weg. Alle Sterne am Himmel gehören zu einem riesigen System, der Milchstraße. Als Sternenschwarm von weit über 100 Milliarden Sonnen bildet sie einen gewaltigen Diskus mit 100 000 Lichtjahren Längsdurchmesser und 15 000 Lichtjahren Querdurchmesser. Zwischen den Sternen schweben Staub- und Gaswolken, so genannte interstellare Materie. Von den Milliarden Sternen der Milchstraße sehen wir in einer klaren Nacht aber nur etwa 3000 bis 4000 Sterne.
Doch die Milchstraße ist nicht das einzige Sternensystem im Universum. Es gibt Milliarden solcher Milchstraßen oder Galaxien, wie sie auch heißen. Schon mit bloßem Auge kann man im Sternbild Andromeda ein schwaches Lichtfleckchen erkennen: unsere Nachbarmilchstraße, den berühmten Andromeda-Nebel. Fast drei Millionen Jahre ist das Licht dieser Sterne zu uns unterwegs. Andere Galaxien oder Spiralnebel stehen viele Millionen, ja Milliarden Lichtjahre tief im Raum.

Sterne, Sternbilder und Sternkarten

Je nach Fantasie und Kultur haben die einzelnen Völker Sterne und Sternbilder unterschiedlich benannt. Die alten Chinesen kannten einen anderen Tierkreis als wir ihn heute benutzen. Der Große Wagen wiederum heißt bei den Amerikanern „big dipper", große Schöpfkelle. Die meisten Sternbilder, die wir in den Sternkarten finden, stammen aus der griechisch-römischen Mythologie, viele haben ihre Wurzel im babylonischen Kulturkreis, einige kamen im Mittelalter hinzu. Die Sternbilder des Südhimmels wurden erst in der Neuzeit von den Entdeckern benannt. Damit keine Verwirrung aufkommt, hat die Internationale Astronomische Union (IAU) für die gesamte Himmelskugel 88 Sternbilder festgelegt, die für alle Astronomen und Sternfreunde verbindlich sind. Diese 88 Sternbilder haben lateinische Namen und jeweils eine Abkürzung von drei Buchstaben; Beispiel: der Krebs, lat.: Cancer, Abkürzung: Cnc. Waren

E.3 Das Wintersternbild Orion in der sternreichen Milchstraßengegend (Aufnahme von Michael Gutzeit und Rudolf Idler, Beobachtergruppe Planetarium Stuttgart).

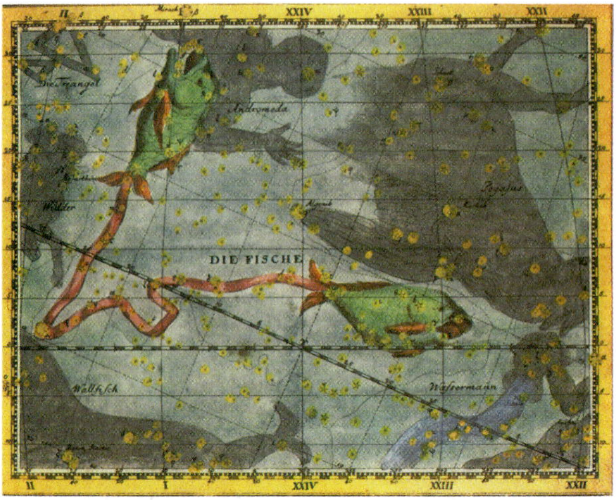

E.4 Das Sternbild Fische (Pisces) in der fantasievoll ausgeschmückten Sternkarte von Johann Elert Bode aus dem Jahre 1782.

früher die Grenzen zwischen den einzelnen Sternbildern unklar oder fließend, so sind die durch IAU-Beschluss festgelegten Sternbilder durch die rechtwinkligen, äquatorialen Himmelskoordinaten (Rektaszension und Deklination) eindeutig abgegrenzt.
In alten Himmelsatlanten findet man recht hübsch und fantasiereich ausgeschmückte Darstellungen der einzelnen Himmelsfiguren (Abb. E.4). Moderne Sternkarten zeigen nur noch Namen und Koordinatengrenzen eines Sternbildes, aber keine figürliche Darstellung mehr (Abb. E.5).
Speziell für die Benutzer des Himmelsjahres empfehlen sich zur ersten Orientierung die Sternkarten im *Atlas für Himmelsbeobachter* von Erich Karkoschka, erschienen im Kosmos-Verlag. Für Sternfreunde mit Fernrohren seien folgende Sternatlanten genannt:
Atlas of the Heavens (Atlas Coeli 1950.0) von Antonin Bečvar (geht bis $7^{m}{,}75$), *Sky Atlas 2000.0* von Wil Tirion (bis $8^{m}{,}0$), *Uranometria 2000.0* von W. Tirion/B. Rappaport/G. Lovi (Grenzgröße $9^{m}{,}5$).
Neben den klassischen Sternatlanten gibt es heute auch gute Computerprogramme, die einen gewünschten Himmelsausschnitt am Monitor erscheinen lassen. Drei empfehlenswerte Programme seien hier genannt: *Kosmos Planetarium Bessel 4.0* von Antonius Schrode, Frankfurt am Main, *EasySky* von Matthias Busch, Heppenheim (www.easysky.de) und *VirtualSky* von Prof. Manfred Dings, Saarbrücken (www.virtualskysoft.de) – siehe auch „Literaturtipps" auf der hinteren Umschlagklappe.
Nur die hellsten oder auffällige Sterne, die beispielsweise periodisch ihre Helligkeit ändern, haben Eigennamen erhalten. Diese stammen häufig von den Arabern, die in klaren Wüstennächten eifrig den Himmel beobachteten. So heißen die beiden hellsten Sterne im Wintersternbild Orion Beteigeuze und Rigel, der berühmte veränderliche Stern im Perseus Algol. Etwas systematischer hat Johannes Bayer im Jahre 1603 die Sterne bezeichnet, nämlich mit griechischen Buchstaben und dem Genitiv des lateinischen

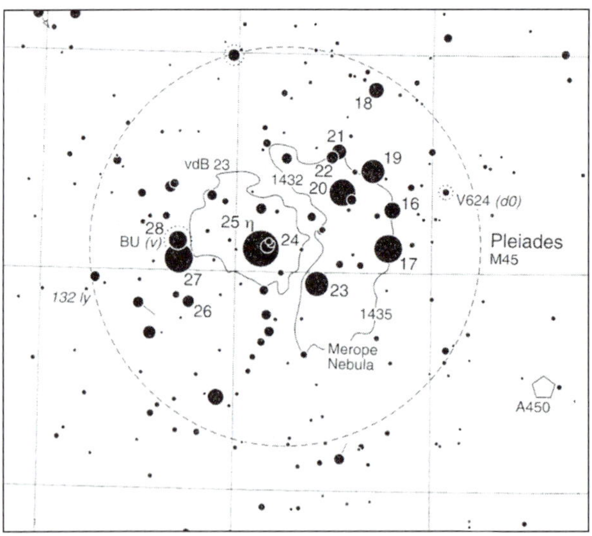

E.5 Ausschnitt aus einer modernen Sternkarte (Millennium Star Atlas von R. W. Sinott und M. A. C. Perryman nach Daten des Hipparcos- und Tychokataloges, 1997).

Sternbildnamens. So bekommt der hellste Stern in der Leier die Bezeichnung α Lyrae (oder kurz α Lyr), der zweithellste β Lyrae, der dritthellste γ Lyrae usw. Die Helligkeitsfolge ist aber nicht immer streng eingehalten, manchmal hat die Mythologie Vorrang. Von den beiden hellen Zwillingssternen trägt der hellere Pollux die Bezeichnung β Geminorum, der etwas schwächere Kastor α Geminorum. Bei Doppelsternen wird gelegentlich noch ein Index an den griechischen Buchstaben angehängt. Beispiel: ε_1 und ε_2 Lyrae, der berühmte Vierfachstern in der Leier (jede Komponente ist ihrerseits ebenfalls ein Doppelstern). Die 24 griechischen Buchstaben (siehe Seite 26) pro Sternbild reichen natürlich nicht aus, um alle Sterne zu benennen. Bei schwächeren Sternen gibt man die Katalognummer an, unter der sie verzeichnet sind, oder einfach die genauen Koordinaten. Beispiele für Katalognummern:
BD +52°1312 bedeutet Stern Nummer 1312 in der Deklinationszone von +52° bis +53° der so genannten Bonner Durchmusterung. HD 128974, Stern aus dem Henry-Draper-Katalog, SAO 146912, Stern aus dem Smithsonian Astrophysical Observatory Star Catalogue, FK5: 1051, Stern aus dem 5. Fundamental-Katalog.
Sterne, deren Helligkeit variiert, werden häufig mit großen lateinischen Buchstaben + Sternbildnamen versehen: RR Lyrae, T Coronae Borealis. Man kann somit aus der Bezeichnung auf die Eigenart dieser Sterne schließen.
Eine Zusammenfassung der verschiedenen Bezeichnungen für die helleren Sterne findet man in folgendem Katalogwerk: *Synopsis der Nomenklatur der Fixsterne* von H. Werner und F. Schmeidler, Wissenschaftl. Verlagsgesellschaft mbH, Stuttgart.

Sterngruppen und Nebel

Schon mit bloßem Auge entdeckt man im Sternbild Stier ein Grüppchen von sechs bis neun Sternen, bekannt unter dem Namen Siebengestirn oder Plejaden. Sucht man den Himmel mit Feldstecher oder Fernrohr ab, so findet man zahlreiche derartige Gruppen. Sie werden schlicht Sternhaufen genannt. Man unterscheidet offene und kugelförmige Sternhaufen: Offene Sternhaufen enthalten Dutzende bis einige hundert Sterne, die alle einzeln als Lichtpunkte erkennbar sind; Kugelhaufen haben Hunderttausende bis Millionen Mitgliedssterne und sind als verwaschene, kreisrunde Lichtfleckchen zu sehen. Nur die Randpartien sind in

E.6 Ausschnitt aus dem Atlas für Himmelsbeobachter von Erich Karkoschka. Die Übersichtskarten enthalten alle Sterne bis Grenzgröße 6^m, die Aufsuchkarten für Sternhaufen und Nebel bis zur Grenzgröße 9^m (siehe „Literaturtipps" auf der hinteren Umschlagklappe).

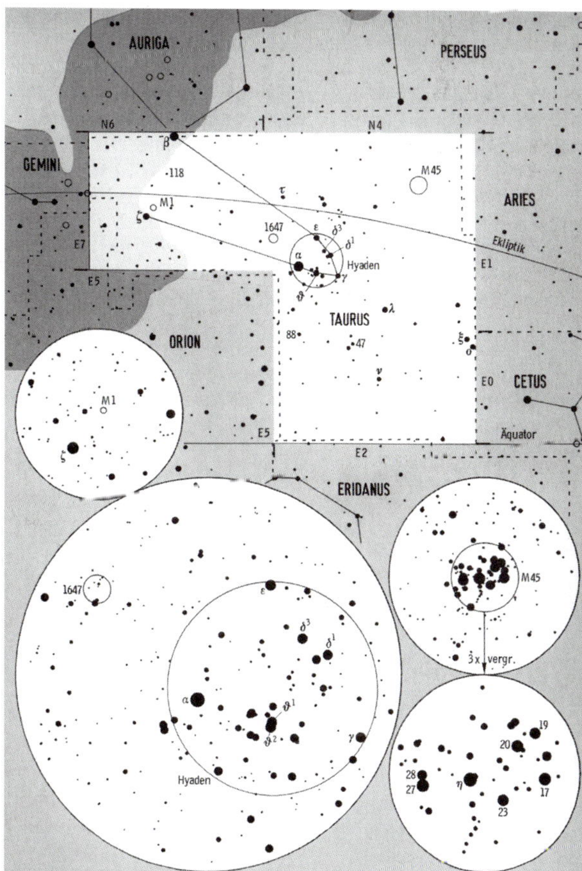

E.7 Der offene Sternhaufen der Plejaden im Stier, auch als „Siebengestirn" bekannt (Aufnahme von Martin Gertz, Sternwarte Welzheim / Planetarium Stuttgart).

Einzelsterne auflösbar, im Zentrum stehen die Sterne zu dicht, um als einzelne Lichtpunkte erkannt zu werden.
Zwischen den punktförmigen Sternen zeigen sich auch nebelhafte Gebilde. Da diese „Nebel" ihre Positionen unter den Sternen beibehalten, sind sie keine Erscheinung in der Erdatmosphäre, sondern astronomische Objekte. Bei den Nebeln gilt es, zwei Kategorien auseinander zu halten. Einmal beobachten wir tatsächlich Staub- und Gasmassen zwischen den Sternen unserer Milchstraße, wie zum Beispiel im Sternbild Orion den berühmten Orion-Nebel. Andere nebelhafte Lichtfleckchen lassen sich jedoch mit sehr großen Teleskopen in einzelne Sterne auflösen. Hier sieht man fremde, ferne Milchstraßensysteme; das Licht von Milliarden Sternen wird von uns nur als schwaches Nebelfleckchen registriert, wie beispielsweise beim Andromeda-Nebel. Wegen ihrer häufig spiraligen Gestalt spricht man auch von Spiralnebeln oder Galaxien (griech.: γαλάξις = Milchstraße).
Der französische Astronom Charles Messier (1730 bis 1817) hat einen Katalog mit über hundert Sternhaufen und Nebeln zusammengestellt. Sternfreunde benutzen noch heute seine Katalognummern. Der Orion-Nebel wird z. B. mit M 42, der Andromeda-Nebel mit M 31, der Kugelhaufen im Herkules mit M 13 bezeichnet. Wesentlich umfangreicher ist der Katalog von John L. E. Dreyer mit dem Namen *New General Catalogue of Nebulae and Clusters of Stars*, abgekürzt mit NGC. Später erschienen noch zwei Ergänzungen (*Index-Catalogue I and II*, kurz IC I und IC II) und schließlich der überarbeitete *Revised New General Catalogue* (RNGC). Daher trägt der Andromeda-Nebel M 31 auch die Bezeichnung NGC 224.

Die Helligkeit der Sterne

Von alters her teilt man die Sterne in so genannte Größenklassen ein. Man sagt zum Beispiel, der Polarstern sei ein Stern zweiter Größe. Diese Größenklassen geben nicht den Durchmesser oder die wahre Leuchtkraft der Sterne an, sondern ihre scheinbare Helligkeit am Himmel. Sterne erster Größe sind dabei heller als solche zweiter Größe. Ein schwaches Sternpünktchen sechster Größe ist eben noch vom unbewaffneten Auge zu erkennen. Ein Stern erster Größe ist dabei hundertmal heller als ein Stern sechster Größe. Daraus folgt, dass ein Stern zweiter Größe 2,512-mal lichtschwächer ist als ein Stern erster Größe. Ein Stern dritter Größe wiederum ist 2,512-mal lichtschwächer als ein Stern zweiter Größe usw., denn $2{,}512^5 = 100$. Die Größenklassenskala ist somit ein logarithmisches Maß.
Als Abkürzung verwendet man ein kleines hochgestelltes ^{m} für magnitudo (lat.) = Größe. Sterne, die heller als 1^m sind, bezeichnet man mit 0^m, -1^m, -2^m

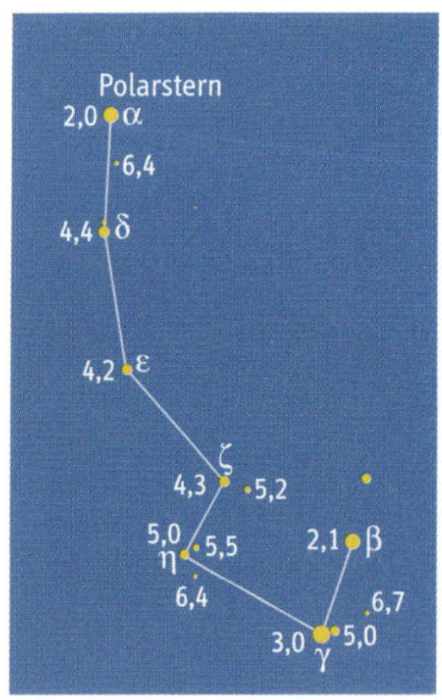

E.8 Sternbild Kleiner Wagen mit Helligkeitsangaben in Größenklassen für die einzelnen Sterne.

E.9 Der berühmte Pferdekopf-Nebel im Sternbild Orion. Staubmassen schwächen das Licht der dahinterliegenden Sterne und leuchtenden Gasmassen ab (Aufnahme von Martin Gertz, Sternwarte Welzheim/ Planetarium Stuttgart).

usw. Die Venus kann -4^m hell sein, was bedeutet, dass sie dann hundertmal heller strahlt als ein Stern erster Größe, also mit 1^m!
Mit Teleskopen lassen sich auch Sterne beobachten, die schwächer sind als 6^m. In einem guten Fernglas sind Sterne bis 10^m ohne weiteres erkennbar. In großen Teleskopen werden Sterne bis 21^m beobachtet, also Objekte, die eine Million mal lichtschwächer sind als die schwächsten, dem menschlichen Auge zugänglichen Sterne mit 6^m. Die Helligkeiten der Sterne zu schätzen, sollte man üben. Abb. E.8 zeigt den Kleinen Wagen, wobei die Helligkeiten der einzelnen Sterne vermerkt sind. Da das Sternbild Kleiner Wagen zirkumpolar ist, kann es in jeder klaren Nacht zu jeder Uhrzeit gesehen werden. Stünden alle Sterne gleich weit entfernt, sozusagen in einer Normentfernung, dann entspräche die beobachtete scheinbare Helligkeit auch ihrer wirklichen Leuchtkraft. Eine solche Normentfernung wurde mit 10 Parsec (knapp 33 Lichtjahre) festgelegt. Man rechnet nun die Helligkeit aus, die ein Stern in 10 Parsec Entfernung hätte, und bezeichnet diese Größe als „absolute Helligkeit" oder „wahre Leuchtkraft" eines Sternes.
Um die absolute nicht mit der scheinbaren Helligkeit zu verwechseln, wird sie mit einem großen M (Magnitudo) abgekürzt. Beispiel: Unsere Sonne hat die enorme scheinbare Helligkeit von -27^m am Firmament und eine absolute Helligkeit von $+4{,}^{M}8$. Das heißt, in 33 Lichtjahren Entfernung erschiene uns die Sonne nur noch als Sternchen 5. Größe.

Anmerkung: Da ^{m} auch für Minute steht, ist aus dem Textzusammenhang zu entnehmen, ob Helligkeiten oder Zeiten bzw. Koordinaten gemeint sind.

Entfernungsangaben

Unser Mond ist von der Erde im Mittel 384 400 Kilometer entfernt. Die Planeten unseres Sonnensystems sind viele Millionen Kilometer, die Sterne viele Billionen Kilometer von uns entfernt. In der Astronomie verwendet man, um große Zahlenungetüme zu vermeiden, für die Distanzen im Sonnensystem als Längenmaß die Astronomische Einheit (AE). Eine Astronomische Einheit entspricht der mittleren Entfernung der Erde von der Sonne, das sind rund 150 Millionen Kilometer.
Es gilt: 1 AE = 149 597 870 km
Diese Strecke legt das Licht in 8^m20^s zurück. Man spricht von der Lichtlaufzeit der Astronomi-

schen Einheit. Jupiter ist beispielsweise 5,2 AE von der Sonne und Neptun rund 30 AE von ihr entfernt. Die Lichtlaufzeiten der Planetendistanzen betragen Minuten bis wenige Stunden. Die Sterne sind jedoch so weit entfernt, dass ihr Licht Jahre, Jahrhunderte und Jahrmillionen zur Erde unterwegs ist. Man gibt daher ihre Distanzen gerne in Lichtlaufzeiten an, wobei man ein Lichtjahr (LJ) als Einheit nimmt. In einem Jahr legt ein Lichtstrahl im Vakuum rund zehn Billionen Kilometer zurück. Es gilt: 1 LJ= 9,46 x 10^{12} km
= 63 240 AE
Ein Lichtjahr ist somit keine Zeit-, sondern eine Entfernungsangabe. In der Stellarastronomie wird ferner das Parsec (Parallaxensekunde) verwendet. Ein Parsec entspricht 3,26 Lichtjahren. Die Definition des Parsecs findet man im Begleitbuch zum Himmelsjahr, dem *Astrowissen* auf Seite 40 im Abschnitt „Entfernungseinheiten in der Astronomie".
Im *Himmelsjahr* werden die Entfernungen im Sonnensystem in AE und die Fixsterndistanzen in Lichtjahren angegeben. Parsec werden nicht verwendet.

Zeitangaben

Alle Uhrzeiten im *Himmelsjahr* sind grundsätzlich in **Mitteleuropäischer Zeit (MEZ)** angegeben. Die Mitteleuropäische Zeit ist die mittlere Sonnenzeit des Meridians 15° östlich von Greenwich (Nullmeridian der Erde). Sie geht gegenüber der Weltzeit (UT = Universal Time oder GMT = Greenwich Mean Time) um eine Stunde vor.
Es gilt: Weltzeit plus eine Stunde = MEZ.
Wenn es in Greenwich Mitternacht (0^h) ist, dann haben wir schon 1^h (MEZ) morgens. Für ortsabhängige Angaben (z. B. Auf- und Untergänge) gelten alle Zeiten genau für einen Ort 10° östlich von Greenwich und 50° nördlicher Breite. Dieser Punkt liegt für Mitteleuropa ziemlich zentral.

Sommerzeit

Die Sommerzeit ist eine willkürliche Verschiebung der Zonenzeit um eine Stunde, um die Tageshelligkeit besser auszunutzen und (angeblich) Energie einzusparen. Sie beruht nicht auf astronomischen Grundlagen und ist außerdem von Staat zu Staat verschieden. Um die Benutzer des Himmelsjahres nicht zu verwirren und die Daten konsistent zu halten, sind alle Angaben das ganze Jahr hindurch in MEZ vermerkt. Es gilt: MEZ plus eine Stunde = MESZ (Mitteleuropäische Sommerzeit). Gilt in einem Land die Sommerzeit, so ist zu den Zeitangaben im *Himmelsjahr* einfach eine Stunde zu addieren. Beispiel: Der Mondaufgang am 17. April 2003 findet laut Tabelle „Mondlauf im April" um 20^h25^m MEZ statt und somit um 21^h25^m MESZ.
Achtung: Fällt ein Ereignis in die letzte Stunde vor Mitternacht, so ändert sich auch das Datum um einen Tag. Beispiel: Der Mondaufgang erfolgt am 18. Mai 2003 um 23^h30^m MEZ; zählt man eine Stunde hinzu, erhält man 0^h30^m MESZ am 19. Mai.
Die **Mitteleuropäische Sommerzeit** (MESZ) beginnt am Sonntag, 30. März 2003 um 2^h MEZ und endet am Sonntag, 26. Oktober 2003 um 3^h MESZ. Während der Dauer der Sommerzeit sind alle Zeitangaben in den Tabellen in einem dunkleren Farbton unterlegt. Wer häufig beobachtet, sollte das ganze

Jahr über eine Uhr in MEZ laufen lassen. Dies ist recht bequem und hilft, Irrtümer zu vermeiden.

Wichtiger Hinweis: Da Beginn und Ende der Sommerzeit von den Regierungen bestimmt werden und nicht aus astronomischen Gegebenheiten abzuleiten sind, also keine natürlichen Grundlagen haben, sind die Angaben in diesem Jahrbuch unverbindlich. Vermerkt sind die bei Drucklegung bekannt gewordenen Absichten über die Einführung der Sommerzeit. Änderungen der vermerkten Daten sind aufgrund kurzfristiger politischer Entscheidungen möglich. Der Herausgeber übernimmt dafür keine Verantwortung.

Auf- und Untergangszeiten

Alle Auf- und Untergangszeiten (MEZ) gelten exakt für 10° östlicher Länge und 50° nördlicher Breite. Für andere Orte in Mitteleuropa können diese Zeiten erheblich differieren (bis etwa eine halbe Stunde). Um schnell auch für andere Orte die Auf- und Untergänge ermitteln zu können, ist das Nomogramm auf Seite 252 gedacht. Im Nomogramm sind die wichtigsten Städte in Mitteleuropa eingetragen. Man wähle eine Stadt, die dem eigenen Standpunkt am nächsten kommt. Dann lege man ein Lineal so auf das Nomogramm, dass es mit der Deklination des Gestirns bzw. der Uhrzeit laut Tabelle „Sonnenlauf" am oberen Bogen übereinstimmt. Dabei gilt das obere Vorzeichen für den Aufgang, das untere für den Untergang. Die Verbindungslinie (Lineal) gibt dann am unteren Bogen die Korrektur für die Auf- bzw. Untergangszeit an. Positive Werte bedeuten eine Verspätung, ein negativer Wert deutet an: Der Auf- oder Untergang erfolgt entsprechend früher. Die Zahlen geben die Minuten an. Beispiel: Wann geht in Wien am 31. März die Sonne auf? Man verbinde mit einem Lineal den Punkt „Wien" mit der 6-Uhr-Marke am oberen Bogen. Denn laut Tabelle „Sonnenlauf" auf Seite 76 erfolgt der Sonnenaufgang am 31. März um 6^h00^m. Die Verbindungslinie schneidet den unteren Bogen bei -24^m. Der Sonnenaufgang erfolgt in Wien somit 24 Minuten früher, also um 5^h36^m MEZ bzw. 6^h36^m Sommerzeit.

Wem die Verwendung des Nomogramms zu kompliziert erscheint, der kann auch die Tabelle zur Auf- und Untergangskorrektur auf Seite 253 benutzen. Man suche die seinem Wohnort nächstliegende Stadt und lese einfach die Korrekturzeit in Minuten ab, wobei für Mond, Planeten oder Sterne noch vorher die Deklination zu ermitteln ist. Bei der Sonne beachte man das Datum.

Da durch den natürlichen Horizont (Häuser, Bäume, Berge etc.) die Auf- und Untergangszeiten ohnedies mit einem gewissen Spielraum zu versehen sind, kann man auf die Korrektur auch ganz verzichten, wenn man keine große Genauigkeit benötigt.

Sternzeit

Unser tägliches Leben richtet sich nach der Sonne, ebenso unsere bürgerliche Zeitrechnung. Auf unserer Armbanduhr lesen wir somit „Sonnenzeit" ab. Steht die Sonne im Süden, dann haben wir zwölf Uhr Mittag. Eine Stunde später ist es ein Uhr nachmittags, wieder eine Stunde später zwei Uhr nachmittags usw. Die Sonnenzeit wird also am Stundenwinkel der Sonne gemessen.

Die Sonne steht jedoch nicht fest, sondern wandert im Laufe eines Jahres durch die Tierkreissternbilder. Um aber mit dem Fernrohr ein bestimmtes Gestirn zu finden, muss man die Stellung des Beobachters auf der Erde zu einer bestimmten Uhrzeit des Tages relativ zur Fixsternwelt kennen. Man braucht also einen „ruhenden" Punkt unter den Sternen. Dafür hat man den Frühlingspunkt ausgewählt. Er ist der Schnittpunkt der aufsteigenden Sonnenbahn mit dem Himmelsäquator. Im Frühlingspunkt steht die Sonne zu Frühlingsbeginn. Er ist auch der Nullpunkt der äquatorialen Himmelskoordinaten. Nimmt man statt der Sonne den unter den Fixsternen feststehenden Frühlingspunkt, erhält man statt der Sonnen- die Sternzeit.

Steht der Frühlingspunkt im Süden (Meridian), spricht man von 0^h Sternzeit, eine Stunde später von 1^h Sternzeit usw. Es gilt:

Sternzeit = Stundenwinkel des Frühlingspunktes.

Im Himmelsjahr ist die Sternzeit jeweils für 1^h MEZ (= 0^h Weltzeit) von zehn zu zehn Tagen für den Meridian von Greenwich (Nullmeridian) angegeben (siehe Tabelle auf Seite 246).

Die Tabelle auf Seite 250 erlaubt eine schnelle Bestimmung der Sternzeit zur abendlichen Beobachtungsstunde.

Die Tabelle „Sternzeit" gibt die Sternzeit um 20^h MEZ (= 21^h MESZ) am Ortsmeridian 10° östlicher Länge für jeden Tag des Jahres an. Wozu dient die Sternzeit? Zunächst gibt sie an, wie der Fixsternhimmel relativ zum Beobachter steht. Um 0^h Sternzeit (SZ) sind beispielsweise Pegasus und Kassiopeia im Meridian zu finden, das Sommerdreieck hingegen im Westen, um 6^h SZ sind im Süden Orion und Sirius zu sehen, um 11^h SZ kulminiert der Löwe usw.

Mit Hilfe der Sternzeit kann man sein Teleskop „nach Koordinaten" einstellen. Die Deklination wird direkt an einem Teilkreis eines parallaktisch montierten Fernrohres abgelesen. Der andere Teilkreis ist der Stundenkreis. Um den Stundenwinkel eines Gestirns zu ermitteln, bilde man die Differenz: Sternzeit minus Rektaszension des Gestirns, dann hat man den aktuellen Stundenwinkel und kann das Teleskop entsprechend einstellen.
Für die Bestimmung des Stundenwinkels eines Planeten kann man auch seine Kulminationszeit (Zeit des Meridiandurchganges) benutzen, wenn man keine Sternzeituhr zur Verfügung hat und sich die Berechnung der Sternzeit zum Beobachtungszeitpunkt ersparen will. Die Kulminationszeiten der Planeten und Kleinplaneten sind auf den Seiten 240 bis 244 angegeben. Die Kulminationszeit gilt für 10° östlicher Länge. Zunächst ist die Korrektur für die Längendifferenz des Beobachtungsortes anzubringen (siehe Seite 251, Spalte Zeitkorrektur gegen 10° östlicher Länge). Um diese so erhaltene Zeit geht der Planet durch den Meridian des Beobachters und hat somit den Stundenwinkel Null. Man bilde nun die Zeitdifferenz zwischen der Beobachtungszeit und der Zeit des Meridiandurchganges. Sie entspricht direkt dem Stundenwinkel (im Zeitmaß).
Geht beispielsweise der Planet Neptun am 30. Juni 2003 um 2^h50^m durch den Meridian, beobachtet man aber erst um 3^h10^m, dann beträgt der Stundenwinkel $t = 0^h20^m$. Erhält man einen negativen Wert, so bedeutet dies, dass das Objekt noch vor dem Meridiandurchgang steht, der Stundenwinkel also in Richtung Ost einzustellen ist.

Dynamische Zeit

In der Astronomie wird seit 1984 eine Dynamische Zeit verwendet, die die früher übliche Ephemeridenzeit abgelöst hat. Nähere Erläuterungen zu den Dynamischen Zeitskalen finden sich in dem Buch *Astrowissen* von H.-U. Keller, erschienen im Kosmos-Verlag, Stuttgart. Die genaue Differenz der Dynamischen Zeit (TDT) zur Weltzeit (UT = Universal Time) kann erst im Nachhinein aus Beobachtungen der Gestirnspositionen bestimmt werden. Der extrapolierte Wert für das Jahr 2003 lautet: $\Delta T = +65$ Sekunden, wobei $\Delta T = TDT - UT$ gilt. Die Weltzeit (UT) hinkt somit der Dynamischen Zeit (TDT) um eine Minute nach.
Der beobachtende Sternfreund kann die TDT unberücksichtigt lassen, wenn er nicht hohe Genauigkeitsansprüche hat. Wer jedoch die Angaben im *Himmelsjahr* mit anderen Jahrbüchern vergleicht, muss beachten, dass alle Zeitangaben hier in MEZ = UT + 1^h und nicht in TDT vermerkt sind.

Der Sonnenlauf

Die Bewegung der Sonne durch den Tierkreis ist zu Beginn jeder Monatsübersicht aus einer kleinen Grafik zu entnehmen. Die Grenzen der Sternbilder sind eingetragen sowie die wichtigsten Bahnpunkte der Sonne.
Die Tages- und Nachtstunden sowie Dämmerungslängen werden durch eine dreiteilige Zeichnung (Uhrensymbole) veranschaulicht. Diese soll einen groben und schnellen Überblick über die Länge der Tages- und Nachtzeit geben. Für die Dämmerungszeiten wurde die nautische Dämmerung (Sonne 12° unter dem Horizont) eingesetzt. Die Tabelle „Sonnenlauf" gibt die Auf- und Untergangszeiten, Meridiandurchgang (Kulmination), Zeitgleichung und die Mittagshöhe der Sonne an sowie die äquatorialen Koordinaten Rektaszension und Deklination für 1^h MEZ jeweils von fünf zu fünf Tagen. Die Zeiten gelten exakt für einen zentralen Ort mit 10° östlicher Länge und 50° nördlicher Breite. Für diesen Ort gelten auch die Dämmerungszeiten. Angegeben ist jeweils der Beginn und das Ende der nautischen Dämmerung (Sonne 12° unter dem Horizont).

Sonnenhöhe zu Mittag

Sie ist in der Tabelle „Sonnenlauf" für 50° nördlicher Breite angegeben. Für andere Breiten ist sie einfach zu ermitteln: 90° minus geografische Breite des Beobachters plus Sonnendeklination.
Beispiel: Wie hoch steht die Sonne am 10. Juni zu Mittag (Kulmination) in Düsseldorf (geografische Breite: +51°)?
Die Rechnung lautet dann:
$90° - 51° + 23° = 62°$ (Im Winterhalbjahr die negativen Deklinationen der Sonne beachten!).
In der Grafik „Sonnenlauf" jeweils zu Monatsbeginn ist die scheinbare Sonnenbahn (Ekliptik) durch die Sternbilder des Tierkreises für den jeweiligen Monat eingezeichnet. Ferner sind die Eintritte der Sonne sowohl in die einzelnen Tierkreissternbilder als auch in die Tierkreiszeichen vermerkt sowie die Äquinoktien (Tagundnachtgleichen) und Solstitien (Sommer- und Winterbeginn).

Zeitgleichung

Die Sonnenzeit wird nach einer fiktiven „mittleren Sonne" gerechnet. Die wahre Sonne läuft nämlich ungleichförmig. So geht sie einmal vor, dann wieder nach. Die Differenz kann bis zu einer Viertelstunde plus oder minus betragen. Diese Differenz wird Zeitgleichung (ZGL) genannt. Sie ist definiert zu:

ZGL = Wahre Sonnenzeit minus Mittlere Sonnenzeit

Die Zeitgleichung und die Kulmination der wahren Sonne sind tabellarisch aufgeführt.

Wer den Wert der Zeitgleichung berechnen will, ziehe von 12^h20^m die Kulminationszeit (angegeben in MEZ) ab. 12^h20^m ist nämlich die wahre Sonnenzeit der Kulmination für 10° östlicher Länge, bezogen auf den Zeitmeridian 15° östlicher Länge.

Beispiel: Wie groß ist die Zeitgleichung am 25. April? Kulminationszeit der wahren Sonne am 25. April: 12^h18^m MEZ. Also $12^h20^m - 12^h18^m = +2^m$. Das heißt, die wahre Sonne geht 2^m früher durch den Meridian (Kulmination) als die mittlere. Ein negativer Wert der ZGL bedeutet, die wahre Sonne geht nach der mittleren durch den Meridian.

Der Mondlauf

Auf- und Untergangszeiten (MEZ) gelten genau für **10° östlicher Länge und 50° nördlicher Breite** (siehe Zeitangaben). Ferner sind die Kulminationszeiten (Meridiandurchgänge) für 10° östliche Länge tabelliert.

Der Mond bewegt sich recht schnell durch den Tierkreis. Deshalb sind für jeden Tag des Jahres seine Koordinaten angegeben. Sie gelten jeweils für 1^h MEZ (= 0^h Weltzeit). Wem diese Zahlen nichts sagen, der findet in der Spalte „Sterne und Sternbilder" die Position des Mondes im Tierkreis vermerkt. Ein Sternchen (*) deutet auf eine Sternbedeckung hin.

Die Position des Mondes gilt wie erwähnt für 1^h MEZ. Wer also abends beobachtet, sollte die Stellung des Mondes im Tierkreis aus der Zeile des folgenden Tages entnehmen, denn der Mond läuft recht rasch. Nähere Angaben zu den Sternbedeckungen finden sich in der Tabelle „Sternbedeckungen durch den Mond" auf Seite 248. Die letzte Spalte enthält die Mond phasen sowie wichtige Punkte in der Bahn. Die Mondbahn ist rund 5° gegen die Ekliptik (scheinbare Sonnenbahn) geneigt. Aufsteigender Knoten bedeutet, der Mond überschreitet die Ekliptik nach Norden; absteigender Knoten, er wechselt wieder nach Süden. Größte Nordbreite: Der Mond steht am weitesten in nördlicher Richtung von der Ekliptik entfernt; analog dazu heißt größte Südbreite: Der Mond hat maximalen südlichen Abstand von der Ekliptik.

Im Tabellenteil findet man auf Seite 238 die Mondbahn relativ zur Ekliptik eingetragen. Wegen der Rückläufigkeit der Mondbahnknoten verläuft die Mondbahn in jedem Jahr anders.

Libration: Bei größter Südbreite ist die Nordhalbkugel des Mondes uns ein wenig mehr zugekehrt, man spricht von maximaler Libration Nord; entsprechend sieht man bei größter Nordbreite mehr vom Südpolgebiet des Mondes.

Libration West: Westrand des Mondes, Libration Ost: Ostrand des Mondes ist uns zugekehrt (Astronomische Definition West - Ost, siehe auch *Astrowissen* von H.-U. Keller, S. 80, sowie Abb. T.9 in diesem *Himmelsjahr* auf Seite 248).

„Libration West" bedeutet, das Mare Crisium zeigt sich randfern, das Mare Smythii wird sichtbar.

„Libration Ost" heißt, das Mare Crisium rückt an den Westrand, im Osten zeigt sich der Ringwall Grimaldi randfern und das Mare Orientale wird gut sichtbar.

Bei Erdnähe und Erdferne ist die Distanz des Mondes jeweils in tausend Kilometern vermerkt. Außerdem ist der scheinbare Monddurchmesser in Bogenminuten angegeben.Beispiel: 23. Januar 2003 - Erdnähe 370/32,3

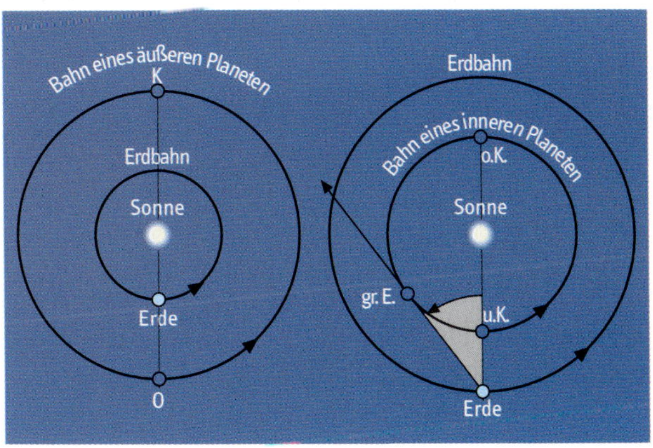

E.10 Die linke Zeichnung zeigt die Erdbahn und die Bahn eines äußeren Planeten. Bei O steht der Planet in Opposition, bei K in Konjunktion. Auf der rechten Seite der Abbildung sind die Erdbahn und die Bahn eines inneren Planeten dargestellt. Bei u.K. steht der Planet in unterer, bei o.K. in oberer Konjunktion mit der Sonne. Bei E steht er in größter Elongation (Winkel grau gerastert).

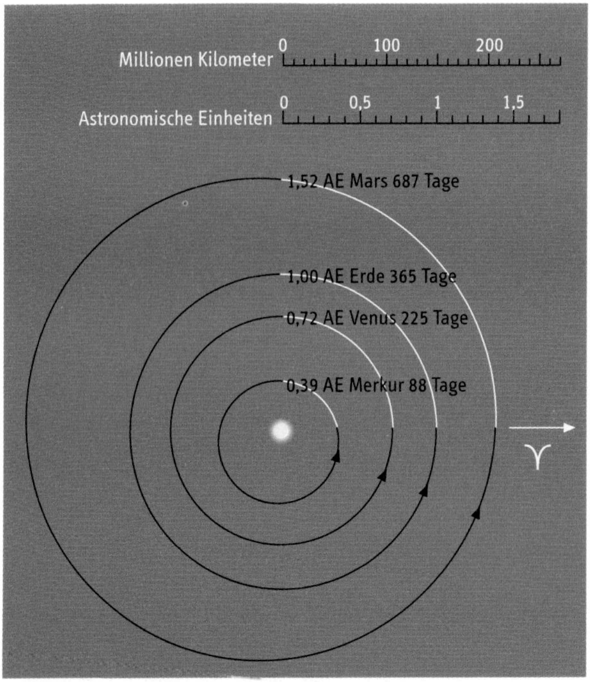

E.11 Die Bahnen der inneren Planeten um die Sonne (1 AE = 1 Astronomische Einheit = 149,6 Millionen Kilometer). Der Pfeil deutet die Richtung zum Frühlingspunkt an (Symbol: ♈).

bedeutet: Der Mond ist 370 000 Kilometer von der Erde entfernt und erscheint 32,3 Bogenminuten groß.

Der Planetenlauf

Planeten sind Geschwister der Erde. Sie laufen gemeinsam mit ihr um die Sonne. Je näher ein Planet der Sonne steht, desto schneller wandert er um sie.
Wir beobachten die Planeten nicht von einem ruhenden Punkt aus, sondern vom Raumschiff Erde, das ständig in Bewegung ist. Deshalb erscheinen uns von der Erde aus (geozentrisch) die Bewegungen der Planeten vor dem Hintergrund der fernen Fixsterne – dem Muster der Sternbilder also – recht kompliziert. Überholt die Erde einen weiter außen laufenden Planeten, so scheint er einige Wochen lang zurückzubleiben, er ist „rückläufig", wie die Astronomen sagen. Anschließend bewegt er sich dann wieder in der ursprünglichen Richtung wie die Sonne, nämlich von West nach Ost, er ist wieder „rechtläufig". Durch diesen Bewegungswechsel bildet die Bahn des Planeten eine Schleife.
Ob ein Planet am Himmel zu sehen ist, hängt von der gegenseitigen Stellung von Sonne und Planet ab. Steht ein äußerer

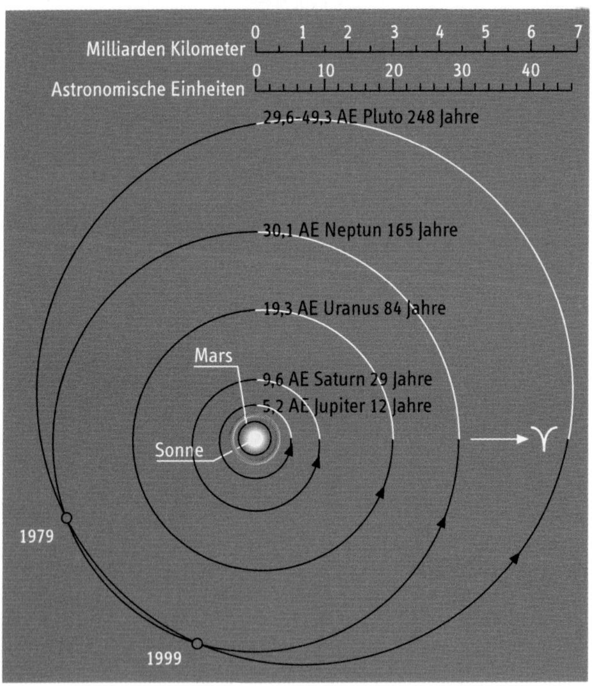

E.12 Die Bahnen der äußeren Planeten. Zwischen der Marsbahn und der Jupiterbahn laufen Abertausende Kleinplaneten (Planetoiden) um die Sonne. Wegen seiner stark exzentrischen Bahn war Pluto von 1979 bis Anfang Februar 1999 der Sonne näher als Neptun.

Planet von der Erde aus gesehen hinter der Sonne, Planet – Sonne – Erde bilden also eine Linie, so ist er nicht beobachtbar (Abb. E. 10). Da er in Sonnenrichtung steht, geht er mit der Sonne auf und unter, bleibt somit nachts unter dem Horizont verborgen. Diese Konstellation heißt Konjunktion.
Steht der Planet von der Erde aus gesehen der Sonne gegenüber, also in der Reihenfolge Sonne – Erde – Planet (Abb. E.10), so spricht man von Opposition oder Gegenschein. Der Planet ist die ganze Nacht über zu sehen, da er mit Sonnenuntergang aufgeht und morgens mit Sonnenaufgang unter dem Westhorizont verschwindet. Bilden Sonne – Erde – Planet ein rechtwinkliges Dreieck, spricht man von einer Quadratur.
Die inneren Planeten Merkur und Venus können, wie leicht zu sehen, niemals in Oppositionsstellung kommen. Dafür unterscheidet man bei ihnen zwischen oberer und unterer Konjunktion (Abb. E.10, Seite 21). In diesen beiden Stellungen bleibt der Planet unsichtbar. Nur wenn der Planet westlich oder östlich der Sonne „in Elongation" steht, kann er gesehen werden. Steht Venus in östlicher Elongation, so geht sie erst nach Sonnenuntergang unter, sie ist dann Abendstern. Steht sie in westlicher Elongation, so geht sie vor der Sonne auf und ist am Morgenhimmel zu sehen. Ähnliches gilt für Merkur. Die größte Elongation (Winkelabstand von der Sonne) kann für die Venus 48° betragen, für den sonnennäheren Merkur aber nur 28°. Merkur ist daher schwierig zu beobachten – entweder abends kurz nach Sonnenuntergang tief im Westen oder kurz vor Sonnenaufgang tief am Osthimmel. Die Sichtbarkeiten der Planeten hängen nicht nur von den geometrischen Verhältnissen (Stellung des Planeten und der Sonne), sondern auch von meteorologischen Gegebenheiten ab. Eine starke Dunstglocke, hohe Luftfeuchtigkeit (Nebel) oder irdisches Streulicht (Neonreklame, Autoscheinwerfer, Lichtdom eines Stadions) beeinträchtigen die Beobachtung.
Aufgrund langjähriger Erfahrungen sind die Sichtbarkeitszeiten im Himmelsjahr vermerkt. Je nach Beobachtungsort (stadtnah oder stadtfern) und Witterung sind die angegebenen Termine um wenige Tage zu verschieben. Jeder Beobachter wird hier seine eigenen, ganz persönlichen Erfahrungen machen. Eine Grafik vor der Rubrik „Planetenlauf" ermöglicht einen schnellen Überblick, welche Planeten am Abend, die ganze Nacht über, am Morgen oder gar nicht zu sehen sind. Eine grafische Jahresübersicht der Stellung, Größe, Helligkeit und Sichtbarkeit der Planeten findet sich auf den Seiten 236-237.

Die großen Planeten

Merkur: Sonnennächster Planet, zwischen $+3^{m}$ und $-1\overset{m}{.}5$ hell; schwer zu beobachten, da nur kurze Sichtbarkeitsperioden und stets horizontnahe Stellung; chromgelbes Licht.
Venus: Nach Sonne und Mond hellstes Gestirn, oft als Abend- bzw. Morgenstern bezeichnet. Helligkeiten von $-3\overset{m}{.}9$ bis $-4\overset{m}{.}7$; strahlend weißes Licht; entweder abends am Westhimmel oder morgens in der östlichen Himmelshemisphäre zu sehen.
Mars: Äußerer Nachbarplanet der Erde, auffallend seine rötliche Farbe (der rote Planet); sehr unterschiedliche Helligkeiten, nämlich von $+1\overset{m}{.}8$ bis $-2\overset{m}{.}9$.
Jupiter: Der größte aller Planeten, ein auffallend heller Planet, daher kaum zu übersehen; Helligkeit von $-1\overset{m}{.}7$ bis $-2\overset{m}{.}9$, weißlichgelbes Licht.
Saturn: Der sonnenfernste mit freiem Auge noch sichtbare Planet strahlt in einem fahlen Licht zwischen $+1\overset{m}{.}3$ und 0^{m}, in Ausnahmefällen bis $-0\overset{m}{.}5$. Den berühmten Ring kann man mit einem Fernrohr ab etwa 30facher Vergrößerung erkennen.
Uranus: Ist theoretisch mit bloßem Auge gerade noch erkennbar (Oppositionshelligkeit $5\overset{m}{.}7$). Wohlgemerkt „theoretisch", es empfiehlt sich auf alle Fälle ein gutes Fernglas, um Uranus zu finden! Farbe: grünlich. Die im März 1977 entdeckten Ringe sind jedoch selbst in großen Fernrohren nicht zu sehen.
Neptun: Helligkeit um $7\overset{m}{.}9$; zeigt im Fernrohr ein winziges, grünblaues Scheibchen.
Pluto: Der sonnenfernste Planet ist leider recht lichtschwach, Helligkeit: $13\overset{m}{.}8$. Nur gut ausgerüstete Amateurastronomen können ihn beobachten.
Die Angaben der scheinbaren Helligkeiten der Planeten sind – wie international üblich – V-Helligkeiten (nach dem UBV-System von Johnson). Die früher gebräuchlichen „visuellen" (m_{vis}) Helligkeiten sind um durchschnittlich $0\overset{m}{.}2$ geringer. Bei Vergleichen beachte man, dass manche Sternkalender leider noch die veralteten Werte bringen.

Kleinplaneten

Außer den neun großen Planeten schwirren noch Tausende kleiner und kleinster Planeten (Planetoiden oder Asteroiden) um die Sonne. Der erste wurde in der Neujahrsnacht des Jahres 1801 von Giuseppe Piazzi in Palermo entdeckt und auf den Namen Ceres getauft.

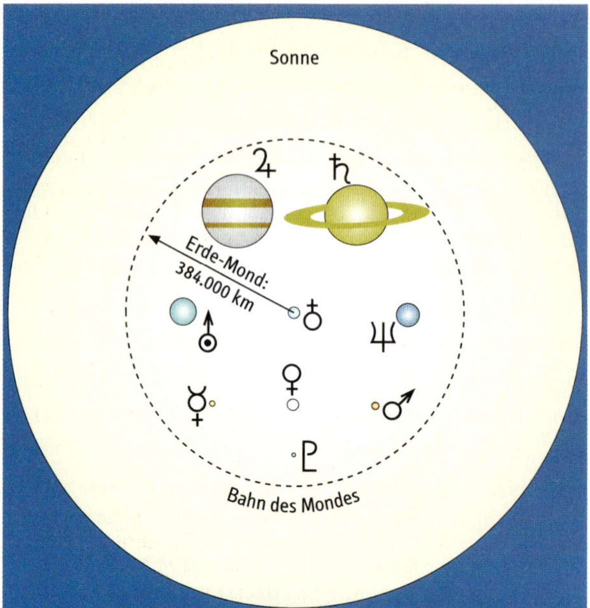

☉ Sonne	ø	1.392.000 km	♃ Jupiter	ø	142.796 km
☿ Merkur	ø	4.878 km	♄ Saturn	ø	120.536 km
♀ Venus	ø	12.104 km	♅ Uranus	ø	51.118 km
♁ Erde	ø	12.756 km	♆ Neptun	ø	49.424 km
♂ Mars	ø	6.794 km	♇ Pluto	ø	2.300 km

E.13 Größenverhältnisse der Planeten und der Mondbahn im Vergleich zur Sonne. Darunter sind die astronomischen Symbole der Planeten vermerkt, die auch in den monatlichen Sternkarten des Himmelsjahres die Orte der betreffenden Planeten markieren.

Heute sind über zwanzigtausend Planetoiden katalogisiert. Die meisten bewegen sich zwischen Mars und Jupiter um die Sonne. Einige haben jedoch sehr langgestreckte Bahnen, die die Bahnen anderer Planeten kreuzen. Sie können auch der Erde recht nahe kommen.
Einige Planetoiden, die im Jahre 2003 heller als 9^m werden, sind in der Rubrik „Planetenlauf" verzeichnet, und zwar: Ceres (1), Pallas (2), Vesta (4), Hebe (6) und Amphitrite (29). Im Abschnitt „Ephemeriden hellerer Kleinplaneten 2003" (Seite 244) sind ihre Koordinaten und Kulminationszeiten angegeben.

Die Monde der Planeten

Die beiden winzigen Marsmonde, die zahlreichen Uranusmonde, die Neptunmonde und der Plutomond sind so lichtschwach, dass sie nicht mit den bescheidenen optischen Hilfsmitteln der Sternfreunde zu beobachten sind. Deshalb sind sie hier nicht aufgeführt.
Jupiter: Die vier hellsten Monde sind schon in kleinen Teleskopen leicht zu sehen: I Io, II Europa, III Ganymed, IV Kallisto. In den Monaten, in denen Jupiter zu beobachten ist, findet man eine Grafik, aus der die Positionen der Jupitermonde im umkehrenden Fernrohr ersichtlich sind. Sie soll den Benutzer die gegenseitigen Stellungen und die Bewegungsabläufe der Jupitermonde erkennen lassen. Die waagerechten Linien in der Grafik beziehen sich auf 1^h MEZ des jeweiligen Datums, das links angegeben ist. Die Schnittpunkte der waagerechten Linien mit den Kurven der Jupitermonde geben somit deren Positionen jeweils um 1^h MEZ an. Am unteren Rand jeder Grafik findet man eine Darstellung der Jupitermondbahnen relativ zum Beobachter.

Erscheinungen der Jupitermonde

Für den Fernrohrbesitzer ist es überaus reizvoll, Bedeckungen, Verfinsterungen, Durchgänge und Schattenwürfe der Monde des Riesenplaneten auf Jupiter selbst zu beobachten. Sofern diese Ereignisse von Mitteleuropa aus beobachtbar sind, findet man sie in der Rubrik „Jupitermonderscheinungen" verzeichnet. Es gelten folgende Abkürzungen:
B = Bedeckung, Mond verschwindet hinter der Jupiterscheibe
D = Durchgang, Mond geht vor der Planetenscheibe vorbei
S = Schattendurchgang, Mond wirft seinen Schatten auf Jupiter
V = Verfinsterung, Mond wird vom Jupiterschatten getroffen
A = Anfang der Erscheinung
E = Ende der Erscheinung
I: Io, II: Europa, III: Ganymed, IV: Kallisto.
Beispiel:
Januar 2003: 25. 2 42 II SA
bedeutet: Am 25. Januar um 2^h42^m MEZ beginnt der Schatten von Mond II (Europa) über die Jupiterkugel zu wandern.
Im Jahre 2003 kommt es zu

gegenseitigen Bedeckungen und Verfinsterungen der Jupitermonde, da sich die Erde fast exakt in der Bahnebene der Jupitermonde befindet. Auch diese seltenen und spannenden Phänomene sind in der Rubrik „Jupitermonderscheinungen" aufgeführt.
Beispiel für Januar 2003:
10. 20 06 I BA II bedeutet:
Am 10. Januar beginnt Mond II (Europa) um 20^h06^m MEZ Mond I (Io) zu bedecken. Beispielsweise bedeutet I BA immer einen Bedeckungsanfang von Io.
Saturn: Schon mit einem guten Fernglas ist der Riesenmond Titan zu erkennen. Mit Fernrohren sind auch die Monde Rhea, Dione und Tethys sowie Japetus in westlicher Elongation (er ist dann rund 2^m heller) zugänglich. Für die Monate, in denen Saturn einigermaßen zu beobachten ist, findet man jeweils eine Grafik, aus der die Stellungen und die Bewegungsabläufe der Saturnmonde Titan, Rhea, Thetys, Dione und Japetus zu entnehmen sind. Die Bahnlagen der Saturnmonde relativ zum Beobachter sind unter jeder Grafik abgebildet.

Sternschnuppen

Sternschnuppen, die in Strömen periodisch auftreten, sind in den Monatsübersichten angegeben. Bei den verzeichneten Daten, vor allem, was die Häufigkeit betrifft, ist mit erheblichen Abweichungen zu rechnen.
Die in vorliegendem Jahrbuch verwendeten Daten stammen von der International Meteor Organization (IMO) und werden jährlich aktualisiert.
Die Meteorrate bezieht sich auf den Idealfall, dass der Radiant im Zenit steht. Vor allem bei horizontnahen Radianten ist die pro Stunde zu beobachtende Sternschnuppenzahl erheblich geringer. Die systematische Beobachtung heller Meteore ist auch heute noch ein dankbares Aufgabengebiet für den Amateurastronomen.

Konstellationen und Ereignisse

Diese Übersicht weist auf Konjunktionen (Begegnungen) zwischen den großen Planeten, mit Sonne und Mond sowie auf alle Oppositionen zur Sonne und die größten Elongationen der inneren Planeten hin. Auch Perihel- (Sonnennähe) und Aphelstellungen (Sonnenferne) der Planeten sind angegeben.
Sind Begegnungen des Mondes mit Planeten prinzipiell beobachtbar, so sind die Winkeldistanzen topozentrisch (für +50° Breite) angegeben und durch **Fettdruck** hervorgehoben.
Für die übrigen Konjunktionen sind die Abstandsangaben geozentrische Werte (Normaldruck). Denn durch die relative Erdnähe des Mondes ergibt sich eine große Parallaxe, d. h., der Winkelabstand des Mondes von einem Planeten kann bis etwa 1° differieren zwischen einem (fiktiven) Beobachter im Erdmittelpunkt (geozentrisch) und einem Beobachter auf der Erdoberfläche (topozentrisch). Ferner sind wichtige Ereignisse durch **Fettdruck** hervorgehoben.

Fixsternhimmel

Da die Sonne täglich um rund 1° unter den Sternen nach Osten vorrückt, ändert sich der Anblick des Himmels im Laufe eines Jahres. Genauer: Täglich durchschreiten die Fixsterne den Meridian vier Minuten früher als am Vortag. In 30 Tagen, also einem Monat, macht das schon zwei Stunden! Mitte Dezember steht das Sternbild Orion gegen Mitternacht im Süden. Mitte Januar schon um 22 Uhr, und Mitte Februar geht Orion um 20 Uhr durch den Meridian. Dadurch ändert sich zur gleichen Beobachtungsstunde die Himmelsszene mit dem Datum. Nach einem Monat ist der Anblick noch nicht allzu verschieden, aber nach einem Vierteljahr (sechs Stunden!) hat sich die Szenerie völlig umgestellt. Man spricht daher von einem Frühlings-, Sommer-, Herbst- und Wintersternhimmel. Gemeint ist der Anblick des Fixsternhimmels in den Abendstunden der jeweiligen Jahreszeit.
Die Monatssternkarte dient der schnellen Orientierung. Sie zeigt den beobachtbaren Himmelsausschnitt für 50° nördlicher Breite zur Standardbeobachtungszeit (am Monatsersten um 23^h MEZ, am 15. um 22^h MEZ). Ebenfalls in die Monatssternkarten eingetragen sind die fünf hellen Planeten (Merkur bis Saturn), sofern sie zur Monatsmitte um 22^h MEZ über dem Horizont stehen. Zum Rand zu erscheint die Sternkarte aufgehellt. Es werden damit die Extinktion und die durch künstliche Lichtquellen fast immer aufgehellten Horizonte nachempfunden.
Die monatlichen Sternkarten können auch zur Beobachtung am Morgenhimmel herangezogen werden. Unter jeder Sternkarte finden sich die entsprechenden Datums- und Uhrzeitangaben. Man beachte noch, dass für andere Monate der Planetenstand nicht aktuell ist. Man entnehme ihn der monatlichen Grafik „Planetenlauf".

Klimaangaben

Der Sternenbeobachter ist auf klares Wetter angewiesen. Oft

entgeht einem ein interessantes Himmelsereignis, weil der Wettergott nicht mitspielt. Gerade in Mitteleuropa wechselt das Wetter recht häufig, stabile Wetterlagen sind selten. Amateurastronomen und Sternfreunde gehören zu den Zeitgenossen, die ihren Blick häufig zum Himmel richten und dabei nicht nur die Gestirne beobachten, sondern auch sachkundig die Witterung beurteilen. Zudem sollten Notizen über die Wetterlage im Protokoll jeder Beobachtung enthalten sein.
In den Monatsübersichten sind daher Angaben über den Klimaverlauf vermerkt. Aufgrund langjähriger meteorologischer Aufzeichnungen wurden sie zusammengestellt. Sie sind also Mittelwerte, die eine Einschätzung des jeweiligen aktuellen Wetterverlaufs ermöglichen sollen. Keineswegs handelt es sich bei den Klimaangaben aber um eine Wettervorhersage. Dies wäre eine Fehlinterpretation. Das Wetter lässt sich in unseren Gegenden höchstens auf zwölf Stunden vorhersagen, mehr nicht.
Die monatliche Tabelle „Klimadaten“ informiert über Niederschlagstage und die Bewölkungswahrscheinlichkeit einiger ausgewählter Orte in Mitteleuropa. Die Werte stammen aus „World-Climates“ von Willy Rudloff, erschienen in der Wissenschaftlichen Verlags-GmbH, Stuttgart.

Monatsthemen

Hier wird monatlich ein Kapitel aus der Himmelskunde kurz und bündig dargestellt, zum leichteren und allmählichen Eindringen in die Wissenschaft von den Sternen. Auch über neue Forschungsergebnisse aus der Astronomie wird berichtet.

Tabellen und Ephemeriden

Für den fortgeschrittenen Amateurastronomen sind im Anhang wichtige Beobachtungsgrundlagen vermerkt. Der Anfänger kann diese Angaben unberücksichtigt lassen.
Auf Seite 238 findet man die ekliptikalen Koordinaten des Mondes, der Sonne und der großen Planeten von Merkur bis Saturn.
Die äquatorialen Koordinaten der Planeten und Kleinplaneten sind für das Äquinoktium J2000.0 angegeben, damit man sie leichter in vorhandene Sternkarten einzeichnen kann. Die Aufsuchkärtchen gelten ebenfalls für J2000.0.
Ferner sind Kulminationszeiten sowie die Auf- bzw. Untergangszeiten, Scheibchendurchmesser in Bogensekunden und beleuchteter Teil der Planetenscheibchen vermerkt. Bei Saturn ist noch die Ringöffnung zur Erde und zur Sonne sowie die scheinbare Ausdehnung der großen und der kleinen Ringachse angegeben.
Für Sonne, Mars und Jupiter (System I und II) sind die Zentralmeridiane (Meridiane durch den Scheibenmittelpunkt) jeweils für 1^h MEZ vermerkt. Ferner gibt die Sonnenephemeride die Entfernung der Sonne von der Erde in AE an sowie ihren scheinbaren Durchmesser, die Achsenlage und die Sternzeit an.
Sternbedeckungen durch den Mond sind für Berlin, Dresden, Hamburg, Hannover, Düsseldorf, Frankfurt (Main), Leipzig, München, Nürnberg, Stuttgart, Wien und Zürich angegeben. Aus Platzersparnisgründen ist jeweils nur ein Positionswinkel angegeben, der lediglich dem leichteren Aufsuchen des zu bedeckenden Sternes dienen soll. In den Monatsübersichten wird unter der Rubrik „Mondlauf“ in der Spalte „Sterne und Sternbilder“ durch ein Sternchen (*) auf Sternbedeckungen hingewiesen.
Veränderliche Sterne sind im Anschluss an die Fixsternmonatsübersichten aufgeführt. Für Algol (β Persei) und β Lyrae findet der Sternfreund jeweils die Minima-Zeiten, für δ Cephei die Lichtmaxima und für den langperiodischen Veränderlichen Mira (ο Ceti) den jeweiligen Helligkeitszustand. Die Aufsuchkärtchen findet man auf der Umschlaginnenseite. Bei den Minima-Angaben für Algol ist die Lichtzeitkorrektur (helio-

Das griechische Alphabet

Α	α	Alpha	a	Η	η	Eta	e	Ν	ν	Nü	n	Τ	τ	Tau	t
Β	β	Beta	b	Θ	ϑ	Theta	th	Ξ	ξ	Xi	x	Υ	υ	Ypsilon	y
Γ	γ	Gamma	g	Ι	ι	Jota	i, j	Ο	ο	Omikron	o	Φ	φ	Phi	ph
Δ	δ	Delta	d	Κ	κ	Kappa	k	Π	π	Pi	p	Χ	χ	Chi	ch
Ε	ε	Epsilon	e	Λ	λ	Lambda	l	Ρ	ρ	Rho	r	Ψ	ψ	Psi	ps
Ζ	ζ	Zeta	z	Μ	μ	Mü	m	Σ	σ	ς Sigma	s	Ω	ω	Omega	o

zentrisch auf geozentrisch) berücksichtigt.
Eine Sternzeittafel soll die rasche Bestimmung der Sternzeit zur abendlichen Beobachtungsstunde ermöglichen. Die Sternzeit für 1^h MEZ, bezogen auf den Meridian von Greenwich (Nullmeridian), findet man in der Tabelle „Ephemeride der Sonnenscheibe“ (letzte Spalte).
Das Julianische Datum ist jeweils für den Monatsersten in der Rubrik „Sonnenlauf“ angegeben. Das Julianische Datum stellt eine fortlaufende Tageszählung dar, die mit dem 1. Januar des Jahres -4712 (= 4713 v. Chr.) beginnt.
Im Anhang finden sich zwei Verzeichnisse astronomischer Institutionen. Im Verzeichnis „Astronomische Institute, Planetarien und Sternwarten“ findet man die professionellen Einrichtungen im deutschen Sprachraum.
Das Verzeichnis „Amateurastronomische Vereinigungen, Beobachtungsstationen und Privatsternwarten“ enthält astronomische Vereine, Schulsternwarten sowie ehrenamtlich betriebene Sternwarten mit Publikumsverkehr. Dieses Verzeichnis soll dem Leser den Kontakt zu Gleichgesinnten erleichtern und die eigene Beobachtungstätigkeit fördern. Das Verzeichnis erhebt keinen Anspruch auf Vollständigkeit. Weitere Adressen nimmt der Herausgeber gerne auf (Anschrift: Planetarium Stuttgart, Mittlerer Schloßgarten, 70173 Stuttgart).

Abbildungen

Zahlreiche Abbildungen sollen der Anschaulichkeit, dem besseren Verständnis und für die Beobachtung dienen. Viele Abbildungen sind irgendwo im Text eingestreut, werden jedoch nicht nur in einem bestimmten Monat, sondern häufiger benötigt – z. B. Sternkarten mit eingezeichnetem Planetenlauf oder Aufsuchkärtchen. Um eine gewünschte Abbildung schneller zu finden, sind die Abbildungen nicht fortlaufend durchnummeriert, sondern kapitelweise.
E. steht dabei für den Einführungsteil, F. für Finsternisse, 1. für die Monatsübersicht Januar, 2. für Februar usw., T. für den Tabellenteil.
Beispiele: E.3 ist die dritte Abbildung im Erläuterungsteil, 1.1 die erste im Monatskapitel Januar, 5.3 die dritte im Mai, T.5 die fünfte im Tabellenteil. Auf Seite 2 findet sich ferner ein Verzeichnis wichtiger Abbildungen und Tabellen für das schnelle Auffinden von Grafiken und Zahlenwerten.

Kalender-Zyklen

Sonnenzirkel: Ordnungszahl (1 bis 28) im Zeitintervall von 28 Jahren, nach dem die Wochentage wieder auf dieselben Daten (dieselben Monatstage) fallen. Da es sieben Wochentage gibt, aber jedes 4. Jahr ein Schaltjahr ist, so fallen nach $7 \times 4 = 28$ Jahren die Wochentage wieder auf dieselben Monatstage. Der Sonnenzirkel gibt an, welcher Sonntagsbuchstabe im betreffenden Jahr gilt.
Sonntagsbuchstabe: Gibt im ewigen Kalender den Tag des ersten Sonntags im Jahr an. In Schaltjahren gelten zwei Sonntagsbuchstaben (der zweite ist ab dem 1. März zu benutzen).

1. Januar A	5. Januar E
2. Januar B	6. Januar F
3. Januar C	7. Januar G
4. Januar D	

Epakte: Gibt das Mondalter vermindert um 1 zu Beginn des Kalenderjahres an, also die Zahl der Tage, die am 31. Dezember des Vorjahres seit dem letzten Neumondtermin verflossen sind (1-29). Für Neumond am 31. Dezember steht meist ein * statt 0. Die Epakte spielt eine Rolle bei der Festlegung des Ostertermins.
Goldene Zahl, lateinisch Numerus Aureus oder auch Mondzirkel genannt, ist die Ordnungszahl (I bis XIX) der Jahre im Metonschen Mondzyklus. Da 235 Lunationen (synodische Monate) ziemlich genau 19 Jahren entsprechen, fallen nach 19 Jahren die Mondphasen (nahezu) auf dieselben Tage im Sonnenjahr. Die Goldene Zahl diente im Julianischen Kalender zur Bestimmung des Ostertermins. Im Gregorianischen Kalender ist sie durch die Epakte ersetzt. Die Goldene Zahl wird in römischen Ziffern geschrieben, um eine Verwechslung mit dem Sonnenzirkel auszuschließen.
Indiktion (Römerzinszahl): Zyklus von 15 Jahren im Besteuerungssystem des Römischen Reiches, das von Kaiser Augustus eingeführt wurde. Der Start (Epoche) des Zyklus erfolgte im Jahr 3 v. Chr. Heute dient die Indiktion (von lat.: indictio = Ankündigung) nur noch als chronologische Prüfzahl für das laufende Jahr. Die Indiktion läuft von 1 bis 15.
Jahresregent: Gehört traditionsgemäß ebenfalls zu den Kalenderzyklen, hat aber keine chronologische Bedeutung mehr. Aus kulturhistorischen Gründen und da er in der Numismatik eine gewisse Rolle spielt sowie schlicht der Vollständigkeit halber, ist er in der Rubrik Kalender-Zyklen mit aufgeführt. Jahresregent können sein: Sonne, Mond, Merkur, Venus, Mars, Jupiter und Saturn, also die klassischen sieben „Planeten“ des Ptolemäischen Weltsystems.

Kurzhinweise zum Gebrauch

Nachstehende Angaben sind für diejenigen Nutzer gedacht, die mit den Grundlagen der Astronomie einigermaßen vertraut sind. Für Einsteiger in die Himmelskunde seien die ausführlichen „Erläuterungen zum Gebrauch“ auf Seite 11 zur Lektüre empfohlen.

Alle Zeitangaben sind in MEZ (MEZ = UTC + 1^h) vermerkt. Während der Gültigkeit der Mitteleuropäischen Sommerzeit (MESZ = UTC + 2^h) ist zu allen Zeitangaben eine Stunde zu addieren. Während der Geltungsdauer der Sommerzeit sind die Zeitangaben in Tabellen in einem dunkleren Farbton unterlegt.

Auf- und Untergangszeiten in MEZ gelten exakt für 10° östlich von Greenwich und 50° Nord. Für Sonne und Mond gelten die Auf- und Untergangszeiten jeweils für den oberen Scheibenrand. Die mittlere Refraktion in Horizontnähe ist mit 35′ berücksichtigt. Die Dämmerungszeiten in der Rubrik „Sonnenlauf“ geben Beginn und Ende der nautischen Dämmerung (Sonnenhöhe = −12°) an. Die Mittagshöhe der Sonne gilt für 50° Nord.

Zeitgleichung = WOZ – MOZ; positive Werte: Wahre Sonne geht vor der mittleren durch den Meridian; negative Werte: Wahre Sonne geht nach der mittleren durch den Meridian.

Kulmination: Vermerkt ist die Kulminationszeit der wahren Sonne in MEZ für den Meridian 10° östlich von Greenwich.

Sternzeit: Stundenwinkel des Frühlingspunktes.

Sonnenzeit: Stundenwinkel der mittleren Sonne plus 12^h.

Positionen: Äquatoriale Koordinaten (Rektaszension und Deklination) gelten jeweils für das Äquinoktium J2000.0 und beziehen sich auf 1^h MEZ zum angegebenen Datum.

Mondlauf: Spalte „Sterne und Sternbilder“: Ein Sternchen (*) weist auf eine beobachtbare Sternbedeckung hin (siehe Tabelle „Sternbedeckungen durch den Mond“ im Anhang).
Spalte „Phase“:
Erdnähe/Erdferne: Angegeben sind die Monddistanzen in Tausend Kilometer und der scheinbare Monddurchmesser in Bogenminuten.

Fixsternhimmel: Die Planetenpositionen in den Monatssternkarten gelten jeweils für die Mitte des laufenden Monats. Die Sternbilderbezeichnungen entsprechen der internationalen Sternbilderliste der IAU (siehe *Astrowissen* von H.-U. Keller, 2. Auflage, Seite 128).

Veränderliche Sterne:
Lichtlaufzeit für Algol (β Perseï) ist berücksichtigt.
Bei β Lyrae bedeuten:
H – Hauptminimum
N – Nebenminimum

Helligkeiten: Alle Helligkeitsangaben sind V-Helligkeiten (UBV-System nach Johnson).

Sonnen- und Mondfinsternisse 2003

Nachdem das Jahr 2002 sich für uns Mitteleuropäer als ausgesprochen finsternisarm erwiesen hat, sind im Jahre 2003 immerhin vier kosmische Schattenspiele von unserem Gebiet aus beobachtbar:
Zwei totale Mondfinsternisse, eine ringförmige Sonnenfinsternis in ihrer partiellen Phase sowie das seltene Ereignis eines Merkurtransits.
Global gesehen finden zwei totale Mondfinsternisse, je eine ringförmige und eine totale Sonnenfinsternis sowie ein Vorübergang des Planeten Merkur vor der Sonnenscheibe statt.
Die totale Mondfinsternis vom 16. Mai kann in den frühen Morgenstunden in ihrer ersten Hälfte von Mitteleuropa aus beobachtet werden bis der verfinsterte Mond untergeht. Die totale Mondfinsternis in der Nacht vom 8. auf 9. November kann in ihrer vollen Länge von Mitteleuropa aus verfolgt werden.
Die ringförmige Sonnenfinsternis vom 31. Mai kann von Mitteleuropa aus als partielle Finsternis gesehen werden. Für nördliche Orte in Deutschland ist dabei der Bedeckungsgrad größer als bei der totalen Sonnenfinsternis vom 11. August 1999, als die Totalitätszone über Süddeutschland und Österreich ging.

Die totale Sonnenfinsternis vom 23./24. November ist ausschließlich von den Südpolargebieten, Australien und Neuseeland aus beobachtbar. Von der Nordhalbkugel bleibt sie völlig unbeobachtbar. Der Vorübergang des dunklen Merkurscheibchens vor der Sonne in den Morgen- und Vormittagsstunden des 7. Mai kann in seiner vollen Länge von Mitteleuropa aus verfolgt werden.

Totale Mondfinsternis am 16. Mai

Diese Finsternis findet in den frühen Morgenstunden des 16. Mai (also in der Nacht vom 15. auf den 16.!) statt. Die Mondfinsternis nimmt folgenden Verlauf:

	MEZ	MESZ
Eintritt des Mondes in den Halbschatten	2^h05^m	3^h05^m
Eintritt des Mondes in den Kernschatten	3 03	4 03
Beginn der totalen Verfinsterung	4 14	5 14
Mitte der Finsternis	4 40	5 40
Ende der totalen Verfinsterung	5 06	6 06
Austritt des Mondes aus dem Kernschatten	6 17	7 17
Austritt des Mondes aus dem Halbschatten	7 15	8 15

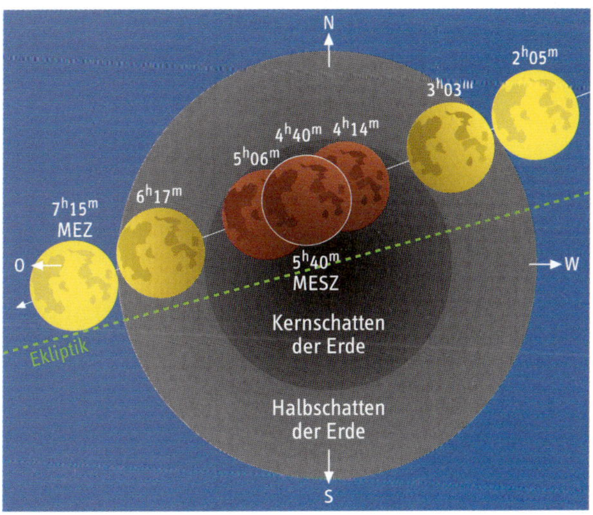

F.1 Verlauf der totalen Mondfinsternis vom 16. Mai 2003

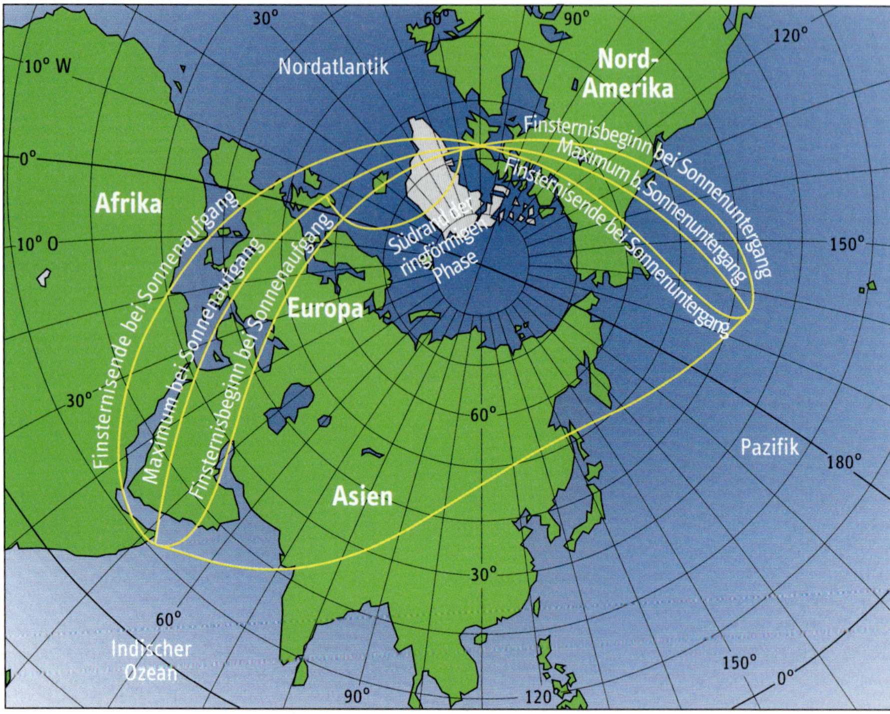

F.2 Globaler Verlauf der ringförmigen Sonnenfinsternis vom 31. Mai 2003

Der Eintritt und der Austritt des Mondes in beziehungsweise aus dem Halbschatten der Erde bleiben grundsätzlich unbeobachtbar, auch wenn der Mond über dem Horizont steht. Erst mit Eintritt des Mondes in den Kernschatten der Erde wird die Finsternis deutlich sichtbar.
Für den Ort 50° Nord und 10° Ost geht der Mond am 16. Mai um 4^h41^m (= 5^h41^m Sommerzeit) unter – also ziemlich genau zur Mitte der Finsternis. Die nautische Dämmerung beginnt um 3^h01^m (= 4^h01^m Sommerzeit). Der Verlauf der Finsternis ist aus Abbildung F.1 ersichtlich.
Die Größe der Finsternis beträgt das 1,134fache des Mondscheibendurchmessers. Sie gehört zum Saros-Zyklus Nr. 134.
Der Beginn der Kernschattenphase der Finsternis ist sichtbar von ganz Europa, Südgrönland, dem Atlantischen Ozean, östlichen Nord- und Südamerika, Teilen der Antarktis, Afrikas, des westlichen Indischen Ozeans.
Das Ende der Kernschattenphase der Finsternis ist sichtbar von ganz Nord-, Mittel- und Südamerika, dem Atlantischen Ozean, Teilen der Antarktis, des westlichen Afrikas, der westlichsten Teile der Iberischen Halbinsel sowie dem östlichen Pazifik (siehe auch Monatsthema November „Der Mond im Blickpunkt“ auf Seite 214).

Ringförmige Sonnenfinsternis am 31. Mai

In den Morgenstunden am Samstag, 31. Mai, findet eine ringförmige Sonnenfinsternis statt, die von Mitteleuropa aus in ihren partiellen Phasen beobachtbar ist. Sie hat die Saros-Nummer 147 und gehört zu den ungewöhnlichsten Finsternissen überhaupt, was ihre Geometrie betrifft. Die Nordhalbkugel der Erde ist der Sonne zugekehrt. Der Kernschattenkegel des Mondes zieht über den Nordpol hinaus, bevor er die Erde *fast* berührt. Somit läuft der Mondschatten diesmal von Ost nach West über die Erdoberfläche. In einem Gebiet von etwa 1100 Kilometern Breite erscheint die ringförmige Phase. Das Gebiet liegt im Nordatlantik und umfasst ganz Island, den nördlichen Teil Schottlands sowie weite Bereiche Grönlands. Das Maximum der Finsternis wird um 5^h08^m am Ort 24°00′

F.3 Verlauf der totalen Mondfinsternis vom 8./9. November 2003

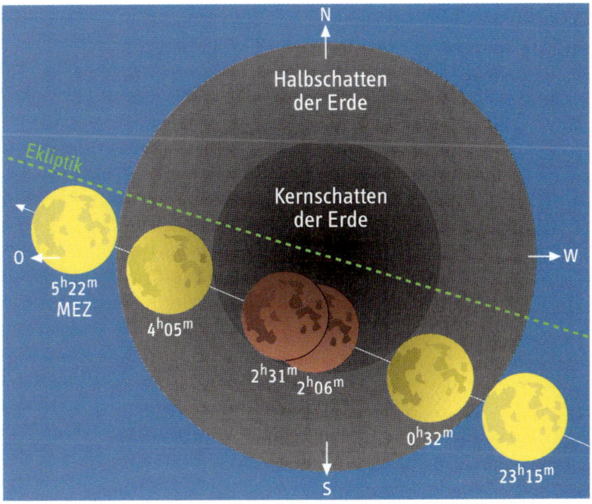

westlicher Länge und 66°49′ nördlicher Breite erreicht. Dieser Punkt liegt nahe bei Island. Die Sonne steht dort nur drei Grad über dem Horizont. Für 3^m37^s erscheint um die dunkle Neumondscheibe der feuerrote Ring der Sonne. In Deutschland geht die Sonne bereits verfinstert auf. Das Maximum der Finsternis wird hier gegen 4^h30^m (= 5^h30^m Sommerzeit) erreicht. Der maximale Bedeckungsgrad liegt zwischen 0,78 (München) und 0,84 (Kiel). Eine Stunde später endet die Finsternis für Orte in Deutschland. Den genauen Verlauf der Sonnenfinsternis für zahlreiche Orte in Mitteleuropa findet man in der Tabelle auf Seite 121. Eine ausführliche Beschreibung der Sonnenfinsternis bringt das Monatsthema Mai auf Seite 117.
Global betrachtet beginnt die Finsternis (1. Kontakt) am 31. Mai um 2^h46^m am Ort 52°53′ östlicher Länge und 23°22′ nördlicher Breite. Sie endet (letzter Kontakt) um 7^h30^m am Ort 160°56′ westlicher Länge und 48°42′ nördlicher Breite.
Sichtbar ist die Finsternis in der Arktis und Grönland, in Europa ohne die Iberische Halbinsel, in weiten Teilen Asiens, Nordkanada und Alaska sowie Arabien, nördliches Ägypten und im Roten Meer.

Totale Mondfinsternis am 8./9. November

In der Nacht vom Samstag, 8., auf Sonntag, 9. November ereignet sich eine totale Mondfinsternis, die in ihrem gesamten Verlauf von Mitteleuropa aus beobachtbar ist. Der Eintritt des Mondes in den Halbschatten der Erde erfolgt noch vor Mitternacht. Deutlich sichtbar wird die Finsternis aber erst eine halbe Stunde nach Mitternacht mit dem Eintritt des Mondes in den Kernschatten. Die Mondfinsternis nimmt folgenden Verlauf:

	MEZ
Eintritt des Mondes in den Halbschatten	23^h15^m
Eintritt des Mondes in den Kernschatten	0 32
Beginn der totalen Verfinsterung	2 06
Mitte der Finsternis	2 19
Ende der totalen Verfinsterung	2 31
Austritt des Mondes aus dem Kernschatten	4 05
Austritt des Mondes aus dem Halbschatten	5 22

Eintritt und Austritt in bzw. aus dem Halbschatten der Erde sind so unauffällig, dass sie nicht beobachtbar sind. Für den Referenzort 50° Nord und 10° Ost erfolgt der Monduntergang am 9. um 7^h40^m.
Die Größe der Finsternis beträgt nur das 1,022fache des Mondscheibendurchmessers. Somit ergibt sich nur eine relativ kurze Phase der Totalität von 25 Minuten. Die Saros-Nummer lautet für diese Finsternis: 126.
Der Beginn der Finsternis ist sichtbar von Europa, Afrika, West- und Zentralasien, der Arktis, dem östlichen Nordamerika, Mittelamerika, weiten Teilen Südamerikas, dem Atlantischen Ozean und dem westlichen Indischen Ozean. Das Ende der Finsternis ist zu sehen von Europa, Nordwestasien, Grönland, der Arktis, ganz Amerika, Afrika mit Ausnahme der östlichsten Gebiete, dem Atlantischen Ozean sowie dem östlichen Pazifik.
Näheres zur Beobachtung des Mondes findet sich im Monatsthema November „Der Mond im Blickpunkt" auf Seite 214.

Totale Sonnenfinsternis am 23./24. November

Diese Sonnenfinsternis findet in den Nachtstunden für Mitteleuropa statt und bleibt von der gesamten Nordhalbkugel der

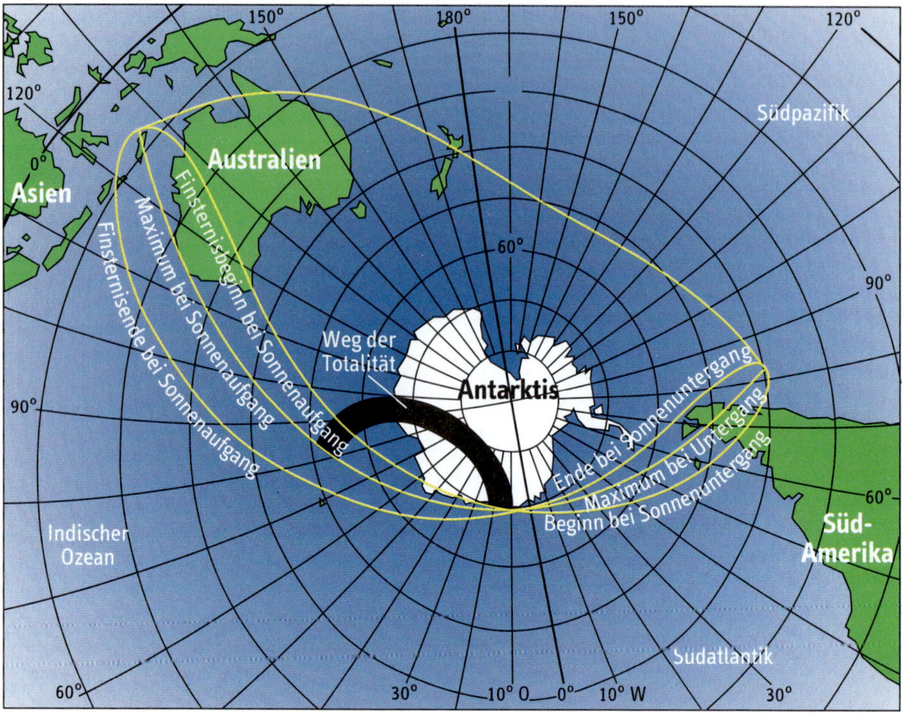

F.4 Globaler Verlauf der totalen Sonnenfinsternis vom 23./24. November 2003.

Erde aus unbeobachtbar. Sie ist lediglich in der Antarktis sowie von Australien und Teilen Neuseelands aus zu sehen. Auch die Südspitze Südamerikas fällt noch knapp in das Sichtbarkeitsgebiet der partiellen Phase. Die Totalitätszone zieht sich, vom südlichen Indischen Ozean ausgehend, ein Stück in die Antarktis hinein. Im Maximum hat die Totalitätszone eine ungewöhnliche Breite von 496 Kilometern, wobei die Sonnenhöhe nur 15° beträgt. Die große Breite von fast fünfhundert Kilometern ist auf den streifenden Einfall des Kernschattenkegels zurückzuführen. Die maximale Totalitätsdauer von 1^m59^s wird am Ort 88°29′ östlicher Länge und 72°41′ südlicher Breite um 23^h49^m erreicht.

Die Finsternis beginnt (1. Kontakt) am 23. um 21^h46^m MEZ am Ort 127°16′ östlicher Länge und -20°09′ südlicher Breite und endet (letzter Kontakt) am 24. um 1^h52^m MEZ am Ort 78°46′ westlicher Länge und 51°17′ südlicher Breite. Die Finsternis trägt die Saros-Nummer 152.

Merkurdurchgang am 7. Mai

Am Mittwoch, 7. Mai 2003, findet das seltene Ereignis eines Merkurdurchgangs statt, auch als Merkurtransit bezeichnet. Der sonnennächste Planet zieht als winziger, dunkler Punkt vor der Sonnenscheibe vorbei. Merkur kommt am 7. um 8^h in untere Konjunktion mit der Sonne. Am gleichen Tag passiert er seinen absteigenden Knoten, so dass er vor die Sonnenscheibe tritt. Der gesamte Durchgang dauert von 6^h13^m bis 11^h32^m (= 12^h32^m Sommerzeit). Somit ist diesmal der Merkurtransit von Mitteleuropa aus in den Vormittagsstunden des 7. Mai beobachtbar, da an diesem Tag der Sonnenaufgang schon lange vor 6^h13^m (= 7^h13^m Sommerzeit) erfolgt.

Die beiden letzten Merkurdurchgänge vom 15. November 1999 und vom 6. November 1993 entgingen uns leider, die Transite fanden statt, als Sonne und Merkur bei uns unter dem Horizont standen. Auch der Merkurtransit vom 13. November 1986 war nur in der Endphase in unseren Gegenden sichtbar. Der letzte bei uns vollständig beobachtbare Merkurtransit ereignete sich am 10. November 1973.

DANUBIA
Germany
DÖRR
Astro-Teleskope
Reflektoren – Refraktoren
Spiegel- und
Objektivdurchmesser
50, 60, 75, 80, 100, 114,
120, 130, 150, 200 mm
Vergrößerung
bis 400 fach
Qualität
Garantie
Service
DÖRR GmbH
Foto Marketing
Postfach 1280
D-89202 Neu-Ulm
Telefon (0731) 97037-0
Telefax (0731) 97037-37
www.doerrfoto.de
Lieferung über den Fachhandel

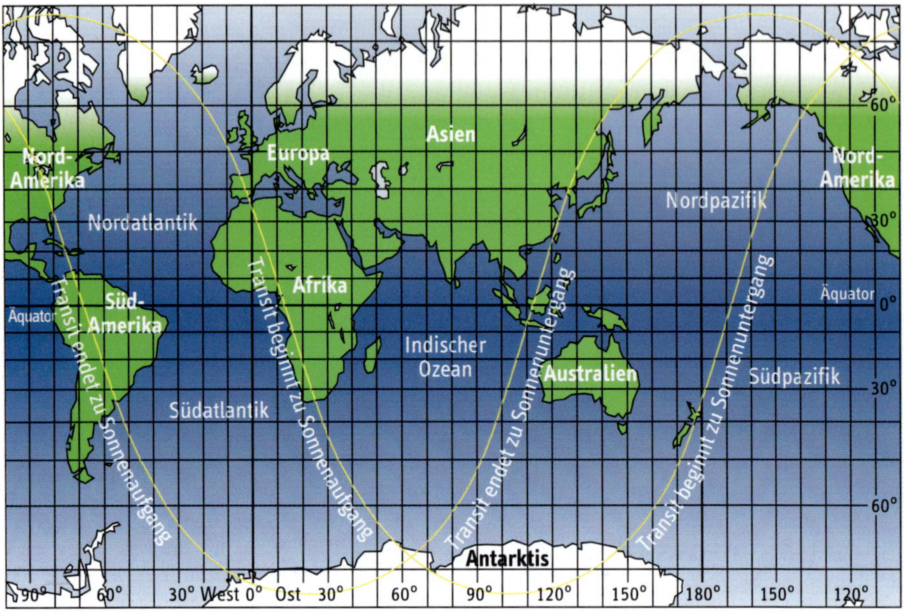

F.5 Globaler Verlauf des Merkurtransits vom 7. Mai 2003

Der Merkurdurchgang vom 7. Mai nimmt folgenden Verlauf:

	Geozentrisch MEZ	50° Nord/10° Ost MESZ
Merkur berührt die Sonnenscheibe (1. Kontakt):	$6^h12^m52^s$	$7^h11^m30^s$
Merkur löst sich vom Sonnenrand (2. Kontakt):	$6^h17^m20^s$	$7^h15^m55^s$
Mitte (geringste Distanz vom Sonnenscheibenmittelpunkt):	$8^h52^m20^s$	$9^h52^m10^s$
Merkur berührt den Sonnenrand von innen (3. Kontakt):	$11^h27^m16^s$	$12^h28^m06^s$
Merkur trennt sich von der Sonnenscheibe (4. Kontakt):	$11^h31^m44^s$	$12^h32^m30^s$

In der Tabelle links sind die Zeiten sowohl geozentrisch in MEZ angegeben als auch für den für Mitteleuropa zentralen Referenzpunkt 10° östlicher Länge und 50° nördlicher Breite in MESZ (= Mitteleuropäische Sommerzeit). Die topozentrischen Kontaktzeiten für einige Orte in Europa sind in der Tabelle „Merkurtransit" auf Seite 106 vermerkt.

Zur Mitte (maximale Phase) des Transits um 8^h52^m (= 9^h52^m Sommerzeit) wird der geringste Abstand Merkurs vom Sonnenscheibenmittelpunkt erreicht. Die Distanz beträgt dabei 11'48", der scheinbare Sonnenradius misst am 7. Mai aber 15'51". Dies bedeutet: Das dunkle Merkurscheibchen beschreibt nur eine relativ kurze Sehne auf der kreisförmigen Sonnenscheibe (siehe Abb. 4.11 auf Seite 103). Die Wanderung von Merkur vor der Sonne erfolgt rückläufig, also von Ost nach West, da er sich in unterer Konjunktion befindet.

Da das Merkurscheibchen zum Transit nur 12" scheinbaren Durchmesser aufweist, ist Merkur mit bloßen Augen nicht zu erkennen. Um das dunkle Merkurscheibchen zu erkennen, ist ein Teleskop erforderlich. Vor **unvorsichtigen Sonnenbeobachtungen** ohne ausreichende Schutzmaßnahmen ist **dringend zu warnen**.

Nähere Erläuterungen zum Merkurtransit und seinen Beobachtungsmöglichkeiten findet man im Monatsthema April „Merkur vor der Sonnenscheibe" auf Seite 101).

Januar 2003

Der strahlend helle Riesenplanet Jupiter und der Ringplanet Saturn beherrschen den Abendhimmel. Am Morgenhimmel dominiert glanzvoll Venus, die am 11. in größter westlicher Elongation steht. Am 4. kommt die Erde in Sonnennähe (Distanz: 147 Millionen Kilometer).

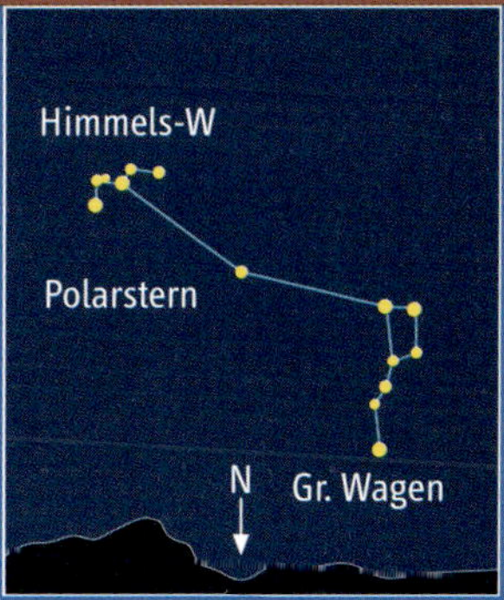

Großer Wagen und Himmels-W Anfang Januar um 22^h

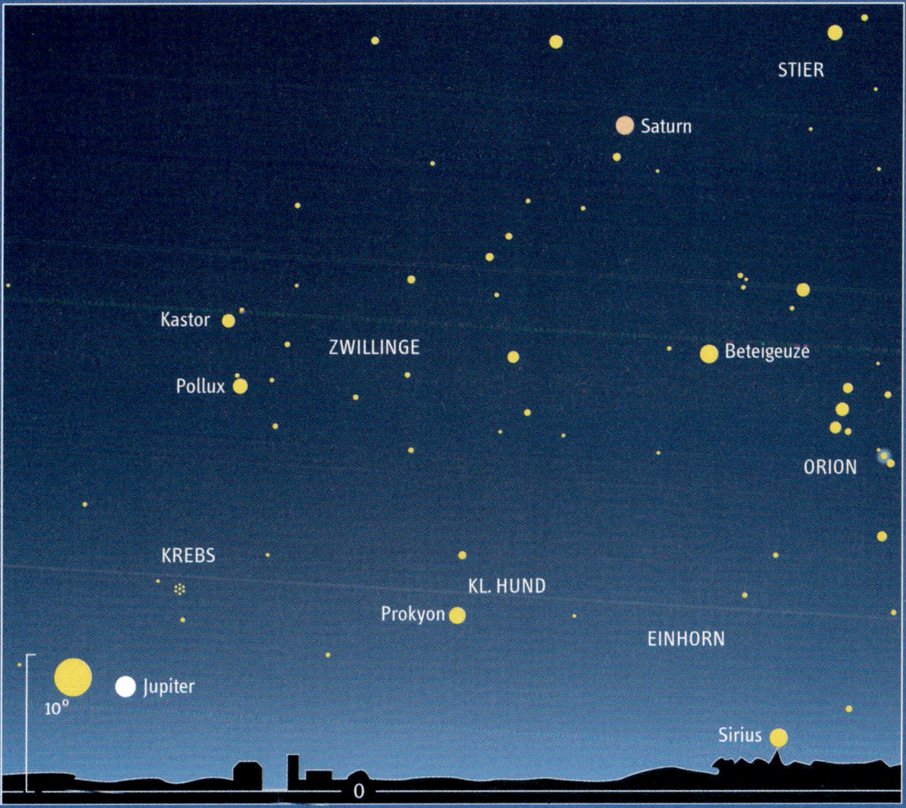

1.1 Himmelsanblick am 19. Januar gegen 19^h MEZ. Am Osthimmel ist Saturn im Stier zu sehen, knapp über dem Osthorizont stehen Jupiter und der Vollmond.

Sonnenlauf

20.1. 6h
Sonne tritt in das Sternbild Steinbock
20.1. 13h
Sonne tritt in das Tierkreiszeichen Wassermann

Julianisches Datum am 1. Januar, 1h MEZ: 2 452 640,5

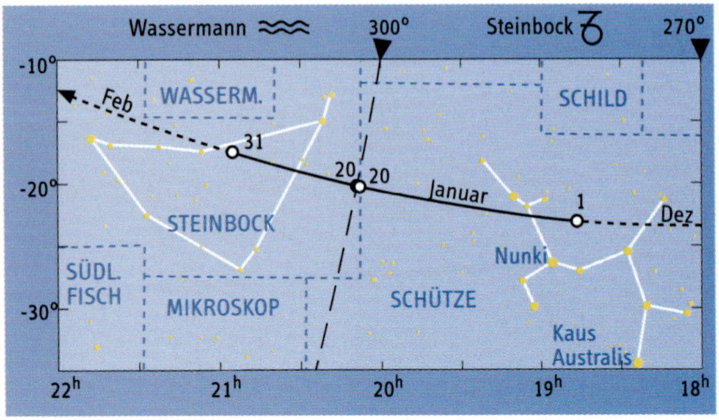

Tag	Dämmerg. Anfang	Aufgang MEZ	Kulmination	Untergang MEZ	Dämmerg. Ende	Mittagshöhe	Zeitgleichg.	Rektaszension	Deklination
	h m	h m	h m	h m	h m	o	m	h m	o
1.	6 59	8 19	12 23	16 28	17 48	17,0	– 3	18 44	–23,1
5.	6 59	8 18	12 25	16 33	17 52	17,4	– 5	19 02	–22,7
10.	6 58	8 16	12 27	16 39	17 57	18,0	– 7	19 23	–22,1
15.	6 56	8 13	12 29	16 46	18 03	18,8	– 9	19 45	–21,2
20.	6 52	8 09	12 31	16 53	18 10	19,8	–11	20 06	–20,3
25.	6 48	8 03	12 32	17 02	18 17	21,0	–12	20 27	–19,1
31.	6 42	7 56	12 33	17 12	18 26	22,6	–13	20 52	–17,6

Tages- und Nachtstunden

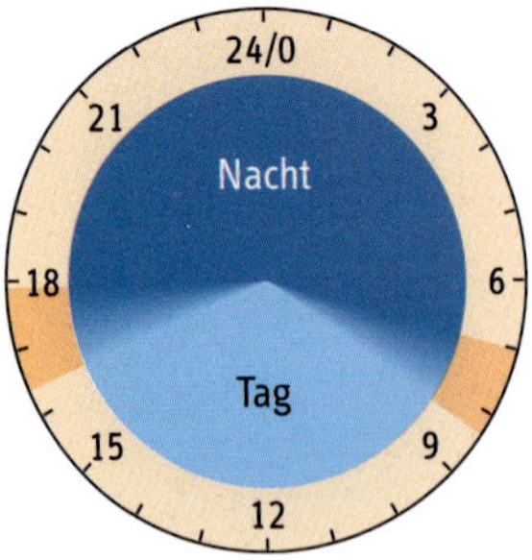

5. Januar

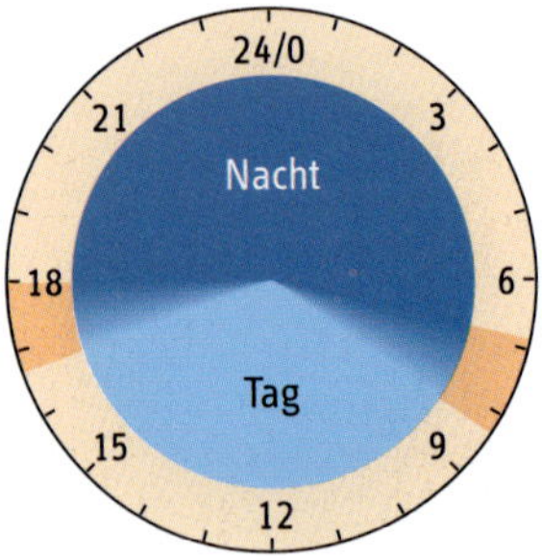

15. Januar

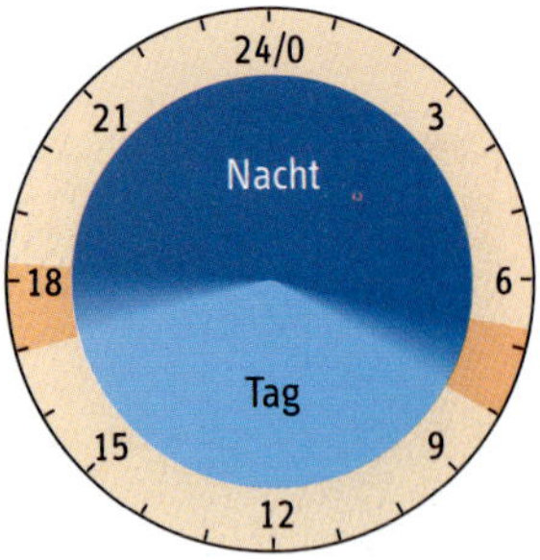

25. Januar

Mondlauf

Datum		Aufg. MEZ	Kulmination	Unterg. MEZ	Rektaszension	Deklination	Sterne und Sternbilder	Phase	MEZ
		h m	h m	h m	h m	°			
Mi	1.	7 02	11 02	14 57	16 59	−23,4	Antares		
Do	2.	8 14	12 03	15 50	18 01	−25,4	Schütze	**Neumond**	**21^h23^m**
Fr	3.	9 13	13 02	16 55	19 02	−25,7	Schütze, Nunki		
Sa	4.	9 57	13 59	18 08	20 03	−24,5	Schütze		
So	5.	10 30	14 52	19 22	21 00	−21,9	* Steinbock	Libration West	
Mo	6.	10 55	15 40	20 36	21 53	−18,2	Steinbock		
Di	7.	11 14	16 25	21 47	22 42	−13,8	Wassermann	Größte Südbreite	
Mi	8.	11 31	17 07	22 56	23 28	− 8,9	Wassermann		
Do	9.	11 45	17 47	–	0 12	− 3,8	Fische		
Fr	10.	12 00	18 27	0 03	0 55	+ 1,4	Walfisch	**Erstes Viertel**	**14^h15^m**
Sa	11.	12 15	19 08	1 09	1 38	+ 6,5	Fische	Erdferne 404/29′,6	2^h
So	12.	12 31	19 50	2 16	2 22	+11,3	Widder		
Mo	13.	12 51	20 35	3 24	3 08	+15,8	Widder		
Di	14.	13 16	21 23	4 34	3 56	+19,7	Stier, Plejaden	Aufsteigender Knoten	
Mi	15.	13 49	22 15	5 44	4 47	+22,9	Aldebaran		
Do	16.	14 33	23 10	6 50	5 41	+25,0	* Stier, Al Nath		
Fr	17.	15 29	–	7 49	6 38	+25,8	* Zwillinge	Libration Ost	
Sa	18.	16 38	0 07	8 38	7 37	+25,2	Kastor, Pollux	**Vollmond**	**11^h48^m**
So	19.	17 55	1 04	9 17	8 35	+23,1	Krebs, Krippe		
Mo	20.	19 16	1 59	9 47	9 33	+19,7	Löwe		
Di	21.	20 38	2 52	10 11	10 28	+15,1	Löwe, Regulus	Größte Nordbreite	
Mi	22.	21 59	3 43	10 31	11 21	+ 9,6	Löwe		
Do	23.	23 20	4 32	10 49	12 13	+ 3,7	Jungfrau	Erdnähe 370/32′,3	23^h
Fr	24.	–	5 21	11 07	13 04	− 2,5	Jungfrau		
Sa	25.	0 41	6 11	11 26	13 56	− 8,5	Spica	**Letztes Viertel**	**9^h33^m**
So	26.	2 03	7 02	11 49	14 48	−14,1	Waage		
Mo	27.	3 26	7 56	12 16	15 44	−18,9	* Waage	Absteigender Knoten	
Di	28.	4 46	8 52	12 52	16 41	−22,6	Antares		
Mi	29.	6 00	9 51	13 39	17 41	−25,0	Schlangenträger		
Do	30.	7 02	10 49	14 38	18 41	−25,8	Schütze, Nunki		
Fr	31.	7 51	11 47	15 47	19 41	−25,1	Schütze		

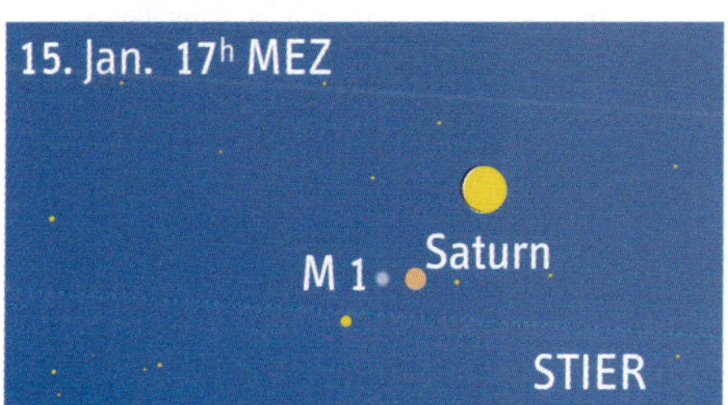

15. Jan. 17^h MEZ

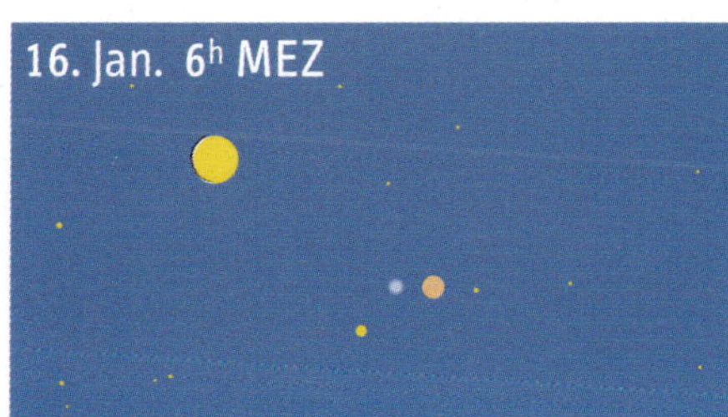
16. Jan. 6^h MEZ

Planetenlauf

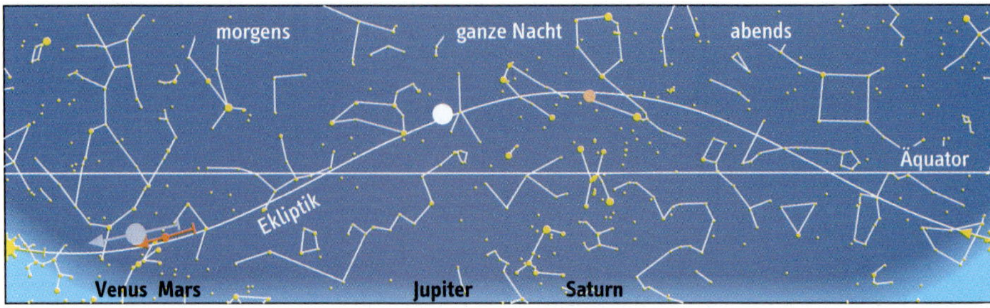

Merkur, der flinke und sonnennahe Planet, stand am 2. Weihnachtsfeiertag des Vorjahres in größter östlicher Elongation von der Sonne. Am 2. wird der schnelle Planet stationär und eilt anschließend rasch rückläufig auf die Sonne zu, die ihm im Tierkreis entgegenkommt. Bereits am 11. kommt Merkur in untere Konjunktion mit der Sonne. Danach entfernt er sich rückläufig von ihr, die westlichen Winkelabstände wachsen rasch an. Am 22. kommt Merkur abermals zum Stillstand und wandert anschließend wieder rechtläufig durch den Zodiacus. Gegen Monatsende bietet Merkur eine bescheidene Morgensichtbarkeit. Ab 25. kann man unter guten Sichtbedingungen mit Aussicht auf Erfolg versuchen, Merkur tief am Osthimmel aufzustöbern. Am 25. geht der 0,ᵐ3 helle Planet um 6^h38^m auf. Gegen 7^h macht er sich tief im Osten bemerkbar. Ein Fernglas ist empfehlenswert, um Merkur aufzuspüren. Bereits eine Vier-

1.2 Heliozentrischer Anblick des Planetensystems im ersten Jahresviertel 2003. Eingetragen sind die Positionen der inneren Planeten für den 1. Januar (1), 1. Februar (2) sowie 1. März (3) und 1. April (4) im linken Teil. Der rechte Teil zeigt das äußere Planetensystem samt einiger Planetoiden zu Anfang und Ende des ersten Jahresviertels. Die Pfeile deuten die Richtungen zu den ferneren Planeten sowie zum Frühlingspunkt an.

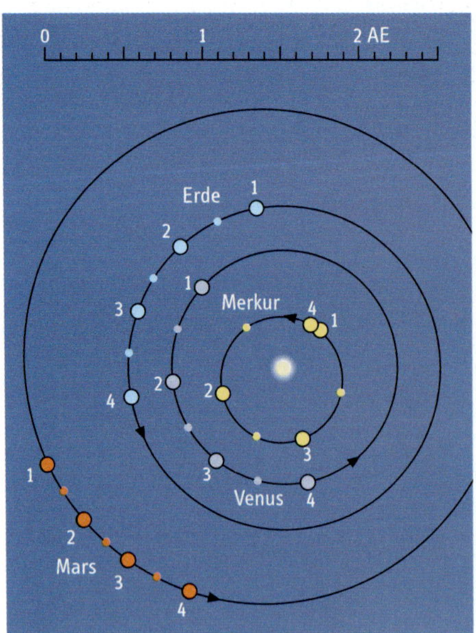

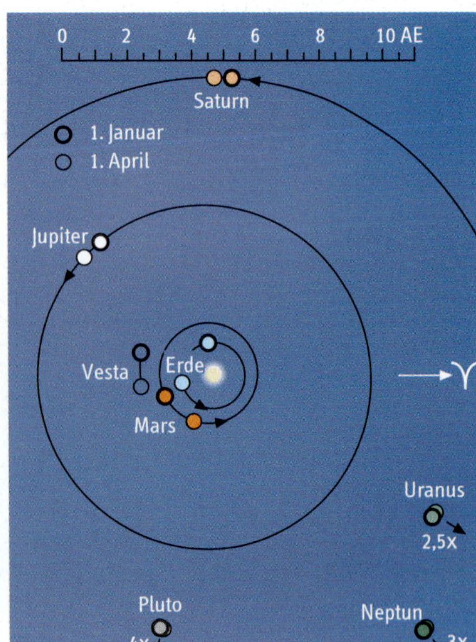

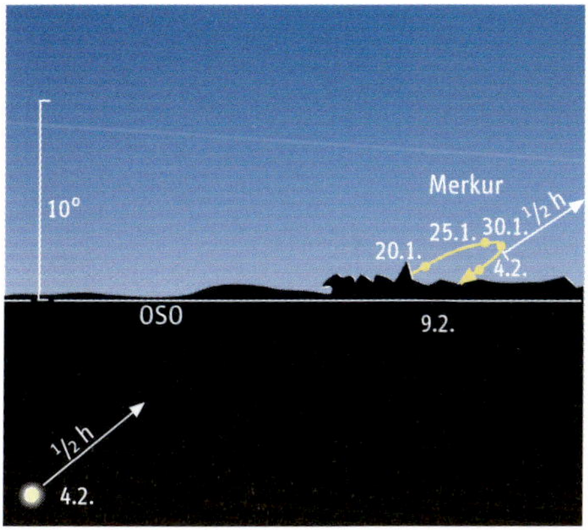

1.3 Stellung von Merkur über dem Südosthorizont zu den angegebenen Daten jeweils eine Stunde vor Sonnenaufgang. Die Pfeile deuten die Bewegungen von Merkur und Sonne in der folgenden halben Stunde an.

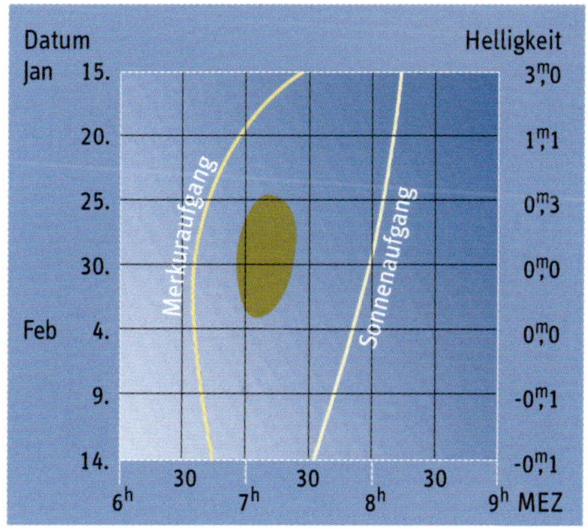

1.4 Sichtbarkeitsdiagramm für Merkur. Es gilt genau für 50° nördlicher Breite und 10° östlicher Länge. Blaue Fläche: Merkur unsichtbar; dunkelgelbe Fläche: Merkur ist unter günstigen Bedingungen zu sehen.

1.5 Scheinbare Schleifenbahn des Planeten Merkur im Gebiet der Sternbilder Schütze und Steinbock. Die Zahlen geben die Position von Merkur jeweils zum Monatsersten an (1 = 1. Januar 2003).

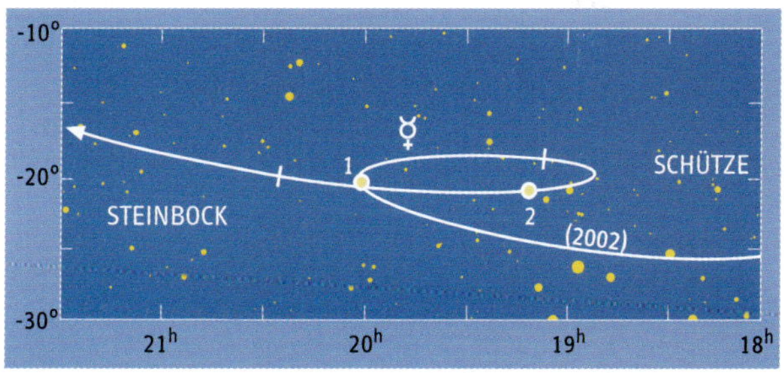

telstunde später verblasst Merkur in der heller werdenden Morgendämmerung. Bis Monatsende nimmt die Merkurhelligkeit auf 0,0m deutlich zu, die Aufgänge von Merkur verfrühen sich um fünf Minuten (s. auch Abb. 1.3 und 1.4 oben).

Im Fernrohr zeigt sich das 7,5" große Planetenscheibchen am Morgen des 30. halb beleuchtet, die so genannte Dichotomie (= Halbphase) tritt ein. An diesem Tag erhält der flinke Merkur außerdem Besuch vom abnehmenden Mond.

Seinen sonnennächsten Bahnpunkt, das Perihel, durchläuft Merkur am 6., wobei ihn 46 Millionen Kilometer (= 0,31 AE) vom Tagesgestirn trennen.

Venus eröffnet den Jahresreigen als strahlender Morgenstern. Am Morgenhimmel ist sie vor Sonnenaufgang über dem Südosthorizont zu sehen. Schon am 11. erreicht sie mit 46°58′ Winkelabstand ihre größte westliche Elongation von der Sonne. Ihren größten Glanz am Mor-

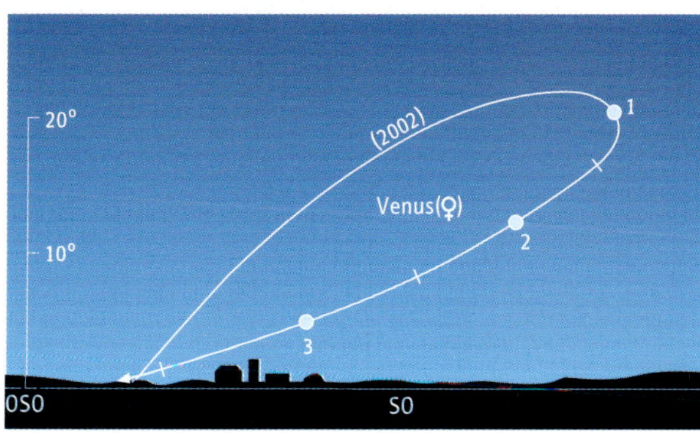

1.6 Stellung von Venus über dem Südosthorizont jeweils eine Stunde vor Sonnenaufgang. Die Zahlen geben die Venuspositionen zum Monatsersten an.

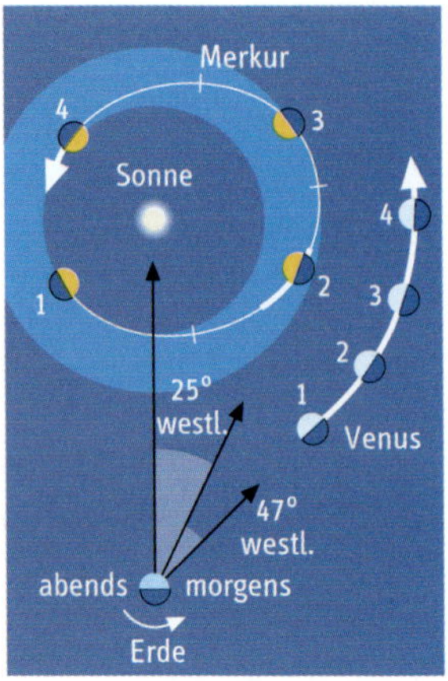

1.7 Heliozentrische Bewegungen von Merkur und Venus relativ zur Erde. In den dicker ausgezogenen Bahnteilen sind die Planeten beobachtbar. Die Zahlen markieren die Positionen jeweils zum Monatsersten. Östlicher Winkelabstand bedeutet Abendsichtbarkeit, westliche Elongation: Planet steht am Morgenhimmel.

genhimmel zeigte sie allerdings bereits im Dezember des letzten Jahres. Unser innerer Nachbarplanet wandert durch Waage und Skorpion in den Schlangenträger hinein. Zur Monatsmitte passiert sie Antares, den Hauptstern des Skorpions in 8° nördlichem Abstand (siehe Abb. 2.2 auf Seite 58). Am 28. ergibt sich gegen 6ʰ morgens ein netter

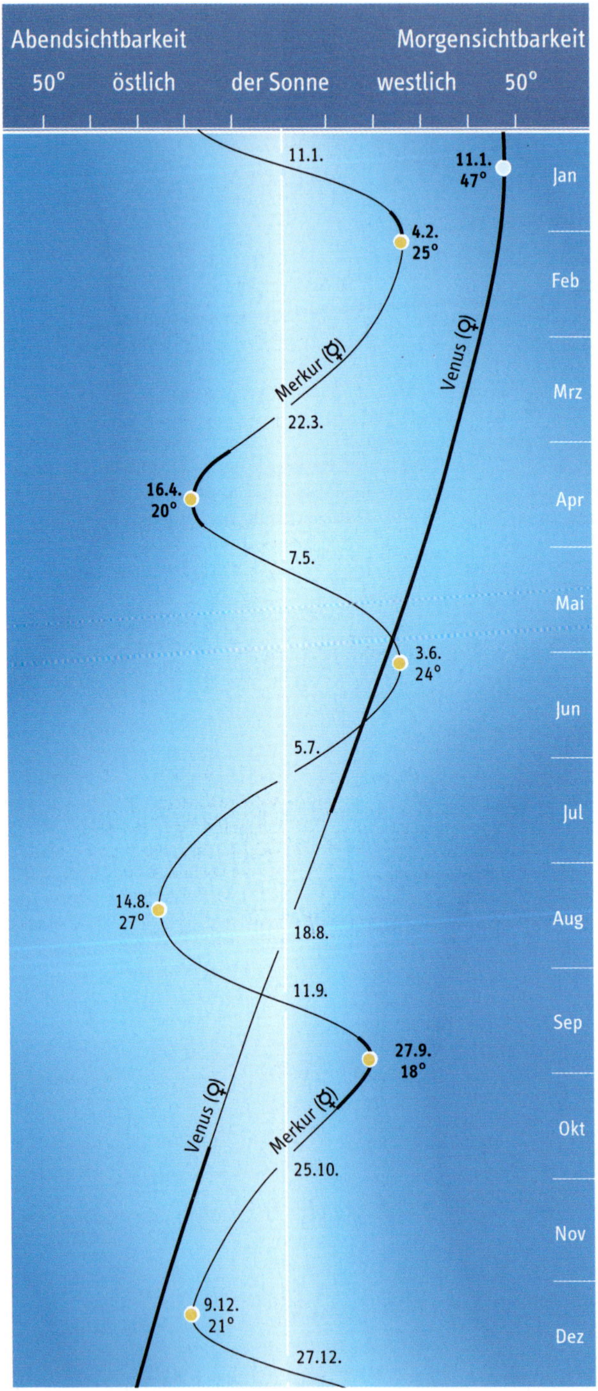

1.8 Elongationen der inneren Planeten Merkur und Venus von der Sonne im Jahre 2003. Die Datumsangaben beziehen sich jeweils auf die größten Elongationen und die Konjunktionen. Fettgedrucktes Datum bedeutet: in Mitteleuropa mit freiem Auge sichtbar. Unterbrochener Sonnenbalken weist auf eine untere Konjunktion hin, unterbrochene Planetenlinie auf eine obere Konjunktion.

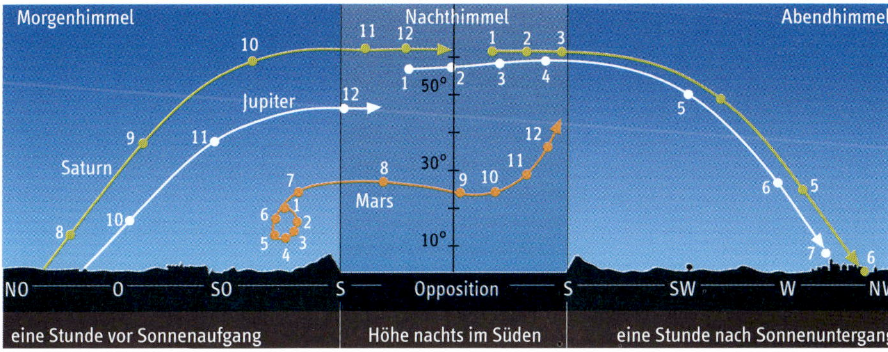

1.9 Stellung der Planeten Mars, Jupiter und Saturn im Jahr 2003. Im linken Teil sind die Positionen am Morgenhimmel jeweils eine Stunde vor Sonnenaufgang eingetragen, im rechten Teil die Positionen am Abendhimmel jeweils eine Stunde nach Sonnenuntergang. Im Mittelteil sind die Stellungen zur Zeit um die Kulmination angegeben sowie die Kulminationshöhe.

Himmelsanblick, wenn sich die schmale Sichel des abnehmenden Mondes zu Venus und Mars gesellt (siehe Abb. unten).
Der Aufgang der $-4^{m}.5$ hellen Venus erfolgt am 1. um $4^{h}20^{m}$. Bis Monatsende verspäten sich die Venusaufgänge auf $5^{h}01^{m}$, die Helligkeit geht leicht um $0^{m}.2$ zurück. Die immer früher einsetzende Helligkeit und die Aufgangsverspätungen bewirken eine Verkürzung der Morgensichtbarkeit von mehr als einer Stunde im Laufe des Monats. Am 11. morgens zeigt sich das 25″ große Venusscheibchen im Fernrohr halb beleuchtet, diese Halbphase wird Dichotomie genannt.
Mars ist zu Jahresbeginn am Morgenhimmel zu sehen. Der rote Planet wandert durch das Sternbild Waage und wechselt am 21. in den Skorpion. Am 22. passiert er Acrab (β Scorpii) nur eine Vollmondbreite südlich (siehe auch Abb. 2.2 auf Seite 58). Bereits am 29. wechselt er in den Schlangenträger. Am 31. schließlich ist Mars ca. 5° nördlich von Antares, dem Hauptstern des Skorpions, zu finden. Der Aufgang des $1^{m}.5$ hellen Mars erfolgt am 1. um $4^{h}10^{m}$. Bis Monatsende verfrühen sich die Marsaufgänge nur um eine knappe Viertelstunde. Die Helligkeit steigt leicht auf $1^{m}.3$ an, was Mars noch nicht zu einem auffälligen Objekt macht. Erst im August wird er die Blicke auch vieler Laien auf sich ziehen, wenn er uns so nahe kommt wie seit mehr als tausend Jahren nicht mehr.
Am 28. ergibt sich gegen 6^{h} morgens ein hübscher Himmelsanblick: Die schmale Sichel des abnehmenden Mondes steht zwischen Mars und Venus. Das Dreigestirn ist tief am Südosthorizont auszumachen (siehe Abb. unten).
Für Fernrohrbeobachter bietet Mars noch keinen lohnenswerten Anblick. Auf dem nur 5″ großen Planetenscheibchen ist kaum etwas zu erkennen. Mars erscheint deshalb so klein und

1.10 Begegnung der Planeten Venus und Mars mit dem abnehmenden Mond. Anblick des horizontnahen Südosthimmels am 28. Januar 2003 gegen 6^{h} MEZ.

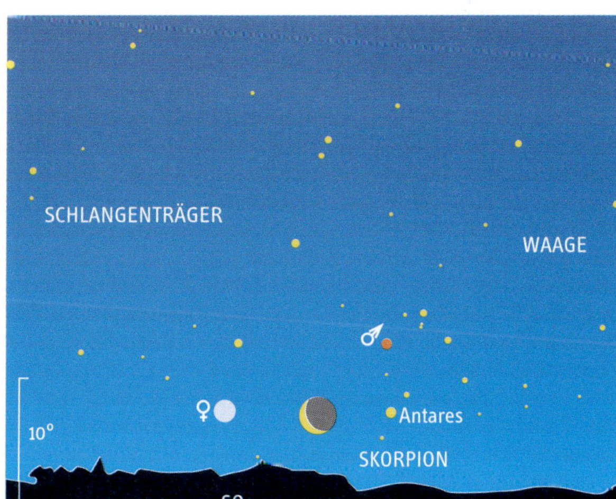

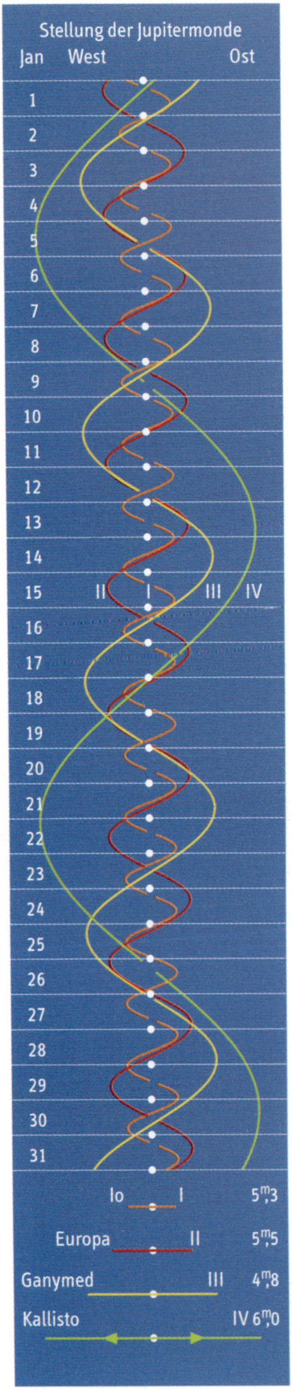

Jupitermonde

Tag	MEZ h	m	Vorgang
1.	0	06	IV SA
	4	00	I VA
	4	51	IV SE
	7	02	IV DA
	7	04	I BE
	20	21	II BA IV
	20	23	II BE IV
	22	30	III SA
2.	0	19	II VA
	1	16	I SA
	1	24	III DA
	1	59	I DA
	2	05	III SE
	3	33	I SE
	4	16	I DE
	4	37	II BE
	5	01	III DE
	22	29	I VA
3.	1	30	I BE
	19	44	I SA
	20	17	II DA
	20	25	I DA
	21	47	II SE
	22	01	I SE
	22	39	I VA II
	22	42	I DE
	23	12	II DE
	23	15	I VE II
4.	6	44	I BA II
	6	53	I BE II
	19	57	I BE
7.	0	25	I VA II
	0	41	I VE II
	20	00	I BA II
	20	09	I BE II
8.	5	54	I VA
	19	46	I BA III
	20	03	I BE III
9.	1	33	I BA III
	1	53	I BE III
	2	27	III SA
	2	52	II VA
	3	09	I SA
	3	44	I DA

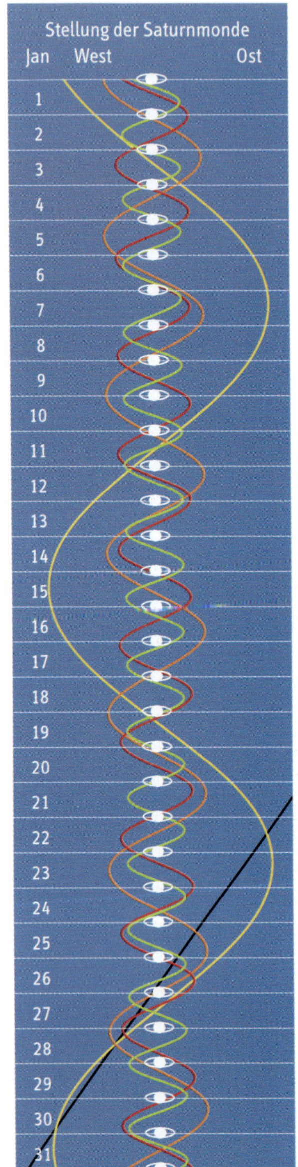

5	$11^m,9$
10	$11^m,7$
15	$11^m,3$
20	$10^m,9$
25	$10^m,6$
30	$10^m,4$

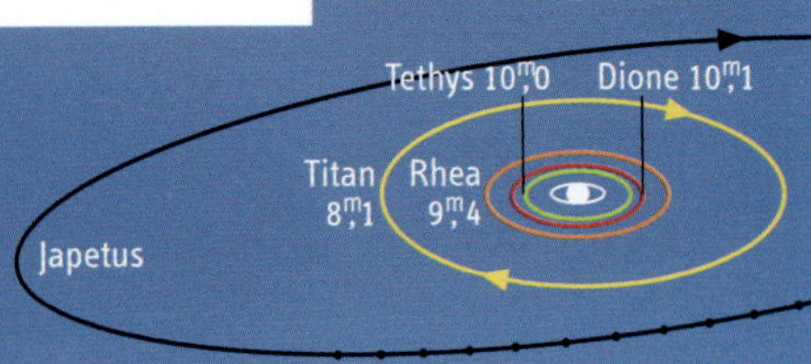

	4 46	III	DA	
	5 26	I	SE	
	6 01	I	DE	
	6 03	III	SE	
	6 53	II	BE	
10.	0 23	I	VA	
	3 15	I	BE	
	20 06	I	BA	II
	20 39	I	BE	II
	21 29	II	SA	
	21 38	I	SA	
	21 53	I	VA	II
	22 10	I	DA	
	22 25	I	VE	II
	22 35	II	DA	
	23 55	I	SE	
11.	0 24	II	SE	
	0 27	I	DE	
	1 30	II	DE	
	21 41	I	BE	
12.	20 00	II	BE	
	22 10	III	BE	
14.	3 34	I	VA	II
	3 58	I	VE	II
	6 16	I	BA	II
	6 37	I	BE	II
	22 24	I	BA	II
	22 31	I	BE	II
16.	5 03	I	SA	
	5 25	II	VA	
	5 28	I	DA	
	6 25	III	SA	
	7 20	I	SE	
	19 55	I	BA	III
	19 59	I	BE	III
17.	1 38	II	BA	IV
	1 49	II	BE	IV
	2 17	I	VA	
	5 00	I	BE	
	20 21	I	VA	II
	21 21	I	VE	II
	21 38	IV	DA	
	22 52	IV	SE	
	23 31	I	SA	
	23 54	I	DA	
18.	0 05	II	SA	
	0 52	II	DA	
	1 48	I	SE	
	2 11	I	DE	
	2 24	IV	DE	
	3 00	II	SE	
	3 46	II	DE	
	5 49	II	BA	IV
	6 12	II	BE	IV
	20 46	I	VA	
	23 26	I	BE	
19.	2 01	III	BA	IV
	2 10	III	BE	IV
	18 42	II	VA	
	20 17	I	SE	
	20 29	III	VA	
	20 37	I	DE	
	22 14	II	BE	
20.	1 28	III	BE	
22.	0 41	I	BA	II
	0 47	I	BE	II
23.	6 56	I	SA	
	7 11	I	DA	
	22 32	I	BA	III
	22 35	I	BE	III
24.	4 11	I	VA	
	6 44	I	BE	
	19 28	IV	BA	III
	19 42	IV	BE	III
25.	1 25	I	SA	
	1 37	I	DA	
	2 42	II	SA	
	3 07	II	DA	
	3 42	I	SE	
	3 54	I	DE	
	5 37	II	SE	
	6 02	II	DE	
	22 40	I	VA	
26.	1 10	I	BE	
	1 45	IV	VA	
	19 53	I	SA	
	20 03	I	DA	
	21 16	II	VA	
	22 10	I	SE	
	22 20	I	DE	
27.	0 27	III	VA	
	0 27	II	BE	
	4 44	III	BE	
	19 36	I	BE	
	20 44	III	VA	II
	20 58	III	VE	II
	21 18	III	BA	II
	21 32	III	BE	II
28.	18 56	II	SE	
	19 10	II	DE	
29.	2 54	I	BA	II
	2 58	I	BE	II
30.	17 59	III	SE	
	18 15	III	DE	
31.	6 06	I	VA	

relativ unauffällig, weil er noch recht weit entfernt ist. Zu Jahresbeginn trennen uns 307 Millionen Kilometer (= 2,05 AE) vom roten Planeten. Im August 2003 wird die Erde rund sechsmal näher zu Mars stehen.

Jupiter, noch rückläufig im Krebs, wird zum strahlenden Gestirn der gesamten Nacht. Der Riesenplanet strebt seiner Opposition entgegen, die er zu Beginn des nächsten Monats erreicht. Die Jupiterhelligkeit steigt leicht um $0^{\mathrm{m}}{,}1$ auf $-2^{\mathrm{m}}{,}6$ an. Der Riesenplanet überschreitet am 1. um $19^{\mathrm{h}}27^{\mathrm{m}}$ die Horizontlinie und am 15. um $18^{\mathrm{h}}24^{\mathrm{m}}$. Am Monatsletzten geht Jupiter bereits in den Nachmittagsstunden auf, nämlich um $17^{\mathrm{h}}09^{\mathrm{m}}$.
Zu Jahresbeginn hat das Jupiterscheibchen $44''{,}0$ scheinbaren Äquatordurchmesser und einen Poldurchmesser von $41''{,}1$.
Schon in kleinen Fernrohren erkennt man leicht, dass der Jupiterglobus abgeplattet ist.
Am 19. erhält der Riesenplanet Besuch vom fast vollen Mond (siehe Abb. 1.1 auf Seite 35).

Saturn stand Mitte des Vormonats in Opposition zur Sonne. Der Ringplanet wandert rückläufig durch den Stier und ist fast die gesamte Nacht über sichtbar. Am 4. passiert er den Krabben-Nebel (M 1) in den Morgenstunden, wobei er nur etwa eine Bogenminute (!) nördlich des Zentrums von M 1 vorbeizieht – ein interessanter Anblick im Teleskop (siehe Abb. 2.5 auf Seite 62). Allerdings erfolgt die exakte Passage erst gegen 5^{h} morgens, wenn der Ringplanet schon in Untergangsposition steht. Aber die Annäherung zu verfolgen lohnt sich allemal.
Die Saturnhelligkeit geht leicht um $0^{\mathrm{m}}{,}2$ auf $-0^{\mathrm{m}}{,}2$ zurück. Damit zählt der Ringplanet immer noch zu den hellsten Gestirnen am Nachthimmel und übertrifft auch Aldebaran, den Hauptstern im Stier, deutlich an Helligkeit. Mit Einbruch der Dunkelheit sieht man Saturn schon hoch am Osthimmel (siehe auch Abb. 1.1 auf Seite 35). Seine Untergänge verlagert der ring-

geschmückte Planet von 7^h14^m am 1. auf 6^h14^m am 15. und auf 5^h08^m am Monatsletzten.
Im Fernrohr bietet Saturn einen prächtigen Anblick, vor allem ab Vergrößerungen von 150fach aufwärts (und entsprechender Objektivöffnung). Zur Zeit ist der Saturnring mit 27° weit geöffnet – unser Blick trifft auf die Südseite des Ringes. Die scheinbare Längsausdehnung des Ringes liegt bei 46″, die dazu senkrechte Achse misst knapp 21″. Der Saturnglobus ist stark abgeplattet. Der scheinbare Äquatordurchmesser hat zur Monatsmitte $20{,}''3$, der Poldurchmesser hingegen nur $18{,}''5$.
Am Abend des 15. passiert der zunehmende Mond den Ringplaneten in rund 2° nördlichem Abstand.
Uranus hat sich vom Abendhimmel zurückgezogen. Der grünliche Planet nähert sich seiner Konjunktionsstellung mit der Sonne, die er Mitte des nächsten Monats erreicht. Uranus wandert rechtläufig durch den Steinbock und wechselt am 21. in das Sternbild Wassermann. Allenfalls noch zu Monatsanfang lässt sich Uranus mit lichtstarker Optik tief am Südwesthimmel aufstöbern. Am 1. geht der $5{,}^m9$ helle Planet um 20^h29^m unter und am 15. bereits um 19^h37^m. Ab dem 4. stört Mondlicht die Beobachtung.
Neptun im Sternbild Steinbock steht am 31. in Konjunktion mit der Sonne. Er hält sich am Taghimmel auf und bleibt nachts unbeobachtbar. Von der Erde aus betrachtet, hält sich Neptun hinter der Sonne auf. Es ereignet sich eine Neptunbedeckung durch die Sonne, da der ferne Planet fast exakt in der Ekliptikebene steht. Im August dieses Jahres geht Neptun durch seinen absteigenden Knoten, kreuzt also die Erdbahnebene von Nord nach Süd.
Am Konjunktionstag ist Neptun 4648 Millionen Kilometer (= 31,07 AE) von der Erde entfernt.
Pluto siehe „Planetenlauf" im März, Juni, August und Dezember sowie Aufsuchkärtchen Abb. 6.4 auf Seite 130.

Planetoiden

Vesta – Planetoid Nr. 4 – wandert rechtläufig durch das Sternbild Jungfrau und passiert am 26. gegen 2^h morgens nur $0{,}^\circ01$ südlich den Stern δ Virginis ($3{,}^m4$), der sich vorzüglich als Hilfsobjekt zum Aufsuchen von Vesta eignet (siehe auch Abb. 3.3 auf Seite 81). Die Vesta-Helligkeit steigt von $7{,}^m6$ auf $7{,}^m0$ kräftig an, was den vierten Kleinplaneten zu einem leichten Fernglasobjekt werden lässt.
Die Aufgänge von Vesta verfrühen sich von 23^h50^m zu Monatsbeginn auf 22^h15^m zum Monatsende. Am 1. passiert Vesta um 6^h13^m den Meridian, am 15. um 5^h31^m und am 31. bereits um 4^h39^m. Vesta ist somit in der zweiten Nachthälfte beobachtbar.

Konstellationen und Ereignisse

Datum	MEZ	Ereignis
2.	12^h	Merkur im Stillstand, anschließend rückläufig
4.	0	Mond bei Merkur, Mond $4{,}^\circ7$ südlich
4.	6	Erde im Perihel (Sonnennähe), Abstand Erde – Sonne 147,105 Millionen Kilometer
4.	20	Mond bei Neptun, Mond $4{,}^\circ7$ südlich
6.	2	Mond bei Uranus, Mond $4{,}^\circ6$ südlich
6.	10	Merkur im Perihel
11.	3	**Venus in größter westl. Elongation (47°)**
11.	21	Merkur in unterer Konjunktion mit der Sonne
15.	21	**Mond bei Saturn,** Mond $2{,}^\circ6$ nördlich, **Abstand $2{,}^\circ1$ um 19^h**
19.	16	**Mond bei Jupiter,** Mond $4{,}^\circ0$ nördlich, **Abstand $3{,}^\circ8$ um 19^h**
22.	24	Merkur im Stillstand, anschließend rechtläufig
26.	6	Venus bei Pluto, Venus $6{,}^\circ2$ südlich
27.	16	**Mond bei Mars,** Mond $0{,}^\circ4$ südlich, **Abstand $5{,}^\circ0$ um 7^h**
28.	20	Mond bei Venus, Mond $4{,}^\circ3$ südlich
30.	11	**Mond bei Merkur,** Mond $4{,}^\circ8$ südlich, **Abstand $5{,}^\circ8$ um 7^h**
31.	1	Neptun in Konjunktion mit der Sonne

Periodische Sternschnuppenströme

Vom 1. bis 5. Januar sind die **Quadrantiden** (Ausstrahlungspunkt oder Radiant im Sternbild Bootes) in der zweiten Nachthälfte zu beobachten. In der Nacht vom 3. auf 4. Januar ist das spitze Maximum zu erwarten. Bis zu hundert Objekte pro Stunde sind im Maximum zu registrieren. In manchen Jahren wurden sogar über zweihundert pro Stunde beobachtet. Helle Sternschnuppen kommen dabei nur selten vor, ein Erzeugerkomet ist nicht bekannt. Die ein-

zelnen Meteorite haben mittlere Geschwindigkeiten um 40 Kilometer pro Sekunde. Da der Radiant im Sternbild Bootes liegt, wird dieser Strom auch **Bootiden** genannt.
Ein wenig bekannter Strom sind die **Delta-Cancriden**. Sie tauchen zwischen dem 1. und 24. Januar auf. Das Maximum fällt auf den 17. Januar. Die Meteore entströmen dem Sternbild Krebs. Es handelt sich um langsame Sternschnuppen mit Geschwindigkeiten um 28 Kilometer pro Sekunde. Pro Stunde ist lediglich mit etwa vier Meteoren zu rechnen.

Der Fixsternhimmel

Der Anfänger und Sternenunkundige mag es bedauern, der Sternfreund hingegen freut sich: Der Anblick des abendlichen Sternenhimmels wechselt im Laufe des Jahres. Im Winter sehen wir zur gleichen Abendstunde andere Sterne und Sternbilder wie im Frühling, Sommer oder Herbst. Ein schneller Blick zum sternenübersäten Abendhimmel zeigt dem Naturfreund sofort die Jahreszeit an. Im Winter sieht man in Südrichtung den Himmelsjäger Orion, im Frühjahr den mächtigen Löwen, im Sommer das einprägsame Sommerdreieck und im Herbst das Pegasusquadrat, auch als Herbstviereck bekannt. Manchmal wird der Sternenhimmel mit der Drehbühne eines Schauspielhauses verglichen. Das Aussehen des Sternenhimmels wechselt wie die Kulissen in einem Theaterstück. Im Westen verschwinden Sternbilder unter dem Horizont, im Osten tauchen neue auf und steigen zum Meridian empor.
Im Laufe der Nacht ändert sich der Himmelsanblick, da die Erde rotiert. Morgens sind andere Sternbilder zu sehen als am vorhergehenden Abend. Die monatliche Sternkarte zeigt den sichtbaren Himmelsausschnitt um 23^h MEZ zum Monatsbeginn beziehungsweise um 22^h MEZ zur Monatsmitte. Gilt die Sommerzeit, so ist eine Stunde zu addieren. Der Himmelsanblick entspricht dann dem um 23^h MESZ zur Monatsmitte.
Der Winterhimmel weist abends die meisten hellen Sterne auf. In keiner anderen Jahreszeit ist das abendliche Sternenzelt so reich mit Glanzlichtern bestückt. Blickt man fast senkrecht nach oben, so entdeckt man einen gelblichen Stern erster Größe. Er wird Kapella genannt und ist der hellste Stern im Fuhrmann. Der Fuhrmann ist leicht zu erkennen: Ein Fünfeck mit Kapella an der Spitze. Häufig sieht man jedoch ein Sechseck – so werden auch die Linien in vielen Sternkarten gezeichnet. Auch in unserer Monatssternkarte bilden die Skelettlinien ein Sechseck, das den Fuhrmann markiert. Der Stern gegenüber der Kapella gehört jedoch schon zum Stier und firmiert unter β Tauri. Mit Eigennamen heißt er Al Nath und deutet die eine Hornspitze des Stierkopfes an. Die scheinbare Sonnenbahn, die Ekliptik, geht knapp südlich an Al Nath vorbei. Mond und Planeten sind daher gelegentlich in seiner Nachbarschaft zu finden. Al Nath steht jetzt ziemlich genau im Meridian, deutet also die Südrichtung an. Der Stier steht hoch im Süden. Auffällig leuchtet sein hellster Stern, der rötliche Aldebaran.
Noch auffälliger strahlt jedoch ein Gestirn, das nicht immer im Stier zu finden ist, nämlich der Ringplanet Saturn. Zur Zeit befindet er sich südlich von Al Nath beim zweiten Stierhorn, dem Stern ζ Tauri.

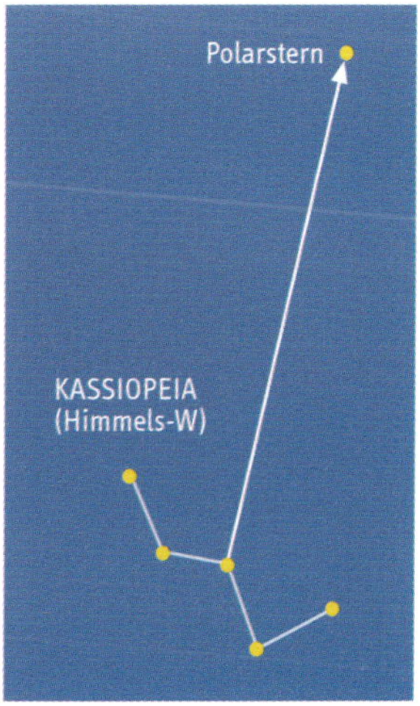

1.11 Das Sternbild Kassiopeia, auch als Himmels-W bekannt, dient als Polweiser.

Aldebaran selbst steht mitten im eindrucksvollen Sternhaufen der Hyaden. Allerdings ist er nicht Mitglied dieses Sternhaufens. Mit 65 Lichtjahren Entfernung ist Aldebaran nur halb so weit entfernt wie die Hyadensterne. Er steht somit im Vordergrund der Hyaden.
Noch ein weiterer, sehr einprägsamer offener Sternhaufen ist im Stier zu sehen, nämlich die Plejaden oder das Siebengestirn. Besonders im Fernglas machen die blau-weißen Plejadensterne einen nachhaltigen Eindruck.
Das wohl prominenteste Wintersternbild, der Himmelsjäger Orion, fällt halbhoch im Süden jedem auf, der jetzt zum Sternenhimmel blickt. Manchmal spricht man von „Orion mit dem Jakobsstab". Der Jakobsstab ist allerdings kein Wanderstab sondern ein historisches Winkelmessgerät. Die beiden hellsten Sterne im Orion, der rötliche Schulterstern Beteigeuze und der bläulich-weiße Fuß-

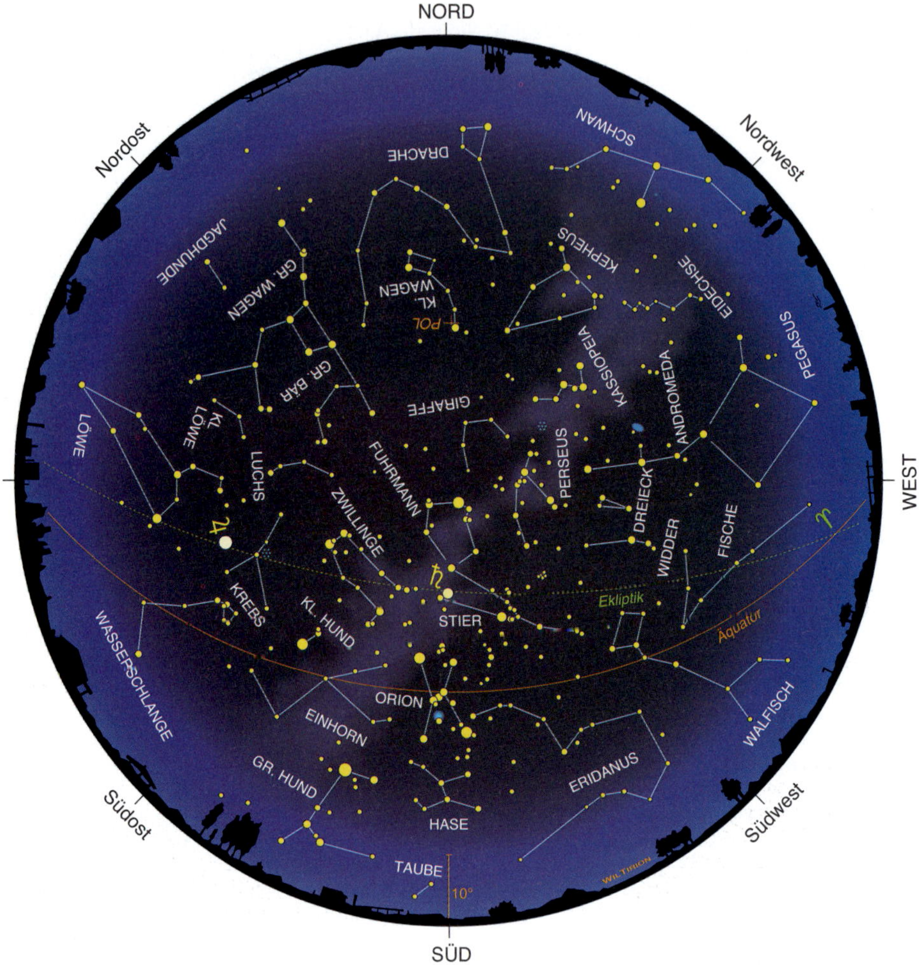

Sternenhimmel am 15. Januar um 22^h MEZ

Fixsternhimmel auch gültig für:

	MEZ	MESZ
1.10.	5^h	6^h
15.10.	4	5
1.11.	3	
15.11.	2	
1.12.	1	
15.12.	0	
1. 1.	**23**	
15. 1.	**22**	
31. 1.	**21**	
15. 2.	20	

stern Rigel, deuten den Längsbalken des Jakobsstabes an, der durch drei auffällig in einer Reihe stehende Sterne zweiter Größe in der Mitte geteilt wird. Diese drei Sterne bilden den Querbalken des Jakobsstabes, der beim realen Winkelmessgerät allerdings verschiebbar ist. In der Figur des Orion markieren diese drei Sterne den Gürtel. Ganz allgemein spricht man daher von den drei Gürtelsternen des Orion. Sie haben die Fantasie der Menschen häufig angeregt, weshalb es viele Bezeichnungen für sie gibt. Die Landbevölkerung sah in ihnen die drei Mahder oder Schnitter, die die Ernte einbringen. Sie sind nämlich zur Erntezeit im August am Morgenhimmel im Südosten zu sehen, wenn die Feldarbeiter ihr Tagwerk beginnen. Manchmal werden die drei Gürtelsterne auch als Rechen oder Harke beschrieben.
In der Nähe des Himmelsjägers halten sich die beiden Himmelshunde auf: Im Südosten strahlt Sirius als hellster Stern des Himmels und Hauptstern im

1.12 Der Große Wagen dient als universelle Himmelselle. Mit ihm lässt sich leicht das Abschätzen von Sterndistanzen am Firmament üben. Zum Vergleich ist eine ausgestreckte Durchschnittsfaust eingetragen.

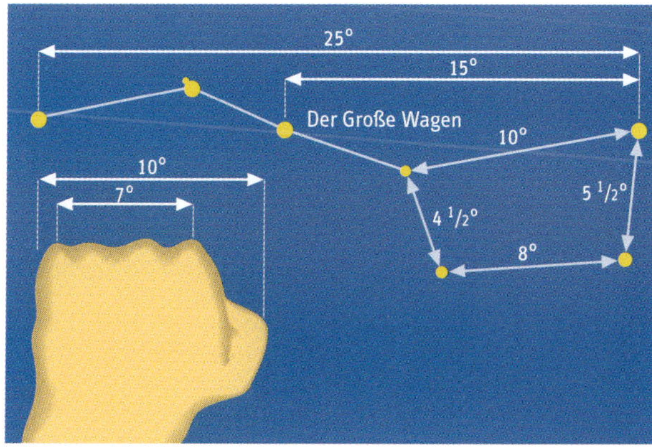

Großen Hund. Ein wenig höher leuchtet Prokyon im Kleinen Hund. Prokyon ist die griechische Bezeichnung für „Vorhund", denn er geht nämlich in unseren Breiten vor Sirius auf. Sirius und Prokyon sind relativ nahe Sterne, sie gehören zu den unmittelbaren Nachbarn unserer Sonne. Sirius ist knapp neun und Prokyon etwas mehr als elf Lichtjahre von unserem Sonnensystem entfernt. Beide Hundssterne besitzen einen Weißen Zwergstern als Begleiter.

Hoch im Osten haben sich schon die beiden Sternketten der Zwillinge eingefunden. Ihre beiden hellsten Sterne heißen Kastor und Pollux. Das Sternenpolygon, das aus Kapella im Fuhrmann, Aldebaran im Stier, Rigel im Orion, Sirius im Großen Hund, Prokyon im Kleinen Hund und Pollux in den Zwillingen gebildet wird, nennt man Wintersechseck. Es ist gewissermaßen das Pendant zum Sommerdreieck. Gelegentlich bezeichnet man das Wintersechseck auch als „Halskette".

Der Blick nach Osten lässt den kommenden Frühling erahnen. Knapp über dem Osthorizont ist der mächtige Löwe erschienen. Der Löwe ist das dominierende Frühlingssternbild. Im April geht es zu unserer Standardbeobachtungszeit gerade durch den Meridian. Der Löwe ist Mitglied im Tierkreis. Zu den Tierkreisbildern zählen jene dreizehn Sternbilder, durch die die scheinbare Sonnenbahn zieht. In den Tierkreisbildern findet man daher auch den Mond und die Planeten. Manchmal werden auch die Sternbilder des Tierkreises mit den Tierkreis*zeichen* verwechselt. Eine genau Darstellung des Unterschiedes zwischen Zeichen und Sternbildern findet man im *Himmelsjahr 2002* ab Seite 109 im Monatsthema: „Welches ‚Sternzeichen' bin ich?"

In der westlichen Himmelshälfte zeigt sich ziemlich hoch die Kassiopeia, ein Sternbild, das recht leicht zu erkennen ist. Es sieht aus wie ein großes W, weshalb man auch vom „Himmels-W" spricht. In der gegenwärtigen Position hat man eher den Eindruck eines großen Ms. Die mittlere Spitze des Himmels-Ws deutet in etwa auf den Polarstern, der am Deichselende des Kleinen Wagens steht. Der kleine Wagen ist nicht ganz einfach zu erkennen, denn außer drei Sternen sind alle anderen recht lichtschwach. Es müssen schon gute Sichtbedingungen herrschen – keinesfalls dürfen irdische Lichter stören, um den Kleinen Wagen zu finden. Viel leichter sieht man den Großen Wagen. Nimmt man den Polarstern als Zentrum, dann stehen Himmels-W und Großer Wagen einander ziemlich genau gegenüber. Da beide Sternbilder bei uns zirkumpolar sind, kann man sie nicht nur an Winterabenden, sondern in jeder klaren Nacht des Jahres sehen. An ihnen kann man auch sehr schön die Drehung des himmlischen Uhrwerks im Laufe der Nacht verfolgen.

Von den Herbstbildern hält sich noch Perseus fast im Zenitbereich auf, während Andromeda und Pegasus sowie die Tierkreisbilder Widder und Fische den Westhimmel bevölkern. Tief im Nordwesten ist noch De-

▸ Veränderliche Sterne

Algol-Minima	1. $4^{h}03^{m}$	4. $0^{h}52^{m}$	6. $21^{h}41^{m}$	9. $18^{h}30^{m}$	24. $2^{h}36^{m}$	26. $23^{h}26^{m}$	29. $20^{h}15^{m}$
β-Lyrae-Minima	6. 14^{h} N	13. 2^{h} H	19. 13^{h} N	26. 0^{h} H			
δ-Cephei-Maxima	1. 20^{h}	7. 5^{h}	12. 14^{h}	17. 22^{h}	23. 7^{h}	28. 16^{h}	
Mira-Helligkeit	1. 9^{m}	10. 9^{m}	20. 9^{m}	31. 10^{m}			

neb im Schwan auszumachen. Im Südwesten findet man nur lichtschwache Sternbilder: den Walfisch und den Fluss Eridanus. Der zoologisch vorgebildete Leser weiß natürlich, dass der Wal zu den Säugetieren gehört und nicht zu den Fischen. Die lateinische Bezeichnung für ihn lautet Cetus. Nun, der Cetus ist weder ein Wal noch ein Fisch, sondern schlicht ein Fabelwesen. Und zwar ein sehr schreckliches Ungeheuer, das die Gestade Äthiopiens bedroht und dem schließlich die Prinzessin Andromeda geopfert werden soll. Doch der Held Perseus eilt mit seinen Flügelschuhen durch die Lüfte heran und lässt den Cetus zu Stein erstarren, nachdem er ihm das entsetzliche Antlitz der Gorgo Medusa gezeigt hat. Die solchermaßen vom Tode errettete Andromeda wird schließlich Perseus Gemahlin.
In unseren Breiten sehen wir nur den nördlichen und lichtschwachen Abschnitt des lang gestreckten Flusses Eridanus. Achernar, α Eridani, gehört mit $0^{m}{,}5$ zu den hellsten Fixsternen. Allerdings geht der Hauptstern des Eridanus bei uns nie auf, da er sich mit –57° Deklination viel zu tief am Südhimmel befindet. Von der Südhalbkugel der Erde aus betrachtet, ist Achernar jedoch ein beeindruckendes Himmelsobjekt: Ein blauer, heißer Riesenstern in 143 Lichtjahren Entfernung, der unsere Sonne um das Tausendfache an Helligkeit übertrifft.
Fernab irdischer Lichtquellen kann man jetzt gut das schimmernde Band der winterlichen Milchstraße bewundern. Vom Südosten steigt es empor, zieht vorbei an Sirius durch die Zwillinge, Fuhrmann, Perseus und Kassiopeia und sinkt zum Nordwesthorizont hinab. Doch nur wenige Menschen finden heutzutage noch die Gelegenheit, einmal die Milchstraße mit eigenen Augen am Himmel zu sehen. Fast nirgendwo mehr in unseren „zivilisierten" Gegenden ist der Nachthimmel dunkel genug, um die Milchstraße wirklich beeindruckend zu erleben.

Wetter und Klima

Der Januar ist der kälteste Monat des ganzen Jahres. Die langjährige Durchschnittstemperatur beträgt 0,3 °C. In Köln ist es noch am wärmsten, die kälteste Großstadt ist München. An extremen Temperaturen wurden im Januar +15 °C und -30 °C gemessen. Die mittlere Monatshöchsttemperatur liegt bei 9,6 °C, die mittlere Tiefsttemperatur bei -10,4 °C. Im Januar ist mit 19 Frosttagen zu rechnen, wovon acht Eistage sind. An einem Frosttag sinkt das Thermometer unter den Gefrierpunkt, bei einem Eistag bleibt es 24 Stunden lang unter dem Gefrierpunkt.
Der kälteste Wintertag liegt um den 22. Januar. Im Mittel sind an 16 Tagen Niederschläge zu erwarten, wovon die Hälfte als Schnee fällt.
In der norddeutschen Tiefebene ist mit 50 Sonnenscheinstunden zu rechnen, in den deutschen Mittelgebirgen mit 75 und im Hochgebirge (Zugspitze) mit 115. 73 % der Nächte sind bewölkt, acht Nebeltage treten auf. Bei Hochdrucklagen besteht in großen Städten und Industriegebieten Smoggefahr.

Klimadaten

Nachstehende Tabelle gibt die mittlere Bewölkungswahrscheinlichkeit (BW) und die mittlere Zahl der Tage mit mehr als einem Millimeter Niederschlag (NS) im Monat **Januar** an.

Ort	BW	NS	Ort	BW	NS	Ort	BW	NS
Schleswig	80%	14	Brüssel	80%	14	Säntis (2496 m)	59%	14
Helgoland	81	11	Frankfurt/Main	83	09	Zugspitze (2962 m)	58	14
Hamburg	79	11	Prag	78	07	Sonnblick (3107 m)	61	13
Hannover	82	10	Nürnberg	79	10	Innsbruck	74	08
Berlin	78	10	Stuttgart	74	09	Graz	73	06
Brocken (1152 m)	78	18	München	79	11	Klagenfurt	73	06
Essen	85	13	Salzburg	73	13	Bozen	60	03
Leipzig	78	10	Wien	79	08	Genf	81	09
Dresden	77	10	Zürich	83	12	Lugano	58	06

Schwerer Wasserstoff und der Ursprung des Universums

Zunächst eine kurze Frage: Wer weiß schon, was *Deuteronomen* (engl.: Deuteronomers) sind? Diesen Begriff findet man kaum in einem Lexikon – er wurde erst vor wenigen Jahren von einigen Astronomen mehr scherzhaft eingeführt. Deuteronomen sind diejenigen Himmelsforscher, die nach Deuterium im Weltall suchen, um das Schicksal des Kosmos zu ergründen.
Deuterium ist die Fachbezeichnung für schweren Wasserstoff. Wasserstoff ist das einfachste, leichteste und häufigste chemische Element im Universum. Es dient als Baustoff für Sterne und ist gewissermaßen das Brennmaterial, das die Sterne zum Leuchten bringt. Bei Temperaturen von vielen Millionen Grad und extrem hohen Dichten werden in den Zentren der Sterne jeweils vier Wasserstoffatomkerne zu einem Heliumkern verschmolzen. Die Masse eines Heliumkerns ist jedoch ein wenig geringer als die von vier Wasserstoffkernen zusammen. Beim Fusionsprozess wird ein kleiner Massenanteil nach der Einstein-Formel $E = mc^2$ in Strahlungsenergie umgesetzt. Die Wasserstofffusion zu Helium deckt somit die Energieausstrahlung der Sterne.
Ein Wasserstoffatom besteht aus einem elektrisch positiv geladenen Kernbaustein Proton, um den ein negativ geladenes Elektron kreist. Nach außen hin ist das System elektrisch neutral, weshalb man auch von einem neutralen Wasserstoffatom spricht. Ein neutrales Heliumatom beherbergt in seinem Kern vier Bausteine: zwei positive Protonen und zwei elektrisch ungeladene Neutronen. Um den Heliumkern kreisen zwei Elektronen. Bei den hohen Temperaturen im Inneren der Sterne sind die Wasserstoff- und Heliumatome allerdings ihrer Elektronen beraubt. Man sagt, die Materie ist vollständig ionisiert. Sie besteht aus einem dichten Brei von Protonen, Alpha-Teilchen (so nennt man die nackten Heliumkerne) und freien Elektronen. Den Astrophysikern ist dieser Zustand als Plasma bekannt.
Doch nicht alle Wasserstoffatome besitzen in ihrem Kern lediglich ein Proton. Manche Wasserstoffatome enthalten zwei Kernbausteine, ein Proton und ein Neutron. Sie sind damit etwa doppelt so schwer wie ihre leichteren Brüder, weshalb man von schwerem Wasserstoff spricht. Entdeckt wurde die Existenz von Deuterium durch den amerikanischen Chemiker und Kosmologen Harold Urey (1893–1981) im Jahre 1932. Zwei Jahre später, 1934, erhielt Urey schließlich den Nobelpreis für Chemie.
Auch ein Deuteriumatom wird nur von einem Elektron umkreist, weshalb schwerer Wasserstoff die gleichen chemischen Eigenschaften besitzt wie normaler Wasserstoff. So kann Deuterium auch Wasser bilden: HDO (statt H_2O) ist schweres Wasser. Deuteriumkerne kommen sehr selten vor. Auf etwa zehntausend leichte Wasserstoffkerne kommt ein Deuteriumkern. Dies gilt für die Verhältnisse auf der Erde. Im Weltall sieht es offensichtlich anders aus – hier schwankt die Deuteriumhäufigkeit von Ort zu Ort ganz erheblich.
Aus der Beobachtung des kosmischen Deuteriums erhoffen die Astronomen Aufschluss zu erhalten über den Beginn und das zukünftige Schicksal des Universums. Gelingt es, die primordiale Deuteriumhäufigkeit, also die Menge des beim Urknall erzeugten schweren Wasserstoffs zu bestimmen, so lässt sich daraus die mittlere (baryonische) Materiedichte ableiten und daraus schließen, ob sich das Weltall ewig ausdehnen wird, wir also in einem offenen Universum leben, oder ob die Gravitation Sieger bleiben und das Weltall eines fernen Tages wieder in sich zusammenstürzen wird.

Blick in die Vergangenheit

Zu Beginn des 20. Jahrhunderts entdeckte man die Flucht der Galaxien, die Expansion des Kosmos, woraus man schloss, dass das Universum in der Vergangenheit sehr viel kleiner gewesen sein muss und seinen Ursprung aus einem superdichten, ultraheißen Feuerball in Form einer gewaltigen Urexplosion, dem Urknall (engl.: Big Bang) genommen hat. Das Nachglühen des primordialen (= ursprünglichen) Feuerballs wurde dann 1965 als kosmische Hintergrundstrahlung aufgespürt. Das Strahlungsbad des einstigen Feuerballs hat heute allerdings nur mehr eine Temperatur von 3 Grad über dem absoluten Nullpunkt (–270 °C oder 3 Kelvin). Die 3K-Strahlung wurde inzwischen sehr genau mit speziellen Satelliten erforscht und ist nicht nur Zeuge für die heiße Anfangsphase des Kosmos, sondern liefert auch Hinweise zur Strukturbildung in großem Maßstab im Weltall (siehe auch Monatsthema „Die geheimnisvolle Strahlung aus

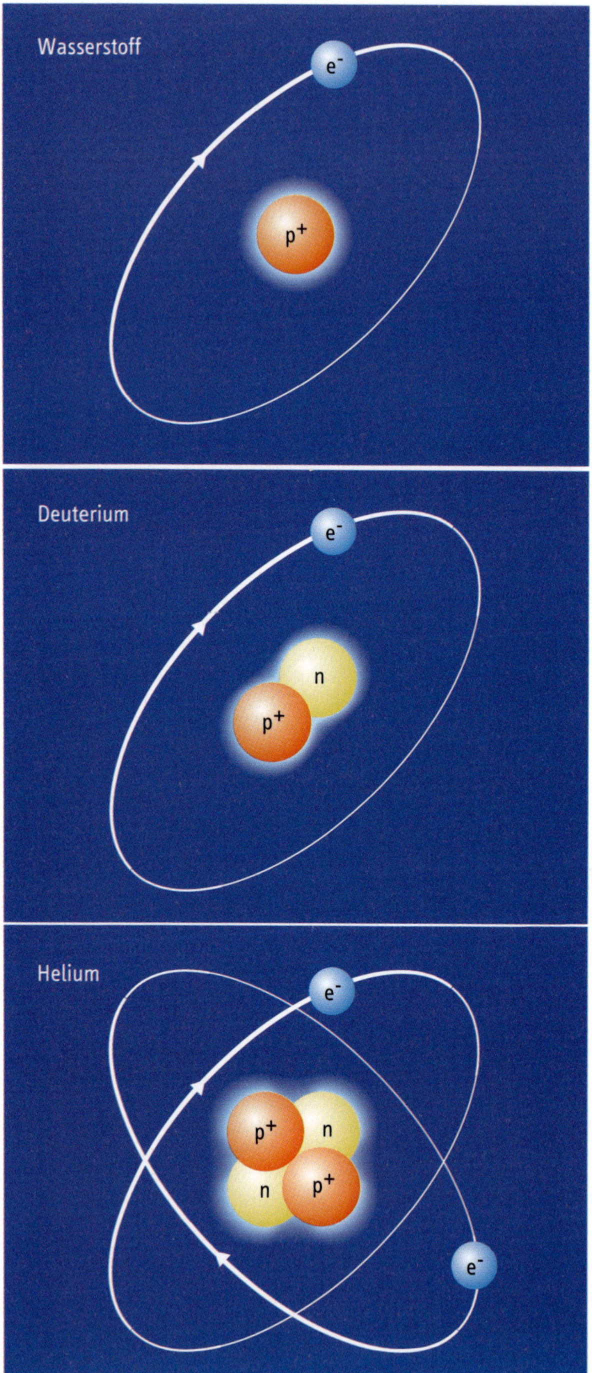

1.13 Ein Wasserstoffatom besteht aus einem einzelnen Proton, umkreist von einem Elektron. Deuterium hat im Kern zusätzlich ein Neutron. Ein Heliumatom hat im Kern zwei Protonen und zwei Neutronen. Der Heliumkern wird von zwei Elektronen umkreist.

dem Hintergrund" im *Himmelsjahr 1997* auf Seite 81).
Einst glaubte man, dass alle chemischen Elemente in der heißen Phase des frühen Universums, nämlich in den ersten paar Minuten gebacken wurden, vom Wasserstoff bis hin zum Uran, dem schwersten natürlichen Element. Dem ist jedoch nicht so. Der Urknall produzierte in den ersten drei Minuten lediglich Wasserstoff, Helium und etwas Lithium sowie Spuren von Beryllium. Alle anderen Elemente wurden im Laufe der Geschichte des Weltalls im tiefen Inneren von Sternen zusammengebacken, die sie in oft explosiven Vorgängen am Ende ihres Sternenlebens ins Universum schleuderten. Somit wurde die interstellare Materie mit schweren Elementen angereichert. Jüngere Sterngenerationen, zu denen auch unsere Sonne gehört, setzen sich außer aus Wasserstoff und Helium auch aus einigen Prozent schwereren Elementen zusammen.
Die primordiale Elementsynthese spielte sich also in den allerersten Minuten nach dem Urknall ab. Danach sank die Temperatur des Feuerballs unter 100 Millionen Grad und die elektrostatischen Abstoßungsbarrieren konnten nicht mehr überwunden werden, so dass die Entstehung schwererer Atomkerne nicht mehr möglich war.
Die Menge des primordialen Deuteriums hängt empfindlich

1.14 Absorptionslinien von Wasserstoff (H) und Deuterium (D) im Spektrum eines Sternes. Die Lyman-α-Linie des Deuteriums ist leicht zum kurzwelligen Teil des Spektrums hin verschoben. Dies ermöglicht, das Deuteriumvorkommen im Weltall zu erfassen.

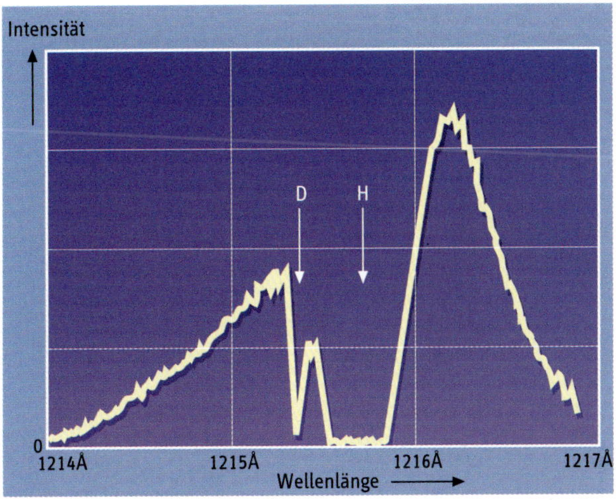

von den Anfangsbedingungen im superheißen Feuerball ab. Neben Protonen bildeten sich zunächst Deuteriumkerne. Je zwei Deuteriumkerne verschmolzen zu einem Heliumkern (Alpha-Teilchen). Je größer die Dichte war und je länger der Prozess der Kernsynthese im Hochofen des Urknalls stattfand, desto mehr Helium wurde gebildet und desto weniger Deuterium blieb übrig. Denn nur diejenigen Deuteriumkerne blieben übrig, die in den ersten drei Minuten keinen Partner fanden, um zu Helium zu fusionieren. Gelingt es, die Menge des ursprünglichen Deuteriums, das nach den ersten Minuten des Weltalls übrig blieb, zu bestimmen, dann lässt sich die mittlere Materiedichte des Universums mit hoher Genauigkeit ermitteln. Weiter lässt sich erkennen, wie groß der baryonische *) Massenanteil an der bis heute noch mysteriösen „dunklen Materie" ist. Denn nur etwa zehn Prozent der Materie im Weltall sind direkter Beobachtung zugänglich; neunzig Prozent hingegen machen sich nur durch ihre Gravitationswirkungen bemerkbar (siehe auch Monatsthema „Das Rätsel der dunklen Materie" im *Himmelsjahr 1999*, Seite 42).

*) Baryonen sind die schweren Elementarteilchen wie Protonen und Neutronen, aus denen die Atomkerne zusammengesetzt sind.

Auf der Suche nach Deuterium

Die Häufigkeit des Urdeuteriums ist schwer zu bestimmen, denn die heutige Häufigkeit von Deuterium ist im Laufe der Geschichte des Universums von zahlreichen Prozessen beeinflusst worden. Einerseits wird Deuterium sehr leicht zerstört oder wandelt sich in Kernprozessen zu anderen Atomen um. Andererseits wird Deuterium auch in Sternen permanent neu gebildet. In manchen Gegenden des Universums scheint kaum Deuterium vorhanden zu sein, in anderen Winkeln wieder ist es häufiger anzutreffen.
Wo findet man die ursprüngliche Deuteriumhäufigkeit und wie lässt sich Deuterium im Weltall überhaupt nachweisen? Die chemische Zusammensetzung der Sterne verrät sich durch ihre charakteristischen Linien und gegebenenfalls Banden im Spektrum. Nun sind aber die Spektren im sichtbaren und im ultravioletten Bereich des Lichtes von Deuterium und normalem Wasserstoff nahezu gleich. Kein Wunder, haben sie doch Kernladung und ein Elektron gemeinsam. Glücklicherweise sind sie aber nicht absolut identisch. Durch die doppelte Masse des Deuteriumkerns kreist das Elektron auf einer etwas anderen Bahn um den Kern des schweren Wasserstoffs. So ist die Lyman-α-Absorptionslinie des interstellaren Wasserstoffs, die im fernen UV bei 1215 Å liegt, bei Deuterium um den winzigen Betrag von nur 0,324 Å gegenüber normalen Wasserstoffatomen verschoben (siehe Abb. oben) – und zwar nach dem blauen Ende des Spektrums, also zu kürzeren Wellenlängen hin. Die Erdatmosphäre lässt so kurzwelliges UV-Licht nicht zu den bodengebundenen Observatorien durch. Aber mit speziellen Satelliten (Copernicus, International Ultraviolet Explorer [IUE], Hubble-Space-Telescope) hat man Deuterium in der interstellaren Materie nachweisen können. Im Umkreis von etwa dreitausend Lichtjahren um die Sonne kommen etwa ein bis vier Deuteriumatome auf hunderttausend Wasserstoffatome, dies entspricht 10 bis 40 ppm (parts per million).
Doch die Deuteriumsuche mittels optischer und UV-Spek-

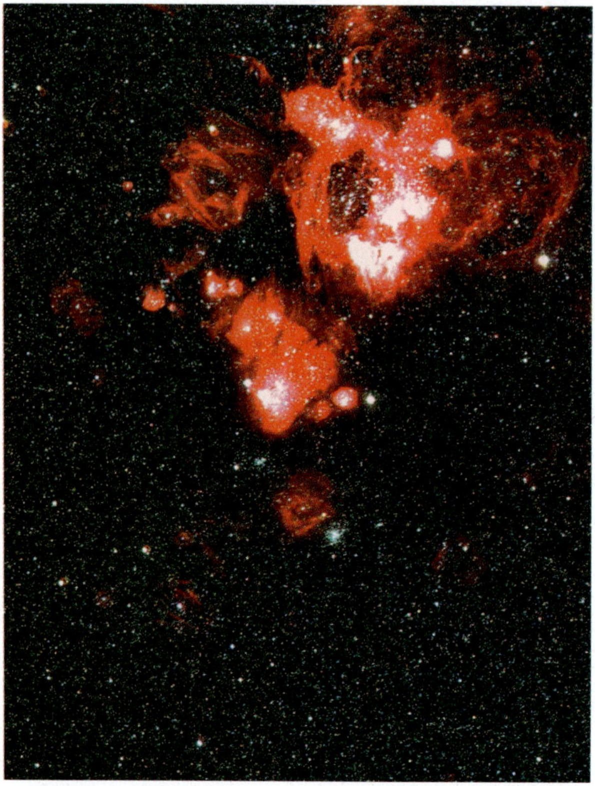

1.15 Interstellarer Wasserstoff füllt die Weiten des Universums. Nur ein winziger Bruchteil davon ist Deuterium (Aufnahme: ESO).

tren ist eine diffizile und mühselige Angelegenheit. So hat man neue Methoden entwickelt, um nach schwerem Wasserstoff zu fahnden. Im Mikrowellenbereich, der Radioteleskopen zugänglich ist, lässt sich Deuterium in interstellaren Molekülen aufspüren. In dichten Gas- und Staubwolken, meist Sternentstehungsnester, kommen zahlreiche Moleküle vor, meist Kohlenwasserstoffe, so genannte organische Moleküle. Da es sich bei Molekülspektren im Mikrowellenbereich um rotationserzeugte Linien handelt, erzeugt ein Deuteriumkern durch seine doppelte Masse im Molekülverband Emissionen mit deutlich anderen Frequenzen, wie wenn an der Stelle des Deuteriumkerns ein gewöhnliches Proton sitzt. Ein Paradebeispiel für ein Molekül, bei dem sich Deuterium besonders leicht nachweisen lässt, ist Deuteriumzyanid (DCN), das Äquivalent zu Wasserstoffzyanid (HCN). DCN strahlt bei den Frequenzen 72,4 GHz und noch kräftiger bei 144,8 GHz. Erstmals wurden im Jahr 1973 DCN-Emissionen in der Orion-Molekularwolke von Arno Penzias und Robert Wilson aufgespürt, den beiden Entdeckern der kosmischen Hintergrundstrahlung. Um auf die primordiale Deuteriumhäufigkeit zu kommen, muss man versuchen, das Deuteriumvorkommen an verschiedenen Orten im Universum zu bestimmen, die sich in der kosmischen Zeitskala voneinander unterscheiden. Aus diesen Messungen lässt sich die Rate der Deuteriumabnahme im Laufe der Geschichte des Universums ermitteln und damit auf die ursprüngliche Menge des Deuteriums schließen, das im Feuer des Urknalls erzeugt wurde.

In der Jupiteratmosphäre findet sich Wasserstoff und Helium. Diese ist noch in der ursprünglichen Konstitution, als unser Sonnensystem vor 4,6 Milliarden Jahren entstand. Das Deuteriumvorkommen in der Jupiteratmosphäre liegt bei 30 ppm.

In den interstellaren Bereichen unserer Milchstraße schwankt das Deuteriumvorkommen ganz erheblich von Ort zu Ort. Selbst auf kurzen Distanzen von nur einigen Dutzend Lichtjahren kann die Deuteriumhäufigkeit schnell um fünfzig Prozent ansteigen. Die Ursachen sind noch nicht ganz klar. Manche Astronomen vermuten, dass sich Deuterium an den Oberflächen interstellarer Staubkörner anlagert. Eine andere Ursache mag die Photodesintegration von Heliumatomen sein, die Deuteriumkerne produziert. Von Ort zu Ort variiert in der Galaxis die Deuteriumhäufigkeit zwischen 10 und 40 ppm.

Theoretische Untersuchungen lassen vermuten, dass im Zentrum der Milchstraße besonders wenig Deuterium vorkommen sollte. Denn die dort vorherrschenden physikalischen Bedingungen wie hohe Temperaturen und intensive Röntgenstrahlung sollten einen Großteil des primordialen Deuteriums längst zerstört beziehungsweise zu anderen Kernen verschmolzen haben. Überraschenderweise haben die Radioastronomen dennoch mehr Deuterium im Milchstraßenzentrum vorgefunden als die Theoretiker erwartet hatten, nämlich etwa 2 ppm. Dies ist zwar nur rund ein Zehntel des galaktischen Durchschnittsvorkommens, aber immer noch zu viel. Man vermutet nun, dass Deuterium permanent nachgeliefert wird, und zwar aus extragalaktischen Gaswolken (dem so genannten Komplex C), deren Massen vom Milchstraßenzentrum angezogen werden und in es hineinfallen.

Den „Deuteronomen" scheint dies überhaupt der geeignetste Weg, die primordiale Deuteriumrate zu ermitteln, nämlich die Deuteriumhäufigkeit in intergalaktischen Wasserstoffwolken zu messen. Dort, fernab heißer Sternoberflächen und harter, elektromagnetischer Strahlung, sollte man am ehesten die ursprüngliche Deuteriumkonzentration vorfinden.

Der intergalaktische Raum

Um die Deuteriumhäufigkeit in intergalaktischen Gaswolken zu messen, nimmt man hochauflösende Spektren von Quasaren auf. Quasare sind die leuchtkräftigsten, aber auch fernsten Himmelskörper, die man beobachtet. Ihr Licht ist etliche Milliarden Jahre zu uns unterwegs. Dabei durchquert es auch die riesigen Leerräume zwischen den Galaxien, in dem sich das unglaublich dünne Wasserstoffgas befindet, das beim Big Bang in den allerersten Minuten entstand. In den Quasaren findet man zahlreiche Absorptionslinien der intergalaktischen Wasserstoffwolken (der so genannte Lyman-α-Forest). Dieser Wald aus Wasserstoffabsorptionslinien kommt dadurch zustande, weil die einzelnen Wasserstoffwolken in sehr unterschiedlichen Entfernungen stehen.

Durch die Expansion des Universums haben sie damit auch verschiedene Radialgeschwindigkeiten relativ zum irdischen Beobachter. Je weiter sie entfernt sind, desto schneller bewegen sie sich von uns weg. Die verschiedenen Radialgeschwindigkeiten bedingen aber auch durch unterschiedliche Dopplerverschiebungen einen ganzen Wald von Wasserstoffabsorptionslinien in den Quasarspektren. Bei entsprechend hoher Auflösung (und Dispersion) lassen sich dann auch die Deuteriumlinien erkennen. Nach den bisherigen Untersuchungen liegt die primordiale Deuteriumhäufigkeit bei 50 ppm. Daraus folgt aber, dass die baryonische Materiedichte nur höchstens ein Zehntel der kritischen Dichte ausmacht, bei der das Universum flach ist und die Expansion parabolisch erfolgt, also erst nach unendlich langer Zeit zum Stillstand kommt. Nach dem inflationären Big-Bang-Modell soll aber die reale Materiedichte gleich der kritischen sein ($\Omega = 1$). Dieser Omega-Faktor (Ω) gibt das Verhältnis von realer zu kritischer Dichte an. Nach der jetzt bestimmten baryonischen Materiedichte ist – wie eben gesagt – $\Omega = 0{,}1$. Neunzig Prozent der Masse muss demnach aus exotischen Elementarteilchen bestehen – niemand weiß aber genau, aus welchen. Auf alle Fälle leben wir in einem offenen Universum – einen großen Zusammenbruch, einen Big Crunch, wird es also nicht geben.

Einen großen Fortschritt bei der Bestimmung der primordialen Deuteriumhäufigkeit erhofft man sich durch den NASA-Forschungssatelliten FUSE. FUSE steht für **F**ar **U**ltraviolet **S**pectroscopic **E**xplorer. Mit seiner Hilfe erhofft man Spektren mit einer zehntausendmal höheren Auflösung zu gewinnen als mit dem Prototyp Copernicus. Ein umfangreiches Beobachtungsprogramm sieht vor, die Deuteriummenge in allen möglichen Gebieten des Kosmos zu bestimmen – von der Sonnennachbarschaft bis zu den fernsten intergalaktischen Wasserstoffwolken. Damit wird man dann die mittlere baryonische Materiedichte mit erheblich höherer Genauigkeit bestimmen können als heute.

Februar 2003

Venus bleibt Morgenstern und Merkur ist zu Beginn des Monats ebenfalls am Morgenhimmel vertreten. Jupiter kommt am 2. im Sternbild Krebs in Opposition zur Sonne und kann die ganze Nacht über als strahlendes Gestirn gesehen werden. Auch Saturn ist noch am Abendhimmel vertreten.

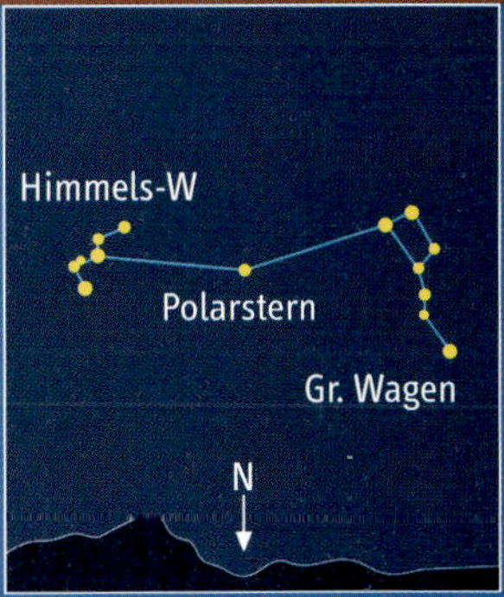

Großer Wagen und Himmels-W Anfang Februar um 22^h

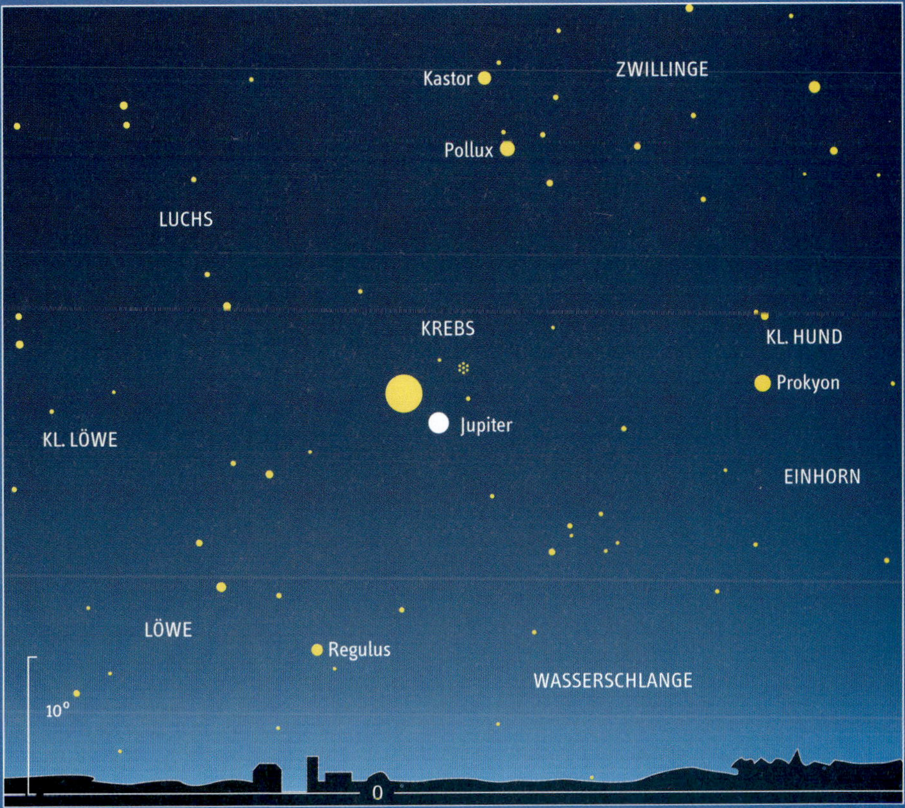

2.1 Anblick des abendlichen Osthimmels gegen 19^h. Auffallend hell strahlt Jupiter im lichtschwachen Sternbild Krebs. Zum Riesenplaneten gesellt sich am 15. Februar der fast volle Mond.

Sonnenlauf

16.2. 17^h
Sonne tritt in das Sternbild Wassermann
19.2. 3^h
Sonne tritt in das Tierkreiszeichen Fische

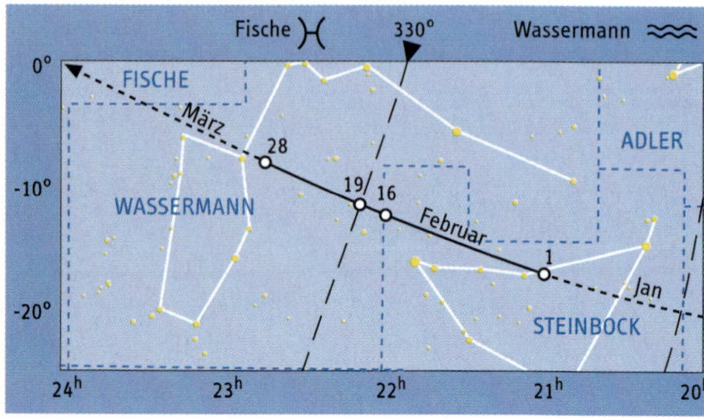

Julianisches Datum am
1. Februar, 1^h MEZ: 2 452 671,5

Tag	Dämmerg. Anfang	Aufgang MEZ	Kulmination	Untergang MEZ	Dämmerg. Ende	Mittagshöhe	Zeitgleichg.	Rektaszension	Deklination
	h m	h m	h m	h m	h m	°	m	h m	°
1.	6 40	7 54	12 33	17 13	18 27	22,9	−13	20 56	−17,3
5.	6 35	7 48	12 34	17 20	18 33	24,0	−14	21 13	−16,1
10.	6 28	7 40	12 34	17 29	18 41	25,6	−14	21 33	−14,6
15.	6 20	7 31	12 34	17 37	18 49	27,3	−14	21 52	−12,9
20.	6 12	7 22	12 34	17 46	18 57	29,0	−14	22 12	−11,2
25.	6 02	7 12	12 33	17 55	19 05	30,8	−13	22 31	− 9,3
28.	5 57	7 06	12 33	18 00	19 10	32,0	−13	22 42	− 8,2

Tages- und Nachtstunden

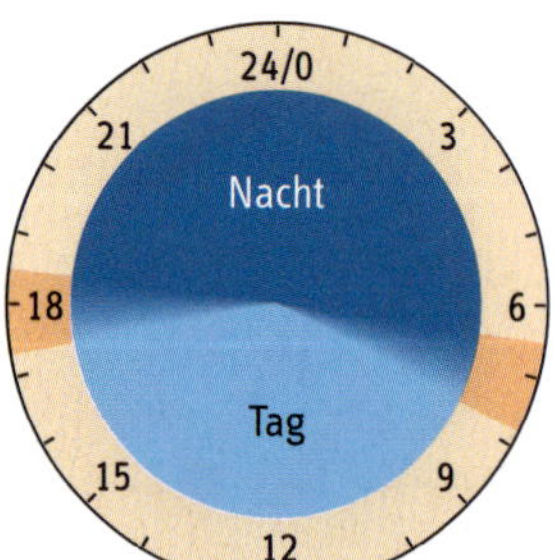

5. Februar

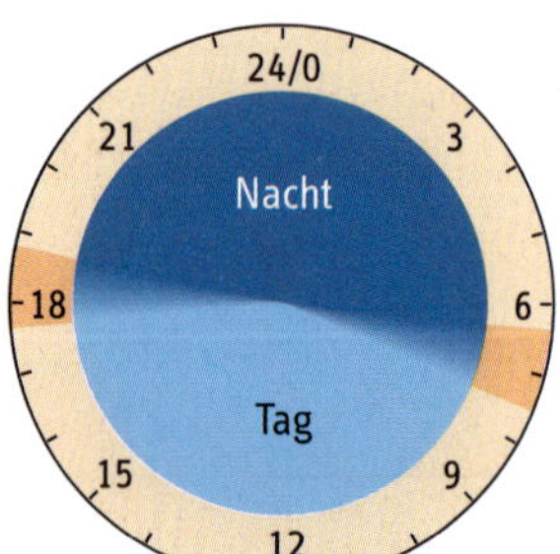

15. Februar

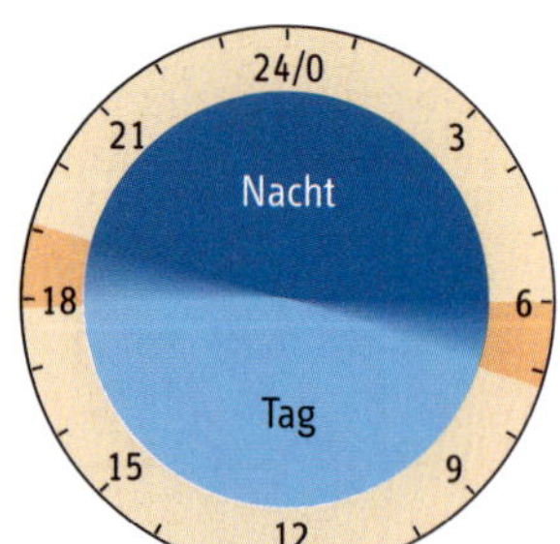

25. Februar

Mondlauf

Datum		Aufg. MEZ	Kulmination	Unterg. MEZ	Rektaszension	Deklination	Sterne und Sternbilder	Phase	MEZ
		h m	h m	h m	h m	o			
Sa	1.	8 28	12 41	17 01	20 39	−22,9	Steinbock	**Neumond**	**11^h48^m**
								Libration West	
So	2.	8 56	13 31	18 16	21 33	−19,6	Steinbock		
Mo	3.	9 17	14 18	19 29	22 24	−15,4	Wassermann	Größte Südbreite	
Di	4.	9 35	15 01	20 39	23 11	−10,6	Wassermann		
Mi	5.	9 50	15 42	21 47	23 57	− 5,5	Wassermann		
Do	6.	10 05	16 23	22 54	0 40	− 0,2	Walfisch		
Fr	7.	10 19	17 03	–	1 23	+ 4,9	Fische	Erdferne 405/29,′5	23^h
Sa	8.	10 35	17 44	0 01	2 07	+ 9,9	Fische		
So	9.	10 53	18 28	1 09	2 51	+14,5	* Widder	**Erstes Viertel**	**12^h11^m**
Mo	10.	11 15	19 14	2 17	3 38	+18,6	* Stier, Plejaden	Aufsteigender Knoten	
Di	11.	11 44	20 03	3 26	4 27	+22,0	* Stier, Hyaden		
Mi	12.	12 22	20 56	4 33	5 20	+24,5	Stier, Al Nath		
Do	13.	13 12	21 52	5 36	6 16	+25,8	Zwillinge	Libration Ost	
Fr	14.	14 15	22 49	6 29	7 13	+25,7	Pollux		
Sa	15.	15 30	23 46	7 12	8 12	+24,2	Krebs, Krippe		
So	16.	16 51	–	7 46	9 11	+21,2	Krebs, Krippe		
Mo	17.	18 15	0 41	8 12	10 08	+16,9	Löwe, Regulus	**Vollmond**	**0^h51^m**
								Größte Nordbreite	
Di	18.	19 40	1 34	8 34	11 03	+11,5	Löwe		
Mi	19.	21 04	2 25	8 53	11 56	+ 5,4	Jungfrau	Erdnähe 365/32,′8	17^h
Do	20.	22 28	3 16	9 12	12 49	− 0,9	Jungfrau		
Fr	21.	23 51	4 06	9 31	13 42	− 7,2	Spica		
Sa	22.	–	4 58	9 52	14 35	−13,1	Waage		
So	23.	1 15	5 52	10 18	15 31	−18,2	Waage	**Letztes Viertel**	**17^h46^m**
								Absteigender Knoten	
Mo	24.	2 37	6 47	10 51	16 28	−22,2	Antares		
Di	25.	3 53	7 45	11 34	17 27	−24,8	Schlangenträger		
Mi	26.	4 58	8 43	12 29	18 27	−26,0	Schütze, Nunki		
Do	27.	5 50	9 40	13 34	19 26	−25,6	Schütze, Nunki	Libration West	
Fr	28.	6 29	10 34	14 46	20 23	−23,8	Steinbock		

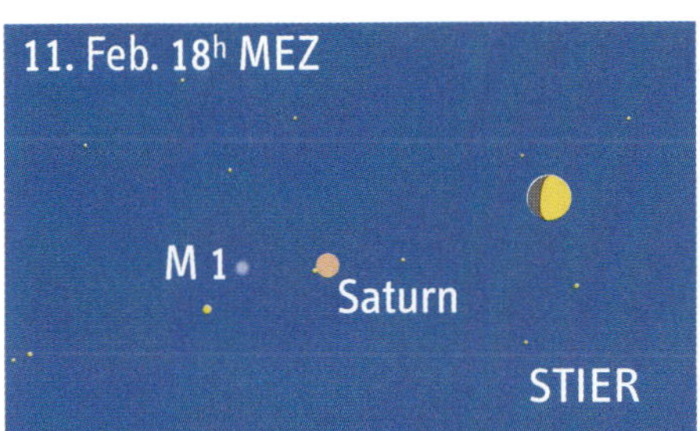

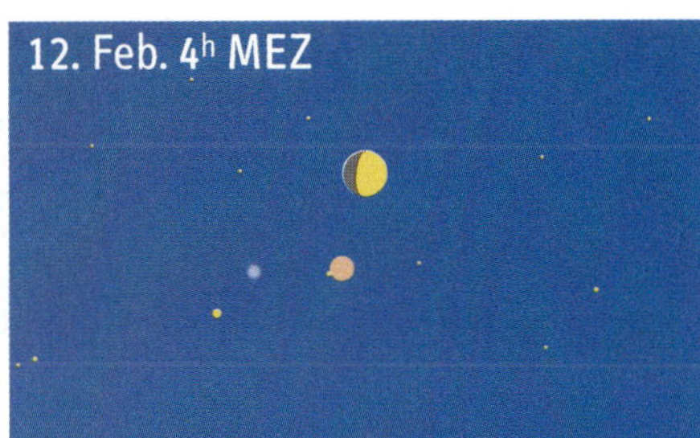

Planetenlauf

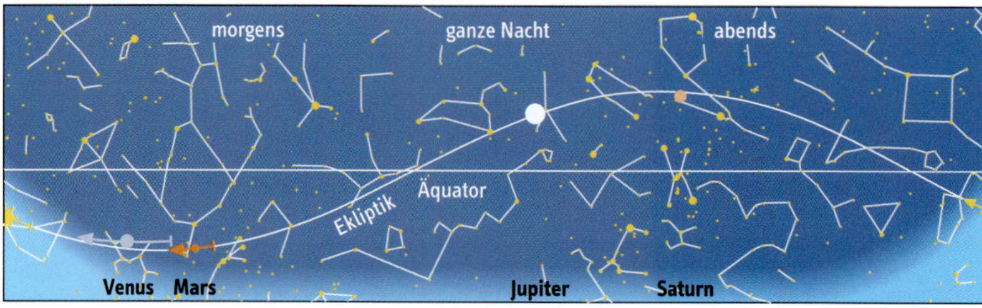

Merkur bietet zu Monatsanfang eine bescheidene Morgensichtbarkeit. Bereits am 4. erreicht er mit 25°21′ seine größte westliche Elongation von der Sonne. Am 1. erfolgt der Aufgang des immerhin $0^{m}0$ hellen Merkur um $6^{h}33^{m}$. Gegen 7^{h} hat sich Merkur über die dichtesten Dunstschichten am Osthorizont so weit erhoben, dass er sichtbar wird. Eine Viertelstunde später verblasst der sonnennahe Planet in der zunehmenden Helligkeit des Morgenhimmels. Bis zum 3. ändern sich Merkurhelligkeit und Aufgangszeiten kaum. Nach dem 3. wird man vergeblich nach Merkur Ausschau halten, die immer früher einsetzende Morgendämmerung lässt ihn nicht mehr zur Geltung kommen (siehe auch Abb. 1.3 und 1.4 auf Seite 39). Die Begegnung mit Neptun am 21., an dem er drei Vollmonddurchmesser südlich vorbeiläuft, bleibt unbeobachtbar. Am 19. wandert Merkur durch sein Aphel (sonnenfernster Bahnpunkt). An diesem Tag trennen ihn 70 Millionen Kilometer (= 0,47 AE) von der Sonne.

Venus bleibt Morgenstern, auch wenn sich ihre Sichtbarkeitszeit drastisch verkürzt. Zu Monatsanfang wechselt sie, aus dem Schlangenträger kommend, in den Schützen. Ihr Abstand vom roten Planeten wächst immer mehr an, denn Mars bewegt sich wesentlich langsamer durch den Tierkreis (siehe auch Abb. 2.2 unten). Am 4. passiert Venus fünf Vollmondbreiten (= $2^{\circ}5$) nördlich den Winterpunkt.
Im Laufe des Monats geht die Venushelligkeit leicht auf $-4^{m}1$ zurück, die Venusaufgänge verlagern sich von $5^{h}02^{m}$ zu Monatsanfang auf $5^{h}23^{m}$ zu Monatsende. Da auch die Morgendämmerung immer früher einsetzt, schrumpft die Sichtbarkeitsdauer auf rund eineinhalb Stunden am Morgenhimmel.
Fernrohrbeobachter bemerken, dass Venus immer rundlicher und kleiner erscheint. Der scheinbare Durchmesser des Planetenscheibchens geht auf 16″ zurück, der beleuchtete Anteil erreicht 71 % zu Monatsende.

Mars ist Planet am Morgenhimmel. Er wandert durch den

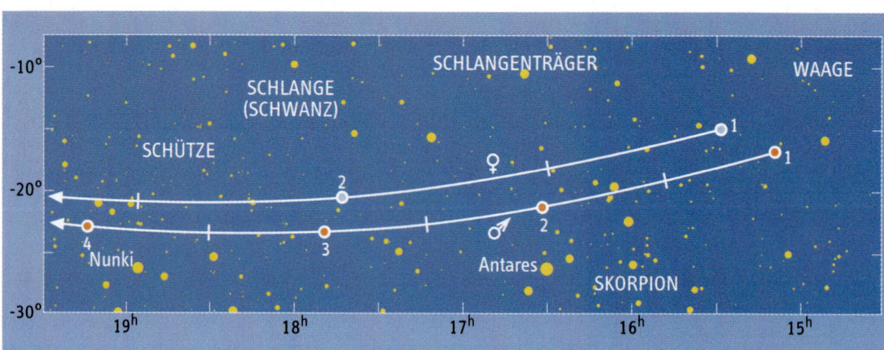

2.2 Scheinbare Bahnen der Planeten Venus und Mars im Gebiet der Sternbilder Skorpion, Schlangenträger und Schütze. Die Zahlen geben die Planetenpositionen zum jeweiligen Monatsersten an.

2.3 Anblick des südöstlichen Morgenhimmels am 25. Februar gegen 6^h MEZ. Der abnehmende Mond zieht an Mars vorbei und steuert auf Venus zu.

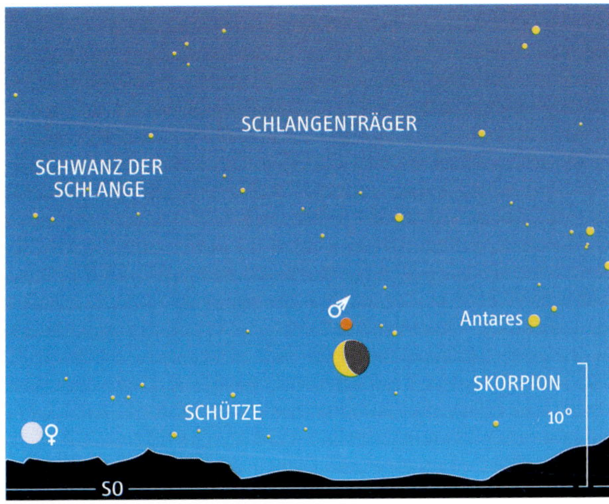

Schlangenträger und wechselt zu Monatsende in das Sternbild Schütze (siehe Abb. 2.2 auf Seite 58). Die Helligkeit des roten Planeten steigt merkbar an und erreicht Ende Februar 1,^{m}0. Damit wird Mars mit den Fixsternen 1. Größe vergleichbar. Antares im Skorpion weist eine scheinbare Helligkeit von 1^m auf (er ist leicht veränderlich: 0,^{m}9 bis 1,^{m}1). Auch Antares leuchtet rötlich und steht im Tierkreis. Deshalb wird er gelegentlich mit Mars verwechselt. Antares heißt daher auch soviel wie „marsähnlicher Stern".

2.4 Scheinbare Bahn des Planeten Jupiter im Jahr 2003 im Gebiet der Sternbilder Krebs und Löwe. Die Zahlen geben die Jupiterposition jeweils zum Monatsersten an (z. B. 7: Ort des Jupiter am 1. Juli 2003).

Zu Monatsanfang geht Mars um 3^{h}56^m auf, zu Monatsende 20^m früher. Am 25. erhält der rote Planet turnusgemäß Besuch vom abnehmenden Mond. Die abnehmende Mondsichel passiert am 25. in den Morgenstunden etwa 2° südlich den roten Planeten. Die Szene wird von Venus im Osten und Antares im Westen eingerahmt (siehe Abb. 2.3 oben).

Am letzten Tag des Monats kreuzt Mars die scheinbare Sonnenbahn in südlicher Richtung – am 28. passiert er nämlich den absteigenden Knoten seiner um 1,°85 zur Ekliptik geneigten Bahn.

Jupiter steht am 2. im Sternbild Krebs in **Opposition** zur Sonne. Er ist das auffälligste Gestirn am Nachthimmel, an dem er von Sonnenuntergang bis Son-

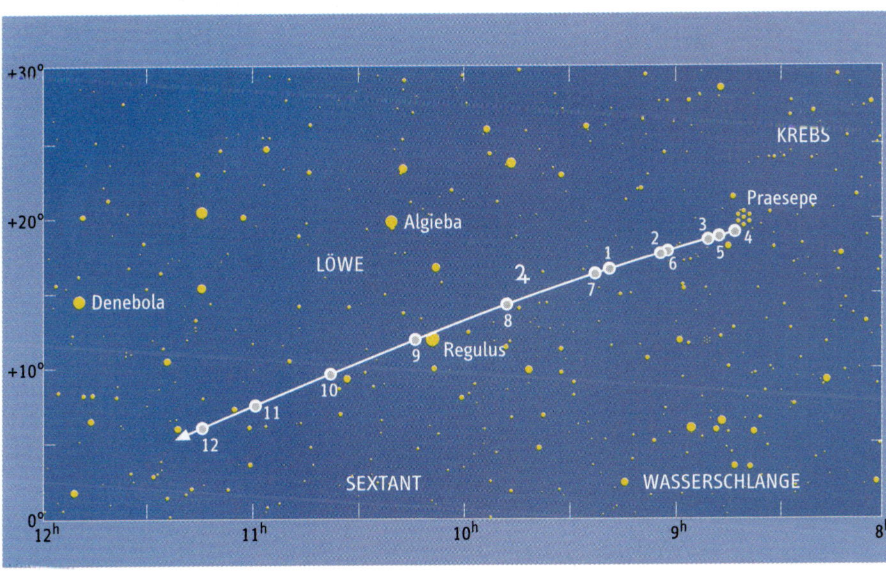

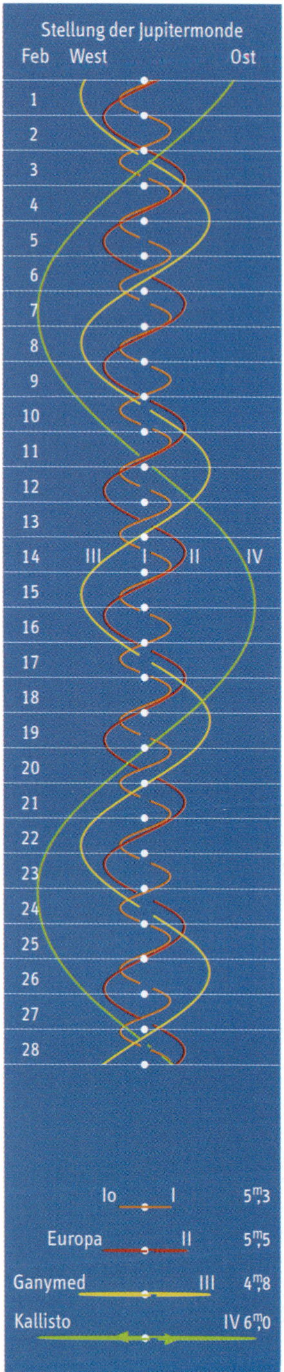

Jupitermond-Erscheinungen

Tag	MEZ h	MEZ m	Vorgang		
1.	3	19	I	SA	
	3	20	I	DA	
	5	19	II	SA	
	5	22	II	DA	
	5	36	I	SE	
	5	38	I	DE	
2.	0	34	I	VA	
	2	53	I	BE	
	21	46	I	DA	
	21	47	I	SA	
	23	48	II	BA	
3.	0	03	I	DE	
	0	04	I	SE	
	0	24	III	BA	II
	0	32	III	VA	II
	0	37	III	BE	II
	0	47	III	VE	II
	2	42	II	VE	
	4	20	III	BA	
	6	06	II	BA	IV
	6	12	II	BE	IV
	18	09	I	BA	IV
	18	15	I	BE	IV
	19	01	I	BA	
	21	22	I	VE	
4.	18	29	I	DE	
	18	30	II	DA	
	18	33	I	SE	
	18	38	II	SA	
	21	25	II	DE	
	21	33	II	SE	
5.	5	03	I	BA	II
	5	07	I	BE	II
6.	17	53	III	DA	
	18	20	III	SA	
	21	30	III	DE	
	21	57	III	SE	
8.	5	04	I	DA	
	5	12	I	SA	
	18	09	I	BA	II
	18	11	I	BE	II
9.	2	19	I	BA	

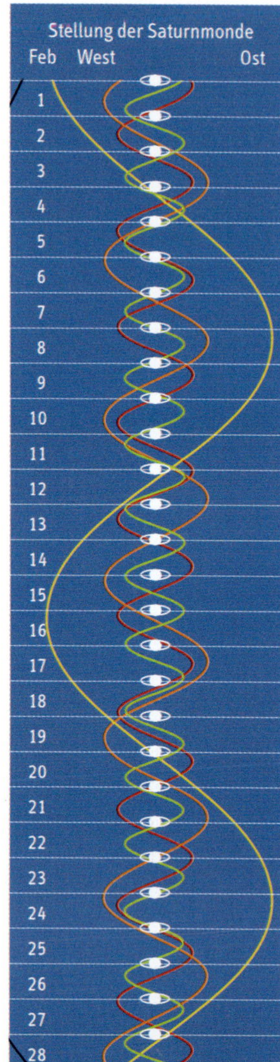

5	10^{m},2
10	10^{m},2
15	10^{m},2
20	10^{m},3
25	10^{m},4
28	10^{m},5

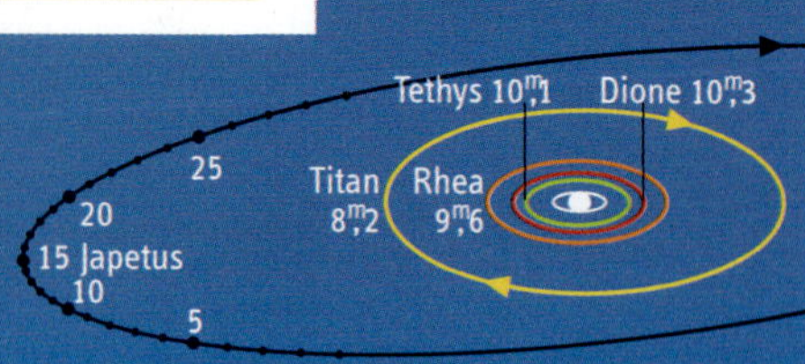

	4 48	I	VE	
	23 30	I	DA	
	23 41	I	SA	
10.	1 47	I	DE	
	1 51	II	BA	I
	1 55	II	BE	I
	1 58	I	SE	
	2 01	II	BA	
	5 16	II	VE	
	20 45	I	BA	
	23 16	I	VE	
11.	3 27	III	BA	II
	3 40	III	BE	II
	4 13	III	VA	II
	4 27	III	VE	II
	20 13	I	DE	
	20 27	I	SE	
	20 46	II	DA	
	21 15	II	SA	
	23 40	II	DE	
12.	0 09	II	SE	
	0 41	IV	VE	
13.	0 00	IV	BA	III
	0 02	IV	BE	III
	18 33	II	VE	
	21 10	III	DA	
	22 19	III	SA	
14.	0 47	III	DE	
	1 57	III	SE	
15.	20 16	I	BA	II
	20 17	I	BE	II
16.	4 03	I	BA	
17.	1 14	I	DA	
	1 35	I	SA	
	3 31	I	DE	
	3 48	II	BA	I
	3 52	II	BE	I
	3 52	I	SE	
	4 15	II	DA	
	22 29	I	BA	
18.	1 11	I	VE	
	18 47	III	BA	IV
	19 00	III	BE	IV
	19 40	I	DA	
	20 04	I	SA	
	21 39	III	VA	IV
	21 57	I	DE	
	21 58	III	VE	IV
	22 21	I	SE	
	23 02	II	DA	
	23 52	II	SA	
19.	1 56	II	DE	
	2 46	II	SE	
	19 40	I	VE	
	21 28	I	BA	IV
	21 34	I	BE	IV
	23 11	I	VA	IV
	23 20	I	VE	IV
20.	2 00	IV	DA	
	6 03	IV	SA	
	21 08	II	VE	
21.	0 28	III	DA	
	2 18	III	SA	
	4 04	III	DE	
	5 55	III	SE	
24.	2 58	I	DA	
	3 29	I	SA	
	5 15	I	DE	
	20 03	III	VE	
25.	0 14	I	BA	
	3 06	I	VE	
	21 25	I	DA	
	21 58	I	SA	
	23 42	I	DE	
26.	0 15	I	SE	
	1 19	II	DA	
	2 28	II	SA	
	4 13	II	DE	
	21 35	I	VE	
27.	18 46	II	BA	I
	18 50	II	BE	I
	19 38	II	BA	
	22 59	IV	BA	I
	23 06	IV	BE	I
	23 42	II	VE	
28.	2 08	IV	VA	I
	2 24	IV	VE	I
	3 48	III	DA	
	18 43	IV	VE	

nenaufgang vertreten ist. Am Tag der Opposition geht der $-2{,}^{m}6$ helle Jupiter um $17^{h}00^{m}$ auf, passiert eine halbe Stunde nach Mitternacht den Meridian und geht am nächsten Morgen um $8^{h}05^{m}$ unter. Bis Monatsende verfrüht sich der Jupiteruntergang auf $6^{h}19^{m}$, dafür geht er am 28. bereits um 15^{h} auf, wenn es noch hell ist.

Seine geringste Entfernung von der Erde erreicht der Riesenplanet bereits am Abend des 1., wobei ihn 647 Millionen Kilometer (= 4,43 AE) von uns trennen. Dies entspricht einer Lichtlaufzeit von rund 36 Minuten. Von der Sonne ist Jupiter zur Opposition 795 Millionen Kilometer entfernt, dies entspricht 5,31 AE. Damit ist Jupiter mehr als fünfmal soweit von der Sonne entfernt wie die Erde.

Im Teleskop erkennt man ein ovales Planetenscheibchen, durch seine rasche Rotation ist der Riesenplanet stark abgeplattet. Sein scheinbarer Äquatordurchmesser beträgt am Tag der Opposition $45{,}''6$, der Poldurchmesser ist mit $42{,}''6$ deut-

Konstellationen und Ereignisse

Datum	MEZ	Ereignis
2.	10^{h}	**Jupiter in Opposition** zur Sonne
2.	14	Mond bei Uranus, Mond $4{,}^{\circ}5$ südlich
4.	2	Merkur in größter westl. Elongation (25°)
12.	4	**Mond bei Saturn,** Mond $2{,}^{\circ}6$ nördlich, **Abstand $2{,}^{\circ}0$ um 4^{h}**
15.	19	**Mond bei Jupiter,** Mond $3{,}^{\circ}8$ nördlich, **Abstand $3{,}^{\circ}3$ um 18^{h}**
17.	19	Mars bei Pluto, Mars $9{,}^{\circ}2$ südlich
17.	23	Uranus in Konjunktion mit der Sonne
19.	10	Merkur im Aphel
21.	1	Merkur bei Neptun, Merkur $1{,}^{\circ}6$ südlich
22.	11	Saturn im Stillstand, anschließend rechtläufig
25.	6	**Mond bei Mars,** Mond $1{,}^{\circ}9$ südlich, **Abstand $2{,}^{\circ}7$ um 5^{h}**
27.	12	Mond bei Venus, Mond $5{,}^{\circ}1$ südlich
28.	16	Mond bei Neptun, Mond $4{,}^{\circ}8$ südlich

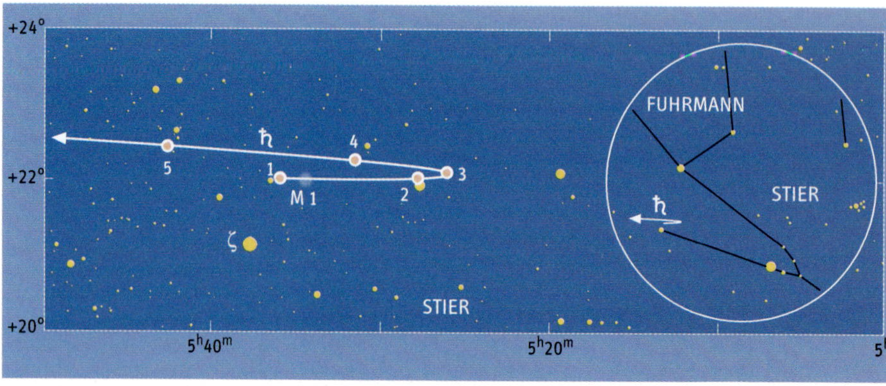

2.5 Scheinbare Bahn des Planeten Saturn im ersten Jahresdrittel 2003 im Gebiet des Sternbildes Stier.

lich kleiner. Schon in kleinen Fernrohren sind auf dem Jupiterscheibchen die markanten Wolkenstreifen und –bänder zu erkennen, und schon im Feldstecher sieht man bis zu vier helle Jupitermonde.

Gut lässt sich jetzt auch die Oppositionsschleife beobachten, die Jupiter beschreibt. Er entfernt sich rückläufig im Krebs von Regulus im Löwen und steuert auf den offenen Sternhaufen der Krippe (lat.: Praesepe) zu. Um die Krippe einwandfrei zu erkennen, sollte ein Fernglas benutzt werden (siehe auch Abb. 2.4 auf Seite 59).

Am 15. zieht der fast volle Mond knapp 4° nördlich am Riesenplaneten vorbei (siehe Abb. 2.1 auf Seite 55).

Saturn ist – neben Jupiter – der zweite strahlende Planet am winterlichen Nachthimmel. Der Ringplanet bremst seine rückläufige Bewegung im Stier deutlich ab, am 22. wird er stationär. Anschließend wandert er wieder rechtläufig durch den Tierkreis (siehe auch Abb. 2.5 oben). Mit seinem Stillstand beendet Saturn die Oppositionsperiode, was auch an der bereits leicht sinkenden Helligkeit zu erkennen ist. Vom Morgenhimmel zieht sich der Ringplanet zurück. Am 1. sinkt Saturn um 5^h04^m unter die nordwestliche Horizontline und am 15. um 4^h07^m. Am 28. geht der inzwischen $0^m{,}0$ helle Saturn bereits um 3^h16^m unter.

Uranus, rechtläufig im Wassermann, steht am 17. spät abends in Konjunktion mit der Sonne. Der ferne Planet steht dann mit der Sonne am Taghimmel und bleibt nachts unbeobachtbar.

Am Tag der Konjunktion ist Uranus 3142 Millionen Kilometer (= 21,0 AE) von der Erde entfernt. Seine Sonnendistanz beträgt zum gleichen Zeitpunkt 2995 Millionen Kilometer (= 20,0 AE). Damit ist das Sonnenlicht 2^h46^m zum Uranus unterwegs.

Neptun stand am letzten Tag des Vormonats in Konjunktion mit der Sonne. Der lichtschwache Planet hält sich noch weitgehend am Taghimmel auf und kann nicht gesehen werden. Auch die Begegnung mit Merkur am 21. bleibt unbeobachtbar.

Planetoiden

Vesta (4) wird am 16. um 7^h stationär und wandert anschließend mit zunehmender Geschwindigkeit rückläufig durch die Jungfrau. Das „stationär“ bezieht sich lediglich auf ihre Bewegung in Rektaszension. In Deklination strebt Vesta nach Norden (Abb. 3.3 auf Seite 81). Kleinplanet Nr. 4 strebt seiner Opposition entgegen, die er im letzten Drittel des Folgemonats erreicht. Seine Helligkeit steigt weiter stark an und erreicht zu Monatsende $6^m{,}3$. Somit kann Vesta selbst in kleinen Ferngläsern einwandfrei erkannt werden.

Die Aufgänge von Vesta verlagern sich in die frühen Abendstunden. Am 1. geht Vesta um 22^h12^m auf, am 28. schon um 20^h15^m. Am Monatsletzten erfolgt ihre Kulmination um 2^h50^m.

Periodische Sternschnuppenströme

Zwischen 6. und 9. Februar sind die **Alpha-Aurigiden** zu erwarten. Ihr Maximum ist nicht sehr ausgeprägt. Der Ausstrahlungspunkt liegt in der Nähe von Kapella. Nur wenige, aber helle und langsame Meteore tauchen auf. Die beste Beobachtungszeit ist um Mitternacht. In den letzten Jahren scheint der Strom versiegt zu sein, weitere Beobachtungen sind sehr erwünscht.

Die **Delta-Leoniden** erreichen ihr Maximum um den 24. Februar. Sie sind ein schwacher

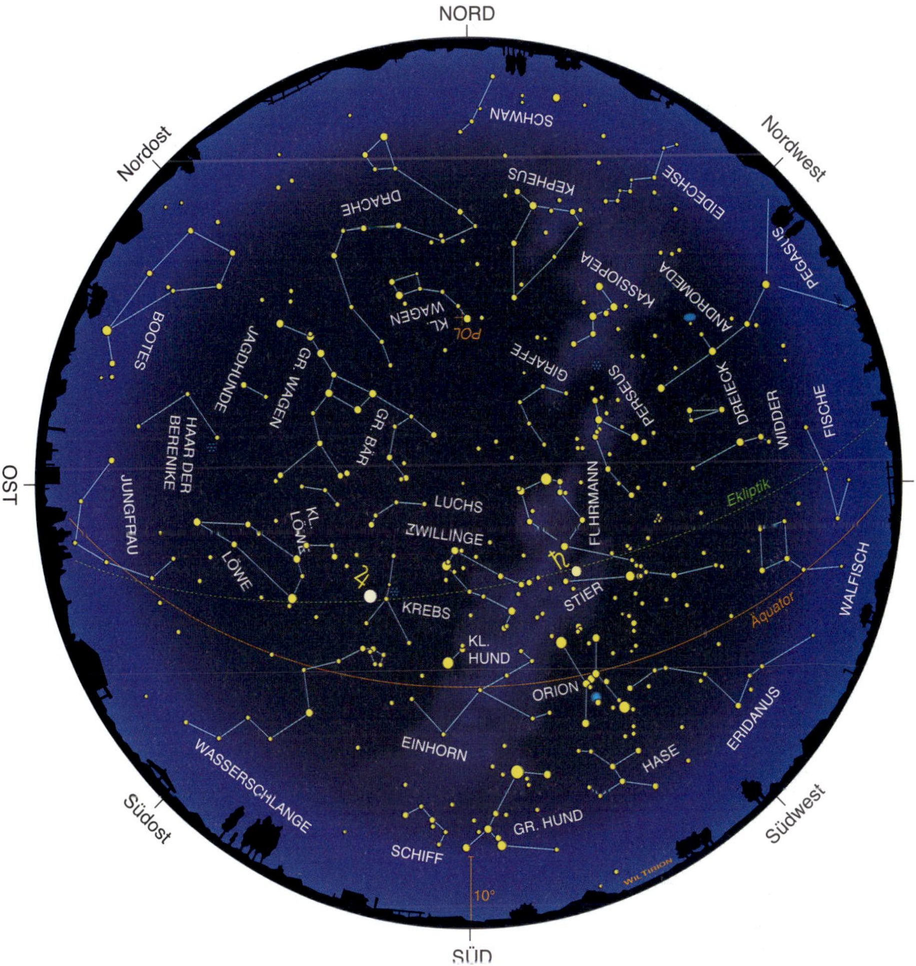

Sternenhimmel am 15. Februar um 22ʰ MEZ

Fixsternhimmel auch gültig für:	MEZ
1.11.	5ʰ
15.11.	4
1.12.	3
15.12.	2
1. 1.	1
15. 1.	0
1. 2.	**23**
15. 2.	**22**
28. 2.	**21**
15. 3.	20

Strom, der sich zwischen dem 15. Februar und dem 10. März bemerkbar macht, wobei es sich um langsame Objekte handelt (um 25 Kilometer pro Sekunde). Zu Monatsende erscheinen die ersten **Virginiden** am Morgenhimmel.

Der Fixsternhimmel

Im Vergleich zum Vormonat hat sich der Anblick des abendlichen Sternenhimmels nicht allzu sehr verändert. Noch weist er eindeutig winterlichen Charakter auf. Die gesamte Sternbilderszenerie hat sich allerdings deutlich nach Westen verschoben. Zur Standardbeobachtungszeit, nämlich gegen 23ʰ zu Monatsbeginn beziehungsweise 22ʰ zur Monatsmitte, hat der Himmelsjäger Orion den Meridian bereits überschritten. Sirius zieht im Süden die Blicke auf sich. Auch die Zwillinge kulminieren eben. Unter „kulminieren“ versteht man „die höchste Stellung im Süden einnehmen“. Das dazugehörige

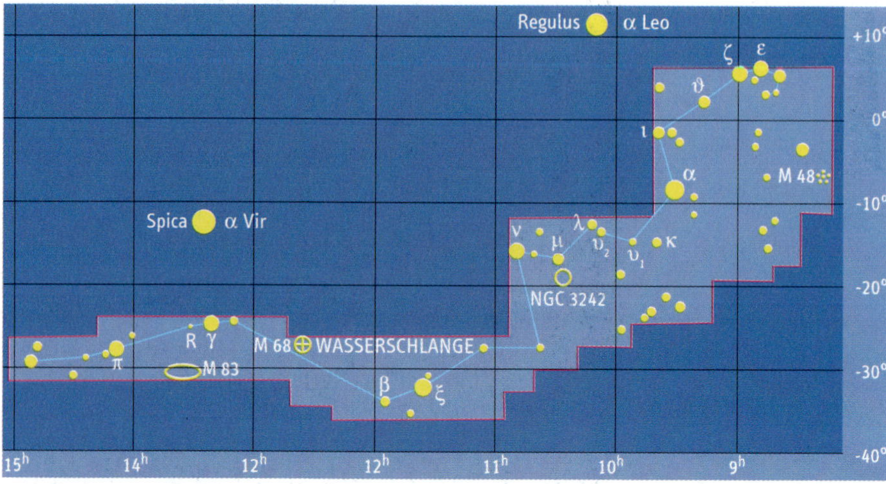

2.6 Das Sternbild Hydra zieht sich über 7^h Rektaszension über das Firmament.

Substantiv heißt „die Kulmination". Ein Gestirn kulminiert, wenn es den Meridian (die Mittagslinie) passiert.
Das Himmels-W, die Königin Kassiopeia, sinkt langsam im Nordwesten herunter, während sich der Große Wagen im Nordosten immer höher schiebt. Im Westen erinnern nur noch Perseus und tiefer Andromeda an vergangene Herbsttage. Die meisten Herbstbilder sind bereits unter dem Horizont verschwunden oder gerade im Untergang begriffen, wie etwa Pegasus, Fische und Walfisch. Im Südosten ist der Löwe auf der Himmelsbühne erschienen. Er kündigt die kommenden Frühlingstage an. Der Löwe ist das bekannteste der Frühlingssternbilder. Sein hellster Stern wurde von Nikolaus Kopernikus „Regulus" getauft, was soviel wie „Kleiner König" heißt. Doch schon die alten Babylonier sahen im Löwenhauptstern einen König. Hoch im Süden wandern gerade die Zwillinge durch den Meridian. Sie werden durch die beiden Sternenketten dargestellt, die das ungleiche Brüderpaar Kastor und Pollux sein sollen. So heißen auch die beiden hellsten und östlichsten Sterne der Ketten. Der griechischen Mythologie nach war Pollux unsterblich, Kastor wurde als Sterblicher jedoch einst im Kampf getötet. Aber schon die Assyrer sahen in den beiden einprägsamen Sternenketten, die zwischen Fuhrmann und Prokyon im Kleinen Hund liegen, ein Knabenpaar. Da die nördlichsten Partien der Ekliptik durch die Zwillinge gehen, gehören sie wie Löwe und Krebs zum Tierkreis.
Der Krebs liegt zwischen den Zwillingen (im Meridian) und dem Löwen (halbhoch über dem Osthorizont). Da sich keine hellen Sterne im Krebs finden, fällt er kaum auf. Zwar kennt ihn dem Namen nach fast jeder, da er ebenfalls ein Tierkreisstern-

2.7 Das Sternbild Wasserschlange (Hydra) in einer Darstellung aus dem Sternatlas Uranometria von Johannes Bayer aus dem Jahr 1603.

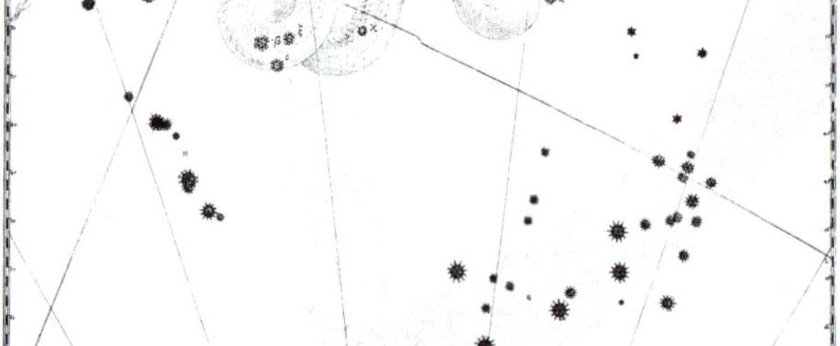

bild ist und somit im Hokuspokus der Horoskope erscheint. Aber am Firmament ist er nicht leicht zu entdecken. Doch diesmal ist der Krebs leicht zu orten, denn ein strahlend heller Lichtpunkt markiert seine Position am Firmament: Es handelt sich bei dem strahlenden Gestirn um Jupiter, der in diesem Jahr seine Gastrolle im Krebs spielt. Mit einem Fernglas kann man auch unter ungünstigen Sichtbedingungen die Krebssterne sehen, wobei man möglichst eine kleine Vergrößerung wählen sollte: 7x50 ist ideal für schwache Sternbilder, viele Sternhaufen und Nebel.

Auch der offene Sternhaufen Praesepe (lat., die Krippe) liegt im Krebs und ist ein wunderschönes Fernglasobjekt. Die Katalogbezeichnung der Krippe lautet: M 44. Das M steht für Messier, dem französischen Kometenjäger, der die auffälligsten Sternhaufen und Nebel in einem Katalog zusammengefasst hat (siehe auch *Himmelsjahr 1996*, Seite 145, Monatsthema September: „Charles Messier und sein berühmter Nebelkatalog").

Wer die helleren Sterne und die markanten Bilder schon gut kennt und schnell am Nachthimmel entdeckt, sollte ab und zu auch einmal nach lichtschwächeren und darum weniger bekannten Bildern Ausschau halten. Als geeignetes Übungsobjekt empfiehlt sich die Wasserschlange, deren Kopf ein wenig südlich vom Krebs liegt und die sich nach Südosten hinunterschlängelt. Ein kleines Fernglas kann beim Aufsuchen gute Dienste leisten. Vergleichsweise auffallend ist der Hauptstern der Wasserschlange, Alphard oder α Hydrae genannt. Hydra ist die lateinische Bezeichnung für Wasserschlange. Alphard steht in einer sonst an helleren Sternen armen Gegend und ist deshalb leicht zu identifizieren. Dieser Stern markiert das Herz der Wasserschlange und ist $2\overset{m}{.}0$ hell. Er leuchtet in einem orange-rötlichen Licht und ist ähnlich wie Arktur ein Riesenstern (Spektralklasse: K3 III). Gut 180 Jahre ist das Licht von Alphard zu uns unterwegs. Als Riesenstern leuchtet er vierhundertmal heller als unsere Sonne. Alphard besitzt in fast fünf Bogenminuten Distanz einen lichtschwachen Begleiter 10. Größenklasse. Die Wasserschlange ist das ausgedehnteste Sternbild am Himmel. Es zieht sich rund sieben Rektaszensionsstunden in Äquatornähe am Firmament entlang. Der Kopf der Wasserschlange liegt noch nördlich des Himmelsäquators und südwestlich von Regulus im Löwen. Außer Alphard sind alle übrigen Sterne der Wasserschlange schwächer als 3. Größenklasse. Südlich von Alphard knickt die Wasserschlange in Richtung Osten ab und zieht sich südlich von Becher, Rabe und Jungfrau bis zu ihrem Schwanz, der zwischen den Sternbildern Waage und Zentaurus liegt.

Die Hydra (Hya) ist nicht zu verwechseln mit dem Sternbild Hydrus (Hyi). Hydrus wird als männliche oder südliche Wasserschlange, manchmal auch als kleine Wasserschlange bezeichnet, während Hydra die weibliche oder nördliche Wasserschlange ist. Die kleine Wasserschlange ist in der Nähe des Himmelssüdpols zu finden, also in unseren Breiten überhaupt nicht sichtbar. Die größere, bei uns sichtbare Wasserschlange hat ihre weibliche Bezeichnung erst durch Johannes Bayer erhalten, der beide Wasserschlangen in seinem Sternatlas *Uranometria* aus dem Jahre 1603 aufgenommen und der nördlichen die weibliche Form zuerkannt hat. Bei den Römern in der Antike war sie noch männlich: Serpens aquaticus. Zwei Sagen gibt es in der klassischen Mythologie um die Wasserschlange. Einmal handelt es sich um die lernäische Hydra mit neun Köpfen und giftigem Atem, die auf Befehl von König Eurystheus vom mutigen Helden Herkules getötet wurde. In einer anderen Sage entschuldigt sich der Rabe (Sternbild Corvus), der im Auftrag Apolls frisches Wasser aus einer Quelle den Göttern in einem Becher (Sternbild Crater) bringen sollte, für seine Verspätung damit, dass die Hydra die Quelle leergesoffen habe. Alle drei, Rabe, Becher und Wasserschlange, werden daraufhin von Apoll unter die Sterne versetzt, wo man sie heute noch beieinander finden kann.

Objekte für Feldstecher und Fernrohr

So beeindruckend ein dunkler, samtschwarzer Nachthimmel

Veränderliche Sterne

Algol-Minima	1. 17^h04^m	16. 1^h11^m	18. 22^h00^m	21. 18^h49^m	
β-Lyrae-Minima	1. 12^h N	7. 23^h H	14. 10^h N	20. 21^h H	27. 9^h N
δ-Cephei-Maxima	3. 1^h	8. 9^h	13. 18^h	19. 3^h	24. 12^h
Mira-Helligkeit	1. 10^m	10. 10^m	20. 10^m	28. 10^m	

2.8 M 42 – der große Orion-Nebel. Aufnahme von Martin Gertz auf der Sternwarte Welzheim mit dem großen Refraktor.

mit seinen Tausenden von glitzernden Lichtpünktchen für das bloße Auge auch sein mag, irgendwann möchte man dann doch die Wunder des Universums mit Fernglas oder Teleskop betrachten. Schon in einem guten Fernglas sind die Krater und Ringgebirge auf dem Mond zu sehen, die Sichelgestalt der Venus, die Wolkenstreifen auf Jupiter sowie die vier hellen Trabanten des Riesenplaneten und manche Doppelsterne zu erkennen. Allerdings gibt es noch eine große Anzahl weiterer Himmelsobjekte, die im Fernglas oder Teleskop erst richtig zur Geltung kommen oder überhaupt nur mit diesen optischen Instrumenten zu beobachten sind, während sie den bloßen Augen verborgen bleiben. Dazu zählen offene und kugelförmige Sternhaufen, galaktische Gas- und Staubwolken, planetarische Nebel sowie fremde Milchstraßensysteme, so genannte Galaxien. Man nennt diese Himmelsobjekte jenseits der Grenzen unseres Sonnensystems gerne nach dem angelsächsischen Sprachgebrauch „Deep-Sky-Objekte“, was soviel wie „Objekte des tiefen Himmels“ heißt. Gemeint sind also Objekte in den Tiefen des Universums. Auch Doppelsterne gehören zu den reizvollen Objekten für Feldstecher- und Fernrohrbeobachter. Sie sind außerdem die idealen Beobachtungsobjekte zum Leistungstest eines Teleskops.

Wer erstmals den gestirnten Himmel mit einem optischen Hilfsmittel betrachten will, sollte zunächst mit einem Fernglas am Himmel spazieren sehen und sich nicht mit einem Teleskop herumplagen. Die enorme Lichtstärke eines größeren Fernglases und dessen relativ großes Gesichtsfeld werden auch den Einsteiger in die Himmelskunde schnell begeistern.

Wer erstmals mit einem Teleskop beobachtet, ist oftmals etwas frustriert, wenn ihm vorher nicht klar war, was er erwarten darf. Im Gesichtsfeld des Teleskops sind nur ein paar vereinzelte Lichtpünktchen zu sehen.

Wer zu stark vergrößert, was vor allem Anfänger gerne tun, sieht nur ein paar verwaschene Lichtflecken. Lediglich der Mond und die hellen Planeten wirken im Teleskop immer recht interessant und begeistern auch Laien, weshalb dies die beliebtesten Objekte einer Führung auf einer Sternwarte sind. Erst mit fortschreitender Beobachtungserfahrung wird man mit einem Fernrohr Doppelsterne, offene und kugelförmige Sternhaufen, galaktische Nebel sowie

Galaxien gezielt aufsuchen. Wer jedoch nur das Sternenzelt nach interessanten Objekten „abgrasen" will, sollte zum Feldstecher greifen. Die Benutzung eines Stativs ist in jedem Falle dringend zu empfehlen. Bei mittleren und größeren Ferngläsern ermüdet man bei freihändigem Beobachten schon nach wenigen Minuten. Man beginnt zu zittern und die Sterne tanzen im Gesichtsfeld hin und her. Bei Ferngläsern sollte man ab fünfzehnfacher Vergrößerung auf alle Fälle nicht ohne Stativ beobachten. Die Zitterbewegungen der Hände werden nämlich entsprechend mitvergrößert.

Der abendliche Winterhimmel ist nicht nur reich an hellen Sternen, er bietet auch eine Fülle von interessanten und beeindruckenden Beobachtungsobjekten für Fernglas- und Teleskopbesitzer. Um sie zu finden, benötigt man in der Regel eine geeignete Sternkarte. Aus Platzgründen ist es allerdings nicht möglich, für alle hier aufgeführten und empfohlenen Beobachtungsobjekte ein Aufsuchkärtchen abzudrucken. Daher wird an entsprechender Stelle stets auf die geeignete Aufsuchkarte im *Atlas für Himmelsbeobachter* von Erich Karkoschka hingewiesen (siehe auch „Literaturtipps" auf dem Umschlag).

Paradeobjekte für Fernglasbeobachter am Winterhimmel sind die beiden offenen Sternhaufen Hyaden und Plejaden im Stier sowie der Gasnebel M 42 im Sternbild Orion, schlicht als „Großer Orion-Nebel" bekannt. Hyaden und Plejaden sind leicht zu entdecken, stehen sie doch hoch am Firmament und sind schon mit bloßen Augen einfach zu sehen. Die Hyaden sind etwas verstreut, während die ferneren Plejaden dichter gedrängt erscheinen. Sie sind ein wahrer Leckerbissen und sehr beeindruckend im Feldstecher oder kleinem Teleskop bei schwächster Vergrößerung. Die blauen Nebelfetzen, die auf schönen Aufnahmen der Plejaden zu sehen sind, kann man im Fernglas allerdings nicht erkennen. Im Messiers Katalog tragen die Plejaden die Nummer 45.

Der Orion-Nebel ist leicht zu finden. Er liegt knapp südlich der drei Gürtelsterne, von unseren Breiten aus also unterhalb der Gürtelsterne, wenn sich Orion in Meridiannähe aufhält. In der Monatssternkarte ist M 42 im Orion als kleines blaues Scheibchen eingezeichnet. Auch hier gilt: Die farbigen Aufnahmen in schönen Büchern, in denen der Orion-Nebel meist im roten Licht des glühenden Wasserstoffgases abgebildet ist, erwecken einen falschen Eindruck, was den Fernglasbeobachter erwartet, wenn er M 42 ins Visier nimmt. Mit dem Fernglas sieht man nur einen grünlich-weißen Lichtschimmer; es handelt sich dabei ebenfalls um leuchtendes Wasserstoffgas, dessen roter Anteil unserem Auge allerdings verborgen bleibt. Bei nebelhaften Objekten sollte man stets Mondlicht vermeiden, wenn man sie beobachten will.

Selbstverständlich wird man sich auch einen Beobachtungsplatz auswählen, von dem aus man von irdischen Lichtern möglichst ungestört ist.

Weniger bekannt, aber für Fernglasbeobachter durchaus empfehlenswert, ist der offene Sternhaufen NGC 1981 knapp nördlich von M42 im Orion. Man findet ihn auf der Sternkarte E 4 im Atlas von Karkoschka. Bei diesem Haufen lohnt es sich, ein Fernglas mit stärkerer Vergrößerung zu wählen. Dann wird der Himmelshintergrund deutlich dunkler, der Sternhaufen erscheint in besserem Kontrast. Kleines Gesichtsfeld genügt, NGC 1981 hat nicht einmal scheinbaren Vollmonddurchmesser. Die Entfernung von NGC 1981 liegt bei gut 1300 Lichtjahren.

Prominenter ist dagegen die Praesepe oder Krippe, der offene Sternhaufen M 44 im Sternbild Krebs. Im Operngucker macht er eher einen nebligen Eindruck, erst recht mit bloßen Augen. Im lichtstarken Fernglas sieht man aber schnell, dass M 44 kein galaktischer Gasnebel, sondern ein offener Sternhaufen ist.

Als leichter Doppelstern sei für das Fernglas Mintaka (δ Orionis) empfohlen. Die blau-weiße, $2\overset{\mathrm{m}}{.}1$ helle Hauptkomponente hat in $53''$ einen nur $6\overset{\mathrm{m}}{.}7$ hellen Begleiter. Mintaka ist der westlichste der drei Gürtelsterne. Ein Teleskop ab 6 cm Öffnung benötigt jedoch, wer Alnitak (ζ Orionis, der östlichste Gürtelstern) trennen will. Die $1\overset{\mathrm{m}}{.}8$ helle bläuliche Hauptkomponente hat in nur $2\overset{''}{.}3$ einen $4\overset{\mathrm{m}}{.}0$ hellen Begleiter, der ebenfalls bläulich leuchtet. Die Umlaufszeit dieses Pärchens liegt bei 1500 Jahren, seine Entfernung misst rund 800 Lichtjahre.

Wetter und Klima

Der Februar ist in der Regel nicht so kalt wie der Januar. Die Durchschnittstemperatur liegt bei 1,4 °C. Trotzdem ist mit Kälteperioden zu rechnen, in der Regel bei Nordost-Wetterlagen, wobei sibirische und arktische Kaltluft in unseren Raum strömt. Gelegentlich treten im Februar die tiefsten Temperaturen des ganzen Jahres auf. An extremen Temperaturen sind +20 °C (Föhntage in Bayern) und –26 °C registriert. Die mittlere Monatshöchsttemperatur wurde zu +11 °C, die mittlere Monatstiefsttemperatur zu –9 °C er-

Klimadaten

Nachstehende Tabelle gibt die mittlere Bewölkungswahrscheinlichkeit (BW) und die mittlere Zahl der Tage mit mehr als einem Millimeter Niederschlag (NS) im Monat **Februar** an.

Ort	BW	NS	Ort	BW	NS	Ort	BW	NS
Schleswig	76%	11	Brüssel	75%	11	Säntis (2496 m)	58%	13
Helgoland	76	10	Frankfurt/Main	78	09	Zugspitze (2962 m)	59	15
Hamburg	77	10	Prag	72	06	Sonnblick (3107 m)	59	12
Hannover	76	10	Nürnberg	72	10	Innsbruck	64	08
Berlin	72	08	Stuttgart	69	09	Graz	63	06
Brocken (1152 m)	76	14	München	75	10	Klagenfurt	60	06
Essen	78	11	Salzburg	67	12	Bozen	57	04
Leipzig	76	08	Wien	71	07	Genf	67	08
Dresden	74	08	Zürich	73	10	Lugano	51	06

mittelt. 16 Frosttage sind zu erwarten, davon fünf als Eistage (ganztägig Temperaturen unter dem Gefrierpunkt).

An 14 Tagen fällt Niederschlag, im Westen mehr als Regen, im Süden und Osten häufiger als Schnee.

Im Mittel scheint die Sonne 70 Stunden lang, 67 % der Nächte sind bewölkt, fünf Nebeltage treffen ein.

Monatsthema

Wenn die Tage länger werden ...

... so nähern wir uns dem Sommer. Zu Winterbeginn um den 21. Dezember erleben wir den kürzesten Tag und die längste Nacht des Jahres. Dann steigt die Sonne auf ihrer scheinbaren Jahresbahn immer höher. Am 21. März überschreitet sie den Himmelsäquator in nördlicher Richtung und erreicht schließlich am 21. Juni den Gipfel ihrer Bahn. An diesem Tag ist die Nacht am kürzesten. Das Auf- und Absteigen der Sonne und damit verbunden die unterschiedlichen Mittagshöhen sowie die Variation der Tages- und Nachtlänge ist eine Folge der Schrägstellung der Erdachse. Sie weicht um 23,°4 von der Senkrechten auf der Erdbahnebene ab. Winter- und Sommerpunkt werden auch *Solstitien* genannt. Dies bedeutet soviel wie „Sonnenstillstände". Gemeint ist hier nicht, dass die Sonne in ihrem Jahreslauf plötzlich innehält, sondern ihre Bewegung in Deklination kehrt sich um. Besser spricht man daher von Sonnenwende. Die Deklination gibt an, wie weit ein Gestirn vom Himmelsäquator entfernt ist. Zu Frühlings- und Herbstbeginn kreuzt die Sonne den Himmelsäquator, ihre Deklination beträgt in diesem Moment exakt 0°. Im tiefsten Bahnpunkt, dem Winterpunkt, beträgt die Sonnendeklination –23,°4, im Sommerpunkt erreicht das Tagesgestirn mit einer maximalen Deklination von +23,°4 ihre höchste Position. Zwischen diesen beiden Extremwerten pendelt die Sonne im Laufe des Jahres hin und her. Die Bezeichnung „Sonnenwende" für Winter- und Sommerbeginn ist daher zutreffend. In vielen Kulturen wurden die Tage der Sonnenwenden besonders gefeiert. War doch zu hoffen, dass die kalte und dunkle Jahreszeit wieder allmählich zu Ende geht oder dass eine reiche Ernte ins Haus steht. Noch heute gibt es Sonnwendfeiern.

Auch ist es kein Zufall, dass wir Weihnachten um die Zeit der Wintersonnenwende begehen. Zur Zeit Christi Geburt fiel das Wintersolstitium übrigens auf den 23. Dezember, zwei Jahrhunderte davor auf den 25. Dezember.

Die Tageslänge hängt direkt von der Sonnendeklination ab. Je höher die Sonne steht, desto größer fällt ihr Tagbogen aus, umso länger ist es hell. Der Tagbogen beschreibt den Weg, den die Sonne täglich vom Aufgangspunkt bis zum Untergangspunkt am Himmelsgewölbe beschreibt. Auch bei Mond, Planeten und Sternen spricht man vom Tagbogen. Die Fortsetzung des Tagbogens ist der Nachtbogen; er liegt unter dem Horizont.

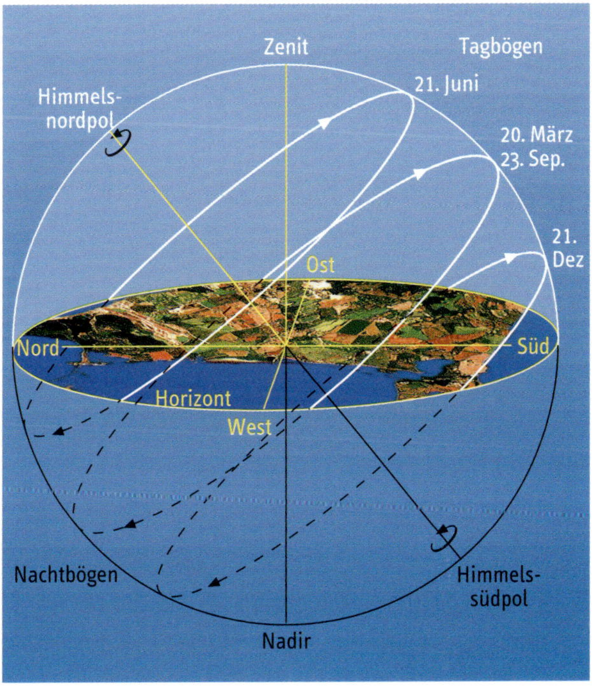

2.9 Die Tag- und Nachtbögen der Sonne zu verschiedenen Jahreszeiten.

Andere Länder, andere Jahreszeiten

Dass die Tage im Winter kürzer sind als im Sommer ist eine Binsenweisheit, die allen Leserinnen und Lesern bekannt sein dürfte. Nicht so bekannt ist hingegen, dass die Tageslänge nicht nur von der Sonnendeklination sondern auch von der geografischen Breite des Beobachters abhängig ist. Wenn wir von Winterbeginn am 21. Dezember sprechen, so gilt dies für die Nordhalbkugel. Für die Bewohner von Buenos Aires, Kapstadt und Sydney beginnt an diesem Tag der *Sommer*. Der 21. Dezember beschert ihnen den längsten Tag und die kürzeste Nach des ganzen Jahres. Und wenn wir in unseren Breiten Sommer haben, so ist es auf der Südhalbkugel der Erde Winter. Auf dem Erdäquator sind Tag und Nacht das ganze Jahr über gleich lang, nämlich je zwölf Stunden. Je weiter man sich vom Erdäquator nach Nord oder Süd entfernt, desto größer werden die Unterschiede in der Tageslänge zwischen Winter und Sommer. Extremfälle sind die Pole, an denen es jeweils ein halbes Jahr lang Tag und ebenso lange Nacht ist. Auf dem Nordpol der Erde hält sich die Sonne vom 21. März bis 23. September über dem Horizont und geht in dieser Zeit nicht unter. Am 23. September beginnt auf dem Nordpol die halbjährige Polarnacht, während an diesem Tag die Sonne am Südpol der Erde aufgeht, um ihn ein halbes Jahr lang ununterbrochen zu beleuchten.

In Madrid (etwa 40° Nord) ist es zu Winterbeginn 9^h20^m Tag, in Frankfurt/Main (etwa 50° Nord) nur 8^h05^m und in Helsinki (etwa 60° Nord) dauert der Tag nur noch knapp sechs Stunden. Zu Sommerbeginn scheint die Sonne für die Madrider 15^h lang, in Frankfurt/Main ist es 16^h22^m lang Tag und in Helsinki dauert der Tag fast 19^h!

Die Zu und Abnahme der Tageslänge ist ein periodischer Vorgang, der sich jedes Jahr wiederholt. Dies ist jedermann bekannt. Weniger bekannt ist jedoch die Tatsache, dass die Tageslänge *insgesamt* im Laufe der Jahrhunderte zunimmt. Hier gilt es zwischen „Volltag" und „Tag und Nacht" zu unterscheiden. Der Volltag ist ein vollständiger Hell-Dunkel-Zyklus, also Tag und Nacht zusammengenommen. Er dauert stets 24 Stunden. Haben wir im Sommer sechzehn Stunden Tag, so dauert die Nacht nur acht Stunden. Analoges gilt für den Winterbeginn, wo der helle Tag nur acht Stunden, die finstere Nacht dann aber sechzehn Stunden dauert.

Die ungenaue Erduhr

Ein Volltag ist die Zeit zwischen zwei aufeinanderfolgenden Höchstständen (Kulminationen) der Sonne. Im Jahresmittel sind das 24 Stunden. Der Volltag ist definitionsgemäß die Zeit zwischen zwei aufeinanderfolgenden Meridiandurchgängen der *mittleren* Sonne. Man bedient sich der fiktiven, nicht sichtbaren Sonne, die mit gleichförmiger Geschwindigkeit entlang des Äquators wandert, während die leuchtende wahre Sonne sich mal schneller, mal langsamer bewegt, also gelegentlich früher, dann wieder später als die mittlere Sonne durch den Meridian wandert. Die Differenz zwischen den Kulminationszeiten der wahren und der mittleren Sonne wird Zeitgleichung

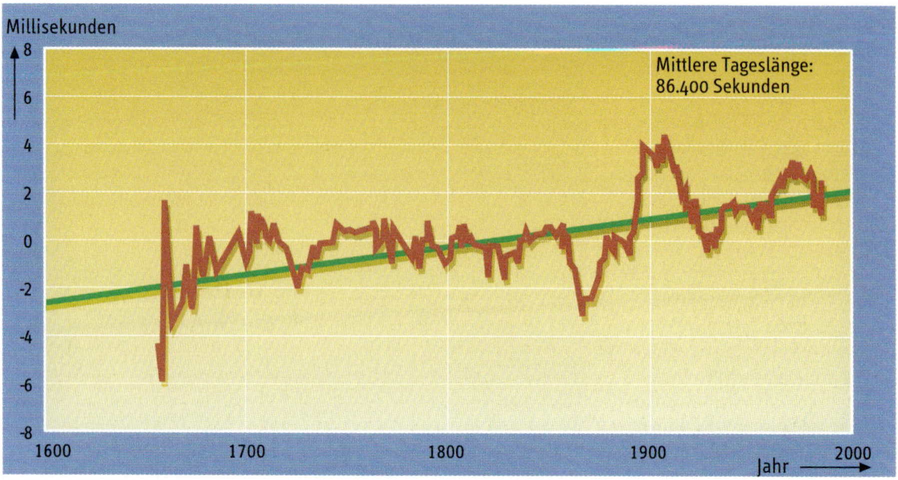

2.10 Die Zunahme der mittleren Tageslänge in Millisekunden von 1650 bis 2000.

genannt. Sie kann bis auf plus/minus eine Viertelstunde anwachsen (siehe auch S. 42 im *Astrowissen* von H.-U. Keller). Aus der Länge des mittleren Sonnentages wurde einst die Sekunde abgeleitet. Definitionsgemäß war eine Sekunde der 1/86 400ste Teil eines mittleren Sonnentages. Doch diese Definition ließ sich leider nicht aufrecht erhalten, denn auf die Erduhr ist kein Verlass. Sie geht mal vor, dann wieder nach. Vor allem aber erfolgt die Erddrehung immer langsamer, die Tage werden im Laufe von Jahrhunderten immer länger.

Der Sonnentag ergibt sich aus einer Kombination von Erdrotation und Erdrevolution, also dem Lauf der Erde um die Sonne. Eine volle Erdrotation dauert nämlich nur 23^h56^m. Da die Sonne aber in dieser Zeit um knapp ein Grad (im Mittel genau $0{,}^\circ985\,647$) in östlicher Richtung unter den Sternen vorrückt, muss sich die Erde noch ein Stückchen, eben um ein Grad weiterdrehen, damit die Sonne wieder in die gleiche Position (z. B. Meridianstellung) kommt wie vor einem Tag. Die Zeitspanne einer vollen Erdrotation hingegen wird Sterntag genannt. Nach einem Sterntag von 23^h56^m finden wir wieder die gleichen Sterne im Meridian. Ein Sterntag ist definiert als die Zeit zwischen zwei aufeinanderfolgenden Kulminationen des Frühlingspunktes. Genaugenommen ist ein Sterntag um neun Tausendstel Sekunden kürzer als eine siderische Erdrotation, da infolge der Präzessionsbewegung der Erde der Frühlingspunkt sich unter den Sternen nach Westen bewegt und damit der Erdrotation gewissermaßen entgegenkommt. Durch Beobachtungen der Meridiandurchgänge von Sternen, deren Koordinaten genau bekannt sind, lässt sich die Erdrotation kontrollieren. Aber noch lange bevor man mit extrem genaugehenden Atomuhren die Unregelmäßigkeiten der Erdrotation nachprüfen konnte, entdeckte man, dass mit der Erduhr etwas nicht stimmt.

Jahrhundertelang war man der Auffassung, dass nichts so präzise und gleichförmig abläuft wie das Himmelsuhrwerk. Doch bereits Edmond Halley fand Ungereimtheiten im Lauf des Mondes. Berühmt wurde der königliche Astronom Großbritanniens durch die Bestimmung der Bahn des nach ihm benannten Kometen. Mit 76 Jahren Umlaufszeit taucht der Halleysche Komet einmal im Leben eines Menschen in Sonnen- und damit auch in Erdnähe auf. Unter anderem berechnete Halley auch Sonnen- und Mondfinsternisse. Dabei fiel ihm im Jahre 1695 auf, dass der Mond in seiner Bewegung offensichtlich schneller wurde („... the moon moving now faster in orbit than it was in the past ..."). Zwar war der Vorsprung des Mondes gegenüber dem vorausberechneten Ort nur klein. In 3000 Jahren ergab sich immerhin eine Abweichung von drei Vollmondbreiten. Dieses seltsame Voreilen des Mondes, das durch das Newtonsche Gravitationsgesetz nicht erklärbar war, wurde „Akzeleration des Mondes" genannt. Doch wodurch der Mond beschleunigt wurde, blieb unbekannt. Später fand man durch genaue Positionsbestimmungen, dass auch die Planeten, vor allem der sonnennahe Merkur, eine solch mysteriöse „Akzeleration" ihres Laufes zeigen. Sollte etwa das Gravitationsgesetz nicht ganz stimmen und einer Verbesserung bedürfen? Die Lösung des Rätsels hat als erster Tobias Mayer (1723–1762) aus Marbach am Neckar gefunden. Mayer vermutete richtig, dass nicht der Mond und die Planeten immer schneller laufen, sondern dass die Erde sich immer langsamer dreht – die Tage werden offensichtlich länger! Da die Sekunde aber aus der Erdrotation abgeleitet ist, wie vorhin erwähnt, ist sie der 1/86 400ste Teil des mittleren Sonnentages, so wird das Zeitmaß gedehnt. Dreht sich die Erde nach einer bestimmten Zeit nur halb so schnell, so dauert eine Sekunde dann doppelt solange. Die aus der Erddrehung abgeleitete Sekunde wurde immer länger. Somit liefen nicht die Gestirne voraus, sondern es war zum Beobachtungszeitpunkt jeweils später als die Uhren anzeigten, die ja nach der Erdrotation geeicht waren. Auch aus alten Finsternisbeobachtungen, vornehmlich aus der Antike, ergab sich, dass die Erduhr immer langsamer läuft. Die Zunahme der Tageslänge ist zwar recht bescheiden, aber sie summiert sich im Laufe der Zeit. Nach heutigen Beobachtungen nimmt die Tageslänge in 100 000 Jahren um 1,6 Sekunden zu. Das bedeutet: In *hundert* Jahren bleibt die Erduhr gegenüber einer gleichförmig laufenden, idealen Uhr um eine halbe Minute zurück. Und dies ist für astronomische Messungen ein erheblicher Wert.

Hervorgerufen wird die Abbremsung der Erdrotation durch die Gezeitenreibung. Die Erde dreht sich permanent unter den beiden Flutbergen hindurch, die durch Mond und Sonne aufgetürmt werden. Sie wirken wie Bremsbacken bei einem Rad. Die Verlangsamung der Erdrotation wirkt sich auch auf die Mondbahn aus, Drehimpuls wird auf den Mond übertragen. Dadurch entfernt sich der Erdtrabant langsam aber stetig. Pro Jahrhundert nimmt die mittlere Mondentfernung um vier Meter zu. In rund 600 Millionen Jahren wird es auf der Erde keine totalen Sonnenfinsternisse mehr geben. Denn durch die größere Entfernung wird der Mond dann nicht mehr die Sonne vollständig bedecken können. Nur noch ringförmige Sonnenfinsternisse werden sich in jenen fernen Zeiten ereignen. Mayer selbst fand noch nicht die Ursache für die Zunahme der Tageslänge. Erst der amerikanische Meteorologe William Ferrel und der französische Astronom Charles-Eugene Delaunay haben um 1860 erstmals die Gezeitenreibung für die Zunahme der Tageslänge verdächtigt.

Mit der Erfindung genau gehender Uhren wurden weitere Unregelmäßigkeiten der Erdrotation ermittelt. Atomuhren laufen so genau, dass sie erst in 30 000 Jahren eine Sekunde vor oder nachgehen. So zeigt es sich, dass die Erddrehung auch kurzfristigen, zudem noch unregelmäßigen Schwankungen unterliegt. Hinzu kommt noch die Chandlersche Polschwankung mit einer mittleren Periode von 430 Tagen. Auch sie bewirkt eine Verfälschung der Zeitmessung aus der Erdrotation und muss korrigiert werden. Kurzum: Die Erddrehung eignet sich nicht für die Ableitung eines gleichförmigen Zeitmaßes. Die Astronomen haben die Konsequenzen gezogen und eine neue Sekundendefinition eingeführt, die so genannte Ephemeridensekunde. Sie ist der 1/31 556 925,97 474ste Teil des tropischen Jahres, beginnend mit 1900 Januar 0,5 (= 31. Dezember 1899, Mitternacht Weltzeit). Die *Ephemeridenzeit*

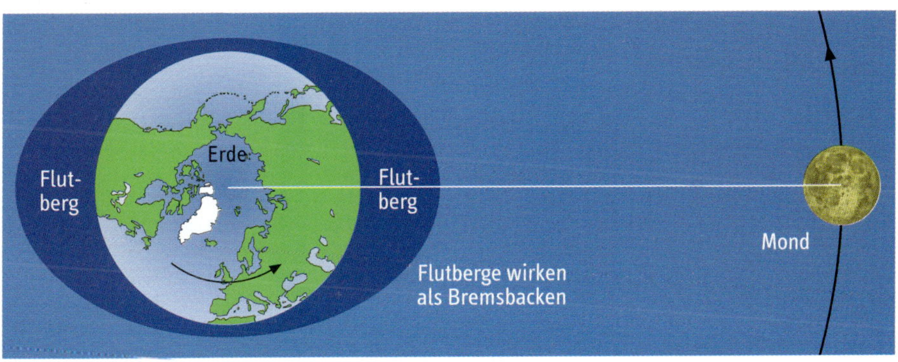

2.11 Die Flutberge der Gezeiten wirken wie Bremsbacken. Sie bremsen die Erdrotation allmählich ab.

ist eine gleichförmig ablaufende Zeit, die *unabhängig* von der Erdrotation ist. Ihre Einheit ist die Ephemeridensekunde. Die Bestimmung der Ephemeridenzeit wird durch Positionsmessungen der Gestirne, in erster Linie des Mondes, ermöglicht. Die exakte Ephemeridenzeit kann deshalb erst im Nachhinein ermittelt werden. Dies ist ein wesentlicher Nachteil.

Hochgenaue Zeiten

Um eine für Beobachtungen und Messungen gleichförmig ablaufende Zeit zur Verfügung zu haben, bedient man sich der physikalisch festgelegten Atomzeitskala. Die TAI (Temps Atomic International) wurde 1972 eingeführt und stellt mittels Atomuhren (meist Caesiumuhren) eine gleichförmig ablaufende Zeit dar. Als Zeiteinheit wird dabei die SI-Sekunde des Internationalen Einheitssystems (Système Internationales d'Unités) benutzt. Die SI-Sekunde ist nicht astronomisch sondern physikalisch definiert. Eine SI-Sekunde entspricht der Dauer von 9 192 631 770 Schwingungen der Strahlung, die von einem Caesium-133-Atom beim Übergang von einem zum anderen Grundniveau der Hyperfeinstruktur ausgestrahlt wird.
Der Wert von knapp 9,2 Gigahertz wurde nicht willkürlich gewählt, sondern man hat versucht, möglichst genau die vorher definierte Ephemeridensekunde darzustellen. Leider ist dies nicht ganz geglückt, die SI-Sekunde ist um eine Spur kürzer geraten.
Im Jahre 1976 beschlossen die Astronomen, die Ephemeridenzeit an die Atomzeitskala anzukoppeln. Es wurde festgelegt: Der Zeitpunkt 1. Januar 1977, $0^h0^m0\overset{s}{.}0$ der Atomzeitskala entspricht in Ephemeridenzeit exakt dem 1. Januar 1977, $0^h0^m32\overset{s}{.}184$. Die Differenz von 32,184 Sekunden bleibt konstant, da in beiden Zeitskalen die SI-Sekunde als Zeiteinheit benutzt wird. Als größere Zeiteinheit wird der Tag verwendet, der exakt 86 400 SI-Sekunden lang ist.
Im Jahr 1984 wurde die Ephemeridenzeit in „Dynamische Zeit" (Dynamical Time, DT) umbenannt. Die Astronomen berechnen die Gestirnspositionen heutzutage in Dynamischer Zeit. In den großen Jahrbüchern sind die Ephemeriden in DT angegeben. Da die Erduhr immer langsamer und damit die Tage immer länger werden, so driften DT und Weltzeit (UT) immer mehr auseinander. Für das tägliche Leben benutzen wir aber nach wie vor die an die Erdrotation gebundene Weltzeit (Universal Time) beziehungsweise die um ganze Stunden zur UT differierenden Zonenzeiten. Würde man dies nicht tun, so ginge die Sonne eines Tages erst auf, wenn die Uhren bereits 12 Uhr mittags anzeigten. Deshalb muss die weltweit verbreitete UTC (Universal Time Coordinated) in entsprechenden Abständen an die Atomzeitskala angepasst werden. Dies geschieht durch Einfügen von Schaltsekunden, entweder am 1. Januar 0^h UTC oder am 1. Juli 0^h UTC. Ob und wann eine Schaltsekunde einzufügen ist, wird durch astronomische Beobachtungen ermittelt. UTC und TAI differieren jeweils um ganze Sekunden.
Für die Ephemeridenrechnung ist die Differenz von Dynamischer Zeit zur UT von Interesse, der so genannte Delta-T (ΔT)-Wert. Es gilt: $\Delta T = DT - UT$. Der genaue Wert von ΔT kann erst im Nachhinein bestimmt werden. Zu Jahresbeginn 2001 betrug er +64,09 Sekunden. Für die Vorausberechnung von Ephemeriden muss das ΔT extrapoliert werden. So nimmt man für 2003 den Wert $\Delta T = +65$ Sekunden an.
Die Weltzeit hinkt der Dynamischen Zeit inzwischen um mehr als eine Minute hinterher. In der Antike differierte sie hingegen um mehrere *Stunden*, wie aus Beobachtungen historischer Sonnenfinsternisse abgeleitet wurde.
Im *Himmelsjahr* sind alle Zeitangaben in MEZ vermerkt (gelegentlich auch in MESZ – Sommerzeit). Dies ist zu berücksichtigen, wenn man die Angaben mit anderen Quellen vergleicht, die meist die astronomischen Ereignisse in DT angeben.
Es gilt:

$$MEZ = DT - \Delta T + 1^h$$

Wenn also beispielsweise in Dynamischer Zeit (DT) vermerkt ist, dass der Mond am 16. Mai 2003 um 2^h04^m in den Kernschatten der Erde eintritt, so entspricht dies 3^h03^m MEZ oder 4^h03^m Sommerzeit (Minutengenauigkeit reicht hier völlig)!
Mit Hilfe von etwa 260 über die Erde verteilten Atomuhren wird die Internationale Atomzeitskala (TAI) dargestellt und aufbereitet (siehe Schema Abb. rechts). Aus astronomischen Be-

2.12 Die Aufbereitung der Universal Time Coordinated ist ein komplexer Prozess. Rund 260 Atomuhren auf der ganzen Erde liefern die Atomzeitskala (TAI). Astronomische Beobachtungen liefern die Dynamische Zeit, woraus bestimmt wird, inwieweit die Erduhr nachgeht (oder gegebenenfalls vorgeht). Der International Earth Rotation Service (IERS) bestimmt die UT1 und entscheidet über Einfügen oder Weglassen von Schaltsekunden in die TAI. Nach der Schaltprozedur ergibt sich die UTC, die weltweit von lokalen Zeitzeichensendern verbreitet wird.

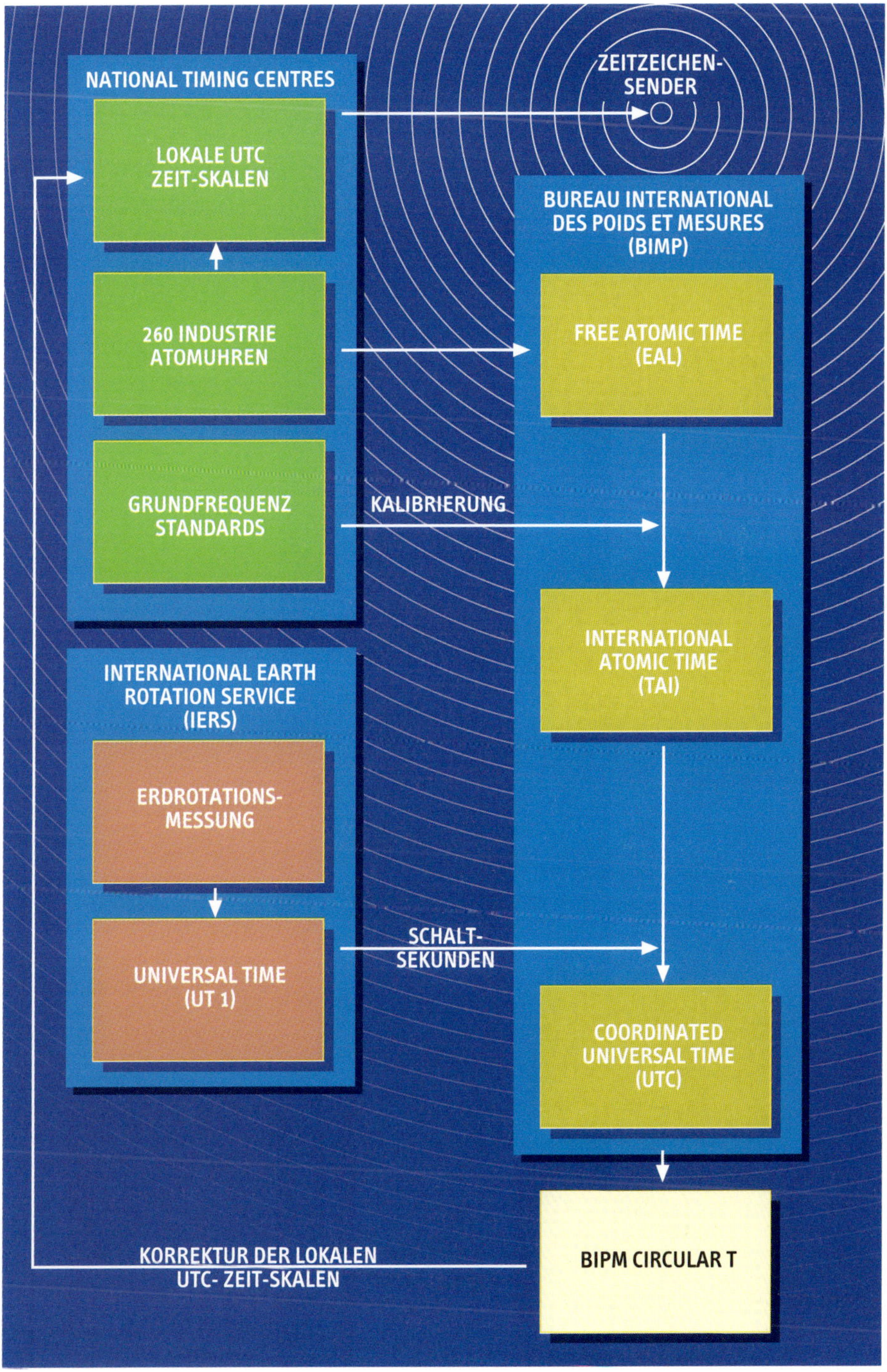
NATIONAL TIMING CENTRES
LOKALE UTC ZEIT-SKALEN
260 INDUSTRIE ATOMUHREN
GRUNDFREQUENZ STANDARDS
ZEITZEICHEN-SENDER
BUREAU INTERNATIONAL DES POIDS ET MESURES (BIMP)
FREE ATOMIC TIME (EAL)
KALIBRIERUNG
INTERNATIONAL ATOMIC TIME (TAI)
INTERNATIONAL EARTH ROTATION SERVICE (IERS)
ERDROTATIONS-MESSUNG
UNIVERSAL TIME (UT 1)
SCHALT-SEKUNDEN
COORDINATED UNIVERSAL TIME (UTC)
BIPM CIRCULAR T
KORREKTUR DER LOKALEN UTC- ZEIT-SKALEN

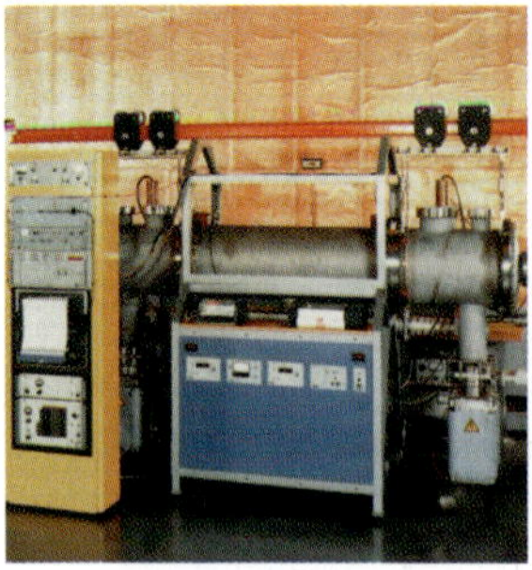

2.13 Atomuhren (Caesium-Uhren) ermöglichen eine äußerst präzise Zeitmessung.

obachtungen wird die Differenz von Dynamischer Zeit (DT) und Weltzeit (UT) ermittelt. Danach wird entschieden, ob in die TAI eine Schaltsekunde einzufügen oder gegebenenfalls herauszunehmen ist. Durch diese Prozedur erhält man die koordinierte Weltzeit (UTC), die weltweit mittels Zeitzeichensendern verbreitet wird (oder die um ganze Stunden zur UTC differierende Zonenzeiten).

Bisher musste seit 1972 bis 1999 insgesamt 23-mal eine Schaltsekunde eingeschoben werden, das letzte Mal am 1. Januar 1999. Der Grund ist jedoch nicht die säkulare Zunahme der Tageslänge. Im Gegenteil: In den letzten beiden Jahrzehnten war die Erddrehung sogar etwas schneller geworden, die Tage verkürzten sich. Die Abnahme der Rotationsgeschwindigkeit der Erde ist ein langfristiger Prozess, der von kurzperiodischen Schwankungen überlagert wird. Schaltsekunden werden erforderlich, damit die UTC nicht mehr als 0,9 Sekunden von der UT1 (von der Polschwankung befreite mittlere Sonnenzeit für den Ortsmeridian 0°) abweicht.

Trotz sorgfältigster Bemühungen ist die SI-Sekunde doch eine Spur kürzer ausgefallen als die Ephemeridensekunde (1/31 556 925,9 747 des tropischen Jahres 1900). Somit läuft die UT1 schon von Beginn an etwas langsamer als die TAI. Die Differenz TAI-UTC beträgt inzwischen +32^{s}. Das heißt, die Atomzeit geht bereits 32 Sekunden gegenüber der UTC vor.

Bei hochpräzisen Zeitmessungen muss man auch die Effekte der Speziellen und Allgemeinen Relativitätstheorie berücksichtigen: Bewegte Uhren gehen langsamer, Uhren im Schwerefeld ebenfalls. Uhren im Labor oder auf Sternwarten unterliegen der Erdrotation und der Erdrevolution, sie befinden sich im Schwerefeld der Erde und der Sonne. Deshalb hat man heute drei Dynamische Zeitskalen zur Verfügung: Die TT – Terrestrial Time (Zeit im Koordinatensystem der Atomuhr), die TCG – Time Coordinate Geocentric (auf den Erdmittelpunkt reduzierte Zeit) und die TCB – Time Coordinate Barycentric (auf den Schwerpunkt des Sonnensystems reduzierte Zeit). Die Differenz zwischen den drei Dynamischen Zeitskalen liegen in der Größenordnung einer Tausendstel Sekunde. Sternfreunde und Amateurastronomen können dies unberücksichtigt lassen. Für sie ist nur von Belang, dass die Dynamische Zeit von der Weltzeit inzwischen um mehr als eine Minute abweicht (siehe auch Tabelle links). Langfristig gesehen werden die Tage immer länger, weshalb die Erddrehung nicht mehr als Standarduhr (Zeitnormale) verwendet werden kann.

▸ Reduktion der Zeitskalen

$\Delta T = TT - UT$

Jahr	ΔT	Jahr	ΔT	Jahr	ΔT
1945,0	+ 26^{s},77	1967	37^{s},43	1989	+ 56^{s},30
1946	27,28	1968	38,29	1990,0	+ 56,86
1947	27,78	1969	39,20	1991,0	+ 57,57
1948	28,25	1970,0	+ 40,18	1992,0	+ 58,31
1949	28,71	1971	41,17	1993	+ 59,12
1950,0	+ 29,15	1972	42,23	1994	+ 59,98
1951	29,57	1973	43,37	1995	+ 60,78
1952	29,97	1974	44,49	1996	+ 61,63
1953	30,36	1975,0	+ 45,48	1997	+ 62,29
1954	30,72	1976	46,46	1998	+ 62,97
1955,0	+ 31,07	1977	47,52	1999	+ 63,47
1956	31,35	1978	48,53	2000	+ 63,83
1957	31,68	1979,0	+ 49,59		
1958	32,18	1980,0	+ 50,54		
1959	32,68	1981	51,38	**Extrapoliert**	
1960,0	+ 33,15	1982	52,17		
1961	33,59	1983	52,96	2001	+ 64,00
1962	34,00	1984	53,79	2002	+ 65,00
1963	34,47	1985,0	+ 54,34	2003	+ 66,00
1964	35,03	1986	54,87	2004	+ 67,00
1965,0	+ 35,73	1987	55,32	2005	+ 68,00
1966	36,54	1988	55,82	2006	+ 69,00

März 2003

Die Sonne überschreitet am 21. um 2^h00^m MEZ den Himmelsäquator in nördlicher Richtung; der astronomische Frühling hält seinen Einzug. Die Riesenplaneten Jupiter und Saturn sind am Abendhimmel vertreten, Venus taucht am morgendlichen Osthimmel auf.

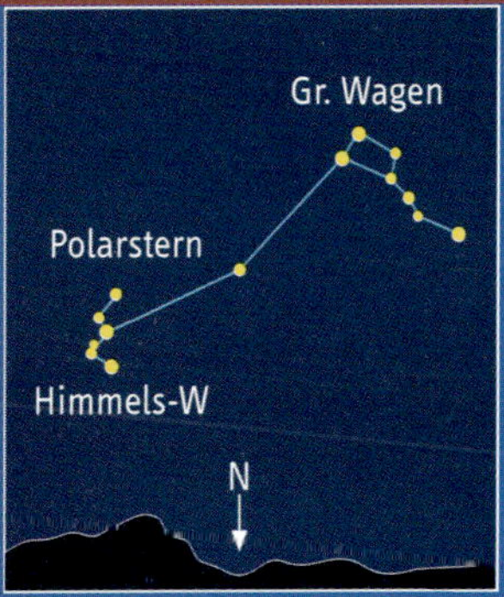

Großer Wagen und Himmels-W Anfang März um 22^h

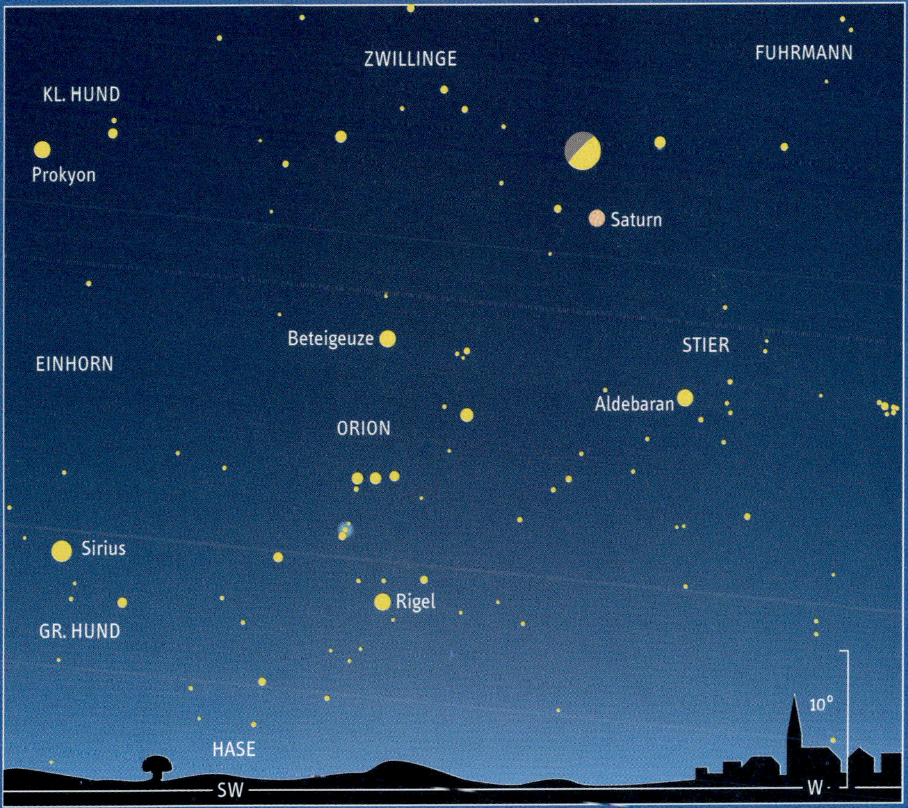

3.1 Anblick des Südwesthimmels am 11. März gegen 22^h MEZ: Im Stier steht der Ringplanet Saturn, zu dem sich der zunehmende Halbmond gesellt.

Sonnenlauf

12.3. 18ʰ
Sonne tritt in das Sternbild Fische
21.3. 2ʰ00ᵐ
Sonne tritt in das Tierkreiszeichen Widder

Julianisches Datum am 1. März, 1ʰ MEZ: 2 452 699,5

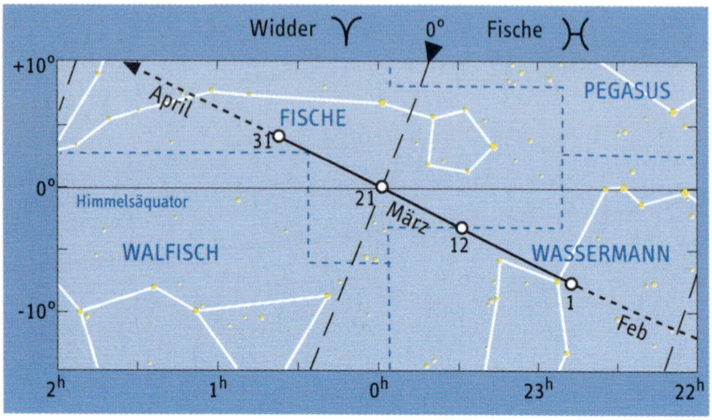

Tag	Dämmerg. Anfang	Aufgang MEZ	Kulmination	Untergang MEZ	Dämmerg. Ende	Mittagshöhe	Zeitgleichg.	Rektaszension	Deklination
	h m	h m	h m	h m	h m	°	m	h m	°
1.	5 55	7 04	12 32	18 01	19 11	32,4	−12	22 46	−7,8
5.	5 47	6 56	12 32	18 08	19 18	33,9	−12	23 01	−6,3
10.	5 36	6 46	12 30	18 16	19 26	35,8	−10	23 19	−4,4
15.	5 25	6 35	12 29	18 24	19 34	37,8	− 9	23 38	−2,4
20.	5 14	6 24	12 28	18 32	19 42	39,8	− 8	23 56	−0,4
25.	5 02	6 13	12 26	18 40	19 51	41,7	− 6	0 14	+1,5
31.	4 48	6 00	12 24	18 49	20 02	44,1	− 4	0 36	+3,9

Achtung: Ab Sonntag, 30. März, gilt die Sommerzeit. Zu allen Zeiten 1ʰ addieren!

Tages- und Nachtstunden

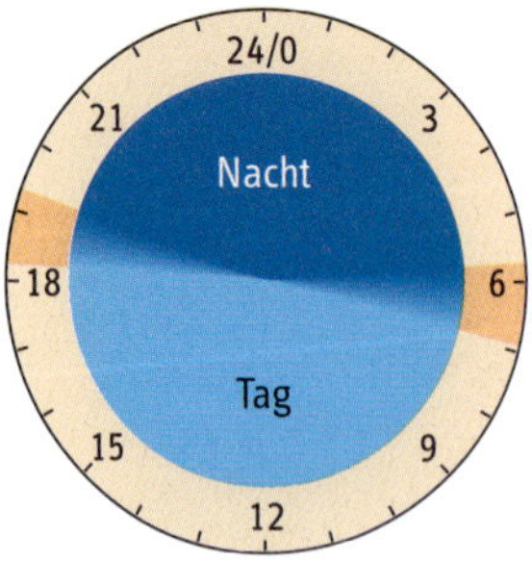

5. März

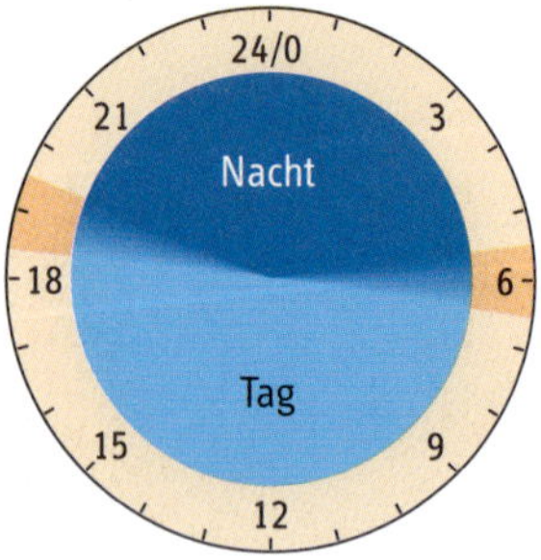

15. März

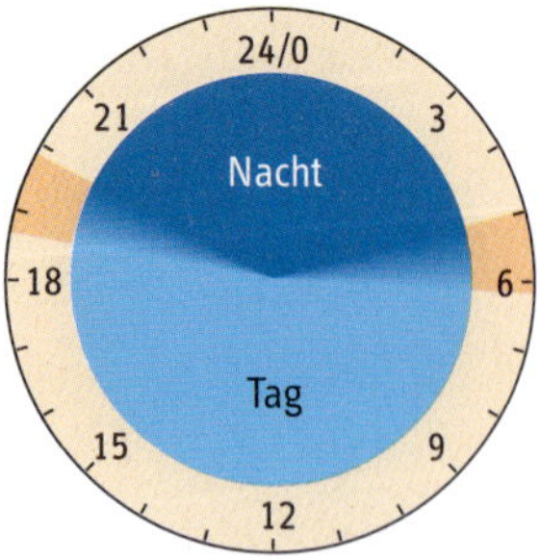

25. März

Mondlauf

Datum		Aufg. MEZ	Kulmination	Unterg. MEZ	Rektaszension	Deklination	Sterne und Sternbilder	Phase	MEZ
		h m	h m	h m	h m	°			
Sa	1.	6 59	11 25	16 00	21 17	−20,8	Steinbock		
So	2.	7 22	12 12	17 13	22 08	−16,8	Wassermann	Größte Südbreite	
Mo	3.	7 40	12 56	18 24	22 56	−12,1	Wassermann	**Neumond**	**3^h35^m**
Di	4.	7 56	13 38	19 33	23 42	− 7,1	Wassermann		
Mi	5.	8 10	14 19	20 41	0 26	− 1,8	Fische		
Do	6.	8 24	14 59	21 48	1 09	+ 3,5	Fische		
Fr	7.	8 39	15 40	22 55	1 52	+ 8,6	Fische	Erdferne 405/29,′5	18^h
Sa	8.	8 56	16 22	–	2 36	+13,4	Widder		
So	9.	9 16	17 07	0 03	3 22	+17,6	* Widder	Aufsteigender Knoten	
Mo	10.	9 41	17 54	1 12	4 10	+21,3	* Stier, Hyaden		
Di	11.	10 14	18 45	2 19	5 01	+24,0	Stier, Al Nath	**Erstes Viertel**	**8^h15^m**
Mi	12.	10 58	19 38	3 23	5 55	+25,7	Stier, Al Nath		
Do	13.	11 54	20 34	4 19	6 51	+26,1	* Zwillinge		
Fr	14.	13 02	21 29	5 06	7 48	+25,2	Pollux	Libration Ost	
Sa	15.	14 20	22 25	5 43	8 46	+22,8	Krebs, Krippe		
So	16.	15 44	23 19	6 12	9 43	+19,0	Löwe	Größte Nordbreite	
Mo	17.	17 09	–	6 35	10 39	+14,0	Löwe, Regulus		
Di	18.	18 35	0 12	6 56	11 34	+ 8,0	Löwe	**Vollmond**	**11^h34^m**
Mi	19.	20 02	1 04	7 14	12 28	+ 1,6	Jungfrau	Erdnähe 360/33,′2	20^h
Do	20.	21 29	1 55	7 33	13 22	− 5,1	Spica		
Fr	21.	22 57	2 49	7 54	14 17	−11,4	Jungfrau		
Sa	22.	–	3 43	8 19	15 13	−17,0	Waage	Absteigender Knoten	
So	23.	0 23	4 40	8 50	16 12	−21,5	Antares		
Mo	24.	1 44	5 39	9 30	17 12	−24,6	Schlangenträger		
Di	25.	2 54	6 38	10 22	18 13	−26,1	Kaus Australis	**Letztes Viertel**	**2^h51^m**
Mi	26.	3 50	7 36	11 25	19 13	−26,0	Schütze, Nunki	Libration West	
Do	27.	4 33	8 31	12 35	20 11	−24,5	Steinbock		
Fr	28.	5 04	9 22	13 49	21 05	−21,7	Steinbock		
Sa	29.	5 28	10 10	15 02	21 56	−18,0	Steinbock	Größte Südbreite	
So	30.	5 47	10 54	16 13	22 44	−13,5	Wassermann		
Mo	31.	6 03	11 36	17 22	23 30	− 8,5	Wassermann		

14. März 19^h MEZ

15. März 5^h MEZ

Planetenlauf

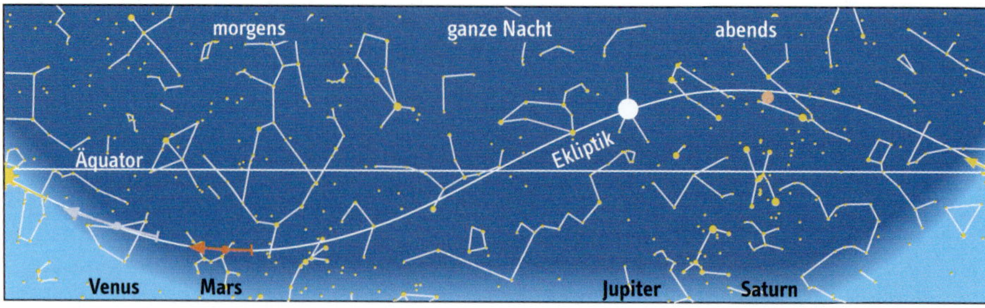

Merkur eilt der Sonne nach und holt sie schließlich am 22. ein. An diesem Tag steht er in oberer Konjunktion mit ihr. Der flinke Planet hält sich am Taghimmel auf und bleibt den ganzen Monat über unbeobachtbar. Auch die Begegnung mit Uranus am 4. entgeht uns. Am Tag der oberen Konjunktion ist Merkur 202 Millionen Kilometer (= 1,35 AE) von der Erde entfernt.

Venus spielt nach wie vor ihre Rolle als Morgenstern, ihre Glanzzeit ist allerdings vorüber. Sie verlässt den Schützen am 2. und wandert durch den Steinbock. Am 25. wechselt sie in den Wassermann. Dabei wandert Venus nach Norden, so dass sich ihre Aufgangszeiten verfrühen. Geht Venus am 1. um 5^h23^m auf, so erfolgt ihr Aufgang am 31. bereits um 5^h01^m (= 6^h01^m Sommerzeit). Zur Monatsmitte zeigt die $-4^m{,}0$ helle Venus im Teleskop nur noch ein 15″ großes Planetenscheibchen, das zu 75 % beleuchtet ist.

Am 12. zieht Venus in nur 11′ nördlichem Abstand an Neptun vorbei. Gegen Monatsende, nämlich am 28., kommt es zu einer sehr engen Begegnung mit Uranus, den Venus in nur drei Bogenminuten nördlicher Distanz passiert. Beide sonnenfernen Planeten sind allerdings zur Zeit nicht beobachtbar – zumindest nicht mit den üblichen Instrumenten von Liebhaberastronomen.

Mars baut seine Stellung am Morgenhimmel weiter aus. Die Marsaufgänge verfrühen sich von 3^h36^m zu Monatsbeginn auf 2^h57^m (= 3^h57^m Sommerzeit) am Monatsende. Die Marshelligkeit nimmt um eine halbe Größenklasse auf $0^m{,}5$ zu. Damit ist Mars nun deutlich heller als Antares.

Der rote Planet wandert rechtläufig durch den Schützen und passiert am 4. nur $0^\circ{,}1$ südlich

Jupitermond-Erscheinungen

Tag	MEZ h	MEZ m	Vorgang
1.	0	38	IV BA I
	0	52	IV BE I
	3	58	IV BA II
	4	06	IV BE II
	4	50	IV VA I
	5	01	IV VE I
	18	41	II SE
3.	4	44	I DA
4.	0	02	III VE
	2	00	I BA
	23	10	I DA
	23	52	I SA
5.	1	27	I DE
	2	10	I SE
	3	38	II DA
	20	27	I BA
	23	29	I VE
6.	19	54	I DE
	20	38	I SE
	20	46	II BA I
	20	50	II BE I
	21	50	II VA I
	21	55	II VE I
	21	55	II BA
7.	2	17	II VE
8.	19	42	II DE
	21	18	II SE
	21	29	IV DE
9.	0	05	IV SA
	4	52	IV SE
	23	00	II VA IV
	23	11	II VE IV
10.	21	01	III BA
11.	3	47	I BA
	4	02	III VE
12.	0	57	I DA
	1	47	I SA
	3	14	I DE
	4	04	I SE
	22	14	I BA
13.	1	24	I VE
	19	24	I DA
	20	16	I SA
	21	41	I DE
	22	33	I SE
	22	48	II BA I
	22	51	II BE I
14.	0	03	II VA I
	0	08	II VE I
	0	14	II BA
	19	53	I VE
15.	19	10	II DA
	21	01	II SA
	22	04	II DE
	23	05	IV VA III
	23	24	IV VE III
	23	54	II SE

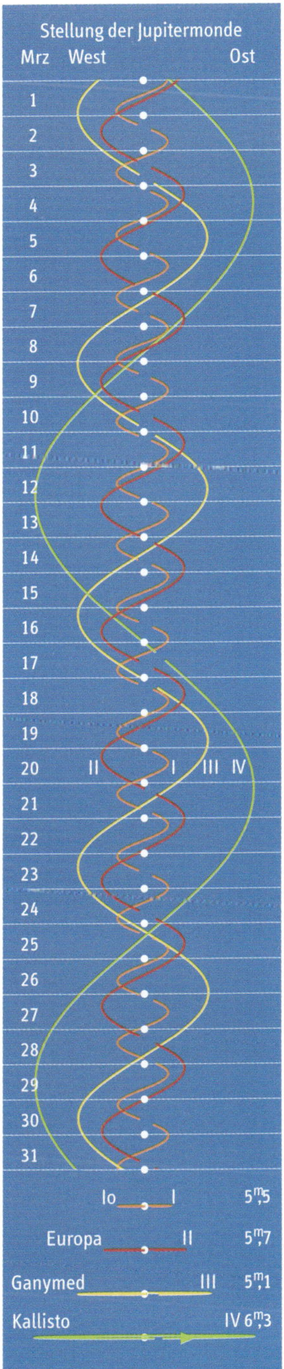

16.	22 58	IV	BA	
18.	0 31	III	BA	
	21 42	III	VA	II
	21 52	III	VE	II
19.	2 45	I	DA	
20.	0 02	I	BA	
	3 20	I	VE	
	21 12	I	DA	
	22 10	I	SA	
	23 28	I	DE	
21.	0 27	I	SE	
	0 51	II	BA	I
	0 54	II	BE	I
	2 16	II	VA	I
	2 21	II	VE	I
	2 36	II	BA	
	21 48	I	VE	
	21 51	III	SE	
22.	21 34	II	DA	
	23 38	II	SA	
23.	0 28	II	DE	
	2 31	II	SE	
24.	20 45	II	VE	
25.	21 45	III	BA	II
	21 51	III	BE	II
	22 53	IV	SE	
26.	1 04	III	VA	II
	1 14	III	VE	II
	21 38	I	VA	II
	21 43	I	VE	II
27.	1 52	I	BA	
	23 01	I	DA	
28.	0 05	I	SA	
	1 18	I	DE	
	2 22	I	SE	
	2 56	II	BA	I
	2 59	II	BE	I
	20 19	I	BA	
	21 26	III	DE	
	22 14	III	SA	
	23 43	I	VE	
29.	1 50	III	SE	
	19 45	I	DE	
	20 51	I	SE	
30.	0 01	II	DA	
	2 15	II	SA	
31.	23 21	II	VE	

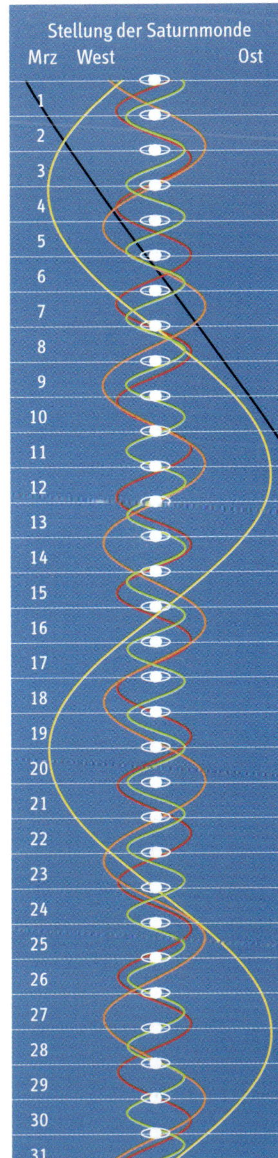

5	10m,8
10	11m,2
15	11m,6
20	12m,1
25	12m,3
30	12m,1

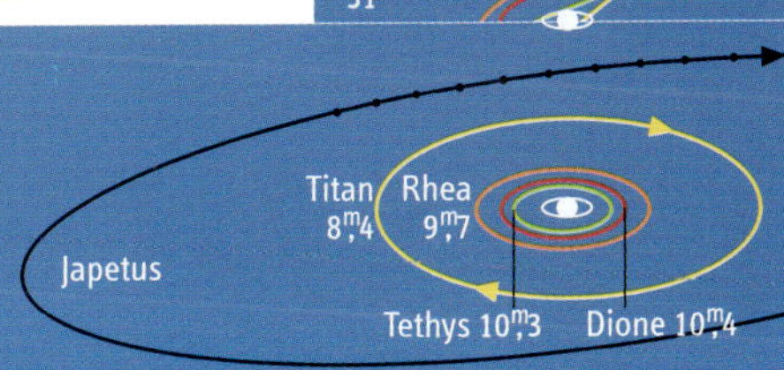

3.2 Der Riesenplanet Jupiter, aufgenommen von Klaus Bauer auf der Sternwarte Welzheim des Planetariums Stuttgart.

den Winterpunkt der Sonnenbahn.
Fernrohrbeobachter erkennen auf dem rund 7″ großen Marsscheibchen nur wenig. Allerdings fällt ihnen auf, dass es nicht kreisrund erscheint, sondern eine leichte Phase zeigt: knapp 90 % sind beleuchtet.
Jupiter, rückläufig im Krebs, steuert auf Praesepe zu (siehe Abb. 2.4 auf Seite 59). Der Riesenplanet hat seine Opposition gerade hinter sich und ist dominierendes Gestirn am Nachthimmel. Bevor Venus am Morgenhimmel aufgeht, ist er bei weitem das hellste Gestirn und kaum zu übersehen.
Während des Monats geht die Jupiterhelligkeit leicht auf $-2\overset{m}{,}3$ zurück, die Untergänge verfrühen sich um zwei Stunden. Am 1. geht Jupiter um 6^h15^m unter, am 15. um 5^h17^m und am 31. bereits um 4^h12^m (= 5^h12^m MESZ).
Saturn, wieder rechtläufig im Stier, zieht sich vom Morgenhimmel zurück. Geht der Ringplanet am 1. noch um 3^h13^m unter und am 15. um 2^h19^m, so sinkt der $0\overset{m}{,}1$ helle Saturn am 31. bereits um 1^h21^m (= 2^h21^m Sommerzeit) unter die Horizontlinie.
Nach wie vor ist Saturn ein auffälliges Objekt am Himmel der ersten Nachthälfte, das sich in den höchsten Bezirken des Tierkreises aufhält. Am 11. erhält der Ringplanet Besuch vom zunehmenden Halbmond (siehe Abb. 3.1 auf Seite 75).
Uranus im Wassermann stand Mitte des Vormonats in Konjunktion mit der Sonne. Der lichtschwache Planet kann sich noch nicht aus ihren Strahlen befreien und bleibt weiterhin unsichtbar. Auch die Begegnung mit Merkur am 4. und die sehr enge Konjunktion mit Venus am 28., bei der Venus nur drei Bogenminuten nördlich an Uranus vorbeizieht, bleiben unbeobachtbar.
Neptun, rechtläufig im Steinbock, kann sich noch nicht am Morgenhimmel durchsetzen. Der mit 8^m recht lichtschwache Planet bleibt unsichtbar. Die enge Konjunktion mit Venus am 12. bleibt auch unbeobachtbar.
Pluto wird am 23. stationär und wandert anschließend rückläufig durch den Schwanz der Schlange (Serpens Cauda), siehe auch Abb. 6.3 und 6.4 auf Seite 130. Die Opposition zur Sonne des neunten Planeten erfolgt am 9. Juni (siehe „Planetenlauf" im Juni).

Planetoiden

Pallas – Planetoid Nr. 2 – steht am 6. um 24^h in Konjunktion mit der Sonne. Beide Gestirne halten sich im Sternbild Wassermann an der Grenze zu den Fischen auf. Zur Konjunktion trennen Pallas 624 Millionen Kilometer (= 4,17 AE) von der Erde. Die Sonnendistanz von Pallas beträgt dann 476 Millionen Kilometer (= 3,18 AE).
Vesta (4) kommt in der Nacht vom 26. auf 27. um Mitternacht in **Opposition** zur Sonne. Sie eilt rasch rückläufig durch die Jungfrau (siehe Abb. 3.3 auf Seite 81). Zu Monatsanfang noch $6\overset{m}{,}3$ hell, erreicht sie eine Oppositionshelligkeit von $5\overset{m}{,}9$. Damit ist Vesta unter guten Sichtbedingungen schon mit bloßen Augen sichtbar, auf alle Fälle aber in einem Fernglas.
Am Tag der Opposition geht Vesta um 17^h54^m auf, kulminiert in der darauffolgenden Nacht

Konstellationen und Ereignisse

Datum	MEZ	Ereignis
1.	16^h	Mond bei Merkur, Mond $3\overset{\circ}{,}0$ südlich
2.	0	Mond bei Uranus, Mond $4\overset{\circ}{,}6$ südlich
4.	14	Merkur bei Uranus, Merkur $1\overset{\circ}{,}5$ südlich
11.	13	**Mond bei Saturn,** Mond $2\overset{\circ}{,}8$ nördlich, **Abstand $4\overset{\circ}{,}3$ um 19^h**
12.	21	Venus bei Neptun, Venus $0\overset{\circ}{,}2$ nördlich
15.	1	**Mond bei Jupiter,** Mond $3\overset{\circ}{,}9$ nördlich, **Abstand $3\overset{\circ}{,}0$ um 4^h**
21.	2^h00^m	**Sonne im Frühlingspunkt, Tagundnachtgleiche**
22.	1	Merkur in oberer Konjunktion mit der Sonne
23.	18	Pluto im Stillstand, anschließend rückläufig
25.	19	Mond bei Mars, Mond $2\overset{\circ}{,}9$ südlich
27.	23	Mond bei Neptun, Mond $5\overset{\circ}{,}0$ südlich
28.	14	Venus bei Uranus, Venus $0\overset{\circ}{,}1$ nördlich
29.	9	Mond bei Uranus, Mond $4\overset{\circ}{,}7$ südlich
29.	11	Mond bei Venus, Mond $4\overset{\circ}{,}7$ südlich

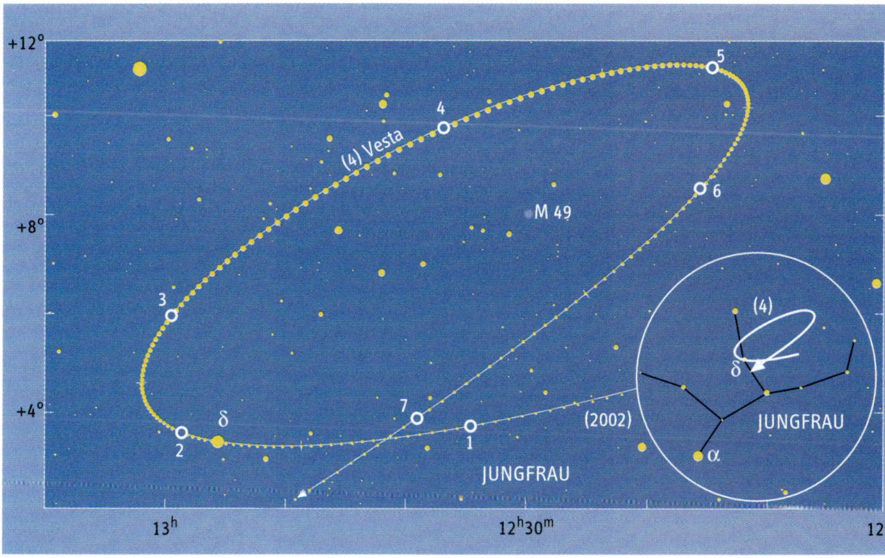

3.3 Scheinbare Bahn des Kleinplaneten Vesta (4) in der ersten Jahreshälfte 2003 im Sternbild Jungfrau. Die Zahlen geben die Vestapositionen jeweils zum Monatsersten an (z. B. 3 = 1. März 2003).

um 0^h43^m und geht am nächsten Morgen um 7^h29^m unter.
Am Oppositionstag ist Vesta 192 Millionen Kilometer (=1,28 AE) von der Erde und 339 Millionen Kilometer (= 2,27 AE) von der Sonne entfernt.

Periodische Sternschnuppenströme

In der Zeit um Mitternacht sind während des ganzen Monats die **Virginiden** zu beobachten. Ihr Radiant (Ausstrahlungspunkt) liegt in der Jungfrau. Die Häufigkeit ist nicht besonders groß. Das Maximum der Virginidenaktivität ist um den 24. März zu erwarten.
Ein schwacher Strom sind die **Hydraïden**, die zwischen Mitte März und Anfang April auftauchen. Ihr Maximum ist wenig ausgeprägt – es sind nur einige wenige Sternschnuppen pro Stunde zu erwarten, die außerdem noch recht langsam sind. Der Radiant liegt im Sternbild Wasserschlange. Vermutlich sind die Hydraïden ein Zweigstrom der Virginiden.
Gegen Ende des Monats tauchen die ersten Exemplare der **Sigma-Leoniden** auf, dies ist ein schwacher und breit gestreuter Strom.

Der Fixsternhimmel

Zwar ziehen die hellen und auffälligen Winterbilder noch die Blicke auf sich, sie sind aber allesamt schon weit in die westliche Hemisphäre (= Himmelshälfte) gerückt. Die große Wachablösung am Abendhimmel findet allmählich statt.
Der unübersehbare Himmelsjäger Orion neigt sich zum Westhorizont. Sirius funkelt noch im Südwesten. Ein wenig höher leuchtet Prokyon, hellster Stern im Bild des Kleinen Hundes. Im Westen strebt der Stier dem Untergang entgegen. Sein roter Augenstern Aldebaran steht schon recht tief. Bei dem südlichen Stierhorn glänzt ein heller Wandelstern, nämlich Saturn, der Ringplanet. Höher als

Veränderliche Sterne

Algol-Minima	10. 23^h45^m	13. 20^h34^m	25. 7^h51^m	28. 4^h41^m		
β-Lyrae-Minima	5. 20^h H	12. 7^h N	18. 19^h H	25. 6^h N	31. 17^h H	
δ-Cephei-Maxima	1. 21^h	7. 5^h	12. 14^h	17. 23^h	23. 8^h	28. 17^h
Mira-Helligkeit	1. 10^m	10. 10^m	20. 9^m	31. 9^m		

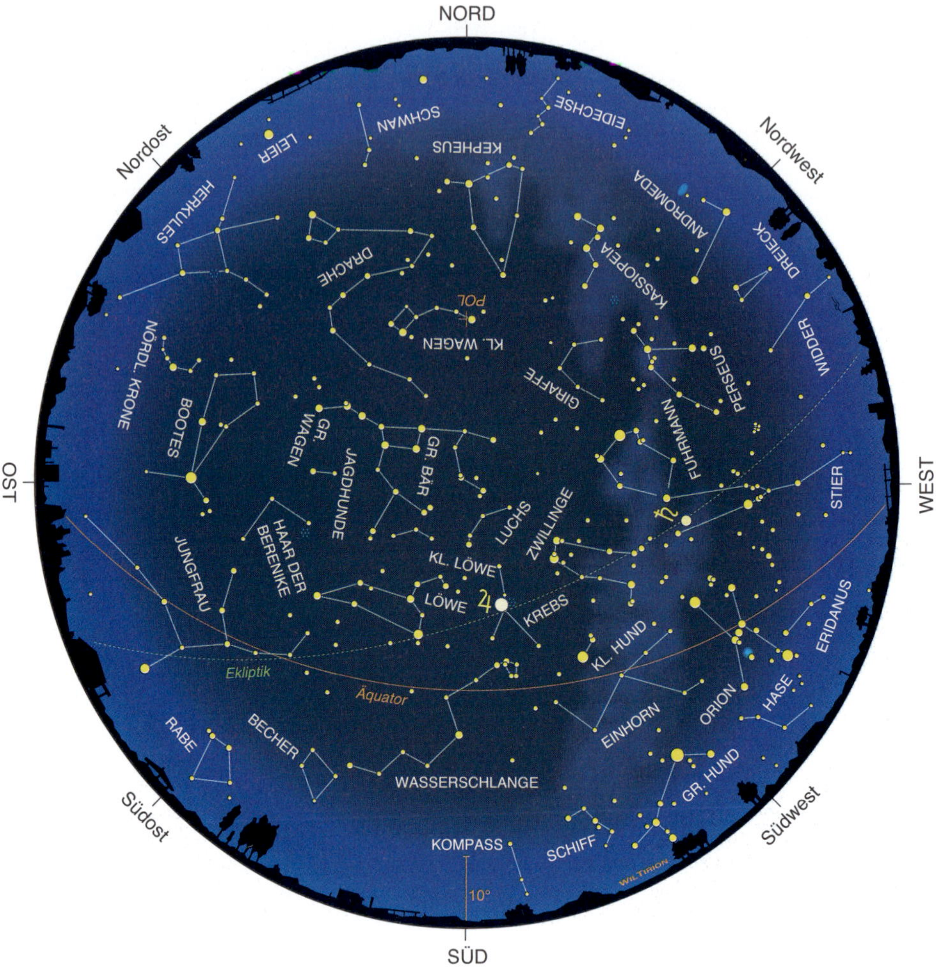

Sternenhimmel am 15. März um 22h MEZ

Fixsternhimmel auch gültig für:

	MEZ	MESZ
15.11.	6h	
1.12.	5	
15.12.	4	
1. 1.	3	
15. 1.	2	
1. 2.	1	
15. 2.	0	
1. 3.	**23**	
15. 3.	**22**	
31. 3.	**21**	**22h**

der Stier stehen noch die Zwillinge mit Kastor und Pollux sowie der Fuhrmann mit der hellen, gelblichen Kapella. Amerikanische Sternfreunde sprechen auch gerne von „Zwillingsstunde“. Gemeint ist hier nicht etwa eine Doppelstunde, sondern das Sternbild Zwillinge passiert den Meridian zur jeweiligen Beobachtungsstunde. So ist beispielsweise im Dezember um 2h morgens Zwillingsstunde, wenn auch der Radiant der Geminiden kulminiert – die beste Zeit, um nach diesem Meteorstrom Ausschau zu halten. Im Juli hingegen sind die Zwillinge zur Zwillingsstunde nicht zu sehen – sie fällt dann nämlich auf 12h mittags.

Zu unserer Standardbeobachtungszeit geht der Himmelsmeridian genau zwischen dem lichtschwachen Krebs und dem markanten Bild des Löwen hindurch. Im Krebs strahlt zur Zeit unübersehbar der Riesenplanet Jupiter. Er steuert rückläufig auf die Krippe zu, den berühmten offenen Sternhaufen, der knapp nördlich der Ekliptik liegt und

3.4 Das Sternbild Krebs mit dem offenen Sternhaufen M44 (= Praesepe oder Krippe), in dem sich zur Zeit der Riesenplanet Jupiter aufhält (Position von Jupiter am 31. März 2003).

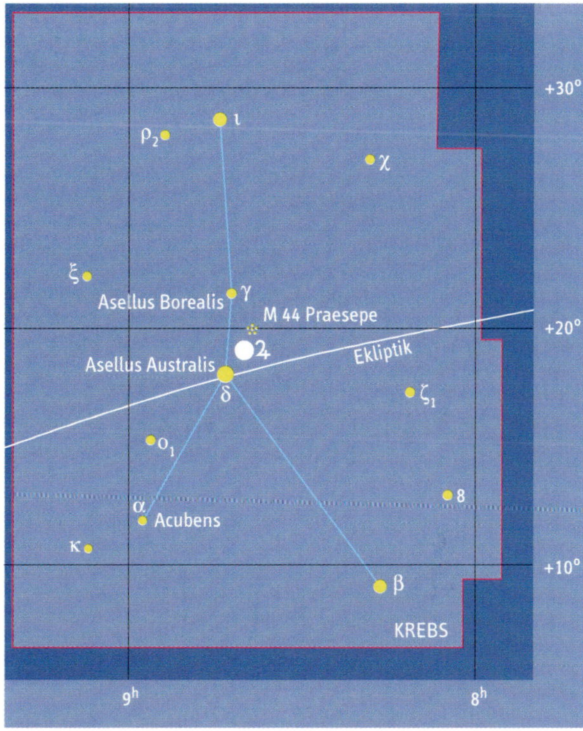

daher häufig von Planeten passiert wird. Jupiter zieht nördlich von δ Cancri vorbei und kommt noch vor der Krippe zum Stillstand. δ Cancri heißt auch Asellus Australis, das südliche Eselchen, während γ Cancri als Asellus Borealis, also als nördliches Eselchen bezeichnet wird. Die Krippe selbst hat den lateinischen Namen Praesepe (M 44). Bei den Amerikanern ist sie ein Bienenkorb (beehive). Jupiter ist gegenwärtig der ideale Wegweiser zum Krebs, den man sonst nur schwer am Himmel auffindet. Denn er ist die wohl unscheinbarste Figur des gesamten Zodiak (Tierkreis). Dies mag ein Hinweis darauf sein, dass der Krebs einst von Herkules zerschmettert wurde, als der ihn während seines Kampfes mit der schrecklichen Hydra in die große Zehe zwickte. Juno, die Gemahlin des Jupiter, versetzte ihn zur ewigen Erinnerung ans Firmament.
Eine andere Sage berichtet von einer hübschen Nymphe, die der Krebs solange mit seinen Scheren festhält, bis sie der liebestolle Zeus zu packen bekommt. Zeus revanchiert sich und macht den Krebs unsterblich, indem er ihn unter die Sterne versetzt.
Der römische Dichter Ovid spricht von einem „Oktopus", wobei er sich auf griechische Quellen beruft. Chaldäische Sterndeuter erkannten in diesem Bild das „Tor der Menschheit", durch welches die Seelen der Menschen vom Himmel herabsteigen und in die irdischen Körper hineinschlüpfen. Moderne Sterndeuter sehen in den drei Tierkreisbildern Krebs – Skorpion – Fische das so genannte „Wassertrigon".
Im alten Ägypten verkörperte dieses Bild die Macht der Fins-

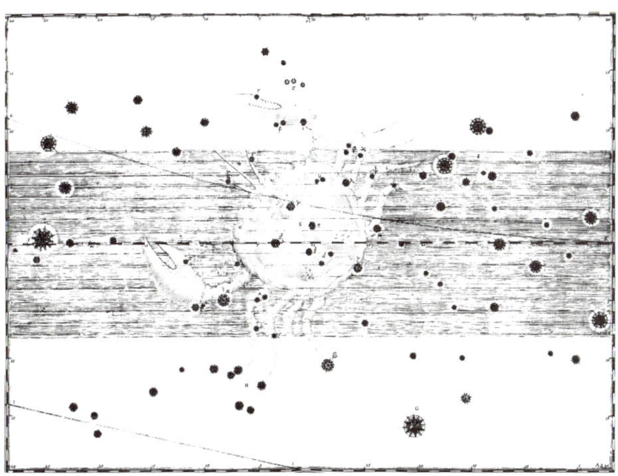

3.5 Figürliche Darstellung des Sternbildes Krebs in dem Sternatlas Uranometria von Johannes Bayer aus dem Jahre 1603.

ternis. Anderen Quellen nach war es eine der Nilgottheiten. Auch als Skarabäus wurde der Krebs angesehen, ein Symbol der Unsterblichkeit.
In unserer Zeit wandert die Sonne vom 21. Juli bis zum 11. August bereits am absteigenden Ast ihrer Bahn durch den Krebs. In vergangenen Jahrhunderten lag einst das Sommersolstitium (Sommerpunkt) im Krebs. Noch heute spricht man deshalb vom Wendekreis des Krebses. Die Akkadier sprachen auch vom „nördlichen Tor der Sonnenbahn". Im Jahre 1531 tauchte der Halleysche Komet im Krebs auf. Der Stern α Cnc (Cancri) soll die eine Schere andeuten und heißt Acubens (von Al Zuben). Er ist eine weiße Sonne in 175 Lichtjahren Entfernung. Al Tarf („das Ende") ist der arabische Name für β Cnc und markiert den letzten südlichen Fuß. Die Entfernung dieser rötlichen Riesensonne beträgt 290 Lichtjahre. Ihre Leuchtkraft entspricht der von 250 unserer Sonnen.
Die Kassiopeia, das Himmels-W, ist zum Nordwesthorizont herabgesunken, während hoch im Nordosten, fast schon im Zenit, der Große Wagen Einsteigern in die Himmelskunde hilft, den Polarstern zu finden.
Das mächtige Sternentrapez des Löwen steht kurz vor seinem Meridiandurchgang. Der Löwe ist das typische Frühlingssternbild schlechthin. Das kleine, aufgesetzte Trapez markiert den Kopf des Löwen. Die Figur, die sich aus dem kleine Löwentrapez sowie dem Halsstern Algieba (γ Leonis), dem Bruststern η Leonis und dem Herzstern Regulus (α Leonis) zusammensetzt, wird bei den Amerikanern gerne als „Sichel" (engl.: sickle) bezeichnet.
Im Südosten ist bereits die Jungfrau aufgegangen. Ihr Hauptstern, die bläuliche Spica, ist noch so horizontnah, dass man ihn kaum erkennen kann.
Tief im Osten leuchtet auffällig ein heller, orange-rötlicher Stern, nämlich Arktur im Bild des Rinderhirten (lat.: Bootes). Damit ist im Südosten das komplette Frühlingsdreieck vertreten. Gleichzeitig ist im Westen noch das Winterdreieck zu sehen. Es setzt sich aus Beteigeuze im Orion, Sirius im Großen Hund und Prokyon im Kleinen Hund zusammen. Bei uns ist der Begriff „Winterdreieck" weniger bekannt, in Nordamerika hingegen ist er jedem Sternfreund geläufig („Winter Triangle"). Das Frühlingsdreieck hingegen besteht aus Regulus im Löwen, Spica in der Jungfrau und Arktur im Bootes.
Zwischen Großem und Kleinem Hund ist das Einhorn beheimatet, ein unauffälliges Sternbild, das nur von erfahrenen Sternfreunden bei sehr guten Sichtbedingungen gefunden wird.

Wetter und Klima

Der März ist der Monat des astronomischen Frühlingsbeginns (um den 21.). Trotzdem ist es häufig – vor allem zu Monatsbeginn – noch empfindlich kalt mit Temperaturen bis zu –10 °C.
Die Monatsdurchschnittstemperatur wurde zu +4,4 °C ermittelt. Im zweiten Märzdrittel tritt deutlich Erwärmung auf mit Mittagstemperaturen bis +20 °C. Dennoch ist mit 15 Frosttagen, davon etwa zwei Eistagen, zu rechnen.
An 15 Tagen fällt Niederschlag, wovon ein Drittel als Schnee in Erscheinung tritt – vor allem in den Hochlagen der Mittelgebirge. Die Monatssonnenscheindauer wächst auf 140 Stunden an. 63 % der Nächte sind bewölkt, vier Tage zeigen Nebel. Im Alpenvorland ist verstärkter Föhneinbruch zu erwarten.

▸ Klimadaten

Nachstehende Tabelle gibt die mittlere Bewölkungswahrscheinlichkeit (BW) und die mittlere Zahl der Tage mit mehr als einem Millimeter Niederschlag (NS) im Monat **März** an.

Ort	BW	NS	Ort	BW	NS	Ort	BW	NS
Schleswig	65%	09	Brüssel	64%	10	Säntis (2496 m)	55%	13
Helgoland	63	10	Frankfurt/Main	65	09	Zugspitze (2962 m)	55	14
Hamburg	64	08	Prag	61	06	Sonnblick (3107 m)	60	13
Hannover	68	08	Nürnberg	58	08	Innsbruck	57	07
Berlin	59	07	Stuttgart	59	07	Graz	59	06
Brocken (1152 m)	67	15	München	61	09	Klagenfurt	55	06
Essen	68	10	Salzburg	62	12	Bozen	57	05
Leipzig	62	09	Wien	62	08	Genf	55	08
Dresden	66	09	Zürich	59	09	Lugano	54	07

Was leistet mein Teleskop?

Jeder an der Himmelskunde Interessierte wird früher oder später den Wunsch hegen, einmal mit einem eigenen Teleskop die Wunder der Sternenwelt zu betrachten. Schon ein gutes Fernglas lässt Sternhaufen und Nebel eindrucksvoll wirken. Um aber die Lichtgestalten der Venus, die Polkappen des Mars, die Wolkenstreifen auf Jupiter oder die Ringe des Saturn zu sehen, benötigt man schon ein kleines Fernrohr.

In Kaufhäusern, Optikläden und Versandhäusern werden eine große Zahl von Teleskopen, teilweise recht preisgünstig, angeboten. Natürlich möchte man für sein Geld ein möglichst leistungsfähiges Teleskop erstehen. Doch welche Eigenschaften lassen auf die Leistungsfähigkeit eines Fernrohres schließen? Beim Autokauf achtet man auf die PS (besser kW) und die Höchstgeschwindigkeit, die Fähigkeiten eines Computers wieder lassen sich an der Taktfrequenz des Prozessors, der Größe des Arbeitsspeichers und der Festplattenkapazität ablesen. Beim Fernrohr meint der Laie meist, die Vergrößerung sei ein Kriterium für dessen Leistungsfähigkeit: Je stärker ein Teleskop vergrößert, desto besser sei es. Dem ist allerdings nicht so. Denn man kann mit einem beliebigen Teleskop fast jede Vergrößerung erzielen. Man braucht bloß entsprechend kurzbrennweitige Okulare zu wählen. Denn die Vergrößerung eines Teleskops ergibt sich zu: Objektivbrennweite geteilt durch Okularbrennweite. Benutzt man bei einem Fernrohr mit einem Meter Objektivbrennweite ein Okular mit zehn Millimetern Brennweite, so vergrößert das Instrument um den Faktor Hundert. Setzt man jedoch ein Okular mit fünf Millimetern Brennweite ein, so steigt die Vergrößerung auf 200. Je mehr man die Vergrößerung steigert, desto kleiner wird allerdings das Gesichtsfeld, das Bild im Okular wird immer lichtschwächer und die Objekte werden zwar größer, aber immer unschärfer. Strukturen und Einzelheiten der beobachteten Objekte erscheinen immer verschwommener, bis man schließlich kaum mehr etwas erkennen kann.

Die Auflösung ist entscheidend

Die Leistung eines Teleskops wird in der Hauptsache durch die Größe des Objektivs, der so genannten freien Öffnung oder Eintrittspupille bestimmt. Je größer der Durchmesser des Objektivs, desto höher das Auflösungsvermögen und die lichtsammelnde Wirkung des Teleskops: Man sieht mehr Details und kann immer lichtschwächere Sterne erkennen, wenn der Objektivdurchmesser anwächst.

Unter „Auflösung" versteht man die Eigenschaft eines Fernrohres, zwei nahe stehende Lichtpunkte, zum Beispiel einen engen Doppelstern, getrennt erkennen zu lassen. Der gleiche Doppelstern erscheint in einem Teleskop mit kleinerer Öffnung oder gar mit bloßen Augen nur als *einzelner* Lichtpunkt. Erst ab einer Mindestöffnung sind zwei Lichtpunkte zu erkennen. Fixsterne erscheinen uns sowohl mit bloßen Augen betrach-

3.6 Das Beugungsscheibchen eines „punktförmigen" Sterns.

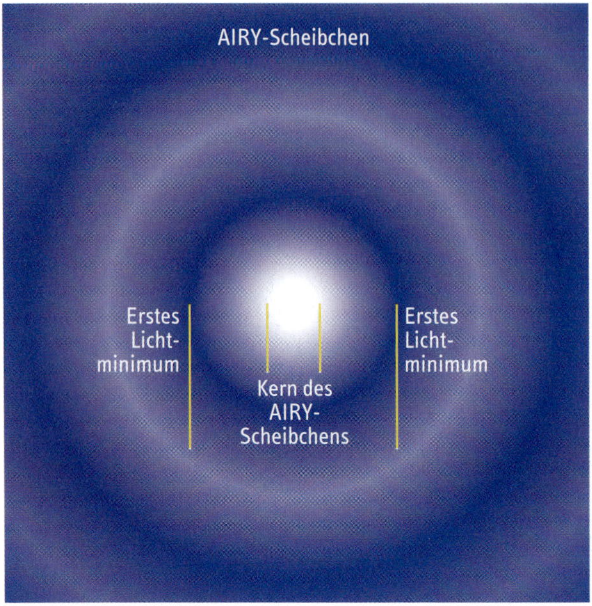

3.7 Je kleiner das Airy-Scheibchen ist, desto höher die Auflösung eines Telekops.

tet als auch im Teleskop (wenn man nicht zu stark vergrößert!) als Lichtpunkte. Dies ist aber nur bedingt richtig. Ein Punkt hat keine Ausdehnung und bleibt daher grundsätzlich unsichtbar. Wenn wir am Schluss eines Satzes einen Punkt machen, so ist dies in Wirklichkeit kein Punkt im mathematischen Sinne, sondern eine kleine Kreisfläche. Ähnlich verhält es sich mit den Sternpünktchen. Sie sind in Wirklichkeit kleine Lichtscheibchen. Da jedoch die Fixsterne so ungeheuer weit entfernt sind, sind die scheinbaren Durchmesser der Sterne so winzig klein (in der Größenordnung von Tausendstel Bogensekunden und kleiner), dass man nicht die eigentlichen Sternscheibchen im Fernrohr erkennt, sondern die so genannten „Beugungsscheibchen", die viel größer sind als die geometrischen scheinbaren Durchmesser der Sterne. Man kann sich davon überzeugen, wenn man die Vergrößerung des Teleskops über die förderliche Vergrößerung (siehe weiter unten) erheblich hinaufschraubt. Dann sieht man im Gesichtsfeld des Okulars nicht mehr einen hellen Lichtpunkt eines eben beobachteten Sterns, sondern ein etwas schwächer leuchtendes Scheibchen, umgeben von einem, zwei oder auch drei feinen Lichtringen (siehe Abb. 3.6 auf Seite 85). Was man hier beobachtet, ist das Beugungsbild des Sterns und nicht seine tatsächliche Kugelgestalt. Die Beugung des Lichtes an der kreisrunden Objektivfassung folgt aus der Wellennatur des Lichtes.

Die exakte Theorie der Beugung des Lichtes hat der englische, adlige Physiker John William Strutt Rayleigh (1842–1919) hergeleitet. Er hat auch gezeigt, wie durch Streuung des Lichtes an den Luftmolekülen das Himmelsblau entsteht und hat zudem die Grundlagen der Atomtheorie geschaffen. Im Jahre 1904 erhielt Lord Rayleigh den Nobelpreis für Physik.

Ein Fernrohr lässt umso mehr Details und Strukturen erkennen, je kleiner die Beugungsscheibchen sind. Je kleiner die Beugungsscheibchen sind, desto enger können zwei Lichtpunkte rücken, bevor sie scheinbar zu einem einzigen Lichtpunkt verschmelzen und nicht mehr in zwei einzelne Lichtpunkte aufgelöst werden können. Je kleiner die Beugungsscheibchen, desto besser also die Auflösung. Die Auflösung ist somit ein Maß für die Leistung eines Teleskopobjektives. Nach der Beugungstheorie des Lichtes findet sich der Hauptteil des Lichtes einer punktförmigen Quelle im Zentrum des Beugungsbildes, im Airy-Scheibchen (siehe Abb. oben), so benannt nach George Biddell Airy (1801–1892), dem langjährigen Direktor der Sternwarte in Greenwich bei London und Astronomer Royal (1835). Gute Objektive sammeln mehr als 80 % des Lichtes im Airy-Scheibchen. Der Rest des Lichtes findet sich im ersten, zweiten und dritten Beugungsring um das Airy-Scheibchen. Rein theoretisch gibt es beliebig viele Beugungsringe, man sieht aber kaum mehr als drei. Die Lichtintensitäten der einzelnen Beugungsringe nehmen mit zunehmender Ordnung immer mehr ab, die Maxima in Abb. 3.7 werden immer kleiner. Man spricht vom Maximum 0. Ordnung (Zentrum des Airy-Scheibchens), 1. Ordnung (1. Beugungsring) usw. Lord Rayleigh hat nun den Radius des Airy-Scheibchens berechnet, also die Distanz vom Zentrum des Beugungsscheibchens bis zum ersten Licht*minimum.* Sie ergibt sich zu

$x = 1{,}22 \cdot \lambda/D$ [radian] (Bogenmaß). Dabei ist λ die Wellenlänge des Lichtes und D der Durchmesser des Objektives. Man sieht also: Je kleiner die Wellenlänge und je größer der Objektivdurchmesser, desto kleiner fällt das Airy-Scheibchen aus und desto besser wird die Auflösung bzw. der Kontrast bei nicht beugungsbegrenzter Optik. Man geht nun davon aus, dass zwei Lichtpunkte noch getrennt erkannt werden können, wenn das Helligkeitsmaximum des einen mit dem ersten Helligkeitsminimum des anderen Beugungsscheibchens zusammenfällt (siehe Abb. rechts). Dann sind beide Lichtmaxima nullter Ordnung gerade einen Airy-Radius voneinander entfernt, die Beugungsscheibchen überdecken sich zur Hälfte. Somit sind zwei Sternpünktchen, die voneinander duch den Winkel ρ getrennt sind, noch zu erkennen, wenn $\rho = 1{,}22 \cdot \lambda/D$ [radian] erfüllt ist. Diese Bedingung wird Rayleigh-Kriterium genannt. Beobachtet man Licht einer Wellenlänge von 550 nm (gelb, hier sind unsere Augen am empfindlichsten) und gibt den Durchmesser des Objektives in Zentimetern an und den Winkel ρ in Bogensekunden (1 radian = 206 264″), so ergibt sich das Rayleigh-Kriterium zu:

$$\rho = 13{,}''8/D.$$

Das bedeutet: Ein Fernrohr von einem Zentimeter Öffnung trennt noch einen Doppelstern, der mindestens 13,″8 Separation hat. Stehen die Komponenten enger, so werden sie nicht mehr in zwei Lichtpunkte aufgelöst. Ein Teleskop mit fünf Zentimetern Öffnung trennt noch Doppelsterne, deren Komponenten in $\rho = 13{,}''8/5 = 2{,}''76$ Abstand stehen.

Der durch das Rayleigh-Kriterium angegebene Minimalabstand ρ, bei dem noch zwei Lichtpunkte getrennt erkannt werden können, wird als Trennschärfe des Fernrohrs bezeichnet. Der reziproke Wert der Trennschärfe ρ heißt Auflösung $A = 1/\rho$ (siehe Tabelle auf Seite 88 unten). Die Trennschärfe beziehungsweise die Auflösung ist ein Maß für die Leistungsfähigkeit eines Teleskops.

Das Rayleigh-Kriterium gilt unter idealen Voraussetzungen: Einwandfreie Optik, etwa gleich helle Sternpünktchen, sehr ruhige Luft, dunkler Himmelshintergrund. In der Praxis sind diese Voraussetzungen oft nicht erfüllt, so dass die theoretische Auflösung nicht immer erreicht wird. Andererseits kann unter idealen Bedingungen das Rayleigh-Kriterium unterboten werden. Zwischen den Lichtmaxima der beiden Airy-Scheibchen liegt das Minimum der Gesamtintensität im Sattel der Kurve bei 0,735 (Lichtmaximum im Zentrum des Beugungsbildes = 1) – siehe auch Abb. oben. Rücken nun beide Sternpunkte näher aneinander heran, so wird das Minimum immer geringer, bis schließlich beide Airy-Scheibchen miteinander verschmelzen. Rein empirisch hat William Rutter Dawes (1799 – 1868) für das Auflösungsvermögen eines Objektives ein Kriterium gefunden, das noch unter der Rayleigh-Bedingung liegt. Dawes, ein englischer Geistlicher und Amateurastronom, war ein scharfäugiger Beobachter von Doppelsternen. Unter anderem entdeckte er den Krepp-Ring des Saturn (unabhängig von William Bond und Johann Gottfried Galle).

Nach Dawes werden noch Doppelsterne getrennt, wenn sie mindestens $\rho = 11{,}''7/D$ voneinander entfernt sind (D ist wie-

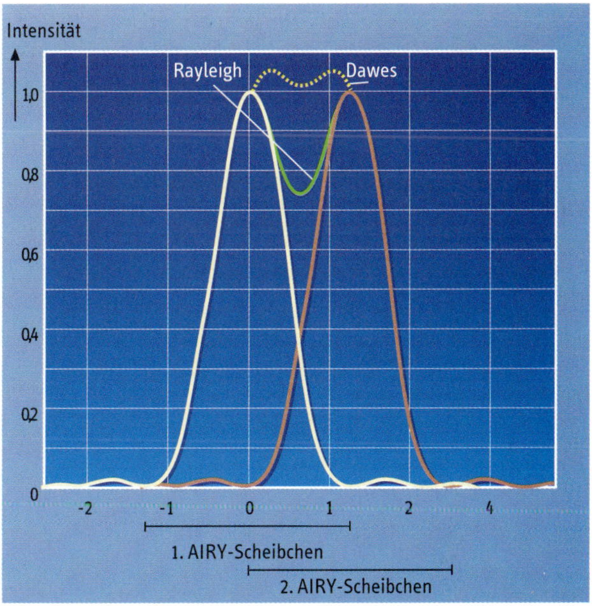

3.8 Intensitätsverteilung der Beugungsbilder zweier Sterne. Der Abstand beider Sterne entspricht dem Rayleigh-Kriterium. Außerdem ist die Intensitätssumme nach dem Dawes-Kriterium eingetragen.

der der Objektivdurchmesser in Zentimetern). Dieses Dawes-Kriterium gilt nur unter der Voraussetzung einwandfreier Optik. Im günstigsten Fall bei perfekter Optik enthält das Airy-Scheibchen 84 % der einfallenden Lichtmenge, in den Beugungsringen finden sich lediglich 16 %. Bei Reflektoren (Spiegelteleskopen) findet sich im Strahlengang meist ein Fang- oder Gegenspiegel. Dieser schattet nicht nur einen Teil des Lichtstromes ab, sondern verändert auch das Beugungsbild: Das Airy-Scheibchen enthält weniger Licht, die Beugungsringe dafür etwas mehr. Dies verschlechtert etwas die Auflösung und vermindert bei nicht beugungsbegrenzter Optik den Kontrast. Für Spiegelteleskope lautet daher die Dawes-Formel: $\rho = 13''/D$. Wohlgemerkt, es handelt sich dabei um eine *empirische* Formel, die einen Anhaltspunkt für die erreichbare Auflösung gibt. Die tatsächliche Leistung eines Teleskops lässt sich erst in der Praxis testen (siehe Tabelle „Internationale Prüfdoppelsterne“ auf Seite 89). Obige Überlegungen gelten für monochromatisches Licht, also Licht *einer* Wellenlänge (λ = 550 nm = 5500 Å). Da Sternenlicht sich im Allgemeinen aus elektromagnetischen Wellen aller Längen im sichtbaren Bereich zusammensetzt, sind die Verhältnisse in der Realität etwas komplizierter.

Die Qualität eines Fernrohrobjektives lässt sich auch durch Angabe der Strehlschen Definitionshelligkeit charakterisieren (nach Karl Strehl, 1928).

Sie gibt an, wie viel Licht in Prozent im Airy-Scheibchen des Beugungsbildes einer punktförmigen Lichtquelle gesammelt wird – der Rest findet sich in den Beugungsringen 1. bis n-ter Ordnung. Wie oben schon erwähnt, enthält im Idealfall das Airy-Scheibchen 84 % des einfallenden Lichtes. Gute Linsenobjektive liefern durchaus Definitionshelligkeiten über 80 %, kommen also dem Idealwert recht nahe. Bei den meisten Reflektoren liegt die Definitionshelligkeit deutlich unter 80 %.

Trennschärfe und Auflösung

ρ ["]	A [1/"]
10	0,1
5	0,2
2	0,5
1,5	0,67
1	1
0,9	1,11
0,8	1,25
0,7	1,43
0,6	1,67
0,5	2,0
0,4	2,5
0,3	3,33
0,2	5,0
0,1	10,0
0,05	20,0

Die Vergrößerung

Die Auflösung beziehungsweise Trennschärfe eines Teleskops und damit seine primäre Leistungsfähigkeit wird also durch seinen Objektivdurchmesser bestimmt. Das Objekt erzeugt in der Brennebene ein reelles Bild des beobachteten Sternfeldes, das man mittels eines Okulars betrachten kann. Um die Auflösungsfähigkeit eines Teleskops voll nutzen zu können, ist eine gewisse Mindestvergrößerung erforderlich. Das Okular wirkt gewissermaßen als Lupe, mit der man das reelle Bild in der Fokalfläche beobachtet. Im reellen Bild mag ein Doppelstern durchaus getrennt sein, wenn man aber eine zu geringe Vergrößerung wählt, so sieht man nicht die beiden Airy-Scheibchen einzeln. Geht man davon aus, dass das normalsichtige Auge eine Trennschärfe von einer Bogenminute (= 60″) hat, so ist nach dem Dawes-Kriterium: $60'' = 11{,}7 : D \cdot V_{min}$ woraus sich ergibt: $V_{min} \approx 5 \cdot D$.

Um also die Auflösungsfähigkeit des Objektives voll auszuschöpfen, muss man mindestens eine Vergrößerung wählen, die dem Fünffachen des Objektivdurchmessers in Zentimetern entspricht. Leichter tut man sich, wenn man die doppelte Mindestvergrößerung wählt, um das reelle Bild zu beobachten. Man spricht dann von *förderlicher* Vergrößerung: $V_F = 10 \cdot D$. Bei einem Teleskop von 15 cm freier Öffnung ergibt sich die *Mindestvergrößerung* somit zu V_{min} = 75fach, die förderliche Vergrößerung zu V_F = 150fach. Bei der förderlichen Vergrößerung hat man noch den Eindruck, ein Sternfeld zu betrachten, bei dem die Sterne punktförmig erscheinen. Man sieht also einen „natürlichen“ Sternenhimmel. Vergrößert man erheblich mehr („Übervergrößerung“) durch Einsatz entsprechend kurzbrennweitiger Okulare, so sieht man die Airy-Scheibchen der Sterne. Weder verbessert sich die Auflösung noch nimmt der Detailreichtum beispielsweise einer Planetenoberfläche zu. Der Planet erscheint zwar immer größer (und blasser), aber es ist nicht mehr auf ihm zu erkennen. Nur in seltenen Fällen lohnt eine Übervergrößerung – beispielsweise, wenn man enge Doppelsterne mit einem Fadenmikrometer vermessen will.

Bei der fotografischen Verwendung eines Objektives oder bei Einsatz einer CCD-Kamera interessiert nicht so sehr die Größe des Airy-Scheibchens im Winkel- oder Bogenmaß, sondern der lineare Durchmesser.

Denn man nützt das Auflösungsvermögen nicht aus, wenn die Filmkörner oder die Pixel-Abstände eines lichtempfindlichen Chips erheblich größer sind als die Durchmesser der Airy-Scheibchen. Da der Abbildungsmaßstab eines Teleskops in der primären Brennebene von der Objektivbrennweite F bestimmt wird, so ergibt sich der lineare Durchmesser d des Airy-Scheibchens zu:

$$d = 2{,}44 \cdot \lambda \cdot F/D$$

Dabei ist F/D die so genannte Blende oder Öffnungszahl. Üblicherweise wird bei Teleskopen jedoch der reziproke Wert der Blende angegeben, nämlich das Öffnungsverhältnis (D/F). Für gelbes Licht (λ = 550 nm) erhält man: $d = 1{,}34 \cdot F/D$ μm (= Mikrometer = Millionstel Meter). Bei einem Teleskop von 25 cm freier Öffnung und einer Brennweite von 3,6 Metern weisen die Airy-Scheibchen von Sternpunkten einen linearen Durchmesser von 19,3 μm, also knapp zwei Hundertstel Millimeter, auf. Der lineare Durchmesser d eines Objektes im Primärfokus, das man unter einem Winkel ρ sieht, ermittelt sich zu $d = F \cdot \text{tg}\,\rho$, wobei ρ in Grad einzusetzen ist.
Bei sehr kleinen Winkeln kann man auch direkt den Winkel im Bogenmaß nehmen ($d = F \cdot \rho$ [radian]). Die Sonne hat beispielsweise einen scheinbaren Durchmesser von im Mittel 32′ (= 0,°53). Bei einem Teleskop von 3,6 m Brennweite zeigt das Sonnenbild im Primärfokus eine lineare Größe von 3,3 cm. Als Faustformel kann man sich merken: Die Sonne (oder der Mond) haben im Primärfokus einen linearen Durchmesser von $d = F/109$. Pro Meter Brennweite ergibt dies ein Sonnen- (oder Mond-)bild von einem Zentimeter. Bei 500 mm Brennweite ist das Sonnenbild nur einen halben Zentimeter groß, bei einem großen Refraktor von zehn Metern Brennweite jedoch zehn Zentimeter.
Neben dem Auflösungsvermögen ist die lichtsammelnde Wirkung ein Kriterium für die Leistungsfähigkeit eines Fernrohres. Auch sie hängt vom Objektivdurchmesser D (und nicht von der Vergrößerung) ab. Bei doppeltem Objektivdurchmesser ist die lichtsammelnde Objektivfläche viermal so groß. Der Lichtgewinn nimmt proportional mit dem Quadrat des Objektivdurchmessers zu. Ein Fernrohr mit 5 cm freier Öffnung sammelt hundertmal mehr Licht ein als das dunkeladaptierte Auge mit 5 mm Pupillendurchmesser. Dies entspricht einem Helligkeitsgewinn von fünf Größenklassen. Kann man am aufgehellten Stadthimmel noch Sterne dritter Größenklasse sehen, so lässt ein Fernglas mit 5 cm freier Öffnung noch Sterne von 8^m Helligkeit erkennen. Allerdings muss man berücksichtigen, dass nicht der volle Lichtgewinn gemäß der größeren Objektivfläche ausgeschöpft werden kann.

3.9 George Biddell Airy (1801 – 1892), Astronomer Royal und langjähriger Direktor des Observatoriums Greenwich bei London.

Bei Refraktoren absorbieren die Linsen einen Teil des Sternenlichtes, bei Spiegelteleskopen werden nicht 100 % des einfallenden Lichtes genutzt, Fangspiegel und Halterung schatten einen Teil der Spiegelfläche ab (Apodisation).
Die Leistungsfähigkeit eines Fernrohres wird somit nicht durch seine Vergrößerung bestimmt, sondern ist in erster Linie durch den Durchmesser des Objektives, der freien Öffnung, gegeben. Um die volle Leistung auch zu erhalten, ist eine stabile Fernrohrmontierung Voraussetzung. Denn ein wackelndes oder zitterndes Bild im Okular lässt kaum die volle Auflösung zur Geltung kommen.

Internationale Prüfdoppelsterne

	A	B	ϱ
ζ Pisces	5,^{m}6	6,^{m}6	23,″81
20 Gem	7,2	7,8	19,85
20 Lyn	7,3	7,5	14,95
1 Cam	5,9	6,9	10,35
γ Ari	4,8	4,9	7,91
118 Tau	5,9	6,7	4,83
α Psc	4,3	5,3	2,07
ε Ari	5,2	5,5	1,41

April 2003

Merkur bietet zur Monatsmitte die einzige Abendsichtbarkeitschance in diesem Jahr. Die Riesenplaneten Jupiter und Saturn sind weiterhin am abendlichen Westhimmel zu sehen. Venus läuft auf die Sonne zu und verkürzt deutlich ihre Morgensichtbarkeitsdauer.

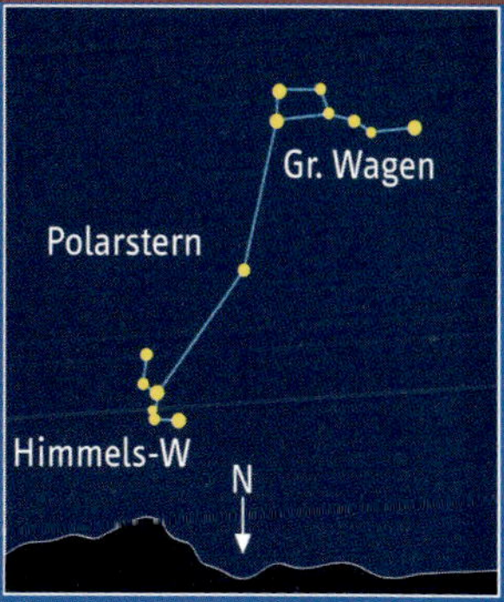

Großer Wagen und Himmels-W Anfang April um 22ʰ

4.1 Himmelsanblick am 7. April gegen 20ʰ MEZ (= 21ʰ MESZ): Saturn und die Sichel des zunehmenden Mondes stehen im Stier. Knapp über dem Westhorizont ist noch der flinke Planet Merkur zu erspähen.

Sonnenlauf

19.4. 6h
Sonne tritt in das Sternbild Widder
20.4. 13h
Sonne tritt in das Tierkreiszeichen Stier

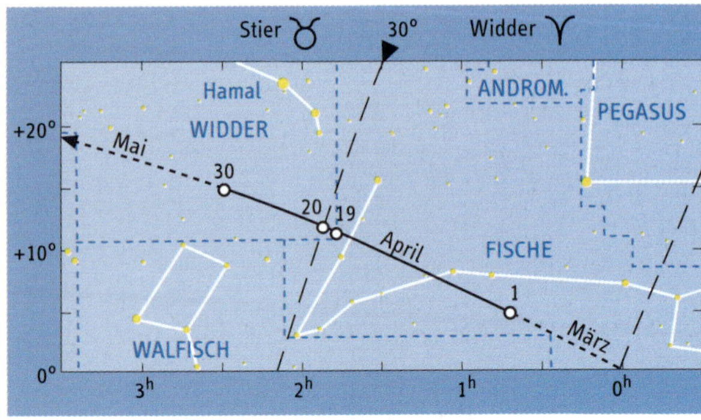

Julianisches Datum am
1. April, 1h MEZ: 2 452 730,5

Tag	Dämmerg. Anfang	Aufgang MEZ	Kulmination	Untergang MEZ	Dämmerg. Ende	Mittagshöhe	Zeitgleichg.	Rektaszension	Deklination
	h m	h m	h m	h m	h m	°	m	h m	°
1.	4 46	5 58	12 24	18 51	20 03	44,5	−4	0 40	+ 4,3
5.	4 36	5 49	12 23	18 57	20 11	46,0	−3	0 54	+ 5,8
10.	4 24	5 39	12 21	19 05	20 20	47,9	−1	1 13	+ 7,7
15.	4 12	5 28	12 20	19 13	20 29	49,7	0	1 31	+ 9,5
20.	4 00	5 18	12 19	19 21	20 39	51,5	+1	1 50	+11,3
25.	3 48	5 08	12 18	19 29	20 49	53,1	+2	2 08	+13,0
30.	3 37	4 59	12 17	19 36	20 59	54,7	+3	2 27	+14,6

Tages- und Nachtstunden

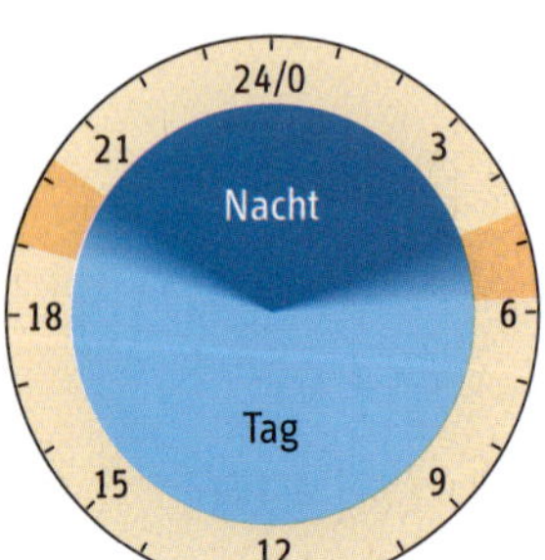

5. April

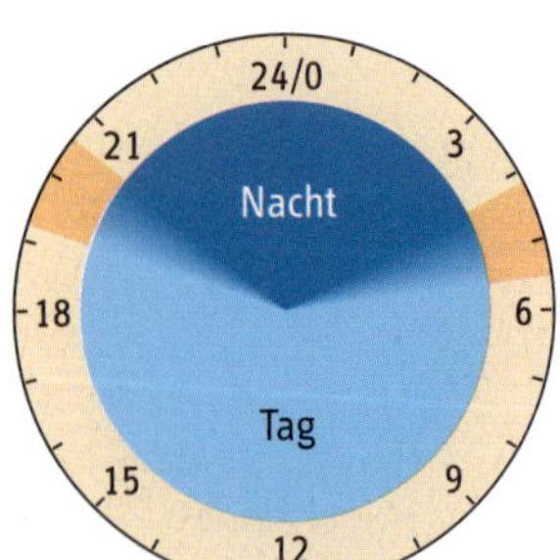

15. April

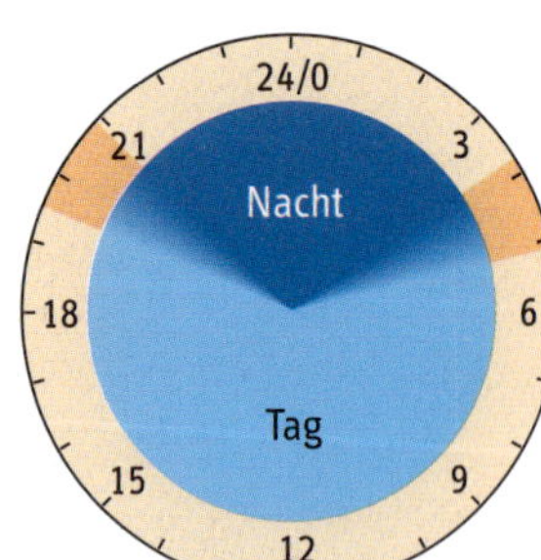

25. April

Mondlauf

Datum		Aufg. MEZ	Kulmination	Unterg. MEZ	Rektaszension	Deklination	Sterne und Sternbilder	Phase	MEZ
		h m	h m	h m	h m	°			
Di	1.	6 17	12 17	18 29	0 14	− 3,2	Fische	**Neumond**	**20^h19^m**
Mi	2.	6 31	12 57	19 37	0 57	+ 2,1	Walfisch		
Do	3.	6 46	13 37	20 44	1 40	+ 7,3	Fische		
Fr	4.	7 01	14 19	21 52	2 24	+12,2	Widder	Erdferne 406/29′,4	5^h
Sa	5.	7 20	15 03	23 01	3 09	+16,7	Widder	Aufsteigender Knoten	
So	6.	7 43	15 49	–	3 56	+20,5	* Stier, Plejaden		
Mo	7.	8 12	16 38	0 09	4 46	+23,5	* Aldebaran		
Di	8.	8 50	17 30	1 14	5 38	+25,5	Stier, Al Nath		
Mi	9.	9 40	18 23	2 12	6 33	+26,4	* Zwillinge		
Do	10.	10 42	19 17	3 01	7 28	+25,9	Kastor, Pollux	**Erstes Viertel**	**0^h40^m**
Fr	11.	11 55	20 11	3 41	8 25	+24,0	Krebs, Krippe	Libration Ost	
Sa	12.	13 14	21 04	4 12	9 21	+20,8	* Krebs		
So	13.	14 36	21 56	4 37	10 15	+16,4	Löwe, Regulus	Größte Nordbreite	
Mo	14.	16 01	22 48	4 58	11 10	+10,9	Löwe		
Di	15.	17 27	23 39	5 16	12 03	+ 4,6	Jungfrau		
Mi	16.	18 55	–	5 35	12 57	− 2,1	Jungfrau	**Vollmond**	**20^h36^m**
Do	17.	20 25	0 32	5 54	13 52	− 8,7	Spica	Erdnähe 357/33′,5	6^h
Fr	18.	21 56	1 28	6 17	14 49	−14,8	* Waage		
Sa	19.	23 23	2 26	6 45	15 49	−20,0	Waage	Absteigender Knoten	
So	20.	–	3 26	7 23	16 51	−23,8	Antares		
Mo	21.	0 42	4 28	8 11	17 54	−26,0	Schütze		
Di	22.	1 46	5 28	9 13	18 56	−26,4	Schütze, Nunki		
Mi	23.	2 34	6 26	10 23	19 56	−25,2	Schütze	**Letztes Viertel** Libration West	**13^h18^m**
Do	24.	3 09	7 19	11 37	20 52	−22,7	Steinbock		
Fr	25.	3 35	8 08	12 51	21 45	−19,1	Steinbock	Größte Südbreite	
Sa	26.	3 55	8 54	14 03	22 34	−14,7	Wassermann		
So	27.	4 11	9 36	15 13	23 20	− 9,8	Wassermann		
Mo	28.	4 26	10 17	16 20	0 04	− 4,6	Fische		
Di	29.	4 40	10 57	17 27	0 47	+ 0,7	Walfisch		
Mi	30.	4 53	11 37	18 34	1 29	+ 6,0	Fische		

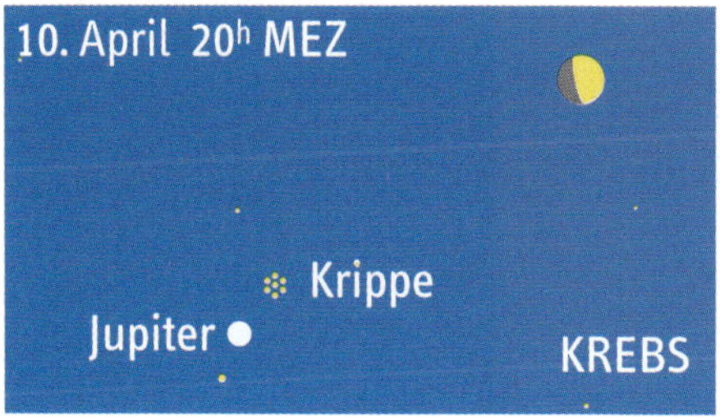

10. April 20^h MEZ

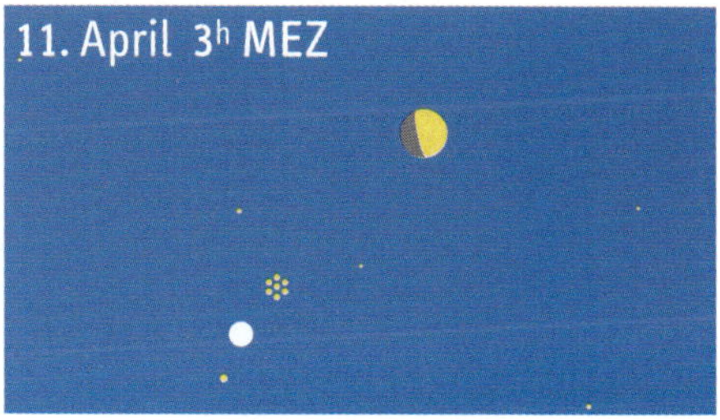
11. April 3^h MEZ

Planetenlauf

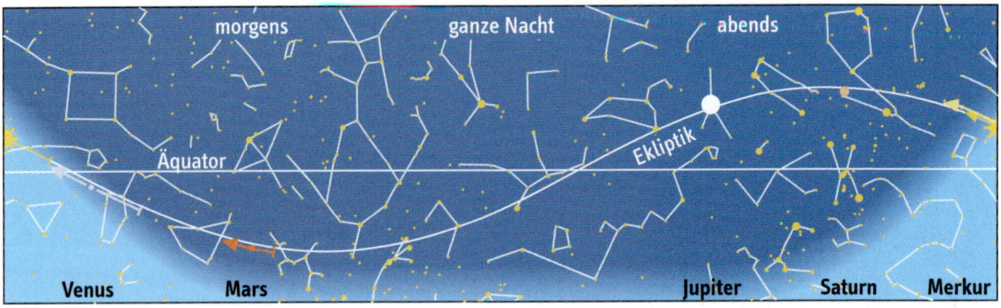

Merkur bietet zur Monatsmitte die einzige Abendsichtbarkeitschance in diesem Jahr. Vom 7. bis 17. ist er auch unter weniger guten Sichtbedingungen relativ leicht tief am Westhimmel etwa eine halbe Stunde nach Sonnenuntergang zu sehen (siehe auch Abb. 4.1 auf Seite 91). Klares Wetter und keine Störungen durch irdische Lichter vorausgesetzt, kann der $-1\overset{\text{m}}{,}3$ helle Merkur bereits am 2. knapp über dem Westhorizont erspäht werden. Gegen $19^{\text{h}}20^{\text{m}}$ (= $20^{\text{h}}20^{\text{m}}$ Sommerzeit) macht er sich in der Abenddämmerung bemerkbar. Gegen $19^{\text{h}}42^{\text{m}}$ verschwindet er in den horizontnahen Dunstschichten, der Merkuruntergang erfolgt um $20^{\text{h}}01^{\text{m}}$ (= $21^{\text{h}}01^{\text{m}}$ Sommerzeit).
Am 16. erreicht Merkur schließlich mit 19°46′ Winkelabstand seine größte östliche Elongation von der Sonne. Bis zu diesem Tag geht die Merkurhelligkeit auf $0\overset{\text{m}}{,}2$ zurück, die Untergänge verspäten sich auf $21^{\text{h}}15^{\text{m}}$ (= $22^{\text{h}}15^{\text{m}}$ Sommerzeit). Nach dem 18. wird es zunehmend schwieriger, den flinken Planeten am Abendhimmel aufzusuchen. Bis 18. ist die Merkurhelligkeit um

4.2 Heliozentrischer Anblick des Planetensystems im zweiten Jahresviertel 2003. Eingetragen sind links die Positionen der inneren Planeten für den 1. April (4), 1. Mai (5), 1. Juni (6) und 1. Juli (7). Der rechte Teil zeigt das äußere Planetensystem zu Anfang und Ende des zweiten Jahresviertels. Die Pfeile deuten die Richtungen zu den ferneren Planeten sowie zum Frühlingspunkt an.

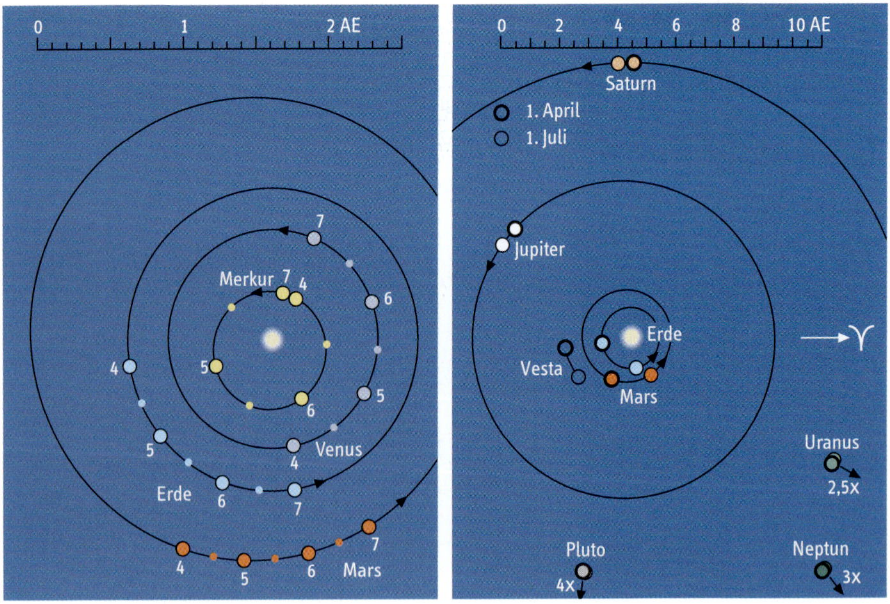

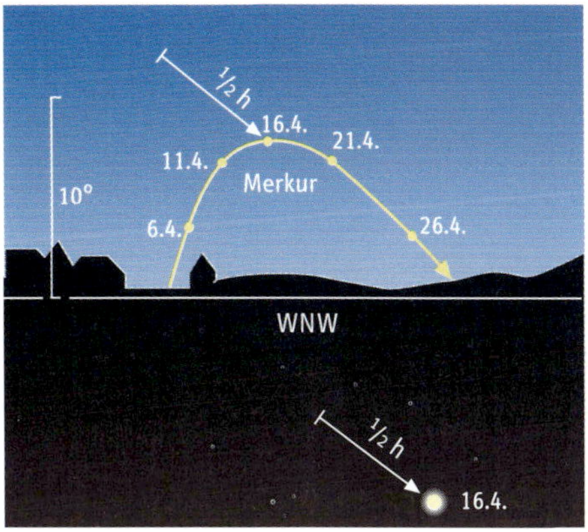

4.3 Stellung von Merkur über dem West-Nordwesthorizont zu den angegebenen Daten jeweils eine Stunde nach Sonnenuntergang. Die Pfeile geben die Bewegung von Merkur und Sonne während der letzten halben Stunde an.

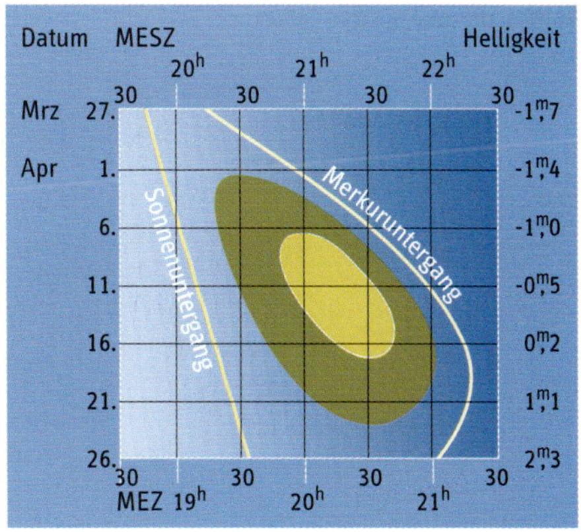

4.4 Sichtbarkeitsdiagramm für Merkur. Es gilt genau für 50° nördlicher Breite und 10° östlicher Länge. Dunkelgelbe Fläche: Unter günstigen Sichtbedingungen kann man Merkur mit bloßen Augen erkennen, hellgelbe Fläche: Merkur ist leicht zu sehen.

weitere $0{,}^{m}3$ abgesunken. Letztmals am 22. kann man Merkur erjagen. An diesem Tag erfolgt der Untergang des nur mehr $1{,}^{m}3$ hellen Planeten um $21^{h}15^{m}$ (siehe auch Abb. 4.3 und 4.4 oben). Im Teleskop erkennt man am Abend des 13. das 7,″1 große Merkurscheibchen halb beleuchtet, die Dichotomie (Halbphase) ist eingetreten.
Am 26. kommt Merkur zum Stillstand und eilt anschließend rückläufig auf die Sonne zu, mit der er am 7. Mai zusammentrifft. Dabei kommt es zu dem seltenen Ereignis eines Merkurtransits vor der Sonnenscheibe, das diesmal auch von Mitteleuropa aus beobachtbar ist (siehe auch Seite 32 und Monatsthema „Merkur vor der Sonnenscheibe" auf Seite 101). Am 4. passiert Merkur das Perihel seiner Bahn, wobei er 46 Millionen Kilometer (= 0,307 AE) vom Glutball Sonne entfernt bleibt.
Venus hält ihre Stellung am Morgenhimmel, wenn auch ihr Abstand von der Sonne immer kleiner wird. Der westliche Elongationswinkel nimmt bis Ende April auf 29° ab, die Venushelligkeit geht auf $-3{,}^{m}9$ weiter leicht zurück. Ab der Monatsmitte ist Venus kein auffälliges Gestirn am Morgenhimmel mehr. Im letzten Monatsdrittel überschreitet sie den Himmelsäquator in nördlicher Richtung, ihre Deklinationen werden wieder positiv. Dadurch wächst ihr Tagbogen und ihre Aufgänge verfrühen sich. Geht Venus am 1. um $5^{h}00^{m}$ (= $6^{h}00^{m}$ MESZ) auf, so überschreitet sie am 30. die Horizontlinie bereits um $4^{h}14^{m}$. Das Venusscheibchen schrumpft auf unter 12″ scheinbaren Durchmesser und erscheint inzwischen ziemlich rundlich – 87 % sind zu Monatsende beleuchtet.
Am 19. passiert Venus das Aphel (= sonnenfernster Bahnpunkt) ihrer fast kreisrunden Bahn. An diesem Tag ist sie 109 Millionen Kilometer (= 0,729 AE) von der Sonne entfernt.
Mars wird zum dominierenden Gestirn am Morgenhimmel,

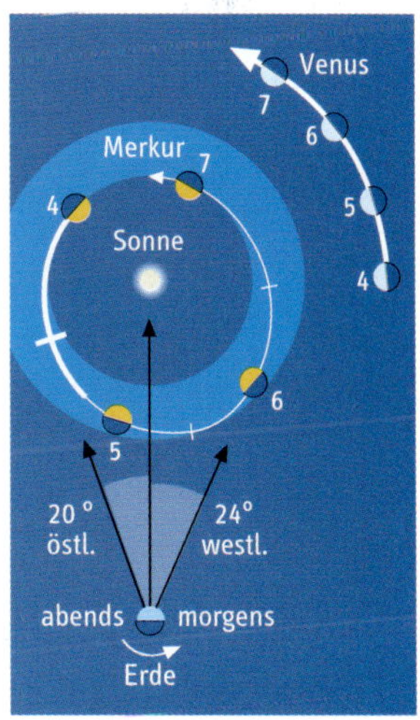

4.5 Heliozentrische Bewegungen von Merkur und Venus relativ zur Erde. In den dicker ausgezogenen Bahnteilen sind die Planeten beobachtbar. Die Zahlen markieren die Positionen jeweils zum Monatsersten. Östlicher Winkelabstand bedeutet Abendsichtbarkeit, westliche Elongation: Planet steht am Morgenhimmel.

sieht man von der wesentlich später aufgehenden Venus ab. Der hellere Jupiter geht gerade unter, wenn Mars sich anschickt, die Himmelsbühne zu betreten. Am 1. erfolgt der Aufgang des roten Planeten um 2^h56^m (= 3^h56^m Sommerzeit), zu Monatsende geht er fast eine Stunde früher auf. Die Marshelligkeit nimmt abermals um eine halbe Größenklasse zu und erreicht $0^m\!.0$. Damit übertrifft Mars die meisten Fixsterne erheblich an Glanz.
Der rote Planet wechselt am 21. aus dem Schützen in das Sternbild Steinbock und gewinnt langsam nördlichere Positionen im Tierkreis.
Jupiter bremst seine rückläufige Wanderung durch den Krebs völlig ab und wird am 4. stationär. Anschließend wandert er wieder rechtläufig durch den Tierkreis. Der Umkehrpunkt liegt etwa $1^\circ\!.1$ südöstlich von M 44 (Krippe oder Praesepe), was man im Fernglas gut verfolgen kann (siehe auch Abb. 4.6 oben sowie Jupiterbahn 2003, Abb. 2.4 auf Seite 59).
Der Jupiterstillstand am 4. markiert auch das Ende der Oppositionsperiode. Die Jupiterhelligkeit geht abermals etwas auf $-2^m\!.1$ zurück. Damit ist der Riesenplanet allerdings immer noch das nach Mond und Venus hellste Gestirn am Nachthimmel. Doch lange bevor die Venus sich am Morgenhimmel blicken lässt, ist Jupiter untergegangen.
Am 1. sinkt Jupiter um 4^h08^m (= 5^h08^m Sommerzeit) unter den Horizont, am 15. um 3^h14^m und am 30. bereits um 2^h17^m.
Saturn, rechtläufig im Stier, ist Planet der ersten Nachthälfte. Er verlagert seine Untergänge in die Zeit um Mitternacht. Am 1. geht der Ringplanet um 1^h17^m (= 2^h17^m Sommerzeit) unter, am 15. um 0^h27^m und am 30. bereits

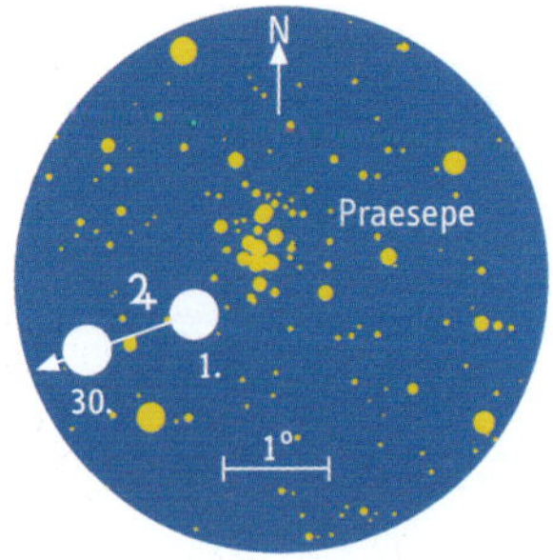

4.6 Jupiterbewegung im Laufe des Monats April 2003 im offenen Sternhaufen M 44 (= Praesepe oder Krippe), der im Sternbild Krebs liegt. Fernglasanblick bei 5° Gesichtsfelddurchmesser.

um 23^h32^m. Mit $0^m\!.1$ Helligkeit ist Saturn nach wie vor ein auffälliges Gestirn am Abendhimmel. Für Fernrohrbeobachter sei angemerkt, dass der Saturnring in diesem Monat mit 27° seine maximale Öffnung erreicht. Bei keiner Sternführung sollte man es versäumen, dem staunenden Publikum Saturn im Teleskop zu zeigen. In diesen Jahren blickt man auf die Südseite des extrem dünnen Saturnrings.
Am 7. zieht die Sichel des zunehmenden Mondes in etwa $2^\circ\!.5$ nördlichem Abstand an Saturn vorbei (siehe auch Abb. 4.1 auf Seite 91).
Uranus, rechtläufig im Wassermann, kann immer noch nicht aufgesucht werden. Zwar geht der $5^m\!.9$ helle, grünliche Planet zu Monatsende um 2^h59^m (= 3^h59^m Sommerzeit) auf. Bis Uranus über die ärgsten Dunstschichten am Horizont hochgestiegen ist, um beobachtbar zu werden, hat längst die Morgenhelle eingesetzt und lässt Uranus nicht zur Geltung kommen.
Neptun im Steinbock ist immer noch kein Beobachtungsobjekt für den Amateurastronomen. Die Morgendämmerung hat längst eingesetzt, bevor Neptun hoch genug über dem Horizont steht, um mit Aussicht auf Erfolg gesucht zu werden.

Planetoiden

Vesta (4) hat eben ihre Opposition hinter sich. Sie eilt rückläufig durch die Jungfrau, wobei sie in der zweiten Monatshälfte deutlich langsamer wird (siehe Abb. 3.3 auf Seite 81). Ihre Helligkeit sinkt um eine halbe Größenklasse auf $6^m\!.4$ ab.
Die Vesta-Kulminationen erfolgen am 1. um 0^h21^m (= 1^h21^m Sommerzeit), am 15. um 23^h09^m und am 30. schon um 22^h01^m.
Am letzten Tag des Monats geht Vesta um 5^h02^m unter.

Periodische Sternschnuppenströme

Bis Mitte April sind die **Virginiden** noch aktiv. Einzelne Virginiden-Meteore sind bis ins erste Maidrittel zu verfolgen.
In der Zeit vom 16. bis 25. April werden die **Lyriden** aktiv. Ihr Ausstrahlungspunkt liegt in der Leier, etwa 7° südwestlich von Wega. Manche Beobachter vermuten mehrere Radianten.
Die Lyriden-Objekte sind schnell – im Mittel liegt die Geschwindigkeit um 50 Kilometer pro Sekunde. Günstigste Beobachtungszeit: 22^h bis 4^h. Das Maximum am 22. April ist nicht sehr ausgeprägt, rund zehn bis zwanzig Meteore, darunter einige helle Exemplare, leuchten dann pro Stunde auf. In seltenen Fällen sind bis zu neunzig Sternschnuppen pro Stunde zu registrieren.
Um den 17. April erreichen die **Sigma-Leoniden** ihr Maximum. Vereinzelte Objekte dieses schwachen Stromes sind noch bis Mitte Mai nachweisbar. Bei ihnen fehlen Beobachtungen in den letzten Jahren; eventuell ist dieser Strom versiegt.

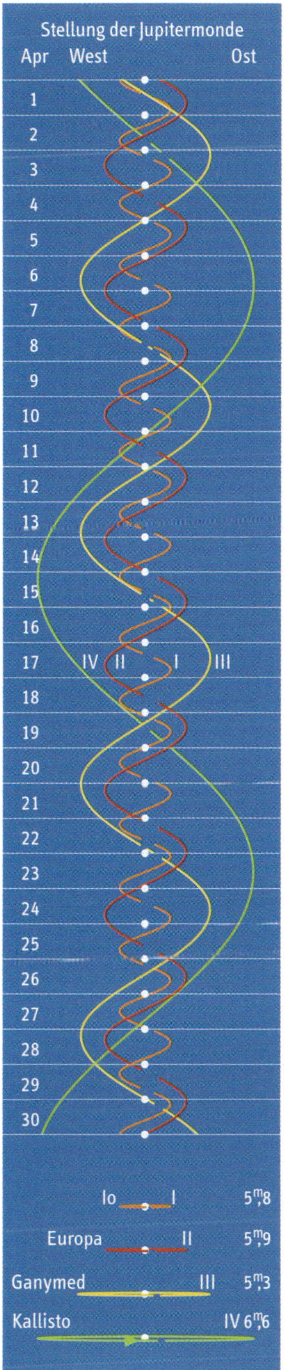

Jupitermond-Erscheinungen

Tag	MEZ h	m	Vorgang
2.	0	26	III VA I
	0	35	III VE I
	0	54	III BA II
	0	59	III BE II
	19	50	IV BE
	23	55	I VA II
3.	0	01	I VE II
	1	57	IV VA
4.	0	52	I DA
	2	00	I SA
	21	32	III DA
	22	10	I BA
5.	1	08	III DE
	1	39	I VE
	1	49	I VA III
	1	55	I VE III
	2	13	III SA
	20	29	I SA
	21	36	I DE
	22	45	I SE
6.	20	07	I VE
7.	20	40	II BA
8.	1	57	II VE
	20	00	III VE
9.	21	03	II SE
10.	2	12	I VA II
	2	17	I VE II
11.	0	45	IV DA
12.	0	02	I BA
	1	19	III DA
	21	11	I DA
	22	24	I SA
	23	28	I DE
13.	0	40	I SE
	22	03	I VE
14.	20	16	II BA I
	20	20	II BE I
	23	10	II BA
15.	20	21	III VA

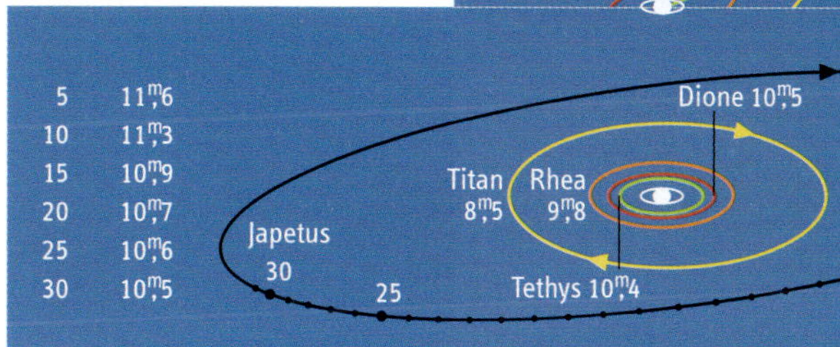

16.	0 00	III	VE	
	20 47	II	SA	
	21 09	II	DE	
	23 39	II	SE	
19.	1 14	II	VA	III
	1 21	II	VE	III
	20 00	IV	VA	
	23 04	I	DA	
20.	0 19	I	SA	
	0 53	IV	VE	
	20 23	I	BA	
	23 58	I	VE	
21.	21 04	I	SE	
	22 27	II	BA	I
	22 31	II	BE	I
22.	22 49	III	BE	
23.	0 20	III	VA	
	20 51	II	DA	
	23 23	II	SA	
	23 43	II	DE	
25.	20 27	II	VE	
27.	19 51	I	VA	II
	19 56	I	VE	II
	22 18	I	BA	
	22 58	IV	DE	
28.	20 42	I	SA	
	21 43	I	DE	
	22 59	I	SE	
29.	0 41	II	BA	I
	0 44	II	BE	I
	20 21	I	VE	
	23 09	III	BA	
30.	23 26	II	DA	

Der Fixsternhimmel

Im Monat April ist die Orientierung am Fixsternhimmel für Einsteiger in die Himmelsbeobachtung besonders leicht. Man braucht bloß zur abendlichen Stunde (Standardbeobachtungszeit am 1. um 23^h MEZ = 24^h Sommerzeit, am 15. um 22^h MEZ = 23^h Sommerzeit) steil nach oben in Richtung Zenit zu blicken und wird sofort die sieben Sterne des Großen Wagens auf Anhieb erkennen. Der Große Wagen steht jetzt direkt über unseren Köpfen. Er ist allerdings nur ein Teil der viel größeren Sternenfigur des Großen Bären (Ursa Maior). Zur Zeit ist die Gelegenheit günstig, den Großen Bären als Sternbild in seiner Gesamtheit zu erfassen. Denn sein Kopf und seine Tatzen werden von relativ lichtschwachen Sternen markiert, während der Wagenkasten den Schinken des Bären bildet und die Deichsel seinen biologisch gesehen viel zu langen Schwanz.

Durch den Meridian marschiert gerade der Löwe. Er hat nun seine Gipfelposition erreicht und ist auch für Anfänger leicht auszumachen. Ein großes Sterntrapez deutet den Rumpf an, ein kleines, an der Nordwestecke („rechts-oben" in unseren Breiten) aufgesetztes Trapez den Kopf dieses königlichen Tieres. Der Löwe ist Mitglied im ausgewählten Zirkel der Tierkreisbilder. Sein Hauptstern Regulus liegt fast genau auf der Ekliptik. Regulus (α Leonis) wird deshalb von Zeit zu Zeit vom Mond bedeckt, gelegentlich sogar auch von einem Planeten. Die Entfernung von Regulus misst nach neuesten Beobachtungen 77 Lichtjahre.

Am östlichen Ende der Basislinie des Löwentrapezes findet sich ein Stern zweiter Größe, nämlich Denebola oder β Leonis bezeichnet. Denebola stammt aus dem Arabischen und heißt schlicht „Schwänzchen" (des Löwen).

Der Halsstern γ Leonis leuchtet mit 2^m Helligkeit und wurde von den Arabern Algieba getauft, was „Mähne des Löwen" heißt. Algieba ist ein schöner Doppelstern. Er sollte bei keiner öffentlichen Sternführung im Frühling fehlen.

Nördlich des Löwen und südlich der Tatzen des Großen Bären liegt das unscheinbare Sternbild Kleiner Löwe (lat.: Leo Minor). Nur drei Sterne des Kleinen Löwen sind heller als $4^m,5$. Der Kleine Löwe ist kein klassisches Sternbild, sondern wurde erst in der Neuzeit von dem Danziger Ratsherren, Amateurastronomen und Besitzer einer beachtlichen Sternwarte Johannes Hevelius (1611-1687) eingeführt.

Im Westen versinken die Wintersternbilder. Sirius im Großen Hund ist bereits untergegangen. Orion befindet sich gerade im Untergang, ebenso der Stier mit dem roten Aldebaran. Im Stier leuchtet noch auffällig der Ringplanet Saturn. Noch hoch im Westen sind die Zwillinge zu sehen. Zwischen Zwillingen und Löwe liegt der unscheinbare Krebs. Zur Zeit befindet sich gerade der strahlend helle Jupiter in ihm, ganz in der Nähe des offenen Sternhaufens M 44, Praesepe oder Krippe genannt. Im Südwesten fällt noch Prokyon im Kleinen Hund auf. Halbhoch im Nordwesten strahlt die gelbe Kapella im Sternenpolygon des Fuhrmann. Tief im Nordwesten ist noch der Perseus als Relikt längst vergangener Herbsttage zu erspähen. Die Kassiopeia, das Himmels-W, bereitet sich auf die untere Kulmination vor. Der Kepheus geht gerade zwischen Himmelsnordpol und Nordpunkt am Horizont

Veränderliche Sterne

Algol-Minima	2.	22^h19^m	5.	19^h08^m	17.	6^h24^m	20.	3^h14^m	25.	20^h52^m		
β-Lyrae-Minima	7.	4^h N	13.	16^h H	20.	3^h N	26.	14^h H				
δ-Cephei-Maxima	3.	1^h	8.	10^h	13.	19^h	19.	4^h	24.	13^h	29.	21^h

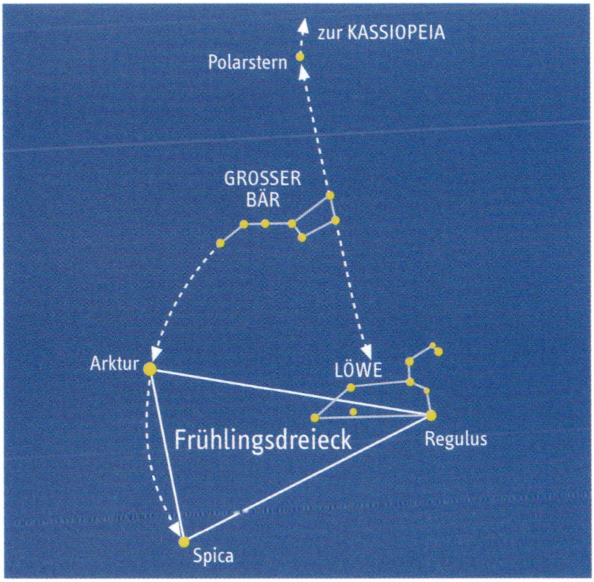

4.7 Die drei hellen Sterne Arktur, Regulus und Spica bilden das Frühlingsdreieck.

durch den Meridian. Diese Stellung bezeichnet man als „untere Kulmination". Nur Sterne, die zirkumpolar sind, können auch in unterer Kulmination beobachtet werden. Alle anderen Sterne bleiben in unterer Kulmination unter dem Horizont und sind daher in dieser Position unsichtbar.
Ein intensiv orange-rot strahlender Stern fällt hoch im Südosten auf. Es handelt sich um Arktur, den Hauptstern im Sternbild Bootes. In Sternkarten ist er als α Bootis vermerkt. Mit $0^{m}0$ scheinbarer Helligkeit gehört Arktur zu den fünf hellsten Fixsternen am irdischen Firmament. Berücksichtigt man, dass die beiden hellen Sterne Kanopus (α Carinae) und Toliman (α Centauri) in unseren Breiten stets unter dem Horizont bleiben, so gehört Arktur an unserem Himmel zu den drei hellsten Sternen. Nur noch Sirius und Wega können sich mit ihm messen. Apropos messen: Nach den genauen Parallaxenmessungen des Astrometrie-Satelliten Hipparcos ist Arktur 37 Lichtjahre von uns entfernt.
Arktur heißt soviel wie Bärenhüter. Folgt man nämlich dem Schwanz des Großen Bären – er ist mit der Wagendeichsel identisch – so stößt man auf Arktur. Im täglichen Himmelsumschwung folgt Arktur permanent dem Großen Bären. Er treibt damit gewissermaßen den Bären um den Polarstern herum.
Der Bootes sieht aus wie ein großer Papierdrachen, den Kinder im Wind fliegen lassen. Bootes bedeutet soviel wie Rinderhirt. Denn die alten Römer sahen in den sieben Wagensternen sieben Dreschochsen, die um den Polarstern als Göpel herumwandern. Und Bootes, der fleißige Rinderhirt, treibt sie an, indem er ihnen ständig folgt.

Den Platz im Südosten nimmt die Jungfrau (lat.: Virgo) ein. Ihr hellster Stern (α Virginis) heißt Spica mit Eigennamen. Spica ist lateinisch und bedeutet „Kornähre". Sie ist ein Symbol für die

Konstellationen und Ereignisse

Datum	MEZ	Ereignis
2.	20^h	**Mond bei Merkur,** Mond 4°0 südlich, **Abstand 4°7 um 19^h30^m**
4.	6	Jupiter im Stillstand, anschließend rechtläufig
4.	10	Merkur im Perihel
7.	23	**Mond bei Saturn,** Mond 3°1 nördlich, **Abstand 2°4 um 24^h**
11.	9	**Mond bei Jupiter,** Mond 4°1 nördlich, **Abstand 5°5 um 3^h**
16.	16	**Merkur in größter östl. Elongation** (20°)
19.	22	Venus im Aphel
23.	8	**Mond bei Mars,** Mond 3°4 südlich, **Abstand 5°0 um 4^h**
24.	5	Mond bei Neptun, Mond 5°2 südlich
25.	17	Mond bei Uranus, Mond 4°8 südlich
26.	22	Merkur im Stillstand, anschließend rückläufig
28.	18	**Mond bei Venus,** Mond 2°7 südlich, **Abstand 5°2 um 5^h am 29.**

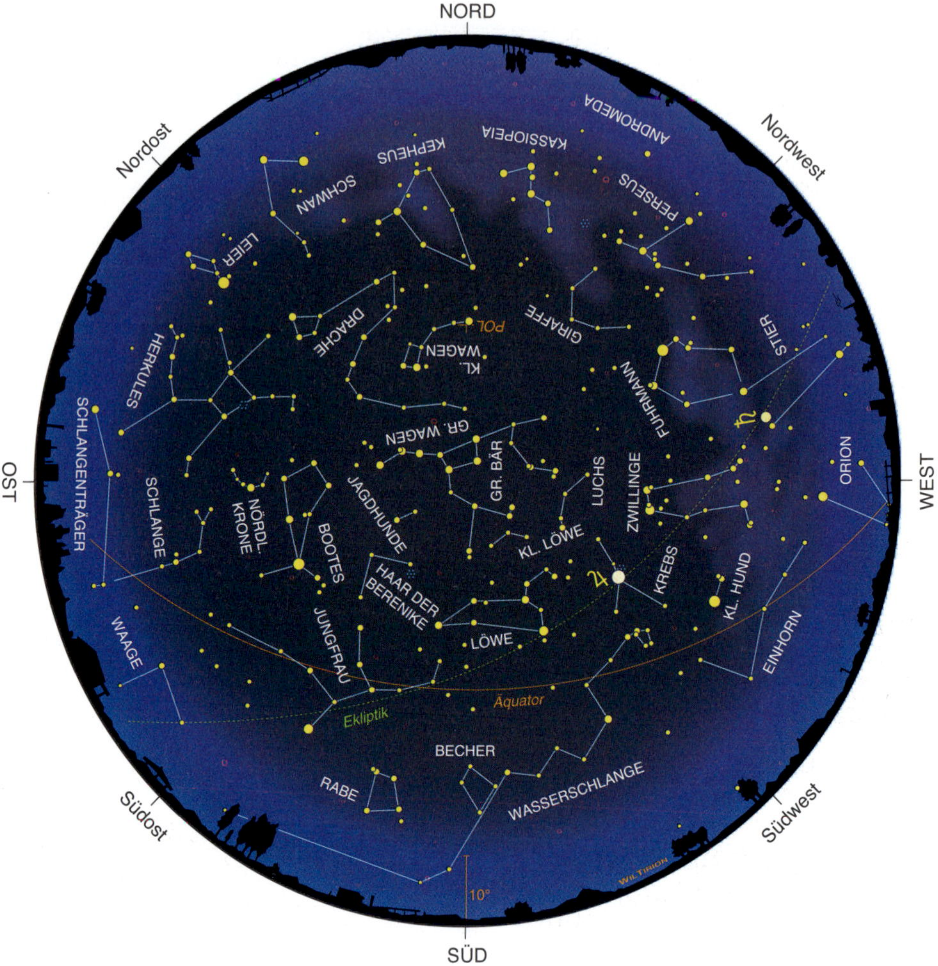

Sternenhimmel am 15. April um 22^h MEZ (23^h MESZ)

Fixsternhimmel auch gültig für:

	MEZ	MESZ
15.12.	6^h	
1. 1.	5	
15. 1.	4	
1. 2.	3	
15. 2.	2	
1. 3.	1	
15. 3.	0	
1. 4.	**23**	**24^h**
15. 4.	**22**	**23**
30. 4.	**21**	**22**

Fruchtbarkeit der Jungfrau. Im Gegensatz zum rötlichen Arktur leuchtet Spica in bläulicher Farbe. Spica ist auch mit ziemlich genau 1^m um eine ganze Größenklasse lichtschwächer. Dies betrifft allerdings nur ihre scheinbare Helligkeit. Im Gegensatz zu Arktur, der nur 37 Lichtjahre entfernt ist, braucht das Licht 260 Jahre, um von Spica zur Erde zu gelangen. Dass wir sie trotz dieser relativ großen Distanz noch als Stern erster Größe am irdischen Himmel sehen, liegt an ihrer gewaltigen Leuchtkraft: Spica strahlt so hell wie 2200 unserer Sonnen zusammengenommen. Stünde Spica in gleicher Distanz wie Arktur, so erschiene sie uns fast so hell wie die Venus! Spica ist ein sehr heißer Hauptreihenstern der Spektralklasse B1 V. Somit hat sie eine Oberflächentemperatur von rund 20 000 Kelvin. Dies entspricht bei so hohen Temperaturen in etwa auch Grad Celsius. Zum Vergleich: Unsere Sonne hat nur knapp 6000 K Oberflächentemperatur. Die drei hellen Sterne Arktur im

Bootes, Regulus im Löwen und Spica in der Jungfrau bilden ein großes Dreieck, das als Frühlingsdreieck bekannt ist, gewissermaßen als Gegenstück zum Sommerdreieck, Herbstviereck und Wintersechseck.
Südlich der Jungfrau sind das Sternenviereck des Raben (lat.: Corvus) und der Becher (lat.: Crater) auszumachen. Während der Rabe relativ leicht zu erkennen ist, so ist der lichtschwache Becher ein schwieriges Sternbild, das man nur unter sehr guten Sichtbedingungen wahrnehmen kann.
Im Nordosten ist bereits der Herkules über den Horizont gestiegen, ein recht ausgedehntes Sternbild ohne hellere, auffallende Sterne. Halbhoch im Osten, in der Nähe des Bootes, springt der Sternenhalbkreis der Nördlichen Krone leicht ins Auge. Er ist zwar nicht besonders hell, aber in seiner Anordnung recht auffällig.
Am Nordosthorizont künden Wega in der Leier und Deneb im Schwan den kommenden Sommer an. Atair im Adler, der dritte Stern des Sommerdreiecks, befindet sich allerdings noch unter dem Horizont.

Wetter und Klima

Der April bringt das sprichwörtlich launenhafte Wetter (Aprilwetter). Wirbelnde Schneestürme und peitschender Regen wechseln innerhalb von Minuten mit strahlendem Sonnenschein. Die Temperaturen steigen an, es wird merkbar wärmer. Die Monatsdurchschnittstemperatur klettert auf 8,5 °C. Die mittlere Monatshöchsttemperatur erreicht schon 25 °C. Mit fünf Frosttagen ist dennoch zu rechnen. In Einzelfällen treten nach Aufklaren Nachtfröste von unter -10 °C auf. Stabile Wettersituationen (Hochdrucklagen) sind im April selten. Häufig bilden sich Tiefdruckrinnen mit Nord-Südrichtung aus. Das Wetter gestaltet sich windig und wechselhaft, oft treten Stürme auf.
Der April bringt an rund 15 Tagen mehr Niederschläge (Regenmenge) als der März, die oft als schauerartiger Regen niedergehen. An zwei bis fünf Tagen fällt noch Schnee.
Die mittlere Monatssonnenscheindauer steigt auf 170 Stunden an. 55 % der Nächte sind bewölkt. Nebel tritt nur sehr selten auf.

Klimadaten

Nachstehende Tabelle gibt die mittlere Bewölkungswahrscheinlichkeit (BW) und die mittlere Zahl der Tage mit mehr als einem Millimeter Niederschlag (NS) im Monat **April** an.

Ort	BW	NS	Ort	BW	NS	Ort	BW	NS
Schleswig	55%	10	Brüssel	61%	11	Säntis (2496 m)	61%	15
Helgoland	57	09	Frankfurt/Main	63	09	Zugspitze (2962 m)	60	16
Hamburg	56	10	Prag	57	07	Sonnblick (3107 m)	76	16
Hannover	56	10	Nürnberg	54	09	Innsbruck	59	09
Berlin	54	09	Stuttgart	56	09	Graz	56	08
Brocken (1152 m)	66	15	München	58	10	Klagenfurt	54	09
Essen	58	11	Salzburg	61	14	Bozen	58	07
Leipzig	57	09	Wien	55	08	Genf	50	08
Dresden	61	10	Zürich	58	11	Lugano	54	10

Monatsthema

Merkur vor der Sonnenscheibe

Ist Merkur vielleicht ein durchsichtiger Planet? Dies vermutete zumindest der arabische Astronom Abu Ishaq Al-Bitruji Al-Ishbili, besser als Alpetragius bekannt (nicht zu verwechseln mit Albategnius!) Im 12. Jahrhundert meinte Alpetragius, Merkur müsse wohl transparent sein, denn nie habe er den sonnennächsten Planeten vor der Sonnenscheibe als dunklen Punkt erspäht. Was Alpetragius nicht wissen konnte: Abgesehen davon, dass Merkur nur sehr selten vor die Sonne tritt, so ist sein scheinbarer Durchmesser günstigstenfalls 14″ groß. Und

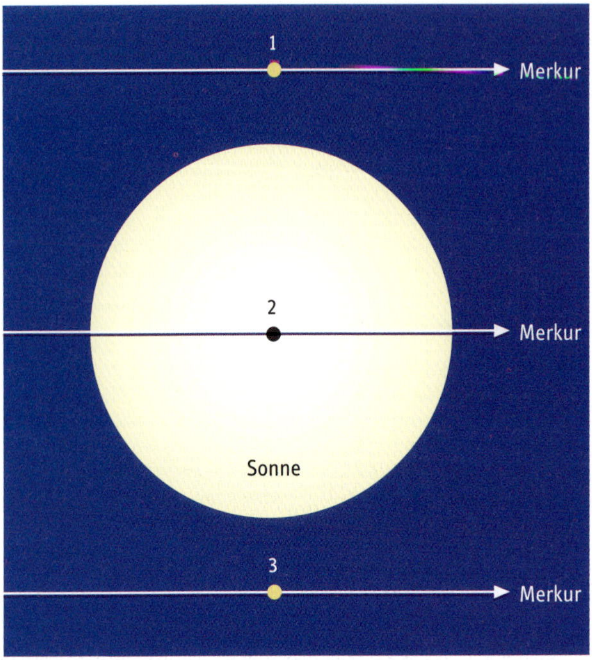

4.8 Nur wenn Merkur in oder nahe einem seiner beiden Bahnknoten steht, erscheint er in unterer Konjunktion vor der Sonnenscheibe als dunkler Punkt (2). Meist läuft er jedoch in unterer Konjunktion nördlich (1) oder südlich (3) an der Sonne vorbei.

ein so winziges, schwarzes Pünktchen ist auf der Sonnenscheibe mit bloßen Augen beim besten Willen nicht zu erkennen.
Merkur und Venus gehören zu den so genannten inneren Planeten. Als man noch die Erde im Mittelpunkt des Weltalls wähnte, sprach man auch von „unteren" Planeten. Die Bahnen dieser Planeten verlaufen innerhalb der Erdbahn. Jedes Mal, wenn Merkur oder Venus die Erde auf der Innenbahn überholen, stehen sie von uns aus gesehen in Richtung Sonne. Da sie sich dann zwischen Sonne und Erde befinden, sprach man von „unteren" Planeten. Aus geozentrischer Sicht sind die Planeten Merkur und Venus dann unterhalb der Sonne. Noch heute nennt man eine solche Konstellation „untere Konjunktion".
Merkur kommt alle 116 Tage, Venus alle 584 Tage in untere Konjunktion. Die Zeitspanne von einer unteren Konjunktion bis zur darauffolgenden heißt synodische Umlaufperiode. In unterer Konjunktion stehen Merkur und Venus somit zwischen Sonne und Erde. Man sollte meinen, dass alle vier Monate Merkur und jedes Mal nach einem Jahr und gut sieben Monaten Venus als dunkler Punkt vor der Sonnenscheibe zu sehen sind. Doch solche Merkur- und Venusdurchgänge oder Transite, wie die Astronomen zu sagen pflegen, gehören zu den ausgesprochen seltenen astronomischen Ereignissen. Sie treten viel seltener ein als Sonnen- und Mondfinsternisse. In jedem Jahrhundert kommt es nur zu dreizehn oder vierzehn Merkurdurchgängen. Noch seltener sind Venustransite. Im 20. Jahrhundert fand überhaupt keiner statt. Die beiden letzten Venusdurchgänge erfolgten 1874 und 1882, die nächsten sind am

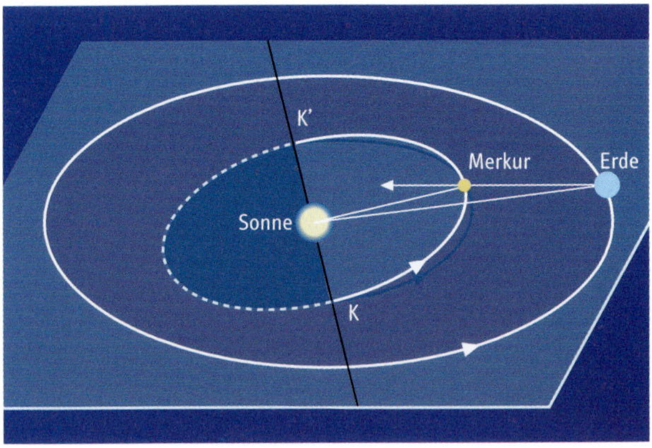

4.9 Da die Merkurbahn um rund 7° zur Erdbahnebene (Ekliptik) geneigt ist, geht Merkur in unterer Konjunktion meist nördlich oder südlich an der Sonne vorbei. Nur wenn er sich gleichzeitig im auf- (K) oder absteigenden (K') Knoten befindet, zieht er als dunkler Punkt vor der Sonne vorbei.

8. Juni 2004 und am 5. Juni 2012 zu erwarten (siehe auch Monatsthema Juni „Venus vor der Sonnenscheibe“ auf Seite 123 im *Himmelsjahr 2002*). Transite der beiden inneren Planeten sind deshalb so selten, weil Merkur und Venus in unterer Konjunktion meistens nördlich oder südlich der Sonnenscheibe vorbeilaufen und nicht vor die Sonne treten (siehe Abb. 4.8). Dies liegt daran, dass sowohl die Merkur- als auch die Venusbahn zur Erdbahnebene geneigt sind (siehe Abb. 4.9). Die Venusbahn ist um 3,°4, die Merkurbahn ist sogar um 7° aus der Ekliptik gekippt. Um vor die Sonne treten zu können, muss neben der Konstellation „untere Konjunktion“ noch eine zweite Bedingung erfüllt sein: Der innere Planet muss in der Erdbahnebene stehen. Nur wenn Merkur oder Venus in unterer Konjunktion gleichzeitig oder knapp davor beziehungsweise danach einen Knoten (Schnittpunkte ihrer Bahn mit der Ekliptik) passieren, so erscheinen sie als winzige, schwarze Scheibchen vor der gleißenden Sonnenscheibe. Ähnliches gilt für Sonnenfinsternisse: Nur wenn sich der Neumond in oder nahe einem seiner beiden Bahnknoten aufhält, bedeckt er die Sonne ganz oder teilweise. Phänomenologisch gesehen zählen daher Merkur- und Venustransite zu den Finsternissen. Natürlich bemerkt man bei solchen Durchgängen keinen Helligkeitsabfall, denn Merkur bedeckt nur 0,004 Prozent und Venus nur 0,09 Prozent der Sonnenscheibe.

Noch ein Unterschied zwischen einem Planetentransit und einer Sonnenfinsternis ist zu beachten: Während der Mond zuerst den westlichen Rand der Sonnenscheibe bedeckt und sich in östlicher Richtung über die Sonne schiebt (von der Nordhalbkugel der Erde aus gesehen also von rechts nach links wandert), so erfolgt der Eintritt des Planetenscheibchens immer am östlichen („linken“) Sonnenrand. Denn Merkur wie Venus bewegen sich in unterer Konjunktion *rückläufig*, während der Mond stets rechtläufig durch den Tierkreis wandert.

In unserer Zeit finden Merkurdurchgänge entweder zwischen dem 6. und 11. Mai oder zwischen dem 6. und 15. November statt. Am 8./9. Mai befindet sich der absteigende und am 10./11. November der aufsteigende Knoten der Merkurbahn von der Erde aus gesehen vor der Sonnenscheibe. Kommt Merkur in den genannten Zeiträumen in untere Konjunktion, dann wandert er vor der Sonnenscheibe vorbei. Fallen untere Konjunktion und Knotenpassage exakt zusammen, so ereignet sich ein *zentraler Transit*: Das Merkurscheibchen passiert den Mittel-

4.10 Merkur vor der Sonnenscheibe. Aufnahme des Merkurtransits vom 7. November 1960.

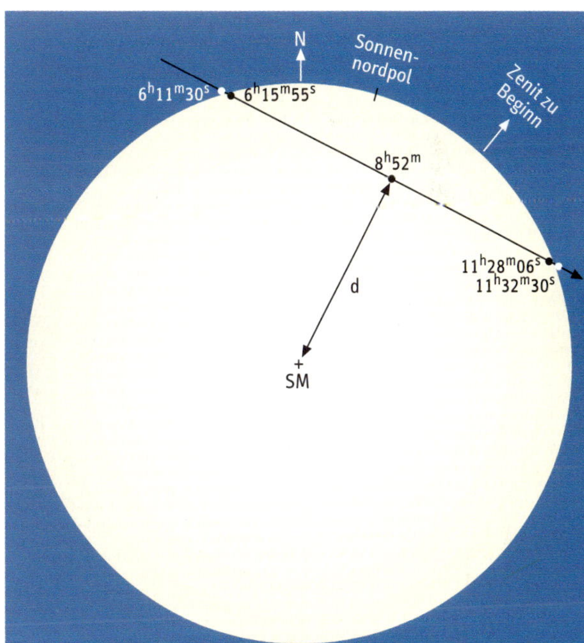

4.11 Verlauf des Merkurtransits vom 7. Mai 2003 (Zeiten in MEZ).

punkt der Sonnenscheibe. Je mehr der Zeitpunkt der unteren Konjunktion von der Zeit des Knotendurchgangs abweicht, umso kleiner fällt die Sehne aus, die Merkur auf der Sonnenscheibe beschreibt. Außerhalb der erwähnten engen Zeitspanne läuft Merkur in unterer Konjunktion nördlich oder südlich an der Sonne vorbei.

Wegen der säkularen Änderung der Lage der Merkurbahnknoten und der Wanderung des Frühlingspunktes infolge der Erdpräzession verschieben sich die Zeiträume der möglichen Merkurtransite. Um das Jahr 3000 werden die Merkurdurchgänge in der Zeit vom 19. bis 23. Mai beziehungsweise vom 19. bis 27. November erfolgen.

Bei der Kalkulation der Transite und ihrer Parameter spielt die große Exzentrizität der Merkurbahn eine Rolle. Der absteigende Knoten hat eine ekliptikale Länge von 228°, das Merkuraphel liegt bei 257° ekl. Länge. Der aufsteigende Knoten befindet sich mit 48° Länge näher dem Merkurbahnperihel (77°).

Gemäß dem 2. Keplerschen Gesetz läuft Merkur im November schneller als im Mai, wenn er in untere Konjunktion kommt. Daher dauert ein zentraler Transit im Mai 7,9 Stunden, im November aber nur 5,5. Da Merkur bei Novemberdurchgängen der Sonne näher ist, so sind Novembertransite häufiger als die im Mai. Von 1600 bis 2300 ereignen sich 94 Merkurdurchgänge, davon 63 im November und nur 31 im Mai. Da uns Merkur bei den Maitransiten näher ist als im November, so hat das Merkurscheibchen einen scheinbaren Durchmesser von 12,″2 bis zu 12,″3. Im November hingegen erreicht es nur 10,″2.

Vier Kontaktzeiten sind bei Merkurtransiten anzugeben sowie die Zeit der maximalen Phase (t_m). Sie gibt den Zeitpunkt der geringsten Distanz (d) des Merkurscheibchens vom Sonnenscheibenmittelpunkt an. Die Distanz d (geozentrische Minimumsdistanz) wird in Bogenminuten und Bogensekunden angegeben. Ein positiver Wert bedeutet, Merkur zieht *nördlich*, ein negativer Wert, er zieht *südlich* vom Sonnenscheibenzentrum vorbei.

Der erste Kontakt (t_1) erfolgt, wenn das Merkurscheibchen den Sonnenrand erstmals von außen berührt. Beim zweiten Kontakt (t_2) liegt das Merkurscheibchen bereits vollständig innerhalb des Sonnenrandes und löst sich gerade ab. Erreicht Merkur den gegenüberliegenden Sonnenrand und berührt ihn von innen, so ist der dritte Kontakt (t_3) hergestellt. Die letzte Berührung von außen, das endgültige Ablösen des Merkurscheibchens vom Sonnenrand, wird als vierter Kontakt (t_4) registriert.

Ferner werden noch die Positionswinkel (P_1 bis P_4) der Kontakte notiert. Der Positionswinkel wird dabei vom Nordpunkt (= 0°) der Sonnenscheibe über Ost (= 90°), Süd (= 180°) und West (= 270°) gezählt.

Das Himmelsschauspiel

Am Mittwoch, den 7. Mai 2003, ist es in den Morgenstunden wieder einmal so weit: Merkur wandert vor der Sonnenscheibe vorbei. Diesmal ist der gesamte Verlauf des Himmelsschauspiels von Mitteleuropa aus beobachtbar. Die Merkurdurchgänge vom 15. November 1999 und vom 6. November 1993 entgingen uns leider. Auch der vom 13. November 1986 war nur in der Endphase bei uns sichtbar. Der letzte voll bei uns verfolgbare Merkurdurchgang fand in den Vormittags- und Mittagsstunden des 10. November 1973 statt.

Am 7. Mai 2003 erfolgt der Sonnenaufgang um 4^h47^m (= 5^h47^m Sommerzeit). Geozentrisch gesehen dauert der Merkurtransit von 6^h13^m (= 7^h13^m Sommerzeit) bis 11^h32^m (= 12^h32^m Sommerzeit). Der Höhepunkt (größte Phase) wird dabei um 8^h52^m (= 9^h52^m Sommerzeit) erreicht. Der kleinste Abstand Merkurs vom Sonnenscheibenmittelpunkt beträgt dabei immerhin noch 11′48″. Das heißt, Merkur schneidet nur eine relativ kleine Sehne aus der Sonnenscheibe (siehe Abb. 4.11). Im Jahre 1999 war der Merkurpfad über die Sonne extrem kurz – es fand fast ein streifender Transit statt. Da die Erde kein ausdehnungsloser Punkt und Merkur nicht unendlich weit entfernt ist, so differieren die Kontaktzeiten für Beobachter auf der Erdoberfläche gegenüber den geozentrischen Werten um etliche Sekunden bis zu ein bis zwei Minuten. Die topozentrischen Kontaktzeiten für einige Orte in Europa sind in der Tabelle „Merkurtransit" verzeichnet. Auch der für Deutschland zentrale Referenzort 10° östlicher Länge und 50° nördlicher Breite ist berücksichtigt.

Da das Merkurscheibchen zum Transit nur 12,″0 groß ist, das ist in etwa der 150. Teil des Sonnendurchmessers, kann man Merkur während des Durchgangs mit bloßen Augen *nicht* sehen. Um das winzige Merkurscheibchen als dunklen Punkt vor der Sonne zu erkennen, empfiehlt sich die Verwendung eines kleinen Teleskops mit stabiler Montierung und mindestens fünfzigfacher Vergrößerung. An dieser Stelle sei einmal mehr **dringend** davor **gewarnt, ohne** geeignete **Schutzmaßnahmen** mit einem Fernrohr oder Fernglas direkt in die Sonne zu

4.12 Stellung der Erde relativ zu Merkur und Sonne bei geozentrischem Beginn und Ende des Merkurtransits vom 7. Mai 2003.

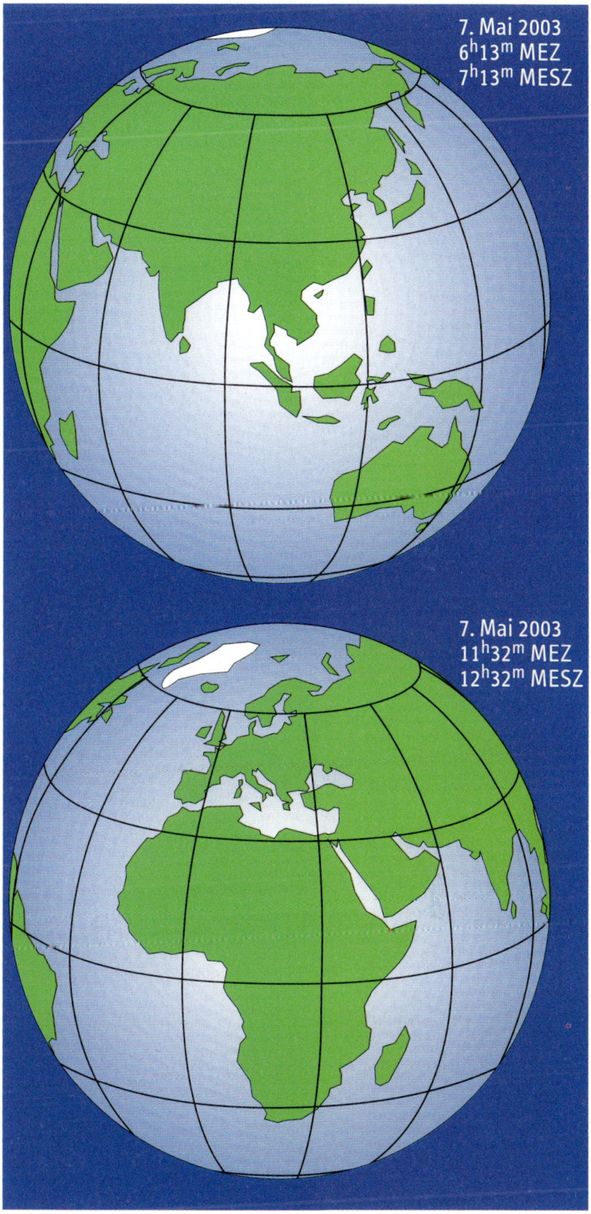

sehen. Am sichersten ist die Projektionsmethode (siehe auch Monatsthema Mai auf Seite 117). Wer den Merkurtransit fotografieren will, sollte Folgendes bedenken: Bei einer Objektivbrennweite von einem Meter wird das Merkurscheibchen nur 0,06 Millimeter groß, bei fünf Metern Brennweite ist es immer noch nur ein Drittel Millimeter groß!

Sollte der Merkurtransit wegen schlechter Witterung am 7. Mai verpasst werden, so muss man auf die nächste Chance bis zum 9. Mai 2016 warten. Denn der Merkurdurchgang vom 8./9. November 2006 findet nachts statt, wenn bei uns die Sonne schon untergegangen ist. Er ist von der westlichen Hemisphäre aus beobachtbar.

Da Merkurdurchgänge ohne optische Hilfsmittel unbeobachtbar sind, so gibt es auch keine Berichte von Sichtungen aus dem Altertum und Mittelalter. Das Fernrohr wurde 1609 erfunden. Die Merkurtransite von 1615, 1618 und 1628 wurden offensichtlich nicht beobachtet. Zumindest gibt es keine entsprechenden Aufzeichnungen. Erst der Merkurtransit vom 7. November 1631 wurde von Pierre Gassendi (1592–1656) von Paris aus beobachtet. Dies war die erste dokumentierte Beobachtung eines Merkurdurchgangs. Vorausberechnet hatte ihn Johannes Kepler, der ihn selbst nicht beobachten konnte, denn er starb bereits 1630. Ratsherr und Amateurastronom Johannes Hevelius, der in Danzig eine beachtliche Privatsternwarte besaß, verfolgte den Merkurtransit vom 3. Mai 1661, den auch Christian Huygens während seines Aufenthalts in London beobachtete. Der Merkurdurchgang vom 12. November 1677 wieder wurde von Edmund Halley während seines Besuches auf St. Helena beobachtet. Halley machte schon damals den Vorschlag, aus Transiten die Sonnenparallaxe abzuleiten. Merkurtransite sind dabei aber wesentlich weniger

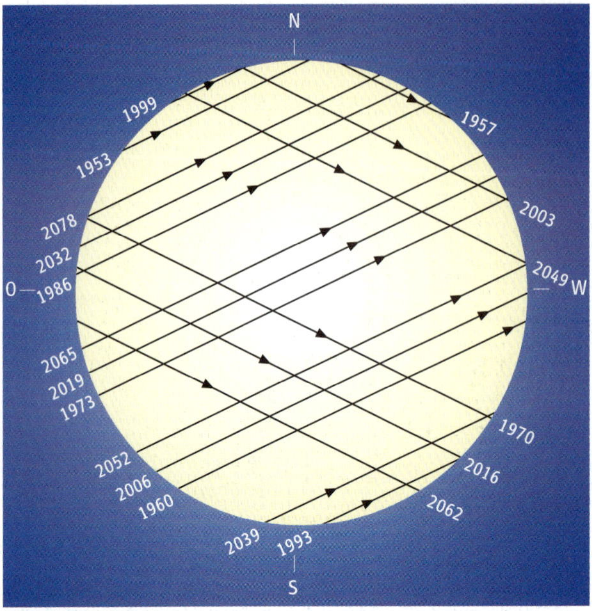

4.13 Die Wanderwege von Merkur über die Sonnenscheibe für die Transite von 1953 bis 2078.

geeignet als Venustransite, denn Merkur ist erheblich weiter entfernt als die Venus, so dass die Merkurparallaxe viel kleiner ausfällt als die der Venus. Auch hat man öfters versucht, bei Merkurtransiten einen Mond des sonnennahen Planeten zu finden. Alle diesbezüglichen Beobachtungen schlugen allerdings fehl. Ein Merkurmond wurde nicht entdeckt.

Der Nürnberger Astronom Johann Ph. Wurzelbauer (1651–1725) berichtete, während des Merkurdurchgangs vom 3. November 1697 einen hellen Lichtpunkt auf dem dunklen Merkurscheibchen beobachtet zu haben. Wurzelbauer war der Meinung, einen Vulkanausbruch auf Merkur gesehen zu haben. Andere Beobachter haben ähnliche Phänomene beschrieben. Man darf davon ausgehen, dass es sich dabei durchweg um optische Täuschungen gehandelt hat.

Merkurtransit vom 7. Mai 2003

Ort	Nördl. Breite	Östl. Länge	t_1	P_1	t_2	t_m	t_3	t_4	P_4
Geozentrisch	–	–	$7^h12^m52^s$	$15\overset{\circ}{,}3$	$7^h17^m20^s$	9^h52^m	$12^h27^m16^s$	$12^h31^m44^s$	$290\overset{\circ}{,}8$
Deutschland	+50°00′	+10°00′	7 11 30	15,9	7 15 55	9 52	12 28 06	12 32 30	290,5
Athen	+38 00	+23 44	7 12 05	15,8	7 16 30	9 52	12 27 33	12 31 57	290,6
Berlin	+52 29	+13 29	7 11 27	15,9	7 15 52	9 52	12 28 02	12 32 26	290,5
Hamburg	+53 29	+10 15	7 11 23	15,9	7 15 48	9 52	12 28 07	12 32 32	290,5
Helsinki	+60 10	+24 57	7 11 15	15,9	7 15 40	9 52	12 27 51	12 32 15	290,4
London	+51 37	– 0 14	7 11 22	15,9	7 15 47	9 52	12 28 23	12 32 47	290,4
Paris	+48 50	+ 2 20	7 11 29	15,9	7 15 54	9 52	12 28 18	12 32 43	290,5
Rom	+41 53	+12 30	7 11 50	15,8	7 16 15	9 52	12 27 58	12 32 22	290,6
Stuttgart	+48 47	+ 9 12	7 11 33	15,9	7 15 58	9 52	12 28 08	12 32 32	290,5

Alle Zeiten MESZ (= Sommerzeit)

Ein Verzeichnis aller Merkurdurchgänge von 1970 bis 2050 findet sich in dem Buch ASTROWISSEN auf Seite 92.

Mai 2003

Am 7. Mai zieht Merkur als winziger, dunkler Punkt vor der Sonnenscheibe vorbei. Das seltene Ereignis eines Merkurtransits trifft ein und ist von ganz Mitteleuropa aus beobachtbar. Die ringförmige Sonnenfinsternis vom 31. kann von Mitteleuropa als partielle Finsternis gesehen werden.

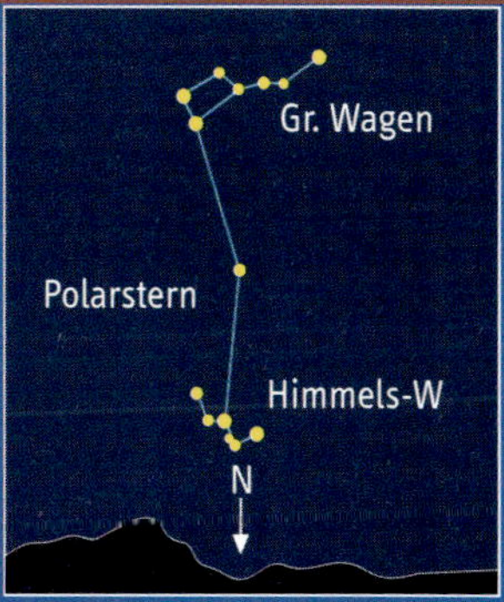

Großer Wagen und Himmels-W Anfang Mai um 22h

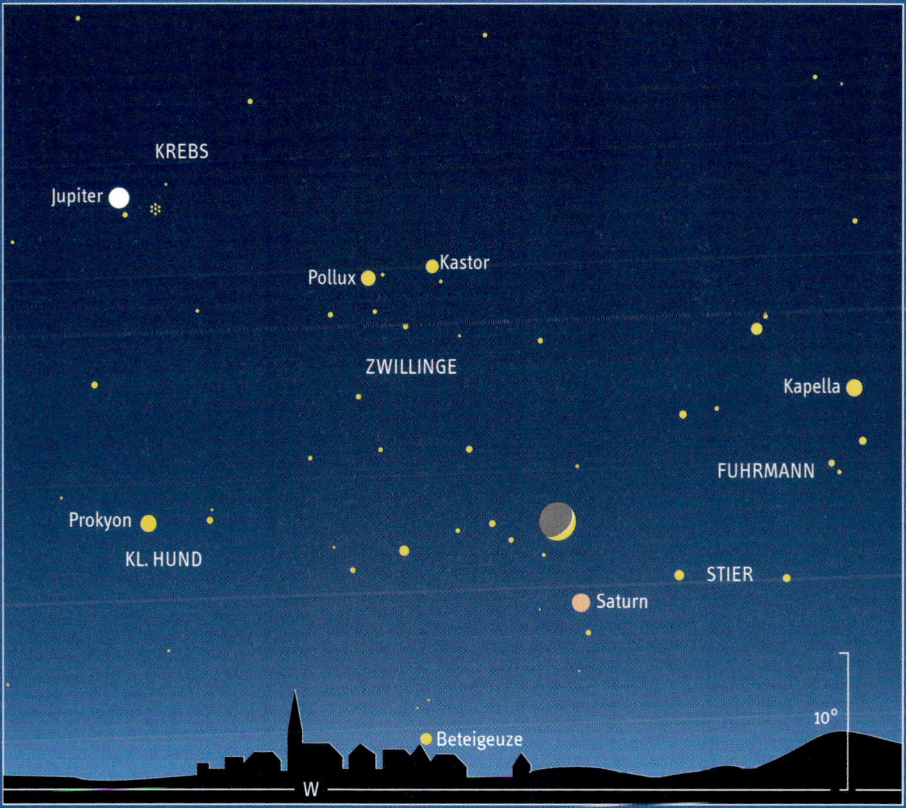

5.1 Anblick des Abendhimmels am 5. Mai gegen 21h30m MEZ (= 22h30m MESZ): Tief am Westhorizont hält sich Saturn auf. Knapp oberhalb steht die schmale Sichel des zunehmenden Mondes. Auffallend strahlt Jupiter im Krebs.

Sonnenlauf

14.5. 18ʰ
Sonne tritt in das Sternbild Stier
21.5. 12ʰ
Sonne tritt in das Tierkreiszeichen Zwillinge

Julianisches Datum am
1. Mai, 1ʰ MEZ: 2 452 760,5

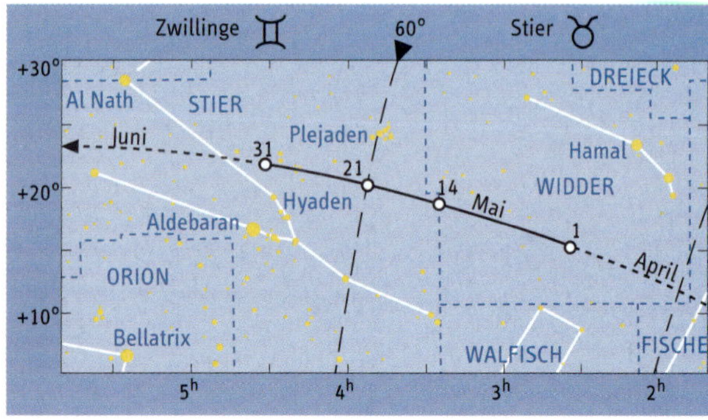

Tag	Dämmerg. Anfang	Aufgang MEZ	Kulmination	Untergang MEZ	Dämmerg. Ende	Mittagshöhe	Zeitgleichg.	Rektaszension	Deklination
	h m	h m	h m	h m	h m	°	m	h m	°
1.	3 34	4 57	12 17	19 38	21 01	55,0	+3	2 31	+14,9
5.	3 25	4 50	12 17	19 44	21 10	56,2	+3	2 46	+16,1
10.	3 14	4 42	12 16	19 51	21 20	57,6	+4	3 06	+17,4
15.	3 03	4 35	12 16	19 59	21 31	58,8	+4	3 25	+18,7
20.	2 53	4 28	12 16	20 06	21 41	59,9	+4	3 45	+19,8
25.	2 44	4 23	12 17	20 12	21 51	60,9	+3	4 05	+20,8
31.	2 35	4 17	12 18	20 19	22 02	61,9	+2	4 30	+21,8

Tages- und Nachtstunden

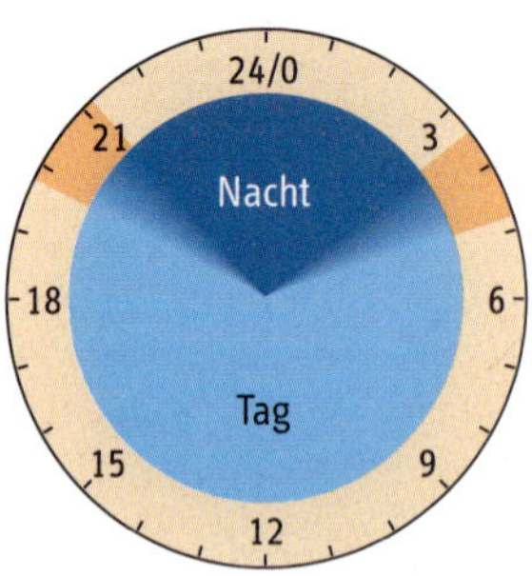

5. Mai

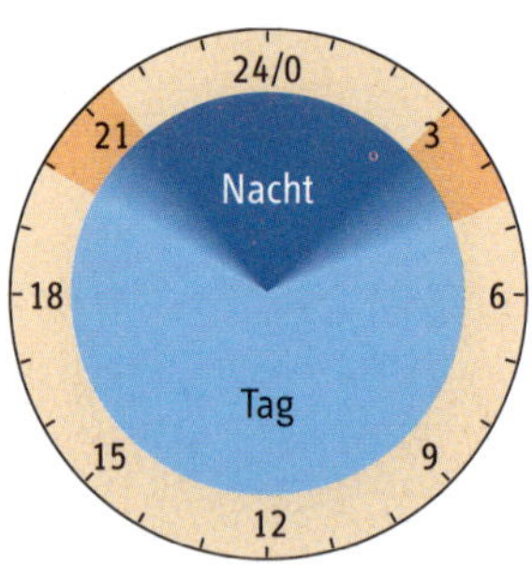

15. Mai

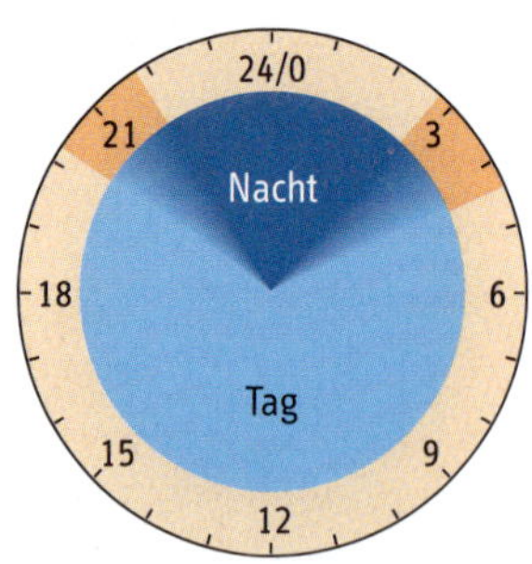

25. Mai

Mondlauf

Datum		Aufg. MEZ	Kulmination	Unterg. MEZ	Rektaszension	Deklination	Sterne und Sternbilder	Phase	MEZ
		h m	h m	h m	h m	°			
Do	1.	5 08	12 18	19 42	2 13	+11,0	Widder	**Neumond**	**13^h15^m**
								Erdferne 407/29,′4	9^h
Fr	2.	5 26	13 01	20 51	2 57	+15,6	Widder		
Sa	3.	5 47	13 46	22 00	3 44	+19,7	Stier, Plejaden	Aufsteigender Knoten	
So	4.	6 13	14 34	23 06	4 33	+22,9	Stier, Hyaden		
Mo	5.	6 48	15 25	–	5 25	+25,2	Stier, Al Nath		
Di	6.	7 34	16 17	0 07	6 19	+26,4	Zwillinge		
Mi	7.	8 31	17 11	0 59	7 13	+26,3	Kastor, Pollux		
Do	8.	9 39	18 03	1 41	8 09	+24,8	Pollux		
Fr	9.	10 53	18 55	2 14	9 03	+22,1	Krebs, Krippe	**Erstes Viertel**	**12^h53^m**
								Libration Ost	
Sa	10.	12 12	19 46	2 40	9 57	+18,1	Löwe, Regulus	Größte Nordbreite	
So	11.	13 33	20 36	3 01	10 50	+13,1	Löwe		
Mo	12.	14 56	21 25	3 20	11 42	+ 7,3	Jungfrau		
Di	13.	16 21	22 16	3 38	12 34	+ 0,9	Jungfrau		
Mi	14.	17 49	23 10	3 56	13 27	– 5,7	Spica		
Do	15.	19 19	–	4 16	14 23	–12,1	Waage	Erdnähe 357/33,′4	17^h
Fr	16.	20 50	0 06	4 41	15 21	–17,8	Waage	**Vollmond**	**4^h36^m**
								Absteigender Knoten	
Sa	17.	22 16	1 06	5 14	16 23	–22,3	Antares		
So	18.	23 30	2 09	5 57	17 27	–25,3	Schlangenträger		
Mo	19.	–	3 13	6 55	18 32	–26,5	Schütze, Nunki		
Di	20.	0 28	4 14	8 04	19 35	–25,9	Schütze		
Mi	21.	1 09	5 11	9 20	20 35	–23,7	Steinbock	Libration West	
Do	22.	1 39	6 03	10 37	21 30	–20,3	Steinbock	Größte Südbreite	
Fr	23.	2 01	6 51	11 51	22 21	–16,0	Wassermann	**Letztes Viertel**	**1^h31^m**
Sa	24.	2 19	7 35	13 02	23 08	–11,1	Wassermann		
So	25.	2 34	8 16	14 11	23 53	– 6,0	Wassermann		
Mo	26.	2 48	8 56	15 18	0 36	– 0,7	Walfisch		
Di	27.	3 02	9 36	16 25	1 18	+ 4,6	Fische		
Mi	28.	3 16	10 17	17 32	2 01	+ 9,7	Fische	Erdferne 406/29,′4	14^h
Do	29.	3 32	10 59	18 41	2 46	+14,5	Widder		
Fr	30.	3 52	11 43	19 50	3 32	+18,7	Stier, Plejaden	Aufsteigender Knoten	
Sa	31.	4 17	12 31	20 58	4 21	+22,2	Stier, Hyaden	**Neumond**	**5^h20^m**

Planetenlauf

Merkur wandert rückläufig auf die Sonne zu, die ihm im Tierkreis entgegenkommt. Bereits am 7. trifft der flinke Planet mit der Sonne zusammen – er kommt in untere Konjunktion. Das Zusammentreffen ist diesmal wörtlich zu nehmen. Meist wandert Merkur in unterer Konjunktion nördlich oder südlich an der Sonnenscheibe vorbei. Doch diesmal zieht er vor der Sonnenscheibe vorbei, es kommt zum seltenen Ereignis eines Merkurdurchganges, auch als Merkurtransit bezeichnet. Da der Transit von 6^h13^m (= 7^h13^m Sommerzeit) bis 11^h32^m stattfindet, zu einer Zeit also, bei der die Sonne sich bei uns über dem Horizont befindet, ist der **Merkurdurchgang** vom **7. Mai 2003** in seiner vollen Länge **von Mitteleuropa aus beobachtbar.** Allerdings kann man ihn ohne optische Hilfsmittel nicht beobachten. **Vor unvorsichtigen Sonnenbeobachtungen** sei an dieser Stelle nochmals **dringend gewarnt.** Nähere Einzelheiten finden sich auf Seite 32 im Kapitel „Finsternisse“ sowie auf Seite 101 im Monatsthema „Merkur vor der Sonnenscheibe“.

Am Tag der unteren Konjunktion ist Merkur 84 Millionen Kilometer (= 0,561 AE) von der Erde und 67 Millionen Kilometer (= 0,448 AE) von der Sonne entfernt.

Am 19. wird Merkur stationär und eilt anschließend wieder rechtläufig durch die Sternbilderszenerie. Obwohl sein westlicher Winkelabstand von der Sonne bis Monatsende auf stattliche 24° anwächst, reicht es diesmal nicht für eine Morgensichtbarkeit.

Fazit: Merkur bleibt im Mai am Nachthimmel unbeobachtbar – lediglich während seines Transits am 7. kann er als dunkler Punkt vor der Sonnenscheibe mit einem Teleskop gesehen werden. Auch die Begegnung mit Venus am 28. kann nicht verfolgt werden.

Venus kann noch am Morgenhimmel im Osten gesehen werden, ein auffallendes Objekt ist sie aber keinesfalls mehr. Sie wandert durch den aufsteigenden Teil des Tierkreises. Am 17. verlässt sie das Sternbild Fische und wechselt in den Widder.

Am 1. geht die $-3^m,9$ helle Venus um 4^h12^m auf, am 31. bereits um 3^h27^m (= 4^h27^m Sommerzeit). Das nur noch 11″ große Venusscheibchen erscheint fast voll beleuchtet. Der Beleuchtungsgrad nimmt im Laufe des Monats von 87 % auf 93 % zu.

Die Begegnung mit Merkur am 28. bleibt unbeobachtbar.

Mars kann in der zweiten Nachthälfte gesehen werden. Der rote Planet wandert rechtläufig durch den Steinbock und passiert am 13. rund 2° südlich den um mehr als acht Größenklassen lichtschwächeren Neptun. Zur Monatsmitte zieht er außerdem südlich an ϑ Capricorni vorbei. An ihm kann man mit einem Fernglas die tägliche Wanderung des Mars durch den Tierkreis verfolgen (siehe auch Abb. 8.4 auf Seite 159).

Die Marshelligkeit nimmt kräftig um fast eine dreiviertel Größenklasse zu und erreicht $-0^m,7$. Damit wird Mars zum dominierenden Gestirn der Nacht.

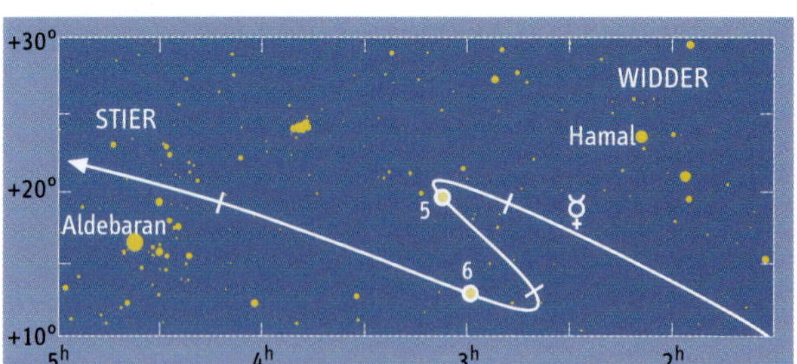

5.2 Merkurschleife im Gebiet der Sternbilder Widder und Stier.

Mars geht am 1. um 1^h59^m auf, am Monatsletzten überschreitet er bereits eine Stunde früher, nämlich um 0^h49^m (= 1^h49^m Sommerzeit) die Horizontlinie. Der abnehmende Mond zieht am 21. etwa 3° südlich am roten Planeten vorbei.
Im Fernrohr zeigt Mars eine Phase – zur Monatsmitte sind 86 % des Marsscheibchens beleuchtet, das auf knapp über 12″ scheinbaren Durchmesser anwächst.
In den Abendstunden des 5. beginnt auf der Marsnordhalbkugel der Herbst, auf der südlichen Hemisphäre hält der Frühling seinen Einzug.
Jupiter, wieder rechtläufig im Krebs, beschleunigt zunehmend seine Bewegung und entfernt sich von der Krippe (M44), dem im Fernglas so beeindruckenden offenen Sternhaufen (siehe Abb. 2.4 auf Seite 59). Aus der zweiten Nachthälfte zieht sich der Riesenplanet zurück. Seine Untergänge erfolgen am 1. um 2^h13^m (= 3^h13^m Sommerzeit), am 15. um 1^h21^m und am 31. bereits um 0^h23^m. In der ersten Nachthälfte beherrscht Jupiter eindeutig die Himmelsszene, obwohl seine Helligkeit weiter leicht auf $-1^m\!,9$ zurückgeht.
Am 8. zieht der zunehmende Halbmond am Riesenplaneten etwa 4° nördlich vorbei.
Saturn verkürzt drastisch seine Sichtbarkeitszeiten, da einerseits seine Untergänge immer früher erfolgen, andererseits die Dunkelheit immer später einsetzt. Im letzten Monatsdrittel zieht sich der Ringplanet ganz vom Abendhimmel zurück und wird unsichtbar.
Saturn wandert rechtläufig durch den Stier und überschreitet am 15. die Grenze zum Sternbild Orion.
Am 1. geht der $0^m\!,1$ helle Ringplanet um 23^h28^m unter, am 15. um 22^h40^m und am 25. schon um 22^h06^m (= 23^h06^m Sommerzeit). Nach dem 25. wird man Saturn kaum mehr tief am Nordwesthimmel finden. Um 21^h46^m geht der $0^m\!,1$ helle Saturn schließlich am 31. unter.
Am 5. erhält der Ringplanet Besuch von der zunehmenden Mondsichel (siehe Abb. 5.1 auf Seite 107).
Uranus, der sich langsam rechtläufig im Wassermann bewegt, kann unter guten Sichtbedingungen ab der Monatsmitte tief am Südosthimmel aufgefunden werden. Am 15. geht der mit $5^m\!,8$ nicht gerade helle Planet um 2^h01^m (= 3^h01^m Sommerzeit) auf. Bis Monatsende verfrüht sich die Uranusaufgangszeit auf 0^h59^m (siehe auch Abb. 8.4 und Abb. 8.5 auf Seite 159).
Neptun stoppt seine ohnehin sehr gemächliche Wanderung durch den Steinbock zur Monatsmitte ganz ab. Am 16. wird der lichtschwache Planet stationär und bewegt sich anschließend rückläufig durch den Tierkreis. Allerdings scheint er bis Anfang Juli kaum vom Fleck zu kommen (siehe Abb. 8.6 auf Seite 159).
Gegen Monatsende kann der versierte Beobachter mit Aussicht auf Erfolg versuchen, den nur $7^m\!,9$ hellen Planeten mit lichtstarker Optik zu erspähen. Am 15. geht Neptun um 1^h14^m (= 2^h14^m Sommerzeit) auf, am 31. hingegen schon um 0^h11^m. Erst etwa zwei Stunden nach seinem Aufgang steht er hoch genug, um ihn aufzufinden.

Konstellationen und Ereignisse

Datum	MEZ	Ereignis
2.	5^h	Mond bei Merkur, Mond $2^\circ\!,7$ südlich
5.	10	**Mond bei Saturn,** Mond $3^\circ\!,3$ nördlich, **Abstand $5^\circ\!,6$ um 20^h**
7.	8	Merkur in unterer Konjunktion mit der Sonne
7.	9	**Merkurtransit – von Mitteleuropa aus beobachtbar** – siehe Seite 32
8.	19	**Mond bei Jupiter,** Mond $4^\circ\!,3$ nördlich, **Abstand $3^\circ\!,5$ um 23^h**
13.	15	Mars bei Neptun, Mars $2^\circ\!,0$ südlich
16.	4	Neptun im Stillstand, anschließend rückläufig
16.	5	**Totale Mondfinsternis – von Mitteleuropa aus beobachtbar** (siehe Seite 29)
18.	9	Merkur im Aphel
19.	15	Merkur im Stillstand, anschließend rechtläufig
21.	13	Mond bei Neptun, Mond $5^\circ\!,3$ südlich
21.	21	**Mond bei Mars,** Mond $3^\circ\!,0$ südlich, **Abstand $4^\circ\!,3$ um 2^h am 22.**
23.	1	Mond bei Uranus, Mond $4^\circ\!,9$ südlich
28.	1	Merkur bei Venus, Merkur $2^\circ\!,4$ südlich
29.	3	Mond bei Merkur, Mond $2^\circ\!,5$ nördlich
29.	5	**Mond bei Venus,** Mond $0^\circ\!,1$ nördlich, **Abstand $0^\circ\!,8$ um 4^h**
31.	5	**Ringförmige Sonnenfinsternis – von Mitteleuropa aus partiell beobachtbar** (siehe Seite 30)

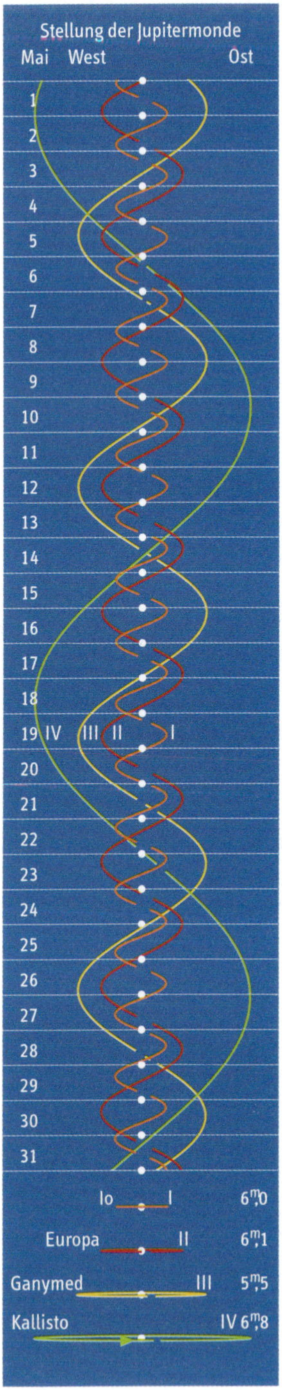

Planetoiden

Ceres – Planetoid Nr. 1 – kommt in der Nacht vom 16. auf 17. um Mitternacht in Konjunktion mit der Sonne. Der erste entdeckte Kleinplanet ist in dieser Nacht 567 Millionen Kilometer (= 3,79 AE) von der Erde und 416 Millionen Kilometer (= 2,78 AE) von der Sonne entfernt.

Juno – Planetoid Nr. 3 – kommt am 3. im Sternbild Jungfrau in **Opposition** zur Sonne. Wegen ihrer großen Distanz bleibt sie diesmal mit $10\overset{m}{,}1$ scheinbarer Helligkeit recht lichtschwach, so dass es sich nicht lohnt, nach dem dritten Kleinplaneten Ausschau zu halten. Zur Opposition ist Juno von der Erde 349 Millionen Kilometer (= 2,33 AE) und von der Sonne 496 Millionen Kilometer (= 3,32 AE) entfernt.

Vesta (4) wird zur Monatsmitte, nämlich am 15. um 4^h im Sternbild Jungfrau stationär (siehe Abb. 3.3 auf Seite 81). Damit beendet sie ihre Oppositionsperiode, was auch an der schnell sinkenden Vestahelligkeit bemerkbar wird: Sie geht bis Monatsende auf $6\overset{m}{,}9$ zurück. Damit ist der vierte Kleinplanet aber immer noch ein leichtes Fernglasobjekt.

Die Untergänge von Vesta verfrühen sich von 4^h57^m (= 5^h57^m Sommerzeit) zu Monatsbeginn auf 2^h52^m zu Monatsende. Ihre Kulminationen erfolgen am 1. um 21^h57^m, am 15. um 20^h59^m und am 31. bereits um 20^h00^m (= 21^h00^m Sommerzeit).

Jupitermond-Erscheinungen

Tag	MEZ h m	Vorgang		
2.	23 03	II	VE	
3.	21 47	III	SE	
4.	22 06	I	VA	II
	22 11	I	VE	II
5.	0 13	I	BA	
	21 22	I	DA	
	22 38	I	SA	
	23 39	I	DE	
6.	0 54	I	SE	
	22 17	I	VE	
10.	20 42	III	DE	
	22 11	III	SA	
12.	0 21	I	VA	II
	0 26	I	VE	II
	23 18	I	DA	
13.	0 33	I	SA	
14.	0 12	I	VE	
	21 18	I	SE	
	22 53	I	BA	IV
	23 13	I	BE	IV
15.	0 11	IV	SA	
16.	22 52	II	BA	
17.	21 13	III	DA	
18.	23 21	II	SE	
20.	22 36	I	BA	
21.	22 02	I	DE	
	23 14	I	SE	
	23 56	III	BA	II
	23 58	III	BE	II
24.	21 46	I	VA	III
	21 56	I	VE	III
25.	23 06	II	SA	
	23 36	II	DE	
28.	21 43	I	DA	
	22 52	I	SA	
	23 57	III	VE	
29.	22 30	I	VE	
30.	23 00	II	BA	I
	23 05	II	BE	I
31.	21 06	II	VA	III
	21 16	II	VE	III
	22 55	IV	SE	

Periodische Sternschnuppenströme

Die **Eta-Aquariden**, auch **Mai-Aquariden** genannt, tauchen vom 1. bis 8. Mai auf. Ihr Radiant liegt bei η Aquarii. Das ausgeprägte Maximum wird am 6. Mai erreicht. Im Durchschnitt sind etwa zwanzig Sternschnuppen pro Stunde zu registrieren, um die Zeit des Maximums sogar bis zu sechzig. Wegen des horizontnah liegenden Radianten sind die Mai-Aquariden in unseren Breiten

kaum zu beobachten, aber in südlichen Gegenden sind sie ein auffälliger Strom. Es handelt sich bei diesem Meteorstrom um schnelle Objekte (um 65 Kilometer pro Sekunde), die auffallend lange Leuchtspuren hinterlassen. Die beste Beobachtungszeit ist ab etwa 3^h am Morgenhimmel in den Tropen. Die Mai-Aquariden führen ihren Ursprung auf den Kometen 1P/Halley zurück.
Ferner sind noch die **Scorpius-Sagittarius-Meteore** zu erwarten, die von Mitternacht bis 4^h morgens günstig zu beobachten sind. Ihr Ausstrahlungspunkt liegt rund 1° nördlich von β Scorpii. Das erste Maximum dieses Stromes wird um den 20. erwartet. Es handelt sich um mittelschnelle Sternschnuppen (um 30 Kilometer pro Sekunde).

Der Fixsternhimmel

Der abendliche Sternenhimmel zeigt uns sein charakteristisches Frühlingsgesicht. Der Wintersternhimmel hat nun endgültig Abschied genommen und den Frühlingsbildern Platz gemacht. Zwar sind tief im Westen noch die Zwillinge und der Kleine Hund zu finden, doch den Schwerpunkt der Himmelsszene bilden sie nicht mehr. Ganz im Gegenteil, sie sind gerade noch im Horizontdunst auszumachen. Blickt man steil nach oben, so erkennt man den Himmelswagen, der fast im Zenit (= Scheitelpunkt) steht. Folgt man mit den Augen dem Schwung der Wagendeichsel, so trifft man hoch im Osten auf den orangeroten Arktur, den Hauptstern des Bootes. Das Sternbild des Bootes ist recht markant und lässt sich leicht einprägen. Es hat die Form eines Papierdrachens, den man an windigen Frühlingstagen gerne steigen lässt. Manchen mag die Figur des Bootes an eine Eistüte erinnern, so sehen es zumindest die amerikanischen Sternfreunde. Arktur gehört zu den sechs hellsten Sternen des Himmels – neben Sirius, Kanopus, Toliman, Wega und Kapella.
Der Große Wagen ist gar kein „offizielles Sternbild“. Die Internationale Astronomische Union (IAU) hat eine Liste von 88 genormten Sternbildern zusammengestellt, die die gesamte Fläche der Himmelskugel bedecken, das sind immerhin 41 253 Quadratgrad. Alle offiziellen IAU-Sternbilder tragen lateinische Namen und werden jeweils mit drei Buchstaben abgekürzt. Der Große Wagen kommt in dieser Liste überhaupt nicht vor. Denn die sieben Wagensterne gehören zu dem viel umfangreicheren Sternbild Großer Bär, das lateinisch Ursa Maior heißt und mit „UMa“ abgekürzt wird. Die drei Deichselsterne markieren dabei den Schwanz und die vier Kastensterne den Schinken des Bären. Der Kopf und die Pranken des Bären werden von recht lichtschwachen Sternen angedeutet, die in unseren lichtüberfluteten Städten und Siedlungen kaum mehr zu sehen sind.

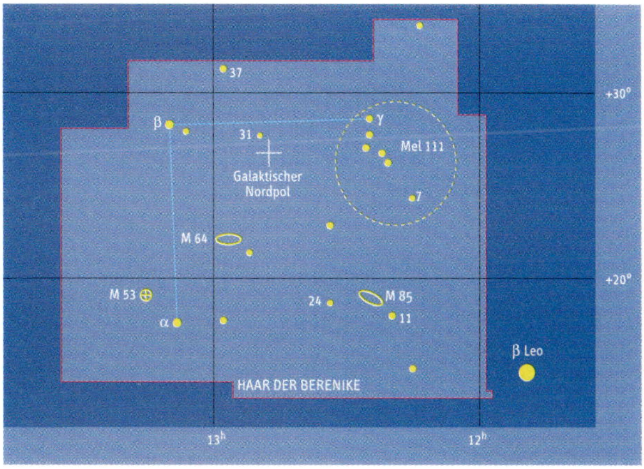

5.3 Skelettkarte des Sternbildes Haar der Berenike (Coma Berenices)

Der Löwe hat seinen Meridiandurchgang schon hinter sich. Das große Löwentrapez neigt sich leicht zum Horizont. Zwischen dem Löwen und dem großen Bären liegt das weniger bekannte Bild des Kleinen Löwen. Der unscheinbare Krebs, der noch im Westen eingerahmt von den Zwillingen und dem Löwen steht, wird in diesem Jahr aufgewertet: hell strahlt in ihm der Riesenplanet Jupiter.
In der Osthälfte des Himmelsgewölbes fällt neben dem Bootes ein markanter Sternenhalbkreis ins Auge. Er deutet die Nördliche Krone, lateinisch Corona Borealis, an. Die international übliche Abkürzung für die Nördliche Krone lautet daher: CrB. Der etwas hellere Stern im Halbkreis, α Coronae Borealis, heißt Gemma, was aus dem Lateinischen kommt und soviel wie Edelstein heißt. Weniger bekannt ist der Name Alphecca für α CrB. Alphecca stammt aus dem Arabischen und bedeutet soviel wie „der eine Helle (Stern)“.
„Der Edelstein“ ist ein weiß leuchtender Stern (Spektral-

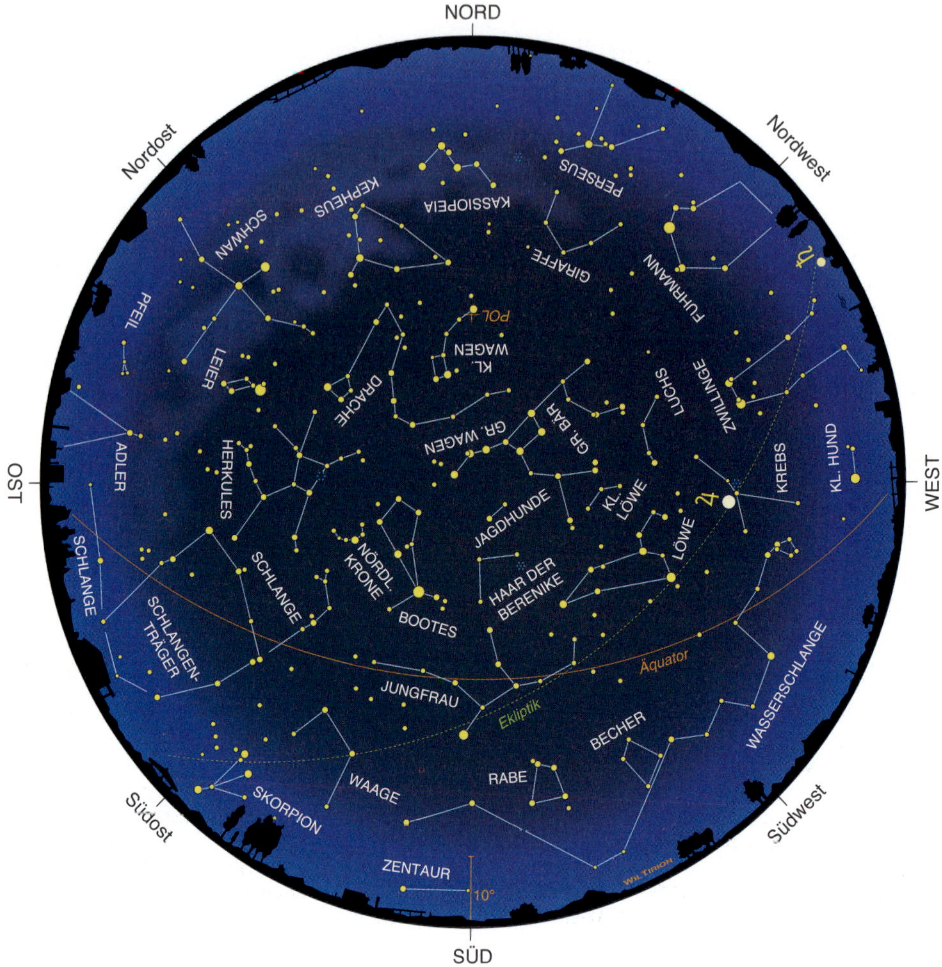

Sternenhimmel
am 15. Mai
um 22h MEZ (23h MESZ)

Fixsternhimmel auch gültig für:

	MEZ	MESZ
1. 1.	7h	
15. 1.	6	
1. 2.	5	
15. 2.	4	
1. 3.	3	
15. 3.	2	
1. 4.	1	2h
15. 4.	0	1
1. 5.	**23**	**24**
15. 5.	**22**	**23**

klasse A0 V) zweiter Größe in einer Entfernung von 75 Lichtjahren. Seine Leuchtkraft entspricht der von knapp sechzig unserer Sonnen. Gemma zeigt sich leicht veränderlich, seine Helligkeit schwankt in 17,4 Tagen zwischen 2ᵐ,2 und 2ᵐ,3. Ursache ist ein Begleitstern: Gemma ist ein so genannter Bedeckungsveränderlicher.
In der Krone findet sich noch der rußende Stern R CrB. Er ist ein unregelmäßiger, eruptiv variabler Stern. Im Maximum strahlt er mit 6ᵐ, ist also schon in einem kleinen Teleskop zu sehen. Wenn er sich mit einer relativ dichten Rußwolke umgibt, so sinkt seine Helligkeit bis auf 15ᵐ ab; dann ist er nur mehr in großen Teleskopen zu sehen. Im Nordosten strahlen Wega in der Leier und Deneb im Schwan, zwei Eckpunkte des Sommerdreiecks. Der dritte im Bunde, Atair im Adler, ist allerdings zur Standardbeobachtungszeit noch nicht erschienen. Auf der Verbindungslinie Arktur – Wega liegt – ein wenig östlich des Sternenhalbkreises der Nörd-

Veränderliche Sterne

Algol-Minima	10.	$4^{h}57^{m}$	13.	$1^{h}46^{m}$	18.	$19^{h}24^{m}$				
β-Lyrae-Minima	3.	2^{h} N	9.	13^{h} H	16.	0^{h} N	22.	11^{h} H	28.	23^{h} N
δ-Cephei-Maxima	5.	6^{h}	10.	15^{h}	15.	24^{h}	21.	9^{h}	26.	17^{h}

lichen Krone – das lichtschwache aber ausgedehnte Sternbild Herkules.
Im Süden schreitet die Jungfrau mit ihrem hellen, bläulichen Hauptstern Spica eben durch die Mittagslinie. Südwestlich von Spica fällt das markante Sternentrapez des Raben auf, der seine Meridianpassage eben hinter sich hat.
Tief im Nordwesten funkelt Kapella im Fuhrmann. Sie ist der hellste Stern, der bei uns zirkumpolar ist.
Der Südosthimmel macht einen recht sternarmen Eindruck. Das Sternbild Waage ist nicht besonders auffällig, man muss es schon bewusst suchen.
Der Skorpion schickt sich erst an aufzugehen. Sein heller Hauptstern Antares überschreitet gerade die Horizontlinie. Im Osten steigt der Schlangenträger (lat.: Ophiuchus) mit der Schlange (lat.: Serpens) empor. Von der Schlange, deren Kopf bis an die Nördliche Krone heranreicht, ist allerdings nur der Vorderteil (lat.: Serpens Caput) schon über dem Horizont.
Zieht man von Denebola (β Leonis), dem Schwanzstern im Löwen, zu Arktur eine Linie, so tangiert sie das Sternbild Haar der Berenike (lat.: Coma Berenices, meist nur Coma genannt). Das Haar der Berenike hat gegenwärtig seine Höchststellung erreicht. Es gehört zu den lichtschwächsten und darum unauffälligen Sternbildern. Es setzt sich aus Sternen vierter Größe und schwächer zusammen. In sehr dunkler und mondloser Nacht mit guter Durchsicht bemerkt man wohl eine etwas höhere Konzentration an schwächeren Sternen zwischen Löwe und Bootes. Im Norden wird das Haar der Berenike von den Jagdhunden und im Süden von der Jungfrau begrenzt. Etwas Fantasie vorausgesetzt, kann man sich unter dieser Ansammlung von schwächeren Sternen das vom Wind zerzauste Haupthaar einer Frau vorstellen. Im Sternbild Haar findet sich auch der berühmte Coma-Galaxienhaufen in 300 bis 400 Millionen Lichtjahren Entfernung.

Objekte für Feldstecher und Fernrohr

Wer die Leistung und Qualität seines neu erworbenen Teleskops testen will, sollte sich mehr oder minder enge Doppelsterne vorknöpfen. Bei Doppelsternen kann man ausgezeichnet die punktförmige Abbildung und Trennschärfe prüfen. Zu den bekanntesten und leicht aufzufindenden Doppelsternen zählt Mizar im Großen Wagen. Er ist der mittlere der drei Deichselsterne. Man muss nicht lange nach ihm suchen: Blickt man jetzt zur Abendstunde steil nach oben, so sieht man augenblicklich den Großen Wagen mit seiner geknickten Deichsel. Beim Blick durchs Teleskop empfiehlt sich die Verwendung eines Zenitprismas, damit man sich nicht den Hals verrenken muss. Wenn man nicht zu stark vergrößert, dann kommt noch Alkor, das Reiterlein, mit ins Gesichtsfeld. Alkor steht in 705″ Distanz von Mizar und kann ohne weiteres mit bloßen Augen gesehen werden. Mizar selbst erscheint im Teleskop doppelt: Neben einem helleren Stern ($2\overset{m}{.}3$) steht in $14\overset{''}{.}4$ Entfernung ein schwächerer ($3\overset{m}{.}9$). Beide Sterne senden ein weißes Licht aus. Jedes Fernrohr ab zwei Zoll (fünf Zentimeter) freier Öffnung trennt Mizar spielend. Wenn nicht, dann ist das Fernrohr ernstlich defekt oder man hat einen schweren Augenschaden. Auch der Polarstern ist ein Doppelstern. Allerdings ist der Helligkeitsunterschied seiner Komponenten viel größer als bei Mizar im Großen Wagen. In 18″ Distanz zu dem $2\overset{m}{.}0$ hellen, gelblichen Hauptstern steht ein nur $9\overset{m}{.}0$ lichtschwacher, weißlicher Begleiter. Bei so lichtschwachen Sternen ist allerdings die Farbe nur in großen Instrumenten erkennbar. Polaris, wie der Polarstern auch genannt wird, ist mit 430 Lichtjahren relativ weit entfernt. Er leuchtet so hell wie rund 2400 unserer Sonnen zusammengenommen!

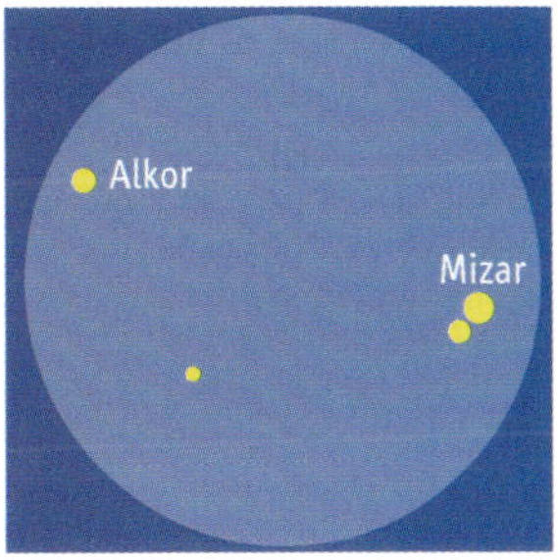

5.4 Der Doppelstern Mizar mit dem Reiterlein Alkor im Großen Wagen. Anblick im Teleskop bei knapp einem Grad Gesichtsfelddurchmesser.

Ein weiterer Doppelstern findet sich in Polnähe, nämlich Kuma oder ν Draconis. Zwei gleich helle ($4{,}^{m}9$), weiße Sterne stehen in 62″ Distanz voneinander. Jedes Fernglas lässt Kuma doppelt erscheinen. Allerdings ist es manchmal für den Anfänger nicht ganz leicht, Kuma am aufgehellten Stadthimmel zu finden. Oft sind schon Sterne der 4. Größe nicht mehr mit bloßen Augen zu sehen! Nur fernab irdischer Lichtquellen und ohne Mondlicht kann das normalsichtige Auge noch Sterne 6. Größe einwandfrei erkennen. Die Entfernung von Kuma beträgt übrigens ziemlich genau einhundert Lichtjahre.

Als prominenter Doppelstern sei Algieba (γ Leonis) erwähnt. Um ihn zu trennen, sollte man einen Refraktor (Linsenfernrohr) von mindestens sechs Zentimetern Öffnung oder ein Spiegelteleskop ab zehn Zentimetern freier Öffnung einsetzen. Algieba setzt sich aus zwei Sonnen zusammen, die $2{,}^{m}3$ und $3{,}^{m}6$ hell sind. Die hellere Komponente leuchtet orange, die lichtschwächere gelb. Beide Sonnen stehen in einer scheinbaren Entfernung von $4{,}''7$. Die wahre Entfernung von uns misst 125 Lichtjahre.

Auch der Löwenhauptstern, α Leonis oder Regulus genannt, ist ein Doppelstern, allerdings mit großem Helligkeitsunterschied der Komponenten. Der weißblaue, $1{,}^{m}4$ helle Hauptstern hat in 176″ Distanz einen gelblichen, nur $7{,}^{m}9$ hellen Begleiter. Wegen der großen Separation ist der Regulusbegleiter schon im Fernglas erkennbar. Der Positionswinkel beträgt 310° (der Positionswinkel wird von der Hauptkomponente von Nord (0°) über Ost (90°), Süd (180°) und West (270°) gezählt). Der Regulusbegleiter steht also im Nordwestquadranten.

Zu den eindrucksvollen Objekten für Fernrohrbeobachter zählen zweifellos die kugelförmigen Sternhaufen, kurz Kugelhaufen genannt. Ein Paradeobjekt am nördlichen Sternenhimmel ist der berühmte Kugelhaufen M 13 im Sternbild Herkules. Unter sehr günstigen Sichtbedingungen ist er schon mit bloßen Augen zu sehen. Mit einem Fernglas betrachtet, erscheint M 13 als diffuses Lichtfleckchen, das man leicht findet. Wirklich beeindruckend wird M 13 aber erst, wenn man ihn mit einem größeren Instrument ab etwa acht Zoll (= 20 cm) freier Öffnung beobachtet, wobei man seine Randzonen in eine schier endlose Menge von Einzelsternen auflösen kann. Der Kugelhaufen M 13 nähert sich uns mit einer Geschwindigkeit von 240 Kilometern pro Sekunde. Besser gesagt: Unser Sonnensystem eilt infolge der Milchstraßenrotationen mit dieser Geschwindigkeit auf M 13 zu. Die Entfernung von M 13 beträgt rund 24 000 Lichtjahre.

Ein weiterer Kugelhaufen im Herkules, nämlich M 92, ist weit weniger auffallend und darum schwieriger zu entdecken als sein hellerer Kollege M 13. Der Kugelhaufen M 92 erscheint auch nur halb so groß im Durchmesser wie M 13. Ab etwa zehn Zentimetern freier Öffnung sollte man jedoch auch bei M 92 die Randpartien in einzelne Sterne auflösen können. Die Entfernung von M 92 beträgt rund 30 000 Lichtjahre. Nach neueren Messungen scheint M 92 allerdings etwas näher zu sein (rund 26 000 Lichtjahre).

Wer schon Übung im Beobachten von Kugelhaufen hat, kann sich auch M 3 in den Jagdhunden vorknöpfen. Mit großen Teleskopen wurden allein in den Randgebieten von M 3 mehr als 45 000 Mitgliedssterne gezählt. M 3 liegt in der Südostecke des Sternbildes Jagdhunde, knapp an der Grenze zu Bootes, etwa auf der Linie zwischen α Canum Venaticorum (auch Cor Caroli genannt) und α Bootis (Arktur). Man benutze die Aufsuchkarte E15 im Sternatlas von Karkoschka.

Wer einen Blick auf ein fernes Milchstraßensystem werfen will, der suche den schönen Spiralnebel M 51 in den Jagdhunden. Man kann M 51 leicht finden, wenn man von Benetnasch, dem ersten Deichselstern im Großen Wagen, ausgeht. Ein wenig südwestlich von ihm stößt man auf die schöne Spirale, die Lord Rosse wegen ihres Aussehens als „Whirlpool-Galaxy“ (engl., Strudel-Galaxie) bezeichnet hat. Die ganze Pracht dieser Spiralgalaxie erschließt sich allerdings erst in sehr großen Instrumenten. In Amateurfernrohren zeigt sich ein heller Kern, umgeben von langen, schwach erkennbaren Spiralarmen, wobei ein Spiralarm eine Verbreiterung am Ende zeigt. Dies ist jedoch ein eigenes Milchstraßensystem, nämlich NGC 5195, eine Begleitgalaxie von M 51. Die Entfernung der Strudelgalaxie liegt bei etwa dreißig Millionen Lichtjahren.

Wetter und Klima

Der Mai ist der Frühlingsmonat schlechthin. Er bringt kräftige Erwärmung mit Mittagstemperaturen über 25 °C an einigen Tagen. Aber auch noch Kälteeinbrüche mit letzten Schneefällen sind zu erwarten. Die mittlere Monatsdurchschnittstemperatur erreicht 13,3 °C. Die mittlere Tageshöchsttemperatur beträgt 19 °C, die mittlere Monatstiefsttemperatur –5 °C. An ein bis zwei Tagen sinken die Nachttemperaturen unter den Gefrierpunkt. Mit ersten Gewittern ist an fünf Tagen zu rechnen (Maigewitter). Die Niederschlagsmengen sind von Jahr zu Jahr sehr unterschiedlich. Regenreiche Maimonate wechseln mit trockenen. Hohe Luftdrucklagen verschieben sich vom Festland zum Meer.

Die mittlere Sonnenscheindauer liegt bei 210 Stunden, 54 % der Nächte sind bewölkt. Etwa drei Nebeltage treten auf.

Klimadaten

Nachstehende Tabelle gibt die mittlere Bewölkungswahrscheinlichkeit (BW) und die mittlere Zahl der Tage mit mehr als einem Millimeter Niederschlag (NS) im Monat **Mai** an.

Ort	BW	NS	Ort	BW	NS	Ort	BW	NS
Schleswig	50%	09	Brüssel	57%	10	Säntis (2496 m)	61%	14
Helgoland	54	08	Frankfurt/Main	57	09	Zugspitze (2962 m)	64	16
Hamburg	53	10	Prag	51	10	Sonnblick (3107 m)	68	15
Hannover	54	10	Nürnberg	51	10	Innsbruck	60	11
Berlin	51	08	Stuttgart	52	10	Graz	55	11
Brocken (1152 m)	62	13	München	54	12	Klagenfurt	55	11
Essen	56	10	Salzburg	60	15	Bozen	58	08
Leipzig	54	09	Wien	50	08	Genf	49	09
Dresden	57	10	Zürich	56	13	Lugano	59	13

Monatsthema

Die ringförmige Sonnenfinsternis vom 31. Mai 2003

Am Samstag, dem letzten Maitag im Jahre 2003, ist es wieder einmal so weit, eine Sonnenfinsternis steht ins Haus. Sonnenfinsternisse sind spektakuläre Himmelsereignisse, die auch in der Bevölkerung auf großes Interesse stoßen. Und sie sind relativ seltene Himmelsschauspiele, erst recht für einen bestimmten Ort auf der Erde. Denn der Schatten des Erdmondes verdunkelt jeweils nur ein begrenztes Gebiet auf unserem Globus. Die letzte von Deutschland aus beobachtbare Sonnenfinsternis fand am 11. August 1999 statt. Damals strich der Kernschatten des Mondes, von Frankreich her kommend, über Süddeutschland und Österreich. In dem schmalen Korridor von nur rund 110 Kilometern Breite war die Sonnenfinsternis total, das heißt, die Neumondscheibe bedeckte die Sonne vollständig. Es war dies die einzige totale Sonnenfinsternis im 20. Jahrhundert, bei der die Totalitätszone über Deutschland zog. Die Städte Karlsruhe, Stuttgart, Ulm, Augsburg, München, Salzburg und Graz befanden sich in ihr. Für rund zwei Minuten lagen sie im Kernschatten des Mondes. Leider verhinderte dichte Bewölkung an vielen Orten die Beobachtung der verfinsterten Sonne mit ihrem Strahlenkranz, der Korona, und den lachsroten Flammenzungen am dunklen Mondrand, den so genannten Protuberanzen. Nur wenige hatten das Glück, dass in den entscheidenden Minuten der Totalität die Wolkendecke aufriss und den Blick freigab auf das kosmische Schattenspiel, wie auf der Sternwarte Welzheim, wo die Beobachter eindrucksvolle Aufnahmen erhielten und das Spektakel vom Fernsehen in alle Welt übertragen wurde. So schnell wird sich in unseren Breiten eine totale Sonnenfinsternis nicht wiederholen. Erst am 3. September 2081 streift die Totalitätszone über den äußersten Bereich Südwestdeutschlands und die Schweiz. Am 7. Oktober 2135 wird die Kernschattenspitze des Mondes über Hamburg und Berlin ziehen und nördlich von Prag und Budapest vorbeilaufen.

Die Sonnenfinsternis vom 31. Mai 2003 ist eine ringförmige. Von Mitteleuropa sind allerdings nur partielle Phasen zu sehen, wobei nur der zweite Teil zu beobachten ist. Denn für Orte in Mitteleuropa geht die Sonne zur maximalen Phase (= größter Bedeckungsgrad) gerade auf. Immerhin, der Bedeckungsgrad liegt je nach Beobachtungsplatz in Mitteleuropa

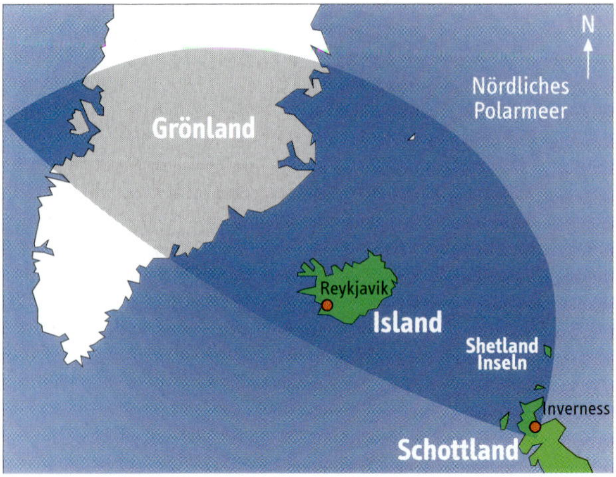

5.5 Ringförmige Sonnenfinsternis vom 31. Mai 2003: Im dunkelblauen Gebiet ist die Finsternis ringförmig zu sehen.

zwischen 75 % (Graz) und 84 % (Amsterdam). Eine Liste mit Zeitangaben über Aufgänge, Höhepunkte, Bedeckungsgrade und Sonnenhöhen für verschiedene Orte in Mitteleuropa findet sich auf Seite 121.

Die ringförmige Phase der Sonnenfinsternis vom 31. Mai 2003 ist diesmal in einem sehr großen Gebiet von rund 1100 Kilometern Breite zu beobachten. Dieses Gebiet liegt im Nordatlantik und umschließt ganz Island, den nördlichen Teil Schottlands sowie große Bereiche Grönlands (siehe Abb. 5.5 hier oben). Dies ist ungewöhnlich, denn die Zone der ringförmigen Phase ist zwar fast immer viele Tausend Kilometer lang, aber in der Regel nur wenige Hundert Kilometer breit. Erst recht bei einer totalen Sonnenfinsternis, wo die Totalitätszone höchstens knapp 300 Kilometer breit ist. Dass die Schattenzone bei einer Sonnenfinsternis so schmal ist und die Dauer der ringförmigen oder totalen Phase nur wenige Minuten beträgt, verdanken wir einem Zufall. Obwohl der kleine, dunkle und kalte Mond nur knapp 3500 Kilometer Durchmesser, der glühend heiße Sonnenball aber fast 1 400 000 Kilometer Durchmesser hat und damit rund 400-mal größer ist, erscheinen uns Sonne und Mond am Himmel gleich groß, nämlich unter einem Winkel von gut einem halben Grad. Dies liegt daran, weil die Sonne rund 400-mal weiter von uns entfernt ist als der Mond. Deshalb kann der Mond in den seltenen Fällen einer totalen Sonnenfinsternis die Sonnenscheibe gerade für maximal sieben Minuten vollständig bedecken. Außerhalb der schmalen Zone der Totalität oder der ringförmigen Phase sieht man die Sonne nur teilweise vom dunklen Neumond bedeckt. Beobachter in den Gebieten der partiellen Phase befinden sich im Halbschatten des Mondes. Die Breite des Halbschattengebietes kann bis zu etwa 7000 Kilometer ausmachen.

Kleine Finsterniskunde

Nicht bei jeder Sonnenfinsternis trifft der Kernschattenkegel des Mondes die Erdoberfläche. In manchen Fällen streicht er knapp an der Erdkugel vorbei.

5.6 Erreicht die Kernschattenspitze des Mondes die Erde nicht, so kommt es zu einer ringförmigen Sonnenfinsternis. Nähere Erläuterungen im Textteil.

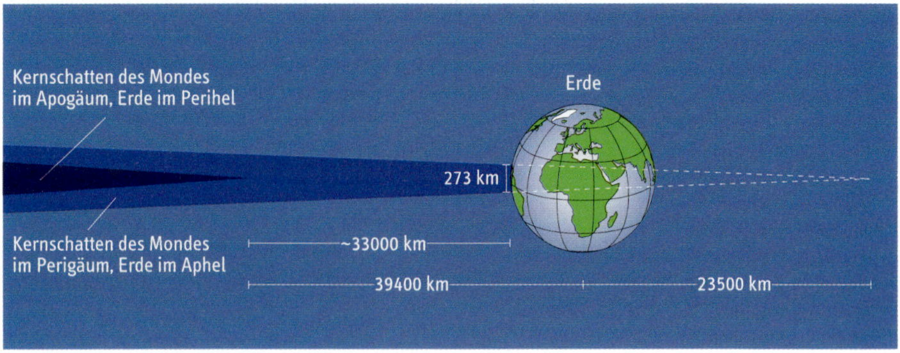

Dann wird ein Teil der Erde im Halbschatten des Mondes liegen. Man spricht von einer *partiellen* Sonnenfinsternis, wenn von *keinem Punkt der Erdoberfläche* aus eine ringförmige oder totale Phase beobachtbar ist.

Man nennt eine Finsternis *zentral*, wenn die Achse des Mondschattens die Erdoberfläche kreuzt. Ob dabei eine totale oder eine ringförmige Sonnenfinsternis eintritt, hängt von den scheinbaren Durchmessern der Sonnen- und Mondscheibe ab. Erscheint der Mond kleiner als die Sonne, so kann er diese nicht vollständig bedecken, es bleibt ein schmaler, heller Ring um die dunkle Neumondscheibe sichtbar. Bei ringförmigen Sonnenfinsternissen sind weder Protuberanzen, Sonnenkorona noch Sterne mitten am Tag zu sehen. Daher sind sie längst nicht so spektakulär wie totale. Dennoch haben sie ihren eigenen Reiz, weshalb viele Sonnenfinsternisfreaks sich auch bei ringförmigen Finsternissen auf weite Reisen begeben, um dieses Naturphänomen zu genießen.

Der Mond läuft auf einer elliptischen Bahn um die Erde, und die Erde beschreibt eine Ellipse um die Sonne. Deshalb variieren die scheinbaren Durchmesser von Sonne und Mond ein wenig. Der Mond erscheint unter einem Winkel von 33′32″, wenn er mit 356 400 Kilometern in Erdnähe steht. In Erdferne bei 406 700 Kilometern Distanz hat die Mondscheibe nur mehr 29′14″ scheinbaren Durchmesser. Somit schwankt die Größe der Mondscheibe um 13 %. Durcheilt die Erde das Perihel ihrer Bahn (Sonnendistanz 147,1 Millionen Kilometer), so erscheint uns der Sonnenball unter 32′32″. Im Aphel (Sonnendistanz 152,1 Millionen Kilometer) zeigt sich die Sonne mit 31′28″ scheinbarem Durchmesser. Die Größe der Sonnenscheibe variiert also im Laufe eines Jahres um drei Prozent. So kommt es vor, dass die Mondscheibe um zwei Bogenminuten oder sieben Prozent größer als die Sonnenscheibe erscheint. Dies ist dann der Fall, wenn der Mond im Perigäum (Erdnähe) und die Erde im Aphel (Sonnenferne, Anfang Juli) steht. Kommt der Mond in Neumondphase und kreuzt die Ekliptik, so tritt eine totale Sonnenfinsternis relativ langer Dauer (bis etwas mehr als sieben Minuten) ein. Steht die Erde aber im Perihel (Sonnennähe, Anfang Januar) und der Mond im Apogäum (Erdferne), dann erscheint die Neumondscheibe drei Bogenminuten oder zehn Prozent kleiner als die Sonnenscheibe – es kommt zu einer ringförmigen Sonnenfinsternis. Eine zentrale Finsternis kann also entweder total oder ringförmig sein. In seltenen Fällen kommt es zu einem Übergang von einer ringförmigen zu einer totalen Sonnenfinsternis oder umgekehrt, aus einer zu Beginn totalen wird eine ringförmige. Auch die Kombination ringförmig – total

5.7 Die ringförmige Sonnenfinsternis vom 31. Mai 2003 weist eine Kuriosität auf: Da die Kernschattenspitze des Mondes knapp über den Nordpol hinweg geht, wandert der Mondschatten von Ost nach West über die Erdoberfläche (!), während er sonst stets von Westen her kommt.

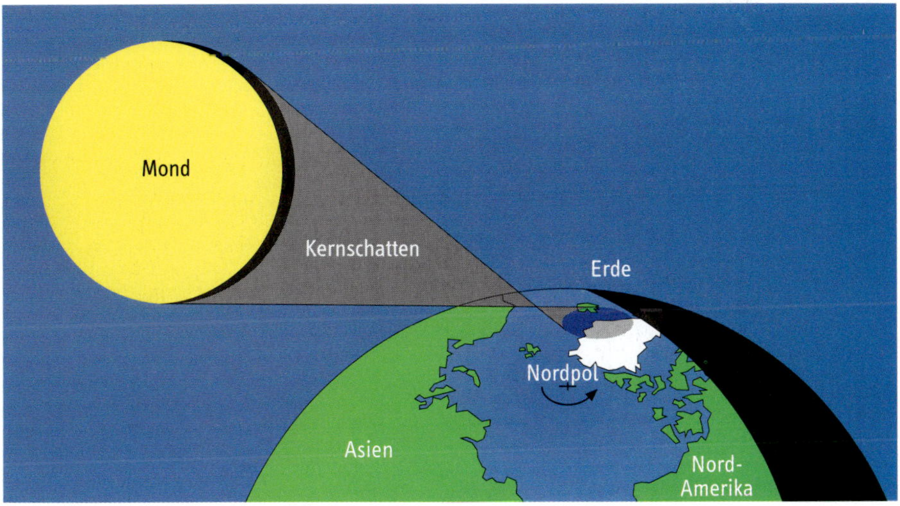

– ringförmig ist möglich und tritt am ehesten ein.
Im Falle der Position des Mondes im Perigäum und der Erde im Aphel liegt die Kernschattenspitze des Mondes rein geometrisch betrachtet 23 500 Kilometer jenseits des Erdmittelpunktes. Ist der Mond jedoch im Apogäum und die Erde im Perihel, so bleibt die Kernschattenspitze 39 400 Kilometer vom Erdmittelpunkt entfernt. Somit endet sie weit über der Erdoberfläche (siehe Abb. 5.6 auf Seite 118). Um den dunklen Neumond bleibt deshalb ein heller Sonnenring.

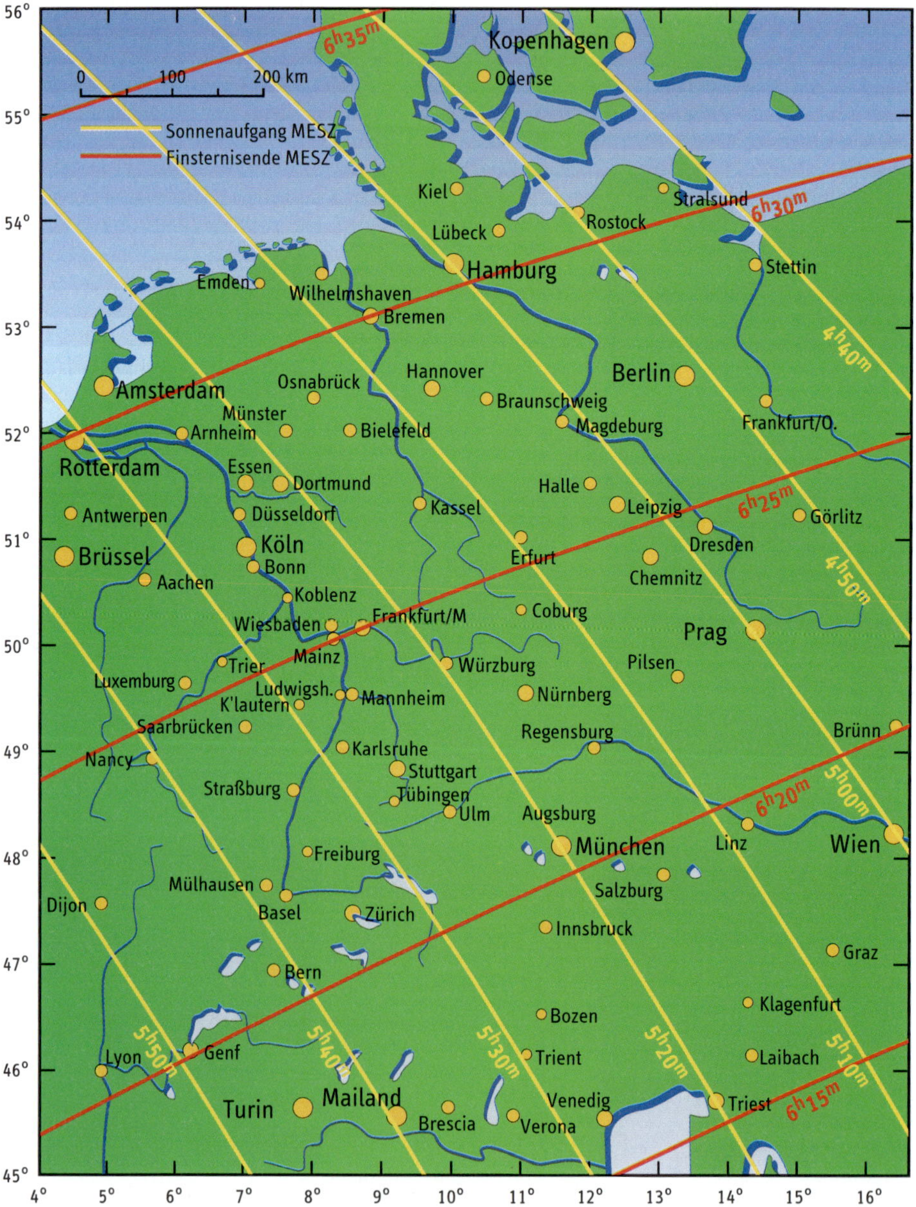

Die Finsternis im Mai

Am 28. Mai 2003 erreicht der Mond um 14^h MEZ (= 15^h Sommerzeit) sein Apogäum, wobei ihn 406 168 Kilometer von uns trennen. Zum Höhepunkt der Sonnenfinsternis am 31. Mai ist er immer noch 403 585 Kilometer von der Ende entfernt. Die Neumondscheibe weist somit einen scheinbaren Durchmesser von 29′36″ auf. Die Sonnendistanz misst zum gleichen Zeitpunkt 1,013866 AE, dies sind 151,674 Millionen Kilometer. Der scheinbare Durchmesser der Sonnenscheibe beträgt daher 31′32″. Die Mondscheibe ist damit knapp zwei Bogenminuten kleiner als die Sonnenscheibe. Der Neumond kann deshalb die Sonne nicht völlig abdecken, es kommt zu einer ringförmigen Sonnenfinsternis. Wie schon angedeutet, handelt es sich diesmal um eine etwas ungewöhnliche Sonnenfinsternis, was die geometrischen Verhältnisse betrifft. Die Nordhalbkugel der Erde ist Ende Mai der Sonne zugekehrt. Der Kernschattenkegel des Mondes zieht erst über den Nordpol hinaus, bevor er die Erde berührt (siehe Abb. 5.7 auf Seite 119). Dies hat zur Folge, dass der Mondschatten im Bereich der ringförmigen Phase *diesmal* von Ost nach West über die Erdoberfläche wandert und außerdem das Gebiet der ringförmigen Phase 1100 Kilometer (!) breit ist. Das Maximum der Finsternis wird um 5^h08^m MEZ (= 6^h08^m Sommerzeit) am Ort 24°00′ westlicher Länge und 66°49′ nördlicher Breite erreicht. Dieser Punkt liegt nahe bei Island. Die Sonne steht dort nur knapp drei

5.8 Sonnenaufgang und Finsternisende am 31. Mai in Mitteleuropa. Alle Zeiten in MESZ (= Mitteleuropäische Sommerzeit).

Verlauf der ringförmigen Sonnenfinsternis am 31. Mai 2003 in Mitteleuropa

Ort	Aufgang MESZ		Bed.	Maximale Phase MESZ		Bed.	Höhe	Ende MESZ		Höhe
	h	m	%	h	m	%	°	h	m	°
Aachen	5	30	83	–	–	–	–	6	27	7
Amsterdam	5	27	77	5	33	84	0	6	30	7
Antwerpen	5	35	82	–	–	–	–	6	29	6
Augsburg	5	22	78	5	24	79	0	6	21	8
Baden-Baden	5	30	77	–	–	–	–	6	23	7
Basel	5	38	64	–	–	–	–	6	21	6
Berlin	4	52	22	5	28	81	4	6	27	12
Bern	5	41	55	–	–	–	–	6	20	5
Bielefeld	5	14	58	5	30	83	1	6	28	9
Bochum	5	22	73	5	30	83	0	6	28	8
Böblingen	5	28	79	–	–	–	–	6	23	7
Bonn	5	26	80	5	29	82	0	6	27	7
Bozen	5	27	72	–	–	–	–	6	18	7
Braunschweig	5	05	42	5	30	82	2	6	28	10
Bregenz	5	30	74	–	–	–	–	6	20	7
Bremen	5	07	43	5	32	83	2	6	30	10
Brünn	4	55	38	5	22	77	3	6	20	11
Brüssel	5	37	78	–	–	–	–	6	28	6
Chemnitz	5	03	44	5	26	80	2	6	24	10
Coburg	5	13	62	5	26	80	1	6	24	9
Darmstadt	5	24	79	5	27	81	0	6	25	8
Dortmund	5	21	71	5	30	83	1	6	28	8
Dresden	4	58	36	5	26	80	3	6	25	11
Düsseldorf	5	25	78	5	30	83	0	6	28	8
Duisburg	5	24	76	5	31	83	0	6	28	8
Eisenach	5	12	58	5	28	81	1	6	26	9
Emden	5	12	49	5	33	84	2	6	31	9
Erfurt	5	09	54	5	27	81	2	6	26	10
Essen	5	23	74	5	31	83	0	6	28	8
Frankfurt/Main	5	23	77	5	28	81	0	6	25	8
Frankfurt/Oder	4	48	18	5	27	80	4	6	26	12
Freiburg	5	35	68	–	–	–	–	6	22	6
Genf	5	49	40	–	–	–	–	6	20	4
Görlitz	4	52	27	5	25	79	3	6	24	12
Graz	5	09	65	5	19	75	1	6	17	9
Halle	5	03	42	5	28	81	2	6	26	10
Hamburg	5	00	29	5	32	83	3	6	30	11
Hannover	5	07	46	5	30	83	2	6	28	10
Heidelberg	5	26	80	5	27	81	0	6	24	7
Heilbronn	5	25	80	5	26	80	0	6	23	7
Innsbruck	5	24	77	–	–	–	–	6	19	7
Kaiserslautern	5	29	80	–	–	–	–	6	24	7
Karlsruhe	5	29	80	–	–	–	–	6	23	7
Kassel	5	14	60	5	29	82	1	6	27	9
Kiel	4	55	20	5	33	84	4	6	32	11
Klagenfurt	5	15	73	5	19	76	0	6	17	9
Koblenz	5	26	80	5	29	82	0	6	26	7

Ort	Aufgang MESZ	Bed.	Maximale Phase MESZ	Bed.	Höhe	Ende MESZ	Höhe
	h m	%	h m	%	°	h m	°
Köln	5 26	79	5 30	82	0	6 27	7
Konstanz	5 31	72	– –	–	–	6 21	6
Krefeld	5 25	78	5 31	83	0	6 28	8
Leipzig	5 02	41	5 27	81	2	6 25	10
Linz	5 08	61	5 22	77	1	6 20	10
Ludwigshafen	5 27	81	– –	–	–	6 24	7
Lübeck	4 55	22	5 32	83	4	6 31	11
Lüttich	5 33	81	– –	–	–	6 27	7
Luxemburg	5 35	75	– –	–	–	6 25	6
Magdeburg	5 01	37	5 29	82	3	6 27	11
Mailand	5 40	52	– –	–	–	6 17	5
Mainz	5 25	80	5 28	81	0	6 25	8
Mannheim	5 26	81	5 27	81	0	6 24	7
Mönchengladbach	5 27	80	5 31	83	0	6 28	7
München	5 20	77	5 23	78	0	6 20	8
Münster	5 18	64	5 31	83	1	6 29	8
Nürnberg	5 16	70	5 25	80	1	6 23	9
Osnabrück	5 15	58	5 31	83	1	6 29	9
Potsdam	4 54	25	5 28	81	3	6 27	12
Prag	5 00	42	5 24	79	2	6 23	11
Regensburg	5 14	68	5 24	79	1	6 22	9
Reutlingen	5 28	78	– –	–	–	6 22	7
Rostock	4 48	13	5 31	83	4	6 30	12
Rotterdam	5 31	83	5 33	84	0	6 30	7
Saarbrücken	5 33	76	– –	–	–	6 24	6
Salzburg	5 15	72	5 22	77	0	6 19	9
Schwerin	4 54	21	5 31	83	4	6 30	11
Stralsund	4 43	6	5 31	82	5	6 30	13
Straßburg	5 33	74	– –	–	–	6 23	6
Stuttgart	5 27	80	– –	–	–	6 23	7
Trier	5 33	79	– –	–	–	6 25	6
Tübingen	5 28	78	– –	–	–	6 22	7
Ulm	5 25	79	– –	–	–	6 22	7
Wien	5 00	49	5 20	76	2	6 19	11
Wiesbaden	5 25	79	5 28	81	0	6 25	8
Wilhelmshaven	5 08	42	5 33	84	2	6 31	10
Worms	5 26	81	5 27	81	0	6 24	7
Würzburg	5 19	73	5 26	80	0	6 24	8
Wuppertal	5 23	75	5 30	83	0	6 28	8
Zürich	5 35	66	– –	–	–	6 21	6

Bed. ist der Bedeckungsgrad in Prozent der Sonnenscheibenfläche

Grad über dem Horizont. Durch die atmosphärische Extinktion wird der Ring in einem rötlichen Licht leuchten, ein sicher sehr beeindruckender Anblick, der sich nur äußerst selten für einen bestimmten Ort bietet.

In Mitteleuropa geht die Sonne bereits verfinstert weit im Nordosten auf, etwa zwischen 4^h43^m (Stralsund) und 5^h40^m (Mailand) Sommerzeit. Rund eine Stunde nach Sonnenaufgang erfolgt der letzte Kontakt, der Neumond gibt die Sonne wieder vollständig frei – die Finsternis ist zu Ende. Die maximale Phase tritt dabei je nach Ort in Mitteleuropa kurz vor oder kurz nach Sonnenaufgang ein. Die genauen Daten entnehme man der Tabelle auf Seite 121. Der Bedeckungsgrad gibt an, wieviel Prozent der Sonnenscheiben*fläche* vom Neumond bedeckt werden. Unter der *Größe* der Finsternis (Phase) versteht man die Eindringtiefe der Neumondscheibe in Einheiten des Sonnendurchmessers. Wird beispielsweise die Hälfte des Sonnenscheibendurchmessers vom Mond bedeckt (der Mondrand geht dann durch den Sonnenscheibenmittelpunkt), so hat diese Finsternisphase die Größe 0,5. Bei der Größe 0,5 werden 39 % der Sonnenscheibe vom Mond bedeckt (unter der Voraussetzung, dass beide den gleichen scheinbaren Durchmesser aufweisen, was in erster Näherung stets zutrifft).

Die Sonnenfinsternis vom 31. Mai 2001 ist also etwas für Frühaufsteher. Auch wenn die Sonne diesmal recht horizontnah steht, so sei vor unvorsichtigen Sonnenbeobachtungen einmal mehr *dringend gewarnt:* **Niemals** mit einem Fernglas oder Teleskop ohne ausreichende Schutzmaßnahmen **in die grelle Sonne sehen!** Selbst mit bloßen Augen sollte man nicht in die Sonne sehen, auch

5.9 Maximum der partiellen Phase der ringförmigen Sonnenfinsternis vom 31. Mai 2003 in Prozent der verdeckten Sonnenscheibe. Westlich und südlich der rotpunktierten Linie wird das Maximum vor Sonnenaufgang erreicht. Die Prozentangaben beziehen sich hier auf den Zeitpunkt des Sonnenaufgangs. Alle Zeitangaben in MESZ.

wenn man das Gefühl hat, dies gefahrlos tun zu können, solange die Sonne recht tief steht. Dunkle Sonnenbrillen sind keinesfalls ein ausreichender Schutz. So genannte Schweißerbrillen eignen sich nur, wenn man ohne Fernglas oder Teleskop beobachtet. Wer mit einem Fernglas oder Teleskop beobachten will, muss geeignete Filter verwenden oder sich spezieller Sonnenbeobachtungseinrichtungen bedienen, wie sie etwa ein Herschel-Prisma darstellt, bei dem ein Großteil des Sonnenlichtes abgelenkt wird. Objektivfilter sind generell sicherer als Okularfilter. Denn Okularfilter können sich erhitzen und dann platzen. So

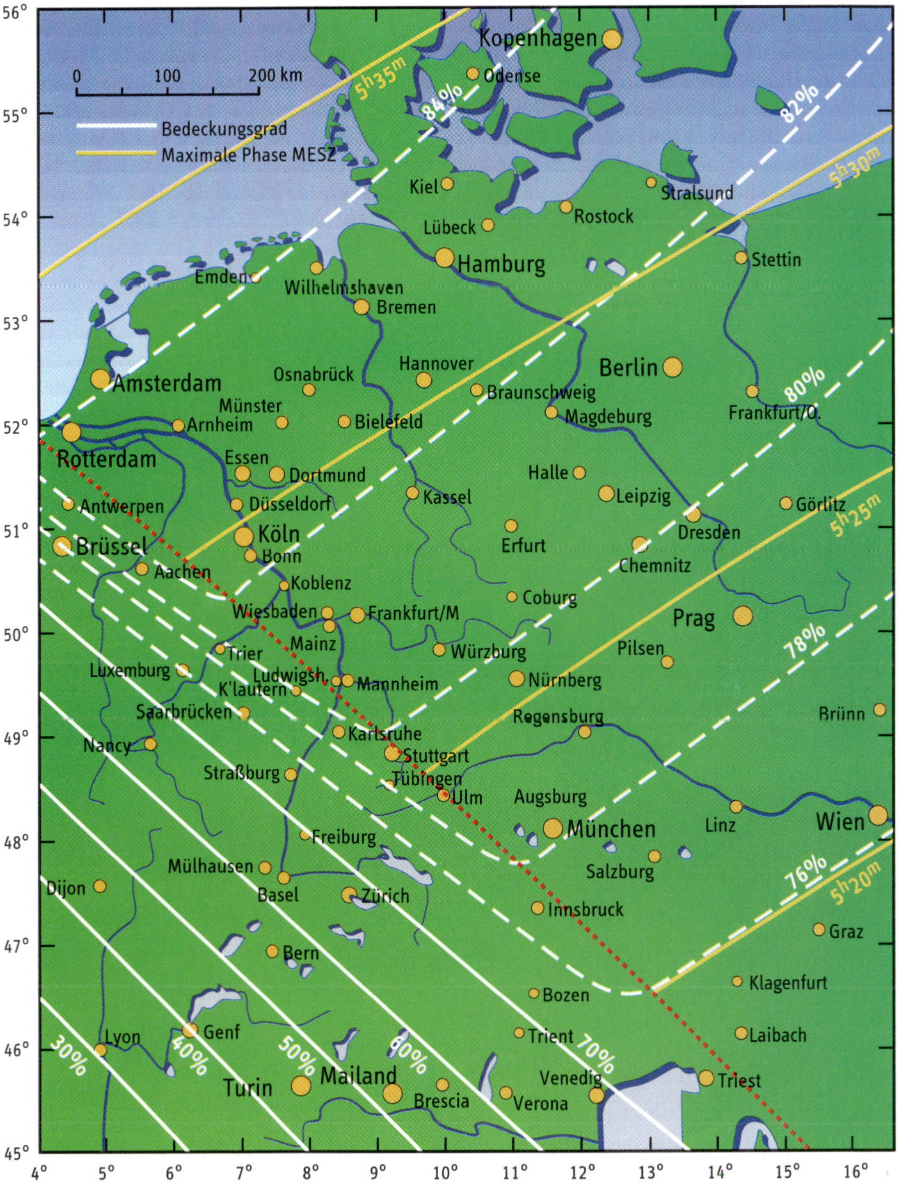

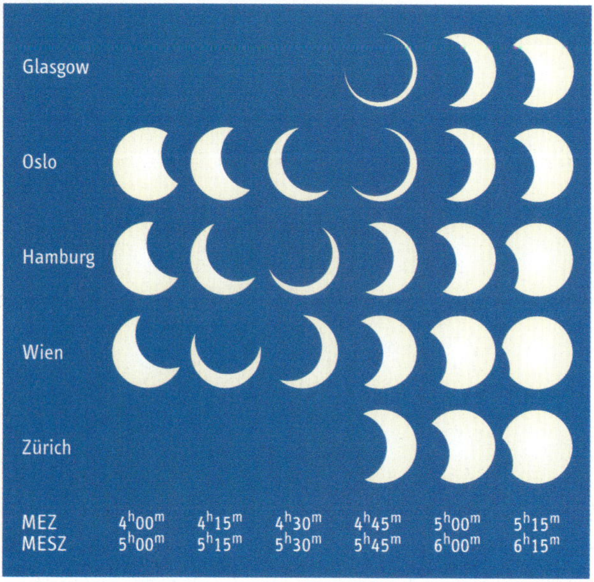

5.10 Phasen der ringförmigen Sonnenfinsternis vom 31. Mai 2003 in verschiedenen Städten.

schnell kann man gar nicht reagieren, wie das Auge des Beobachters ruiniert wird. Am sichersten ist die Projektionsmethode. Das Sonnenbild wird auf einen ebenen, weißen Schirm projiziert, der hinter dem Okular in entsprechendem Abstand senkrecht zur optischen Achse angebracht wird. Im Notfall genügt es, ein weißes Blatt Papier in den Strahlengang hinter das Okular zu halten. Die Projektionsmethode ist nicht nur sicher, sie bietet noch den Vorteil, dass mehrere Beobachter gleichzeitig das Sonnenbild sehen können.

Wer die verfinsterte Sonne fotografieren will, sollte beachten, dass die Primärbrennweite des Objektivs den Abbildungsmaßstab festlegt. So mancher ist enttäuscht, wenn er nur ein Stecknadelkopf großes Sonnenbild auf seinem Film wiederfindet. Der lineare Durchmesser des Sonnenbildes ergibt sich zu d = F/109, wobei F die Objektivbrennweite ist. Bei einem 50-mm-Fotoobjektiv erhält man ein Sonnenbild von nicht einmal einem halben Millimeter. Bei einem Meter Brennweite wird die Sonne 9,2 mm im Durchmesser groß. Will man auf einem Kleinbildfilm 24 mm x 36 mm die Sonne formatfüllend abbilden, so sollte die Objektivbrennweite zweieinviertel Meter betragen. Dann bekommt man ein Sonnenbild von 21 mm Durchmesser. Es empfiehlt sich, schon einige Zeit vor der Sonnenfinsternis Erfahrungen beim Fotografieren der Sonne zu sammeln.

5.11 Aufnahme der ringförmigen Sonnenfinsternis vom 24. Dezember 1973.

Juni 2003

Die Sonne erklimmt am 21. um 21^h10^m MESZ den Gipfel ihrer Jahresbahn – der astronomische Sommer beginnt. Jupiter kann mit Einbruch der Dunkelheit noch tief am Westhorizont gesehen werden. Mars wird zu einem auffälligen Gestirn in der zweiten Nachthälfte.

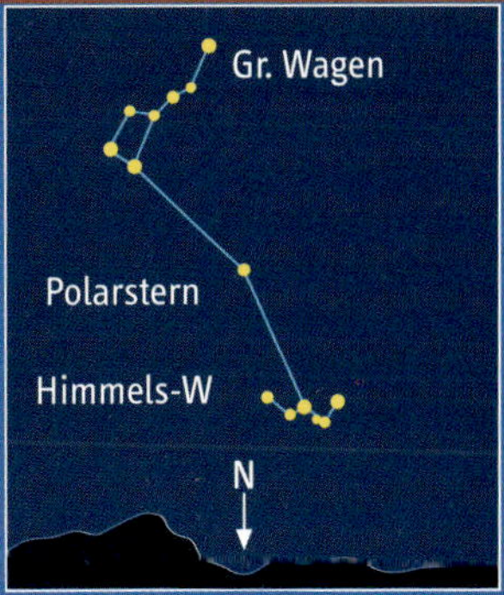

Großer Wagen und Himmels-W Anfang Juni um 22^h

6.1 Himmelsanblick am 5. Juni gegen 22^h MEZ (= 23^h Sommerzeit): Der Riesenplanet Jupiter hält sich im Grenzgebiet Krebs/Löwe auf. Dazu gesellt sich die Sichel des zunehmenden Mondes.

Sonnenlauf

21.6. 20ʰ10ᵐ
Sonne tritt in das Tierkreiszeichen Krebs
22.6. 1ʰ
Sonne tritt in das Sternbild Zwillinge

Julianisches Datum am
1. Juni, 1ʰ MEZ: 2 452 791,5

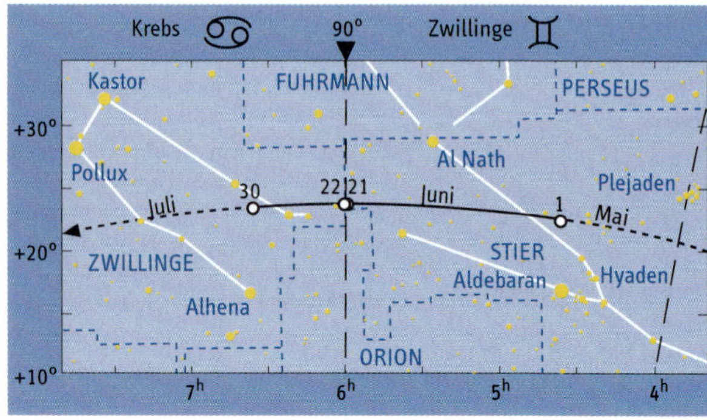

Tag	Dämmerg. Anfang	Aufgang MEZ	Kulmination	Untergang MEZ	Dämmerg. Ende	Mittagshöhe	Zeitgleichg.	Rektaszension	Deklination
	h m	h m	h m	h m	h m	°	m	h m	°
1.	2 33	4 16	12 18	20 20	22 03	62,0	+2	4 34	+22,0
5.	2 28	4 14	12 18	20 24	22 09	62,5	+2	4 50	+22,5
10.	2 24	4 11	12 19	20 28	22 16	63,0	+1	5 11	+23,0
15.	2 21	4 10	12 20	20 31	22 20	63,3	0	5 31	+23,3
20.	2 20	4 10	12 21	20 33	22 23	63,4	–1	5 52	+23,4
25.	2 21	4 12	12 23	20 33	22 23	63,4	–3	6 13	+23,4
30.	2 25	4 14	12 24	20 33	22 22	63,2	–4	6 34	+23,2

Tages- und Nachtstunden

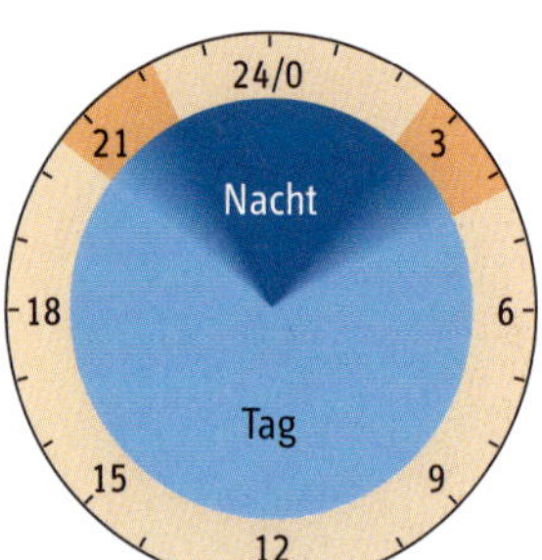

5. Juni

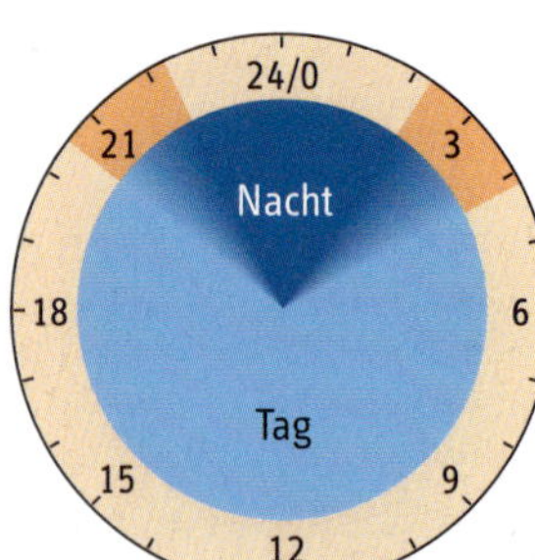

15. Juni

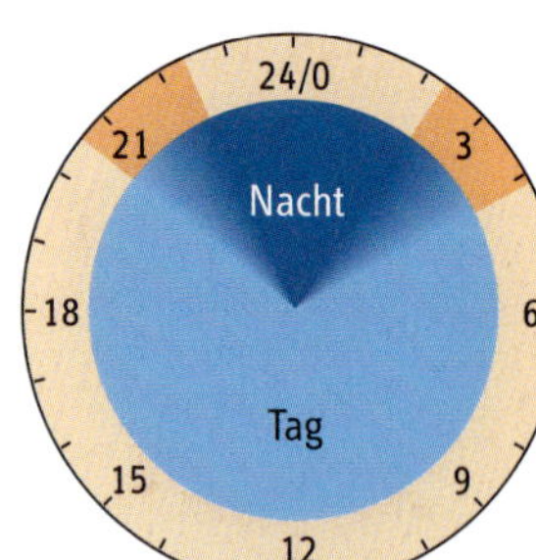

25. Juni

Mondlauf

Datum		Aufg. MEZ	Kulmination	Unterg. MEZ	Rektaszension	Deklination	Sterne und Sternbilder	Phase	MEZ
		h m	h m	h m	h m	°			
So	1.	4 49	13 21	22 01	5 12	+24,8	Stier, Al Nath		
Mo	2.	5 31	14 14	22 57	6 06	+26,2	* Zwillinge		
Di	3.	6 25	15 07	23 42	7 00	+26,4	Zwillinge		
Mi	4.	7 30	16 00	–	7 56	+25,3	Pollux		
Do	5.	8 42	16 51	0 17	8 50	+22,8	Krebs, Krippe		
Fr	6.	9 58	17 41	0 45	9 44	+19,2	Löwe	Größte Nordbreite Libration Ost	
Sa	7.	11 17	18 30	1 07	10 35	+14,5	* Löwe, Regulus	**Erstes Viertel**	**21^h28^m**
So	8.	12 36	19 18	1 26	11 26	+ 9,1	Löwe		
Mo	9.	13 57	20 06	1 43	12 16	+ 3,0	* Jungfrau		
Di	10.	15 20	20 56	2 00	13 08	– 3,3	Jungfrau		
Mi	11.	16 47	21 50	2 18	14 00	– 9,6	* Jungfrau		
Do	12.	18 16	22 47	2 40	14 56	–15,5	Waage	Absteigender Knoten	
Fr	13.	19 44	23 48	3 08	15 56	–20,5	Waage	Erdnähe 360/33′,2	0^h
Sa	14.	21 06	–	3 45	16 58	–24,2	Antares	**Vollmond**	**12^h16^m**
So	15.	22 13	0 52	4 36	18 03	–26,2	Schütze		
Mo	16.	23 03	1 56	5 41	19 08	–26,3	Schütze, Nunki		
Di	17.	23 38	2 56	6 56	20 11	–24,7	Steinbock		
Mi	18.	–	3 52	8 15	21 09	–21,6	Steinbock	Libration West	
Do	19.	0 04	4 43	9 33	22 03	–17,5	Wassermann	Größte Südbreite	
Fr	20.	0 24	5 30	10 47	22 53	–12,7	Wassermann		
Sa	21.	0 41	6 13	11 58	23 39	– 7,5	Wassermann	**Letztes Viertel**	**15^h45^m**
So	22.	0 55	6 54	13 06	0 23	– 2,1	Fische		
Mo	23.	1 09	7 34	14 14	1 06	+ 3,2	Fische		
Di	24.	1 23	8 14	15 21	1 49	+ 8,4	Fische		
Mi	25.	1 38	8 56	16 29	2 33	+13,2	Widder	Erdferne 405/29′,5	3^h
Do	26.	1 56	9 40	17 38	3 19	+17,6	Widder	Aufsteigender Knoten	
Fr	27.	2 19	10 26	18 47	4 07	+21,3	Stier, Plejaden		
Sa	28.	2 49	11 16	19 53	4 58	+24,2	Stier		
So	29.	3 28	12 08	20 51	5 51	+25,9	Stier, Al Nath	**Neumond**	**19^h39^m**
Mo	30.	4 19	13 02	21 40	6 46	+26,5	Zwillinge		

11. Juni 21^h MEZ

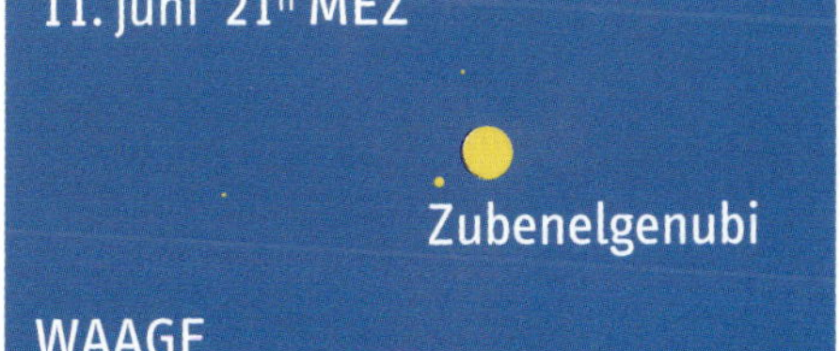

12. Juni 2^h MEZ

Planetenlauf

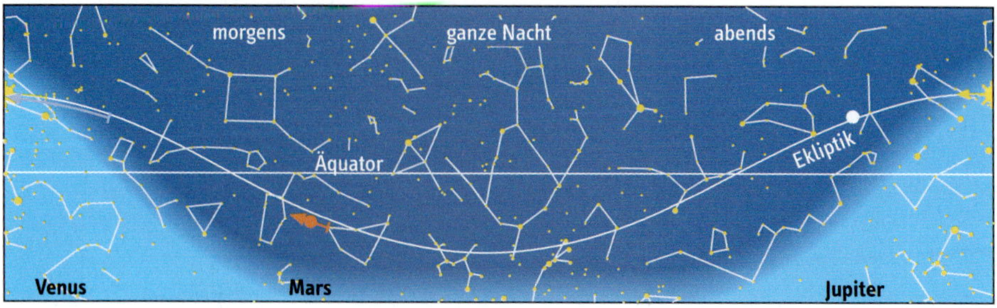

Merkur erreicht am 3. seine größte westliche Elongation von der Sonne. Trotz des relativ großen Winkelabstandes von 24°26′ kommt es nicht zu einer Morgensichtbarkeit in unseren Breiten. Der flinke Planet hält sich rund neun Grad südlicher als die Sonne im Tierkreis auf. Entsprechend kleiner fällt sein Tagbogen aus. Am 3. geht der 0,ᵐ6 helle Merkur um 3^h30^m (= $4^h\,30^m$ Sommerzeit) auf. Der Sonnenaufgang erfolgt um 4^h15^m (= 5^h15^m Sommerzeit). Bevor sich Merkur über die ärgsten Dunstschichten am Horizont erhoben hat, hat die Morgenhelle so zugenommen, dass Merkur nicht mehr mit bloßen Augen erkannt werden kann. Auch die Konjunktion mit Venus am 21. bleibt unsichtbar.

Venus zieht sich allmählich vom Morgenhimmel zurück. Sie läuft der Sonne nach und strebt ihrer oberen Konjunktion entgegen. Dabei erreicht sie immer nördlichere Bezirke des Tierkreises. Am 18. passiert sie Aldebaran, den Hauptstern des Stiers, in 5° nördlichem Abstand. Aldebaran ist allerdings noch nicht mit bloßen Augen am Morgenhimmel sichtbar.

Am 1. geht Venus um 3^h26^m (= 4^h26^m Sommerzeit) auf, am 30. bereits um 3^h18^m. Ihre Helligkeit bleibt konstant bei –3,ᵐ9.

Im Fernrohr zeigt sich das nur noch 10″ große Venusscheibchen praktisch voll beleuchtet. Am 30. beträgt der Beleuchtungsgrad schon 97 %.

Mars verlegt seine Aufgänge in die Zeit vor Mitternacht und beherrscht die zweite Nachthälfte. Er wandert durch den Steinbock und wechselt am 9. in das Sternbild Wassermann. Seine rechtläufige Bewegung wird deutlich langsamer. Am 3. passiert er den Stern Deneb Algiedi (δ Capricorni) nur 0,°2 südlich (siehe Abb. 8.4 auf Seite 159). Am grünlichen Uranus wandert Mars am 21. etwa 3° südlich vorbei (siehe auch Abb. 6.2 hier unten).

Die Marshelligkeit steigert sich abermals kräftig um 0,ᵐ7 auf –1,ᵐ4, womit der rote Planet etwa gleich hell wie der blauweiß funkelnde Sirius wird, der allerdings zur Zeit nicht am Nachthimmel vertreten ist. Zur Monatsmitte ist Mars 99 Millionen Kilometer (= 0,66 AE) von der Erde entfernt. Bis zur Opposition wird sich diese Distanz nochmals etwa halbieren.

Geht der rote Planet am 1. noch um 0^h46^m (= 1^h46^m Sommerzeit) auf, so erfolgt der Marsaufgang am 31. bereits um 23^h24^m.

Das Marsscheibchen wächst auf knapp 17″ scheinbaren Durchmesser an, was unseren äußeren Nachbarplaneten für Fernrohrbesitzer interessant macht. Zumindest die südliche Polkappe (im umkehrenden Fernrohr oben!) sollte man erkennen können. Die Beleuchtungsphase liegt bei 90 %.

Am 19. passiert unser Erdtrabant in vierwöchigem Rhythmus wieder Mars. Am frühen Morgen des 19. ist der Abstand Mars – Mond mit knapp 4° noch recht groß.

Jupiter beschleunigt seine rechtläufige Bewegung im Krebs und steuert auf Regulus im Löwen zu. Am Monatsletzten verlässt der Riesenplanet den Krebs und wechselt in das Sternbild Löwe (siehe Abb. 2.4 auf Seite 59). Die Sichtbarkeitszeiten des Riesenplaneten schrumpfen erheblich. Einerseits geht er immer früher unter, andererseits setzt die Dunkelheit immer später ein. Geht Jupiter am 1. noch um 0^h20^m (= 1^h20^m Sommerzeit) unter, so er-

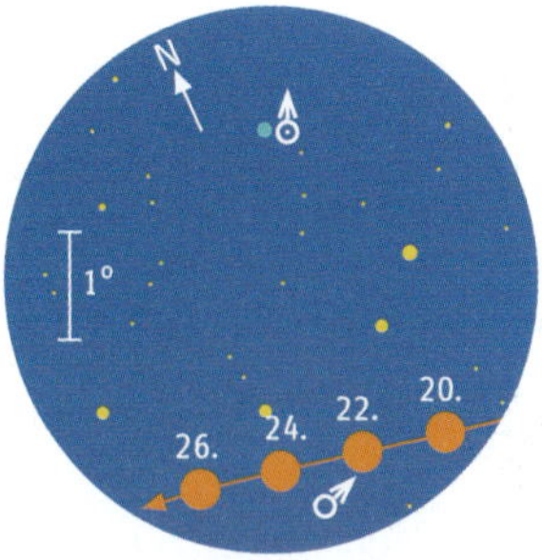

6.2 Mars zieht vom 20. bis 26. Juni 2003 am fernen Uranus vorbei. Fernglasanblick bei 5° Gesichtsfelddurchmesser.

folgt sein Untergang am 15. um 23^h26^m. Am 30. sinkt der $-1\overset{m}{,}8$ helle Riesenplanet schon um 22^h33^m unter die Horizontlinie. An Sichtbarkeit bleiben dann gut 1 1/2 Stunden.
Im Fernrohr zeigt sich, dass das Planetenscheibchen deutlich kleiner ist als zur Oppositionszeit. Der Äquatordurchmesser geht auf gut 30″ zurück.
Am 5. wandert die zunehmende Mondsichel an Jupiter 4° nördlich vorbei. Am Abend ist die Konjunktion schon aufgelöst (siehe Abb. 6.1 auf Seite 125).
Saturn hat sich vom Abendhimmel völlig zurückgezogen. Er steht mit der Sonne am Taghimmel und bleibt nachts unter dem Horizont. Am 5. überschreitet er, rechtläufig aus dem Sternbild Orion kommend, die Grenze zu den Zwillingen, nachdem er einen Tag zuvor in $0\overset{\circ}{,}8$ südlichem Abstand den Sommerpunkt passiert hat.
Die Sonne holt den Ringplaneten am 24. ein. An diesem Tag steht er in Konjunktion mit ihr. Seine Entfernung von der Erde beträgt am Tag der Konjunktion 1503 Millionen Kilometer (= 10,05 AE). Von der Sonne trennen ihn zu diesem Zeitpunkt 1351 Millionen Kilometer (= 9,03 AE). Das Sonnenlicht ist somit eine Stunde und 15 Minuten zu Saturn unterwegs. Die Saturndistanz von der Sonne ist zur Zeit relativ gering, da der Ringplanet einen Monat nach seiner Konjunktion das Perihel seiner Bahn passiert.
Uranus kann in der zweiten Nachthälfte beobachtet werden. Im Laufe des Monats verlagert er seine Aufgänge in die Zeit vor Mitternacht. Der grünliche Planet bremst seine ohnehin langsame Bewegung im Wassermann völlig ab und wird am 7. stationär. Damit leitet er seine Oppositionsperiode ein. Nach dem 7. wandert er rechtläufig

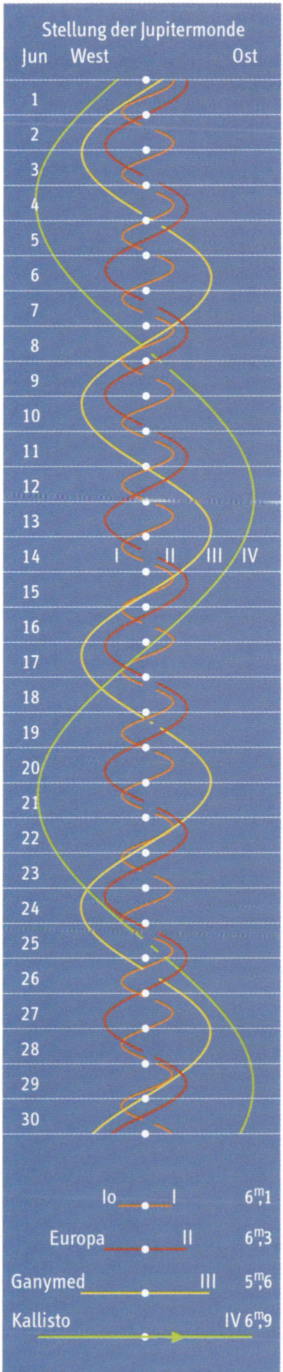

Jupitermond-Erscheinungen

Tag	MEZ h	m	Vorgang		
1.	22	51	I	VA	III
	23	11	I	VE	III
	23	27	II	DA	
3.	22	48	II	VE	
4.	23	27	III	BE	
	23	41	I	DA	
5.	21	01	I	BA	
6.	20	28	I	DE	
	21	33	I	SE	
8.	20	47	IV	BE	
	21	52	I	BA	III
	21	54	I	BE	III
10.	20	23	II	BA	
12.	20	26	II	SE	
	20	54	I	BA	II
	20	57	I	BE	II
	23	00	I	BA	
13.	21	11	I	SA	
	22	27	I	DE	
	23	28	I	SE	
14.	20	48	I	VE	
15.	21	45	III	SE	
17.	23	09	II	BA	
19.	21	09	II	DE	
	23	01	II	SE	
20.	22	10	I	DA	
21.	22	43	I	VE	
22.	22	03	III	DE	
	22	07	III	SA	
26.	21	02	II	DA	
28.	21	30	I	BA	
29.	20	58	I	DE	
	21	47	I	SE	

durch das Sternfeld im Wassermann, wobei er zunächst fast auf der Stelle tritt (Abb. 8.4 und 8.5 auf Seite 159). In der Nacht vom 20. auf 21. zieht der strahlend helle Mars am $5\overset{m}{,}8$ lichtschwachen Uranus in drei Grad südlichem Abstand vorbei.
Der Uranusaufgang erfolgt am 1. um 0^h55^m, am 15. um 23^h56^m und am 30. schon um 22^h56^m (= 23^h56^m Sommerzeit).
Neptun, rückläufig im Steinbock, kann in der zweiten Nachthälfte beobachtet werden. Um den fernen, bläulichen Planeten zu se-

6.3 Lage der Oppositionsschleife von Pluto im Sternbild Schlangenträger.

6.4 Scheinbare Bahn des Planeten Pluto im Jahre 2003.

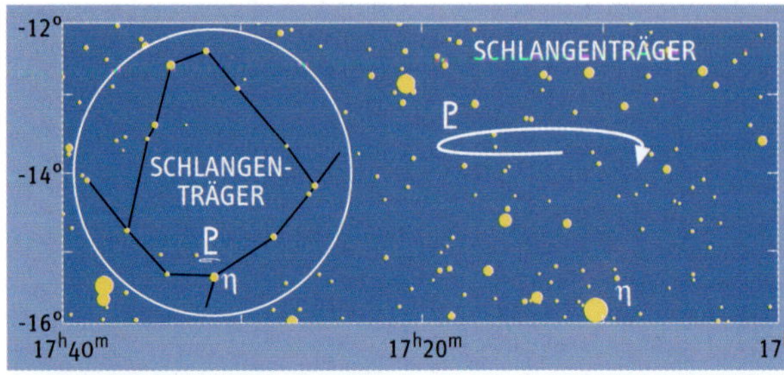

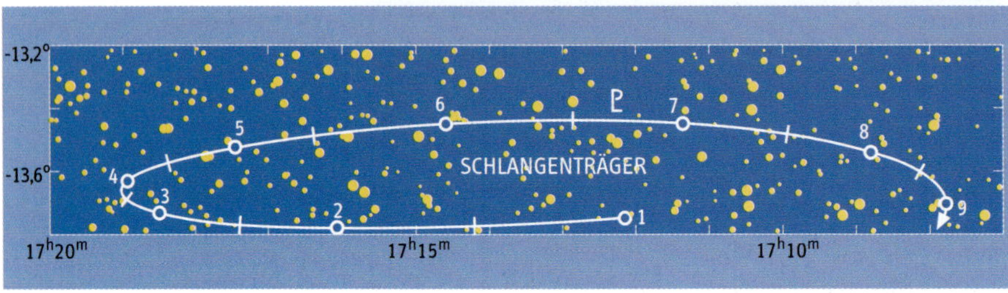

hen, ist ein lichtstarkes Fernglas oder ein Teleskop erforderlich. Seine Aufgänge verlagert der nur $7^{m}9$ helle Neptun von $0^{h}07^{m}$ (= $1^{h}07^{m}$ Sommerzeit) zu Monatsanfang auf $23^{h}08^{m}$ am 15. und auf $22^{h}08^{m}$ am Monatsende (siehe auch Aufsuchkärtchen Abb. 8.6 auf Seite 159).

Pluto hat am 6. Mai die Grenze vom Sternbild Schwanz der Schlange zum Schlangenträger rückläufig überschritten und kommt am 9. in **Opposition** zur Sonne. Der lichtschwächste und sonnenfernste der neun Planeten ist nur größeren Instrumenten zugänglich. Seine scheinbare Oppositionshelligkeit erreicht nur $13^{m}8$. Zur Opposition beträgt die Distanz Erde – Pluto 4436 Millionen Kilometer (= 29,65 AE). Dies entspricht einer Lichtlaufzeit von vier Stunden und sechseinhalb Minuten. Von der Sonne ist Pluto am Oppositionstag 4586 Millionen Kilometer (= 30,66 AE) entfernt. Das Sonnenlicht ist damit vier Stunden und 15 Minuten zum fernsten Planeten unterwegs. Im Fernrohr erscheint Pluto punktförmig. Sein scheinbarer Durchmesser misst lediglich 0,″11. Sein Mond Charon kann nicht aufgelöst werden – Pluto und Charon erscheinen als ein Lichtpunkt. Zum Aufsuchen von Pluto dient Abb. 6.4 oben.

Planetoiden

Vesta (4), wieder rechtläufig in der Jungfrau, strebt rasch nach Südosten (siehe Abb. 3.3 auf Seite 81). Letztmals im Juni wird man Vesta auffinden. Denn die Vestakulminationen erfolgen immer früher und die Dunkelheit setzt immer später ein. Im Verlauf des Juni geht die Vestahelligkeit auf $7^{m}4$ abermals deutlich zurück. Vesta verfrüht ihre Meridiandurchgänge von $19^{h}57^{m}$ (= $20^{h}57^{m}$ Sommerzeit) am 1. auf $19^{h}11^{m}$ am 15. und auf $18^{h}25^{m}$ am 30. Die Untergänge des vierten Kleinplaneten verfrühen sich von $2^{h}44^{m}$ zu Monatsbeginn auf $0^{h}50^{m}$ (= $1^{h}50^{m}$ Sommerzeit) zum Monatsende. Ende Juni trennen uns 294 Millionen Kilometer (= 1,97 AE), also fast die doppelte Sonnendistanz, von Vesta.

Periodische Sternschnuppenströme

Das zweite Maximum des **Scorpius-Sagittarius-Stromes** ist um den 14. Juni zu erwarten. Der Ausstrahlungspunkt oder Radiant liegt bei γ Sagittarii. Der Strom ist während des ganzen Monats aktiv. Wegen der geringen Höhe des Radianten sind Beobachtungen in unseren Breiten schwierig. Die beste Beobachtungszeit sind die Stunden um Mitternacht. Bei diesem Strom sind langsam fliegende Meteore (um 26 Kilometer pro Sekunde) zu registrieren.

Am 3. Juni erreichen die **Tau-Herkuliden** ihr Maximum. Dieser wenig bekannte und unauffällige Strom ist vom 19. Mai bis 14. Juni aktiv.

Am 8. und 9. Juni kann man nach den **Libriden** Ausschau halten. Der Radiant dieses Stromes liegt in der Waage.

Seit etwa zwanzig Jahren werden die **Juni-Lyriden** in der Zeit vom 10. bis 20. Juni beobachtet. Ihr Ausstrahlungspunkt liegt in

der Leier. Ein Ursprungskomet ist noch nicht bekannt.
Zwischen dem 25. Juni und dem 2. Juli tauchen die **Corviden** auf, deren Radiant im Sternbild Rabe liegt. Am 27. Juni erreicht die Corvidenaktivität ihr Maximum.
Um den 28. Juni sind die **Juni-Draconiden** zu erwarten. Der Radiant liegt im Sternbild des Drachen. Die Draconiden sind ein kometarischer Strom, der seinen Ursprung auf den Kometen 7P/Pons-Winnecke zurückführt.

Der Fixsternhimmel

Die Frühlingssternbilder bestimmen nach wie vor den Charakter des abendlichen Sternenhimmels, wenn auch im Osten schon die Sommerbilder im Anmarsch sind. Die Wintersternbilder sind fast vollständig von der Himmelsbühne abgetreten. Nur tief im Norden flackert die in unseren Breiten zirkumpolare Kapella. Knapp über dem Nordwesthorizont kann man noch die Zwillingshauptsterne Kastor und Pollux ausmachen. Die drei hellen Sterne Kapella, Kastor und Pollux sind die letzten Reste, die an vergangene Wintertage erinnern.
Das Frühlingsdreieck, das sich aus Arktur im Bootes, Regulus im Löwen und Spica in der Jungfrau zusammensetzt, ist in die westliche Hemisphäre des Firmaments gerückt. Im Osten ist dagegen das Sommerdreieck mit Wega, Deneb und Atair bereits komplett aufgegangen. Der Große Wagen steht immer noch hoch über unseren Köpfen. Seinen Meridiandurchgang hat er allerdings schon hinter sich, nun bereitet er sich auf seinen Abstieg vor.
Als erstes fällt in der nun spät einsetzenden Abenddämmerung hoch im Südwesten ein heller, deutlich orange-roter Stern auf. Es ist Arktur im Sternbild Bootes. Fast zeitgleich taucht in der hereinbrechenden Dunkelheit schon hoch im Osten die bläulich-weiß strahlende Wega auf. Die Wega ist der Hauptstern der Leier. Arktur und Wega sind somit die ersten Sterne, die in der beginnenden Dämmerung zu sehen sind.
Bei vielen Völkern wurde das Sternbild Bootes mit den sieben Sternen des Großen Wagens in Verbindung gebracht. Dies wird verständlich, wenn man einmal mit den Augen – dem Schwung der Wagendeichsel folgend – auf den hellen Arktur gestoßen ist, der als einer der ersten Sterne in der Abenddämmerung sichtbar wird.
Der Name Bootes kommt aus dem Griechischen: Βοωτης heißt Ochsentreiber oder Rinderhirt. Nach Ansicht der alten Römer treibt der Bootes die sieben Dreschochsen, also die sieben Wagensterne um den Göpel. Die sieben Dreschochsen hießen bei den Römern Septembriones.
Einer anderen Version nach kommt die Bezeichnung Bootes vom griechischen Wort βοήτης, der Brüller oder Schreier. Der Bootes wird als Führer der Jagdhunde angesehen, das Sternbild knapp südlich des Wagens. Sein Schreien soll die Jagdhunde anfeuern, sich auf den Großen Bären zu stürzen. Diese Vermutung wurde von Hevelius geäußert.
Bei den Arabern galt der Bootes als Schafhirte, die Herde bildeten die Sterne des Herkules und Ophiuchus (lat., Schlangenträger). Einer anderen alten arabischen Quelle zufolge gehörten die Sterne des Bootes zu einem riesigen Löwen namens Asad, der fast ein Drittel des Himmels einnahm. Arktur und Spica markierten daher die Schienbeine,

Konstellationen und Ereignisse

Datum	MEZ	Ereignis
1.	22^h	**Mond bei Saturn,** Mond 3,°5 nördlich, **Abstand 2,°9 um 21^h** (Fernglas!)
3.	7	Merkur in größter westl. Elongation (24°)
5.	7	Mond bei Jupiter, Mond 4,°4 nördlich
7.	16	Uranus im Stillstand, anschließend rückläufig
9.	22	**Pluto in Opposition zur Sonne**
17.	22	Mond bei Neptun, Mond 5,°2 südlich
19.	7	**Mond bei Mars,** Mond 1,°7 südlich, **Abstand 3,°6 um 4^h**
19.	9	Mond bei Uranus, Mond 4,°8 südlich
21.	0	**Mars bei Uranus,** Mars 3,°2 südlich, **Abstand 3,°1 um 1^h am 22.**
21.	3	Merkur bei Venus, Merkur 0,°4 südlich
21.	20^h10^m	**Sonne im Sommerpunkt, Sommersonnenwende**
24.	15	Saturn in Konjunktion mit der Sonne
28.	14	**Mond bei Venus,** Mond 2,°4 nördlich, **Abstand 4,°3 um 4^h**
29.	4	Mond bei Merkur, Mond 2,°2 nördlich
29.	11	Mond bei Saturn, Mond 3,°7 nördlich

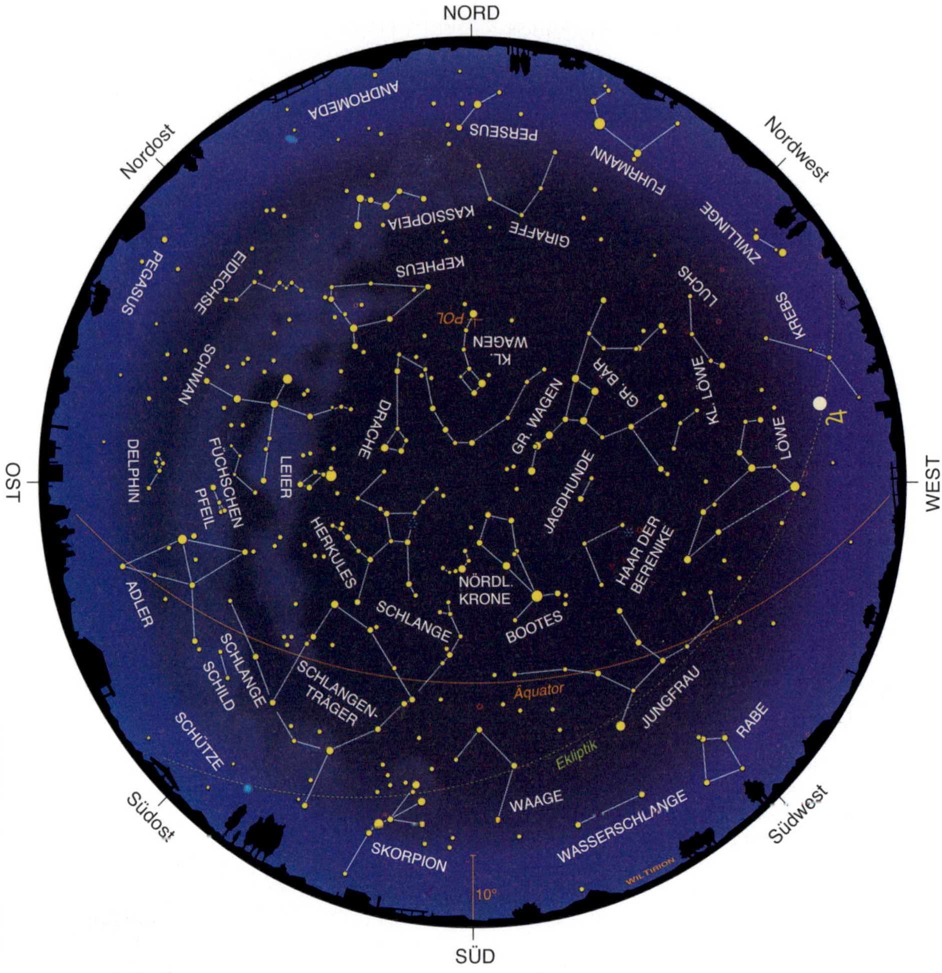

**Sternenhimmel
am 15. Juni
um 22h MEZ (23h MESZ)**

Fixsternhimmel auch gültig für:

	MEZ	MESZ
15. 2.	6h	
1. 3.	5	
15. 3.	4	
1. 4.	3	4h
15. 4.	2	3
1. 5.	1	2
15. 5.	0	1
1. 6.	**23**	**24**
15. 6.	**22**	**23**

Regulus die Stirn. Kleiner Wagen, Zwillinge und Rabe gehörten auch zu diesem Riesentier. Aratos bezeichnet das Bild des Bootes mit τρυγήτης, was griechisch ist und soviel wie Winzer, Weinleser heißt. Diese Bezeichnung ist später auf ε Virginis übergegangen: Der Stern heißt nun Vindemiatrix, also Winzerin. Auch Philomelus rückt den Bootes in die Nähe der Jungfrau und nennt ihn Virgo Ceres, Sohn der Jungfrau. In der nordischen Sagenwelt sind hier drei schwedische Kronen zu erkennen. Die frühen Christen sahen in diesem Bild den heiligen Sylvester. In unseren Tagen sprechen die Amerikaner von der „Eistüte“.
Der gelbrote Hauptstern des Bootes heißt Arktur (lat.: Arcturus), was soviel wie Bärenwächter oder Bärenführer heißt. Denn er treibt gewissermaßen den Großen Bären einmal pro Tag um den Polarstern herum. Die Araber nannten ihn Al Haris al Sama, den Wächter des Himmels. Bei den Indern hat er mehrere Bedeutungen gehabt:

6.5 Skelettkarte des Sternbildes Bootes.

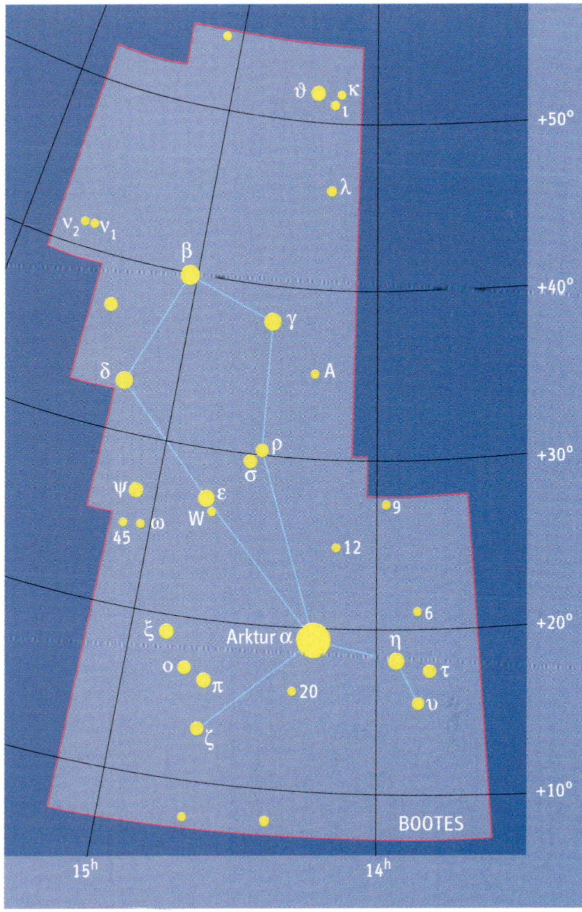

Svati, der gute Läufer, dann wieder Nishtya, der Ausgestoßene oder Verbannte. Gemeint ist hier der Ausschluss aus dem Tierkreis. Weder Mond noch Planeten ziehen an Arktur vorbei. Aber am 5. Oktober 1858 passierte der Kern des sehr hellen Kometen Donati in nur 20′ Distanz Arktur – ein sicher spektakulärer Himmelsanblick, den die Menschen nur selten geboten bekommen.

Im Westen neigt sich der Löwe dem Untergang zu. Die Basislinie Regulus – Denebola steht schräg zum Horizont. Das Feld im Südwesten wird von der Jungfrau (lat.: Virgo) besetzt gehalten. Ihr Hauptstern Spica leuchtet leicht erkennbar in bläulichem Licht halbhoch über dem Südwesthorizont. Tief im Westen geht gerade der Krebs unter. Seine Sterne sind allesamt so lichtschwach, dass sie bereits im Horizontdunst verschwunden sind. Allerdings strahlt noch ein vergleichsweise helles Gestirn im Krebs: Es ist der Riesenplanet Jupiter, der sich von der Himmelsbühne allmählich zurückzieht.

Tief im Süden krabbelt eben der Skorpion den Horizont entlang. Sein tiefroter Hauptstern Antares ist mit $1\overset{m}{.}1$ scheinbarer Helligkeit kaum zu übersehen. Antares, α Scorpii, ist ein roter Überriesenstern. Er wird manchmal als Cor Scorpii (lat., Herz des Skorpions) bezeichnet. Sein Spektraltyp ist M1 Ib; die Distanz ist bis heute nicht genau bekannt. Sie beträgt um 600 Lichtjahre mit einer Unsicherheit von weit mehr als hundert Lichtjahren.

Nördlich des Skorpions, also „oberhalb" von unseren Breiten aus gesehen, wenn der Skorpion gerade im Süden steht, stößt man auf das umfangreiche aber nur aus lichtschwachen Sternen bestehende Bild des Schlangenträgers mit der Schlange. Die Schlange wird durch ihren Träger in zwei Teile zerlegt. Der östliche Teil markiert den Schwanz der Schlange (lat., Serpens Cauda). Er wird durch eine Sternenkette markiert, die auf Atair im Adler deutet. Der westliche Teil bildet den Kopf (lat.: Serpens Caput). Der Schlangenkopf passiert gerade

Veränderliche Sterne

Algol-Minima	2.	3^h28^m	5.	0^h17^m	22.	5^h09^m	25.	1^h58^m	27.	22^h47^m		
β-Lyrae-Minima	4.	10^h H	10.	21^h N	17.	9^h H	23.	20^h N	30.	7^h H		
δ-Cephei-Maxima	1.	2^h	6.	11^h	11.	20^h	17.	4^h	22.	13^h	27.	22^h

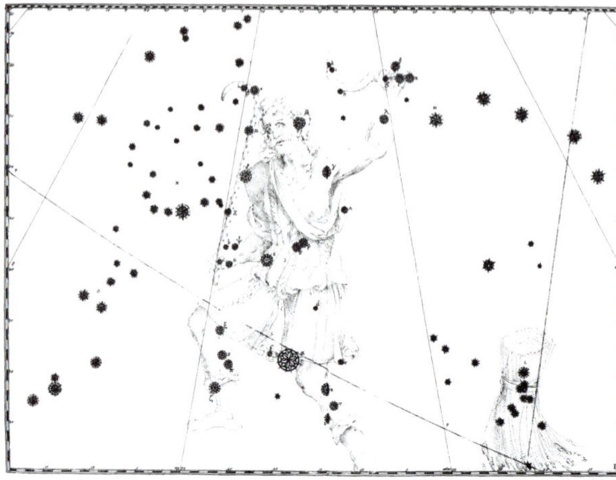

6.6 Figürliche Darstellung des Sternbildes Bootes in dem Sternatlas Uranometria von Johannes Bayer aus dem Jahre 1603.

den Meridian und blickt nach Norden zum kleinen, aber einprägsamen Sternbild Nördliche Krone. Der hellste Stern in der Schlage, α Serpentis, leuchtet orange-rötlich ($2\overset{m}{,}6$), gehört zur Spektralklasse K2 III und ist 73 Lichtjahre entfernt. Sein Eigenname ist Unukalhaia, was „Hals der Schlange“ heißt.

Wetter und Klima

Im Juni beginnt der astronomische Sommer (um den 21.), die Meteorologen bezeichnen den Juni daher als ersten Sommermonat. Der sommerliche Temperaturanstieg wird allerdings von Vorstößen kühlerer Meeresluft mehrmals unterbrochen. Die mittlere Monatsdurchschnittstemperatur steigt auf 16,4 °C. Die mittlere Tageshöchsttemperatur misst 21 °C, die mittlere Monatstiefsttemperatur 0 °C. Normalerweise gibt es keine Frosttage mehr. An einigen Tagen liegen die Mittagstemperaturen über 30 °C. Im Juni 2002 wurde eine maximale Mittagstemperatur von 39 °C erreicht. Durchschnittlich acht Gewittertage sind zu vermerken. Die Niederschlagstage liegen zwischen zehn und zwanzig. Hier treten von Jahr zu Jahr krasse Unterschiede auf. Manche Junimonate sind außerordentlich regenreich.
Die mittlere Sonnenscheindauer beläuft sich auf 230 Stunden. Häufig gibt es gute und klare Sicht für Sternbeobachtungen. 52 % der Nächte sind bewölkt. Nebeltage treten so gut wie nicht mehr auf.

Klimadaten

Nachstehende Tabelle gibt die mittlere Bewölkungswahrscheinlichkeit (BW) und die mittlere Zahl der Tage mit mehr als einem Millimeter Niederschlag (NS) im Monat **Juni** an.

Ort	BW	NS	Ort	BW	NS	Ort	BW	NS
Schleswig	52%	10	Brüssel	57%	10	Säntis (2496 m)	64%	17
Helgoland	54	08	Frankfurt/Main	54	09	Zugspitze (2962 m)	72	18
Hamburg	57	10	Prag	50	10	Sonnblick (3107 m)	69	17
Hannover	58	10	Nürnberg	55	11	Innsbruck	60	14
Berlin	52	09	Stuttgart	58	12	Graz	51	11
Brocken (1152 m)	61	14	München	58	14	Klagenfurt	51	12
Essen	59	11	Salzburg	57	16	Bozen	56	11
Leipzig	54	09	Wien	48	09	Genf	45	10
Dresden	58	10	Zürich	54	13	Lugano	50	12

Gibt es Neutrinosterne?

Um es gleich vorweg zu sagen: Neutrinosterne sind keine Neutronensterne! Aber sie haben etwas gemeinsam, vor allem ihre Entstehungsgeschichte. Sowohl Neutronen als auch Neutrinos sind so genannte Elementarteilchen, also kleinste Bausteine der Materie. Beide haben keine elektrische Ladung, sind somit elektrisch neutral. Daher rührt ihre Bezeichnung. Neutronen sind schwere Bausteine der Atomkerne. Neutrinos hingegen sind viel kleiner als Neutronen, präziser ausgedrückt: Sie haben eine erheblich kleinere Masse und einen extrem kleineren Wirkungsquerschnitt im Vergleich zu den Neutronen.
Der Kernbaustein Neutron wurde im Jahre 1932 von dem Physiker James Chadwick (1891–1974) entdeckt. Freie Neutronen zerfallen mit einer Halbwertszeit von rund einer Viertelstunde. Das heißt, von einer vorgegebenen Menge freier Neutronen sind nach einer Viertelstunde die Hälfte zerfallen. Nur in Atomkernen sind Neutronen stabil. Absolut gesehen haben Neutronen eine geringe Masse, nämlich nur $1{,}008655 \cdot 10^{-24}$ Gramm. In der Physik der Elementarteilchen gibt man üblicherweise die Massen in eV (Elektronenvolt) an. Ein eV ist diejenige Energie, die ein Elektron beim Durchfliegen einer Potentialdifferenz von einem Volt gewinnt. Nach Einsteins Relation $E = mc^2$ ist Masse der Energie äquivalent. Danach hat ein Neutron eine Masse von 939,55 MeV (= Mega-Elektronenvolt, 1 MeV = 1 000 000 eV). Damit ist es 1839-mal schwerer als ein Elektron und zählt somit zu den Baryonen, also den schweren Elementarteilchen. Ein Neutron ist sogar noch ein wenig massereicher als ein Proton, das ebenfalls zu den schweren Kernbausteinen zählt. Die Masse des Protons wurde zu 938,27 MeV bestimmt. Für die physikalisch informierten Leserinnen und Leser sei erwähnt, dass es sich bei diesen und den noch folgenden Angaben stets um die Ruhemasse handelt und nicht um die Impulsmasse.
Noch vor der Entdeckung des Neutrons hat im Jahre 1931 der geniale Physiker und Nobelpreisträger Wolfgang Pauli (1900–1958) aus theoretischen Überlegungen ein hypothetisches Elementarteilchen gefordert, das später von dem italienischen Physiker Enrico Fermi „Neutrino" („Neutronchen") getauft wurde. Beim Zerfall radioaktiver Atomkerne hatte man nämlich beobachtet, dass die ausgesandte Beta-Strahlung offensichtlich den Energieerhaltungssatz verletzt. Doch nicht nur das: Die ausgesandten Elektronen, die ja die Beta-Strahlung ausmachen, schienen auch den Impulssatz und den Drehimpulssatz nicht zu kennen, nach denen beide Größen bei physikalischen Prozessen in einem abgeschlossenen System erhalten bleiben.

Ein hypothetisches Teilchen

Pauli vermutete nun, dass die Natur nicht ihre eigenen Gesetze verletzt, sondern dass ein noch unbekanntes Teilchen dahintersteckt, das keine elektrische Ladung, keine oder fast keine Masse, dafür aber Energie (Impulsmasse) und Spin (Drehimpuls) besitzt. Trotz seines Renommees als Physiker wurde Paulis Hypothese zunächst stark angezweifelt. Denn niemals zuvor hatte jemand ein hypothetisches Teilchen – mir nichts, dir nichts – eingeführt. Tatsächlich dauerte es mehr als ein Vierteljahrhundert, bis die Existenz von Paulis vermuteten Teilchen durch Beobachtungen in großen Szintillatortanks experimentell nachgewiesen wurde. Der Nachweis ist schwierig, denn Neutrinos sind extrem scheue Teilchen. Man bemerkt sie kaum, sie reagieren fast nicht mit Materie. Neutrinos können Lichtjahre dicke Bleiwände mühelos durchdringen, ohne gestoppt zu werden. Der Physiker sagt: Neutrinos haben einen extrem kleinen Wirkungsquerschnitt von nur 10^{-20} barn (= 10^{-44} cm^2). Neutrinos zählen wie Elektronen, Protonen und Neutronen mit halbzahligem Spin zu den Fermionen. Als leichte Teilchen gehören sie zu den Leptonen, wie Elektronen, Myonen und Tauonen auch. Lange war man der Ansicht, dass Neutrinos keine Ruhemasse besitzen und sich darum stets mit Lichtgeschwindigkeit durch das Weltall bewegen. Verschiedene Experimente und Beobachtungen haben jedoch gezeigt, dass Neutrinos eine zwar kleine, aber eben doch von Null verschiedene Ruhemasse besitzen. Man schätzt die Ruhemasse eines Neutrinos auf höchstens wenige Milliardstel der Masse eines Neutrons, also auf etwa 2-3 eV. Kosmologisch gesehen, ist dies nicht uninteressant, entstanden doch im Feuerball des Urknalls Milliarden mal mehr Neutrinos als schwere Kernbausteine. Auf diese Weise liefern sie einen

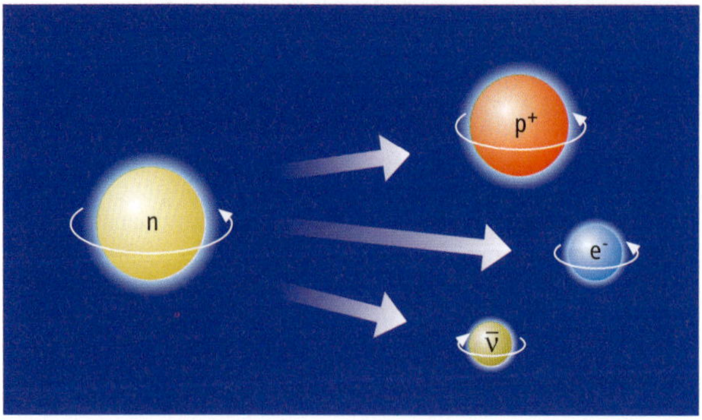

6.7 Der so genannte Betazerfall: Ein freies Neutron zerfällt in etwa einer Viertelstunde in ein Proton, ein Elektron und ein Anti-Neutrino. Man beachte die unterschiedliche Spinrichtung von Elektron und Anti-Neutrino.

Beitrag zur mittleren Materiedichte im Universum.

Neutrinos entstehen bei kernphysikalischen Prozessen, so bei dem schon erwähnten Beta-Zerfall. Ein freies Neutron (n) zerfällt schon nach wenigen Minuten in ein Proton (p), ein Elektron (e^-) und ein Neutrino (ν):

$$n \Rightarrow p + e^- + \nu$$

Genau genommen handelt es sich um ein Antineutrino ($\bar{\nu}$), denn in der Reaktionsgleichung muss auch die Leptonenzahl erhalten bleiben. Neutron und Proton haben jeweils die Leptonenzahl 0 (sie sind ja Baryonen!), das Elektron hat jedoch +1 als Leptonenzahl und das Antineutrino –1. Neutrinos und Antineutrinos unterscheiden sich somit durch ihre Leptonenzahl und ihre Helizität. Elektrisch sind beide neutral, wie ihr Name verrät. Zerfällt ein Proton (p) in ein Neutron (n) und ein Positron (e^+), so taucht auch ein Neutrino (ν) auf:

$$p \Rightarrow n + e^+ + \nu$$

In diesem Fall hat das Positron die Leptonenzahl –1, das Neutrino jedoch +1.

Leptonen treten in drei Familien oder Generationen auf: Elektronen, Myonen und Tauonen. Entsprechend gibt es auch Elektronneutrinos, Myneutrinos und Tauneutrinos, die sich gelegentlich ineinander umwandeln. Man spricht von Neutrinooszillationen. So zerfällt beispielsweise ein positiv geladenes Pion (π^+) in ein positives Myon (μ^+) und ein Myneutrino (ν_μ):

$$\pi^+ \Rightarrow \mu^+ + \nu_\mu$$

Das Myon zerfällt augenblicklich wieder in ein Positron, ein Elektronneutrino und ein Anti-Myneutrino:

$$\mu^+ \Rightarrow e^+ + \nu_e + \bar{\nu}_\mu$$

Neutronensterne

Neutrinos wurden nicht nur im Feuerball des Urknalls gebildet, sie werden auch im tiefen Inneren der Sonne und der anderen Sterne bei aktiven Kernverschmelzungsprozessen erzeugt. Eine astrophysikalisch besonders wichtige Rolle spielen sie jedoch beim Mechanismus einer Supernovadetonation des Typ II. Supernovadetonationen sind gigantische Explosionen von ausgebrannten, massereichen Sternen. Ihre Leuchtkraft ist enorm. Für kurze Zeit leuchten sie so hell wie eine ganze Galaxie von hundert Milliarden Sternen. Sie sind deshalb weit im Weltall zu sehen. Die fernsten Supernovae wurden in Distanzen von mehreren Milliarden Lichtjahren beobachtet. Den Kosmologen verraten solche fernen Supernovae, dass das Weltall beschleunigt expandiert. Die Menge an freigesetzter Energie bei einer Supernovadetonation entspricht etwa 10^{51} erg oder $2{,}5 \times 10^{28}$ Megatonnen TNT (Trinitrotoluol-Sprengstoff). Im Laufe der Existenz unserer Milchstraße gab es in ihr schätzungsweise 100 Millionen Supernovae, die die interstellare Materie mit schweren Elementen angereichert, Einfluss auf die Geburt neuer Sterne genommen und insbesondere die Entstehung von Planetensystemen erst ermöglicht haben. Der Sauerstoff, den wir atmen, das Eisen in unseren Fahrzeugen, das Kalzium in unseren Knochen und das Silizium in unseren Felsengesteinen sind die Überreste, gewissermaßen Sternenasche, von Supernovadetonationen.

Ebenso haben die intensive kosmische Partikelstrahlung sowie die lange rätselhaften Gamma-Strahlungsblitze (γ-ray-bursts) ihren Ursprung in Supernova-Ausbrüchen. Man schätzt, dass in jeder Sekunde eine Supernova irgendwo im Universum aufflammt – nur die wenigsten werden gesichtet.

Dabei gilt es, zwischen zwei Supernova-Typen zu unterscheiden. Typ I zeigt keine Wasserstofflinien im Spektrum. Es handelt sich hierbei um zusammenbrechende Weiße Zwerge. Wenn sie als Partner eines Doppelsterns mehr Masse erhalten, als ihnen gut tut – also die so genannte Chandrasekhar-Grenze von knapp eineinhalb Sonnenmassen überschreiten – dann kollabieren sie. Kollabiert ein Weißer Zwerg durch Massenakkretion, so kommt es zu einer explosionsartigen Kernfusion von Kohlenstoff. Kohlenstoffkerne fusionieren zu Kernen der Elemente Nickel, Kobalt und Eisen, wobei ungeheure Energiemengen freigesetzt werden. Innerhalb nur weniger Tage strahlt eine Supernova vom Typ I soviel Energie ab wie unsere Sonne in rund hundert Millionen Jahren. Der zusammenbrechende Weiße Zwerg übersteht die gewaltige Detonation nicht, er wird vollständig zerrissen. Ein kompakter Rest wie etwa ein Neutronenstern bleibt nicht übrig.

Eine Supernova vom Typ II flammt auf, wenn ein massereicher Stern (mit etwa acht Sonnenmassen oder mehr) am Ende seines Lebens die thermonuklearen Prozesse einstellt. Er wird instabil, sein Zentralbereich bricht zusammen, eine ungeheure Explosion ist die Folge. Übrig bleibt als winziger Rest ein rasch rotierender Neutronenstern, der sich als Blitze schleudernder Pulsar bemerkbar macht.

Schon bald nach Entdeckung des Kernbausteins Neutron wiesen einige Astrophysiker auf die Möglichkeit hin, dass es superdichte Sterne geben könne, die sich im Wesentlichen aus Neutronenbrei zusammensetzen. Solche Neutronensterne könnten die Reste ausgebrannter Sterne sein. Wegen ihrer besonderen, theoretisch ermittelten Eigenschaften nannte man sie auch „gefrorene Sterne“. Allerdings glaubte lange Zeit kaum ein Astronom daran, dass Neutronensterne im Weltall tatsächlich vorkommen. Auch suchte man nach ihnen nicht, denn sie zu entdecken, schien völlig aussichtslos. Schon Weiße Zwerge sind nur schwer und nur in Sonnennähe zu finden (siehe auch Monatsthema Oktober „Weiße Zwerge ohne Ende?“ auf Seite 197). Angenommen, Neutronensterne würden etwa die gleiche Menge Licht pro Flächeneinheit abstrahlen wie Weiße Zwergsterne, so wären sie eine Million mal lichtschwächer.

Wie häufig in der Astronomie, verdankt man die Entdeckung von Neutronensternen nicht nur dem Zufall, sondern vor allem auch der Einführung neuer Beobachtungsmethoden. Susan Jocelyn Bell-Burnell fand im Juli 1967 im Sternbild Vulpecula (Füchschen) eine Radioquelle, die mit hoher Regelmäßigkeit alle 1,33 Sekunden einen Radioimpuls aussendet. Zu allererst dachte man an ein Signal Außerirdischer und nannte die Pulse aussendende Radioquelle „LGM“ für „Little Green Man“ („Kleines grünes Männchen“). Bald stellte es sich jedoch heraus, dass „LGM“ ein rasch rotierender Neutronenstern ist – eben mit der Frequenz von 1,33 Sekunden.

Neutronensterne sind winzig klein. Sie haben typischerweise nur etwa 20 bis 30 Kilometer Durchmesser, weisen aber einige Sonnenmassen und somit eine enorme Dichte auf. Ein einziger Kubikzentimeter Materie eines Neutronensterns hat einige Millionen Tonnen an Masse. Eine ähnlich hohe Materiedichte weisen nur Atomkerne auf. Beim Kollaps werden die Atome zerstört, die Elektronen werden in die Atomkerne hineingepresst – ein Neutronenbrei entsteht.

Den Kollaps eines massereichen Sterns am Ende seines Lebens und die damit ausgelöste Supernovadetonation zu verstehen, erfordert nicht nur profundes Wissen über das Verhalten und die Eigenschaft der Elementarteilchen, sondern auch hochmoderne Superrechner. Erst in den letzten Jahren ist es gelungen, die Physik der Supernova II-Explosionen genauer zu verstehen und die Rolle kennenzulernen, die dabei die fast masselosen Neutrinos spielen.

Der Lebensweg massereicher Sterne ist kurz im Vergleich zu massearmen Sternen wie unsere Sonne. Sie entwickeln sich recht schnell. Zunächst verbrauchen sie in ihrem tiefen Innern ihren Wasserstoffvorrat, indem sie ihn in atomaren Verschmelzungsprozessen zu Helium verwandeln. Bei Temperaturen über 100 Millionen Grad wird Helium zu Kohlenstoff fusioniert. In immer weiteren Fusionsprozessen bei immer höheren Zentraltemperaturen werden Stickstoff, Sauerstoff, Neon, Silizium, Schwefel, Kalium, Kalzium usw. bis hin zu Eisen erzeugt. Die Verschmelzung von Eisenatomkernen zu noch schwereren Elementen liefert dann keine Energie mehr, weshalb hier die Fusionskette abbricht. Ein weit entwickelter Stern hoher Masse setzt sich aus zahlreichen Kugelschalen zusammen, in denen die „gebackenen“ Elemente vorhanden sind. Außen Wasserstoff und Helium, tiefer Kohlenstoff und Stickstoff, auf dem Weg nach Innen folgen die Sauerstoff-Neon-Schale und die Silizium-Schale. Im superheißen, dichten Zentrum stößt man dann auf eine Kugel aus Eisengas. Die Temperatur erreicht hier rund zehn Milliarden Grad, die Dichte fast tausend Tonnen pro Kubikzentimeter! Man spricht vom *Zwiebelschalenmodell,* da der entwickelte, massereiche Stern aus einzelnen Schalen wie eine Zwiebel aufgebaut ist.

Zunächst ist der Zwiebelschalenstern noch im Gleichgewicht. Doch dann passiert's: Bei extrem hohen Temperaturen von zehn Milliarden Kelvin entsteht eine extrem kurzwellige, aber hochenergetische elektromag-

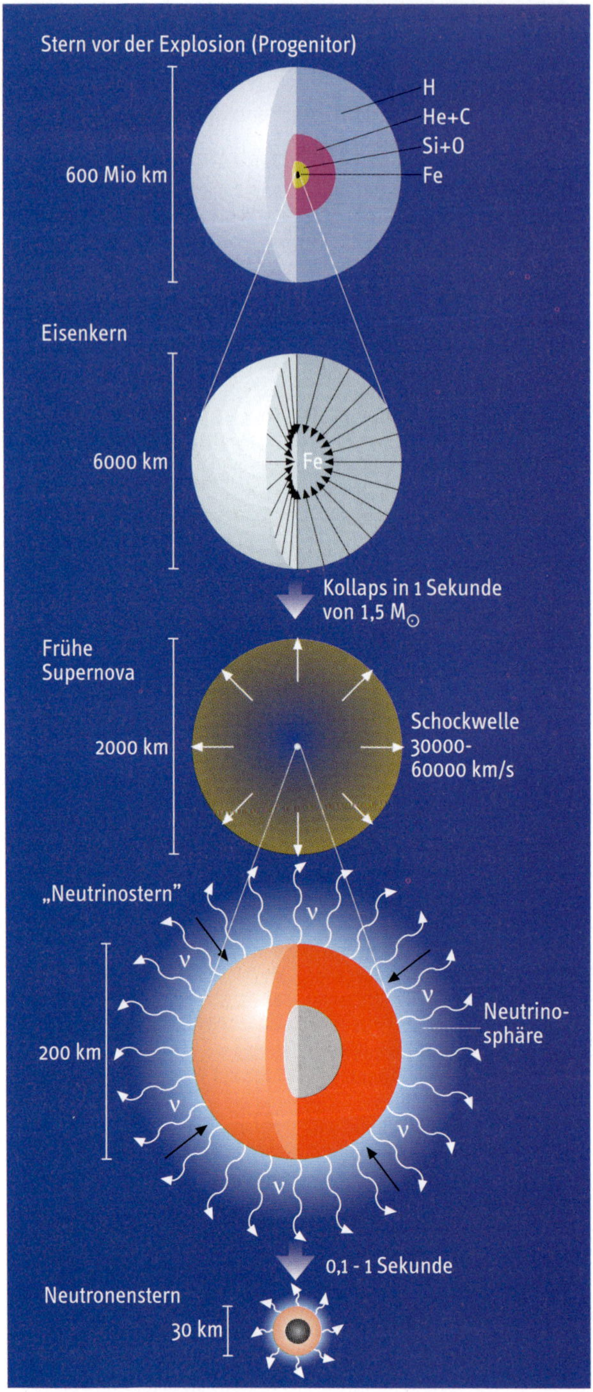

6.8 Verlauf einer Supernova-Detonation mit Phase „Neutrinostern". Näheres im Textteil.

netische Strahlung, nämlich Gammastrahlung. Die energiereichen Gammaquanten erzeugen jede Menge Paare von Elektronen und Positronen. Sobald diese aufeinandertreffen, zerstrahlen sie wieder in Photonen – und Neutrinos. Die Neutrinos verlassen fast augenblicklich wegen ihres geringen Wirkungsquerschnitts den Sternkern (innerhalb von wenigen Millisekunden). Der Neutrinofluss entzieht aber dem Sternkern Energie, und zwar recht massiv. Die zentrale Eisenkugel kühlt ab und beginnt zu schrumpfen. Ab einer bestimmten Dichte kollabiert der Eisenkern. Dieser Kollaps geht ungeheuer schnell vor sich – in Bruchteilen einer Sekunde. Ausgelöst wird er durch die Photodesintegration der Eisenatome: Extrem energiereiche Gammaquanten zerschlagen die Eisenatomkerne in Alphateilchen (= Heliumkerne) und Neutronen, ein extrem energieverbrauchender Vorgang (endothermer Prozess), der zum Zusammenbruch des Sternkerns führt. Dabei wird die Materie derart komprimiert, so dass Elektronen und Protonen ineinander gequetscht werden und eine winzige, aber superdichte Kugel aus Neutronenbrei bilden. Bei der Reaktion „Protonen plus Elektronen ergeben Neutronen" werden aber ungeheuer viele Neutrinos produziert. Dies ist ein ebenfalls energieverzehrender Vorgang, der den Kollaps noch beschleunigt. Die mittlere Teilchenenergie der Neutrinos erreicht dabei etwa 10 MeV, das ist milliardenmal mehr als normale Neutrinos sonst besitzen.

Die Kugel aus Neutronenbrei hat nur rund zwanzig Kilometer Durchmesser aber eine Dichte von 10^{14} Gramm pro Kubikzentimeter – dies ist Atomkerndichte! Hundert Millionen Tonnen Materie, zusammengepresst auf die Größe eines Zuckerwürfels! Die winzige Neutronenkugel erweist sich als inkompressibel, das entartete Neutronengas verhindert einen weiteren Zusammenfall.

Die Supernova

Beim Kollaps der zentralen Eisenkugel stürzen aber auch die umgebenden Materieschichten der einzelnen Zwiebelschalen mit Geschwindigkeiten von 30 000 bis 70 000 Kilometern pro Sekunde nach innen. Noch merkt davon die äußere Hülle des Sterns nichts – er leuchtet im Normallicht. Die im tiefen Inneren einstürzende Materie trifft nun auf die harte Oberfläche des winzigen Neutronenballs. Sie prallt ab und wird zurückgeschleudert. Wie ein Peitschenschlag rast die Schockwelle nach außen. Früher dachte man, sie wäre die Ursache für die Supernovadetonation. Doch sie kommt nicht weit. Schon nach wenigen hundert Kilometern bleibt sie stecken, also nach wenigen Millisekunden. Es entsteht eine quasistationäre Schockfront. Es tritt ein Zustand ein, der als „stall“ bezeichnet wird und auch in der Luftfahrt ein bekannter und gefürchteter Zustand ist („Strömungsabriss“). Die nach außen laufende Schockfront wird nicht nur durch weiter einstürzende Materie gebremst, sondern vor allem durch die energieverzehrende Produktion von Neutrinos. Während üblicherweise Neutrinos wegen ihres geringen Wirkungsquerschnitts innerhalb weniger Millisekunden den Stern verlassen, werden sie in der zentralen Neutronenkugel gewissermaßen gefangen gehalten. Ihre freie Weglänge beträgt dort nur wenige Meter. Es dauert daher einige Sekunden, bis sie die Oberfläche der Neutronenkugel erreichen. Diese glüht dann gewissermaßen im „Neutrinolicht“ auf. Es bildet sich eine „Neutrinosphäre“ ähnlich der Photosphäre unserer Sonne. Wie die Kalkulationen zeigen, wird fast die gesamte, durch den Kollaps freigesetzte Gravitationsenergie in die Produktion von Neutrinos umgesetzt. Die Neutrinoleuchtkraft erreicht die ungeheure Stärke von 10^{53} erg/s (= 10^{46} Watt), dies entspricht dem trillionenfachen der Sonnenleuchtkraft. Damit ist die Neutrinoleuchtkraft aber auch hundertmal stärker als die gesamte elektromagnetische Strahlung einer Supernovadetonation einschließlich der kinetischen Energie der abgeschleuderten äußeren Hülle des alternden Sterns. Im Klartext: Der Lichtausbruch – von Gamma- und Röntgenstrahlen über ultraviolettes und sichtbares Licht bis zum Infraroten samt der mechanischen Energie der mit einigen tausend Kilometern pro Sekunde abgeschleuderten Materieschichten – beinhaltet nur etwa ein Prozent der gesamten bei einer Supernovadetonation frei werdenden Energie! Rund 99 Prozent der Energie stecken in der Neutrinoleuchtkraft, weshalb einige Astrophysiker von *Neutrinosternen* sprechen. Doch die Lebensdauer eines Neutrinosterns währt nicht Milliarden oder Millionen Jahre, nicht einmal Tage oder Stunden. In Sekundenschnelle bewirkt das Neutrinofeuerwerk die finale Detonation. In Verbindung mit einem Effekt, den die Physiker Rayleigh-Taylor-Instabilität (ein Grenzschichtenphänomen) nennen, wird die Neutrinosphäre zum Auslöser der Supernovaexplosion. Um die Theorie des Detonationsmechanismus einer Supernova und die Ergebnisse der Modellrechnungen auf Hochleistungsrechnern zu überprüfen, bedarf es der Beobachtung des Neutrinoflusses. Dies ist allerdings sehr aufwendig und kann nur in wenigen, unterirdischen Labors mit gewaltigen Neutrinodetektoren geleistet werden. Immerhin, die Beobachtung der Neutrinos, die von der Supernova 1987A in der Großen Magellanschen Wolke ausgesandt wurden, ließ erkennen, dass man heute die komplizierten Vorgänge im tiefen Inneren eines alten, massereichen Sterns bis zu seiner Detonation im Wesentlichen richtig versteht. Und *Neutrinosterne* sind Augenblicksereignisse in der Milliarden Jahre alten Geschichte des Universums. Und doch flammt in jeder Sekunde irgendwo in den Tiefen des Weltalls ein Neutrinostern auf – für Augenblicke nur. Nie werden wir aber einen sehen können, denn unsere Augen sind blind für Neutrinos. Wir sehen sie nicht nur nicht, wir spüren sie auch nicht, obwohl in jeder Sekunde Milliarden Neutrinos unsere Körper durchfluten. Nur spezielle Apparaturen, in tiefen Bergwerken versteckt, ermöglichen, das eine oder andere dieser scheuen Teilchen nachzuweisen.

Juli 2003

Am 4. passiert die Erde ihren sonnenfernsten Bahnpunkt. Von der Sonne trennen uns an diesem Tag 152 Millionen Kilometer. Der rote Mars wird allmählich zum Planeten der ganzen Nacht und übertrifft mittlerweile selbst Jupiter an Glanz, der ohnehin allmählich von der abendlichen Himmelsbühne abtritt.

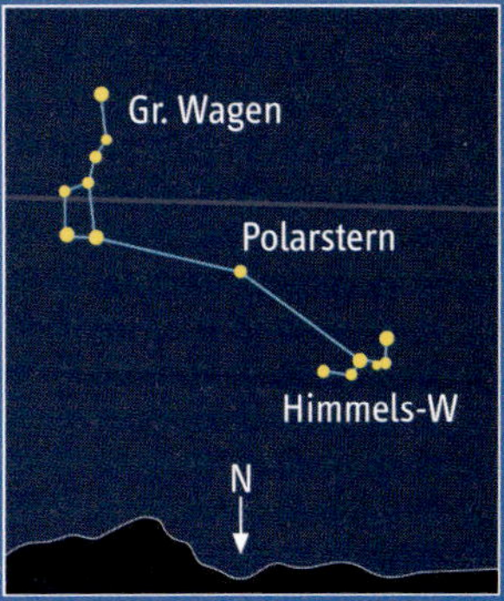

Großer Wagen und Himmels-W Anfang Juli um 22h

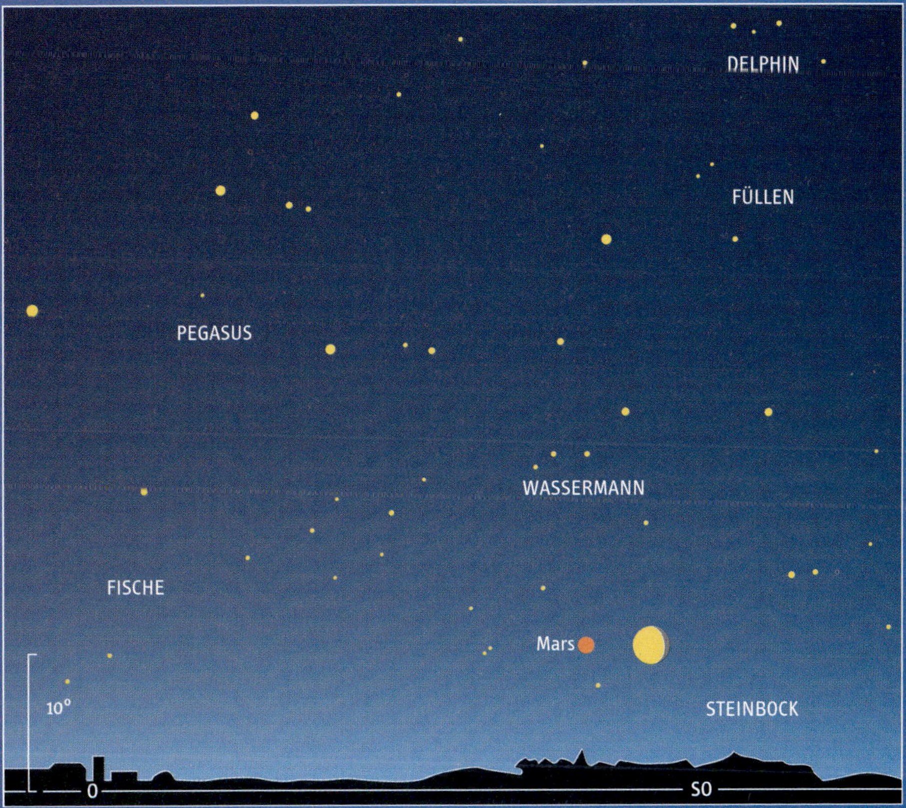

7.1 Himmelsanblick am 16. Juli gegen Mitternacht (24h MEZ = 1h MESZ am 17. Juli): Knapp über dem Südosthorizont sind der helle, rötliche Mars und der abnehmende Mond zu sehen.

Sonnenlauf

21.7. 6ʰ
Sonne tritt in das Sternbild Krebs
23.7. 7ʰ
Sonne tritt in das Tierkreiszeichen Löwe

Julianisches Datum am 1. Juli, 1ʰ MEZ: 2 452 821,5

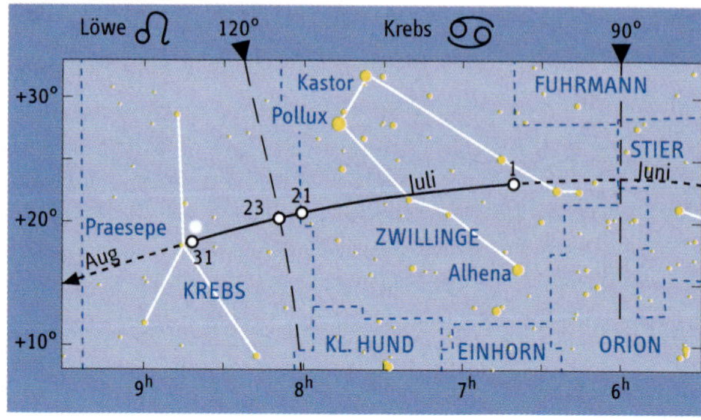

Tag	Dämmerg. Anfang	Aufgang MEZ	Kulmination	Untergang MEZ	Dämmerg. Ende	Mittagshöhe	Zeitgleichg.	Rektaszension	Deklination
	h m	h m	h m	h m	h m	°	m	h m	°
1.	2 26	4 15	12 24	20 33	22 21	63,1	−4	6 38	+23,2
5.	2 30	4 17	12 24	20 31	22 18	62,8	−4	6 54	+22,8
10.	2 37	4 22	12 25	20 28	22 12	62,3	−5	7 15	+22,3
15.	2 45	4 27	12 26	20 24	22 05	61,5	−6	7 35	+21,6
20.	2 55	4 33	12 26	20 19	21 57	60,7	−6	7 56	+20,8
25.	3 04	4 39	12 26	20 13	21 47	59,7	−6	8 15	+19,8
31.	3 16	4 47	12 26	20 05	21 35	58,3	−6	8 39	+18,4

Tages- und Nachtstunden

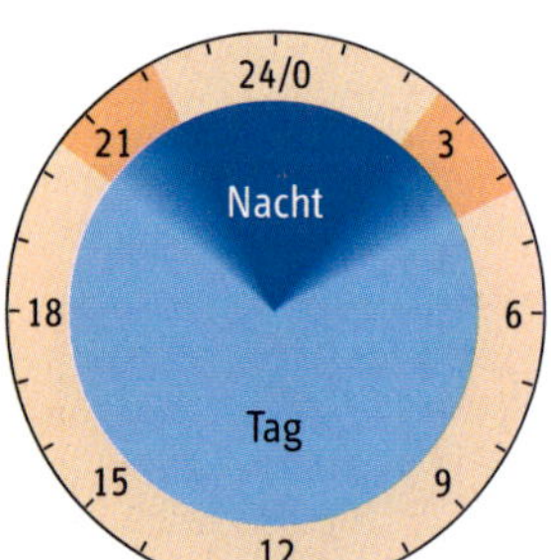

5. Juli

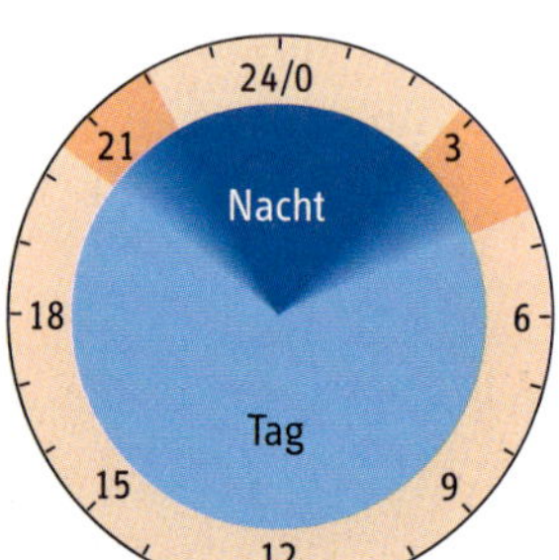

15. Juli

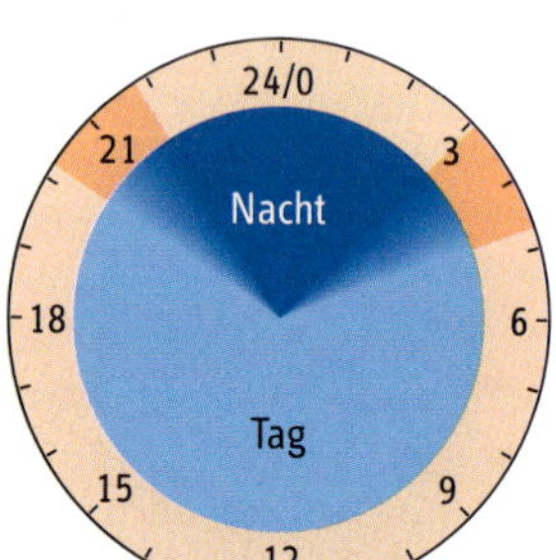

25. Juli

Mondlauf

Datum		Aufg. MEZ	Kulmination	Unterg. MEZ	Rektaszension	Deklination		Sterne und Sternbilder	Phase	MEZ
		h m	h m	h m	h m	°				
Di	1.	5 21	13 56	22 19	7 42	+25,6		Kastor, Pollux		
Mi	2.	6 32	14 48	22 49	8 37	+23,4		Krebs, Krippe		
Do	3.	7 48	15 39	23 12	9 31	+20,0		Löwe	Größte Nordbreite	
									Libration Ost	
Fr	4.	9 06	16 28	23 32	10 24	+15,6		Löwe, Regulus		
Sa	5.	10 25	17 15	23 49	11 14	+10,3		Löwe		
So	6.	11 43	18 02	–	12 04	+ 4,4	*	Jungfrau		
Mo	7.	13 04	18 50	0 06	12 54	– 1,8		Jungfrau	**Erstes Viertel**	**3^h32^m**
Di	8.	14 26	19 41	0 23	13 45	– 8,0		Spica		
Mi	9.	15 51	20 34	0 42	14 38	–13,8		Waage		
Do	10.	17 18	21 32	1 06	15 34	–19,0	*	Waage	Erdnähe 365/32′,7	23^h
									Absteigender Knoten	
Fr	11.	18 41	22 34	1 38	16 34	–23,1	*	Antares		
Sa	12.	19 54	23 37	2 21	17 37	–25,6		Schlangenträger		
So	13.	20 52	–	3 19	18 42	–26,5		Schütze, Nunki	**Vollmond**	**20^h21^m**
Mo	14.	21 34	0 39	4 30	19 45	–25,5		Schütze		
Di	15.	22 04	1 38	5 49	20 46	–23,0		Steinbock		
Mi	16.	22 27	2 32	7 09	21 42	–19,1		Steinbock	Größte Südbreite	
									Libration West	
Do	17.	22 45	3 21	8 27	22 34	–14,5		Wassermann		
Fr	18.	23 00	4 06	9 40	23 22	– 9,3		Wassermann		
Sa	19.	23 14	4 49	10 51	0 08	– 3,8		Fische		
So	20.	23 28	5 30	12 00	0 52	+ 1,6		Walfisch		
Mo	21.	23 43	6 10	13 08	1 35	+ 6,9		Fische	**Letztes Viertel**	**8^h01^m**
Di	22.	–	6 52	14 16	2 19	+11,9		Widder	Erdferne 404/29′,6	21^h
Mi	23.	0 00	7 35	15 25	3 04	+16,5		Widder	Aufsteigender Knoten	
Do	24.	0 21	8 20	16 34	3 51	+20,4		Stier, Plejaden		
Fr	25.	0 48	9 09	17 41	4 41	+23,5		Aldebaran		
Sa	26.	1 23	10 00	18 42	5 34	+25,6		Stier, Al Nath		
So	27.	2 10	10 53	19 35	6 29	+26,5		Zwillinge		
Mo	28.	3 08	11 48	20 18	7 25	+26,0		Kastor, Pollux		
Di	29.	4 18	12 42	20 51	8 21	+24,2		Krebs, Krippe	**Neumond**	**7^h53^m**
									Libration Ost	
Mi	30.	5 34	13 34	21 17	9 17	+21,0		Krebs	Größte Nordbreite	
Do	31.	6 53	14 24	21 38	10 10	+16,7		Löwe, Regulus		

Planetenlauf

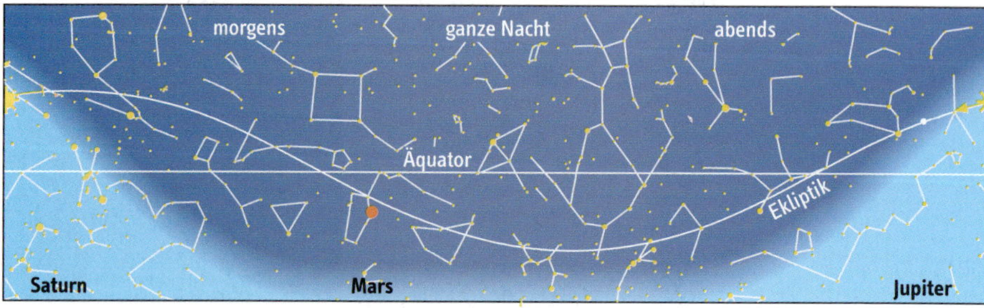

Merkur eilt der Sonne nach und überholt sie am 5. rund zweieinhalb Vollmondbreiten nördlich. An diesem Tag steht der flinke Planet in oberer Konjunktion mit der Sonne. Bis Monatsende wächst seine östliche Elongation von der Sonne immerhin bis knapp 24° an – zu einer Abendsichtbarkeit kommt es dennoch nicht. Auch die Begegnung mit Saturn am 1. und mit Jupiter am 26. entgehen dem Beobachter mit bloßen Augen. Bei sehr klarem Wetter und guten Sichtbedingungen kann man Merkur mit lichtstarkem Fernglas am 25. in etwa einem Vollmonddurchmesser großen Abstand bei Jupiter sehen. Am 25. geht der $-0\overset{m}{.}3$ helle Merkur um 21^h08^m (= 22^h08^m Sommerzeit) unter.

Am 1. passiert Merkur das Perihel seiner relativ exzentrischen Bahn.

Venus hat sich vom Morgenhimmel verabschiedet und strebt ihrer oberen Konjunktion mit der Sonne zu, die sie aber erst Mitte des nächsten Monats erreicht. Allenfalls erfahrene Beobachter

7.2 Heliozentrischer Anblick des Planetensystems im dritten Jahresviertel 2003. Eingetragen sind die Positionen der inneren Planeten für den 1. Juli (7), 1. August (8), 1. September (9) und 1. Oktober (10) im linken Teil. Der rechte Teil zeigt das äußere Planetensystem samt einiger Planetoiden zu Anfang und Ende des dritten Jahresviertels. Die Pfeile deuten die Richtungen zu den ferneren Planeten sowie zum Frühlingspunkt an.

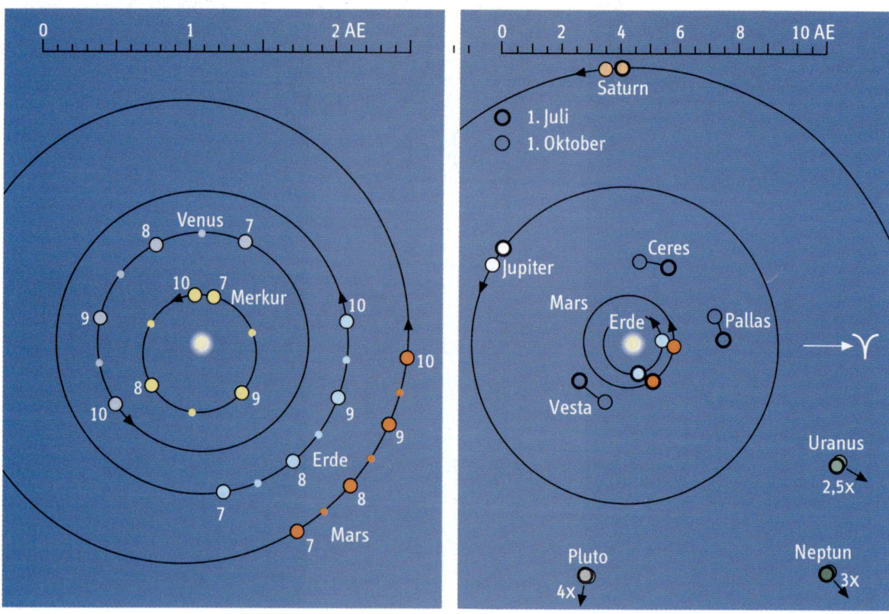

können sie noch zu Monatsanfang mit lichtstarker Optik kurz vor Sonnenaufgang erjagen. Am 1. geht die $-3^{m}{,}9$ helle Venus um 3^h19^m (= 4^h19^m Sommerzeit) auf. Das knapp 10″ große Venusscheibchen zeigt sich voll beleuchtet. Am 4. wechselt Venus aus dem Stier in die Zwillinge und dringt schließlich am 27. in den Krebs ein. Ihre Begegnung mit Saturn am 8. entgeht uns.
Mars strebt seiner Opposition entgegen, die er aber erst Ende des nächsten Monats erreicht. Die nahende, äußerst günstige Opposition macht sich durch eine kräftige Helligkeitssteigerung um fast eine Größenklasse auf $-2^{m}{,}3$ bemerkbar. Damit übertrifft Mars selbst Jupiter an Glanz, der ohnehin von der abendlichen Himmelsbühne abtritt. Venus hat sich vom Morgenhimmel zurückgezogen. Somit ist Mars das weitaus hellste Gestirn der Nacht – vom Mond abgesehen natürlich.
Mars wird zum Planeten der gesamten Nacht. Er verlagert seine Aufgänge von 23^h21^m am 1. auf 22^h37^m (= 23^h37^m Sommerzeit) am 15. und auf 21^h42^m am Monatsletzten. Die nautische Dämmerung endet am 31. um 21^h35^m (= 22^h35^m). Eine Viertelstunde später erscheint der rote Planet am Osthorizont.
Mars bremst seine rechtläufige Bewegung im Wassermann deutlich ab. Ende Juli wird er stationär und setzt zu seiner Oppositionsschleife an (siehe Abb. 8.4 und 8.5 auf Seite 159).
Am 17. erhält der rote Planet Besuch vom abnehmenden Mond. Die Marsbedeckung durch den Mond entgeht uns allerdings in Mitteleuropa (siehe auch Abb. 7.1 auf S. 141). Der Durchmesser des scheinbaren Marsscheibchens wächst auf über 22″ an, was das Erkennen von Details im Teleskop selbst bei bescheidenen Vergrö-

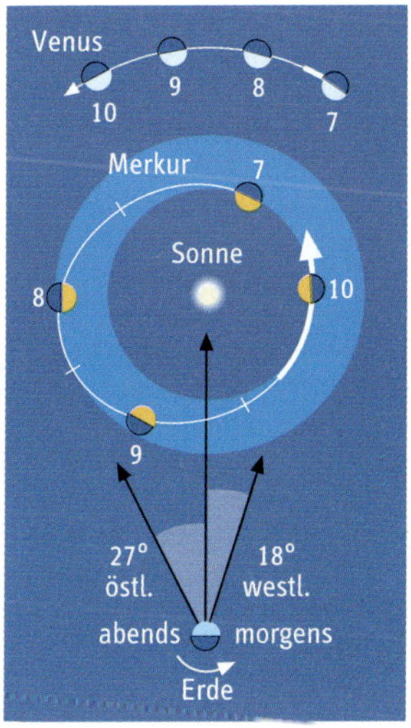

7.3 Heliozentrische Bewegungen von Merkur und Venus relativ zur Erde. In den dicker ausgezogenen Bahnteilen sind die Planeten beobachtbar. Die Zahlen geben die Positionen jeweils zum Monatsersten an. Östlicher Winkelabstand bedeutet Abendsichtbarkeit; westliche Elongation: Planet steht am Morgenhimmel.

ßerungen (um hundertfach) ermöglicht. Der Beleuchtungsgrad nimmt von 90 % auf 96 % zu – Mars erscheint im Fernrohr wieder voll beleuchtet.
Jupiter, rechtläufig im Löwen, gibt seine Abschiedsvorstellung am Abendhimmel. Um die Monatsmitte wird der Riesenplanet unbeobachtbar. Erfolgt der Jupiteruntergang am 1. noch um 22^h30^m (= 23^h30^m Sommerzeit) und am 10. um 21^h58^m, so geht der $-1^{m}{,}7$ helle Riesenplanet am 20. schon um 21^h24^m unter, also noch vor Ende der nautischen Dämmerung. Nach dem 20. bleibt Jupiter unsichtbar. Erfahrene Beobachter können eventuell die enge Konjunktion mit Merkur am Abend des 25. mit lichtstarker Optik (gutes Fernglas auf Stativ!) beobachten. Merkur zieht nur $0^{\circ}{,}4$ nördlich an Jupiter vorbei.
Saturn, rechtläufig in den Zwillingen, stand im letzten Monatsdrittel in Konjunktion mit der Sonne. Gegen Monatsende erscheint der Ringplanet allmählich am Morgenhimmel. Der Aufgang des $0^{m}{,}1$ hellen Saturn erfolgt am 20. um 2^h53^m (= 3^h53^m Sommerzeit) und am 31. bereits um 2^h16^m.
Die Konjunktionen von Saturn mit Merkur am 1. und mit Venus am 8. bleiben allerdings unbeobachtbar.
Am 26. geht Saturn durch sein Bahnperihel. An diesem Tag trennen ihn 1351,0 Millionen Kilometer (= 9,031 AE) von der Sonne. Seinen sonnenfernsten Bahnpunkt wird der Ringplanet am 17. April 2018 passieren, wobei er dann 1505,9 Millionen Kilometer (= 10,066 AE) von der Sonne entfernt sein wird.
Uranus, rückläufig im Wassermann, strebt seiner Opposition mit der Sonne zu, die er aber erst im letzten Augustdrittel erreicht. Uranus verlagert seine Aufgänge in die späten Abendstunden. Steigt der grünliche Planet am 1. noch um 22^h53^m und am 15. um 21^h57^m über die östliche Horizontlinie, so erfolgt der Aufgang des $5^{m}{,}7$ hellen Uranus am 31. bereits um 20^h53^m (= 21^h53^m Sommerzeit). Um den 16. stört Mondlicht die Beobachtung (siehe Aufsuchkarte Abb. 8.5 auf Seite 159).
Neptun, rückläufig im Steinbock, nähert sich seiner Oppositionsstellung zur Sonne, die er Anfang des nächsten Monats erreicht. Seine Aufgänge verlegt der bläuliche Planet in die Abendstunden. Zu Monatsende geht er praktisch gleichzeitig mit Sonnenuntergang auf.
Am 1. erfolgt der Neptunaufgang um 22^h04^m (= 23^h04^m Sommerzeit) und am 15. um 21^h08^m.

Am letzten Tag des Monats geht der mit $7^{m}{,}8$ recht lichtschwache Planet schon um $20^{h}04^{m}$ auf. Um Neptun aufzufinden, soll das Aufsuchkärtchen Abb. 8.6 auf Seit 159 helfen. In Abb. 8.4 ist die Lage der Oppositionsschleife von Neptun im Gebiet der Sternbilder Steinbock und Wassermann eingetragen.

Periodische Sternschnuppenströme

Vom 12. Juli bis 19. August leuchten die **Delta-Aquariden** auf, die zwischen 3^{m} und 5^{m} hell sind, also nicht besonders auffällig. Sie heißen auch Juli-Aquariden. Ihr Radiant liegt etwa 3° westlich von δ Aquarii. Das Maximum ist nicht in jedem Jahr am selben Tag zu erwarten. Für 2003 dürfte es in den Stunden nach Mitternacht am 28. Juli auftreten. Die Geschwindigkeit der Sternschnuppen liegt um 40 Kilometer pro Sekunde. Im Maximum sind etwa dreißig Sternschnuppen pro Stunde zu erwarten.
Vom 3. Juli bis 15. August treten die **Alpha-Capricorniden** (Radiant im Steinbock) auf. Sie sind die ganze Nacht über beobachtbar. Der Ursprungskomet ist 45P/Honda-Mrkoš-Pajdusáková (früher 1948 XII). Um das Maximum am 29. Juli sind nur etwa zwölf Objekte pro Stunde zu erwarten. Es handelt sich um recht langsame Meteore (im Mittel 25 Kilometer pro Sekunde).

Der Fixsternhimmel

Ein Blick zum abendlichen Sternenhimmel zur Standardbeobachtungszeit (zu Monatsbeginn um 23^{h} MEZ = 24^{h} Sommerzeit beziehungsweise zur Monatsmitte um 22^{h} MEZ = 23^{h} Sommerzeit) lässt erkennen, dass inzwischen die Umstellung vom Frühlings- zum Sommersternhimmel vollzogen ist. Das Sommerdreieck, bestehend aus Wega, Deneb und Atair, hat zwar seine Meridianstellung noch nicht ganz erreicht, aber die Sommerbilder sind bereits allesamt über dem Horizont, während sich die Frühlingsbilder im Westen verabschieden. Der Löwe ist im Untergang begriffen und kann als Figur nicht mehr erkannt werden, denn sein Hauptstern Regulus ist bereits unter den Horizont gesunken. Damit ist auch das Frühlingsdreieck aufgelöst, dessen beide anderen Eckpunkte allerdings noch zu sehen sind: Tief im Südwesten steht die bläulichweiße Spica in der Jungfrau. Ihr Licht wird deutlich von den horizontnahen Dunstschichten geschwächt. Wesentlich höher findet man im Südwesten den hellen, orangeroten Arktur im Bootes, der den Helligkeitsschwerpunkt in der westlichen Hemisphäre bildet.
Der Große Wagen hat mit seinem Abstieg begonnen. Seine Deichsel zeigt nach oben, der Wagenkasten hängt nach unten. Das Himmels-W, die Kassiopeia, hingegen hat die untere Kulmination hinter sich und beginnt mit dem Aufstieg zum Zenit. Zwischen Zenit, Kleinem Wagen und Großem Wagen schlängelt sich der Drache (lat.: Draco) hindurch. Der Drache ist nicht leicht auszumachen. Am leichtesten ist noch der Drachenkopf zu erkennen, der von einem kleinen Sternenviereck gebildet wird, das zu unserer Beobachtungsstunde nun fast exakt im Zenit (Scheitelpunkt) steht.
Blickt man vom Zenit zum Süd-

Konstellationen und Ereignisse

Datum	MEZ	Ereignis
1.	2^{h}	Merkur bei Saturn, Merkur $1^{\circ}{,}5$ nördlich
1.	9	Merkur im Perihel
2.	22	**Mond bei Jupiter,** Mond $4^{\circ}{,}5$ nördlich, **Abstand $3^{\circ}{,}7$ um 22^{h}**
4.	7	Erde im Aphel (Sonnenferne), Abstand Erde – Sonne 152,103 Millionen Kilometer
5.	11	Merkur in oberer Konjunktion mit der Sonne
8.	9	Venus bei Saturn, Venus $0^{\circ}{,}8$ nördlich
15.	6	Mond bei Neptun, Mond $5^{\circ}{,}1$ südlich
16.	17	Mond bei Uranus, Mond $4^{\circ}{,}6$ südlich
17.	9	**Mond bei Mars,** Mond $0^{\circ}{,}3$ nördlich, **Abstand $3^{\circ}{,}2$ um 4^{h}**
26.	2	**Merkur bei Jupiter,** Merkur $0^{\circ}{,}4$ nördlich, **Abstand $0^{\circ}{,}6$ um 21^{h} am 25.** (Fernglas!)
26.	17	Saturn im Perihel (Sonnendistanz: 1351,0 Millionen Kilometer = 9,031 AE)
27.	1	**Mond bei Saturn,** Mond $4^{\circ}{,}0$ nördlich, **Abstand $3^{\circ}{,}6$ um 3^{h}**
28.	19	Mond bei Venus, Mond $3^{\circ}{,}7$ nördlich
30.	14	Mond bei Jupiter, Mond $4^{\circ}{,}5$ nördlich
30.	23	Mars im Stillstand, anschließend rückläufig
31.	2	Mond bei Merkur, Mond $4^{\circ}{,}8$ nördlich

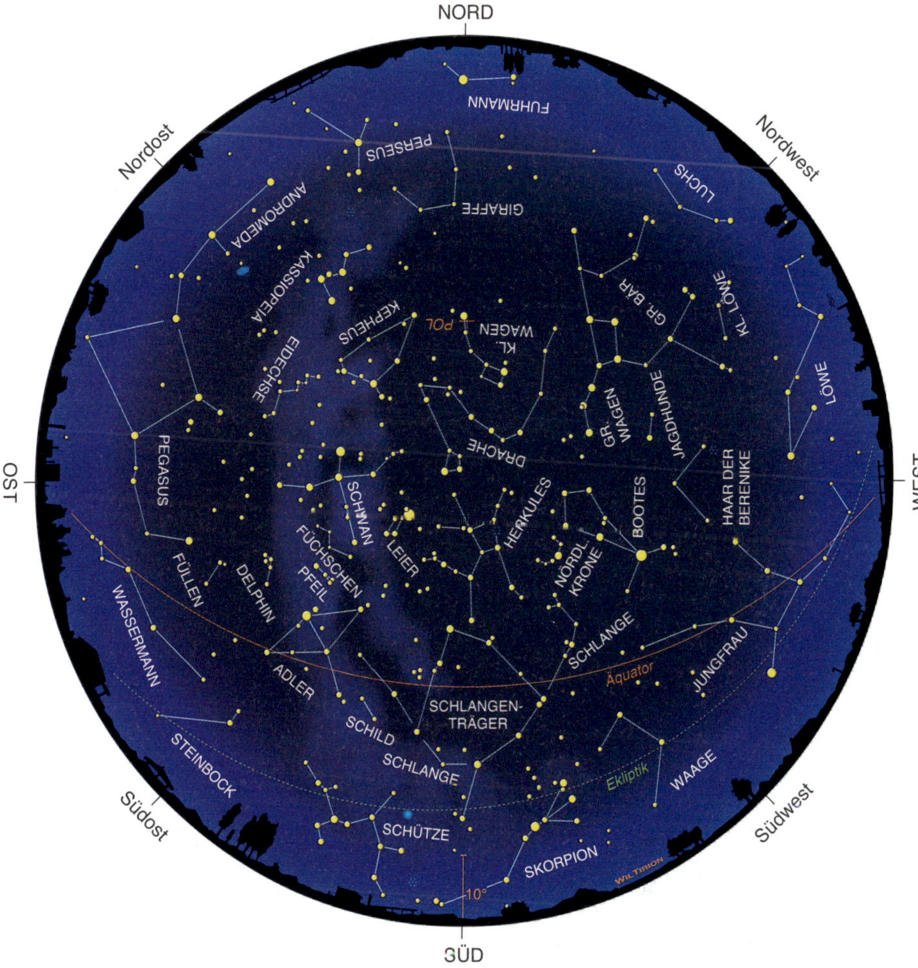

Sternenhimmel am 15. Juli um 22^h MEZ (23^h MESZ)

Fixsternhimmel auch gültig für:

	MEZ	MESZ
15. 4.	4^h	5^h
1. 5.	3	4
15. 5.	2	3
1. 6.	1	2
15. 6.	0	1
1. 7.	**23**	**24**
15. 7.	**22**	**23**

punkt am Horizont hinunter, lässt also seinen Blick den Meridian (= Mittagslinie) hinuntergleiten, so kommen nacheinander die Sternbilder Herkules und Schlangenträger mit der Schlange ins Gesichtsfeld. Der hellste Stern im Schlangenträger, α Ophiuchi, steht an der Nordspitze knapp südlich vom Herkules und heißt Ras Alhaque, was arabisch ist und soviel wie Kopf des Schlangenträgers bedeutet. Mit $2{,}^{m}1$ ist er relativ leicht zu sehen. Er leuchtet in einem weißen Licht und ist 47 Lichtjahre von uns entfernt. Im Süden des großen Sternenpolygons, das den Rumpf des Schlangenträgers andeutet, steht η Ophiuchi, Sabik mit Eigennamen. Mit $2{,}^{m}4$ ist auch er mühelos zu erkennen. Sabik strahlt ein weißes Licht aus, das 84 Jahre benötigt, um zur Erde zu gelangen.

Der Skorpion hat seinen Meridiandurchgang bereits absolviert und hält sich knapp über dem Südhorizont, ein wenig westlich

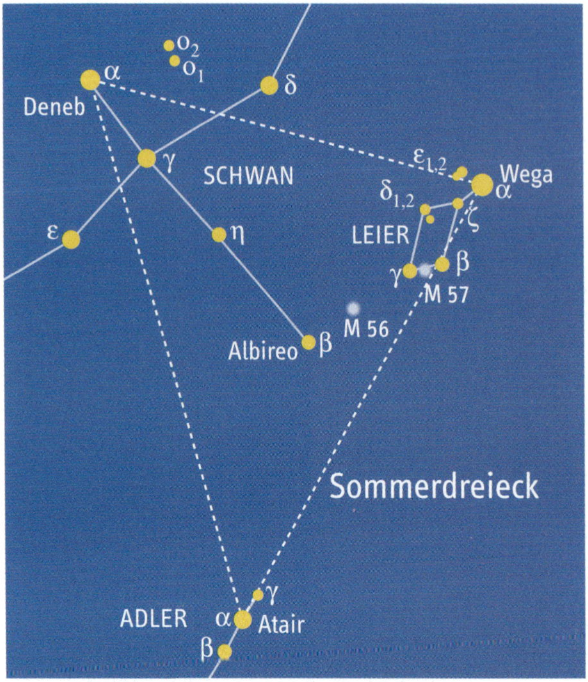

7.4 Das Sommerdreieck mit Wega, Deneb und Atair. Eingetragen sind ferner der schöne Doppelstern Albireo (β Cygni) und der Dreifachstern o Cygni nahe Deneb, der Ring-Nebel M 57 in der Leier sowie der Kugelsternhaufen M 56.

vom Südpunkt auf. Sein hellster Stern Antares ist kaum zu übersehen. Er leuchtet in einem rötlichen Licht und gehört zu den Überriesensternen. Antares ist so riesengroß, dass bequem unsere Sonne samt der Erdbahn in seinem Innern Platz fände. Die Bezeichnung Antares stammt aus dem Griechischen und bedeutet soviel wie Gegenspieler des Mars, weil er ihm an Farbe ähnlich ist und außerdem im Tierkreis steht, so dass es gelegentlich zu Verwechslungen mit dem roten Planeten kommt.
Der nördliche Teil des Skorpions gehört heute zum Sternbild Schlangenträger, durch den auch ein Teil der Ekliptik (= scheinbare Sonnenbahn) verläuft. Somit gibt es insgesamt dreizehn Tierkreissternbilder, aber nur zwölf Tierkreiszeichen (siehe auch Monatsthema „Welches ‚Sternzeichen' bin ich?" im *Himmelsjahr **2002*** auf Seite 109).
In der östlichen Himmelshälfte wird der Helligkeitsschwerpunkt vom Sommerdreieck mit Wega in der Leier, Deneb im Schwan und Atair im Adler bestimmt. Die Leier ist ein leicht einprägsames Sternbild und nicht besonders groß. Neben der hellen Wega ist ein kleiner Sternenrhombus zu finden. Hinzu kommt noch das Sternenpärchen $\varepsilon_{1,2}$ Lyrae, der berühmte Vierfachstern in der Leier. Denn jede Komponente, sowohl ε_1 als auch ε_2 sind ihrerseits Doppelsterne, wie man sich mit einem Blick durch ein Teleskop ab etwa 8 cm freier Öffnung überzeugen kann.
Nach der klassischen griechischen Sage ist die Leier das Musikinstrument des Gottes Apoll. Erfunden hat sie Hermes, der flinke Götterbote und Beschützer der Kaufleute aber auch der Diebe. Hermes, in der römischen Mythologie als Merkur bekannt, ist der Sohn des Göttervaters Zeus und seiner heimlichen Geliebten, der schöngelockten Nymphe Maja, die einst in den Wäldern Arkadiens lebte und nach der ein Stern im Sternhaufen der Plejaden benannt ist. Vor seiner Wohnhöhle trifft Hermes auf eine Schildkröte, als er gerade aufbricht, um von einer Weide Rinder zu stehlen. Er tötet sie und nimmt sie aus, reinigt den Panzer und spannt sieben Saiten aus Schafsdarm über ihn. Bald entlockt er dem neu geschaffenen Instrument liebliche Töne. Schließlich muss er es seinem Halbbruder Apoll überlassen, um ihn für den Diebstahl seiner Rinder zu entschädigen und zu besänftigen.

Veränderliche Sterne

Algol-Minima	15.	3^h39^m	18.	0^h27^m	20.	21^h16^m						
β-Lyrae-Minima	6.	18^h N	13.	6^h H	19.	17^h N	26.	4^h H				
δ-Cephei-Maxima	3.	7^h	8.	16^h	14.	0^h	19.	9^h	24.	18^h	30.	3^h
Mira-Helligkeit	1.	3^m	10.	3^m	20.	4^m	31.	4^m				

Wega, der Hauptstern der Leier, auch als α Lyrae bekannt, gehört mit $0\overset{\mathrm{m}}{,}0$ zu den fünf hellsten Sternen am irdischen Firmament. Mit dem praktisch gleich hellen Arktur ist Wega der hellste Stern am nördlichen Himmel. Mit 25 Lichtjahren Distanz gehört Wega noch zur Nachbarschaft unserer Sonne. α Lyr ist ein typischer Hauptreihenstern der Spektralklasse A0 V. Wega leuchtet weiß mit einem bläulichen Schimmer. Die wahre Leuchtkraft von Wega entspricht etwa der von fünfzig unserer Sonnen.
Tief im Südosten sind die beiden Tierkreisbilder Schütze und Steinbock zu finden. Während der Schütze noch relativ leicht zu erkennen ist, so ist der Steinbock nur mit Mühe und unter guten Sichtbedingungen auszumachen. Er gehört wie der Wassermann zu den ausgesprochen schwierigen Sternbildern.
Im Schützen finden sich viele interessante galaktische Objekte wie Gasnebel und Kugelsternhaufen, alles Objekte für Feldstecher- und Fernrohrbeobachter. Auch die hellsten Partien der sommerlichen Milchstraße ziehen durch den Schützen. In Richtung des Schützen liegt auch das Zentrum unseres Milchstraßensystems. Im sichtbaren Bereich des elektromagnetischen Spektrums bleibt es allerdings durch die Absorption des interstellaren Staubes unsichtbar. Aber im Radiowellenbereich, im infraroten Licht und im Bereich der Röntgenstrahlen lässt sich das rund 26 000 Lichtjahre entfernte Milchstraßenzentrum beobachten, in dem ein supermassereiches, riesiges Schwarzes Loch sitzt.

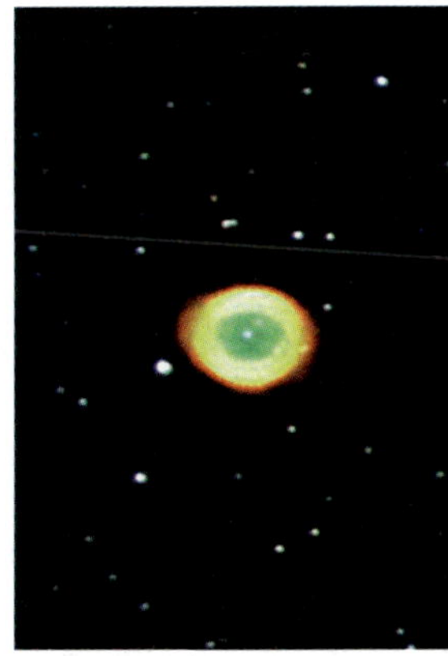

7.5 M 57 – der berühmte Ring-Nebel in der Leier – ist bereits mit einem kleinen Fernrohr zu finden.

Wetter und Klima

Der Juli gilt als der typische Hochsommermonat mit kräftiger Erwärmung der kontinentalen Landmassen. Er ist der wärmste Monat des Jahres. Im langjährigen Mittel ist der 15. Juli der heißeste Tag des Jahres – im vorigen Jahrhundert war es noch der 22.
Die mittlere Monatsdurchschnittstemperatur klettert auf 18,0 °C. Die mittlere Tageshöchsttemperatur beträgt 23 °C. Als absolute Spitzentemperatur wurden schon knapp 40 °C gemessen. Die Monatstiefsttemperatur beträgt 2 °C.
Im Durchschnitt ist mit drei Tropentagen zu rechnen. Tropentage sind Tage mit Temperaturen über 30 °C. Rund sieben Gewittertage sind zu erwarten. Etwa alle vier Jahre ist der Juli der niederschlagsreichste Monat des ganzen Jahres.
Die mittlere Monatssonnenscheindauer beträgt 210 Stunden. 65 % der Nächte sind bewölkt. Dunst bei Hochdrucklagen verschlechtert die Sicht für Sternbeobachtungen in den Abendstunden und morgens vor Sonnenaufgang. Um Mitternacht sind die Sichtbedingungen am günstigsten.

Klimadaten

Nachstehende Tabelle gibt die mittlere Bewölkungswahrscheinlichkeit (BW) und die mittlere Zahl der Tage mit mehr als einem Millimeter Niederschlag (NS) im Monat **Juli** an.

Ort	BW	NS	Ort	BW	NS	Ort	BW	NS
Schleswig	54%	12	Brüssel	60%	11	Säntis (2496 m)	59%	17
Helgoland	59	09	Frankfurt/Main	54	10	Zugspitze (2962 m)	65	18
Hamburg	57	12	Prag	51	11	Sonnblick (3107 m)	65	18
Hannover	60	11	Nürnberg	54	12	Innsbruck	57	14
Berlin	52	10	Stuttgart	52	11	Graz	46	11
Brocken (1152 m)	66	15	München	54	13	Klagenfurt	47	11
Essen	64	12	Salzburg	55	16	Bozen	51	10
Leipzig	56	10	Wien	45	09	Genf	40	07
Dresden	58	11	Zürich	51	13	Lugano	44	10

Monatsthema

Vulkan – Planet im Sonnenfeuer

Den Lesern von Zukunftsromanen und den Science-Fiction-Fans ist er wohl bekannt, der Planet namens Vulkan. Unter anderem soll er der Heimatplanet eines gewissen Mister Spock sein. Doch gesehen hat ihn bisher noch kein Astronom dieser Erde, obwohl lange Zeit eifrig nach ihm gesucht wurde.
Seit altersher sind fünf Wandelsterne bekannt, die mit freien Augen zu sehen sind: Merkur, Venus, Mars, Jupiter und Saturn. Vor Kopernikus zählte man auch Sonne und Mond zu den Wandelgestirnen, da sie ebenfalls durch den Tierkreis laufen. Somit kam man auf sieben Planeten, eine offensichtlich gottgewollte und damit heilige Zahl. Doch Nikolaus Kopernikus (1473–1543) entthronte die Erde von ihrem exklusiven Platz im Zentrum des Universums und stellte die Sonne in den Mittelpunkt des Planetensystems. Fortan war die Erde ein Planet, der um die Sonne mit seinen Geschwistern wandert, den anderen Planeten. Lediglich der Mond umkreist als einziger natürlicher Himmelskörper die Erde.

7.6 Der Himmelsmechaniker Urbain Jean Joseph Leverrier (1811 – 1877)

Der sonnenfernste, noch mit bloßen Augen leicht und einwandfrei erkennbare Planet ist Saturn. Er ist knapp zehnmal weiter als die Erde von der Sonne entfernt und braucht für eine Sonnenumkreisung fast dreißig Jahre. Die Grenze unseres Sonnensystems wurde weit hinausgeschoben, als im März 1781 Wilhelm Herschel einen Planeten fand, den er zunächst als Kometen ansah.
Herschels Planet wurde auf den Namen Uranus getauft und ist neunzehnmal weiter von der Sonne entfernt als die Erde. Er wandert auf einer fast kreisförmigen Bahn einmal in 84 Jahren um die Sonne. Jedoch machte er den Himmelsmechanikern, die seine Bahn bestimmten und die Uranusephemeriden berechneten, bald Sorgen. Er hielt sich offensichtlich nicht strikt an das von Newton aufgestellte Gravitationsgesetz. Zunächst lief Uranus etwas schneller in seiner Bahn, nach ein paar Jahren blieb er gegenüber den Vorausberechnungen etwas zurück.
John Couch Adams (1819–1892), Mathematikstudent an der Universität Cambridge (England), und Urbain Jean Joseph Leverrier (1811–1877), arriviertes Mitglied der Pariser Akademie der Wissenschaften, vermuteten einen noch sonnenferneren Himmelskörper, dessen Masse die Uranusbewegung stört. Sie berechneten unabhängig voneinander die Position dieses hypothetischen Planeten.
Am 23. September 1846 sahen Johann Gottfried Galle und sein Assistent Heinrich d'Arrest auf der Berliner Sternwarte erstmals den neuen Planeten. Er wurde Neptun getauft. Seine Entdeckung zunächst aus himmelsmechanischen Berechnungen am Schreibtisch war damals (wie heute) ein grandioser Triumph der theoretischen Astronomie. Insbesondere Leverrier wurde damit weltberühmt. Er hatte seine Kalkulationen mit der errechneten Position des hypothetischen Planeten nach Berlin gesandt, wo dieser noch am selben Abend nach Eintreffen der Depesche aufgefunden wurde. Adams lieferte seine Ortsberechnungen an die Sternwarte Greenwich bei London, wo man sich nicht allzu intensiv damit beschäftigte. Auch waren Adams Ephemeriden ungenauer als die von Leverrier.

Die Suche nach Vulkan

Wie dem auch sei, nach diesem grandiosen Erfolg war Leverrier ermuntert, sich wieder einem schwierigen, himmelsmechanischen Problem zu widmen, über das er schon seit Jahren grübelte. Ungelöst war die Frage der Drehung der Merkurbahnellipse. Die Merkurbahn weicht von allen Planetenbahnen am stärksten von der Kreisform ab (Pluto war damals noch nicht entdeckt). Im Perihel, also im sonnennächsten Bahnpunkt, ist Merkur nur 46 Millionen Kilometer von der Sonne entfernt, im Aphel hingegen 70 Millionen. Die Verbindungslinie Perihel – Aphel heißt Apsidenlinie. Sie bleibt nicht raumfest, sondern dreht sich (siehe Abb. 7.7). Die Drehung der Merkurbahnellipse erfolgt recht langsam. Eine volle Rotation dauert 225 800 Jahre! Pro Jahrhundert rückt das

7.7 Drehung der Merkurbahnellipse

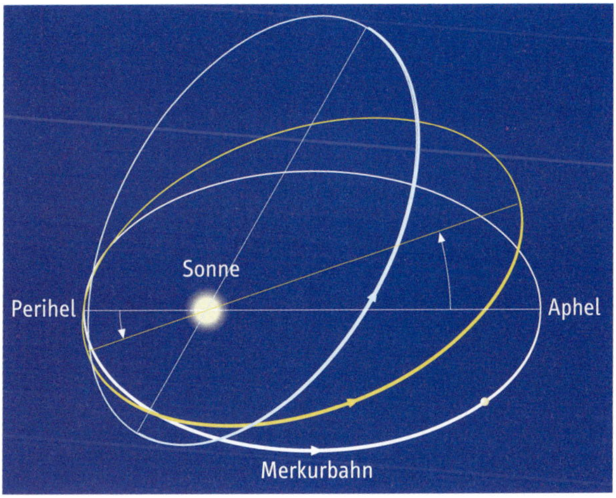

Merkurperihel nur um neun Bogenminuten und 34 Bogensekunden vor. Merkur ist ein schwierig zu beobachtender Planet, jedoch erlauben Transite (siehe Monatsthema Mai „Merkur vor der Sonnenscheibe“ auf Seite 101*)*, die rund dreizehnmal pro Jahrhundert eintreten, die Merkurposition durchaus auf eine Bogensekunde genau zu bestimmen. Das Vorrücken des Merkurperihels wird in erster Linie durch die Venus bewirkt, die mit ihrer Masse störend auf die Merkurbewegung Einfluss nimmt. Aus der klassischen Himmelsmechanik folgt ein Vorrücken des Merkurperihels von 531″ pro Jahrhundert als Folge der Störungen durch andere Planeten. Beobachtet wurden jedoch 574″, die das Perihel in hundert Jahren vorwärts marschiert. Dieser winzige Betrag von zusätzlich nur 43″ pro Jahrhundert war aber nicht wegzudiskutieren (zu Leverriers Zeiten war der nicht erklärbare Anteil nur 38″).
Der Erfolg der Neptunentdeckung hatte Leverrier inspiriert. Ursprünglich dachte er nämlich, das Merkurproblem sei dadurch zu lösen, dass die Venus eine um zehn Prozent höhere Masse habe als bisher angenommen. Doch dies konnte schnell ausgeschlossen werden – eine größere Venusmasse würde auch einen größeren Einfluss auf die Erde ausüben, der aber nicht zu beobachten war. Also vermutete Leverrier wiederum einen noch unbekannten Planeten, dessen Masse die zusätzliche Drehung der Merkurbahnellipse bewirken solle. Die Bahn dieses Planeten müsse noch innerhalb der Merkurbahn liegen. Der geheimnisvolle, noch unentdeckte Planet erhielt schnell einen passenden Namen, nämlich Vulkan. Vulkan zu finden war offensichtlich erheblich schwieriger, als Neptun am Himmel zu entdecken. Ist schon Merkur wegen seiner Sonnennähe ein schwer zu beobachtender Planet, um wieviel schwieriger wird es dann sein, einen intramerkuriellen Planeten aufzuspüren. Vulkan in der Abend- oder Morgendämmerung zu finden, schien aussichtslos. Nur in zwei seltenen Fällen ließe sich Vulkan wohl beobachten: Entweder macht er sich als dunkles Pünktchen vor der Sonnenscheibe bemerkbar, also bei einem Transit, oder man sieht ihn als leuchtendes Sternchen neben der total verfinsterten Sonne, wenn er in Elongation steht. Doch Transite und Sonnenfinsternisse sind selten.
Leverrier begann, nach alten Beobachtungen zu suchen. Er trug 28 Berichte zusammen, die einen Hinweis auf die Existenz des hypothetischen intramerkuriellen Planeten zu geben schienen. Besonders bestärkte ihn in der Annahme eines intramerkuriellen Planeten die Beobachtung seines Landsmannes und Amateurastronomen Edmond Modeste Lescarbault aus Oregeres-en-Beance. Lescarbault war Landarzt und hatte in seinem privaten Observatorium am 26. März 1859 einen dunklen Punkt über die Sonnenscheibe wandern gesehen. Zum Ärger von Leverrier meldete er diese Beobachtung erst im Dezember. Leverrier machte sich sofort auf die Reise und kam unangemeldet am Silvestertag 1859 beim Haus von Lescarbault an. Die letzten zwanzig Kilometer musste er dabei zu Fuß zurücklegen. Zunächst stellte er dem schüchternen Landdoktor etliche Fragen, um sich seiner astronomischen Kenntnisse und seiner Zuverlässigkeit zu versichern. Dann ließ er sich die Beobachtungsnotizen zeigen. In Ermangelung von Schreibpapier hatte Lescarbault seine Beobachtungen in einer Kreideskizze auf einer dunklen Holztüre festgehalten. Ein Teil der Notizen war allerdings kaum mehr leserlich. Dennoch leitete Leverrier daraus eine neue Vulkanbahn ab. Nach den ursprünglichen Berichten sollte Vulkan in 28 Tagen um die Sonne laufen, bei einer mittleren Sonnenentfer-

nung von 0,180 AE (= 27 Millionen Kilometer). Nach Lescarbaults Notizen ergab sich eine große Halbachse der Vulkanbahn von 0,141 AE (= 21 Millionen Kilometer) bei einer Umlaufzeit von 19 Tagen und 17 Stunden. Napoleon III. honorierte auf Intervention von Leverrier die Beobachtung von Lescarbault, indem er ihn in die französische Ehrenlegion aufnahm.
Die Fachwelt war noch skeptisch, was die Existenz von Vulkan betraf. Zwar sandte Rudolf Wolf aus Zürich, der berühmte Sonnenforscher und Erfinder der Sonnenfleckenrelativzahl, im gleichen Jahr, 1859, eine Nachricht nach Paris, indem er von einem ungewöhnlichen Sonnenfleck berichtete, der seiner Auffassung nach eher den Transit eines Himmelskörpers darstellt.
Leverrier kalkulierte, dass Vulkan jeweils sowohl im März oder April als auch im September oder Oktober vor die Sonne treten sollte. Den nächsten Transit sagte er für März 1860 voraus. Doch niemand konnte einen Planeten vor der Sonne ausmachen. Die totale Sonnenfinsternis vom 18. Juli 1860 schien die nächste Chance zu bieten, Vulkan aufzuspüren. Die Kernschattenzone zog damals über Spanien. Leverrier mobilisierte eine große Zahl an Beobachtern. Doch sie blickten vergebens zur verfinsterten Sonne. In ihrer Umgebung fanden sich nur Fixsterne und die bekannten Planeten. Enttäuschung machte sich breit und man begann, an der Existenz eines intramerkuriellen Planeten ernsthaft zu zweifeln. Selbst Leverriers Formulierungen waren viel zaghafter, was die Entdeckung Vulkans betraf als die bei der Errechnung der Position von Neptun. Die Misserfolge bei der

7.8 James Craig Watson (1838 – 1880) – Forscher nach Vulkan

Suche nach Vulkan schlugen Leverrier aufs Gemüt. Er hatte schließlich als Neptunentdecker einen guten Ruf zu verlieren. Als Direktor des Pariser Observatoriums führte er sich so despotisch auf, dass seine Mitarbeiter geschlossen zurücktraten. Daraufhin wurde Leverrier seines Amtes enthoben. Doch seinen Nachfolger Delaunay ereilte ein tragisches Schicksal. Er war extrem wasserscheu – sowohl sein Vater als sein Bruder ertranken. Dennoch ließ sich Delaunay zu einer Bootsfahrt überreden. Prompt kenterte das Boot und Delaunay ertrank ebenfalls. Nach dessen Tod wurde Leverrier abermals die Leitung des Pariser Observatoriums übertragen. Er starb am 23. September 1877, dem Jahrestag der Entdeckung von Neptun, ohne je die Bestätigung von der Existenz „seines" Vulkan erhalten zu haben.
Doch so schnell gab man die Suche nach dem intramerkuriellen Planeten nicht auf. Leverrier hatte auch den Verdacht geäußert, dass Vulkan sich bei der totalen Sonnenfinsternis vom Juli 1860 möglicherweise in oberer Konjunktion hinter der Sonne aufgehalten habe. Doch zahlreiche andere Beobachtungen erwiesen sich auch als Fehlschlag. So hatte Samuel Heinrich Schwabe, Apotheker aus Dessau, von 1826 an zwölf Jahre lang die Sonne akribisch beobachtet und alle Fleckenerscheinungen aufgezeichnet. Einen intramerkuriellen Planeten fand Schwabe nicht, dafür entdeckte er den elfjährigen Sonnenfleckenzyklus.
Auch die Beobachtung von W. Lummis, Eisenbahner aus Manchester, erwiesen sich als Fehlschlag. Lummis glaubte, am 20. März 1862 einen dunklen Punkt über die Sonnenscheibe wandern zu sehen. Niemand konnte jedoch seine Beobachtung verifizieren.
Die Suche nach Vulkan erreichte ihren Höhepunkt bei der totalen Sonnenfinsternis vom 29. Juli 1878, bei der der Kernschatten des Mondes Nordamerika überstrich und sowohl über den Yellowstone Nationalpark als auch über Boulder und Denver in Colorado strich.
Zahlreiche Expeditionen wurden ausgerüstet, um nach Vulkan zu fahnden. Unter anderem fand sich der berühmte Astronom Simon Newcomb vom U. S. Naval Observatory in Washington D. C. ein und mit ihm James Craig Watson, Professor für Astronomie an der Universität Michigan, der wegen seiner dicklichen, untersetzten Gestalt den Spitznamen „Tubby" (engl., Dickerchen, Pummelchen) trug.
Als schließlich am frühen Nachmittag des 29. Juli 1878 für drei Minuten die Sonne total verfinstert war, glaubte Watson in der Nähe von ϑ Cancri ein Objekt zu sehen, das kein Fixstern war. Auch Newcomb meinte, ein unbekanntes Lichtpünktchen zu erspähen. Doch es stellte sich später als Fixstern heraus. Watson meinte schließlich kurz dar-

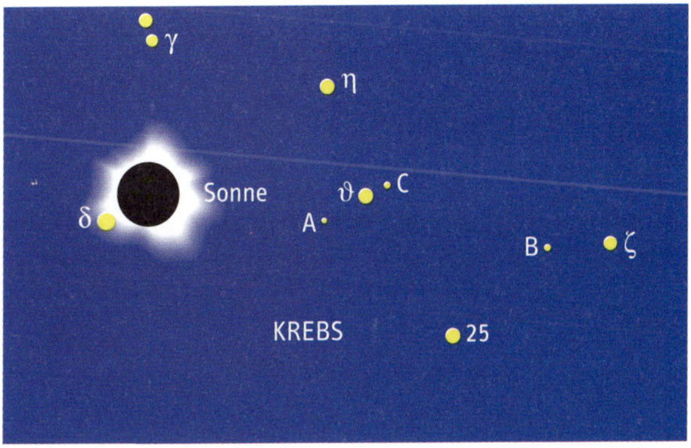

7.9 Bei der totalen Sonnenfinsternis vom 29. Juli 1878 beobachtete J. C. Watson die mit A und B bezeichneten Objekte, während L. Swift das mit C bezeichnete Objekt als den gesuchten Planeten Vulkan ansah.

auf, ein zweites, rötliches Objekt zu sehen, diesmal bei ζ Cancri. Schließlich fand der New Yorker Amateurastronom Lewis Swift ebenfalls ein verdächtiges Objekt, das sich keinem der bekannten Fixsterne zuordnen ließ. Allerdings war Swifts Objekt an anderer Stelle als die beiden Sichtungen von Watson (siehe Abb. oben).
Dann, mit einem Mal, war die Finsternis vorbei. Weder die Beobachtung von Watson noch die von Swift konnten andere Expeditionsteilnehmer bestätigen. Dass Watson sich getäuscht hatte, schien unwahrscheinlich. Er hatte ein phänomenales Konstellationsgedächtnis und hatte die Positionen der Sterne bis 4,5. Größe um die verfinsterte Sonne auswendig gelernt. Möglicherweise sah er zwei sonnennahe Kometen, so genannte „sun-grazing-comets". Watson war von der Suche nach Vulkan besessen. Als er im Washburn Observatory der Universität von Wisconsin in Madison tätig wurde, ließ er einen acht Meter tiefen Schacht ausheben, um von seinem Grunde aus nach Vulkan am Tage zu fahnden. Seine Suche blieb erfolglos. Im November 1880 starb Watson an einer Lungenentzündung. Der Schacht blieb lange ungenützt. Erst 1930 ließ ihn die Universitätsverwaltung zuschütten, da sie ihn als Gefahr für Besucher ansah, die nachts zum Observatorium pilgerten.
Auch der Wiener Astronom Theodor Ritter von Oppolzer (1841–1886), bekannt durch seinen „Canon der Sonnenfinsternisse", beschäftigte sich mit Vulkan. Er sammelte verschiedene angebliche Sichtungen vor der Sonnenscheibe und berechnete daraus eine Bahn für Vulkan. Für den 19. März 1879 sagte Oppolzer einen zentralen Durchgang voraus. Doch niemand sah Vulkan vor der Sonnenscheibe. Weitere Suchprogramme nach Vulkan bei totalen Sonnenfinsternissen unter Einsatz der Fotografie brachten keine Resultate. Vulkan blieb unauffindbar. Leverrier selbst hatte noch vermutet, dass möglicherweise mehrere Kleinplaneten innerhalb der Merkurbahn die Sonne umrunden. So gesehen wären die Beobachtungen von Watson und Swift während der totalen Sonnenfinsternis vom 29. Juli 1878 mit mehreren Sichtungen sogar verständlich.

Überraschende Erklärung

Die Suche nach Vulkan wurde schließlich ganz aufgegeben, als das Merkurperihelproblem auf eine völlig unerwartete Weise gelöst wurde. Die klassische Himmelsmechanik berücksichtigt nur das Newtonsche Gravitationsgesetz. Die zusätzliche Drehung des Merkurperihels beruht auf einem Effekt der Allgemeinen Relativitätstheorie, die Albert Einstein im Jahre 1915 veröffentlichte. Danach rückt das Merkurperihel um 0,″1 pro Umlauf mehr vor als nach

Relativistische Periheldrehung der inneren Planetenbahnen

Planet	Große Halbachse in Millionen km	Numerische Exzentrizität	Δφ in [″] pro Umlauf	Δφ in [″] pro Jahrhundert
Merkur	57,9	0,2056	0,1035	43,0
Venus	108,2	0,0068	0,0531	8,6
Erde	149,6	0,0167	0,0384	3,8
Mars	227,9	0,0934	0,0254	1,6

der klassischen Himmelsmechanik zu erwarten. Dies macht im Jahrhundert 43,″0, also genau den beobachteten Wert, der früher unerklärbar blieb. In drei Millionen Jahren macht also die Merkurbahnellipse eine zusätzliche, volle Umdrehung aufgrund dieses relativistischen Effektes. Dieser Effekt lässt sich auch bei Erde und Venus beobachten. Das Venusperihel rückt pro Jahrhundert um 8,″6 und das Erdbahnperihel um 3,″8 mehr vor, als es nach der klassischen Himmelsmechanik zu erwarten ist. Die Beobachtung der zusätzlichen Ellipsendrehung ist ein glänzender Beweis für die Richtigkeit der Allgemeinen Relativitätstheorie. Durch die gewaltige Masse der Sonne wird die Geometrie des Raumes in ihrer Nähe verzerrt. Die Metrik des Raumes ist nicht mehr euklidisch, wie der Mathematiker zu sagen pflegt. Da die Messungen im Sonnensystem aber in einem angenommenen euklidischen Referenzsystem erfolgen, fallen die beobachteten Periheldrehungen der Ellipsenbahnen größer aus als nach der klassischen Himmelsmechanik errechnet.

Kein großer Planet wandert innerhalb der Merkurbahn um die Sonne. Aber es gibt einen Kleinplaneten, der in seinem Perihel der Sonne noch erheblich näher ist als Merkur. Er wurde im Jahre 1948 entdeckt und nähert sich der Sonne bis auf 0,18 AE, das sind 27 Millionen Kilometer. Dieser Planetoid Nr. 1566 läuft in 408 Tagen um die Sonne, wobei sein Aphel in 292 Millionen Kilometer Sonnendistanz liegt und damit noch außerhalb der Marsbahn. Da Nr. 1566 sich so nahe an die Sonne heranpirscht, wurde er Icarus getauft, nach der berühmten Sage von Dädalus und Icarus. Möglicherweise wandert der eine oder andere noch unentdeckte Kleinplanet gänzlich innerhalb der Merkurbahn um die Sonne. Im Aphel dürfte er allerdings nicht zu nahe an die Merkurbahn herankommen, soll seine Bahn stabil sein. Weit innerhalb der Merkurbahn kann er sich allerdings auch nicht allzu lange aufhalten – die Sonnenhitze würde bald für seine völlige Auflösung sorgen.

August 2003

Mars kommt am 28. im Sternbild Wassermann in Opposition zur Sonne. Der rote Planet ist die ganze Nacht über als auffällig helles Gestirn zu sehen. Mit nur knapp 56 Millionen Kilometern Distanz zwischen Mars und Erde ist dies die günstigste Marsopposition seit über tausend Jahren.

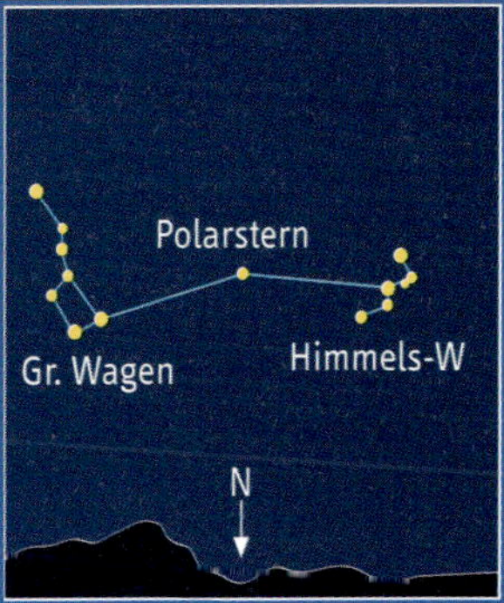

Großer Wagen und Himmels-W Anfang August um 22h

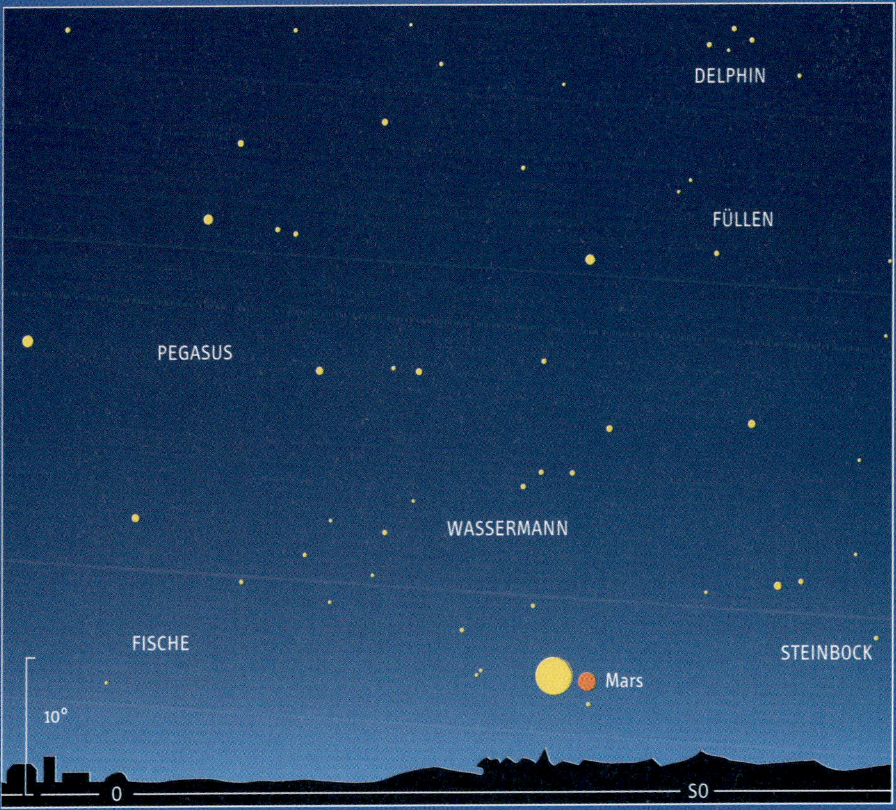

8.1 Anblick des östlichen Sternenhimmels am 13. August gegen 22h MEZ (= 23h MESZ). Der auffallend helle Mars und knapp neben ihm der Vollmond sind eben über dem Südosthorizont erschienen.

Sonnenlauf

11.8. 5^h^
Sonne tritt in das Sternbild Löwe

23.8. 14^h^
Sonne tritt in das Tierkreiszeichen Jungfrau

Julianisches Datum am
1. August, 1^h^ MEZ: 2 452 852,5

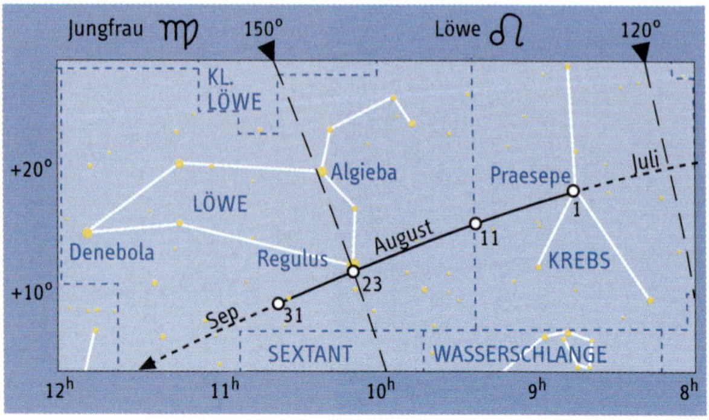

Tag	Dämmerg. Anfang	Aufgang MEZ	Kulmination	Untergang MEZ	Dämmerg. Ende	Mittagshöhe	Zeitgleichg.	Rektaszension	Deklination
	h m	h m	h m	h m	h m	°	m	h m	°
1.	3 18	4 48	12 26	20 03	21 33	58,1	−6	8 43	+18,2
5.	3 27	4 54	12 26	19 57	21 24	57,0	−6	8 58	+17,2
10.	3 37	5 01	12 25	19 48	21 12	55,6	−5	9 17	+15,8
15.	3 47	5 09	12 25	19 39	21 01	54,1	−5	9 36	+14,3
20.	3 57	5 16	12 23	19 30	20 49	52,5	−3	9 55	+12,7
25.	4 06	5 24	12 22	19 20	20 37	50,8	−2	10 13	+11,0
31.	4 17	5 33	12 20	19 07	20 22	48,7	0	10 35	+ 8,9

Tages- und Nachtstunden

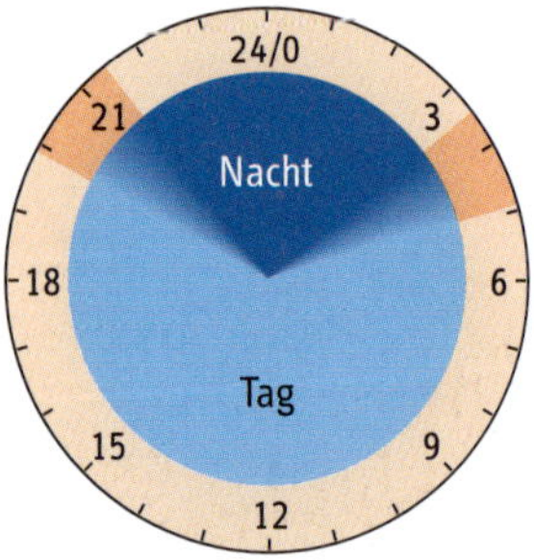

5. August

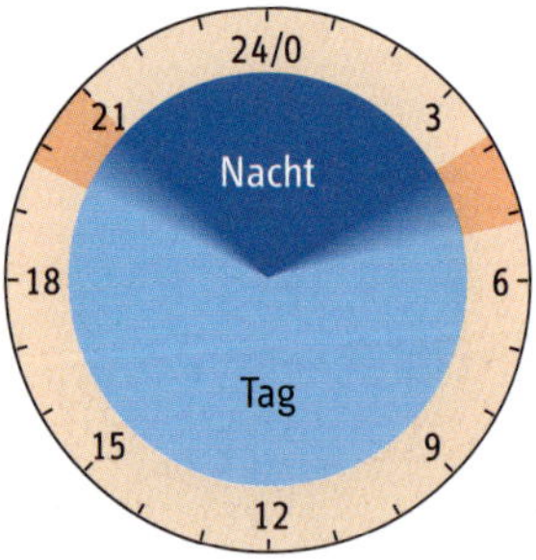

15. August

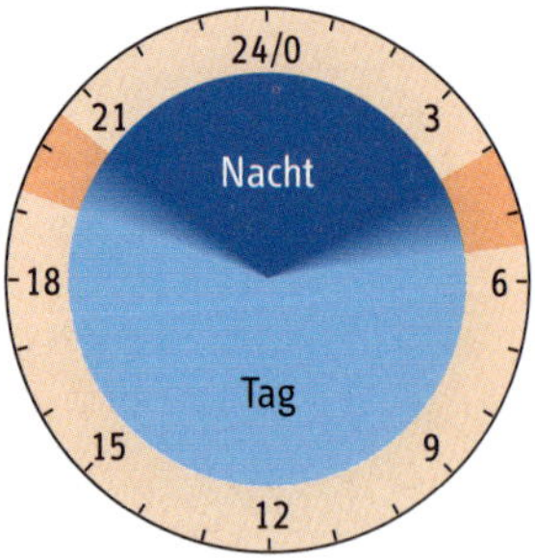

25. August

Mondlauf

Datum		Aufg. MEZ	Kulmination	Unterg. MEZ	Rektaszension	Deklination	Sterne und Sternbilder	Phase	MEZ
		h m	h m	h m	h m	°			
Fr	1.	8 13	15 13	21 56	11 02	+11,5	Löwe		
Sa	2.	9 33	16 01	22 12	11 52	+ 5,6	Jungfrau		
So	3.	10 53	16 48	22 29	12 42	− 0,6	Jungfrau		
Mo	4.	12 14	17 37	22 47	13 33	− 6,8	Spica		
Di	5.	13 37	18 29	23 09	14 25	−12,7	Waage	**Erstes Viertel**	**8^h28^m**
Mi	6.	15 02	19 24	23 37	15 19	−18,0	Waage	Erdnähe 369/32,′3	15^h
								Absteigender Knoten	
Do	7.	16 25	20 23	–	16 17	−22,2	Antares		
Fr	8.	17 40	21 24	0 15	17 18	−25,2	Schlangenträger		
Sa	9.	18 42	22 25	1 06	18 21	−26,5	Kaus Australis		
So	10.	19 29	23 24	2 11	19 23	−26,1	Schütze, Nunki		
Mo	11.	20 03	–	3 26	20 24	−24,1	Steinbock		
Di	12.	20 29	0 20	4 46	21 21	−20,7	Steinbock	**Vollmond**	**5^h48^m**
								Größte Südbreite	
Mi	13.	20 49	1 11	6 05	22 15	−16,2	Wassermann	Libration West	
Do	14.	21 05	1 58	7 21	23 04	−11,1	Wassermann		
Fr	15.	21 19	2 42	8 33	23 51	− 5,7	Wassermann		
Sa	16.	21 33	3 24	9 44	0 36	− 0,1	Walfisch		
So	17.	21 48	4 05	10 52	1 20	+ 5,4	Fische		
Mo	18.	22 04	4 47	12 01	2 04	+10,5	Fische		
Di	19.	22 23	5 29	13 10	2 49	+15,3	Widder	Erdferne 404/29,′6	15^h
								Aufsteigender Knoten	
Mi	20.	22 47	6 13	14 19	3 35	+19,4	Stier, Plejaden	**Letztes Viertel**	**1^h48^m**
Do	21.	23 18	7 00	15 27	4 24	+22,8	* Stier, Hyaden		
Fr	22.	23 59	7 50	16 31	5 16	+25,2	Stier, Al Nath		
Sa	23.	–	8 43	17 27	6 09	+26,5	Zwillinge		
So	24.	0 53	9 37	18 14	7 05	+26,5	Zwillinge		
Mo	25.	1 59	10 31	18 50	8 01	+25,1	Pollux	Libration Ost	
Di	26.	3 13	11 24	19 19	8 57	+22,3	Krebs, Krippe		
Mi	27.	4 33	12 16	19 42	9 52	+18,3	Löwe, Regulus	**Neumond**	**18^h26^m**
								Größte Nordbreite	
Do	28.	5 54	13 07	20 01	10 45	+13,2	Löwe		
Fr	29.	7 16	13 56	20 18	11 37	+ 7,3	Löwe		
Sa	30.	8 38	14 44	20 34	12 28	+ 1,0	Jungfrau		
So	31.	10 01	15 34	20 52	13 20	− 5,4	Spica	Erdnähe 368/32,′5	20^h

Planetenlauf

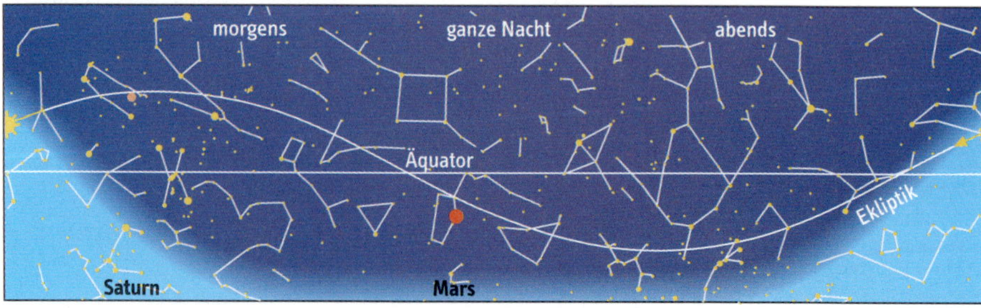

Merkur erreicht am 14. seine größte östliche Elongation von der Sonne. Mit 27°26′ Winkelabstand fällt sie recht groß aus, denn Merkur geht am gleichen Tag durch das Aphel (Sonnenferne) seiner Bahn. Dennoch kommt es nicht zu einer Abendsichtbarkeit, da Merkur 11°,5 südlichere Deklination aufweist als die Sonne.
Im Teleskop kann man Merkur allerdings durchaus beobachten, wobei man den Planeten am besten mit den Teilkreisen nach Koordinaten einstellt. Für Fernrohrbeobachter sei vermerkt, dass das 7″,5 große Merkurscheibchen am 15. halb beleuchtet erscheint. Die Merkurhelligkeit beträgt am Tag der größten Elongation $0^{m},4$. Danach nimmt sie rapide ab und sinkt bis 28. auf $1^{m},1$ ab. An diesem Tag kommt Merkur zum Stillstand und eilt anschließend rasch rückläufig auf die Sonne zu. Die untere Konjunktion wird dann im September erreicht.

Venus holt die Sonne am 18. ein. Sie steht in oberer Konjunktion mit ihr am Taghimmel und bleibt nachts unter dem Horizont. Zur oberen Konjunktion ist Venus mit 259 Millionen Kilometern (= 1,73 AE) relativ weit von uns entfernt. Denn von uns aus gesehen steht sie hinter der Sonne. Die Begegnung von Venus mit Jupiter am 21. bleibt unbeobachtbar.
Am 10. geht sie durch das Perihel ihrer Bahn, wobei sie 107 Millionen Kilometer (= 0,715 AE) von der Sonne trennen.

Mars, rückläufig im Wassermann, kommt am 28. in **Opposition** zur Sonne. Da er am 30. das Perihel seiner relativ stark exzentrischen Bahn passiert, wobei er bis auf 206,6 Millionen Kilometer (= 1,381 AE) an die Sonne herankommt, ist die diesjährige Opposition eine der günstigsten überhaupt. Bereits am 27. erreicht Mars mit nur 55,76 Millionen Kilometern (= 0,373 AE) seine geringste Entfernung von uns. Seit über tausend Jahren kamen sich Erde und Mars nicht so nahe (siehe auch Monatsthema „Mars in extremer Erdnähe“ auf Seite 166). Die günstige Marsopposition macht sich auch in einer extremen Helligkeit bemerkbar. Mit $-2^{m},9$ wird der rote Planet so hell wie selten. Er übertrifft damit noch Jupiter in seinem maximalen Glanz. Da Venus nicht am Nachthimmel vertreten ist, bleibt Mars alleiniger Glanzpunkt am Sternenzelt. Selbst an der Himmelskunde kaum interessierten Leuten fällt Mars sicherlich wegen seiner großen Leuchtkraft auf. Der hell glänzende Mars wird wieder so manche UFO-Meldung von Zeitgenossen provozieren, die in der warmen Jahreszeit ihre Gartenfeste feiern.
Am Tag der Opposition geht Mars um $19^{h}46^{m}$ (= $20^{h}46^{m}$ Sommerzeit) auf, passiert um $0^{h}35^{m}$ den Meridian und geht am nächsten Morgen um $5^{h}16^{m}$ unter.
Im Teleskop erkennt man ein extrem großes, voll beleuchtetes Marsscheibchen von 25″,1 scheinbarem Durchmesser, auf dem auch in bescheidenen Instrumenten Einzelheiten zu er-

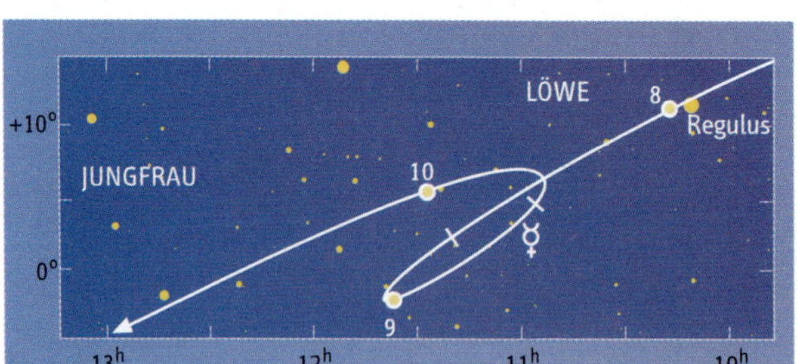

8.2 Merkurschleife im Gebiet der Sternbilder Löwe und Jungfrau.

8.3 Von Neptun aus gesehen kommt es am 4. August zu einem Transit von Erde und Mond vor der Sonnenscheibe.

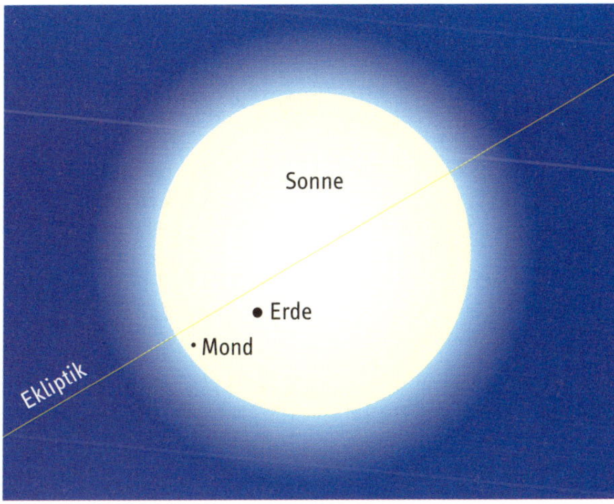

kennen sind – sofern die Sichtbedingungen einigermaßen akzeptabel sind (Luftruhe!).

8.4 (große Abbildung unten) Scheinbare Bahn des Planeten Mars von Anfang Mai bis Mitte Dezember 2003 im Gebiet der Sternbilder Steinbock und Wassermann. Eingetragen sind ferner die Oppositionsschleifen der Planeten Uranus und Neptun.

8.5 (ganz unten links) Oppositionsschleife von Mars im Wassermann sowie die Uranuspositionen zum jeweiligen Monatsanfang in der zweiten Jahreshälfte 2003.

8.6 (ganz unten rechts) Aufsuchkärtchen Neptun. Die Zahlen geben die Neptunposition zum jeweiligen Monatsersten an.

Besuch vom fast vollen Mond erhält der rote Planet am 13. in den Abendstunden (siehe Abb. 8.1 auf Seite 166).

Am 4. erreicht Mars mit −1°51′ seine größte heliozentrische Südbreite. Da der rote Planet uns nun so nahe steht, fällt seine geozentrische ekliptikale Südbreite noch viel größer aus. Er hält sich 6°16′ südlich der Ekliptik auf.

Jupiter hat sich vom Abendhimmel zurückgezogen und bleibt unsichtbar. Er wird von der Sonne verfolgt, die ihn schließ-

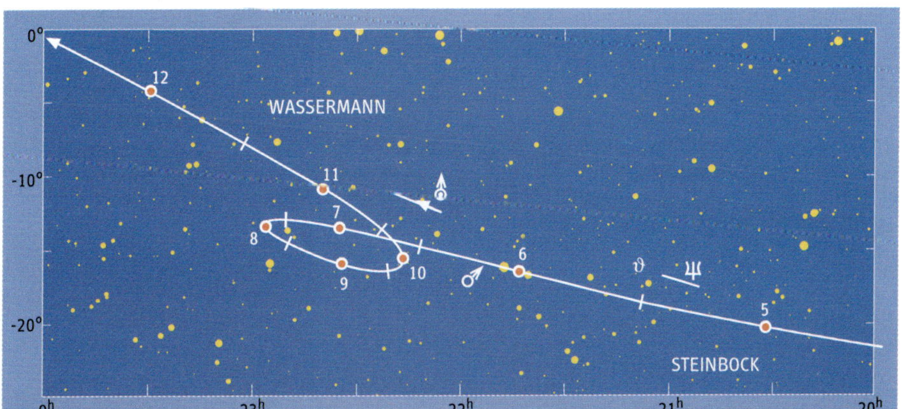

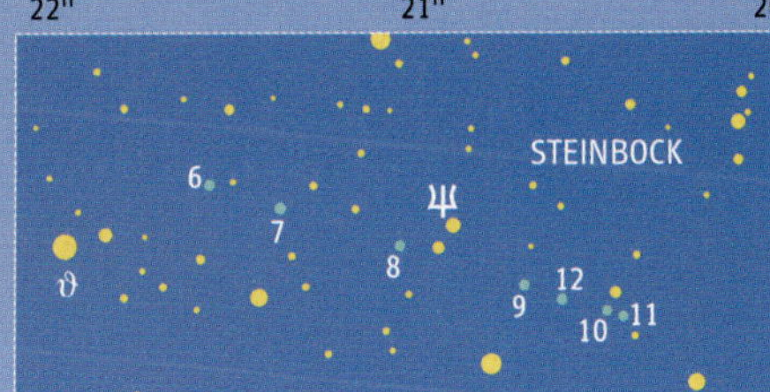

lich am 22. einholt. An diesem Tag steht er in Konjunktion mit ihr. Zur Konjunktion ist Jupiter 955 Millionen Kilometer (= 6,38 AE) von der Erde entfernt, während seine Sonnendistanz 804 Millionen Kilometer (= 5,37 AE) beträgt.
In den Morgenstunden des 26. wandert der Riesenplanet nur $0{,}^{\circ}4$ nördlich an Regulus im Löwen vorbei. Leider entgeht uns diese enge Konjunktion, da die Sonne sich ebenfalls im Löwen nahe beiden Gestirnen aufhält. Das Ereignis findet am Taghimmel statt und bleibt damit unsichtbar
Saturn kann am Morgenhimmel gesehen werden. Der Ringplanet wandert rechtläufig durch den Westteil der Zwillinge (siehe Abb. 12.3 auf Seite 226). Am 1. geht Saturn um 2^h12^m auf, am 15. um 1^h25^m und am 31. bereits um 0^h29^m (= 1^h29^m Sommerzeit). Mit $0{,}^{m}1$ Helligkeit ist der Ringplanet am nordöstlichen Morgenhimmel kaum zu übersehen.
Uranus kommt am 24. im Sternbild Wassermann in **Opposition** zur Sonne. Wer den $5{,}^{m}7$ hellen Planeten sehen will, benötigt ein Fernglas – möglichst mit Stativ. Mars kann als Aufsuchhilfe gute Dienste leisten, weil er sehr hell ist und vergleichsweise nahe bei Uranus steht (siehe Abb. 8.4 und 8.5 auf Seite 159). Theoretisch ist Uranus schon mit bloßen Augen zu sehen. Dies gilt aber nur für sehr gute Augen bei idealen Sichtbedingungen, wie man sie nur ganz selten hat.
Oppositionsstellung bedeutet günstigste Sichtbarkeit: Die gesamte Nacht über dem Horizont, geringste Entfernung von der Erde, maximale Helligkeit und größter Scheibchendurchmesser. Am Oppositionstag geht Uranus um 19^h17^m (= 20^h17^m Sommerzeit) auf, kulminiert in der Oppositionsnacht um 0^h21^m und geht am nächsten Morgen um 5^h26^m unter.
Im Fernrohr zeigt Uranus ein winziges, grünliches Planetenscheibchen von $3{,}''7$ scheinbarem Durchmesser. Selbst in großen Teleskopen sind im sichtbaren Licht kaum Oberflächendetails zu erkennen. Der Uranusglobus wird von einer dichten Atmosphäre eingehüllt, in der so gut wie keine Strukturen zu sehen sind.
Die geringste Entfernung von der Erde erreicht Uranus bereits einen Tag vor seiner Opposition, nämlich am 23., wobei ihn 2845 Millionen Kilometer (= 19,02 AE) von uns trennen. Das Uranuslicht ist somit zwei Stunden und 38 Minuten zur Erde unterwegs. Von der Sonne ist Uranus zur Oppositionszeit 2996 Millionen Kilometer (= 20,03 AE) entfernt.
Neptun steht am 4. im Sternbild Steinbock in **Opposition** zur Sonne. An diesem Tag geht der nur $7{,}^{m}8$ helle, bläuliche Planet um 19^h48^m (= 20^h48^m Sommerzeit) auf, kulminiert um 0^h25^m in der Oppositionsnacht und geht morgens um 5^h01^m unter (siehe auch Aufsuchkärtchen Abb. 8.6 auf Seite 159). Bis Monatsende verfrüht sich die Untergangszeit des bläulichen Planeten auf 3^h15^m (= $4^h\,15^m$ Sommerzeit).
Im Teleskop zeigt Neptun nur ein winziges Planetenscheibchen von $2{,}''3$ scheinbarem Durchmesser. Oberflächendetails sind keine zu erkennen. Solche auszumachen, bleibt Riesenteleskopen und Raumsonden vorbehalten. Um den 11. stört Mondlicht die Beobachtung von Neptun.
Am 4. trennen Neptun 4348 Millionen Kilometer (= 29,06 AE) von der Erde, dies entspricht einer Lichtlaufzeit von vier Stunden und zwei Minuten. Von der Sonne ist Neptun zur Oppositionszeit in diesem Jahr 4500 Millionen Kilometer (= 30,08 AE) entfernt.
Am 11. passiert Neptun den absteigenden Knoten seiner um nur 1°46′ zur Ekliptik geneigten Bahn. Er befindet sich deshalb

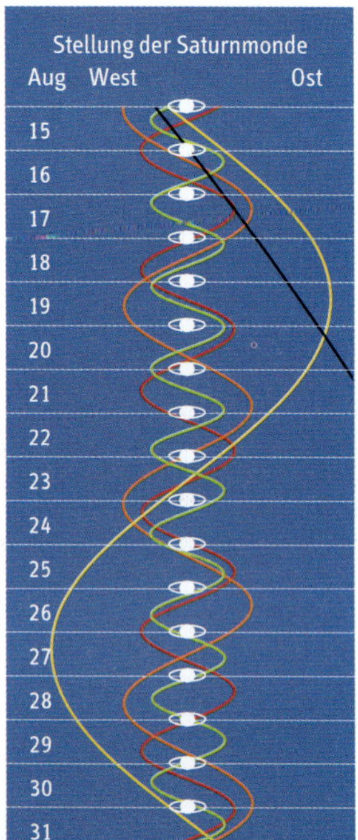

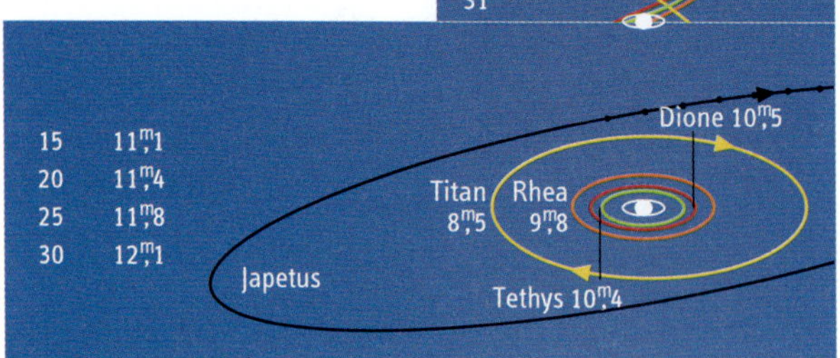

zur Opposition fast exakt in der Erdbahnebene. Von Neptun aus gesehen, kommt es zu einem Erdtransit: Unser Planet zieht als winziges, dunkles Pünktchen vor der kleinen Sonnenscheibe vorbei.
Pluto im Sternbild Schlangenträger wird am 30. stationär und beendet damit seine Rückläufigkeit in Rektaszension. Danach wachsen seine Rektaszensionswerte wieder an (siehe auch Abb. 6.4 auf Seite 130).

Periodische Sternschnuppenströme

Der wohl aktivste Sternschnuppenmonat ist der August. In seinen lauen Sommernächten sind besonders viele Sternschnuppen zu sehen. Die Ursache liegt in den **Perseïden**, deren maximale Tätigkeit zwischen dem 10. und 14. August liegt. Helle Objekte (um 0^m und heller, so genannte Feuerkugeln oder Boliden) sind keine Seltenheit. Als schönster und reichster Strom des Jahres bescheren die Perseïden bis zu 110 Sternschnuppen pro Stunde. Ihren Ursprung führen die Perseïden auf den Kometen 109P/Swift-Tuttle (früher: 1862 III) zurück. Die beste Beobachtungszeit liegt zwischen 22^h und 4^h morgens. Die Perseïden-Sternschnuppen sind mit 60 Kilometern pro Sekunde recht schnelle Objekte. Im Volksmund heißen sie auch Laurentius-Tränen nach dem Märtyrer Laurentius (gest. 258 n. Chr.).
Zu erwähnen sind noch die **Kappa-Cygniden**, deren Radiant im Sternbild Schwan liegt. Sie sind vom 3. bis 25. August aktiv, allerdings sind sie kein besonders reicher Strom. Zur Zeit des Maximums um den 17. August ist nur mit etwa fünf bis zehn Meteoren pro Stunde zu rechnen. Mit 25 Kilometern pro Sekunde mittlerer Geschwindigkeit zählen die Cygniden zu den langsamen Sternschnuppen.
Die Umlaufszeit dieses Stromes beträgt sieben Jahre. Der Ursprungskomet dürfte sich aufgelöst haben.
Der wenig bekannte Strom der **Cepheïden** macht sich um den 18. August herum bemerkbar. Die Frequenz ist gering, nämlich nur zehn Objekte pro Stunde. Vermutlich sind die Cepheiden ein Zweigstrom der Cygniden.

Der Fixsternhimmel

Nun entfaltet der Sommersternhimmel seine volle Pracht. Hoch im Süden steht das Sommerdreieck mit Wega in der Leier, Deneb im Schwan und Atair im Adler. Die Frühlingssternbilder wie Löwe und Jungfrau sind von der Himmelsbühne abgetreten und unter dem Horizont verschwunden. Weit im Westen funkelt der Bärenhüter, unter dem Namen Arktur besser bekannt. Der Skorpion bereitet sich im Südwesten auf seinen Untergang vor. Sein Hauptstern Antares zieht noch die Blicke auf sich. Dem Skorpion folgt im Tierkreis der Schütze, den die Amerikaner gerne Teapot (Teekessel) nennen. Östlich vom Schützen nimmt der lichtschwache Steinbock seinen Platz ein. Dem Steinbock folgt im Südosten der Wassermann, der ebenfalls recht lichtschwach und nicht leicht zu erkennen ist. Doch in diesem Jahr steht ein helles, auffälliges Gestirn im Wassermann, nämlich der Planet Mars, der Ende August der Erde so nahe kommen wird wie seit tausend Jahren nicht mehr.

Konstellationen und Ereignisse

Datum	MEZ	Ereignis
4.	15^h	**Neptun in Opposition zur Sonne**
10.	6	Venus im Perihel
11.	14	Mond bei Neptun, Mond 5,°0 südlich
13.	1	Mond bei Uranus, Mond 4,°5 südlich
13.	18	**Mond bei Mars,** Mond 1,°9 nördlich, **Abstand 2,°5 um 21^h**
14.	8	Merkur im Aphel
14.	22	Merkur in größter östl. Elongation (27°)
18.	19	Venus in oberer Konjunktion mit der Sonne
21.	7	Venus bei Jupiter, Venus 0,°6 nördlich
22.	11	Jupiter in Konjunktion mit der Sonne
23.	15	Mond bei Saturn, Mond 4,°3 nördlich
24.	11	**Uranus in Opposition zur Sonne**
27.	9	Mond bei Jupiter, Mond 4,°6 nördlich
27.	11	**Mars in Erdnähe** (55,76 Millionen Kilometer = 0,373 AE)
27.	20	Mond bei Venus, Mond 3,°8 nördlich
28.	1	Merkur im Stillstand, anschließend rückläufig
28.	19	**Mars in Opposition zur Sonne**
29.	2	Mond bei Merkur, Mond 9,°3 nördlich
30.	7	Pluto stationär, anschließend rechtläufig
30.	12	Mars im Perihel (Sonnendistanz: 206,6 Millionen Kilometer = 1,381 AE)

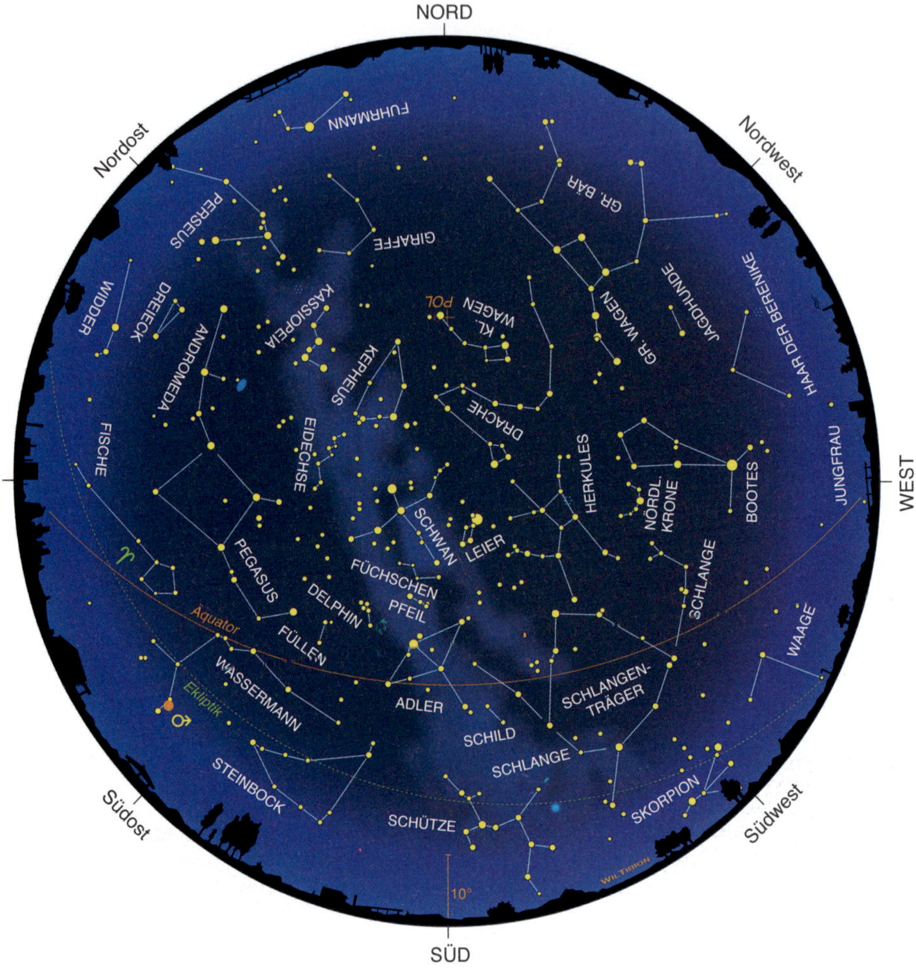

Sternenhimmel am 15. August um 22^h MEZ (23^h MESZ).

Fixsternhimmel auch gültig für:

	MEZ	MESZ
15. 6.	2^h	3^h
1. 7.	1	2
15. 7.	0	1
1. 8.	**23**	**24**
15. 8.	**22**	**23**
31. 8.	**21**	**22**
15. 9.	20	21
30. 9.	19	20

Das markante Sternenviereck des Pegasus steigt im Osten empor. Mit seiner unteren Spitze deutet das Pegasusquadrat zum Ostpunkt am Horizont. Man gewinnt dabei den Eindruck einer überdimensionalen Vorfahrtstafel. Der griechischen Mythologie nach ist der Pegasus ein geflügeltes Pferd. Zum Pegasus zählt nicht nur das auffallende Sternenviereck, sondern auch eine leicht abgeknickte Sternenkette, die sich bis hin zum kleinen Bild des Delfins erstreckt. Sie markiert den vorderen Teil des geflügelten Dichterrosses. Das Pegasusquadrat wird auch gerne als Herbstviereck bezeichnet. Der Pegasus soll den Poeten zu ihren Gedankenflügen verhelfen und ihrer Fantasie Luftreisen ermöglichen. Als der schreckliche Medusa, einer der Gorgonen, von Perseus das Haupt abgeschlagen wurde, entwich ihrem Leib im Todeskampf das Flügelross. Kaum dem Blute der Medusa entsprungen, entfaltet Pegasus

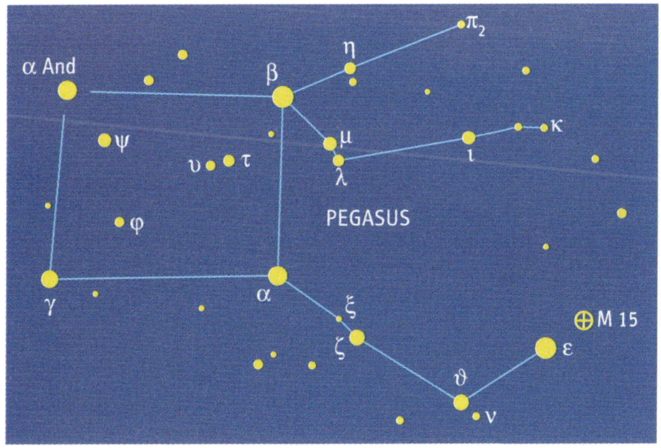

8.7 Skelettkarte des Sternbildes Pegasus.

seine Flügel und fliegt gen Himmel zu den Göttern, um fortan den Keulenwagen des Blitze schleudernden Götterbosses Zeus zu ziehen.
Pegasus erledigt so manche Aufgabe für die illustre Göttergesellschaft. So beruhigt er auf Wunsch des zürnenden Poseidon die übermütigen neun Musen, als sie laut singend in den Helikonbergen ein Fest feiern. Pegasus landet auf Helikon, wobei seine Hufschläge beim Aufsetzen eine Quelle (Hippokrene) hervorsprudeln lassen. Wer aus ihr trinkt, dessen Fantasie bekommt Flügel. Sodann verhilft Pegasus dem Sohn des Königs Glaukos von Korinth, Bellerophon, zu seinem Sieg über die schreckliche, feuerspeiende Chimaira. Pallas Athene selbst besorgt Bellerophon die goldenen Zügel, mit denen allein er Pegasus bändigen kann. Dann schwingt er sich frohgemut mit dem Flügelross der Chimaira entgegen. Sie speit aus ihrem Löwenmaul Feuer. Halb Löwe, halb Ziege und mit einem Drachenschwanz versehen, bedrängt sie die Bewohner von Lykien. Aus den Lüften stürzt Bellerophon mit Pegasus hernieder. Hufschläge prasseln auf Chimaira ein, die mit ihrem Feuerhauch das Schwert von Bellerophon zum Glühen bringt. Todesmutig stößt Bellerophon den heißen Stahl mitten in das Herz des Ungeheuers. Ein dicker Strahl tintenfarbigen Blutes spritzt gen Himmel, und Chimaira sinkt tödlich getroffen in sich zusammen.
Ob dieses Sieges übermütig, will Bellerophon selbst zu den Göttern aufsteigen. Dies gefällt der feinen Gesellschaft aber nicht. Sie entsendet eine Wespe, die den Pegasus an einer empfindlichen Stelle prompt sticht. Vor Schmerz und Schrecken bäumt sich Pegasus auf, wobei er den siegestrunkenen Bellerophon samt goldenem Zaunzeug abwirft. In dieser Stellung wird Pegasus unter die Sterne versetzt – mit den Hufen nach oben und dem Rücken nach unten zeigend (von der Nordhalbkugel ausgesehen).
Schon die Babylonier sahen in dieser Sternenfigur ein Pferd. Bei den Juden war es ein Jagdpferd, schneller als ein Adler. Der christliche Sternbilderhimmel übernahm die Flügel – aus dem Pegasus wurde der Erzengel Gabriel. Erhard Weigel (1625–1699) aus Jena macht aus Pegasus in seinem Coelum Heraldicum das Braunschweig–Lüneburgische Pferd. Die Araber wiederum sahen hier durstige Kamele, andere Darstellungen zeigen einen Vogel Strauß.
Der Hauptstern, α Pegasi, heißt Markab vom Arabischen mankib al faras – Schulter des Pferdes. Markab leuchtet mit $2^{m}{,}5$ Helligkeit in einem bläulichen Licht (Spektralklasse B9 III). Seine Entfernung beträgt 140 Lichtjahre. β Pegasi heißt Scheat vom Arabischen al sag – das Schienbein. Scheat ist ein roter Stern (Spektralklasse M2 II) von $2^{m}{,}7$ scheinbarer Helligkeit. Er steht in einer Entfernung von 200 Lichtjahren. Ebenfalls aus dem Arabischen stammt der Name Algenib für γ Pegasi. Al janb heißt die Flanke, Seite und war einmal für α Pegasi in Gebrauch. Algenib ist $2^{m}{,}8$ hell und leuchtet bläulich-weiß (Spektraltyp B2 IV). Etwa 340 Lichtjahre ist Algenib von uns entfernt. Der vierte Stern im Pegasusquadrat, Sirrah, gehört schon zur Andromeda und trägt deshalb die Bezeichnung α Andromedae. Sirrah ist $2^{m}{,}1$ hell und leuchtet weißlich-blau. Fast hundert Jahre ist sein Licht zur Erde unterwegs.
Den Kopf des Pegasus markiert Enif, ε Pegasi. Der Name stammt vom Arabischen anf, was Nase bedeutet. Mit $2^{m}{,}4$ ist Enif leicht zu sehen. Er leuchtet orange (Spektralklasse K2 Ib). Als roter Überriesenstern ist seine Entfernung schwer zu bestimmen. Sie liegt bei 700 Lichtjahren plus/minus 100.
Im Norden wird das Sternbild Pegasus durch den Schwan und das kleine Bild Eidechse (lat.: Lacerta) begrenzt. In östlicher Richtung schließt sich die Sternenkette der Andromeda an. Ein wenig nördlich der Prinzessin Andromeda stößt man auf ihre Mutter, die Königin Kassiopeia, dargestellt durch ein großes

Sternen-W. Während der Große Wagen im Nordwesten herabsinkt, steigt das Himmels-W jetzt immer höher.
In Zenitnähe findet man das kleine, aber markante Bild der Leier. Nahe der Leier ist das einprägsame Sternenkreuz des Schwans auszumachen. Der Schwan fliegt mit ausgebreiteten Flügeln in südwestlicher Richtung durch die Milchstraße. Deneb bildet den Schwanz und Albireo (β Cygni) den Kopf. Gelegentlich wird diese Sternenfigur auch als „Kreuz des Nordens“ bezeichnet.
Als drittes Sternbild dieser Sommergruppe ist das Sternbild Adler zu nennen, dessen hell glänzender Hauptstern α Aquilae den Namen Atair trägt, was der (auf seine Beute) herabstürzende Adler bedeutet.
Das schimmernde Lichtband der sommerlichen Milchstraße zieht sich in hohem Bogen über das vormitternächtliche Himmelsgewölbe. Allerdings bietet sich in unseren lichtüberfluteten Siedlungen leider nur noch selten die Gelegenheit, dieses Naturphänomen in seiner vollen Pracht zu bewundern.

Objekte für Feldstecher und Fernrohr

Wer mit dem Fernglas am Sternenhimmel spazieren sieht, sollte nicht nur lichtschwache Objekte suchen, sondern dann und wann auch einmal hellere Fixsterne ins Visier nehmen. Es kann schon sehr beeindruckend sein, den roten Antares, den orangefarbenen Arktur oder die bläulich-weiße Wega strahlend zu erleben, in dem Bewusstsein, hier einen gigantischen „Atommeiler“ vor sich zu haben.
Die ungeheure Zahl der Sonnen allein in unserer Milchstraße wird einem wiederum bewusst, wenn man mit fernglasbewehrtem Blick das Lichtband der sommerlichen Milchstraße durchmustert. Dann werden Myriaden von feinen Lichtpünktchen sichtbar, jedes eine glühende Sonne für sich, die wohl oftmals auch von Planeten umkreist werden. Beim Absuchen der Milchstraße gewinnt man bald den Eindruck, manche Gebiete seien recht schwach mit Sternen besetzt. Man vermutet möglicherweise, hier sternarme Gegenden vorzufinden, gewissermaßen „sternleere“ Zonen. Doch der Schein trügt: In den Gebieten, in denen Sterne zu fehlen scheinen, schweben gewaltige Staub- und Gaswolken im All. Trotz ihrer relativ geringen Dichte verdunkeln solche interstellaren Materiewolken das Licht der dahinterstehenden Sterne. Deshalb spricht man auch von Dunkelwolken.
Bei der Durchmusterung der Milchstraße stößt man in der Gegend des Schwans auf eine Reihe von visuellen Doppelsternen, die schon im Fernglas als doppelt erkannt werden können. Da ist einmal der Dreifachstern o_1 Cygni zu nennen, der einen schönen Farbkontrast zeigt und auf der Verbindungslinie zwischen Deneb (α Cygni) und δ Cygni liegt. δ Cygni ist selbst ein Doppelstern, den man aber erst ab einer Objektivöffnung von 15 cm (= Sechszöller) auflösen kann. Die $2\overset{m}{,}9$ helle Hauptkomponente hat in nur $2\overset{''}{,}6$ einen $6\overset{m}{,}5$ hellen Begleiter.
Im Schwerpunkt des Sommerdreiecks findet man Albireo (β Cygni). Die helle Komponente leuchtet mit $3\overset{m}{,}1$ in rötlichem Licht, der mit $5\overset{m}{,}1$ lichtschwächere Begleiter strahlt bläulichweiß und steht in $34\overset{''}{,}5$ Distanz.
Auch 61 Cygni kann man im Fernglas doppelt erkennen. Die beiden $5\overset{m}{,}2$ und $6\overset{m}{,}0$ hellen Komponenten sind 32″ voneinander getrennt. 61 Cygni ist ein prominenter Stern. An ihm bestimmte erstmals Friedrich Wilhelm Bessel, Direktor der Sternwarte Königsberg, die wahre Entfernung eines Sternes. Nach modernen Messungen ist Stern Nr. 61 im Schwan ziemlich genau 11,4 Lichtjahre entfernt. Die ersten Messungen von Bessel im Jahr 1838 ergaben eine Distanz von etwa zehn Lichtjahren. Damals war dies eine enorme Entfernung. Bessel stieß gewissermaßen das Tor in die Tiefen des Universums auf. Vor ihm glaubte man nicht an die enormen Entfernungen der Fixsterne. Die Beobachtung der trigonometrischen Parallaxe von 61 Cygni war gleichzeitig ein Beweis für das Kopernikanische Weltsystem. Denn damit zeigte Bessel eindeutig, dass die Erde sich um die Sonne bewegt und nicht umgekehrt. Beide Komponenten von 61 Cygni sind im übrigen Hauptreihensterne der Spektralklasse K5 und leuchten daher orange. Wegen seiner relativen Nähe zu uns zeigt 61 Cygni eine große Eigenbewegung am irdischen Firmament.

Veränderliche Sterne

Algol-Minima	4.	5^h19^m	7.	2^h08^m	9.	22^h56^m	24.	6^h59^m	27.	3^h47^m	30.	0^h36^m
β-Lyrae-Minima	1.	16^h N	8.	3^h H	14.	14^h N	21.	1^h H	27.	13^h N		
δ-Cephei-Maxima	4.	12^h	9.	20^h	15.	5^h	20.	14^h	25.	23^h	31.	8^h
Mira-Helligkeit	1.	4^m	10.	4^m	20.	4^m	31.	5^m				

8.9 Die Sternbilder Leier und Schwan. In der Leier findet sich ε Lyrae, der berühmte Vierfachstern, sowie der Ring-Nebel M 57.

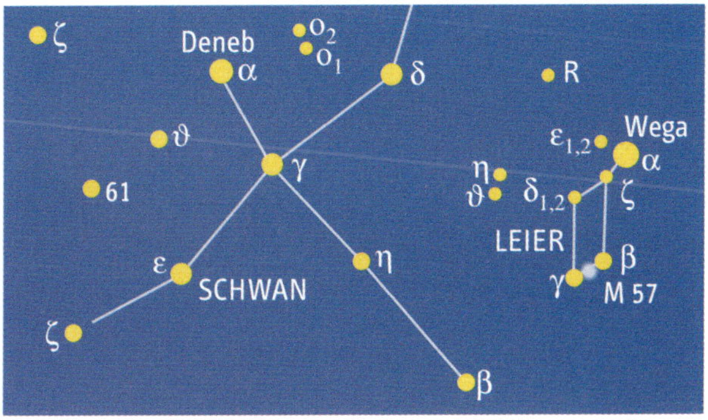

Pro Jahr wandert er um 5,″2 in nordöstlicher Richtung weiter. In der Nachbarschaft des Schwans stößt man auf das Sternbild Leier. Neben der strahlend hellen Wega steht der berühmte Vierfachstern ε Lyrae. Sehr gute Augen erkennen bereits ohne optische Hilfsmittel, dass ε Lyr doppelt ist. Zumindest erscheint er länglich. Im Fernglas erkennt man auf alle Fälle zwei Lichtpunkte. Sie sind immerhin 209″ voneinander entfernt und tragen die Bezeichnung $ε_1$ und $ε_2$ Lyrae. Sowohl $ε_1$ als auch $ε_2$ sind jeweils enge Doppelsterne mit 2,″5 beziehungsweise 2,″4 Distanz. Alle vier Sterne leuchten weiß (Spektraltyp A) und sind 160 Lichtjahre entfernt.

Zwischen β und γ Lyrae sieht man schon in einem kleinen Fernrohr ein winziges, fast kreisrundes, diffuses Lichtfleckchen. Es handelt sich dabei um den bekannten Ring-Nebel in der Leier, M 57 oder NGC 6720 mit seiner Katalogbezeichnung. M 57 gehört zur Klasse der Planetarischen Nebel. Der extrem heiße Zentralstern des Ringnebels M 57 sendet seine meiste Energie im ultravioletten Bereich des elektromagnetischen Spektrums aus und erscheint im sichtbaren Licht recht schwach. Auf fotografischen Aufnahmen ist der Zentralstern fast immer zu erkennen, im Teleskop ist er nur ab einer Öffnung von mindestens 40 cm gerade noch zu sehen. Ein alternder Stern hat hier seine äußere Materiehülle abgestreift. Der Ring-Nebel in der Leier ist etwa 1800 Lichtjahre von der Erde entfernt.

Am sommerlichen Abendhimmel ist das Gebiet um den Schützen und dessen Umgebung für Feldstecher- und Fernrohrbeobachter besonders interessant. Finden sich doch in diesem Himmelsareal besonders viele Sternhaufen und Gasnebel. Zu den prominentesten zählen der Lagunen-Nebel (M 8) und der Trifid-Nebel (M 20). Zwischen beiden zieht die Ekliptik (scheinbare Sonnenbahn) hindurch. Sowohl M 8 als auch M 20 sind so genannte Emissionsnebel. Heiße Sterne regen mit ihrer intensiven Ultraviolett-Strahlung die Gasatome und -ionen zum Leuchten an. Eingebettet in die leuchtenden Wolken sind Staubmassen, die vom Sternenlicht beleuchtet werden und somit als Reflexionsnebel sichtbar sind. Zum Teil absorbieren aber die Staubschichten das Licht der Sterne und leuchtenden Nebel, es erscheinen dunkle Strukturen. So sieht man M 20 dreigeteilt, weshalb er Trifid-Nebel getauft wurde. M 8 wiederum wird von einem dunklen Staubband durchzogen. Der Nebel erinnert entfernt an eine Meereslagune. Beide Gasnebel sind mit rund 6000 Lichtjahren etwa gleich weit von uns entfernt.

Dicht neben M 20 befindet sich M 21, ein offener Sternhaufen mit relativ wenigen Sternen – etwa 140 zwischen 9^m und 12^m. Er ist ein relativ alter Haufen von rund 4,5 Milliarden Jahren.

Wetter und Klima

Der August ist der zweite Monat mit hochsommerlichem Klima. Er zeigt nicht so starke Westwettereinbrüche wie der Juli, die Klimaschwankungen sind geringer. Auch die Gewitter- und Niederschlagshäufigkeit ist niedriger als im Vormonat.

Die mittlere Monatsdurchschnittstemperatur liegt bei 17,1 °C, also ein knappes Grad weniger als im Juli. Die mittlere Tageshöchsttemperatur beträgt 22 °C, die mittlere Tagestiefsttemperatur 13 °C. Als Maximaltemperatur ist 39 °C gemessen worden. An mindestens sieben Tagen ist mit einer Maximaltemperatur von 25 °C zu rechnen sowie mit einem Tropentag (Lufttemperatur über 30 °C).

Die Niederschlagsmenge ist etwas geringer als im Juli, es gibt rund sechs Gewittertage.

Die mittlere Sonnenscheindauer beträgt 200 Stunden. 58 % der Nächte sind bewölkt. Klare Nächte mit guter Durchsicht sind zu erwarten. Sie sind fast so gut in Bezug auf die Sicht wie im September. In frischen Nächten tritt vor allem in den Morgenstunden Tau auf – ein Vorbote des Herbstes.

Klimadaten

Nachstehende Tabelle gibt die mittlere Bewölkungswahrscheinlichkeit (BW) und die mittlere Zahl der Tage mit mehr als einem Millimeter Niederschlag (NS) im Monat **August** an.

Ort	BW	NS	Ort	BW	NS	Ort	BW	NS
Schleswig	60%	13	Brüssel	58%	10	Säntis (2496 m)	58%	16
Helgoland	54	13	Frankfurt/Main	55	10	Zugspitze (2962 m)	61	17
Hamburg	60	12	Prag	48	09	Sonnblick (3107 m)	63	16
Hannover	59	11	Nürnberg	52	11	Innsbruck	55	13
Berlin	54	09	Stuttgart	51	10	Graz	46	10
Brocken (1152 m)	64	15	München	53	12	Klagenfurt	45	10
Essen	62	12	Salzburg	51	15	Bozen	53	10
Leipzig	54	10	Wien	44	09	Genf	42	09
Dresden	55	10	Zürich	51	13	Lugano	45	10

Monatsthema

Mars in extremer Erdnähe!

Im August und September 2003 beherrscht Mars als hell glänzender, gelbroter Lichtpunkt im ansonsten lichtschwachen Sternbild Wassermann den Nachthimmel. Ende August erreicht der rote Planet mit $-2{,}^{m}9$ seine maximale Helligkeit. Vom Mond abgesehen, ist er damit das weitaus hellste Gestirn am nächtlichen Firmament. Venus ist zur Zeit nachts nicht vertreten. Und selbst wenn Jupiter in Opposition stünde, Mars überträfe ihn diesmal dennoch an Glanz. Mars ist jetzt so auffallend, dass so mancher Zeitgenosse bei seinem Anblick nicht an ein Gestirn, sondern an ein „UFO“ denken mag. Planetarien und Sternwarten werden mit Fragen überschüttet werden, was wohl dieses seltsame Objekt am Himmel sein könne.

Die enorme Helligkeit unseres äußeren Nachbarplaneten Ende August ist leicht erklärbar: Am 27. kommt Mars der Erde so nah wie seit über 2000 Jahren nicht mehr! Um 11^h MEZ trennen uns „nur“ noch 55 758 000 Kilometer vom roten Planeten. Erst am 29. August des Jahres 2287 wird Mars der Erde näher rücken und bis auf 55 690 000 Kilometer an uns herankommen.

Im Mittel überholt die Erde den roten Planeten jeweils nach zwei Jahren, einem Monat und drei Wochen. Dann befinden sich Sonne – Erde – Mars in einer geraden Linie. Diese Stellung wird Opposition genannt. Die meiste Zeit ist Mars zwar ein gut sichtbares, aber keinesfalls besonders auffälliges Gestirn. Manchmal ist er nur etwa so hell wie der Polarstern, dann wieder zählt er zu den Sternen erster Größe. Um die Oppositionszeiten wird Mars regelmäßig zum Glanzpunkt am Nachthimmel, denn zur Opposition schrumpft die Entfernung Erde – Mars zu einem Minimum – der rote Planet kommt uns nahe. Oder besser: Wir ihm, denn wir rauschen auf der Innenbahn an Mars vorbei. Beim Überholen wird dann die geringste Entfernung erreicht. Im Mittel ist Mars 228 Millionen Kilometer (= 1,52 AE) von der Sonne entfernt, also eineinhalbmal so weit wie die Erde. Das Sonnenlicht ist somit knapp 13 Minuten zum Mars unterwegs, während es schon nach etwas mehr als acht Minuten auf der Erde eintrifft. Für eine volle Sonnenumrundung benötigt Mars 687 Tage, das sind knapp zwei Jahre. Daraus lässt sich schnell ermitteln, wie oft die Erde Mars überholt, wann also immer Mars am irdischen Firmament in Opposition zu Sonne steht. Starten Erde und Mars zu einer Opposition ihren Wettlauf, so haben wir nach einem Umlauf der Erde den Mars noch längst nicht wieder eingeholt. Der rote Planet hat sich um mehr als die Hälfte in seiner Bahn weiterbewegt. Die Erde bewegt sich in ihrer Bahn mit einer Geschwindigkeit von 1/365 Umläufen pro Tag, Mars jedoch nur mit 1/689 Umläufen pro Tag. Die *relative* Geschwindigkeit der Erde gegenüber Mars beträgt somit 1/365 - 1/689 = 1/779 Umläufe pro Tag. Daraus folgt, dass die Erde jeweils nach 779 Tagen, das sind wie erwähnt zwei Jahre, ein Monat und drei Wochen, den roten Planeten überholt. Marsoppositionen folgen jeweils nach dieser Zeitspanne aufeinander. Man spricht auch von *synodischer* Umlaufzeit. Allerdings schwanken die Zeiten zwischen zwei Marsoppositionen um bis zu 47 Tage. Die kürzeste synodische Periode in unserem Jahrhundert liegt zwischen den beiden Marsoppositionen vom 31. Januar 2089 und dem 6. März 2091, das sind nur 764 Tage. Die längste Zeit zwischen zwei Marsoppositionen, nämlich 811 Tage, wird zwischen den Marsoppositionen vom 13. Juli 2065 und der vom 2. Oktober 2067 liegen. Doch nicht nur die synodische Periode variiert. Auch die Oppositionsentfernung und damit die Helligkeiten und Größen der scheinbaren Marsscheibchendurchmesser fallen sehr unterschiedlich aus. Bei der Opposition im März 1997 blieb Mars fast hundert Millionen Kilometer entfernt, die maximale Helligkeit erreichte $-1\overset{m}{,}3$, das Marsscheibchen blieb bei bescheidenen 14″ scheinbarem Durchmesser. Diesmal kommen wir auf weniger als 56 Millionen Kilometer an den roten Planeten heran, er strahlt dann mit $-2\overset{m}{,}9$ in maximalem Glanz, das Marsscheibchen wächst auf beachtliche 25″ an. Anfang März 2012 wiederum wird der rote Planet bei seiner Opposition 101 Millionen Kilometer entfernt bleiben, die Oppositionshelligkeit wird nur $-1\overset{m}{,}2$ betragen und der scheinbare Marsdurchmesser knapp unter 14″ bleiben (siehe auch Abb. 8.10 sowie Tabelle „Marsoppositionen“ auf Seite 169).

Unterschiedliche Oppositionen

Die Ursache für diese unterschiedlichen Oppositionswerte ist in der stark elliptischen Marsbahn zu suchen. Nach Pluto und Merkur hat Mars die exzentrischste Bahn von allen anderen großen Planeten. Die numerische Exzentrizität der Marsbahn beträgt $e = 0{,}093$. Das bedeutet, dass Mars in Sonnennähe nur knapp 207 Millionen Kilometer (= 1,38 AE), in Sonnenferne aber fast 250 Millionen Kilometer (= 1,67 AE) vom Zentralgestirn entfernt ist. Überholt die Erde den roten Planeten, wenn er sich gerade in Sonnenferne aufhält, so bleibt Mars relativ weit, nämlich über 100 Millionen Kilometer von der Erde entfernt. Man spricht von einer Aphelopposition. Die letzte Aphelopposition fand im Februar 1995 statt, bei der Mars nur bis auf 101 Millionen Kilometer an die Erde herankam. Immerhin wurde Mars $-1\overset{m}{,}2$ hell und gehörte damit zu den hellsten Gestirnen am Nachthimmel. Ende August 2003 wird Mars aber fast fünfmal heller leuchten! Denn diesmal erleben wir eine Perihelopposition. Die Erde überholt Mars fast exakt in seiner Perihelstellung. Denn am 30. August passiert der rote Planet seinen sonnennächsten Bahnpunkt, also nur zwei Tage nach der Opposition. Rund alle fünfzehn Jahre kommt es zu einer günstigen Perihelopposition. Dabei fallen nicht alle Periheloppositionen gleich günstig aus. Je näher Oppositionstag und Periheldatum beieinander liegen, desto geringer fällt die Oppositionsdistanz aus. Nur selten wird die Entfernung von 56 Millionen Kilometer unterschritten. Der theoretisch kleinste Wert beträgt dabei 55,65 Millionen Kilometer. Diese Minimaldistanz wird fast am 28. August 2287 erreicht werden, wo sich die Erde bis auf 55,69 Millionen Kilometer Mars nähern wird. Dies ist noch ge-

Geringste Marsdistanzen

Jahr	Opposition	Erdnähe	Millionen Kilometer	AE	Differenz Opp.-Erdnähe
756	28. Juli	27. Juli	55,90	0,37 369	$+1^{d}$
835	2. Aug.	1. Aug.	55,90	0,37 391	+1
1040	27. Juli	27. Juli	55,92	0,37 382	0
1119	1. Aug.	31. Juli	55,86	0,37 340	+1
1198	5. Aug.	3. Aug.	55,87	0,37 346	+2
1277	9. Aug.	7. Aug.	55,96	0,37 409	+2
1482	3. Aug.	3. Aug.	55,81	0,37 306	0
1561	7. Aug.	7. Aug.	55,84	0,37 325	0
1640	21. Aug.	20. Aug.	55,87	0,37 347	+1
1687	8. Aug.	9. Aug.	56,00	0,37 434	–1
1719	27. Aug.	25. Aug.	55,95	0,37 401	+2
1766	13. Aug.	13. Aug.	55,84	0,37 326	0
1845	18. Aug.	18. Aug.	55,80	0,37 302	0
1924	23. Aug.	22. Aug.	55,78	0,37 285	+1
2003	**28. Aug.**	**27. Aug.**	**55,76**	**0,37 272**	+1
2050	14. Aug.	15. Aug.	55,96	0,37 405	–1
2082	1. Sep.	30. Aug.	55,88	0,37 356	+2
2129	19. Aug.	19. Aug.	55,84	0,37 328	0
2208	24. Aug.	24. Aug.	55,77	0,37 279	0
2287	**29. Aug.**	**28. Aug.**	**55,69**	**0,37 225**	+1

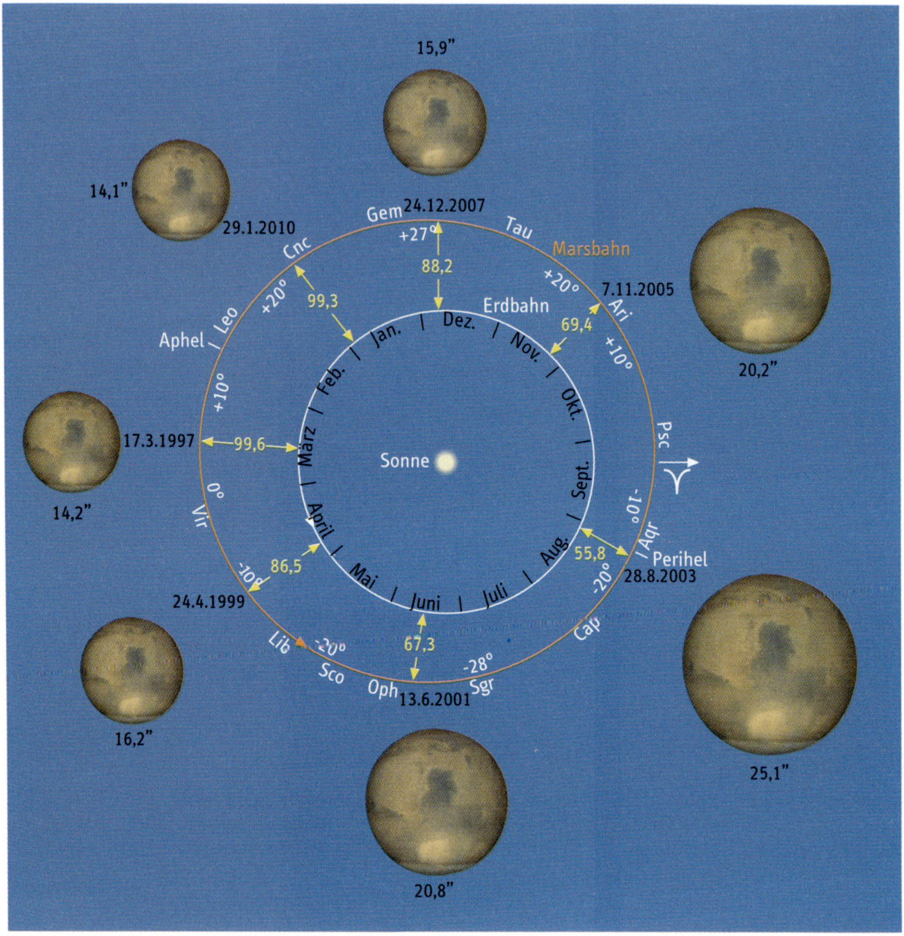

8.10 Marsoppositionen von 1997 bis 2010. Die Oppositionsentfernungen sind in Millionen Kilometern vermerkt. Am Innenrand der Marsbahn sind die Marsdeklinationen angegeben, am Außenrand die scheinbaren Durchmesser der Marsscheibchen sowie die Sternbilder, in denen der rote Planet zu finden ist.

ringfügig näher als bei der diesjährigen Marsopposition. Extrem günstige Oppositionen, bei denen sich Mars auf weniger als 56 Millionen Kilometer der Erde nähert, sind für den Zeitraum vom Jahr 756 bis 2287 in der Tabelle „Geringste Marsdistanzen“ auf Seite 167 aufgelistet. Eigentlich sollte man meinen, dass die geringste Entfernung Erde – Mars exakt zum Oppositionstermin erreicht wird. Dem ist aber nicht so. Die maximale Annäherung an den roten Planeten erfolgt bereits am 27. August 2003 um 11^h MEZ, der genaue Oppositionstermin fällt jedoch auf den 28. August um 19^h, also 1 1/3 Tag später. Die Differenz kann bis zu mehr als eine Woche anwachsen. Bei der letzten Periheloppositon erreichte Mars schon sechs Tage vor dem Oppositionstermin mit 58,8 Millionen Kilometer seine geringste Entfernung. Die Opposition fand am 28. September 1988 statt, aber bereits am 22. September trat die Minimaldistanz ein. Die Ursache für dieses Phänomen liegt an der stark exzentrischen Marsbahn, wie bereits erwähnt, aber auch an der exzentrischen Erdbahn. Eine große Zeitspanne zwischen Opposition und größter Annäherung ergab sich auch bei der letzten Opposition vom 13. Juni

2001, die geringste Marsentfernung fiel aber auf den 21. Juni. Am 21. Juni war Mars etwa 750 000 Kilometer (= 0,005 AE) näher an der Erde als am Oppositionstag, dem 13. Juni, denn Mars passierte sein Perihel am 12. Oktober 2001. Vom Oppositionstag bis 30. Juni näherte er sich um etwa drei Millionen Kilometer (= 0,02 AE) der Sonne. Am 21. Juni war er der Sonne 0,01 AE näher als am 13. Juni. Dies kompensiert die heliozentrische ekliptikale Längendifferenz von 6,°5 gegenüber der exakten Oppositionsstellung, bei der Erde und Mars die gleiche heliozentrische Länge aufweisen. Eine der größten Zeitdifferenzen zwischen Opposition und maximaler Annäherung trat im Jahre 1969 ein, als die Marsopposition auf den 31. Mai fiel, die Minimaldistanz aber erst am 9. Juni erreicht wurde, also achtseinhalb Tage später. Ein ähnlich großes Intervall wird im Jahre 2048 eintreten: Die Marsopposition wird am 3. Juni stattfinden, die geringste Entfernung Erde – Mars fällt aber auf den 12. Juni 2048.

Marsbeobachtung

Schon immer hat Mars das besondere Interesse der Beobachter auf sich gezogen. Lässt er doch schon in relativ bescheidenen Teleskopen zahlreiche Details auf seiner Oberfläche erkennen. Man sieht helle und dunkle Gebiete, weiße Polkappen, gelbliche Wolken und manchmal hat man auch den Eindruck, feine Linien auf Mars zu sehen. Mars hat mit 6780 Kilometern Durchmesser zwar nur halbe Erdgröße, er ist aber der erdähnlichste Planet. Die Neigung der Rotationsachse und die Länge eines Marstages haben fast dieselben Werte wie die der Erde. Die Marsachse weicht um 25° von der Normalen auf die Marsbahnebene ab, ein Marstag dauert mit $24^h37^m23^s$ nur gut eine halbe Stunde länger als ein irdischer. Dies ist die Länge des Sterntages auf Mars. Ein Sonnentag auf Mars beträgt $24^h39^m35^s$ (= 1 sol). Ein Marsjahr dauert 668,6 sol. Durch die Schrägstellung der Marsachse kommt es auf Mars zu Jahreszeiten wie auf der Erde. Da ein Marsumlauf um die Sonne aber 1,88 Jahre dauert, sind die Marsjahreszeiten doppelt so lange wie die irdischen. So begann der Sommer auf der Marsnordhalbkugel am 3. November 2002. Herbstbeginn ist dann am 5. Mai 2003, der Winter fängt am 29. September an und am 5. März 2004 wird es wieder Frühling auf der Nordhalbkugel. Das nördliche Ende der Marsrotationsachse deutet auf einen Punkt im Sternbild Schwan, nördlich von Deneb, an der Grenze zum Kepheus. Dieser Punkt ist der Himmelsnordpol des Mars. Er hat die Koordinaten $\alpha = 21^h10^m$ und $\delta = +53°$. Dies gilt für die Gegenwart. Denn auch die Marsachse präzediert wie die Erdachse. Die Marskugel ist stärker abgeplattet als der Erdglobus, die Polachse ist um 1/170 kürzer als der Äquatordurchmesser. Zwar besitzt Mars keinen massereichen Mond, der ein Drehmoment auf den Äquatorwulst ausüben könnte (die beiden winzigen Möndchen Phobos und Deimos sind nicht nur viel zu massearm, sie laufen auch noch exakt in der Ebene des Mars-

Marsoppositionen 1990 bis 2020

Jahr	Opposition	Erdnähe	Entfernung	Helligkeit	Durchmesser	Deklination
1990	27. November	20. November	77,3 Mio. km	$-2^m\!,1$	18,″1	+22,°6
1993	7. Januar	3. Januar	93,6	−1,4	14,9	+26,3
1995	12. Februar	11. Februar	101,1	−1,2	13,9	+18,2
1997	17. März	20. März	98,6	−1,3	14,2	+ 4,7
1999	24. April	1. Mai	86,5	−1,7	16,2	−11,6
2001	13. Juni	21. Juni	67,3	−2,3	20,8	−26,5
2003	**28. August**	**27. August**	**55,8**	**−2,9**	**25,1**	**−15,8**
2005	7. November	30. Oktober	69,4	−2,3	20,2	+15,9
2007	24. Dezember	18. Dezember	88,2	−1,7	15,9	+26,8
2010	29. Januar	27. Januar	99,3	−1,3	14,1	+22,2
2012	3. März	5. März	100,8	−1,2	13,9	+10,3
2014	8. April	14. April	92,4	−1,5	15,2	− 5,1
2016	22. Mai	30. Mai	75,3	−2,1	18,6	−21,6
2018	27. Juli	31. Juli	57,6	−2,8	24,3	−25,5
2020	13. Oktober	6. Oktober	62,2	−2,6	22,6	− 5,4

äquators). Aber die Wirkung der Sonnengravitation ist nicht zu vernachlässigen. Sie hat zur Folge, dass der Frühlingspunkt des Mars sich mit 7,″6 rückläufig durch die Marsekliptik bewegt. Somit beschreibt der Marshimmelsnordpol einen vollen Kreis mit dem Öffnungswinkel von 25° in 170 500 Jahren. Die Präzessionsperiode des Mars ist somit sechseinhalbmal so lang wie die irdische. Nach rund 170 000 Jahren zeigt das Nordende der Marsachse wieder auf die gleiche Stelle unter den Sternen wie heute.

Anhand der Oberflächendetails lässt sich verhältnismäßig leicht die Rotationszeit des roten Planeten bestimmen. Die erste Bestimmung der Länge eines Marstages gelang Christian Huygens (1629–1695) anhand der Beobachtung eines dunklen Dreiecks, das heute die Bezeichnung *Große Syrte* trägt.

Der erste Direktor des Pariser Observatoriums, Giovanni Domenico Cassini, hat bereits 1666 auf die weißen Polkappen hingewiesen. Wilhelm Herschel, bekannt als Endecker des Uranus, bestimmte 1784 die Neigung der Rotationsachse des Mars zu seiner Umlaufsbahn.

Bei der günstigen Perihelopposition von 1877 fand in der Nacht vom 10. auf den 11. August Asaph Hall mit dem 26-Zoll-Refraktor des US Naval Observatory in Washington D.C. die beiden winzigen Möndchen des Mars, die man Phobos (Furcht) und Deimos (Schrecken) benannte.

Bei derselben Marsopposition sah Giovanni Schiaparelli, Direktor der Mailänder Sternwarte, ein netzartiges System von Linien. Er sprach von „canali". Daraus wurden die Marskanäle, die die Phantasie der Menschen anregten.

Außer Polkappen, hellen und dunklen Gebieten sowie Verschleierungen durch riesige Staubstürme ist auch mit großen Teleskopen kaum etwas auf der Marsoberfläche zu erkennen. Der große Durchbruch in der Erforschung des roten Planeten begann erst, als Raumsonden nahe an ihm vorbeiflogen, in Umlaufbahnen einschwenkten oder gar weich auf seiner Oberfläche aufsetzten (siehe Monatsthema September „Der rote Planet im Raumfahrtzeitalter" auf Seite 181).

September 2003

Exakt um 12^h47^m Sommerzeit wechselt die Sonne am 23. September von der Nord- auf die Südhalbkugel des Himmels, der astronomische Herbst beginnt. Mars beherrscht als helles, rötliches Gestirn den Nachthimmel und ist kaum zu übersehen. Merkur bietet zum Monatsende eine günstige Morgensichtbarkeit.

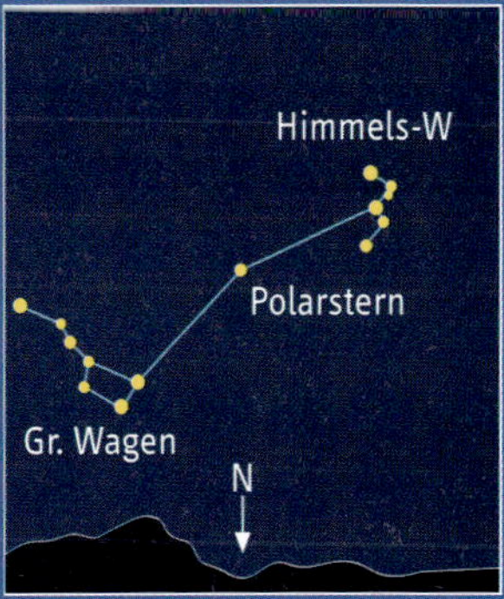

Großer Wagen und Himmels-W Anfang September um 22^h

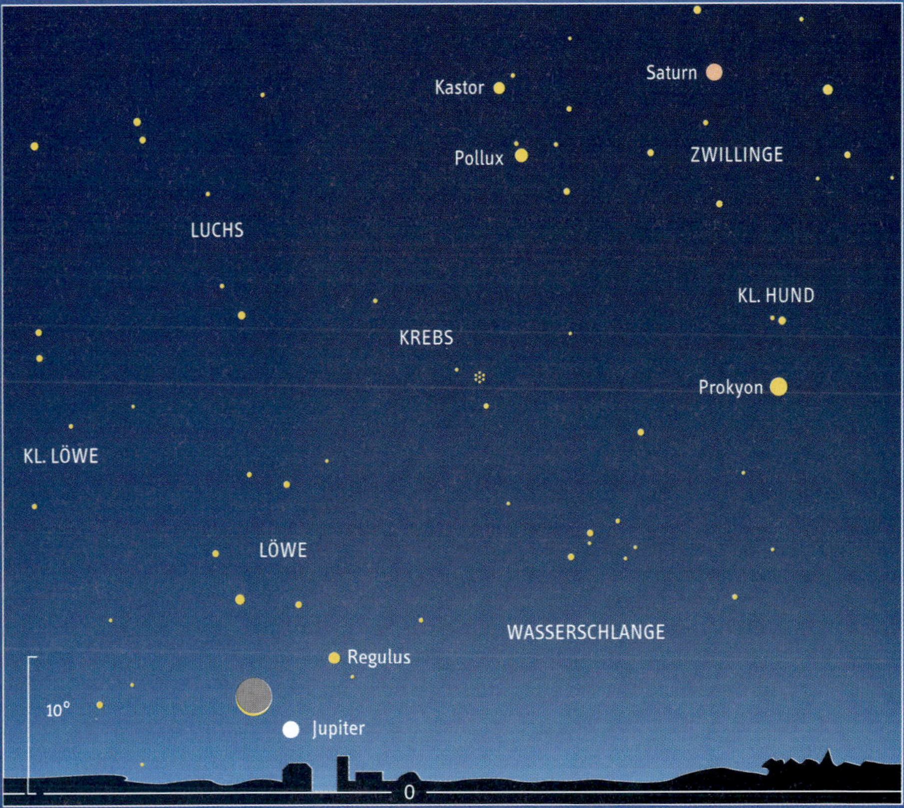

9.1 Himmelsanblick am 24. September gegen 4^h30^m MEZ (= 5^h30^m MESZ): Knapp über dem Osthorizont geben sich Jupiter und die schmale Sichel des abnehmenden Mondes ein Stelldichein. Hoch in den Zwillingen erkennt man Saturn.

Sonnenlauf

17.9. 6h
Sonne tritt in das Sternbild Jungfrau
23.9. 11h47m
Sonne tritt in das Tierkreiszeichen Waage

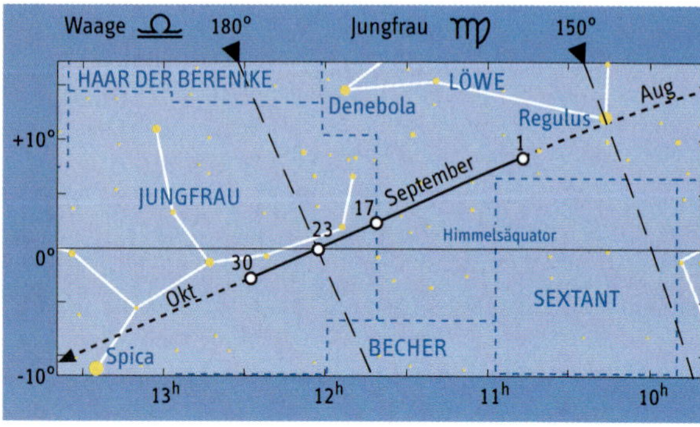

Julianisches Datum am 1. September, 1h MEZ: 2 452 883,5

Tag	Dämmerg. Anfang	Aufgang MEZ	Kulmination	Untergang MEZ	Dämmerg. Ende	Mittagshöhe	Zeitgleichg.	Rektaszension	Deklination
	h m	h m	h m	h m	h m	°	m	h m	°
1.	4 19	5 34	12 20	19 05	20 20	48,3	0	10 39	+8,5
5.	4 26	5 40	12 19	18 57	20 10	46,9	+ 1	10 54	+7,1
10.	4 35	5 47	12 17	18 46	19 58	45,0	+ 3	11 12	+5,2
15.	4 43	5 55	12 15	18 35	19 46	43,1	+ 5	11 29	+3,3
20.	4 52	6 02	12 14	18 24	19 34	41,2	+ 6	11 47	+1,4
25.	5 00	6 10	12 12	18 13	19 23	39,2	+ 8	12 05	−0,6
30.	5 08	6 18	12 10	18 02	19 11	37,3	+10	12 23	−2,5

Tages- und Nachtstunden

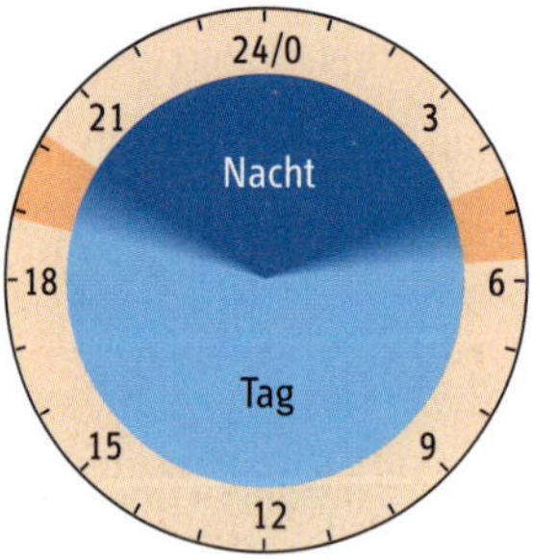

5. September

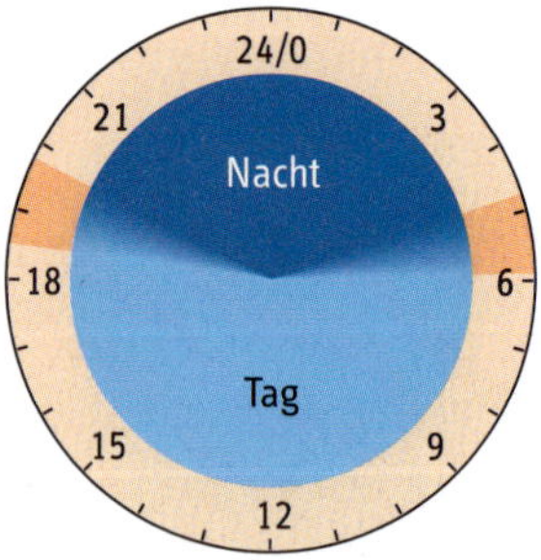

15. September

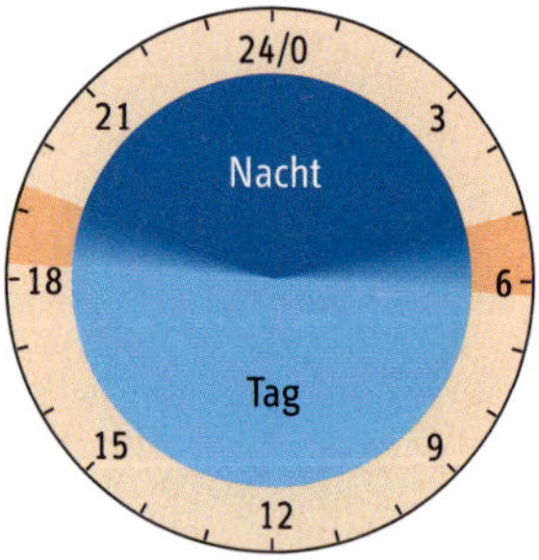

25. September

Mondlauf

Datum		Aufg. MEZ	Kulmination	Unterg. MEZ	Rektaszension	Deklination	Sterne und Sternbilder	Phase	MEZ
		h m	h m	h m	h m	°			
Mo	1.	11 26	16 25	21 13	14 12	−11,6	Jungfrau		
Di	2.	12 51	17 20	21 39	15 07	−17,1	Waage	Absteigender Knoten	
Mi	3.	14 15	18 17	22 13	16 04	−21,6	Antares	**Erstes Viertel**	**13^h34^m**
Do	4.	15 32	19 17	22 59	17 04	−24,9	* Antares		
Fr	5.	16 37	20 17	23 59	18 05	−26,5	Schütze		
Sa	6.	17 28	21 16	–	19 07	−26,5	* Schütze, Nunki		
So	7.	18 05	22 12	1 10	20 07	−24,9	Schütze		
Mo	8.	18 32	23 04	2 27	21 05	−21,9	Steinbock	Größte Südbreite	
Di	9.	18 53	23 52	3 46	21 58	−17,8	Steinbock	Libration West	
Mi	10.	19 10	–	5 02	22 48	−12,8	Wassermann	**Vollmond**	**17^h36^m**
Do	11.	19 25	0 37	6 16	23 36	− 7,5	Wassermann		
Fr	12.	19 39	1 19	7 27	0 21	− 1,9	Fische		
Sa	13.	19 53	2 01	8 37	1 05	+ 3,7	Fische		
So	14.	20 08	2 42	9 46	1 49	+ 9,0	Fische		
Mo	15.	20 25	3 24	10 56	2 34	+14,0	Widder		
Di	16.	20 47	4 07	12 05	3 20	+18,4	Widder	Erdferne 405/29,′5 Aufsteigender Knoten	10^h
Mi	17.	21 14	4 53	13 14	4 08	+22,0	Stier, Plejaden		
Do	18.	21 51	5 41	14 19	4 58	+24,8	Stier, Al Nath	**Letztes Viertel**	**20^h03^m**
Fr	19.	22 39	6 32	15 18	5 50	+26,4	* Stier, Al Nath		
Sa	20.	23 38	7 25	16 08	6 45	+26,9	Zwillinge		
So	21.	–	8 18	16 48	7 40	+26,0	Kastor, Pollux		
Mo	22.	0 49	9 12	17 19	8 36	+23,7	Krebs, Krippe	Libration Ost	
Di	23.	2 06	10 04	17 44	9 31	+20,1	Löwe	Größte Nordbreite	
Mi	24.	3 27	10 55	18 04	10 24	+15,4	Löwe, Regulus		
Do	25.	4 50	11 45	18 22	11 17	+ 9,7	Löwe		
Fr	26.	6 14	12 35	18 39	12 09	+ 3,4	Jungfrau	**Neumond**	**4^h09^m**
Sa	27.	7 39	13 25	18 56	13 01	− 3,2	Jungfrau		
So	28.	9 05	14 17	19 16	13 54	− 9,7	Spica	Erdnähe 363/32,′9	7^h
Mo	29.	10 33	15 12	19 40	14 50	−15,7	Waage	Absteigender Knoten	
Di	30.	12 01	16 10	20 12	15 48	−20,7	Skorpion		

Planetenlauf

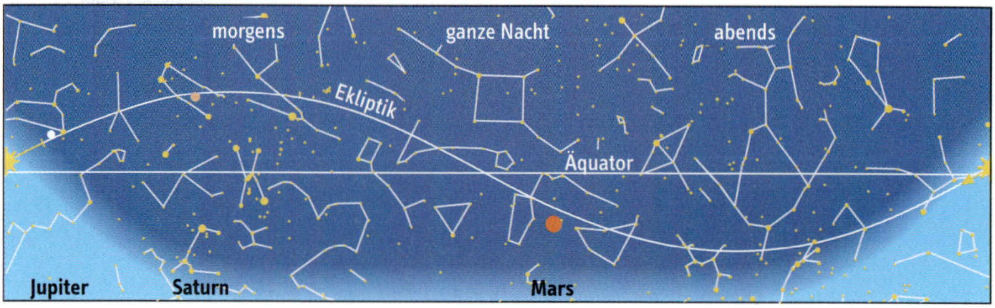

Merkur beschert uns im September eine Morgensichtbarkeit. Sie ist die günstigste in diesem Jahr. Zunächst eilt der flinke Planet rasch rückläufig durch den Tierkreis. Am 11. kommt er in den frühen Morgenstunden in untere Konjunktion mit der Sonne. Anschließend wachsen seine westlichen Winkelabstände rasch an, da er noch bis 19. rückläufig ist – Sonne und Merkur bewegen sich voneinander fort. Am 27. erreicht Merkur schließlich seine größte westliche Elongation von der Sonne. Mit nur 17°52′ Winkelabstand fällt sie recht bescheiden aus. Es ist dies fast der kleinste Winkelabstand bei einer maximalen Elongation. Dies liegt daran, dass Merkur am gleichen Tag durch sein Perihel (Sonnennähe) läuft. Trotz des relativ kleinen Elongationswinkels kommt es zu einer respektablen Morgensichtbarkeit. Unter guten Sichtbedingungen kann man Merkur schon am 22. tief am Osthorizont etwa eine Stunde vor Sonnenaufgang ausmachen. An diesem Tag erfolgt der Aufgang des $0\overset{m}{,}6$ hellen Merkur um 4^h37^m (= 5^h37^m Sommerzeit). Etwa 20^m später lässt sich Merkur erkennen. Gegen 5^h30^m verblasst er in der zunehmenden Morgenhelle. Bis 27. nimmt die Merkurhelligkeit deutlich auf $-0\overset{m}{,}4$ zu, die Aufgänge verfrühen sich nur unwesentlich auf 4^h32^m. Bis Monatsende steigt die Helligkeit des flinken Planeten auf $-0\overset{m}{,}7$ an, der Merkuraufgang verspätet sich auf 4^h39^m (siehe auch Abb. 9.2 und 9.3 unten). Die Dichotomie (Halbphase) tritt am Tag der größten Elongation, nämlich am 27. ein. Das $7\overset{\prime\prime}{,}1$ große Planetenscheibchen zeigt sich im Teleskop halb beleuchtet.

Venus stand Mitte des Vormonats in oberer Konjunktion mit

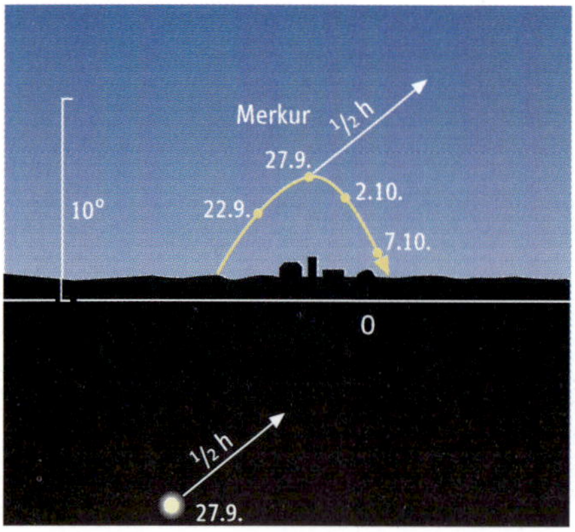

9.2 Stellung von Merkur über dem Osthorizont zu den angegebenen Daten jeweils eine Stunde vor Sonnenaufgang. Die Pfeile deuten die Bewegungen von Merkur und Sonne in der folgenden halben Stunde an.

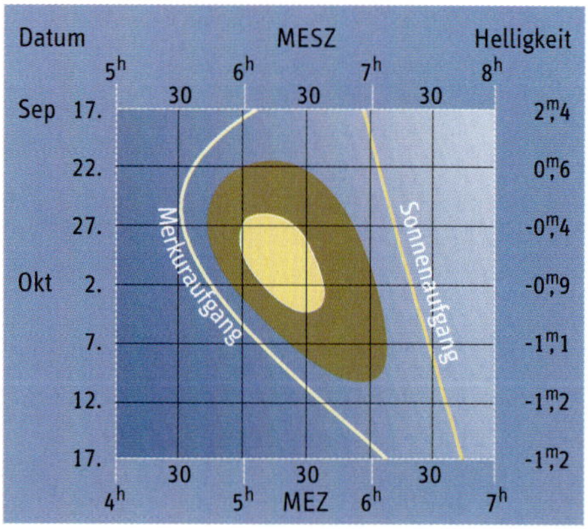

9.3 Sichtbarkeitsdiagramm für Merkur (Erläuterungen siehe Abb. 4.4 auf Seite 95).

Jupitermond-Erscheinungen

Tag	MEZ		Vorgang	
	h	m		
19.	5	28	I	SA
20.	5	24	I	BE
	5	34	II	SA
22.	4	21	II	BE
24.	4	01	III	DA
	5	29	III	SE
26.	4	40	IV	SE
	5	28	IV	DA
27.	4	33	I	VA
28.	4	08	I	SE
	4	43	I	DE

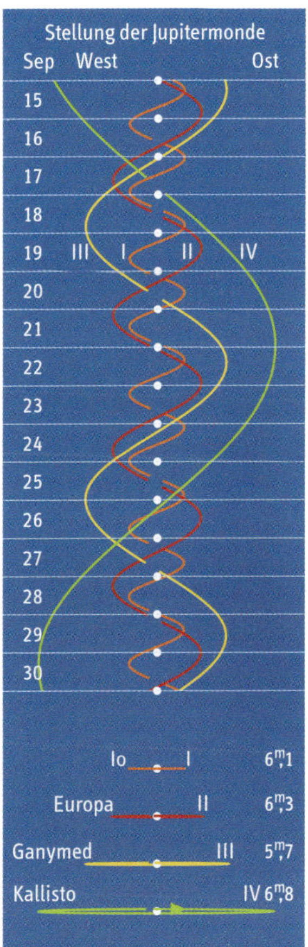

der Sonne. Unser innerer Nachbarplanet kann sich noch nicht aus den Strahlen des Tagesgestirns befreien und bleibt weiterhin unsichtbar.

Mars stand Ende des Vormonats in extrem günstiger Opposition und ist nach wie vor Glanzpunkt des Nachthimmels. Mit Einbruch der Dunkelheit steht er bereits unübersehbar am Osthimmel. Er wandert rückläufig im Wassermann, wobei er immer langsamer wird. Am 29. wird der rote Planet stationär und ist anschließend wieder rechtläufig. Damit beendet er seine Oppositionsperiode. Dies macht sich auch an der rapide sinkenden Marshelligkeit bemerkbar. Bis Ende des Monats geht sie auf $-2{,}^{m}1$ zurück. Damit ist Mars allerdings immer noch hellstes Gestirn am Nachthimmel (siehe auch Abb. 8.4 auf Seite 159).

Das Marsscheibchen schrumpft auf knapp 21″, was Mars aber immer noch zu einem lohnenden Fernrohrobjekt macht.

Vom Morgenhimmel zieht sich Mars allmählich zurück. Geht der rote Planet am 1. um 4^h58^m (= 5^h58^m Sommerzeit) unter, so erfolgt der Marsuntergang am 15. um 3^h48^m und am 30. bereits um 2^h48^m.

Auf der Nordhalbkugel des Mars beginnt am 29. der Winter.

Jupiter stand im letzten Drittel des Vormonats in Konjunktion mit der Sonne. Der Riesenplanet wandert rechtläufig durch den Löwen und entfernt sich

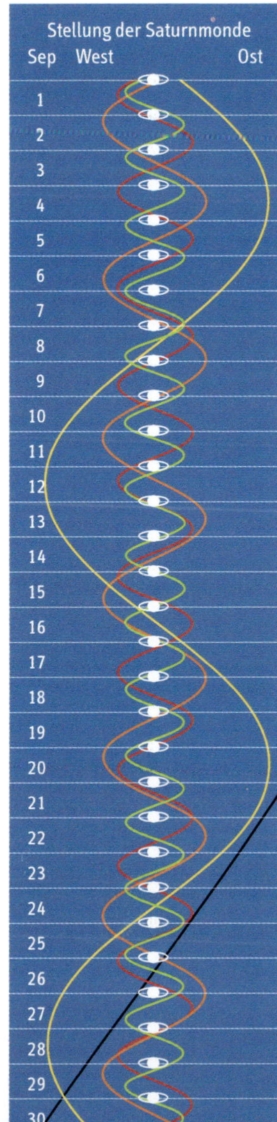

5	$12{,}^{m}3$
10	$12{,}^{m}1$
15	$11{,}^{m}6$
20	$11{,}^{m}2$
25	$10{,}^{m}9$
30	$10{,}^{m}6$

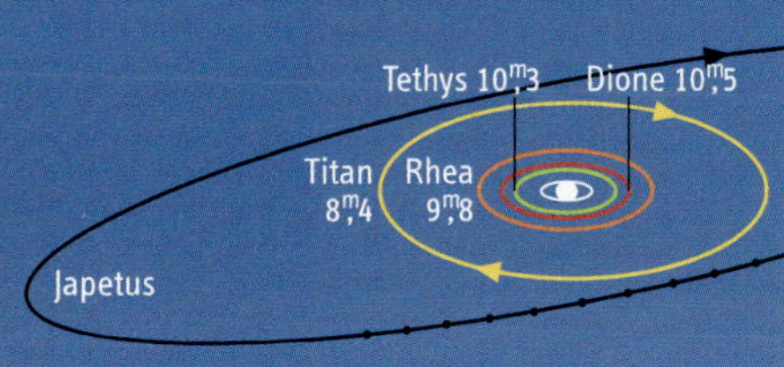

von Regulus, dem Königsstern. Im Laufe des August taucht der Riesenplanet allmählich am Morgenhimmel wieder auf. Unter guten Sichtbedingungen kann man ihn etwa eine Stunde vor Sonnenaufgang bereits am 10. tief am Osthorizont ausmachen.

Am 10. geht der $-1^{m}7$ helle Jupiter um $4^{h}28^{m}$ (= $5^{h}28^{m}$ Sommerzeit) auf, am 20. um $4^{h}00^{m}$ und am 30. bereits um $3^{h}32^{m}$.

Die schmale Sichel des abnehmenden Mondes zieht rund 4° nördlich am 24. am Riesenplaneten vorbei, ein hübscher Anblick am Morgenhimmel, zumal auch noch Saturn mit von der Partie ist (siehe Abb. 9.1 auf Seite 171).

Saturn ist Planet der zweiten Nachthälfte. Der Ringplanet bremst seine rechtläufige Wanderung durch die Zwillinge ein wenig ab, ein Hinweis auf die kommende Opposition, die aber erst am letzten Tag dieses Jahres eintreten wird (siehe Abb. 12.3 auf Seite 226). Zu Monatsbeginn beträgt die Saturnhelligkeit $0^{m}2$. Sie ist damit etwas geringer als im Vormonat, obwohl sich die Entfernung Erde – Saturn verkürzt. Dies liegt an der leicht abnehmenden Öffnung des Saturnringes, die im September 25° beträgt, im Frühjahr jedoch mit 27° ihr Maximum hatte.

Der Aufgang des Ringplaneten erfolgt am 1. um $0^{h}26^{m}$ (= $1^{h}26^{m}$ Sommerzeit), am 15. um $23^{h}33^{m}$ und am 30. bereits um $22^{h}38^{m}$.

Uranus, rückläufig im Wassermann, hat eben seine Opposition hinter sich. Der grünliche Planet kann fast die ganze Nacht hindurch beobachtet werden. Von den frühen Morgenstunden zieht sich Uranus allmählich zurück. Geht Uranus am 1. um $4^{h}57^{m}$ (= $5^{h}57^{m}$ Sommerzeit) unter, so erfolgt der Untergang des $5^{m}7$ hellen Planeten am 15. um $3^{h}59^{m}$ und am 30. schon um $2^{h}57^{m}$. Das Aufsuchkärtchen auf Seite 159 (Abb. 8.5) soll helfen, den lichtschwachen Uranus mit einem Fernglas oder Teleskop zu finden. In der ersten Monatshälfte stört allerdings Mondlicht beim Aufsuchen dieses sonnenfernen Planeten.

Neptun, rückläufig im Steinbock, stand Anfang des Vormonats in Opposition zur Sonne. Aus der zweiten Nachthälfte zieht sich der sonnenferne Planet allmählich zurück. Seine Helligkeit sinkt leicht auf $7^{m}9$ ab. Geht Neptun am 1. um $3^{h}11^{m}$ (= $4^{h}11^{m}$ Sommerzeit) und am 15. um $2^{h}14^{m}$ unter, so sinkt der bläuliche Planet am 30. schon um $1^{h}14^{m}$ unter die Horizontlinie. Etwa zwei Stunden vor seinem Untergang wird Neptun unbeobachtbar.

Am besten ist Neptun in der Zeit um seine Kulmination zu beobachten. Sie erfolgt am 1. um $22^{h}32^{m}$, am 15. um $21^{h}35^{m}$ und am 30. bereits um $20^{h}35^{m}$ (= $21^{h}35^{m}$ Sommerzeit).

Planetoiden

Ceres (1) wandert rechtläufig durch die Zwillinge und passiert am 12. nur $0^{\circ}9$ nördlich Saturn. Noch ist Planetoid Nr. 1 nicht besonders hell. Im Laufe des Monats steigt die Cereshelligkeit von $8^{m}9$ auf $8^{m}7$ ein wenig an (siehe Abb. 12.3 auf Seite 226). Die Ceresaufgänge erfolgen am 1. um $0^{h}09^{m}$ (= $1^{h}09^{m}$ Sommerzeit), am 15. um $23^{h}30^{m}$ und am 30. um $22^{h}49^{m}$. Am 15. kulminiert Ceres um $7^{h}39^{m}$ und am 30. um $6^{h}59^{m}$ (= $7^{h}59^{m}$ Sommerzeit).

Pallas (2) eilt rasch südwärts durch den Walfisch. Am 5. um 22^{h} kehrt sie ihre Bewegungsrichtung in Rektaszension um, sie wird rückläufig (siehe Abb. 10.5 auf Seite 193). Mitte des nächsten Monats steht sie dann in Opposition zur Sonne. Zwar steigt die Pallashelligkeit im Laufe des Monats um $0^{m}6$ kräftig auf $8^{m}3$ an, aber besonders

Konstellationen und Ereignisse

Datum	MEZ	Ereignis
7.	4^{h}	Merkur bei Venus, Merkur $6^{\circ}1$ südlich
7.	20	Mond bei Neptun, Mond $5^{\circ}1$ südlich
9.	7	Mond bei Uranus, Mond $4^{\circ}5$ südlich
9.	14	**Mond bei Mars,** Mond $1^{\circ}2$ nördlich, **Abstand $4^{\circ}0$ um 20^{h}**
11.	3	Merkur in unterer Konjunktion mit der Sonne
19.	14	Merkur im Stillstand, anschließend rechtläufig
20.	4	**Mond bei Saturn,** Mond $4^{\circ}7$ nördlich, **Abstand $4^{\circ}1$ um 2^{h}**
23.	$11^{h}47^{m}$	**Sonne im Herbstpunkt, Tagundnachtgleiche**
24.	5	**Mond bei Jupiter,** Mond $4^{\circ}4$ nördlich, **Abstand $3^{\circ}7$ um 5^{h}**
24.	18	Mond bei Merkur, Mond $4^{\circ}6$ nördlich
26.	21	Mond bei Venus, Mond $2^{\circ}3$ nördlich
27.	1	**Merkur in größter westl. Elongation** (18°)
27.	8	Merkur im Perihel
29.	15	Mars im Stillstand, anschließend rechtläufig

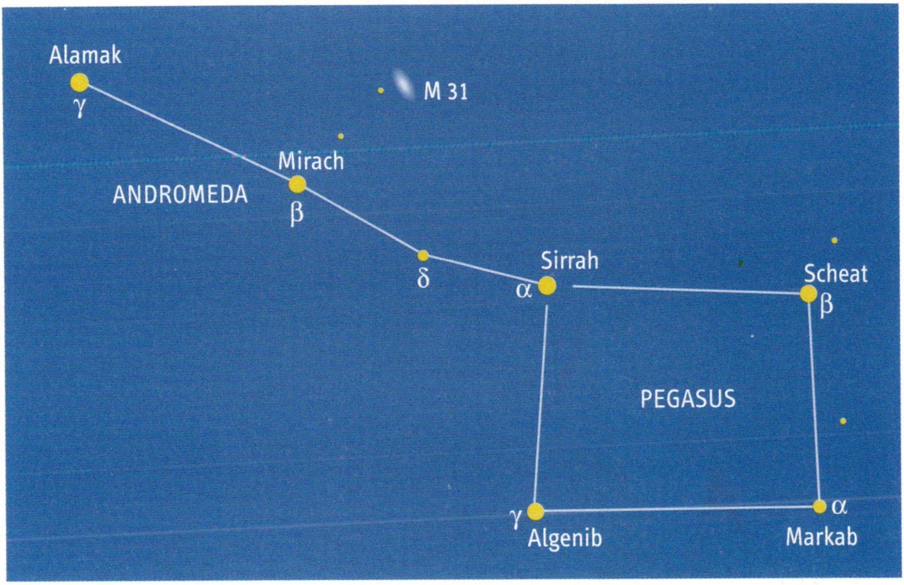

9.4 Die Sternenkette der Andromeda und das Pegasusquadrat, auch als Herbstviereck bekannt. Eingetragen ist ferner die Lage von M 31, dem Andromeda-Nebel, unserer Nachbarmilchstraße.

leicht lässt sich Pallas damit noch nicht aufspüren.
Die Pallasaufgänge verlagern sich von 22^h10^m (= 23^h10^m Sommerzeit) am 1. auf 21^h32^m am 15. und auf 20^h49^m am 30. Am 1. kulminiert der 2. Kleinplanet um 3^h51^m, am 15. um 2^h55^m und am 30. um 1^h50^m (= 2^h50^m Sommerzeit). Die beste Beobachtungszeit für die lichtschwachen Kleinplaneten ist immer die Stunde um die Kulmination.

Periodische Sternschnuppenströme

Die **Pisciden** sind im gesamten September aktiv. Ihr Ausstrahlungspunkt liegt in den Fischen. Beste Beobachtungszeit ist zwischen 22^h und 4^h morgens. Das Maximum ist um den 20. September zu erwarten, wobei nur etwa fünf bis zehn Meteore pro Stunde auftauchen. Die Geschwindigkeit der Meteorite liegt um 25 Kilometer pro Sekunde. Die Pisciden zerfallen in mehrere Teilströme, von denen einer bis Mitte Oktober tätig ist.
Die **Tauriden** tauchen vom letzten Septemberdrittel bis Ende November auf. Ihr Radiant liegt im Stier. Der Tauriden-Strom geht wahrscheinlich auf den Kometen 2P/Encke zurück. Das wenig ausgeprägte Maximum fällt auf den 12. November. Die Objekte sind um 30 Kilometer pro Sekunde schnell, haben also mittlere Geschwindigkeiten. Manchmal unterscheidet man zwischen Süd- und Nordtauriden. Die Südtauriden erreichen ihr Maximum schon am 5. November.
Ein relativ neuer Strom sind die **Delta-Aurigiden**, dessen Radiant im Fuhrmann nahe δ Aurigae zu finden ist. Es sind schnelle, aber seltene Objekte. Ihre Geschwindigkeit liegt bei 60 Kilometern pro Sekunde. Sie erscheinen vom 5. September bis etwa 10. Oktober, wobei das wenig ausgeprägte Maximum um den 8. September zu erwarten ist. Nur etwa sechs Meteore sind pro Stunde zu erwarten.

Der Fixsternhimmel

Der abendliche Anblick des Sternenhimmels hat sich gegenüber dem Augusthimmel nicht allzu sehr verändert. Noch beherrschen die Sommersternbilder die Himmelsszene. Die nun wieder früher einsetzende Abenddämmerung lässt den Blick eher zum Sternenhimmel schweifen. Hält man sich aber an die Standardbeobachtungszeit (am 1. um 23^h MEZ, am 15. um 22^h MEZ = 23^h Sommerzeit), so bemerkt man eine leichte Verschiebung des Sommerdreiecks nach Westen. Deneb steht nun fast im Zenit, während Wega und Atair den Meridian schon durchschritten haben. Der Skorpion ist ebenso

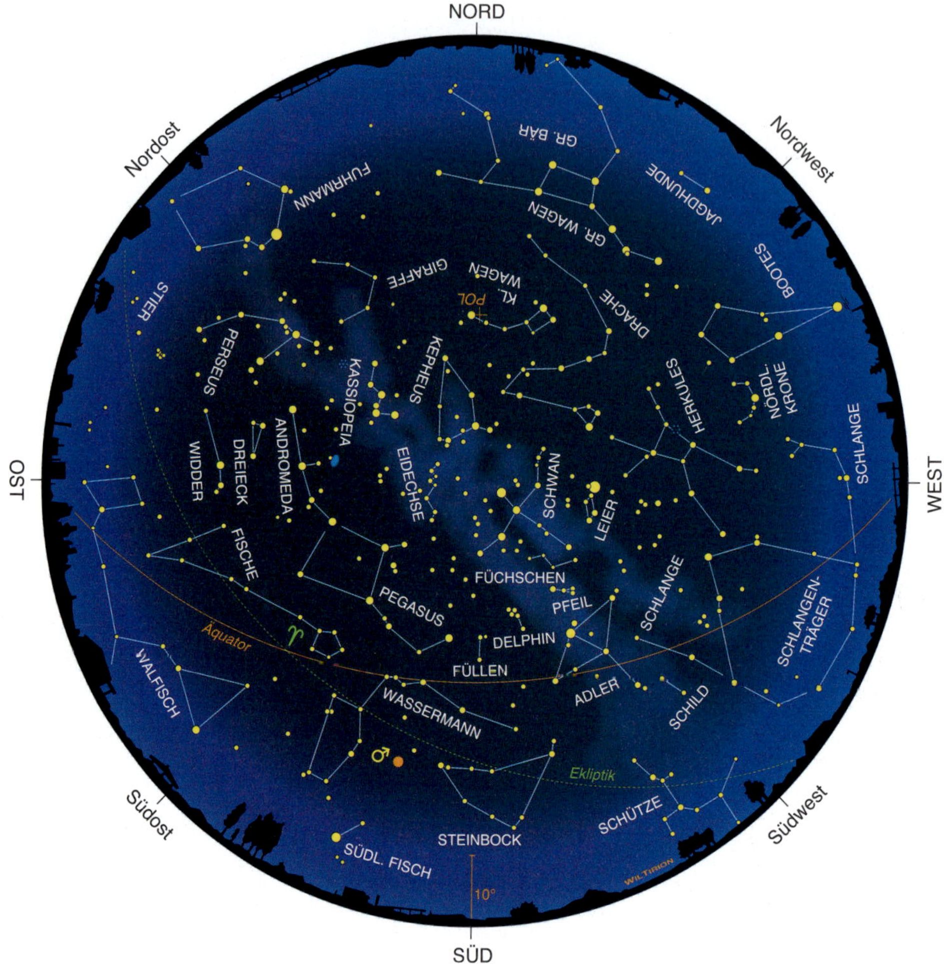

Sternenhimmel am 15. September um 22^h MEZ (23^h MESZ)

Fixsternhimmel auch gültig für:

	MEZ	MESZ
15. 7.	2^h	3^h
1. 8.	1	2
15. 8.	0	1
1. 9.	**23**	**24**
15. 9.	**22**	**23**
30. 9.	**21**	**22**
15.10.	20	21
31.10.	19	
15.11.	18	

wie die Jungfrau längst untergegangen. Arktur steht recht horizontnah in westlicher Richtung. Im Südwesten schickt sich der Schütze ebenfalls an, die Himmelsbühne zu verlassen, während der Steinbock gerade den Meridian passiert. Ihm folgt im Tierkreis der Wassermann, ein bekanntes aber unscheinbares Sternbild. Das Gebiet Steinbock/Wassermann wird gegenwärtig jedoch durch den hell glänzenden Mars gewissermaßen aufgewertet. Viele Völker sahen im Steinbock einen Ziegenbock. Die Perser sprachen von Bahi (oder Nahi), die Türken von Ughlah, die Syrer von Gadjo und die Araber von Al Jady. Alle Namen bedeuten Ziegenbock.

Wie der griechische Astronom Eratosthenes berichtet, verwandelte sich der Wald- oder Hirtengott Pan in einen Steinbock, um sich vor dem Riesen Typhon zu verstecken. Typhon gilt als Gott des Urwassers. Ähnlich lautet die ägyptische Version: In panischer Angst vor der Annäherung des Monsters Typhon

9.5 Skelettkarte des Sternbildes Steinbock.

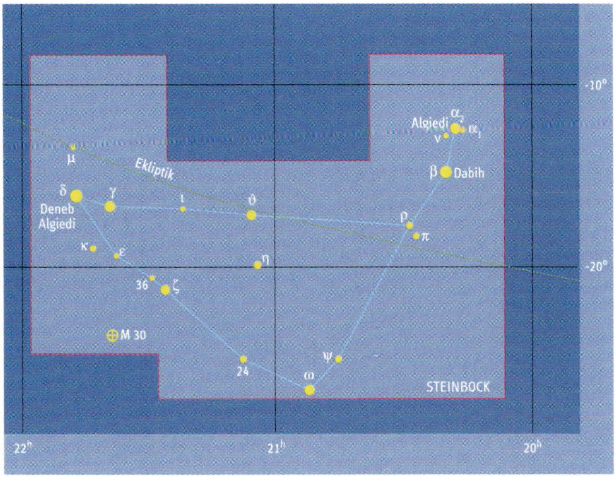

sprang Pan einst in den Nil. Sein Körper war halb Ziegenbock, halb Fisch. Auch aus dem alten Babylon dringt die Kunde vom Ziegenfisch. In vielen Darstellungen endet der Körper des Steinbocks als Schwanz eines Fisches, so auf einem Fragment eines babylonischen Planisphäriums aus dem 12. vorchristlichen Jahrhundert, das im Britischen Museum in London aufbewahrt wird. Auch eine Silberschale aus Burma, auf der der brahmanische Tierkreis eingraviert ist, zeigt ein Wesen halb Fisch, halb Ziege. Das Tierkreissymbol ♑ für den Steinbock steht für die Anfangsbuchstaben τρ des griechischen Wortes τράγος (Ziegenbock). Bei den Römern war von Capricornus die Rede, was Steinbock heißt. Sueton berichtet in seiner Lebensbeschreibung des Augustus, dass der Steinbock auf die Silbermünzen des Kaisers geprägt war, um daran zu erinnern, dass Augustus in diesem Zeichen geboren wurde. Bei Numa Pompilius, dem zweiten legendären König von Rom (715–673 v. Chr.), begann das Jahr, wenn die Sonne genau in der Mitte des Steinbocks stand und die Tageslänge um eine halbe Stunde nach der Wintersonnenwende angewachsen war. Beim römischen Geschichtsschreiber Caesius wird das Sternbild Steinbock als Apostel Simon Zelotes bezeichnet.

Auch als „Tor der Götter" wurde dieses Sternenareal angesehen, durch das die Seelen schreiten, wenn sie ihre menschlichen Körper verlassen haben und in den Himmel aufgestiegen sind. Bei den Hindus sprach man von Makara, der Antilope, manchmal auch von einem Flußpferd (Hippopotamos), in späterer Zeit von Sim-Shu-Marh, dem Krokodil. Die Azteken nannten dieses Bild Cipactli, die Figur des Narwals.

Im chinesischen Tierkreis markierten diese Sterne einen Stier. In älteren Zeiten sahen die Chinesen in den drei Bildern Wassermann, Steinbock und Schütze das Bild des Schwarzen Kriegers.

Die Bezeichnung „Südliches Tor der Sonne" erinnert daran, dass einst das Wintersolstitium (Winterpunkt) in diesem Bild lag. Durch die Präzessionsbewegung der Erde liegt der Winterpunkt inzwischen im Sternbild Schütze nahe dem Stern μ Sagittarii. Noch heute spricht man deshalb vom „Wendekreis des Steinbocks". In unserer Zeit wandert die Sonne vom 19./20. Januar bis 15./16. Februar durch den Steinbock.

Tief im Südosten flackert ein Stern erster Größe, nämlich Fomalhaut im südlichen Fisch (lat.: Piscis Austrinus), der eben aufgegangen ist. Fomalhaut oder α Piscis Austrini, erreicht bei uns nie große Höhen. Er ist ein weißer Hauptreihenstern (Spektralklasse A3 V) in 25 Lichtjahren Entfernung, also etwa gleich weit weg wie Wega in der Leier.

Zwischen Steinbock und Schwan stößt man auf halber Höhe auf das kleine aber sehr markante und darum leicht einprägsame Bild des Delfins. Es liegt östlich von Atair im Adler. Zwischen Zenit und Polarstern

Veränderliche Sterne

Algol-Minima	1.	21^h24^m	16.	5^h27^m	19.	2^h16^m	21.	23^h05^m	24.	19^h53^m
β-Lyrae-Minima	3.	0^h H	9.	11^h N	15.	23^h H	22.	10^h N	28.	21^h H
δ-Cephei-Maxima	5.	16^h	11.	1^h	16.	10^h	21.	19^h	27.	4^h
Mira-Helligkeit	1.	5^m	10.	5^m	20.	6^m	30.	6^m		

durchschneidet der Meridian gerade den Kepheus, der jetzt seine höchste Position erklommen hat. Die lichtschwachen Sterne, die den König von Äthiopien darstellen sollen, sind nicht leicht auszumachen. Erfahrene Sternfreunde finden sich dennoch zurecht und können auch den berühmten veränderlichen Stern δ Cepheï identifizieren. Er ist der Prototyp einer Klasse von Veränderlichen, den so genannten Cepheïden oder Delta-Cepheï-Sternen. Die Cepheïden gehören zu den leuchtkräftigsten Sternen im Universum überhaupt. Aus ihrer Blinkperiode kann man auf ihre absolute Helligkeit schließen. Diese Perioden-Leuchtkraft-Beziehung macht sie zu Meilensteinen im Universum. Die Cepheïden ermöglichen es, die Entfernung anderer Milchstraßensysteme zu bestimmen. Sie gelten als Leuchttürme des Kosmos. Die Entfernung von δ Cepheï selbst beträgt tausend Lichtjahre.

Der Pegasus steht schon hoch im Osten. Der zentrale Teil des Pegasus wird durch ein mächtiges Sternenquadrat markiert, zu dem man auch Herbstviereck sagt. An der einen Ecke des Pegasusquadrats hängt die Sternenkette der Andromeda. Ihr folgt halb hoch im Nordosten der Perseus, strahlender Held und Retter der Andromeda. Im Perseus findet man den Teufelsstern Algol (β Perseï). Algol ist ein prominenter Bedeckungsveränderlicher und Prototyp der Algolvariablen.

Im Osten hat sich das kleine aber markante Bild des Widders emporgeschwungen. Der Widder (lat.: Aries) setzt sich im Wesentlichen aus drei Sternen zusammen, die ein stumpfwinkliges Dreieck bilden. Der Hauptstern des Widders (α Arietis) heißt Hamal, was arabisch soviel wie Lamm bedeutet. Mit $2^{m}_{,}0$ scheinbarer Helligkeit ist Hamal etwa so hell wie der Polarstern. Seine Entfernung von uns misst 66 Lichtjahre. Er leuchtet in einem orangen Licht (Spektraltyp: K2 III).

Im Südosten ist das ausgedehnte aber lichtschwache Sternbild der Fische aufgetaucht.

Wetter und Klima

Der September gilt schlechthin als der Monat mit der klarsten Luft und besten Fernsicht. Schöne Tage des Altweibersommers sind zu erwarten. Im September beginnt der astronomische Herbst (23.). Meteorologisch gesehen ist er der erste Herbstmonat. Er ist deutlich kühler als der August, was auch die mittlere Monatsdurchschnittstemperatur von 14,0 °C veranschaulicht, die 3 °C unter der des August liegt.

Die mittlere Tageshöchsttemperatur erreicht 19 °C, die mittlere Tagestiefsttemperatur 10 °C. In einzelnen Jahren wurden schon 35 °C als Höchsttemperatur gemessen. Im Mittel ist mit etwa zehn Regentagen zu rechnen, die Niederschlagsmengen sind geringer als im August. An rund zwei Tagen treten Gewitter auf. Die mittlere Sonnenscheindauer liegt bei 170 Stunden. Nur 52 % der Nächte sind bewölkt; somit ist der September der günstigste Monat für Sternbeobachtungen. Leider tritt in Schönwetterperioden häufig Morgennebel auf.

Klimadaten

Nachstehende Tabelle gibt die mittlere Bewölkungswahrscheinlichkeit (BW) und die mittlere Zahl der Tage mit mehr als einem Millimeter Niederschlag (NS) im Monat **September** an.

Ort	BW	NS	Ort	BW	NS	Ort	BW	NS
Schleswig	54%	12	Brüssel	60%	11	Säntis (2496 m)	55%	13
Helgoland	61	11	Frankfurt/Main	62	09	Zugspitze (2962 m)	53	13
Hamburg	55	11	Prag	52	07	Sonnblick (3107 m)	57	12
Hannover	57	09	Nürnberg	54	09	Innsbruck	53	10
Berlin	49	08	Stuttgart	53	10	Graz	50	08
Brocken (1152 m)	65	14	München	54	10	Klagenfurt	52	08
Essen	61	11	Salzburg	53	12	Bozen	53	06
Leipzig	54	08	Wien	48	07	Genf	50	09
Dresden	58	09	Zürich	56	10	Lugano	50	09

Der rote Planet im Raumfahrtzeitalter

Wie bereits im Vormonat, so ist auch im September 2003 Mars der unbestrittene „Star“ am nächtlichen Firmament. Viele Ferngläser und Teleskope werden in diesen Nächten auf den gelblich-roten Lichtpunkt gerichtet werden, in der Hoffnung, interessante Details auf der Oberfläche des roten Planeten zu sehen. So mancher Besucher einer Sternwarte wird ernüchtert feststellen, dass selbst in größeren Teleskopen nur herzlich wenig auf dem roten Planeten zu erkennen ist. Die beeindruckenden Bilder von den kraterübersäten Landschaften des Mars, von gigantischen Vulkanen, langen Canyons und mäanderförmigen Gräben findet man nur in Büchern und Zeitschriften. Solche Aufnahmen wurden nicht mit irdischen Teleskopen gewonnen, sondern stammen allesamt von Raumsonden, die als Späher der Erdenbewohner zum roten Planeten gesandt wurden. Vor dem Raumfahrtzeitalter wusste niemand etwas von Kratern auf dem Mars. Unser umfangreiches Wissen, die detaillierte Kartographie des Marsglobus und die ungeheure Menge an Bildmaterial verdanken wir fast ausschließlich den unbemannten Raumfahrtmissionen zu unserem äußeren Nachbarplaneten.

Von der Erde aus konnte mit Teleskopen die Größe des Marsglobus bestimmt, die Rotationszeit gemessen sowie die Achsenneigung und die dünne Marsatmosphäre registriert werden, die zu weit über 90 % aus Kohlendioxid besteht. Ferner erkannte man, dass es auf Mars Jahreszeiten gibt, in deren Folge die Größe der Polkappen variieren. Verschleierungen von Teilen der Marsoberfläche deutete man richtig als Staubstürme. Manche glaubten, auf dem Planetenscheibchen Linien zu sehen. Man sprach von Kanälen und flugs zauberte die Fantasie der Marsenthusiasten die kleinen grünen Männchen her, die uns auf ihren Untertassen besuchen. Richtig kam man zu dem Schluss, dass Mars ein wasserarmer, trockener und kalter Planet ist. In großen Fernrohren sah man keine Marskanäle, sie entpuppten sich schließlich als optische Täuschungen. Auch die beiden winzigen Marsmonde Phobos und Deimos wurden von der Erde aus entdeckt und zwar bereits bei der Opposition des Mars im Spätsommer 1877. Viel mehr wusste man nicht von Mars, selbst bis Mitte der 60er Jahre im 20. Jahrhundert.

Der große Durchbruch in der Marsforschung mit geradezu explosionsartiger Vermehrung unseres Wissens vom roten Planeten gelang mit Hilfe der Raumfahrt. Mehr als 30-mal starteten in den letzten 42 Jahren Raumfahrzeuge zum Mars. Die meisten Marsmissionen schlugen allerdings fehl, nur etwa ein Dutzend waren erfolgreich. Die 18 von der ehemaligen Sowjetunion und dem heutigen Russland unternommenen Marsexpeditionen führten in keinem Fall zu einem vollen Erfolg. Fast alle mussten als Total-

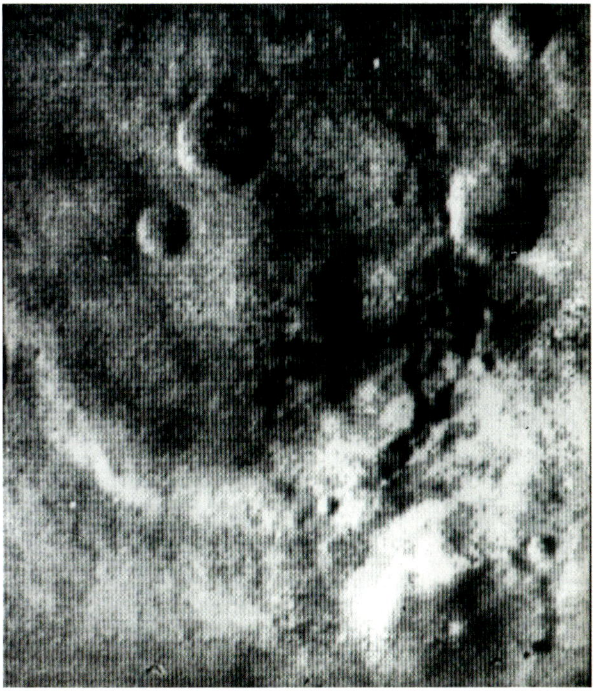

9.6 Kraterlandschaft auf Mars. Eine der ersten von MARINER IV im Juli 1965 gewonnenen Aufnahmen.

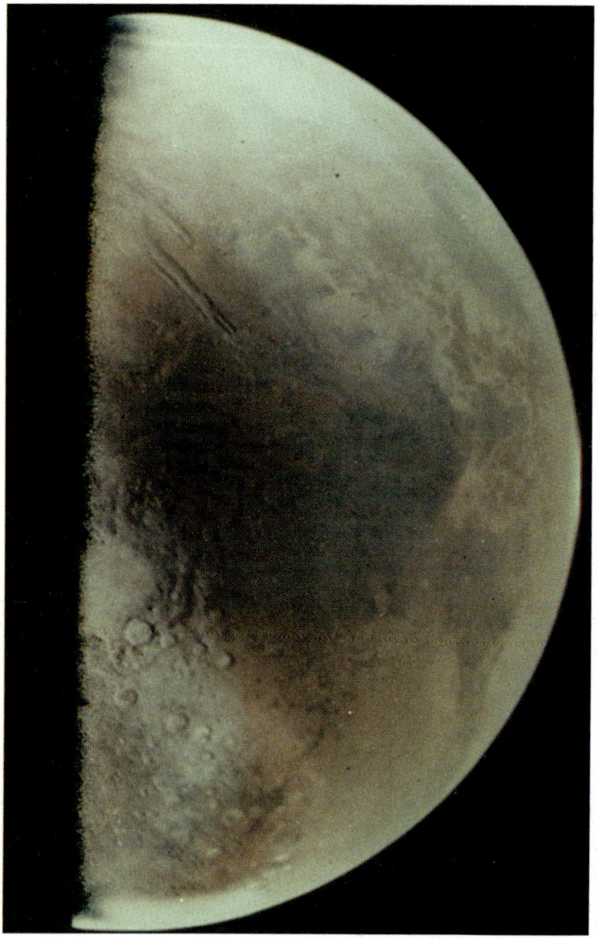

9.7 **Der Marsglobus, aufgenommen von VIKING I im August 1976. Gut ist im oberen Teil der riesige doppelte Grabenbruch Valles Marineris zu erkennen.**

verluste abgeschrieben werden, einigen wenigen war ein kleiner Teilerfolg beschieden.

Marssonden – vom Pech verfolgt

Die allererste Marssonde wurde von der damaligen Sowjetunion am 10. Oktober 1960 gestartet. Leider versagte die dritte Raketenstufe, so dass bereits in 120 Kilometern Höhe der Flug in Richtung Mars zu Ende war – nicht einmal die Umlaufbahn um die Erde wurde erreicht. Vier Tage später startete Marsnik 2 und erlitt das gleiche Schicksal. Wegen des Versagens der dritten Stufe blieb es bei einer Gipfelhöhe von 120 Kilometern. Danach stürzte die Raumsonde wieder zur Erde herab. Nach zweijähriger Pause versuchte die UdSSR zum dritten Mal, eine Raumsonde auf den Weg zum Mars zu bringen. Zwar wurde von Sputnik 29 (= Mars 1962A) am 24. Oktober 1962 der Erdorbit erreicht, aber beim Versuch, das Raumfahrzeug in die Bahn zum Mars einzuschießen, explodierte es. Eine Woche später startete Mars 1 zum roten Planeten. Der Einschuss in die Übergangsbahn zum Mars gelang und die Raumsonde flog tatsächlich am Mars vorbei. Dennoch hatten die sowjetischen Wissenschaftler damals Pech. Denn am 21. März 1963 brach in 106 Millionen Kilometern Distanz die Funkverbindung ab. Messdaten oder Bilder wurden somit nicht übertragen. Auch der fünfte Versuch erwies sich als kompletter Fehlschlag. Mit Sputnik 31 (= Mars 1962B) wollte man eine erste Marslandung versuchen. Der Start am 4. November 1962 klappte zwar reibungslos, doch der Marslander blieb im Erdorbit gefangen. Auch die Amerikaner hatten zunächst Pech. Am 5. November 1964 wurde Mariner 3 auf den Weg zum Mars gebracht. Leider konnte die Schutzhülle nicht abgestoßen werden, weshalb sich auch nicht die Paddel mit den Solarzellen für die Stromversorgung öffneten. Die Funkverbindung brach bald ab, die Sonde musste als Totalverlust abgeschrieben werden.

Die erste erfolgreiche Marssonde wurde am 28. November 1964 von den USA gestartet. Am 15. Juli 1965 passierte Mariner 4 in nur 9846 Kilometern Distanz den roten Planeten und sandte 22 Bilder seiner Oberfläche zur Erde. Diese Nahaufnahmen schlugen wie eine Bombe in der wissenschaftlichen Welt ein. Was kein Marsbeobachter in einem irdischen Fernrohr je gesehen hatte, das waren die zahlreichen Einschlagkrater in den Marslandschaften. Damit sah die Marsoberfläche dem Erdmond viel ähnlicher als unserem Planeten. Wie sich bald

herausstellen sollte, beschränkt sich die Ähnlichkeit nur auf die zahlreichen Impaktkrater. Ansonsten hat Mars eine erheblich andere geologische Geschichte als unser Mond.
Die von der Sowjetunion am 30. November 1964 gestartete Mission Zond 2 verlief ebenfalls wenig erfolgreich. Zwar passierte Zond 2 den roten Planeten Anfang August 1965, blieb aber stumm und meldete keine Daten zur Erde, nachdem schon im April 1965 die Kommunikation mit der Raumsonde aussetzte.
Erfolgreich waren hingegen die nächsten beiden Raumsonden der USA, nämlich Mariner 6 und Mariner 7, die im Februar und März 1969 auf den Weg zum Mars gebracht wurden. Ende Juli 1969 passierte Mariner 6 in nur 3400 Kilometern Abstand den roten Planeten und sandte neben einer Flut von Messdaten Dutzende von Fernsehbildern zu den irdischen Bodenstationen. Nur fünf Tage später raste Mariner 7 in fast gleichem Abstand an Mars vorüber und lieferte wieder neben Messdaten zur Marsatmosphäre fantastische Nahaufnahmen der Oberfläche.
Zwar lieferten die drei erfolgreichen amerikanischen Marsmissionen eine Menge Daten und Aufsehen erregende Bilder vom roten Planeten, doch es waren nur Momentaufnahmen. Denn die Raumsonden rasten an Mars lediglich vorbei und verschwanden anschließend in den Tiefen des Sonnensystems. Bevor schließlich Mariner 9 in einen permanenten Marsorbit einschwenkte, gab es einige weitere Fehlschläge bei dem Versuch, Mars mit unbemannten Raumfahrzeugen zu erreichen. Die beiden sowjetischen Marsexperimente Mars 1969A und B scheiterten schon zu Beginn.

9.8 Geröllhalde auf der Marsoberfläche (Aufnahme von VIKING II im September 1976).

Bei Sonde 1969A explodierte die dritte Raketenstufe, der Erdorbit wurde nicht erreicht. Bei Sonde 1969B versagte schon die erste Raketenstufe unmittelbar nach dem Start. Auch die Amerikaner hatten mit Mariner 8 Pech. Am 8. Mai 1971 gestartet, erreichte wegen einer Fehlfunktion der Centaur-Rakete das Raumfahrzeug die Erdumlaufbahn nicht. Auch die sowjetische Sonde Cosmos 419, die nur zwei Tage nach Mariner 8 gestartet wurde, erwies sich als Fehlschlag. Zwar wurde der Erdorbit erreicht, der Einschuss in eine interplanetare Trajektorie zum Mars missglückte wegen eines Programmierfehlers. Eine traurige Berühmtheit erlangte die sowjetische Mission Mars 2. Am 19. Mai 1971 gestartet, gelang es den Russen erstmals, den Marsorbit zu erreichen. Am 27. November 1971 schwenkte Mars 2 in eine Marsumlaufbahn ein. Es gelangen etliche Fernsehaufnahmen von der Marsoberfläche. Eine Landekapsel wurde abgesetzt. Leider kam es zu einer Bruchlandung auf der Marsoberfläche. Der abgestürzte Lander war immerhin der erste irdische Raumflugkörper, der den Marsboden erreichte. Nicht viel erfolgreicher war Mars 3. Ebenfalls im Mai 1971 nur neun Tage nach Mars 2 gestartet, erreichte Mars 3 am 2. Dezember 1971 die Marsumlaufbahn. Wieder wurde eine Landefähre abgesetzt, diesmal gelang sogar die weiche Landung. Unglücklicherweise fiel nach nur zwanzig Sekunden die Funkverbindung aus. Der Mars-3-Lander war für immer verstummt.
Ein voller Erfolg war jedoch die Mission Mariner 9. Am 30. Mai 1971 gestartet, erreichte sie Mitte November den roten Planeten und schwenkte am 14. 11. 1971 in den Marsorbit ein. Neben einer riesigen Datenmenge erreichten rund 7300 Nahaufnahmen fast der gesamten Marsoberfläche die Erde. Leider behinderte zunächst ein wochenlang anhaltender Staubsturm die Sicht. Doch dann sorgte Mariner 9 für eine wissenschaftliche Sensation. Nicht nur Einschlagkrater wie auf dem Mond prägen die Marsoberfläche. Ihre Struktur ist wesentlich vielfältiger. Gewaltige Schildvulkane wurden entdeckt, deren

größter, Olympus Mons genannt, mit 25 Kilometern Höhe alle irdischen Vulkane weit übertrifft und wohl der größte Vulkan im Sonnensystem ist. Lange Grabenbrüche, tiefe, sich Tausende Kilometer dahinziehende Canyons, gewundene Täler, ausgetrocknete Flussläufe sowie ausgefranste Ränder und Kanten der Südpolkappe zeigten die Mariner-9-Aufnahmen. Mars hat somit eine aktive geologische Vergangenheit. Vulkanismus formte ebenso die Marslandschaften wie offensichtlich flüssiges Wasser. Denn die Fließspuren deuten darauf hin, dass einst Wasser in flüssiger Form vorhanden gewesen sein muss. Die Fließspuren lassen sich nämlich durch Magmaströme und herabstürzendes Geröll allein nicht erklären. Mariner 9 gelangen auch die ersten Nahaufnahmen der beiden winzigen Marsmonde Phobos und Deimos. Sie lassen erkennen, dass selbst Kleinkörper im Sonnensystem von unzähligen Einschlagkratern übersät sind. Auch sind die beiden Marsmöndchen nicht kugelrund, sondern länglich. Phobos sieht aus wie eine Kartoffel.

Im Jahre 1973 entsandte die Sowjetunion eine Miniarmada von vier Sonden (Mars 4 bis 7) zum roten Planeten. Sie scheiterten allesamt. Mars 5 gelangte zwar in einen Marsorbit, nach nur 22 Umläufen fiel der Funkkontakt aber komplett aus. Auch Mars 6 erreichte den roten Planeten. Die harte Landung überlebte das Raumfahrzeug jedoch nicht. Einen absoluten Höhepunkt in der Marserkundung mit Raumsonden stellten die beiden Viking-Missionen dar. Ende August beziehungsweise Anfang September 1975 gestartet, landete Viking 1 am 20. Juli und Viking 2 am 3. September 1976 sanft auf dem Marsboden, derweil ihre Mutterschiffe in permanenten Marsobits Globalaufnahmen vom roten Planeten zur Erde funkten.

Oberflächendetails

Die beiden Viking-Lander lieferten fantastische Panoramaaufnahmen der Marslandschaften. Es waren die ersten Aufnahmen vom Marsboden aus nächster Nähe. Sie zeigen Geröll, Steine, Sandspuren, einen rosa Marshimmel und sonstige Details in der Umgebung der Landeplätze. Die Sonden entnahmen Bodenproben und analysierten sie in bordeigenen Labors. Ferner registrierten sie Wetterdaten und seismische Ereignisse. Auch auf Mars gibt es Beben. Lebensspuren konnten keine gefunden werden, was manche enttäuschte. Fazit der Viking-Missionen: Mars ist ein kalter, toter, ausgetrockneter Wüstenplanet. Freies Wasser gibt es heutzutage nicht und ob auch der Vulkanismus erloschen ist, weiß man heute nicht sicher.

Die Viking-Sonden bestätigten das raue Klima auf Mars. In Äquatorzonen steigt nachmittags etwa zwei Stunden nach Meridiandurchgang der Sonne die Bodentemperatur schon mal auf wenige Grade über dem Gefrierpunkt von Wasser. In der Marsnacht fällt sie wegen der großen Ausstrahlung auf –80° Celsius ab. Bis 1982 sandten die Viking-Lander regelmäßig meteorologische Daten zur Erde. Während die Landesonden im Marsboden scharrten, sendeten die Viking-Orbiter aus ihren Umlaufbahnen mehr als 55 000 Bilder, die erkennen lassen, dass die Marsoberfläche nicht nur von Kratern bedeckt ist, sondern auch von großen Vulkanen, riesigen Grabenbrüchen, tiefen Canyons und langen, gewundenen aber ausgetrockneten Flussläufen geprägt wird.

Die beiden Marshemisphären unterscheiden sich erheblich voneinander, Mars weist eine morphologische Dichotomie auf. Die Südhalbkugel des Marsglobus zeigt eine relativ hohe Dichte von Einschlagkratern, sie ist planetologisch gesehen älter als die Nordhalbkugel, die eine geringere Kraterhäufigkeit erkennen lässt und Spuren endogener Tektonik aufweist. Die vier größten Vulkane sind hier ebenso zu finden wie das Valles Marineris, ein mehrere tausend Kilometer langer Grabenbruch. Auch zahlreiche Ablagerungen und Flussbette sind im Norden zu finden. Sie deuten auf früher einmal vorhandenes Wasser hin, das heute vermutlich als Permafrost unter der Marsoberfläche gespeichert ist. Auch Spuren von Lavaströmen sowie dünenartige Landschaften sind auf zahlreichen Aufnahmen zu sehen.

Nach den grandiosen Viking-Erfolgen trat eine längere, teils unfreiwillige Pause in der Erkundung des roten Planeten mittels Raumsonden ein. Im Juli 1988 schickten die Sowjets Phobos 1 und Phobos 2 auf den Weg zum Mars. Phobos 1 war ein reiner Fehlschlag. Phobos 2 erreichte zwar den Marsorbit, doch Ende März 1989 brach die Funkverbindung ab. Zuvor gab es noch vierzig Fernsehbilder vom Marsmond Phobos. Die geplante Landung auf Phobos gelang jedoch beiden Sonden nicht.

Auch die Amerikaner hatten 1993 wieder Pech. Ihre im September 1992 gestartete Mission Mars Observer verstummte am 21. August 1993 für immer. Vermutlich gab es bei der Zündung des Raketentriebwerks zum Einschwenken in eine Marsumlaufbahn eine Explosion.

Mars 96, die am 16. November 1996 gestartete russische Mars-

9.9 Landetest der Marssonde Pathfinder (Aufnahme vom Juli 1997).

mission, stürzte wegen eines Programmierfehlers aus dem Erdorbit in den Pazifik: Der Raketenschub der vierten Stufe ging in die falsche Richtung los. Einen grandiosen Erfolg verbuchte die USA mit den beiden Missionen Mars Global Surveyor und Mars Pathfinder mit dem Marsrover Sojourner. Pathfinder landete in einem Direktflug, ohne vorher in einen Marsorbit einzuschwenken, am 4. Juli 1997 sanft mittels Fallschirmen und Airbags auf dem roten Planeten. Mars Global Surveyor erreichte die Marsumlaufbahn am 12. September 1997 und lieferte Karten mit einer Genauigkeit von einem Kilometer in der Horizontalen und hundert Metern in der Vertikalen. Ferner entdeckte dieser Orbiter eine Reihe von Anomalien im Schwerefeld des Mars, die Aufschluss über die Struktur der Marskruste geben. Sie zeigt eine schwankende Dicke von drei bis neunzig Kilometern mit lokalen Verdickungen. Unter den größeren Becken wie beispielsweise Hellas ist die Kruste hingegen recht dünn. Heute scheint Mars kein Magnetfeld mehr zu besitzen. Jedoch sind deutlich Muster in den Krustengesteinen auszumachen, die darauf hindeuten, dass Mars in der Vergangenheit offensichtlich ein Magnetfeld besaß. Große Teile der Marsoberfläche sind mit vulkanischem Gestein bedeckt. Die größte Konzentration vulkanischer Oberflächenformen findet sich in der Tharsis-Region, einer gewaltigen Aufwölbung, die eine Hochregion von mehreren Tausend Kilometern Durchmesser bildet. Ihre Tektonik beeinflusst fast die gesamte westliche Hemisphäre des Mars. Bis in die jüngste Vergangenheit waren die Marsvulkane aktiv. Die gegenüber der Erde geringere Schwerkraft und der schwache Atmosphärendruck führten zu gewaltigen Explosionen und zu höheren Vulkanen als auf unserem Planeten. Vermutlich waren die Marsvulkane bis in die areologisch jüngste Vergangenheit aktiv. Erloschen scheinen sie vor rund hundert Millionen Jahren zu sein.

Zu den großen, noch ungelösten Marsrätseln gehört die Frage nach dem Wasser und dem Vorhandensein von Spuren einfachsten Lebens. Gab es früher einmal Ozeane auf Mars, war das Klima einst wärmer, der Atmosphärendruck größer? Die Erosionsrinnen an der Innenseite mancher Einschlagkrater deuten auf freies Wasser hin. Manche Spuren, vor allem die riesigen Flusstäler sind vermutlich durch erodierende Wirkung kurzfristiger Sturzfluten entstanden. Zur Bildung von tiefen Gräben dürften auch Gletscher beigetragen haben. Möglicherweise gibt es heute noch kurzfristig flüssiges Wasser auf Mars, wenn ein Impaktereignis die Marskruste zum Schmelzen bringt. Vieles deutet darauf hin, dass Mars auch in der Vergangenheit kalt und trocken war.

Die morphologische Vielfalt der heutigen Marslandschaften wurde aber auch entscheidend von Winden und Stürmen geprägt. Verblasener Sand hat die Wirkung eines Sandstrahlgebläses. Noch heute werden Staubstürme aber auch Windhosen und kleine Staubteufel beobachtet.

In der Antarktis der Erde wurden Marsmeteorite gefunden, die von mindestens vier verschiedenen Impakten stammen. Alle Marsmeteorite sind vulkanischen Ursprungs. Aus dem Oxidationsgrad ließ sich ein relativ hoher Wasseranteil von zwei Prozent ableiten. Im Marsmeteoriten ALH84001 glaubte man Spuren von Bakterienstoffwechselprodukten, nämlich so genannte „biogene Magnetite" nachgewiesen zu haben. Solche Kristalle aus Magnetit (Fe_3O_4) findet man in Bakterien. Allerdings können sie auch auf anorganische Weise entstehen, die Frage nach Leben auf Mars bleibt offen.

Mit dem Einschwenken der amerikanischen Raumsonde 2001 Mars Odyssey in einen Marsorbit am 24. Oktober 2001 um 2^h26^m UT gelang es, einen neuen Meilenstein in der Erforschung des roten Planeten zu setzen. Auf die Ergebnisse darf man gespannt sein.

Oktober 2003

Mars ist nach wie vor auffälligstes Gestirn am Nachthimmel. Vom Morgenhimmel zieht sich der rötliche Planet allerdings zurück. Merkur kann zu Monatsbeginn tief am Osthimmel in der Morgendämmerung erspäht werden. Saturn ist fast die ganze Nacht am Firmament vertreten.

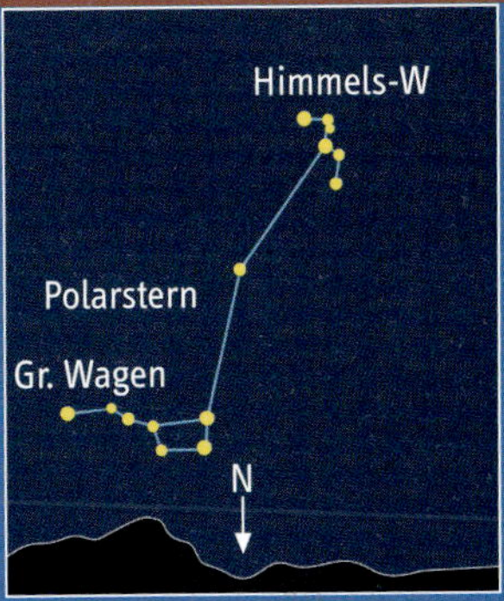

Großer Wagen und Himmels-W Anfang Oktober um 22^h

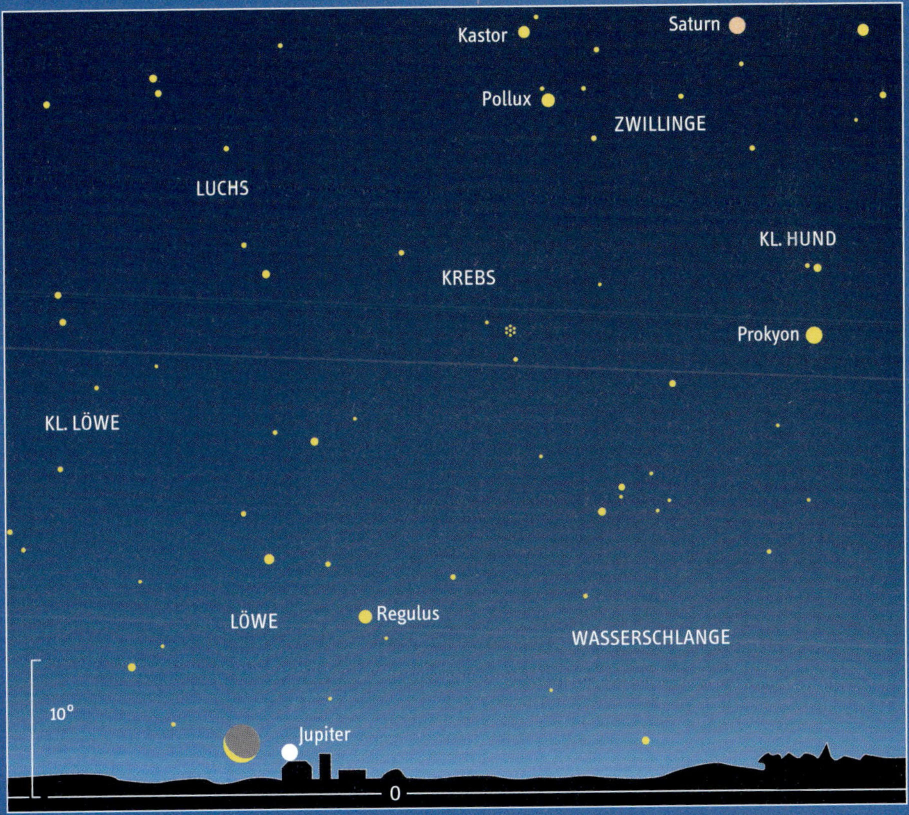

10.1 Anblick des morgendlichen Osthimmels am 22. Oktober gegen 3^h MEZ (= 4^h MESZ): Hoch in den Zwillingen leuchtet der Ringplanet Saturn, während über dem Osthorizont gerade Jupiter und der Mond erschienen sind.

Sonnenlauf

23.10. 21ʰ
Sonne tritt in das Tierkreiszeichen Skorpion
31.10. 18ʰ
Sonne tritt in das Sternbild Waage

Julianisches Datum am
1. Oktober, 1ʰ MEZ: 2 452 913,5

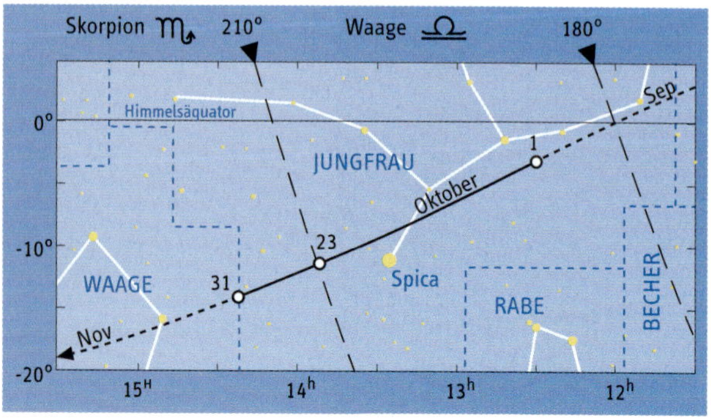

Tag	Dämmerg. Anfang	Aufgang MEZ	Kulmination	Untergang MEZ	Dämmerg. Ende	Mittagshöhe	Zeitgleichg.	Rektaszension	Deklination
	h m	h m	h m	h m	h m	°	m	h m	°
1	5 09	6 19	12 10	18 00	19 09	36,9	+10	12 27	− 2,9
5.	5 15	6 25	12 08	17 51	19 00	35,3	+12	12 41	− 4,5
10.	5 23	6 33	12 07	17 40	18 50	33,4	+13	13 00	− 6,4
15.	5 31	6 41	12 06	17 30	18 40	31,6	+14	13 18	− 8,3
20.	5 39	6 49	12 05	17 20	18 30	29,7	+15	13 37	−10,1
25.	5 46	6 57	12 04	17 10	18 21	28,0	+16	13 56	−11,9
31.	5 55	7 07	12 04	16 59	18 11	26,0	+16	14 19	−13,9

Sonntag, 26. Oktober: Ende der Sommerzeit!

Tages- und Nachtstunden

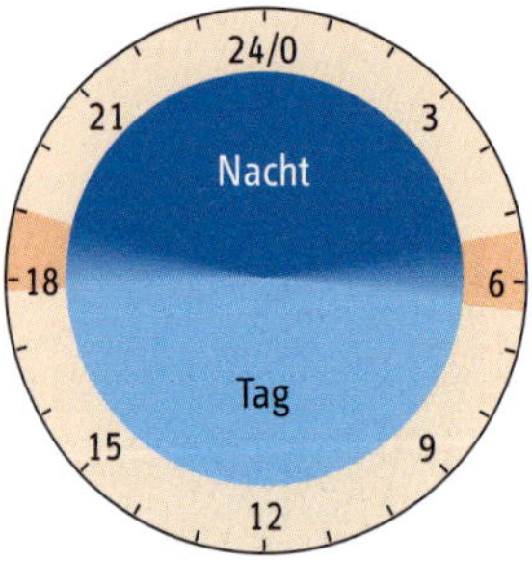

5. Oktober

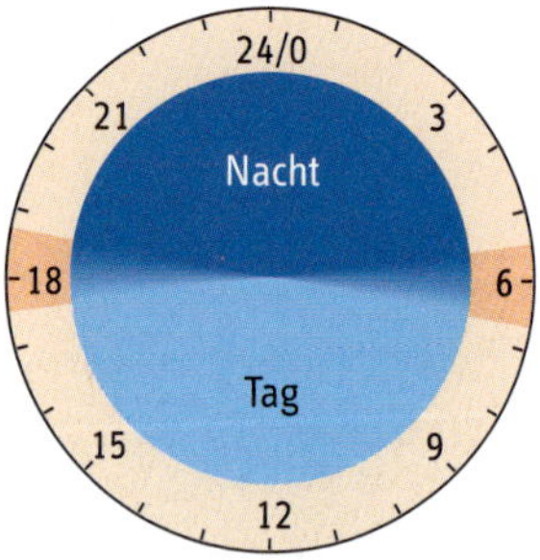

15. Oktober

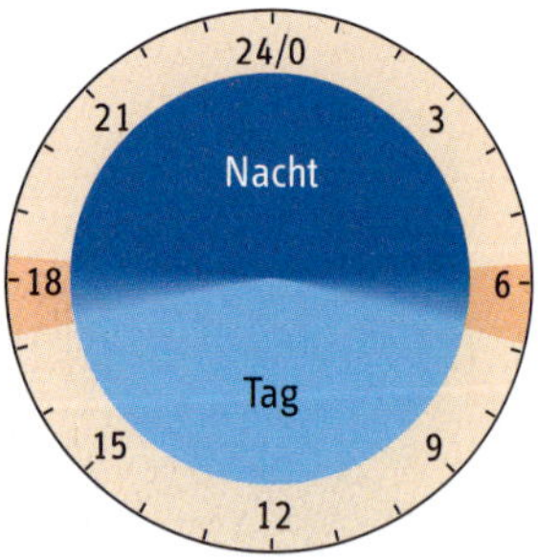

25. Oktober

Mondlauf

Datum		Aufg. MEZ	Kulmination	Unterg. MEZ	Rektaszension	Deklination	Sterne und Sternbilder	Phase	MEZ
		h m	h m	h m	h m	o			
Mi	1.	13 23	17 11	20 54	16 49	−24,4	Antares		
Do	2.	14 34	18 12	21 50	17 51	−26,5	Schütze	**Erstes Viertel**	**20^h09^m**
Fr	3.	15 29	19 12	22 59	18 53	−26,9	Schütze, Nunki		
Sa	4.	16 09	20 08	–	19 54	−25,6	Schütze		
So	5.	16 38	21 00	0 15	20 52	−22,9	Steinbock	Größte Südbreite Libration West	
Mo	6.	17 00	21 49	1 32	21 45	−19,0	Steinbock		
Di	7.	17 17	22 34	2 49	22 35	−14,3	Wassermann		
Mi	8.	17 32	23 16	4 02	23 23	− 9,0	Wassermann		
Do	9.	17 46	23 58	5 14	0 08	− 3,5	Fische		
Fr	10.	17 59	–	6 24	0 52	+ 2,1	Walfisch	**Vollmond**	**8^h27^m**
Sa	11.	18 14	0 38	7 33	1 36	+ 7,5	Fische		
So	12.	18 30	1 20	8 42	2 20	+12,6	Widder		
Mo	13.	18 50	2 03	9 52	3 05	+17,2	Widder	Aufsteigender Knoten	
Di	14.	19 14	2 48	11 01	3 53	+21,2	Stier, Plejaden	Erdferne 406/29′,5	3^h
Mi	15.	19 47	3 35	12 08	4 42	+24,2	Aldebaran		
Do	16.	20 29	4 25	13 10	5 34	+26,2	* Stier, Al Nath		
Fr	17.	21 23	5 16	14 03	6 27	+27,0	Zwillinge		
Sa	18.	22 28	6 08	14 46	7 22	+26,6	Kastor, Pollux	**Letztes Viertel**	**13^h31^m**
So	19.	23 41	7 01	15 19	8 16	+24,8	* Krebs, Krippe		
Mo	20.	–	7 52	15 46	9 10	+21,8	Krebs, Krippe	Größte Nordbreite Libration Ost	
Di	21.	0 59	8 42	16 07	10 03	+17,6	* Löwe, Regulus		
Mi	22.	2 20	9 32	16 25	10 55	+12,3	Löwe		
Do	23.	3 42	10 21	16 42	11 46	+ 6,3	Jungfrau		
Fr	24.	5 06	11 11	16 59	12 38	− 0,3	Jungfrau		
Sa	25.	6 33	12 03	17 17	13 31	− 6,9	Spica	**Neumond**	**13^h50^m**
So	26.	8 03	12 58	17 40	14 26	−13,4	Waage	Erdnähe 359/33′,3 Absteigender Knoten	13^h
Mo	27.	9 34	13 56	18 08	15 25	−19,0	Waage		
Di	28.	11 03	14 58	18 47	16 27	−23,4	Antares		
Mi	29.	12 22	16 02	19 40	17 31	−26,2	Schlangenträger		
Do	30.	13 25	17 04	20 46	18 36	−27,1	Schütze, Nunki		
Fr	31.	14 11	18 03	22 02	19 39	−26,2	Schütze		

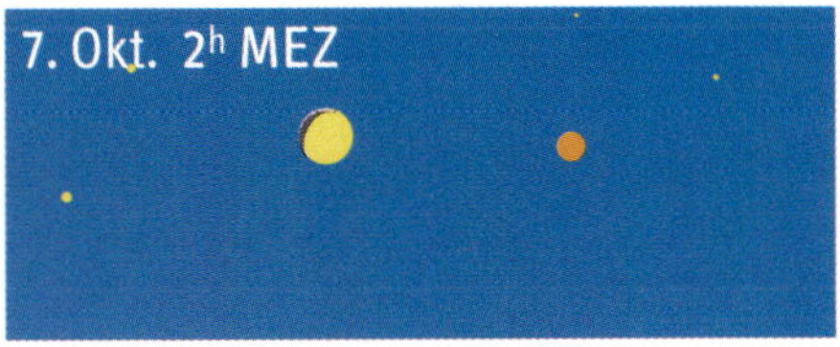

Planetenlauf

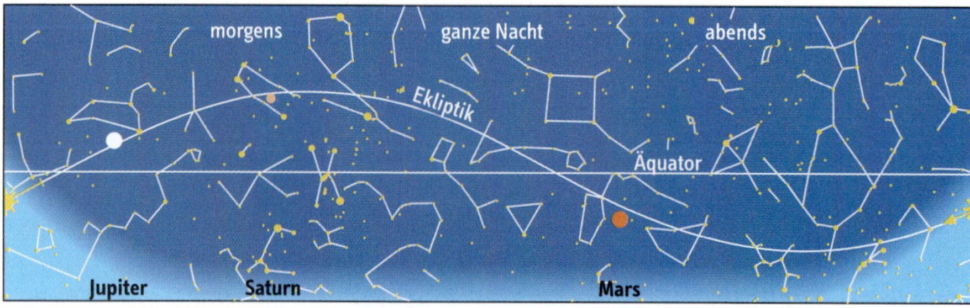

Merkur kann im ersten Monatsdrittel noch tief am morgendlichen Osthimmel gesehen werden. Am 1. geht der $-0^{m}{,}8$ helle Merkur um $4^{h}42^{m}$ (= $5^{h}42^{m}$ Sommerzeit) auf und ist etwa von 5^{h} (= 6^{h} Sommerzeit) an zirka eine halbe Stunde gut mit bloßen Augen zu sehen. Nach dem 5. wird es schwieriger, den sonnennahen Planeten zu erspähen. Letztmals am 10. zeigt sich der flinke Planet am Morgenhimmel. Zwar steigt seine Helligkeit auf $-1^{m}{,}1$, allein die Aufgänge verspäten sich auf $5^{h}28^{m}$, was die Sichtbarkeitszeit auf wenige Minuten zusammenschrumpfen lässt (siehe auch Abb. 9.2 und 9.3 auf Seite 174). Am 25. holt Merkur schließlich die Sonne ein und steht mit ihr in oberer Konjunktion. An diesem Tag trennen uns 213 Millionen Kilometer (= 1,42 AE) von Merkur.

Venus gewinnt nur langsam an östlichem Vorsprung vor der Sonne, die ihr im Tierkreis nachläuft. Im Laufe des Monats wächst ihr östlicher Elongationswinkel auf knapp 20° an.

10.2 Heliozentrischer Anblick des Planetensystems im letzten Jahresviertel 2003. Eingetragen sind im linken Teil die Positionen der inneren Planeten für den 1. Oktober (10), den 1. November (11), den 1. Dezember (12) und den 1. Januar 2004 (1). Der rechte Teil zeigt das äußere Planetensystem samt einiger Planetoiden zu Anfang und Ende des letzten Jahresviertels. Die Pfeile deuten die Richtungen zu den ferneren Planeten sowie zum Frühlingspunkt an.

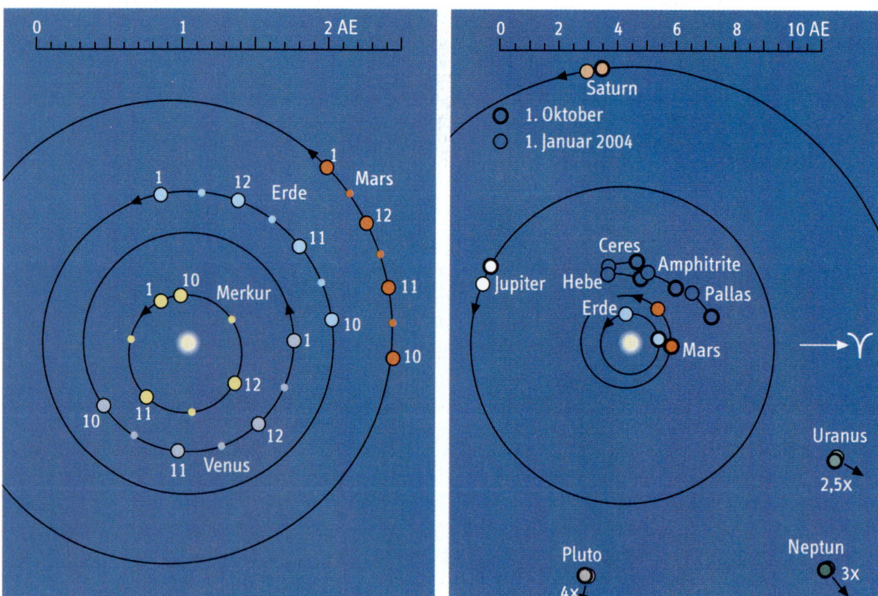

Allerdings wandert Venus nun am absteigenden Ast des Tierkreises, so dass sich ihre Tagbögen verkleinern. Sie läuft durch die Jungfrau und passiert am 3. deren Hauptstern 3° nördlich. Am 16. wechselt Venus in das Sternbild Waage.
Unter guten Sichtbedingungen können erfahrene Beobachter unseren Nachbarplaneten mit lichtstarker Optik gegen Monatsende tief im Südwesten kurz nach Sonnenuntergang aufstöbern. Am 31. geht die $-3^{m}.9$ helle Venus um $17^{h}44^{m}$ unter.
Für Fernrohrbeobachter ist Venus nicht sehr attraktiv. Das kleine, nur 10″ messende Venusscheibchen erscheint fast voll beleuchtet.
Mars, wieder rechtläufig im Wassermann, ist nach wie vor ein auffälliges Gestirn am Nachthimmel, auch wenn seine Helligkeit weiter erheblich, um fast eine ganze Größenklasse, auf $-1^{m}.2$ zurückgeht. Er strebt nach Norden und wandert südlich an Uranus vorbei, wobei es allerdings nicht im strengen Sinne zu einer Konjunktion kommt (Abb. 10.4 rechts).
Aus der zweiten Nachthälfte beginnt sich der rote Planet zurückzuziehen. Am 1. geht der noch $-2^{m}.1$ helle Mars um $2^{h}44^{m}$ unter, am 15. um $2^{h}04^{m}$ und am 31. bereits um $1^{h}32^{m}$.
Im Fernrohr bemerkt der aufmerksame Beobachter im Laufe des Monats ein bescheidenes Beleuchtungsdefizit des auf 15″ schrumpfenden Marsscheibchens. Sein Beleuchtungsgrad beträgt 89 % zu Monatsende.
Am 6. kommt es zur Begegnung mit dem zunehmenden Mond. Die abermalige Marsbedeckung durch den Mond bleibt wiederum von Mitteleuropa aus unbeobachtbar.
Jupiter, rechtläufig im Löwen, kann am Morgenhimmel gesehen werden. Seine Aufgänge

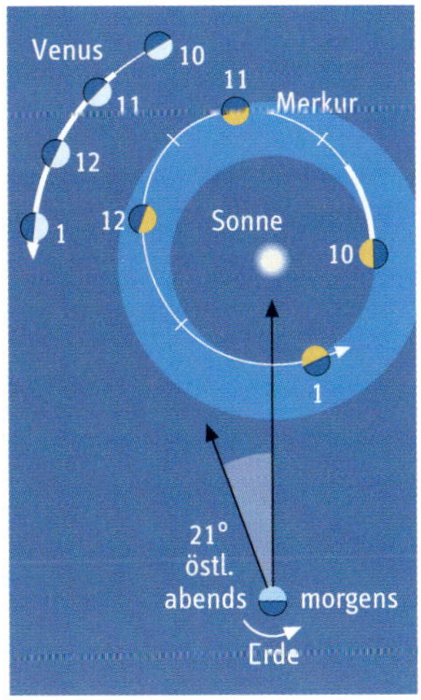

10.3 Heliozentrische Bewegungen von Merkur und Venus relativ zur Erde. In den dicker ausgezogenen Bahnteilen sind die Planeten beobachtbar. Die Zahlen geben die Positionen jeweils zum Monatsersten an. Östlicher Winkelabstand bedeutet Abendsichtbarkeit; westliche Elongation: Planet steht am Morgenhimmel.

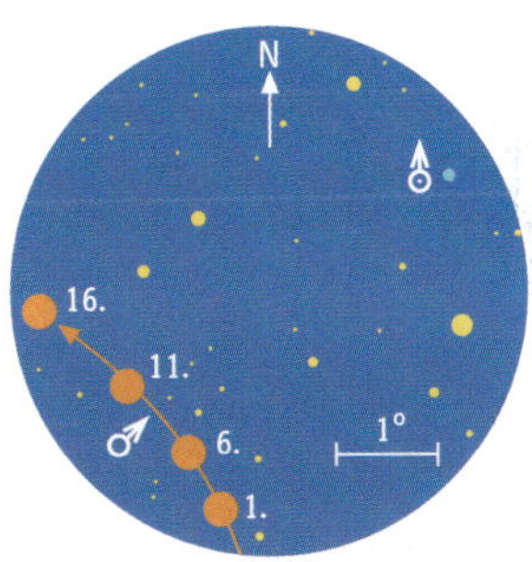

10.4 Mars wandert in der ersten Oktoberhälfte 2003 abermals an Uranus vorbei. Fernglasanblick bei 5° Gesichtsfelddurchmesser.

verlagert der Riesenplanet von $3^{h}30^{m}$ (= $4^{h}30^{m}$ Sommerzeit) zu Monatsbeginn auf $2^{h}50^{m}$ zur Monatsmitte und auf $2^{h}03^{m}$ am Monatsende. Die Jupiterhelligkeit steigt leicht auf $-1^{m}.8$ an.

Ein netter Himmelsanblick ergibt sich am 22., wo die abnehmende Mondsichel und Jupiter tief am Osthorizont gegen 3^{h} morgens zu sehen sind (siehe auch Abb. 10.1 auf Seite 187).
Saturn bremst seine rechtläufige Bewegung durch die Zwillinge vollends ab und kommt am 26. zum Stillstand (siehe Abb. 12.3 auf Seite 226) . Damit leitet er seine Oppositionsperiode ein. Nach dem 26. wandert Saturn rückläufig durch den Tierkreis, was zunächst kaum feststellbar ist. Der Ringplanet tritt vielmehr auf der Stelle.
Saturn verlagert seine Aufgänge in die Abendstunden und wird zum Planeten fast der gesamten Nacht. Am 1. geht er um $22^{h}34^{m}$ auf, am 15. um $21^{h}41^{m}$ (= $22^{h}41^{m}$ Sommerzeit) und am 31. schon um $20^{h}38^{m}$.
Am 17. zieht der abnehmende Halbmond rund 5° nördlich an Saturn vorbei.
Uranus bremst seine rückläufige Bewegung im Wassermann deutlich ab und kommt kaum vom Fleck – der zweite Stillstand in diesem Jahr ist nicht mehr fern (siehe auch Abb. 8.5 auf Seite 159). Aus der zweiten Nachthälfte zieht sich Uranus zurück, seine Helligkeit sinkt leicht auf $5^{m}.8$ ab. Mars zieht seine Oppositionsschleife etwas südlicher von Uranus und kann als Aufsuchhilfe dienen (siehe Abb. 10.4 links).
Der Uranusuntergang erfolgt am 1. um $2^{h}53^{m}$ (= $3^{h}53^{m}$ Sommerzeit), am 15. um $1^{h}56^{m}$ und am 31. bereits um $0^{h}52^{m}$.
Neptun bremst seine zögerliche, rückläufige Bewegung im Steinbock vollends ab und wird am 23. stationär. Damit endet seine Oppositionsperiode, was auch an der sich erheblich verkürzenden Sichtbarkeitszeit deutlich wird (siehe auch Abb. 8.6 auf Seite 159). Nur die jetzt immer früher einsetzende abendliche

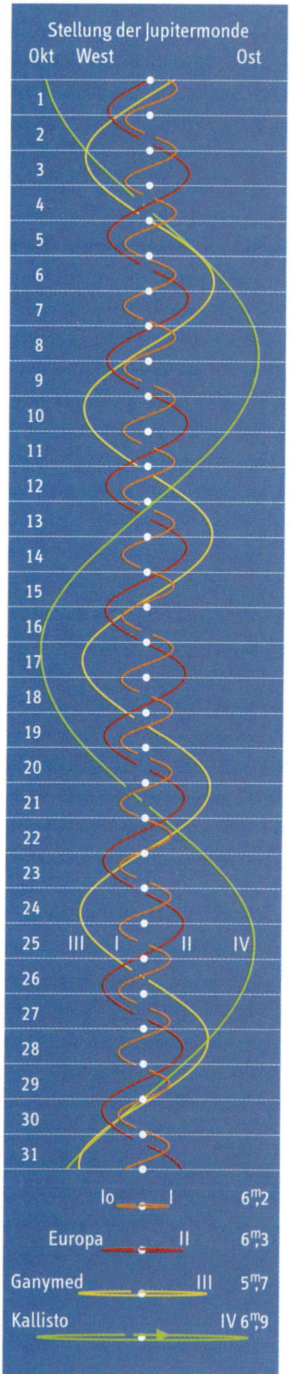

Dunkelheit gewährt ihm eine längere Sichtbarkeitschance am Abendhimmel. Seine Untergänge verlagert der bläuliche Planet in die Zeit vor Mitternacht. Am 1. sinkt der $7^m{,}9$ lichtschwache Neptun um 1^h10^m unter die Horizontlinie, am 15. um 0^h14^m (= 1^h14^m Sommerzeit) und am 31. schon um 23^h07^m. Die

Jupitermond-Erscheinungen

Tag	MEZ h m	Vorgang
1.	5 52	III SA
5.	3 44	I SA
	4 26	I DA
	6 02	I SE
6.	3 53	I BE
	5 38	II VA
8.	4 15	II DE
12.	5 38	I SA
	6 26	I DA
13.	5 53	I BE
	5 58	IV DE
14.	3 13	I DE
15.	4 10	II DA
	5 22	II SE
19.	3 50	III VA
20.	4 41	I VA
21.	2 55	I DA
	4 18	I SE
	5 11	I DE
22.	5 05	II SA
24.	4 55	II BE
27.	6 34	I VA
28.	3 54	I SA
	4 53	I DA
	6 11	I SE
29.	4 19	I BE
30.	5 19	III DE
31.	2 44	II VA

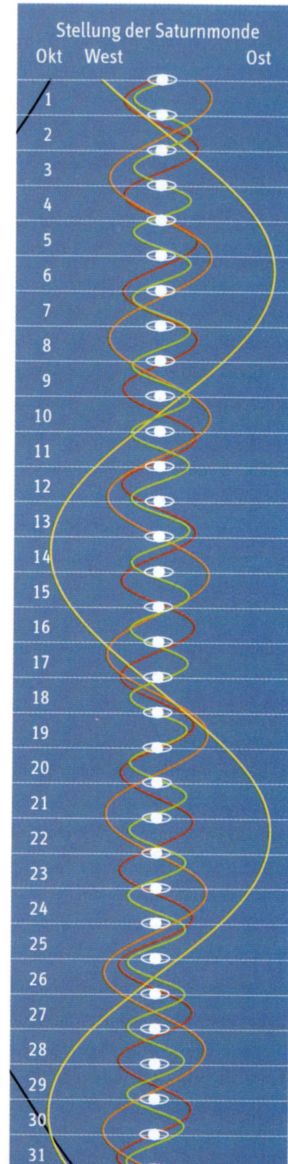

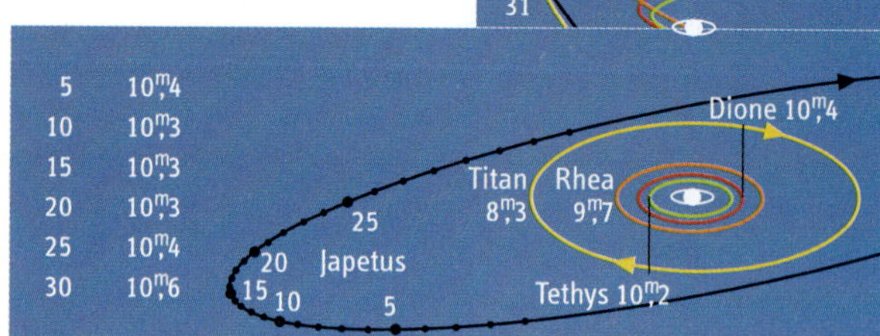

Neptunkulminationen verfrühen sich von 20^h31^m zu Monatsanfang auf 18^h33^m zu Monatsende.

Planetoiden

Ceres (1) eilt rückläufig mitten durch die Zwillinge (siehe Abb. 12.3 auf Seite 226). Ihre Helligkeit steigt deutlich um $0\overset{m}{,}4$ auf $8\overset{m}{,}3$ an. Am Monatsende geht Ceres bereits um 21^h13^m auf. Ihre Meridiandurchgänge verlagert Ceres von 6^h56^m (= 7^h56^m Sommerzeit) zu Monatsbeginn auf 5^h27^m zu Monatsende.

Pallas (2) kommt am 13. um 16^h im Sternbild Cetus (Walfisch) in **Opposition** zur Sonne. Mit $8\overset{m}{,}2$ fällt ihre Oppositionshelligkeit eher bescheiden aus. Trotzdem ist sie bereits in guten Ferngläsern oder kleinen Teleskopen zu sehen (siehe auch Aufsuchkärtchen Abb. 10.5 rechts).

Der Pallasaufgang erfolgt am Tag der Opposition um 20^h09^m, die Kulmination nach Mitternacht um 0^h48^m und der Untergang am folgenden Morgen um 5^h25^m. Bis Monatsende verfrüht sich der Meridiandurchgang auf 23^h21^m, die Helligkeit von Pallas geht leicht auf $8\overset{m}{,}4$ zurück.

Wegen ihrer relativ stark elliptischen Bahn wird die größte Annäherung von Pallas an die Erde nicht am Tag der Opposition sondern erst am 18. erreicht. An diesem Tag trennen uns von Pallas 268 Millionen Kilometer (= 1,79 AE).

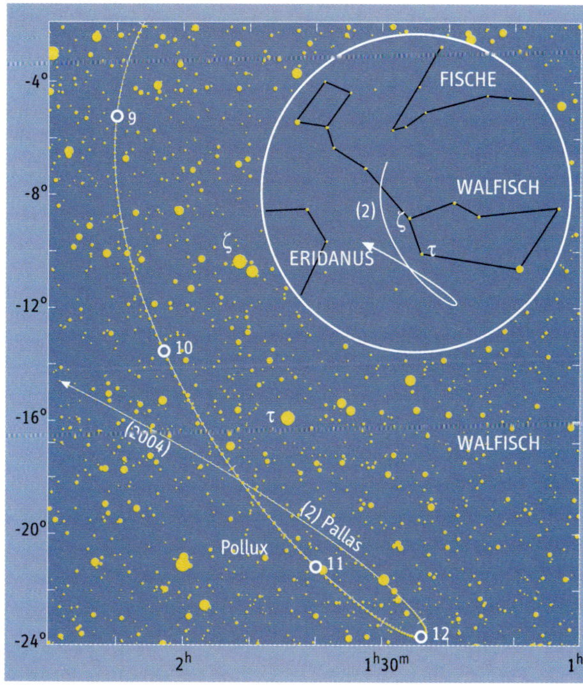

10.5 Scheinbare Bahn des Kleinplaneten Pallas (2) im Gebiet des Sternbildes Walfisch von Anfang September bis Jahresende 2003. Die Zahlen geben die Pallaspositionen zum jeweiligen Monatsersten an.

Periodische Sternschnuppenströme

Die **Delta-Draconiden**, auch **Oktober-Draconiden** genannt, sind ein temporärer Strom, deren Radiant im Sternbild des Drachen, etwa 3° östlich von γ Draconis liegt. Die Oktober-Draconiden führen ihren Ursprung auf den Kometen 21P/Giacobini-Zinner (alte Bezeichnung: 1900 III) zurück, weshalb dieser Meteorstrom auch **Giacobiniden** heißt. Vom 6. bis 10. Oktober passiert die Erde relativ nahe den absteigenden Knoten der Bahn des Kometen 21P. Seine Umlaufszeit beträgt 6,5 Jahre. Alle 13 Jahre trifft die Erde auf die recht breit gestreute Trümmerwolke der Auflösungsprodukte des Kometen Giacobini-Zinner. Dann hagelt es nur so Sternschnuppen. Am 8. Oktober 1985 konnten 400 Meteore pro Stunde registriert werden. Da die Trümmerwolke schon recht langgezogen ist und die Meteoroide sich entlang der Bahn verteilt haben, ist mit Überraschungen auch in anderen Jahren zu rechnen.

Vom 2. Oktober bis 7. November sind die **Orioniden** aktiv, deren Ursprung auf den Halleyschen Komet deutet. Mit dem Maximum ist am 21. Oktober zu rechnen, wobei etwa zwanzig bis dreißig Meteore pro Stunde zu erwarten sind. Die Frequenz ist von Jahr zu Jahr verschieden. Die beste Beobachtungszeit: Mitternacht bis 5^h morgens. Der Radiant liegt etwa 10° nordöstlich von Beteigeuze. Es handelt sich bei den Orioniden um sehr schnelle Objekte (über 60 Kilometer pro Sekunde).

Der Fixsternhimmel

Der Herbst hat nun am Sternenhimmel seinen Einzug gehalten. Alle Herbstbilder sind inzwischen zur abendlichen Beob-

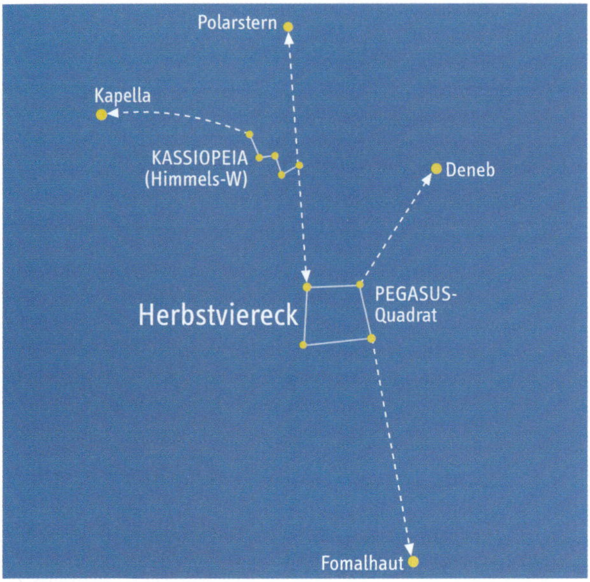

10.6 Vom Herbstviereck (Pegasusquadrat) ausgehend, findet man schnell die Kassiopeia, den Polarstern, Deneb und Fomalhaut, Hauptstern des Sternbildes Südlicher Fisch.

achtungsstunde in günstige Position gerückt, die Himmelsbühne zeigt ihre Herbstkulissen. In der westlichen Himmelshälfte dominiert zwar noch das Sommerdreieck, Arktur im Bootes aber ist schon untergegangen. Auch der ausgedehnte und lichtschwache Herkules nähert sich dem Nordwesthorizont. Der Himmelsanblick wird von der Andromeda-Gruppe charakterisiert. Diese Sternbildergruppe, die fast den gesamten Osthimmel einnimmt, setzt sich aus den Bildern Kassiopeia, Kepheus, Andromeda, Pegasus, Perseus und Walfisch zusammen. Zwar sind diese Herbstbilder längst nicht so hell wie die leuchtkräftigen Wintersternbilder, denn es fehlen Sterne erster Größenklasse. Aber sie haben ihren eigenen Reiz und sind mit Ausnahme des Walfisches alle verhältnismäßig leicht auszumachen.

Beginnen wir unseren Streifzug über den Herbsthimmel mit der Kassiopeia. Die Kassiopeia ist leicht zu entdecken. Die charakteristische Sternenfigur des Himmels-Ws steht zur Zeit hoch über dem Beobachter, fast im Zenit. Die mittlere Spitze des Ws deutet etwa in Richtung des Polarsterns. Verlängert man diese Sichtlinie zum Nordhorizont hinunter, so trifft man auf den Großen Wagen, der jetzt seine tiefste Stellung knapp über dem Nordhorizont einnimmt. Deshalb ist er an Herbstabenden auch nicht so leicht zu entdecken. Oftmals ist er auch durch Häuser, Bäume oder Berge verdeckt.

Zwischen Polarstern und Zenit nimmt der Kepheus seinen Platz ein. König Kepheus ist der Gemahl der Kassiopeia. Im Gegensatz zur Kassiopeia ist die Figur des Kepheus nicht so leicht zu erfassen. Kassiopeia und Kepheus sind die Eltern der Prinzessin Andromeda, die jetzt ebenfalls am Herbsthimmel vertreten ist. Die Andromeda ist als Sternenkette südlich der Kassiopeia leicht zu erkennen. Die Sternenkette hängt gewissermaßen am Pegasusquadrat, dem Herbstviereck.

▸ Konstellationen und Ereignisse

Datum	MEZ	Ereignis
5.	1^h	Mond bei Neptun, Mond 5°,2 südlich
6.	11	Mond bei Uranus, Mond 4°,7 südlich
6.	16	**Mond bei Mars,** Mond 1°,1 südlich, **Abstand 2°,3 um 19^h**
7.	19	**Mars nahe Uranus, Abstand 3°,6 um 19^h** (keine Konjunktion)
17.	14	Mond bei Saturn, Mond 4°,9 nördlich
22.	0	**Mond bei Jupiter,** Mond 4°,4 nördlich, **Abstand 3°,7 um 3^h**
23.	1	Neptun im Stillstand, anschließend rechtläufig
25.	11	Merkur in oberer Konjunktion mit der Sonne
25.	13	Mond bei Merkur, Mond 1°,2 nördlich
26.	1	Saturn im Stillstand, anschließend rückläufig
26.	21	**Mond bei Venus,** Mond 0°,1 südlich, **Abstand 2°,0 um 17^h30^m**

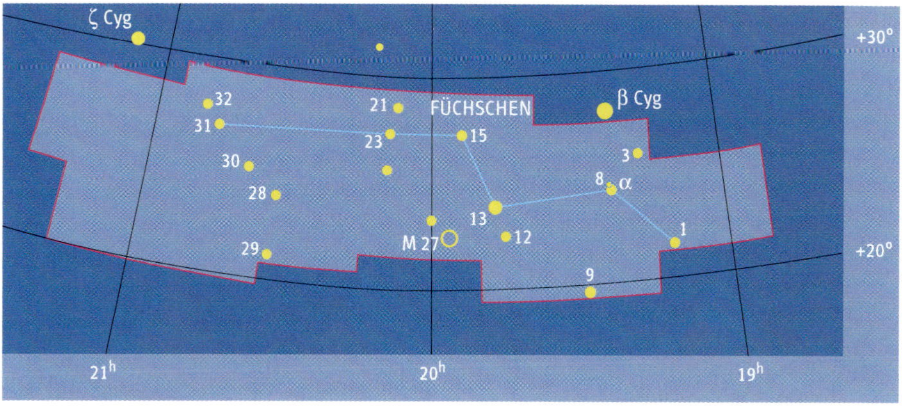

10.7 Skelettkarte des Sternbildes Vulpecula (lat., Füchschen)

Der Pegasus nimmt nun hoch im Süden seinen Platz ein. Auch der Einsteiger in die Himmelskunde erkennt das markante Sternenquadrat des Pegasus leicht. Die westliche Kante markiert zur Standardbeobachtungszeit ziemlich genau den Himmelsmeridian. Zum Pegasus gehört noch der Kopf mit der Schnauze, der den Meridian schon passiert hat.
Der heldenhafte Retter der Andromeda, der Perseus mit seinen Flügelschuhen, dem Schwert in der einen und dem abgeschlagenen Haupt der Medusa in der anderen Hand, gehört ebenfalls zu den Herbstbildern. Das Sternbild Perseus steht jetzt hoch im Osten zwischen der Andromeda und dem Hauptstern im Fuhrmann, der gelblichen Kapella, die unübersehbar im Nordosten strahlt.
Am schwierigsten zu identifizieren von den Bildern um die Andromedasage ist sicher der Walfisch, lateinisch Cetus genannt. Der Cetus ist jedoch kein Tier aus der Zoologie, sondern ein Fabelwesen. Abgesehen davon sind Wale keine Fische, sondern gehören zu den Säugetieren. Der Cetus jedoch ist das schreckliche Meeresungeheuer vor der Küste Äthiopiens, dem die Prinzessin Andromeda geopfert werden soll. Zum Glück eilt Perseus durch die Lüfte herbei und tötet den Cetus, indem er ihm das abgeschlagene Medusenhaupt präsentiert. Augenblicklich erstarrt der Cetus beim fürchterlichen Anblick der Medusa zu Stein.
Im Walfisch findet sich unter anderem der berühmte veränderliche Stern Mira (ο Ceti), ein langperiodischer Pulsationsvariabler, dessen Helligkeitsdaten unter der monatlichen Rubrik „Veränderliche Sterne" verzeichnet sind.
Nördlich des Cetus und südlich von Andromeda und Pegasus sind die beiden Fische beheimatet. Als Tierkreisbild sind sie wohl bekannt, am Himmel entdeckt man sie nicht so leicht, da sie nur aus lichtschwächeren Sternen gebildet werden und deshalb am Firmament kaum auffallen. Vor allem bei durch künstliche Beleuchtung aufgehelltem Nachthimmel sind die Fische-Sterne mit bloßen Augen kaum mehr zu sehen.
Tief im Osten kündet der eben aufgegangene Stier (lat.: Taurus) vom nahen Winter. Außer Aldebaran, dem Hauptstern des Stieres (α Tauri), fällt noch das Siebengestirn, der offene Sternhaufen der Plejaden auf.
Knapp über dem Südhorizont, noch in Meridiannähe, funkelt ein Stern erster Größe. Es handelt sich um Fomalhaut im Sternbild Südlicher Fisch (lat.: Piscis Austrinus). Der Name Fomalhaut kommt aus dem arabischen und heißt soviel wie „Maul des Fisches". Erfahrene Sternfreunde sollten dann und wann versuchen, auch un-

Veränderliche Sterne

Algol-Minima	6.	7^h08^m	9.	3^h57^m	12.	0^h45^m	14.	21^h34^m	17.	18^h23^m	29.	5^h38^m
β-Lyrae-Minima	5.	8^h N	11.	20^h H	18.	7^h N	24.	18^h H	31.	6^h N		
δ-Cephei-Maxima	2.	12^h	7.	21^h	13.	6^h	18.	15^h	23.	24^h	29.	8^h
Mira-Helligkeit	1.	6^m	10.	7^m	20.	7^m	31.	8^m				

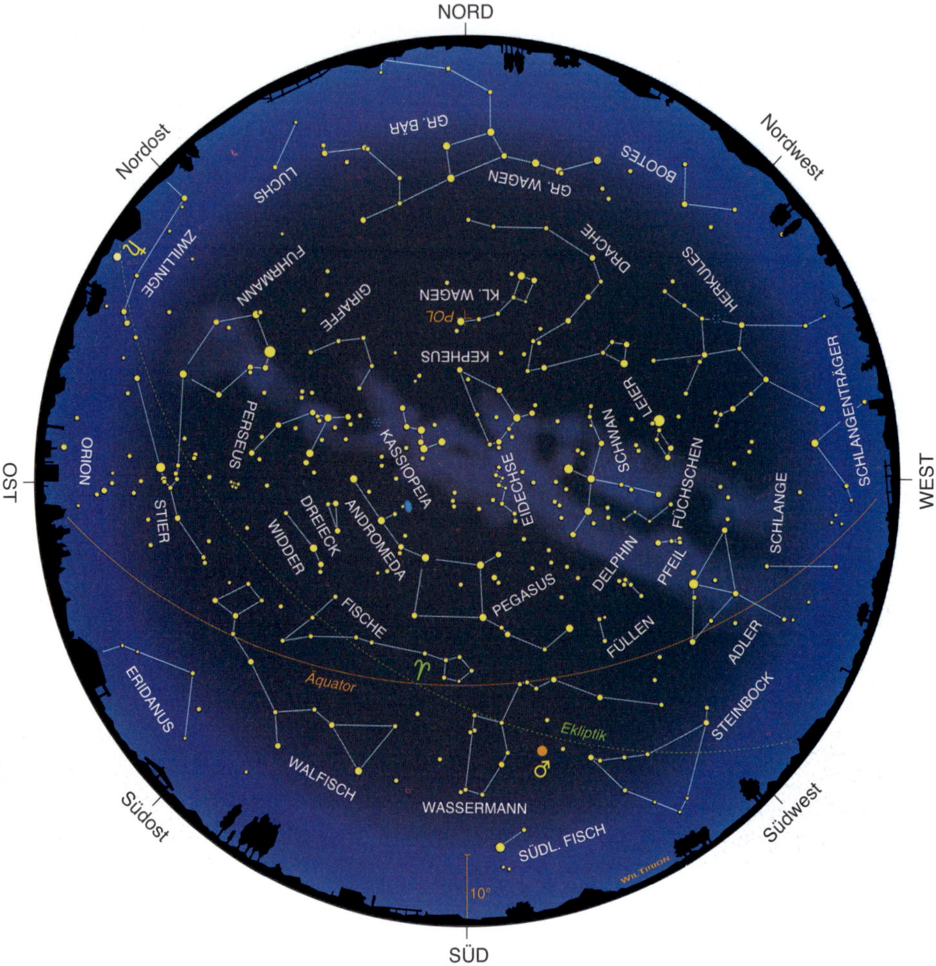

Sternenhimmel
am 15. Oktober
um 22^h MEZ (23^h MESZ)

Fixsternhimmel auch gültig für:

	MEZ	MESZ
1. 8.	3^h	4^h
15. 8.	2	3
1. 9.	1	2
15. 9.	0	1
1.10.	**23**	**24**
15.10.	**22**	**23**
31.10.	**21**	
15.11.	20	
30.11.	19	
15.12.	18	

scheinbare und weniger bekannte Sternbilder auszumachen. Dazu zählt das Sternbild Füchschen (lat.: Vulpecula). Es liegt südlich von Schwan und Leier sowie nördlich von Delfin und Pfeil. Das Füchschen ist ein neuzeitliches Sternbild. Es wurde erst von Johannes Hevelius in seinem Sternatlas *Firmamentum Sobiescianum* eingeführt. Der Sternatlas erschien 1687 im Todesjahr von Hevelius. Er selbst nannte dieses Bild „Vulpecula cum Ansere", also Füchschen mit der Gans. Hevelius wollte die Lücke zwischen den klassischen Sternbildern füllen. Mit bloßen Augen sieht man 16 Sterne, Hevelius gibt 27 an, F. W. Argelander katalogisierte 37. In den meisten Darstellungen fehlt die Gans. Heute spricht man schlicht vom „Füchschen".

Die Sterne in diesem kleinen Bild haben keine Eigennamen. α Vulpeculae ist mit $4^m\!,4$ noch der hellste Stern im Füchschen, es handelt sich dabei um einen tiefroten Stern (Spektraltyp: M0) in 300 Lichtjahren Entfernung.

Das wohl prominenteste Objekt im Füchschen ist der Hantel-Nebel (engl.: Dumbbell), M 27 mit seiner Katalogbezeichnung.
M 27 ist ein planetarischer Nebel in Rund 1300 Lichtjahren Entfernung.

Wetter und Klima

Der Oktober ist meteorologisch gesehen der typische Herbstmonat. Das Wetter zeigt in diesem Monat den ruhigsten Verlauf des ganzen Jahres, abgesehen von herbstlichen Stürmen, die vornehmlich um die Monatsmitte auftreten. Mit einigen schönen, warmen Tagen kann gerechnet werden. Durch die Abnahme der Tageslänge sind die Nächte durchweg kühl. Besonders in sternklaren Nächten treten die ersten Fröste auf, die gelegentlich an freien Stellen zur Glatteisbildung führen. Im Alpenvorland gibt es noch einige Föhntage.
Die mittlere Monatsdurchschnittstemperatur sinkt auf 9,0 °C, das sind immerhin 5 °C weniger als im September. Die mittlere Tageshöchsttemperatur beträgt 14 °C, die mittlere Tagestiefsttemperatur 5 °C.
Die Niederschlagsmenge fällt noch geringer aus als im September, was zum niedrigsten Wasserstand der Flüsse während des ganzen Jahres führt. Gegen Monatsende kommt es hin und wieder zu ersten Schneefällen.
Die mittlere Sonnenscheindauer geht auf 110 Stunden zurück, was vor allem durch die kürzer werdenden Tage bedingt ist. 68 % der Nächte sind bewölkt. Die Nebelhäufigkeit nimmt zu.
Vor allem bei Hochdrucklagen mit guter Fernsicht setzt Nebel oft schon in den frühen Abendstunden ein. Besonders in Westdeutschland treten öfters heftige Winde auf.

Klimadaten

Nachstehende Tabelle gibt die mittlere Bewölkungswahrscheinlichkeit (BW) und die mittlere Zahl der Tage mit mehr als einem Millimeter Niederschlag (NS) im Monat **Oktober** an.

Ort	BW	NS	Ort	BW	NS	Ort	BW	NS
Schleswig	67%	12	Brüssel	68%	11	Säntis (2496 m)	52%	11
Helgoland	72	13	Frankfurt/Main	72	09	Zugspitze (2962 m)	48	11
Hamburg	70	11	Prag	64	08	Sonnblick (3107 m)	57	12
Hannover	69	10	Nürnberg	63	09	Innsbruck	57	08
Berlin	63	09	Stuttgart	60	09	Graz	61	08
Brocken (1152 m)	74	15	München	62	09	Klagenfurt	65	08
Essen	71	11	Salzburg	60	11	Bozen	55	07
Leipzig	64	08	Wien	62	08	Genf	64	08
Dresden	65	08	Zürich	68	10	Lugano	57	09

Monatsthema

Weiße Zwerge ohne Ende?

Sterne sind riesige, glühende Gasbälle, vergleichbar mit unserer Sonne, die ebenfalls ein Stern ist. Die Farben verraten uns, wie heiß die Sonnen im Weltall sind. Rötliche Sterne haben Oberflächentemperaturen von etwa 3000° bis 4000° (der Unterschied zwischen Grad Celsius und Kelvin spielt hier keine Rolle), gelbe Sterne um 6000°, weiße Sterne rund 10 000° und die bläulich leuchtenden Sonnen haben 20 000° und mehr. Ihre Energieausstrahlung in Form von Licht und Wärme decken die Sterne durch Kernfusion, also durch Verschmelzung von leichteren Atomkernen zu schwereren. Dabei verwandeln diese kosmischen Atommeiler Wasserstoff, das leichteste und häufigste Element, in Helium. In späteren Lebensstadien wird Helium zu Kohlenstoff fusioniert. Massereiche Sterne führen das Spiel noch weiter. In immer neuen Fusionsprozessen erzeugen sie Atomkerne schwererer Elemente wie Stickstoff, Sauerstoff, Silizium bis hin zum Eisen. Doch für alle Sterne kommt einmal der Tag, an dem ihr Vorrat an Kernbrennstoff erschöpft ist. Übrig bleibt eine vor sich hinglimmende Sternenlei-

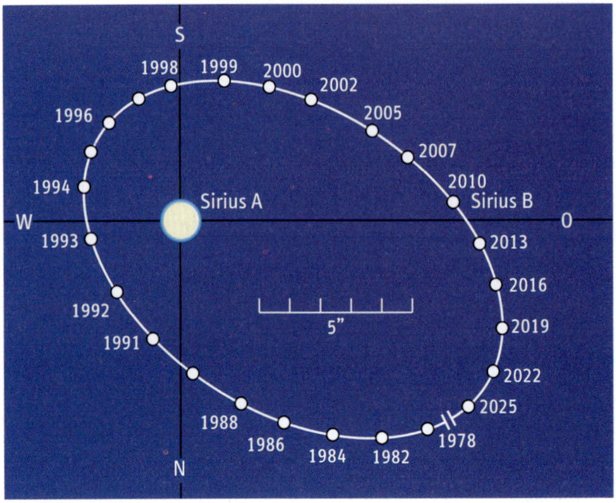

10.8 Relative scheinbare Bahn von Sirius B um den hellen Sirius A von 1978 bis 2025.

che. Über neunzig Prozent aller Sterne, nämlich praktisch alle Sterne mit einer Anfangsmasse bis etwa acht Sonnenmassen, enden als so genannte Weiße Zwerge. Ein Weißer Zwerg ist das Endstadium einer Sonne. Weiße Zwerge sind sehr klein. Ihre Größe ist vergleichbar mit der unserer Erde, weshalb sie auch recht schwach leuchten. Typischerweise beträgt die Leuchtkraft eines Weißen Zwerges nur ein Zehntausendstel der unserer Sonne. Darum sind sie auch schwierig zu entdecken, obwohl ihre Oberflächentemperaturen recht hoch sind und sie deshalb in einem strahlendweißen Licht leuchten.

Noch lange bevor man wusste, wie die Sterne ihre gewaltigen Energien freisetzen und wie der Lebensweg eines Sternes verläuft, wurde der erste Weiße Zwerg rein zufällig im 19. Jahrhundert als Begleiter des hellen Sterns Sirius entdeckt.

Sirius ist der Hauptstern im Großen Hund. Er wird darum auch Hundsstern oder Canicula genannt. Bei den alten Ägyptern hieß er Sothis und verhalf ihnen bei der Bestimmung der Länge eines Sonnenjahres. Im Herbst sehen wir Sirius am Morgenhimmel, an Winterabenden steht er in südlicher Richtung und funkelt auffällig in einem bläulich-weißen Licht. Mit $-1^{m},5$ scheinbarer Helligkeit ist Sirius der bei weitem hellste Fixstern am irdischen Firmament. Friedrich Wilhelm Bessel, ehemals Direktor der Königsberger Sternwarte, versuchte in den Jahren 1834 bis 1844 durch genaue Positionsmessungen seine Entfernung zu bestimmen. Bessel vermutete zu Recht, dass Sirius ein relativ naher Stern sein müsse und daher infolge der jährlichen Umlaufbewegung der Erde um die Sonne eine parallaktische Ortsveränderung gegenüber den fernen Hintergrundsternen beobachten lasse. Außerdem standen Bessel noch Beobachtungsdaten zur Verfügung, die bis 1750 zurückreichten.

Der Sirius-Begleiter

Bei seinen Beobachtungen fand er, dass Sirius eine schlangenförmige Bahn am Himmel zurücklegt. Die Abweichungen von einer geradlinigen Eigenbewegung betrugen allerdings nur maximal zwei Bogensekunden. Bessel vermutete, dass die Schwerkraftwirkung eines unsichtbaren Begleiters Sirius taumeln lasse. C. H. F. Peters berechnete daraufhin die Bahn dieses mysteriösen Begleiters und erhielt eine Umlaufperiode von fünfzig Jahren. Man glaubte damals, der Sirius-Begleiter sei ein erloschener Stern, der kein eigenes Licht mehr aussendet, denn alle Bemühungen, ihn zu sehen, waren vergebens. Doch rein zufällig entdeckte der Optiker Alvan G. Clark im Januar 1862 neben dem hellen Sirius ein Sternchen mit $8^{m},5$ Helligkeit. Clark prüfte gerade das neue Linsenobjektiv von 47 cm freier Öffnung, das er für das Dearborn-Observatorium in Evanston (Illinois, USA) gefertigt hatte. Dabei fand er Sirius B als Begleiter von Sirius A. Bei Doppelsternen bezeichnet man üblicherweise die Komponenten mit A und B.

Sirius B erwies sich bald als erstaunliches Objekt. Da beide Komponenten von Sirius mit 8,6 Lichtjahren gleich weit entfernt sind und in etwa die gleiche weiße Farbe zeigen, weshalb sie *pro Flächeneinheit* gleich hell strahlen, kann der gewaltige Helligkeitsunterschied nur dadurch erklärt werden, dass Sirius B sehr klein sein muss. In der Tat leuchtet er zehntausendmal schwächer als Sirius A! Der Siriusbegleiter hat somit nur rund zehntausend Kilometer Durchmesser und ist damit sogar noch etwas kleiner als die Erde. Trotz seiner Winzigkeit hat Sirius B aber etwa eine Sonnenmasse, was aus seiner Bahnbewegung leicht abgeleitet werden kann. Große Masse und

10.9 Verteilung der Weißen Zwerge in einem Halo um die Hauptebene unseres Milchstraßensystems.

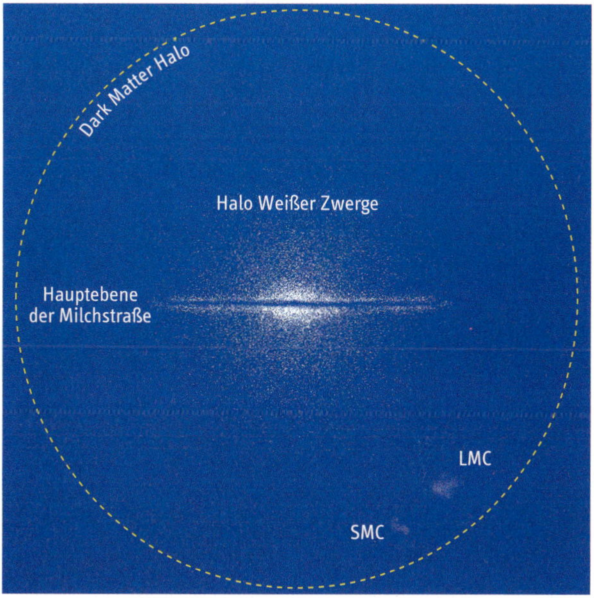

kleiner Durchmesser bedeuten aber eine enorme Dichte. Ein Kubikzentimeter Materie in Sirius B enthält vier Tonnen an Masse! Entsprechend hoch ist auch die Oberflächenbeschleunigung auf Sirius B, nämlich über 500 000-mal größer als die Erdbeschleunigung. Um Sirius B verlassen zu können, müsste man eine Entweichgeschwindigkeit von 7300 Kilometern pro Sekunde erreichen, während man bereits mit elf Kilometern pro Sekunde der Erde entfliehen kann.

Wegen seiner geringen Größe und strahlend weißen Farbe – bedingt durch eine Oberflächentemperatur von 30 000° – nennt man Sirius B einen Weißen Zwerg. Er blieb nicht der einzige weiße Zwergstern, bald entdeckte man weitere seines Typs. Schon Wilhelm Herschel fand im Jahre 1783, dass der Stern o_2 oder 40 Eridani ein Doppelstern ist. 40 Eri ist $4^{m}{,}5$ hell und 16 Lichtjahre entfernt. Otto Struve erkannte dann 1851, dass der 9^{m} helle Begleiter von 40 Eri seinerseits ein visueller Doppelstern ist. Zwei Sonnen umkreisen einander in 248 Jahren. Die Komponente B ist dabei ein Weißer Zwerg, was aber erst 1910 erkannt wurde. Komponente C hingegen ist ein roter Zwergstern (Spektraltyp M4 Ve) mit nur 11^{m} scheinbarer Helligkeit. Der Weiße Zwerg hat knapp 30 000 Kilometer Durchmesser und etwa eine halbe Sonnenmasse. Damit ist er ein typischer Weißer Zwerg, denn die allermeisten Weißen Zwerge, die im Laufe der Zeit gefunden wurden, haben zwischen 0,5 und 0,6 Sonnenmassen. Sirius B ist mit einer Sonnenmasse ein besonders schwerer Vertreter seiner Klasse. Auch der Begleiter von Prokyon, Hauptstern im Kleinen Hund, ist ein Weißer Zwerg mit 0,65 Sonnenmassen und etwa 27 000 Kilometern Durchmesser. Obwohl Prokyon nur 11 Lichtjahre entfernt ist, leuchtet sein Begleiter mit nur 11^{m} scheinbarer Helligkeit.

Endstadium Weißer Zwerg

Heute kennt man etwas mehr als 2000 Weiße Zwerge bis in etwa 3000 Lichtjahre Distanz. Doch dies ist offensichtlich nur die Spitze eines Eisberges. Wegen ihrer geringen Leuchtkraft sind diese Sternleichen nur schwer zu entdecken. Die schwächsten Weißen Zwerge haben nur ein Zwanzigtausendstel der Sonnenleuchtkraft. Geht man davon aus, dass alle Sterne bis maximal acht Sonnenmassen als Weiße Zwerge enden, so werden offensichtlich mindestens 95 % aller Sterne eines mehr oder minder fernen Tages zu Weißen Zwergen. Sterne über acht Sonnenmassen sind sehr selten. Sie enden in einer Supernovadetonation, die einen Neutronenstern hinterlässt, in manchen Fällen bei einer Restmasse von mehr als drei Sonnenmassen sogar ein stellares Schwarzes Loch.

Ein Stern mit acht Sonnenmassen wird bereits nach 100 Millionen Jahren zu einem Weißen Zwerg. Bei einer Sonnenmasse dauert es zehn Milliarden Jahre, bis der Stern dieses Stadium erreicht. Sterne mit nur 0,9 Sonnenmassen werden erst nach 14 Milliarden Jahren, solche mit nur einer halben Sonnenmasse erst nach 100 Milliarden Jahren zu Weißen Zwergen. Nur die ältesten Sterne mit knapp einer Sonnenmasse sind bis jetzt zu Weißen Zwergen geworden. Die in großer Zahl vorhandenen roten Zwergsterne konnten sich in der Zeit, seitdem das Universum existiert, noch nicht zu Weißen

Zwergen entwickeln. Da die Weißen Zwerge nur etwa 0,5 Sonnenmassen aufweisen, müssen die Sterne, bevor sie dieses Endstadium erreichen, Materie an das Weltall abgeben. Dies geschieht durch Sternwinde, also das „Abblasen" von Sternmaterie, insbesondere im Stadium der Roten Riesen. Häufig geschieht dies auch in Form von Abschleudern der äußeren Sternhülle, wobei Planetarische Nebel entstehen (siehe auch Monatsthema: „Der Ringnebel in der Leier", Seite 140 im *Himmelsjahr 2002*).

Weiße Zwerge sind gewissermaßen die abkühlenden Kerne roter Riesensterne. Die Vorläufer („Progenitoren") Weißer Zwerge sind die Zentralsterne von Planetarischen Nebeln, deren Oberflächentemperaturen 100 000° und mehr betragen. Der Kühlungsprozess geht zunächst relativ schnell vonstatten und verlangsamt sich dann immer mehr. Wie jüngste Beobachtungen zeigen, gibt es offensichtlich eine sehr alte Population von Weißen Zwergen mit Oberflächentemperaturen von nur 2000° bis 3000°. Solche Sternleichen glimmen dunkelrot und keinesfalls mehr weiß. Sie sind wegen ihrer extrem geringen Leuchtkraft noch viel schwerer aufzuspüren als Weiße Zwerge mit 10 000° bis 30 000° Oberflächentemperatur. Vor einem völligen Kollaps bewahrt die Weißen Zwerge der Druck des entarteten Elektronengases. Eine wesentliche Eigenschaft des entarteten Elektronengases ist, dass sein Druck *unabhängig* von der Temperatur ist und nur von der Elektronendichte abhängt. Die führt zu der scheinbar paradoxen Konsequenz, dass ein Weißer Zwerg umso kleiner ist, je mehr Masse er besitzt. Ein Weißer Zwerg mit einer Sonnenmasse ist etwa knapp so groß wie die Erde (z. B. Sirius B), einer mit einer halben Sonnenmasse ist aber mehr als doppelt so groß. Der bedeutende Astrophysiker Subramanian Chandrasekhar (Nobelpreis für Physik 1983) hat berechnet, dass oberhalb von 1,44 Sonnenmassen das Elektronengas der Schwerkraft nicht mehr trotzen kann, der Stern kollabiert in Form einer gewaltigen Detonation, die den Weißen Zwerg völlig zerreißt und im Weltall als Supernova vom Typ I zu beobachten ist. Dies geschieht, wenn von einem Begleiter, der sich zu einem Riesenstern aufbläht, Materie auf den Weißen Zwerg herabstürzt. Die obere Massengrenze von 1,44 Sonnenmassen wird daher auch als Chandra-Limit bezeichnet.

Die gewaltige Schwerebeschleunigung an der Oberfläche von Weißen Zwergen macht auch den Photonen zu schaffen, die den Weißen Zwerg verlassen möchten. Das Licht muss gegen die Gravitation ankämpfen, es verliert Energie und wird damit röter. Diese Gravitationsrotverschiebung im Schwerefeld wird von der Allgemeinen Relativitätstheorie vorhergesagt. Sie ist ein wichtiges Kriterium für die Entfernungsbestimmung von Weißen Zwergen, bei denen keine trigonometrische Parallaxe gemessen werden kann. Denn aus der gemessenen Gravitationsrotverschiebung folgen Masse und Radius eines Weißen Zwerges. Die Farbe verrät die Oberflächentemperatur. Aus Größe und Temperatur folgt aber die wahre Leuchtkraft des Weißen Zwerges. Aus der Differenz zwischen der wahren Leuchtkraft und der gemessenen scheinbaren Helligkeit ergibt sich dann unmittelbar die Entfernung des Sterns von der Erde.

Die Suche nach Weißen Zwergen

Neueste Untersuchungen deuten darauf hin, dass die Zahl der Weißen Zwerge in unserer Galaxis ungeheuer groß ist. Wahrscheinlich gibt es rund 200 Milliarden Weiße Zwerge, die den Milchstraßenhalo bevölkern. Sie sind ein Teil der heute noch weitgehend mysteriösen „Dunklen Materie", im Fachjargon „Dark Matter" genannt (siehe auch Monatsthema: „Das Rätsel der Dunklen Materie" auf Seite 42 im *Himmelsjahr 1999*). Die meisten Sterne, die unsere Milchstraße beherbergt, sind vor dreizehn bis vierzehn Milliarden Jahren geboren worden. Die massereicheren unter ihnen sind längst zu Sternleichen geworden. Es muss daher eine Population sehr alter Weißer Zwerge geben, die schon recht kühl geworden sind. Es ist ziemlich aussichtslos, kühle Weiße Zwerge selbst mit Riesenteleskopen im galaktischen Halo aufspüren zu wollen und gar noch ein Spektrum von ihnen zu gewinnen. Dies wäre aber erforderlich, um durch Beobachtung der Gravitationsrotverschiebung den Nachweis zu erbringen, dass es sich um Weiße Zwerge handelt.

Aber es gibt andere Beobachtungsverfahren, die auf die große Häufigkeit alter, kühler Weißer Zwerge in der Milchstraße schließen lassen.

Zunächst einmal haben die Theoretiker ermittelt, dass kühle Weiße Zwerge längst nicht so rot erscheinen, wie man es bei einem Stern niedriger Oberflächentemperatur erwartet. Denn bei Oberflächentemperaturen von 4000° und kühler bilden sich in den extrem dünnen Atmosphären von Weißen Zwergen Wasserstoffmoleküle. Diese absorbieren rotes und infrarotes Licht in starkem Maße,

10.10 Die Galaxie NGC 4565 im Sternbild Coma Berenices sehen wir von der Kante her. So etwa erschiene auch unsere Milchstraße einem Beobachter aus großer Ferne aber nahe der Hauptebene der Galaxis. Der Halo an Weißen Zwergen ist wegen seiner geringen Helligkeit allerdings nicht zu erkennen.

weshalb der Weiße Zwerg blauer erscheint als es seiner Oberflächentemperatur normalerweise entsprechen würde. Mit Hilfe des Microlensing-Verfahrens konnten einige MACHOs aufgespürt werden. MACHO steht für **MA**ssive **C**ompact **H**alo **O**bjects, also massereiche, kompakte Objekte im galaktischen Halo. Nach Einsteins Allgemeiner Relativitätstheorie lenken Massen Lichtstrahlen ab. Eine Galaxie oder ein ganzer Galaxienhaufen können das Bild einer dahinterliegenden Milchstraße oder eines Quasars ähnlich verzerren wie ein optisches Medium. Massen wirken ähnlich wie optische Linsen, weshalb man vom Gravitationslinseneffekt spricht. Zieht ein Weißer Zwerg oder auch nur ein Planet vor einem fernen Stern vorbei, so wirkt er für kurze Zeit wie eine optische Sammellinse aus Glas: Das Licht des dahinterliegenden Sterns wird gebündelt, für kurze Zeit wird der Stern heller. Der Effekt ist umso ausgeprägter, je größer die Masse des „linsenden" Objektes ist. Einzelsterne haben aber sehr viel weniger Masse als eine ganze Milchstraße, weshalb man sie als gravitative Mikrolinsen bezeichnet. Etliche solcher Mikrolinseneffekte von Halo-Objekten wurden in Richtung der Magellanschen Wolken beobachtet. Hier stehen Millionen Sterne dicht an dicht, so dass die Wahrscheinlichkeit relativ groß ist, dass ein Halo-Objekt vor einem Stern in den Magellanschen Wolken vorbeizieht und es zu einem Mikrolinsen-Ereignis kommt. Tatsächlich wurden solche Vorgänge mehrmals beobachtet. Aus dem Helligkeitsanstieg ergab sich jeweils die Masse des linsenden Objektes. In fast allen Fällen lag sie bei einer halben Sonnenmasse. Es muss das linsende Objekt daher ein Weißer Zwerg sein und nicht ein Planet oder ein Brauner Zwerg, deren Masse wesentlich geringer ausfällt. Völlig unabhängig davon ist das Verfahren, schnell laufende Weiße Zwerge der alten Population in Sonnennähe aufzuspüren. Während die Sonne mit dem Heer der Nachbarsterne brav ihre langen Runden um das galaktische Zentrum absolviert, rasen die Halo-Objekte mit hohen Geschwindigkeiten an unserem Sonnensystem vorbei, wenn sie die Milchstraßenhauptebene durchstoßen. Es ist gelungen, etliche alte, kühle Weiße Zwerge in der Nachbarschaft unserer Sonne (bis etwa hundert Lichtjahre Distanz) aufzuspüren, die mit recht hohen Geschwindigkeiten relativ zu den Umgebungssternen durchs Weltall rasen. Es handelt sich dabei um Halo-Objekte. Ihr Blauexzess verrät, dass sie alte Weiße Zwerge und nicht etwa rote Zwergsterne sind.
Weiße Zwerge gibt es offensichtlich zuhauf. Ihre Zahl übertrifft die der normalen Sterne bei weitem. Freilich wird das Rätsel der Dunklen Materie durch die große Menge der Weißen Zwerge in unserer Galaxis nicht restlos geklärt. Je nach Abschätzung tragen sie zwischen zwei und 20 Prozent zur Gesamtmasse der Milchstraße bei. Woraus die restliche fehlende Materie besteht, kann zur Zeit niemand definitiv sagen. Die Erforschung der Weißen Zwerge ist für unser Wissen über die Sternentwicklung ebenso interessant wie für die offenen Fragen nach der Entstehung der Milchstraße und der Sterne der ersten Generation. Zweifellos sind die kühlen Weißen Zwerge die ältesten Sterne in der Galaxis und einer der Schlüssel zum Verständnis der Vorgänge im jungen Universum vor mehr als zehn Milliarden Jahren.

November 2003

Der Mond taucht in der Nacht vom 8. auf den 9. nach Mitternacht in den Kernschatten der Erde. Diese totale Mondfinsternis kann in ihrer vollen Länge von Mitteleuropa aus beobachtet werden. Die totale Sonnenfinsternis vom 23./24. bleibt hingegen von der Norhalbkugel aus unbeobachtbar.

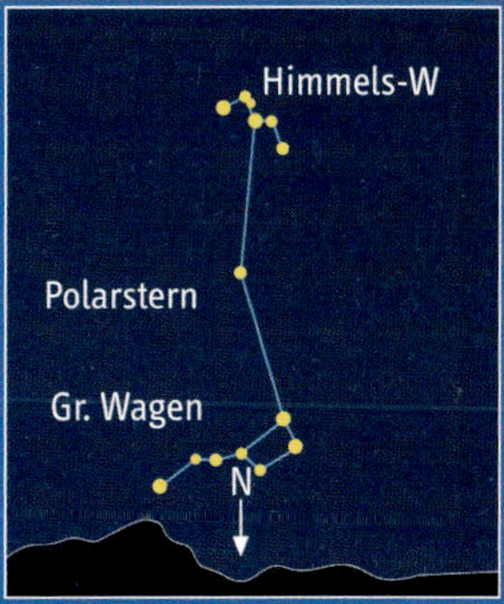

Großer Wagen und Himmels-W Anfang November um 22h

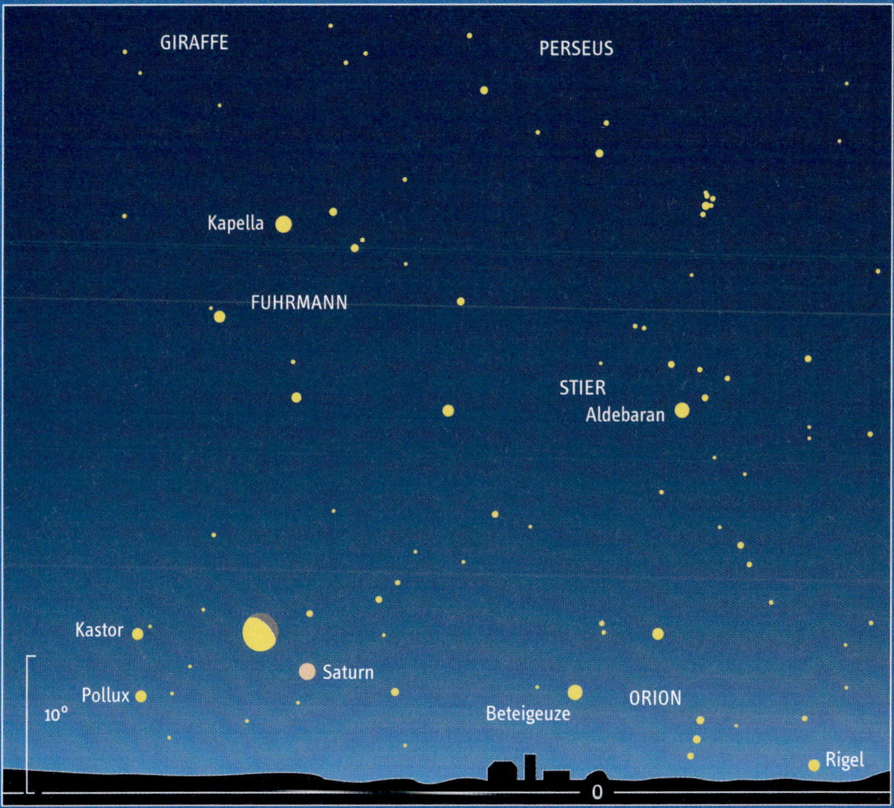

11.1 Anblick des abendlichen Osthimmels am 13. November gegen 21h MEZ: Tief am Osthorizont zieht der abnehmende Mond an Saturn in den Zwillingen vorbei.

Sonnenlauf

22.11. 19h
Sonne tritt in das Tierkreiszeichen Schütze
23.11. 21h
Sonne tritt in das Sternbild Skorpion
30.11. 9h
Sonne tritt in das Sternbild Schlangenträger

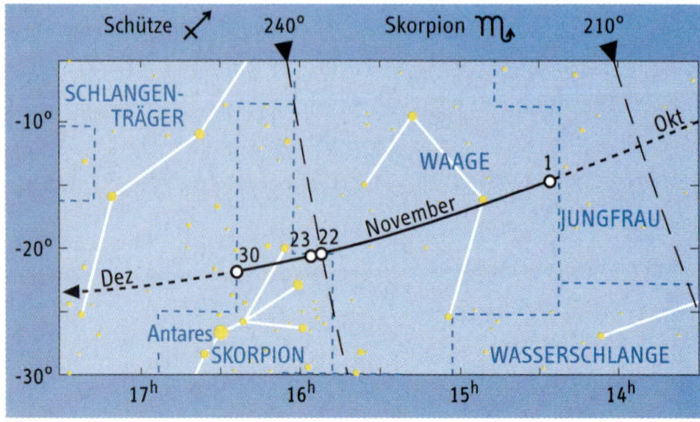

Julianisches Datum am
1. November, 1h MEZ: 2 452 944,5

Tag	Dämmerg. Anfang	Aufgang MEZ	Kulmination	Untergang MEZ	Dämmerg. Ende	Mittagshöhe	Zeitgleichg.	Rektaszension	Deklination
	h m	h m	h m	h m	h m	o	m	h m	o
1.	5 57	7 09	12 04	16 58	18 10	25,6	+16	14 23	−14,2
5.	6 03	7 15	12 04	16 51	18 04	24,4	+16	14 39	−15,5
10.	6 10	7 24	12 04	16 43	17 57	22,9	+16	14 59	−16,9
15.	6 17	7 32	12 04	16 37	17 51	21,6	+16	15 19	−18,3
20.	6 24	7 40	12 05	16 31	17 46	20,4	+15	15 40	−19,5
25.	6 31	7 47	12 07	16 26	17 43	19,3	+13	16 01	−20,6
30.	6 37	7 55	12 08	16 22	17 40	18,4	+12	16 22	−21,5

Tages- und Nachtstunden

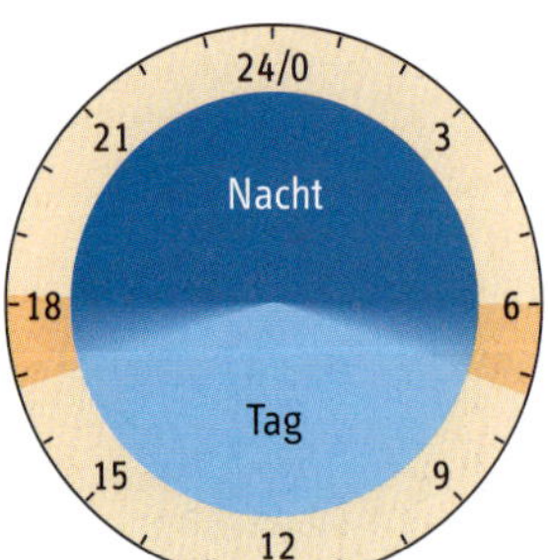

5. November

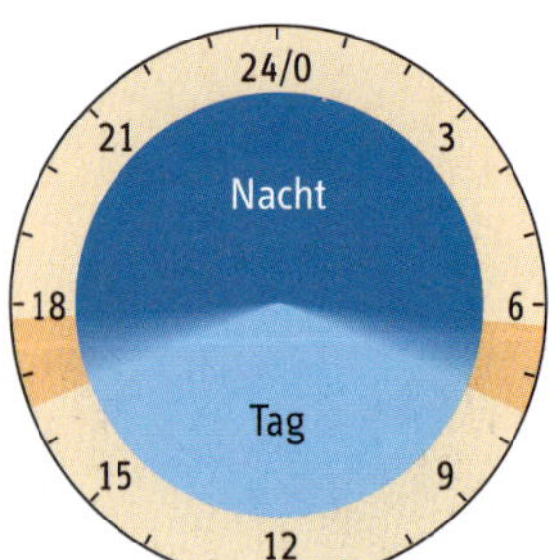

15. November

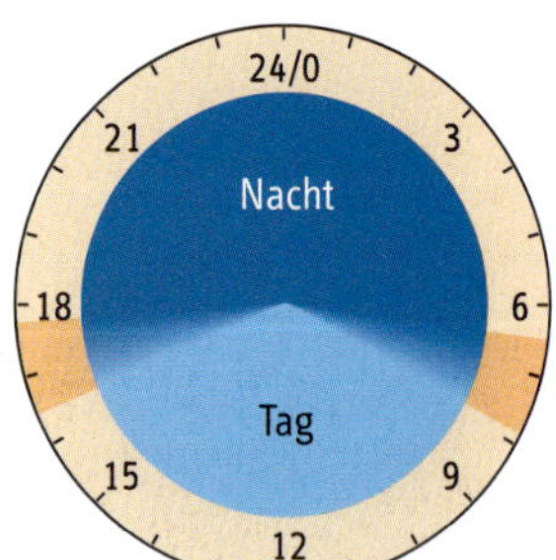

25. November

Mondlauf

Datum		Aufg. MEZ	Kulmination	Unterg. MEZ	Rektaszension	Deklination	Sterne und Sternbilder	Phase	MEZ
		h m	h m	h m	h m	°			
Sa	1.	14 43	18 58	23 21	20 38	−23,8	Steinbock	**Erstes Viertel**	**5^h25^m**
So	2.	15 07	19 47	–	21 33	−20,1	Steinbock	Größte Südbreite	
								Libration West	
Mo	3.	15 26	20 33	0 38	22 24	−15,5	Wassermann		
Di	4.	15 41	21 16	1 52	23 12	−10,4	Wassermann		
Mi	5.	15 54	21 57	3 04	23 57	− 4,9	* Fische		
Do	6.	16 07	22 37	4 13	0 41	+ 0,6	Walfisch		
Fr	7.	16 21	23 18	5 22	1 24	+ 6,1	Fische		
Sa	8.	16 36	–	6 31	2 08	+11,3	Widder		
So	9.	16 55	0 00	7 40	2 53	+16,1	Widder	**Vollmond**	**2^h13^m**
								Aufsteigender Knoten	
Mo	10.	17 17	0 44	8 50	3 40	+20,2	* Stier, Plejaden	Erdferne 406/29′,4	13^h
Di	11.	17 47	1 31	9 58	4 29	+23,5	Stier, Hyaden		
Mi	12.	18 25	2 20	11 02	5 20	+25,8	Stier, Al Nath		
Do	13.	19 15	3 11	11 58	6 13	+27,0	Zwillinge		
Fr	14.	20 15	4 02	12 45	7 06	+26,9	Zwillinge		
Sa	15.	21 24	4 54	13 21	8 00	+25,5	Pollux		
So	16.	22 38	5 44	13 49	8 53	+22,9	Krebs, Krippe	Größte Nordbreite	
Mo	17.	23 55	6 33	14 11	9 45	+19,2	Löwe	**Letztes Viertel**	**5^h15^m**
								Libration Ost	
Di	18.	–	7 21	14 29	10 35	+14,4	Löwe, Regulus		
Mi	19.	1 14	8 09	14 46	11 25	+ 8,8	Löwe		
Do	20.	2 35	8 57	15 02	12 15	+ 2,6	Jungfrau		
Fr	21.	3 58	9 46	15 19	13 06	− 3,9	Spica		
Sa	22.	5 25	10 39	15 38	14 00	−10,4	Jungfrau		
So	23.	6 56	11 36	16 03	14 57	−16,5	Waage	**Neumond**	**23^h59^m**
								Absteigender Knoten	
Mo	24.	8 29	12 37	16 37	15 58	−21,5	Skorpion	Erdnähe 357/33′,5	0^h
Di	25.	9 56	13 42	17 24	17 03	−25,2	Antares		
Mi	26.	11 10	14 48	18 26	18 09	−26,9	Kaus Australis		
Do	27.	12 05	15 51	19 42	19 16	−26,7	* Schütze, Nunki		
Fr	28.	12 44	16 49	21 03	20 19	−24,8	Steinbock		
Sa	29.	13 12	17 42	22 23	21 17	−21,3	Steinbock	Größte Südbreite	
So	30.	13 32	18 30	23 40	22 11	−16,9	* Wassermann	**Erstes Viertel**	**18^h16^m**
								Libration West	

Planetenlauf

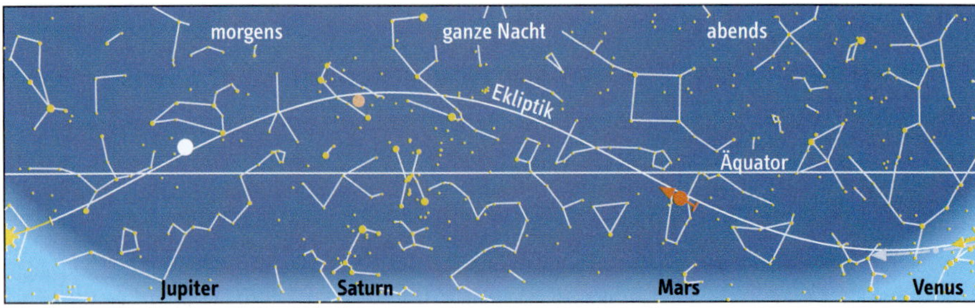

Merkur hat seine obere Konjunktion mit der Sonne gerade hinter sich. Seine östlichen Elongationen von der Sonne wachsen nur langsam an, da beide Gestirne sich rechtläufig durch den Tierkreis bewegen. Zwar wächst der östliche Winkelvorsprung von Merkur gegenüber der Sonne bis Monatsende auf 19° an, zu einer Abendsichtbarkeit reicht das allerdings nicht. Merkur bleibt den ganzen Monat hindurch unsichtbar.
Am 10. wandert Merkur durch sein Aphel, wobei er 70 Millionen Kilometer (= 0,468 AE) von der Sonne entfernt ist.
Venus macht sich allmählich am Abendhimmel bemerkbar, wenn sie auch noch kein auffallendes Gestirn und auch nur relativ kurz zu sehen ist. Sie wandert durch die südlichsten Regionen des Tierkreises. Am 2. tritt sie in den Skorpion und zieht am 10. rund 4° nördlich an dessen rötlichen Hauptstern Antares vorbei. Vom 9. bis 24. wandert Venus durch den Schlangenträger und wechselt anschließend in das Sternbild Schütze. Am 27. passiert sie den Winterpunkt $1{,}^{\circ}3$ südlich.
Die $-3{,}^{m}9$ helle Venus verändert ihre Untergangszeiten während des Monats nur unwesentlich. Geht sie am 1. um $17^{h}44^{m}$ unter, so erfolgt ihr Untergang am 30. um $17^{h}55^{m}$.
Ein netter Himmelsanblick ergibt sich am 25. gegen 17^{h}, wenn die extrem schmale Sichel des zunehmenden Mondes rund 3° südlich von Venus zu sehen ist (siehe Abb. 11.2 unten).
Die Konjunktion mit Pluto am 18. bleibt hingegen unsichtbar. Sie wäre auch wegen der großen Distanz von fast 10° nicht besonders reizvoll, wenn Pluto erheblich heller wäre.
Im Teleskop zeigt sich das 11″ kleine Venusscheibchen zu etwa 90 % beleuchtet – man sieht praktisch die Phase „Vollvenus".
Am 30. passiert Venus ihr Aphel, wobei sie 109 Millionen Kilometer (= 0,729 AE) von der Sonne entfernt ist.
Mars, rechtläufig im Wassermann, bleibt auffälliges Gestirn der ersten Nachthälfte, auch wenn seine Helligkeit deutlich von $-1{,}^{m}2$ zu Monatsanfang auf $-0{,}^{m}4$ zu Monatsende abnimmt. Die Distanz Erde – Mars nimmt immer mehr zu. Zur Monatsmitte ist er etwa doppelt so weit entfernt von uns wie zur Oppositionszeit Ende August dieses Jahres. Am frühen Abendhimmel beginnt Venus, ihrem Kollegen Konkurrenz zu machen. Doch nach ihrem frühen Untergang beherrscht Mars die Himmelsszenerie. Noch bevor der inzwischen deutlich hellere Jupiter auf der nächtlichen Himmelsbühne erscheint, verabschiedet sich Mars im Westen. Am 1. erfolgt der Marsuntergang um $1^{h}30^{m}$, am 30. bereits um $0^{h}56^{m}$.
Der scheinbare Durchmesser des Marsscheibchens nimmt auf 11″ ab, was es zunehmend schwieriger werden lässt, Einzelheiten auf dem roten Planeten zu erkennen. Die südliche Polkappe sollte man aber dennoch ausmachen können (oben im umkehrenden Fernrohr!).
Jupiter baut seine Stellung am Morgenhimmel aus. Er wandert rechtläufig durch den Löwen und entfernt sich immer mehr von Regulus, dem Löwenhauptstern (siehe Abb. 2.4 auf Seite 59). Die Aufgänge des Riesenplaneten erfolgen immer früher. Geht Jupiter am 1. um $2^{h}00^{m}$ auf und am 15. um $1^{h}16^{m}$, so erfolgt

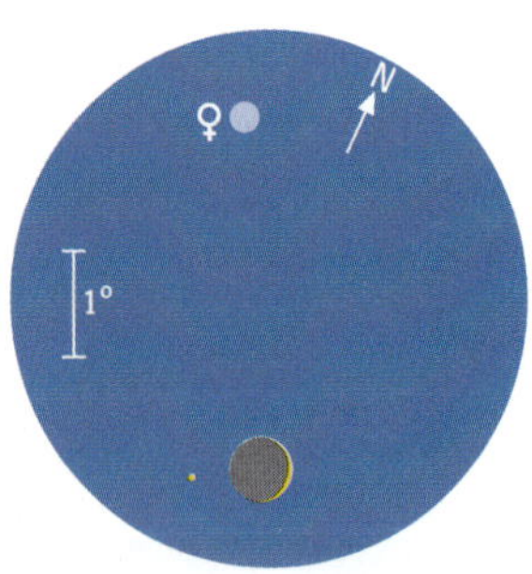

11.2 Enge Begegnung der schmalen Sichel des zunehmenden Mondes mit Venus am 25. November gegen 17^{h} MEZ. Fernglasanblick bei 5° Gesichtsfelddurchmesser.

der Aufgang des inzwischen $-2{,}^m0$ hellen Riesenplaneten am 30. schon um 0^h27^m. Damit ist Jupiter das hellste Gestirn am Morgenhimmel, vom Mond natürlich abgesehen.

Saturn, rückläufig in den Zwillingen, nähert sich seiner Oppositionsstellung zur Sonne, die er aber erst Ende Dezember erreicht. Der Ringplanet kann die ganze Nacht über gesehen werden, sieht man von den frühen Abendstunden ab. Die Saturnhelligkeit steigt auf $-0{,}^m2$ an.

Am 1. steigt der Ringplanet um 20^h34^m über die nordöstliche Horizontlinie, am 15. um 19^h38^m und am 30. bereits um 18^h35^m. Jeweils etwa 20 Minuten nach Aufgang macht sich Saturn tief im Nordosten als heller Lichtpunkt bemerkbar.

Der abnehmende Mond wandert am 13. rund 4° nördlich an Saturn vorbei (siehe Abb. 11.1 auf Seite 203).

Uranus beendet am 8. seine rückläufige Bewegung im Wassermann und kommt zum Stillstand. Anschließend wandert er wieder rechtläufig durch den Tierkreis, was zunächst aber nur äußerst zögerlich erfolgt (siehe Abb. 8.5 auf Seite 159).

Der grünliche Planet kann am Abendhimmel noch aufgesucht werden. Er verkürzt allerdings drastisch seine Sichtbarkeitszeiten, da er immer früher untergeht. Am 1. sinkt der $5{,}^m8$ helle Uranus um 0^h48^m unter den Horizont, am 15. um 23^h49^m und am 30. schon um 22^h51^m. Spätestens eine Stunde vor Untergang lohnt es nicht mehr, nach dem lichtschwachen Planeten zu fahnden.

Neptun, wieder rechtläufig im Steinbock, kann noch am Abendhimmel aufgefunden werden. Seine Beobachtung wird aber zunehmend schwieriger. Zu Monatsbeginn stört Mondlicht die Beobachtung, zu Monatsende kulminiert Neptun bereits, wenn die Sonne gerade untergegangen ist.

Der Neptununtergang verfrüht sich von 23^h03^m zu Monatsbeginn auf 21^h11^m zu Monatsende. Am 1. passiert der $7{,}^m9$ lichtschwache Planet um 18^h29^m den Meridian, am 15. um 17^h35^m und am 30. bereits um 16^h37^m. Erst gegen 17^h40^m wird es dunkel genug, um Neptun auffinden zu können.

Planetoiden

Ceres (1) wird am 26. um 10^h in den Zwillingen stationär und setzt zu ihrer Oppositionsschleife an. Das „stationär" bezieht sich lediglich auf ihre Bewegung in Rektaszension. In Deklination wandert sie nach Norden (siehe auch Aufsuchkärtchen Abb. 12.3 auf Seite 226). Am 3. passiert Ceres den Stern κ Geminorum ($3{,}^m6$) in nur $0{,}^\circ4$ südlichem Abstand. Planetoid Nr. 1 nimmt kräftig an Helligkeit zu, von $8{,}^m3$ auf $7{,}^m7$ im Laufe des Monats. Die Meridiandurchgänge von Ceres verfrühen sich um fast zwei Stunden. Am 1. kulminiert Ceres um 5^h24^m, am 15. um 4^h36^m und am 30. schon um 3^h38^m. Am Monatsletzten geht Ceres bereits um 19^h10^m auf.

Pallas (2) stand Mitte des Vormonats in Opposition zur Sonne. Der zweitentdeckte Kleinplanet wandert rückläufig in südwestlicher Richtung durch den Cetus (lat., Walfisch). In der zweiten Monatshälfte bremst Pallas deutlich ihre Wanderung ab und setzt zu einer Spitzkehre an. Stationär wird sie aber erst Anfang nächsten Monats (siehe Abb. 10.5 auf Seite 193).

Die Pallashelligkeit sinkt deutlich von $8{,}^m4$ auf $8{,}^m8$ im Laufe des Monats ab. Die Kulminatio-

Konstellationen und Ereignisse

Datum	MEZ	Ereignis
1.	7^h	Mond bei Neptun, Mond $5{,}^\circ4$ südlich
2.	16	Mond bei Uranus, Mond $4{,}^\circ8$ südlich
3.	10	**Mond bei Mars,** Mond $3{,}^\circ1$ südlich, **Abstand $4{,}^\circ6$ um 18^h**
8.	20	Uranus im Stillstand, anschließend rechtläufig
9.	2	**Totale Mondfinsternis** – von Mitteleuropa aus beobachtbar (siehe Seite 31)
10.	8	Merkur im Aphel
13.	20	**Mond bei Saturn,** Mond $4{,}^\circ9$ nördlich, **Abstand $4{,}^\circ4$ um 21^h**
18.	17	**Mond bei Jupiter,** Mond $4{,}^\circ2$ nördlich, **Abstand $5{,}^\circ4$ um 2^h am 19.**
18.	18	Venus bei Pluto, Venus $9{,}^\circ7$ südlich
23.	24	Totale Sonnenfinsternis – von Mitteleuropa aus unbeobachtbar (siehe Seite 31)
25.	4	Mond bei Merkur, Mond $0{,}^\circ3$ südlich
25.	18	Merkur bei Pluto, Merkur $11{,}^\circ0$ südlich
25.	19	**Mond bei Venus,** Mond $2{,}^\circ0$ südlich, **Abstand $3{,}^\circ3$ um 17^h**
28.	15	Mond bei Neptun, Mond $5{,}^\circ4$ südlich
29.	23	Mond bei Uranus, Mond $4{,}^\circ8$ südlich
30.	13	Venus im Aphel

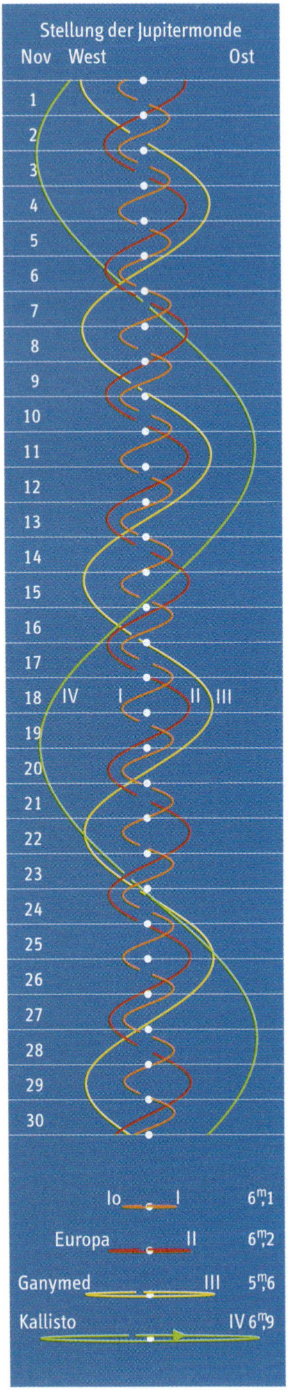

Jupitermond-Erscheinungen

Tag	MEZ		Vorgang	
	h	m		
4.	5	48	I	SA
5.	2	55	I	VA
	6	16	I	BE
6.	2	33	I	SE
	3	36	I	DE
	5	15	III	SE
	6	04	III	DA
7.	5	19	II	VA
9.	2	20	II	SE
	4	30	II	DE
12.	4	49	I	VA
13.	2	10	I	SA
	3	17	I	DA
	4	26	I	SE
	5	33	I	DE
	5	41	III	SA
14.	2	42	I	BE
15.	6	11	IV	SA
16.	2	04	II	SA
	4	22	II	DA
	4	54	II	SE
17.	3	56	III	BE
18.	2	24	II	BE
19.	6	42	I	VA
20.	4	03	I	SA
	5	14	I	DA
	6	20	I	SE
21.	4	38	I	BE
22.	1	58	I	DE
23.	4	38	II	SA
24.	2	17	IV	BA
	3	13	III	VE
	4	35	III	BA
	5	56	IV	BE
25.	5	03	II	BE
27.	5	57	I	SA
28.	3	03	I	VA
	6	33	I	BE
29.	1	38	I	DA
	2	41	I	SE
	3	53	I	DE

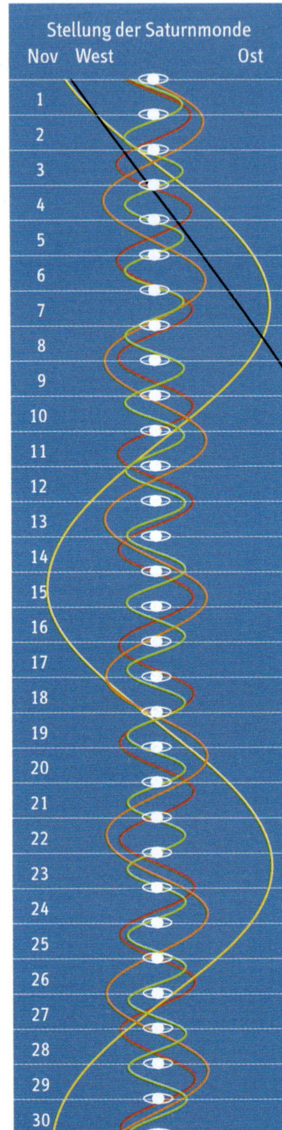

5	$10^{m}{,}9$
10	$11^{m}{,}2$
15	$11^{m}{,}6$
20	$12^{m}{,}0$
25	$11^{m}{,}9$
30	$11^{m}{,}9$

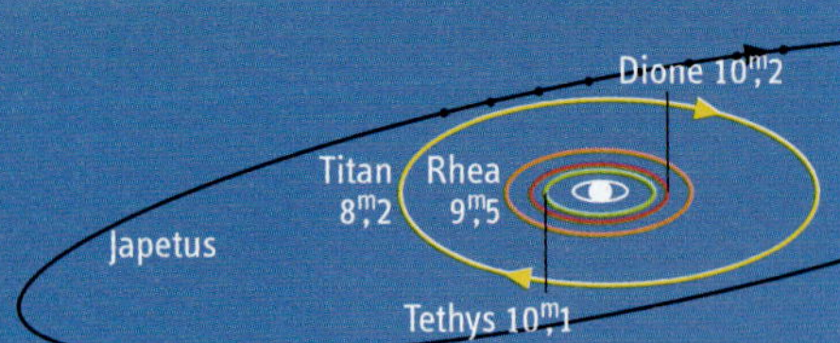

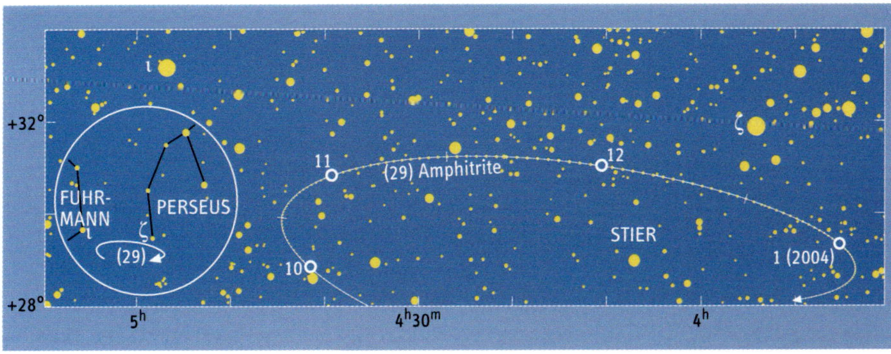

11.3 Scheinbare Bahn des Kleinplaneten Amphitrite (29) von Anfang Oktober bis Jahresende 2003 im Gebiet der Sternbilder Fuhrmann und Perseus.

nen von Pallas erfolgen am 1. um 23^h16^m, am 15. um 22^h12^m und am 30. bereits um 21^h07^m. Die Untergänge des Kleinplaneten Nr. 2 verfrühen sich von 3^h34^m zu Monatsbeginn auf 1^h09^m zu Monatsende.
Amphitrite – Planetoid Nr. 29 – kommt am 29. in **Opposition** zur Sonne. Da ihre Oppositionshelligkeit von $8^m\!.8$ diesmal die 9. Größenklasse übersteigt, sei dieser Kleinplanet erwähnt. Zu Monatsbeginn noch $9^m\!.3$ hell, wandert Amphitrite rückläufig durch den Perseus, also in relativ hohen Deklinationen. Am 1. kulminiert Planetoid Nr. 29 um 2^h20^m, am 15. um 1^h14^m und am Tag der Opposition schon um 0^h03^m.
Zur Opposition ist Amphitrite 209 Millionen Kilometer (= 1,40 AE) von uns entfernt. Ihre Sonnendistanz misst 355 Millionen Kilometer (= 2,37 AE).

Periodische Sternschnuppenströme

Die **Leoniden** treten vom 14. bis 21. November am Morgenhimmel in Aktion. Ihr Radiant liegt im Löwen rund 10° nordöstlich von Regulus. Das spitze Maximum ist in der Nacht vom 18. auf 19. November zu erwarten (gegen 3^h MEZ). Die Sternschnuppen sind außerordentlich schnell (um 70 Kilometer pro Sekunde). Einst waren die Leoniden wesentlich aktiver als heute die Perseiden im August. Im vergangenen Jahrhundert galt daher der November als „der Sternschnuppenmonat" schlechthin. Das Erscheinen der Leoniden geht auf den Kometen 55P/Tempel-Tuttle (alte Bezeichnung: 1866 I) zurück. In den letzten Jahren waren die Leoniden besonders aktiv. Nur alle 33 Jahre kollidiert die Erde mit dem Zentrum der Leoniden-Trümmerwolke. Auch in diesem Jahr ist mit erhöhter Leonidentätigkeit zu rechnen.
Auf die **Tauriden**, deren Maximum auf den 12. November fällt, wurde schon im September hingewiesen. Zwischen 20^h und 4^h morgens ist mit durchschnittlich zehn Meteoren pro Stunde zu rechnen. In den letzten Jahren hat sich gezeigt, dass die **Tauriden** eigentlich in zwei Teilströme zerfallen: Die **N-Tauriden** haben ihr Maximum am 12. November, die **S-Tauriden** sind etwas früher dran, ihr Höhepunkt fällt bereits auf den 5. November.

Der Fixsternhimmel

Ein Blick zum abendlichen Sternenhimmel belehrt uns: Die Sommernächte sind endgültig vorbei für dieses Jahr. Das Sommerdreieck ist weit nach Westen gerückt. Sein südlichster Punkt, Atair im Adler, steht vor seinem Untergang. Die Bilder hoch im Süden und die um den Zenit wie Kassiopeia, Andromeda, Pegasus, Perseus und Widder prägen den typischen Herbstcharakter des gestirnten Firmaments. Im Osten hingegen kündigt sich der Winter durch eine Reihe heller Sterne an: Kapella im Fuhrmann, Aldebaran im Stier, Beteigeuze und Rigel im Orion, Kastor und Pollux in den Zwillingen. Lediglich der strahlend helle Sirius im Großen Hund und der ebenfalls recht helle Prokyon im Kleinen Hund sind zur Standardbeobachtungszeit (23^h zu Monatsbeginn, 22^h zur Monatsmitte) noch nicht auf der Himmelsbühne erschienen.
Die Kassiopeia durchschreitet gerade in oberer Kulmination, also zwischen Zenit und Polarstern, den Meridian. Die Kassiopeia, das Himmels-W, hilft nicht nur den Polarstern zu finden, sondern erlaubt auch die Sternzeit grob zu schätzen. Dazu bedient man sich des so genannten Kolursterns, der von β Cas-

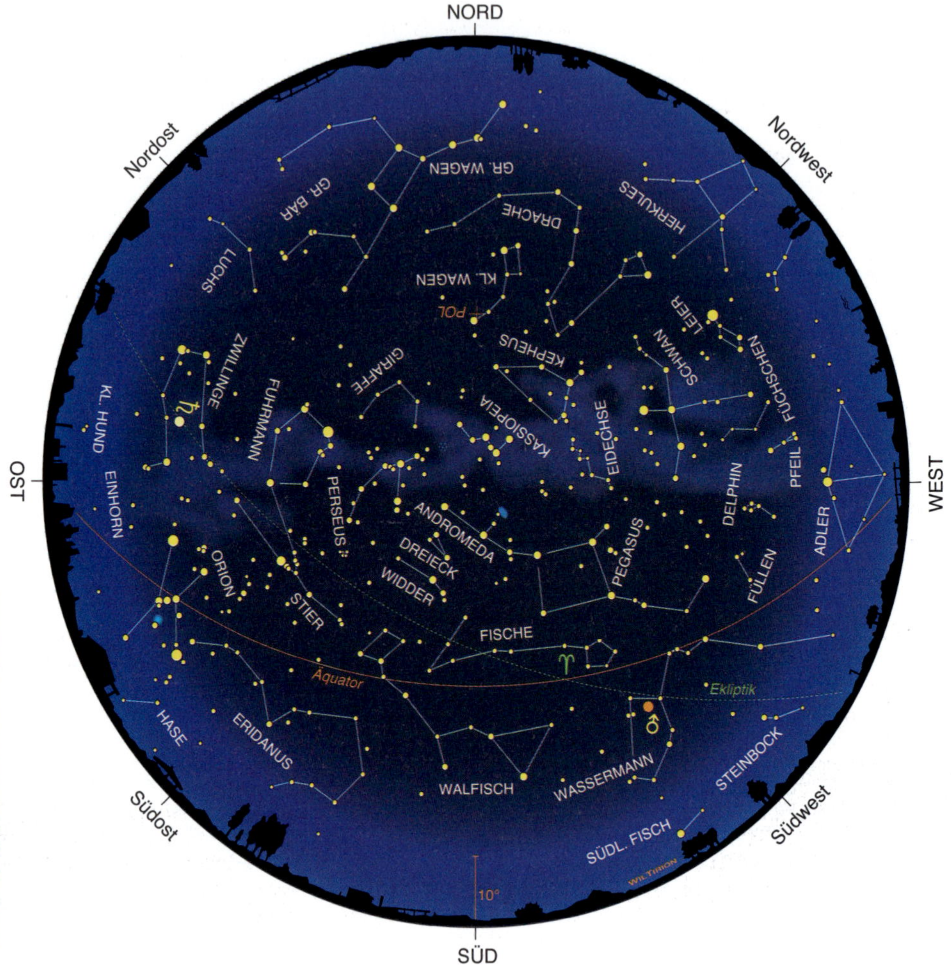

Sternenhimmel am 15. November um 22h MEZ

Fixsternhimmel auch gültig für:

	MEZ	MESZ
1. 9.	3^h	4^h
15. 9.	2	3
1.10.	1	2
15.10.	0	1
1.11.	**23**	
15.11.	**22**	
30.11.	**21**	
15.12.	20	
31.12.	19	
15. 1.	18	

siopeiae dargestellt wird. Steht der Kolurstern in oberer Kulmination, so ist es 0^h Sternzeit. Zieht man in Gedanken vom Polarstern eine Linie über den Kolurstern, also β Cas, bis hin zum Himmelsäquator – diese Linie ist Teil eines Stundenkreises – so markiert der Schnittpunkt dieser Linie mit dem Himmelsäquator ziemlich genau den Frühlingspunkt, der in den Fischen, ein wenig südöstlich der ersten Fischellipse, liegt.
Die Sternenkette der Andromeda geht ebenfalls gerade hoch über unseren Köpfen durch den Meridian. Der berühmte Andromeda-Nebel (M 31), unsere Nachbarmilchstraße in rund drei Millionen Lichtjahren Entfernung, steht recht zenitnah und kann unter günstigen Sichtbedingungen schon mit bloßen Augen als mattes Lichtfleckchen ausgemacht werden. Auch die Fische haben nun ihre höchste Stellung im Süden erreicht. Sie sind nicht leicht zu erkennen, da sie sich nur aus Sternen vierter Größe und schwächer zusam-

mensetzen. Dem Namen nach ist das Sternbild Fische zwar jedermann gut bekannt, weil es zum Tierkreis (Zodiak) gehört, aber wegen seiner lichtschwachen Sterne haben es nur wenige mit eigenen Augen bewusst am Himmel gesehen. Vermutlich wegen seiner geringen Helligkeit hat man dieses Bild fast immer mit den Mächten der Finsternis oder der Erdmutter Gaia in Verbindung gebracht.
Im Südwesten nimmt noch der ebenfalls lichtschwache Wassermann seinen Platz ein. Doch zur Zeit leuchtet noch Mars in ihm und zieht die Blicke auf sich.
Südlich der Fische passiert der Walfisch (lat.: Cetus) eben den Meridian. Es ist nicht ganz einfach, den Cetus als Sternbild zu erkennen, da er ein ausgedehntes aber lichtschwaches Sternbild ist.
Tief im Südosten ist der Himmelsjäger Orion bereits erschienen, das prominenteste aller Wintersternbilder. Von seinem hellen, bläulichen Fußstern Rigel zieht sich das ausgedehnte Sternbild Fluss Eridanus in Richtung Westen und knickt dann kurz vor dem Meridian in Südrichtung ab. Der Eridanus schlängelt sich weit nach Süden und ist von unseren Breiten aus nie vollständig zu sehen. Auch sein Hauptstern Achernar (α Eridani), mit $0{,}^{m}5$ scheinbarer Helligkeit einer der zehn hellsten Sterne am irdischen Firmament, steht so weit südlich, dass er bei uns nie den Horizont übersteigt. Achernar ist ein blauer Hauptreihenstern in 144 Lichtjahren Entfernung. Seine Spektralklasse lautet: B3 Vp.
Die bei uns sichtbaren Sterne des Eridanus sind dritter und vierter Größenklasse, so dass der Eridanus in Mitteleuropa recht unauffällig bleibt. Am hellsten ist noch β Eridani, Cursa beziehungsweise Dhalim genannt, dessen scheinbare Helligkeit zu $2{,}^{m}8$ gemessen wurde. Cursa leuchtet weißlich (Spektralklasse: A3 III) und ist 90 Lichtjahre von uns entfernt. Cursa liegt in unmittelbarer Nachbarschaft von Rigel im Orion. Mit ihm beginnt der Fluss Eridanus seinen Lauf.
Nach Vorstellung der alten Ägypter war der Eridanus der Totenfluss. Er beginnt bei Osiris, dem Richter der Toten, dargestellt durch das Sternbild Orion. Teilweise war Eridanus aber auch das himmlische Gegenstück zum Nil. Die Griechen übernahmen die Vorstellung von einem Fluss. Er wird für den mit dem Sonnenwagen abstürzenden Phaeton zum nassen Grab.
Mit $3{,}^{m}7$ Helligkeit gehört ε Eridani zu den lichtschwächeren Sternen, die noch bei uns in Mitteleuropa sichtbar sind. Als K2 V-Stern ist er noch einigermaßen sonnenähnlich und ebenfalls ein Einzelstern. Mit zehn Lichtjahren Distanz ist er ein Stern der engeren Sonnenumgebung. Vor mehr als dreißig Jahren hat man im Rahmen des Projektes OZMA versucht, Radiosignale eventueller Bewohner eines Planeten von ε Eridani zu empfangen. Nach einigen Jahren wurde die Suche allerdings ohne Erfolg eingestellt.

Objekte für Feldstecher und Fernrohr

Nun ist die Zeit günstig, einmal einen Blick auf unsere Nachbarmilchstraße, den berühmten Andromeda-Nebel, zu werfen. Denn gegenwärtig steht er am Abendhimmel recht hoch – fast im Zenit. Gute Sichtverhältnisse vorausgesetzt, ist M 31 – so lautet die Katalogbezeichnung – schon mit freiem Auge als blasses Lichtfleckchen ein wenig nördlich des Sternes Mirach (β Andromedae) zu sehen. Im Fernglas ist diese rund drei Millionen Lichtjahre entfernte Galaxie schon recht deutlich auszumachen. Mit leistungsfähigen Teleskopen sind noch die beiden Begleitsternsysteme M 32, eine kugelförmige Galaxie, und NGC 205, eine elliptische Milchstraße, zu erkennen. Während der Andromeda-Nebel ziemlich bekannt ist und als unsere Nachbarmilchstraße häufig in Büchern und Zeitschriften abgebildet wird, ist unsere zweite große Nachbargalaxie weit weniger bekannt. Sie steht im Sternbild Dreieck und trägt die Katalogbezeichnung M 33. Manchmal nennt man sie auch Triangulum-Galaxie nach der lateinischen Bezeichnung des Sternbildes Dreieck. M 33 ist – sehr klaren Himmel vorausgesetzt – schon in einem bescheidenen Opernglas einwandfrei zu sehen und kann relativ leicht gefunden werden. Etwa im gleichen Abstand, in dem M 31 nördlich von Mirach steht, findet man *südlich* von Mirach M 33. Die Triangulum-Galaxie zeigt eine schöne Spiralstruktur, wir sehen fast senkrecht auf die Hauptebene dieses Milchstraßensystems drauf. Allerdings wird die Spiralstruktur von M 33 erst in größeren Instrumenten oder auf Aufnahmen mit leistungsfähigen Teleskopen deutlich. Im Fernglas oder kleinen Amateurfernrohr hat man nur den Eindruck eines nebeligen Fleckchens.
Da der Triangulum-Nebel mit drei Millionen Lichtjahren etwa gleich weit wie der Andromeda-Nebel entfernt ist, befinden sich diese beiden Milchstraßensysteme auch in räumlicher Nachbarschaft.
Im Sternbild Triangulum (lat., Dreieck) gibt es auch einen empfehlenswerten Doppelstern

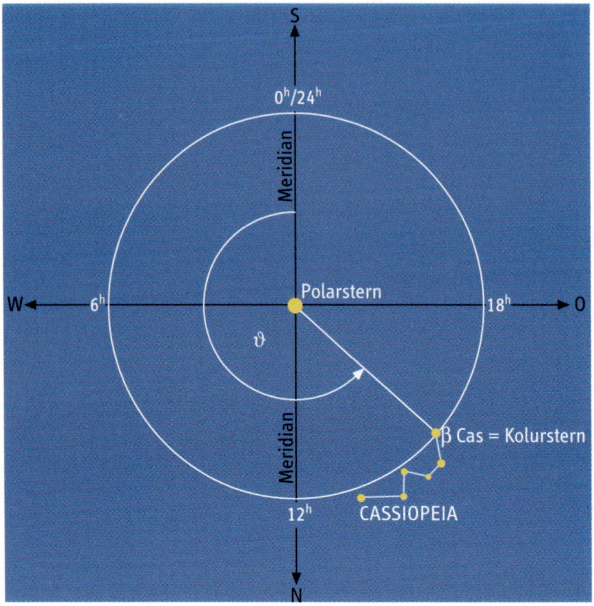

11.4 Der Kolurstern β Cassiopeiae lässt die Sternzeit grob abschätzen. Der Winkel ϑ wird von der oberen Kulmination des Kolursternes in Richtung West gezählt und gibt die Sternzeit an (360° ≙ 24^h).

für Fernrohre ab sechs Zentimetern freier Öffnung. Er trägt die Nr. 6 nach Flamsteed. John Flamsteed (1646–1719) war der erste königliche britische Astronom (Astronomer Royal) und erster Direktor der 1675 gegründeten Sternwarte in Greenwich bei London. Flamsteed gab sowohl einen Sternkatalog als auch einen Sternatlas heraus (Atlas Coelestis), wobei er die Sterne in jedem Sternbild durchnummerierte. Der Stern 6 Tri (also die Nr. 6 im Sternbild Dreieck) setzt sich aus einer $5^m.3$ gelben und einer $6^m.9$ blauen Komponente zusammen, die in $3''.9$ Distanz voneinander stehen. 6 Tri ist rund 300 Lichtjahre von uns entfernt.

Ein wenig südwestlich von α Trianguli stößt man auf den offenen Sternhaufen Collinder 21. Zwar kann man ihn schon mit dem Fernglas beobachten, ein auffallendes Objekt hingegen ist er nicht. Dem Einsteiger in die Himmelskunde seien daher die leicht zu beobachtenden offenen Sternhaufen im Stier, nämlich Hyaden und Plejaden empfohlen. Sie sind die hellsten offenen Haufen am irdischen Firmament und geradezu klassische Beobachtungsobjekte für beginnende Sternfreunde oder auch Laien, gehören sie doch zu den schönsten und beeindruckendsten „Deep-Sky"-Objekten. Mitten in den Hyaden steht der weite Doppelstern ϑ Tauri. Zwei Sterne, $3^m.4$ und $3^m.8$ hell, stehen in 337″ Distanz. Damit ist ϑ Tau ein Augenprüfer. Theoretisch ist er mit bloßen Augen spielend zu trennen. Allerdings wimmelt es im Feld der Hyaden von Sternen, so dass die Identifizierung nicht ganz leichtfällt. Aber ein kleines Fernglas kann hier schnell weiterhelfen.

Nicht so hell und auffallend wie Plejaden und Hyaden, aber doch zu den bekannteren offenen Sternhaufen zählen h und χ im Perseus. Beide liegen nahe beieinander, weshalb man sie oft als Doppelhaufen bezeichnet. Um h und χ aufzufinden, gehe man am besten vom Himmels-W, der Kassiopeia aus. Die beiden offenen Haufen liegen zwischen der Kassiopeia und der Gestalt des Perseus. Bei sehr guten Sichtbedingungen sieht man sie schon mit freien Augen als kleine, blasse Lichtfleckchen. Im Fernglas sind sie deutlich zu sehen. So richtig beeindruckend wirken sie aber erst in einem Teleskop ab mindestens zehn Zentimetern freier Öffnung und hundertfacher Vergrößerung. Mit knapp 8000 Lichtjahren Entfernung sind h und χ Per erheblich weiter weg als Hyaden und Plejaden.

Zu den klassischen Doppelsternen und Paradeobjekten am

Veränderliche Sterne

Algol-Minima	1. 2^h27^m	3. 23^h16^m	6. 20^h04^m	18. 7^h20^m	21. 4^h09^m	24. 0^h58^m
	26. 21^h47^m	29. 18^h36^m				
β-Lyrae-Minima	6. 17^h H	13. 4^h N	19. 15^h H	26. 3^h N		
δ-Cephei-Maxima	3. 17^h	9. 2^h	14. 11^h	19. 19^h	25. 4^h	30. 13^h
Mira-Helligkeit	1. 8^m	10. 8^m	20. 9^m	30. 9^m		

abendlichen Herbsthimmel zählen Mesarthim im Widder (γ Arietis) und Alamak (γ Andromedae). Mesarthim setzt sich aus zwei weißen, fast gleich hellen ($4\overset{\mathrm{m}}{.}6$ und $4\overset{\mathrm{m}}{.}7$) Sternen zusammen, die in $7\overset{\prime\prime}{.}5$ Distanz stehen. Alamak wiederum zeigt einen Farbkontrast: Ein gelber, $2\overset{\mathrm{m}}{.}2$ heller Stern hat in $9\overset{\prime\prime}{.}6$ Distanz einen bläulichen, $4\overset{\mathrm{m}}{.}9$ hellen Begleiter, der seinerseits in nur $0\overset{\prime\prime}{.}4$ Abstand einen 6^{m} hellen Nachbarn besitzt. Wenn man mit seinem Fernglas schon in der Andromeda ist, so kann man einen Blick auf den Stern Nr. 56 in der Andromeda riskieren. Es handelt sich um einen *optischen* Doppelstern, den jedes Fernglas trennt. Ein $5\overset{\mathrm{m}}{.}7$ heller, orangefarbener Stern hat in 201″ Entfernung einen tiefroten, $5\overset{\mathrm{m}}{.}9$ hellen Begleiter. 56 And liegt an der Grenze zum Sternbild Triangulum. Es handelt sich nicht um ein physisches Paar, bei dem beide Sterne durch die Gravitation gebunden um einen gemeinsamen Schwerpunkt laufen. Vielmehr ist ein Stern 320 Lichtjahre entfernt, die zweite Komponente steht mit 900 Lichtjahren Distanz jedoch weit dahinter.
Ein sehr schöner, echter Doppelstern, der schon leicht in einem Zweizöller (= 5 cm freie Öffnung) zu trennen ist, ist η Cassiopeiae. Mit Eigennamen heißt η in der Kassiopeia Achird, was wenig bekannt ist und vermutlich Oberschenkel (der Königin) bedeutet. Zwei Sonnen kreisen hier in rund 520 Jahren um ihren gemeinsamen Schwerpunkt. Die $3\overset{\mathrm{m}}{.}5$ helle, gelbliche Hauptkomponente (Spektraltyp: G0 V) hat in 13″ einen $7\overset{\mathrm{m}}{.}4$ hellen, tiefroten Begleiter (Spektraltyp: M0 V). Das Periastron mit nur 5″ Distanz fiel in das Jahr 1889. Seither wird die Distanz immer größer. Das Apastron mit 16″ Separation ist für das Jahr 2150 zu erwarten. Mit 19 Lichtjahren Entfernung gehört Achird zu den Nachbarsternen unserer Sonne.

Wetter und Klima

Der November zeichnet sich durch feuchtes, trübes Wetter sowie häufige Nebelbildung aus. Die Temperaturen sinken in der Regel erstmals unter den Gefrierpunkt. Warme, sonnige Tage sind selten. Ab der Monatsmitte kann mit ersten Schneefällen gerechnet werden. In den Nachtstunden, vor allem gegen Morgen, tritt öfters Glatteis auf.
Die mittlere Monatsdurchschnittstemperatur beträgt nur noch 4,3 °C. Dennoch sind manchmal noch Mittagstemperaturen von 16 °C zu registrieren. Die durchschnittliche Tagestiefsttemperatur wurde zu 2 °C bestimmt. Im Mittel kommt es zu zehn Frosttagen, manchmal schon zu ein oder zwei Eistagen, an denen das Thermometer ganztägig unter dem Gefrierpunkt bleibt. Gelegentlich sinkt die Temperatur unter –5 °C ab. Die Niederschlagsmengen fallen von Jahr zu Jahr sehr unterschiedlich aus. Um die Monatsmitte brechen oft die stärksten Stürme des ganzen Jahres herein, die aber meist nur wenige Stunden anhalten. Bei Hochdrucklagen tritt fast permanent Nebel auf, der sich oft auch tagsüber kaum oder gar nicht auflöst.
Die mittlere Sonnenscheindauer bleibt mit 52 Stunden gering. 75 % der Nachtstunden sind bewölkt oder vernebelt. Bei Aufklaren ergibt sich jedoch meist eine sehr gute Durchsicht, vor allem nach starkem Wind oder Sturm. Dies führt zu auffallendem Flimmern der Sterne. Die beste Beobachtungslage ist im Gebirge oberhalb der Nebelgrenze.

Klimadaten

Nachstehende Tabelle gibt die mittlere Bewölkungswahrscheinlichkeit (BW) und die mittlere Zahl der Tage mit mehr als einem Millimeter Niederschlag (NS) im Monat **November** an.

Ort	BW	NS	Ort	BW	NS	Ort	BW	NS
Schleswig	82%	12	Brüssel	80%	11	Säntis (2496 m)	54%	12
Helgoland	83	13	Frankfurt/Main	87	09	Zugspitze (2962 m)	52	12
Hamburg	83	11	Prag	82	06	Sonnblick (3107 m)	60	12
Hannover	81	10	Nürnberg	80	09	Innsbruck	69	08
Berlin	81	09	Stuttgart	76	09	Graz	75	08
Brocken (1152 m)	81	16	München	81	08	Klagenfurt	81	07
Essen	80	12	Salzburg	75	12	Bozen	71	08
Leipzig	79	08	Wien	80	08	Genf	79	09
Dresden	79	08	Zürich	82	10	Lugano	61	08

Monatsthema

Der Mond im Blickpunkt

Der gute alte Mond der Erde ist nach wie vor ein dankbares Beobachtungsobjekt für Liebhaberastronomen. Selbst in kleinen Teleskopen, ja schon in einem Fernglas, beeindruckt unser Nachbar im Weltall ungemein. Während man mit bloßen Augen mehr den Eindruck einer flachen Scheibe am Himmelszelt hat, wenn man seinen Blick zum Mond schweifen lässt, so erscheint er bereits im Fernglas plastisch als Kugel – der Mondglobus wirkt dreidimensional.
In diesem Jahr zieht der Mond wohl besonders oft die Blicke der Laien auf sich. Denn zweimal tritt er vollständig in den Kernschatten der Erde: Sowohl am 16. Mai als auch am 9. November 2003 kommt es zu je einer totalen Mondfinsternis. Beide kosmischen Schattenspiele sind von Mitteleuropa aus beobachtbar. Allerdings ist die Mondfinsternis vom 16. Mai nur zur Hälfte bei uns sichtbar. Sie findet in den frühen Morgenstunden statt. Etwa eine halbe Stunde nach Beginn der Totalität um 4^h14^m (= 5^h14^m Sommerzeit) geht der Mond unter. Je weiter nordöstlich der Beobachtungsort liegt, desto früher sinkt der im Kernschatten stehende Vollmond unter den Horizont. In Stuttgart geht der Mond am Morgen des 16. Mai um 4^h49^m unter, in Berlin aber schon um 4^h18^m (= 5^h18^m Sommerzeit). Die Kontaktzeiten der Finsternis sind jedoch *ortsunabhängige* Zeiten! Sowohl in Stuttgart als auch in Berlin erfolgt beispielsweise der Eintritt des Mondes in den Kernschatten der Erde um 3^h03^m (= 4^h03^m Sommerzeit). Im Altertum und Mittelalter war die Beobachtung von Mondfinsternissen für die Bestimmung der geografischen Länge von großer Bedeutung.
Die Mondfinsternis in der Nacht vom 8. auf den 9. November hingegen ist von ganz Mitteleuropa bei klarem Wetter in ihrer vollen Länge beobachtbar. Der Eintritt in den Kernschatten erfolgt um 0^h32^m, der Austritt aus dem Kernschatten der Erde um 4^h05^m, also noch mehr als drei Stunden vor Monduntergang. Den genauen Ablauf der Mondfinsternisse findet man im Kapitel „Finsternisse“ auf Seite 29.
Mondfinsternisse finden nur bei Vollmond statt. Denn nur in Vollmondposition steht die Erde zwischen Sonne und ihrem Begleiter. Da jedoch die Mondbahn mit 5° leicht zur Erdbahnebene geneigt ist, trifft der Schattenkegel der Erde den Vollmond meist nicht, und der Mond wandert ein wenig nördlich oder südlich am Erdschatten vorbei: Nur wenn er in Vollmondposition kommt und *gleichzeitig* die Erdbahnebene kreuzt, taucht der Mond in den Erdschatten ein. Die Schnittpunkte der Mondbahn mit der Erdbahnebene werden Knoten oder Drachenpunkte genannt. Denn im alten China meinte man einst, bei einer Mondfinsternis versuche ein himmlischer Drache den Mond zu verschlingen. Fallen Vollmondtermin und Durchgang des Mondes durch einen seiner beiden Bahnknoten nicht exakt zusammen, so kommt es zu einer partiellen Finsternis, der Mond taucht nur teilweise in den Erdschatten ein.
Mondfinsternisse mögen manchen anregen, einmal öfters als sonst einen Blick auf den silbrigen Lichtspender zu werfen. Mit bloßen Augen sieht man hellere Gebiete und dunklere Flecke auf der Vollmondscheibe. Die Fantasie der Menschen wurde beim Blick zum Mond beflügelt. Viele meinen, das berühmte Mondgesicht zu erkennen, das ein wenig ernst bis traurig dreinblickt. Weitere Figuren sind der Mann oder die Frau im Mond, ein Hase, zwei küssende Gesichter und anderes mehr, was man schon beim Blick zum Mond zu sehen meinte.
Interessant wird die Mondbeobachtung im Fernrohr. Eine Fülle von Details taucht auf und fast jeder ist fasziniert, der erstmals mit einem Teleskop über die Mondoberfläche „spazieren sieht“. Man erwartet keine großen Entdeckungen, wie sie bei den ersten Fernrohrbeobachtern üblich waren. Aber Krater und Ringwälle, Gebirgszüge und Tiefebenen, Hochländer, Täler, Rillen und Buchten im gleißenden Sonnenlicht, die durch pechschwarze Schlagschatten plastisch und dreidimensional wirken, verfehlen ihre Wirkung nicht auf den Fernrohrbeobachter.
Die meisten Fernrohrbesitzer, die zum ersten Mal den Mond betrachten, wählen für ihre Beobachtungen einen Vollmondtermin, weil sie meinen, dann besonders viel zu sehen. Zwar ist bei Vollmond die gesamte der Erde zugekehrte Mondhalbkugel beleuchtet, aber einmal blendet der Mond einen (weshalb man geeignete Neutralglasfilter einsetzen sollte), zum anderen sieht die Mondoberfläche eher langweilig und vor allem kontrastarm aus. Nur die so genannten Strahlenkrater zeigen ihr sternförmiges Aussehen am deutlichsten bei Vollmond. Alle anderen Mondformationen zeigen ihr wahres Aussehen am

11.6 Übersichtskarte der erdzugewandten Seite des Mondes

deutlichsten bei zu- oder abnehmender Mondphase. Vor allem in der Nähe des Terminators, der Lichtgrenze, wirken alle Erhebungen richtig plastisch. Denn bei tief stehender Sonne werfen sie lange, scharf begrenzte Schatten. Da der Mond keine Lufthülle besitzt, trüben kein Dunst und auch keine Wolken den Blick auf die feste Oberfläche. Alle Details erscheinen gestochen scharf, kein Mondwetter verschleiert den Blick auf die Oberfläche des Erdtrabanten. Am Terminator treten selbst kleine Bodenwellen deutlich hervor. Besonders reizvoll ist es, das Auftauchen eines Zentralberges oder eines Kraterrandes aus der Schwärze der Mondnacht zu verfolgen: Zuerst leuchtet als heller Punkt die Bergspitze oder als schmale Sichel der obere Rand eines Kraters auf, nach und nach folgt der Rest, bis schließlich die Basis und der Kraterboden vom Sonnenlicht erfasst werden. Von der Erde aus kann man nur etwas mehr als die Hälfte der Mondoberfläche sehen. Denn der Mond kehrt uns stets dieselbe Halbkugel zu. In der Zeit, in der er einmal um die Erde läuft, dreht er sich auch einmal um seine eigene Achse. Mondrevolution und Mondrotation sind gleich lang. Man spricht von einer *gebundenen* Rotation. Die Ursache liegt in den Gezeitenkräften. Da der Mond keine exakte Kugel ist, wurde im Laufe von Jahrmillionen seine Umdrehungsgeschwindigkeit so lange abgebremst, bis die Rotationsdauer gleich seiner Umlaufzeit war. Auch die Erde wird in einer fernen Zukunft immer die gleiche Seite dem Mond zukehren. Das System Erde – Mond wird dann eine doppelt gebundene Rotation aufweisen.

Die Libration

Dass wir von der Erde aus etwas mehr als die Hälfte, nämlich 59 % der Mondoberfläche sehen können, liegt in der Erscheinung der Libration begründet. Der Ausdruck stammt aus dem Lateinischen: „librare" heißt „schwanken". Der Mond schüttelt ein wenig seinen Kopf (Libration in Länge) und nickt (Libration in Breite). Die Ursache der Libration in Länge liegt in dem Umstand, dass sich der Mond zwar mit exakt gleichförmiger Winkelgeschwindigkeit um sich selbst dreht, aber bei seinem Lauf um die Erde mal schneller, dann wieder langsamer ist. Gemäß dem 2. Kepler-Gesetz läuft der Mond in Erdnähe (Perigäum) am schnellsten, in Erdferne (Apogäum) hingegen am langsamsten. Deshalb sehen wir mal ein wenig mehr über sein rechtes, dann wieder ein bisschen mehr über sein linkes „Ohr". Oder anders ausgedrückt: Einmal ist mehr von der westlichen, dann wieder von der östlichen Hälfte zu sehen. Die maximale Libration ist jeden Monat in der Tabelle „Mondlauf" vermerkt. „Libration West" bedeutet, die westliche Mondhälfte ist uns mehr zugekehrt, das Mare Crisium zeigt sich randfern, das Mare Smythii wird sichtbar, man sieht im Westen mehr Gebiete. „Libration Ost" wiederum heißt, die Osthälfte ist etwas mehr in Richtung Erde gedreht, das Mare Crisium rückt ganz an den Westrand und im Osten zeigt sich der Ringwall Grimaldi randfern und das Mare Orientale wird gut sichtbar. Bei den Begriffen „Ost" und „West" kommt es leicht zu Verwirrungen. Die Bezeichnungen „oben", „unten" bzw. „rechts" und „links" zu verwenden, ist nicht ratsam, denn sie sind nicht eindeutig. Von der Nordhalbkugel der Erde aus betrachtet ist, wenn der Mond in Meridiannähe steht, der obere Rand der Nordrand, der untere der Südrand. Der rechte Mondrand, der dem täglichen Lauf über den Himmel vorangeht, ist der Westrand, der linke Mondrand hingegen ist der Ostrand. Bei zunehmendem Mond ist also der Westrand beleuchtet, der Ostrand liegt im Dunkeln. Blickt man durch ein umkehrendes, also astronomisches oder Kepler-Fernrohr, so ist das Bild umgedreht und seitenverkehrt. Norden ist dann unten, Osten rechts. Das Gleiche gilt, wenn man den Mond von der Südhalbkugel aus betrachtet. Auch dann ist der Nordrand unten, also zum Horizont gekehrt, der Ostrand ist dann rechts.

Aber auch die Begriffe „Ost" und „West" sind nicht ganz so eindeutig, wie es zunächst scheinen mag. Die alte klassische Bezeichnung richtet sich nach der Orientierung am irdischen Firmament. Danach ist der bei der täglichen Himmelsdrehung vorangehende Mondrand der Westrand, dort, wo auch das Mare Crisium zu finden ist. Nach der neueren, modernen Bezeichnung ist Osten dort, wo für einen Astronauten auf dem Mond die Sonne aufgeht, also in Richtung des Aufgangs-Terminators. Danach liegt das Mare Crisium im Osten, der Oceanus Procellarum und das Mare Imbrium in der westlichen Mondhemisphäre. Benutzt man eine Mondkarte zur Identifizierung der einzelnen Formationen, so muss man sich vorher vergewissern, ob die alte astronomische oder die neue astronautische Definition für Ost und West verwendet wird.

Die Libration in Breite wird durch die Neigung der Mondbahn um etwa 5° zur Erdbahnebene hervorgerufen. Steht der Mond südlich der Ekliptik, so sieht man etwas mehr von der Nordkalotte, das Mare Frigoris erscheint randfern. Befindet sich der Mond nördlich der Ekliptik, so sehen wir dem Mondgesicht gewissermaßen etwas unter das Kinn, der Krater Tycho zeigt sich randfern. Die maximale Libration in Breite ist ebenfalls in der Tabelle „Mondlauf" vermerkt. „Größte Südbreite" bedeutet, wir sehen etwas über den Nordpol hinaus, das Mare Frigoris erscheint randfern. „Größte Nordbreite" heißt, man erblickt etwas mehr von der Südhalbkugel des Mondes, das Mare Frigoris rückt mehr zum Nordrand, während Tycho vom Südrand zurückweicht. Es ist recht reizvoll, mit einem Fernglas oder Fernrohr über mehrere Monate hinweg die unterschiedlichen Librationspositionen des Mondes zu verfolgen.

Praktische Mondbeobachtung

Wer mit der Mondbeobachtung beginnt, hat sich zuerst die großen Formationen einzuprägen. Und das sind in erster Linie die so genannten Mondmeere oder lateinisch Maria (Einzahl: Mare). Die Maria sind keine echten Ozeane, wie man einst glaubte, sondern lavagefüllte Tiefebenen, die etwas dunkler erscheinen als die kraterübersäten Hochländer.

Wenn am Abendhimmel die schmale Sichel des zunehmenden Mondes zu sehen ist, dann sollte man versuchen, das Mare Crisium zu identifizieren. Mit zunehmendem Mondalter tauchen weitere, leicht zu erkennende Formationen auf: Bis Halbmond (Mondalter etwa 7 Tage) erscheinen nacheinander die großen Mondmeere Mare Foecunditatis, Mare Tranquillitatis und Mare Serenitatis.

11.7 Vollmondaufnahme: Der Positionswinkel wird von Nord (0°) über Ost (90°), Süd (180°) und West (270°) gezählt. Vor allem bei Sternbedeckungen durch den Mond ist die Kenntnis der Positionswinkel des Ein- und Austritts sehr hilfreich.

Apropos „Mondalter“: Gemeint ist hier nicht, dass der Mond schon 4,6 Milliarden Jahre existiert, sondern das Mondalter gibt in Tagen und Tagesbruchteilen an, wieviel Zeit seit dem letzten Neumond verstrichen ist. Bei einem Mondalter von 14 Tagen zeigt sich der Vollmond, 21 Tage Mondalter bedeutet abnehmender Halbmond, ein 27 Tage alter Mond ist als schmale, abnehmende Mondsichel am östlichen Morgenhimmel vor Sonnenaufgang zu sehen.
In der Zeit zwischen zunehmendem Halbmond und der Vollmondphase geht die Sonne über dem Mare Imbrium auf, anschließend über dem Oceanus Procellarum. Das Mare Imbrium weist an seinen Rändern einige sehr markante Formationen auf, wie den großen flachen Ringwall Plato, die Regenbogenbucht (Sinus Iridum), ein halb versunkener, riesiger Ringwall, oder weit im Osten den Krater Aristarch, der durch seine große Helligkeit auffällt. Im Fernglas erscheint er als weißer, heller Punkt. Es ist die hellste Stelle auf dem Mond, die auch bei Vollmond auffällt.
Wer mit einem Teleskop bei mäßiger Vergrößerung im Mare Imbrium spazieren sieht, stößt unweigerlich auf das rechtwinkelige Kraterdreieck Archimedes, Aristillus und Autolycus. In diesem Gebiet stürzte am 12. September 1959 die sowjetische Mondsonde LUNIK 2 hart auf – das erste von Menschenhand geschaffene Gebilde traf den Mond. Dieses Kraterdreieck liegt im Westteil des Mare Imbrium, nahe an der Pforte zum Mare Serenitatis, die von den Gebirgszügen Kaukasus und Apenninen gebildet wird. An weiteren Gebirgszügen rund um das Regenmeer sind noch die Alpen und die Karpaten zu nennen. In den Alpen ist besonders das Alpental, ein Grabenbruch, recht reizvoll zu entdecken. Im südlichen Hochland wieder dominieren die großen Ringwälle Tycho und Clavius. Tycho ist recht hell und bei Vollmond der auffallendste Ringwall mit langen Strahlen, die sich weit über den Mondglobus erstrecken. Mehr in der Mondscheibenmitte liegen die drei großen Ringwälle Ptolemäus, Alphonsus und Arzachel. Sie sind leicht zu identifizieren.
Relativ klein und unscheinbar ist der Krater Kepler im Oceanus Procellarum. Bei Vollmond allerdings entpuppt er sich als auffälliger Strahlenkrater. Nach Tycho ist noch Kopernikus als auffälliger Strahlenkrater zu nennen, der um die Vollmondzeit sofort ins Auge springt.
Man sollte nicht nur bei zunehmendem sondern auch bei abnehmendem Mond beobachten. Im Licht der untergehenden Sonne sehen die Mondformationen meist völlig anders aus. Hinzu kommt die wechselnde Libration. So mancher dachte, Veränderungen auf dem Mond beobachtet zu haben. Man vermutete Vulkanausbrüche oder Abrutschen von Bergmassiven. Doch nichts dergleichen geschah. Vielmehr hat das aus wechselnden Richtungen einfallende Sonnenlicht dem Beobachter einen Streich gespielt.
Die vorhin aufgezählten Maria, Ringwälle und Krater gehören zum Standardrepertoire. Sie sollte jeder Sternfreund kennen. Bei Führungen auf Sternwarten sollte man sie den Besuchern zeigen. Um sie zu finden, genügen die üblichen Übersichtskarten des Mondes, wie man sie in vielen Büchern findet. Wer sich aber etwas mehr in die Seleno-

11.8 Das Mare Imbrium (Regenmeer) auf dem Mond mit dem Kraterdreieck Archimedes, Aristillus und Autolycus. LUNIK 2, das erste Gebilde von Menschenhand, stürzte hier am 13. September 1959 auf den Mondboden.

graphie*) einarbeiten und viele der schier endlosen Krater und Ringwälle kennenlernen möchte, dem sei der vorzügliche Mondatlas von Antonin Rükl, dem langjährigen Direktor des Planetariums Prag, empfohlen. Auch der Kosmos-Mondführer von J. Lacroux und Christian Legrand erweist sich bei einem Streifzug über den Mond als recht nützlich (vgl. „Literaturtipps“ Innenklappe hinten). Wenn man die Mondformationen betrachtet, so wird einem bald klar, dass man Gebilde sieht, die aus unterschiedlichen Mondzeitaltern stammen. Alte, versunkene Kraterränder sind ebenso zu erkennen wie junge, frische, hell leuchtende, fast unbeschädigte Ringwälle. In dem riesigen Ringwall Clavius auf der Südhalbkugel zeigen sich sowohl in der Kratersohle als auch am Kraterwall zahlreiche kleine Ringwälle. Sie müssen alle jünger sein als Clavius selbst. Die Mondforscher haben verschiedene „Mondzeitalter“ eingeführt, in denen die einzelnen Strukturen entstanden sind. Die jüngste Ära ist die Kopernikanische. Sie dauert von 1,1 Milliarden Jahren voraus bis heute. In ihr entstanden die Ringwälle Aristarch, Tycho und Kopernikus. Von 3,2 bis 1,1 Milliarden Jahren liegt die Ära Eratosthenes, indem sich auch der gleichnamige Ringwall bildete. Eine sehr aktive Periode war die Imbrium-Ära von 3,85 bis 3,2 Milliarden Jahren. In ihr entstanden die großen Tiefebenen, neben dem Regenmeer die Maria Serenitatis, Tranquillitatis, Crisium, Foecunditatis, Nectaris und der Oceanus Procellarum. Auch die Krater und Ringwälle Plato, Archimedes, Sinus Iridum, Arzachel, Cassini u. a. wurden durch Impakte gebildet. Davor war die Ära Nectaris in der Zeit von 3,92 bis 3,85 Milliarden Jahren. Außer dem Mare Nectaris wurde die Maria Humboldtianum und Humorum geformt sowie die Ringwälle Clavius, Bailly, Gauß und Longomontanus, um hier nur einige zu nennen.
Von 4,6 bis 3,92 Milliarden Jahren liegt die Ära Vor-Nectaris. Die Maria Australe, Marginis, Smythii, Nubium und Insularum tauchen in jener fernen Zeit auf, ebenso die Ringwälle Ptolemäus, Hipparch und Deslanders. Es lohnt sich, diese Formationen einmal in Ruhe und mit stärkerer Vergrößerung zu betrachten und dabei einen kleinen Einblick in die geologische Geschichte der Mondentwicklung zu gewinnen.

Aschgraues Mondlicht und Colongitude

Zwei Begriffe seien noch erläutert, die für Mondbeobachter von Interesse sind: Das aschgraue Mondlicht und die Colongitude. Der erste Begriff ist für den Anfänger in der Mondbeobachtung eventuell neu, der zweite ist für versierte und systematische Mondbeobachter von Belang.
Wer am Abend die schmale Sichel des zunehmenden Mondes kurz nach Neumond oder die des abnehmenden Mondes kurz vor Neumond am Morgen bei ausreichend dunklem Himmelshintergrund betrachtet, wird bemerken, dass nicht nur die Sichel hell im Sonnenlicht glänzt, sondern auch die übrige Mondkugel zu sehen ist. Der nicht von der Sonne beleuchtete Teil der Mondscheibe scheint ein

*) Selenographie = Mondkunde nach griech.: ἡ σελήνη – der Mond

schwaches, farbloses Licht abzustrahlen. Dieses *aschgraue Mondlicht* lässt sogar die auffälligsten Mondformationen, vor allem die Maria, deutlich erkennen, insbesondere wenn man ein Fernglas benützt. Das aschgraue Mondlicht, auch Sekundärlicht oder lateinisch lumen cinereum genannt, ist keineswegs eine optische Täuschung, wie mancher vermuten mag. Das aschgraue Mondlicht ist nämlich real, es ist nichts anderes als reflektiertes Erdlicht. Das aschgraue Mondlicht ist somit Sonnenlicht aus zweiter Hand, deshalb auch die Bezeichnung Sekundärlicht. Um die Neumondphase erscheint, vom Mond aus betrachtet, die Erde fast voll beleuchtet. Die Vollerde ist aber erheblich heller als der Vollmond. Einmal hat sie eine rund sechzehnmal größere Fläche, zum anderen eine höhere Albedo (Reflexionsgrad), vor allem durch die hellen Wolkengebiete. Bei Vollerde könnte man auf dem Mond im Erdlicht mühelos Zeitung lesen ...

Wer wissen will, welcher Teil des Mondes gerade beleuchtet ist und wo ungefähr die Lichtgrenze (Terminator) liegt, kann dies in der monatlichen Tabelle „Mondlauf" schnell aus der Spalte *Phase* ersehen. Kurz nach Neumond zeigt der Erdtrabant eine schmale Sichel, bei Halbmond geht der Terminator senkrecht durch die Scheibenmitte, danach wird der Mond immer rundlicher, bis er schließlich voll beleuchtet erscheint. Wer jedoch genaue Messungen vorhat, weil er beispielsweise die Höhen von Mondgebirgen aus deren Schattenlänge ermitteln will, muss etwas genauer wissen, wo die Lichtgrenze verläuft. Dazu dient die Angabe der Colongitude in den Mondephemeriden. Die Colongitude gibt die selenographische Länge des Aufgangsterminators (= Morgenlichtgrenze) an. Der Aufgangsterminator wandert einmal pro synodischem Monat voll herum, legt also 360° zurück. Zwei Wochen lang hält er sich dabei auf der erdabgewandten Rückseite des Mondes auf. Bei zunehmendem Halbmond geht der Aufgangsterminator genau durch den Mondscheibenmittelpunkt, die Colongitude beträgt Null Grad. Bei Vollmond ist sie dann 90°, bei abnehmendem Halbmond 180° und bei Neumond schließlich 270°. Im subsolaren Punkt auf dem Mond steht die Sonne im Zenit (für den Beobachter auf dem Mond). Sie hat dann die selenographische Länge $\lambda_{\odot}$ und die selenographische Breite $\beta_{\odot}$. Die Colongitude ergibt sich dann zu: $Co = 90° + \lambda_{\odot}$. Der Terminator wandert am Mondäquator mit einer Geschwindigkeit von gut 15 Kilometern pro Stunde. Ein Radfahrer könnte bequem vor den tödlichen Strahlen der aufgehenden Sonne fliehen – vorausgesetzt, es gäbe einen befahrbaren Weg.

Dezember 2003

Die Sonne erreicht am 22. um 8^h04^m MEZ im Sternbild Schütze den tiefsten Punkt ihrer Jahresbahn. Damit beginnt der astronomische Winter. Die Planeten Mars und Saturn beleben den Abendhimmel. Der Ringplanet steht zu Silvester in Opposition zur Sonne. Venus wird im Dezember Abendstern.

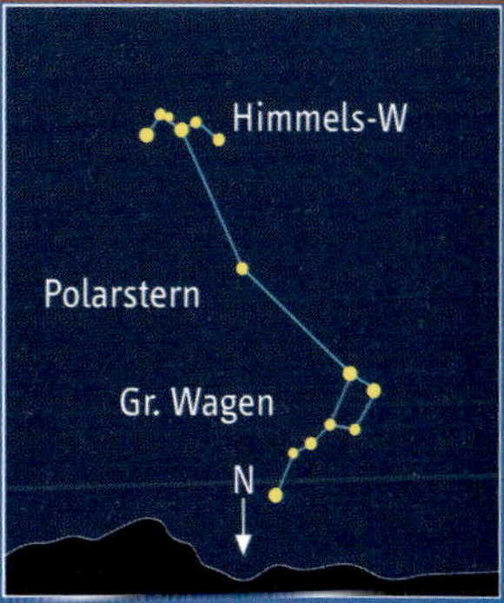

Großer Wagen und Himmels-W Anfang Dezember um 22^h

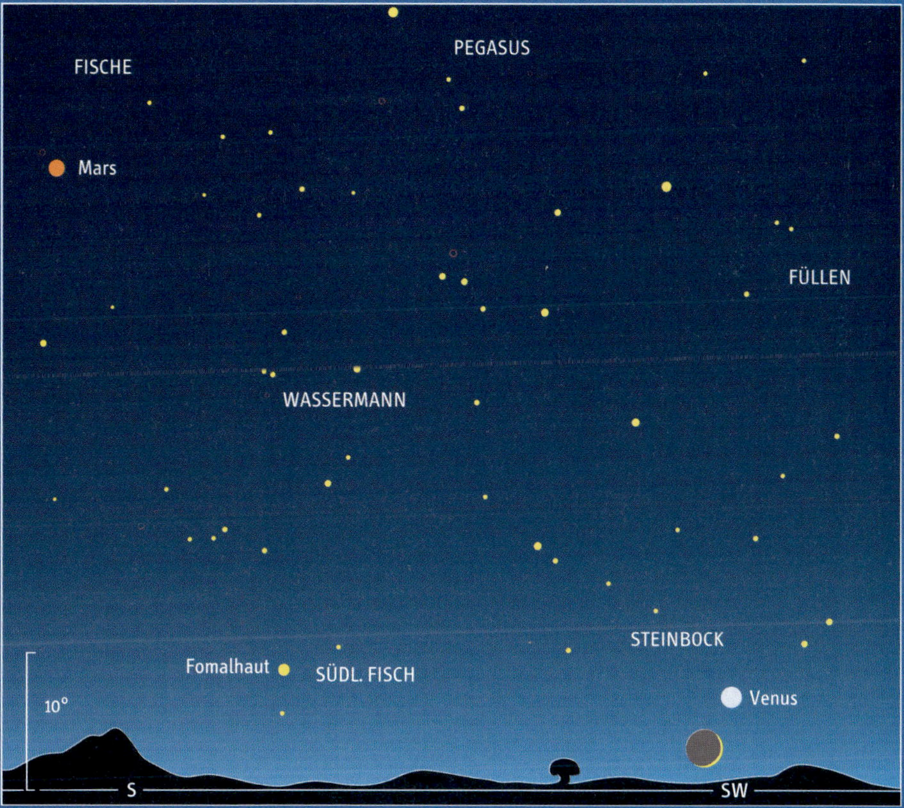

12.1 Anblick des frühen Abendhimmels gegen 18^h: Im Süden steht Mars in den Fischen, während Venus knapp über dem Südwesthorizont zu sehen ist. An ihr wandert am 25. Dezember die schmale Sichel des Mondes vorbei.

Sonnenlauf

18.12. 17ʰ
Sonne tritt in das Sternbild Schütze
22.12. 8ʰ04ᵐ
Sonne tritt in das Tierkreiszeichen Steinbock

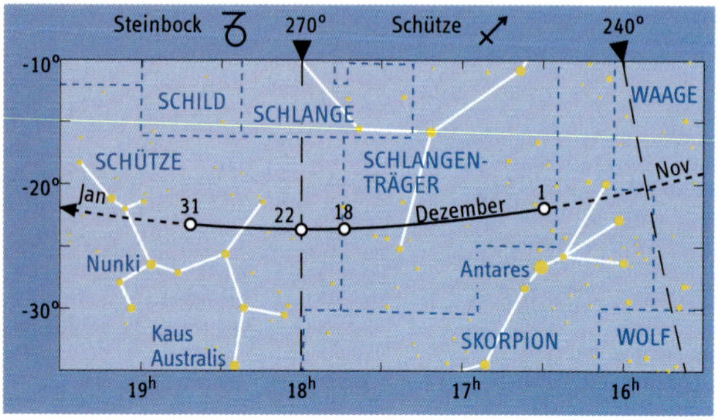

Julianisches Datum am
1. Dezember, 1ʰ MEZ: 2 452 974,5

Tag	Dämmerg. Anfang	Aufgang MEZ	Kulmination	Untergang MEZ	Dämmerg. Ende	Mittagshöhe	Zeitgleichg.	Rektaszension	Deklination
	h m	h m	h m	h m	h m	o	m	h m	o
1.	6 38	7 56	12 09	16 21	17 39	18,2	+11	16 26	−21,7
5.	6 42	8 01	12 10	16 19	17 38	17,7	+10	16 43	−22,3
10.	6 47	8 07	12 13	16 18	17 38	17,1	+ 7	17 05	−22,8
15.	6 52	8 11	12 15	16 18	17 38	16,7	+ 5	17 27	−23,2
20.	6 55	8 15	12 17	16 20	17 40	16,6	+ 3	17 50	−23,4
25.	6 57	8 17	12 20	16 22	17 42	16,6	0	18 12	−23,4
31.	6 59	8 19	12 23	16 27	17 47	16,9	− 3	18 38	−23,1

Tages- und Nachtstunden

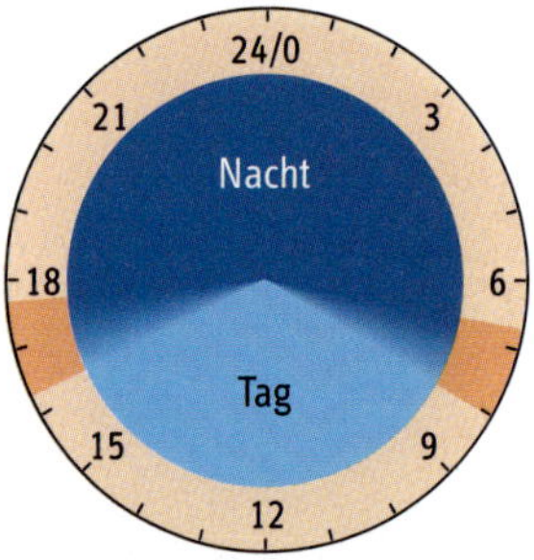

5. Dezember

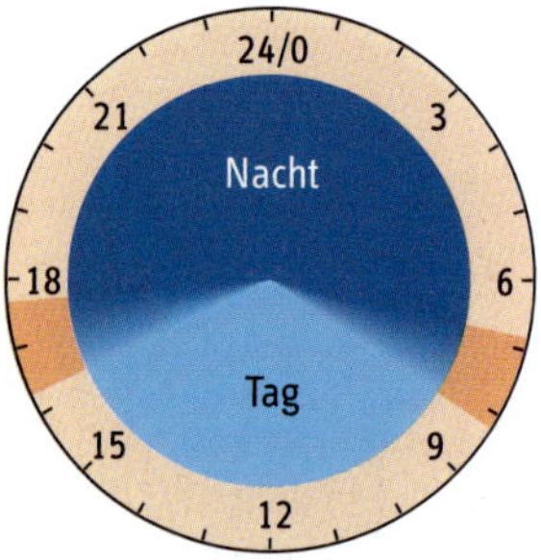

15. Dezember

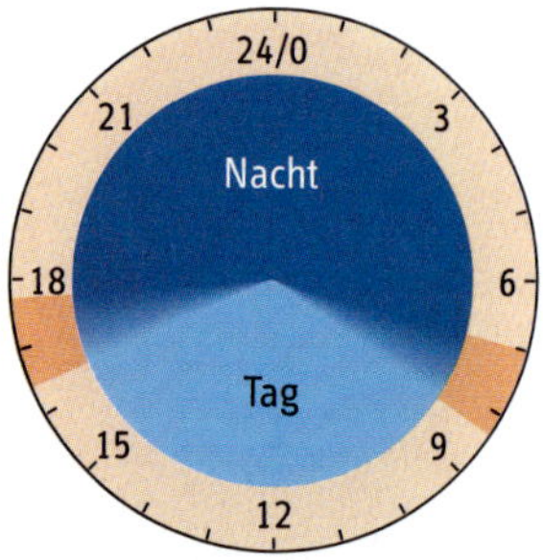

25. Dezember

Mondlauf

Datum		Aufg. MEZ	Kulmination	Unterg. MEZ	Rektaszension	Deklination	Sterne und Sternbilder	Phase	MEZ
		h m	h m	h m	h m	°			
Mo	1.	13 49	19 15	–	23 00	–11,7	Wassermann		
Di	2.	14 03	19 56	0 53	23 46	– 6,3	* Wassermann		
Mi	3.	14 16	20 37	2 04	0 30	– 0,7	Walfisch		
Do	4.	14 29	21 17	3 12	1 13	+ 4,8	Fische		
Fr	5.	14 44	21 59	4 21	1 57	+10,0	Fische		
Sa	6.	15 01	22 42	5 30	2 41	+14,9	Widder	Aufsteigender Knoten	
So	7.	15 22	23 28	6 39	3 27	+19,2	Stier, Plejaden	Erdferne 406/29',4	13^h
Mo	8.	15 49	–	7 49	4 16	+22,7	Stier, Hyaden	**Vollmond**	**21^h37^m**
Di	9.	16 24	0 16	8 54	5 07	+25,3	Stier, Al Nath		
Mi	10.	17 11	1 07	9 53	5 59	+26,8	Stier, Al Nath		
Do	11.	18 08	1 58	10 43	6 53	+27,0	Zwillinge		
Fr	12.	19 15	2 50	11 22	7 47	+25,9	Kastor, Pollux		
Sa	13.	20 27	3 41	11 52	8 40	+23,6	Krebs, Krippe		
So	14.	21 42	4 30	12 16	9 32	+20,1	Löwe	Größte Nordbreite	
Mo	15.	22 57	5 17	12 35	10 22	+15,7	Löwe, Regulus		
Di	16.	–	6 03	12 51	11 10	+10,5	Löwe	**Letztes Viertel** Libration Ost	**18^h42^m**
Mi	17.	0 14	6 49	13 07	11 59	+ 4,6	Jungfrau		
Do	18.	1 33	7 35	13 22	12 47	– 1,6	* Jungfrau		
Fr	19.	2 55	8 24	13 40	13 38	– 7,9	Spica		
Sa	20.	4 21	9 17	14 01	14 32	–14,0	Waage	Absteigender Knoten	
So	21.	5 51	10 15	14 29	15 29	–19,4	* Waage		
Mo	22.	7 21	11 17	15 08	16 31	–23,7	Antares	Erdnähe 358/33',3	13^h
Di	23.	8 43	12 23	16 02	17 37	–26,3	Schlangenträger	**Neumond**	**10^h43^m**
Mi	24.	9 49	13 30	17 13	18 45	–27,0	Schütze, Nunki		
Do	25.	10 37	14 32	18 35	19 51	–25,8	Schütze		
Fr	26.	11 11	15 30	19 59	20 53	–22,8	Steinbock	Größte Südbreite	
Sa	27.	11 35	16 22	21 21	21 51	–18,5	Steinbock		
So	28.	11 54	17 09	22 38	22 43	–13,4	Wassermann	Libration West	
Mo	29.	12 09	17 53	23 51	23 31	– 7,9	* Wassermann		
Di	30.	12 23	18 35	–	0 17	– 2,2	Fische	**Erstes Viertel**	**11^h03^m**
Mi	31.	12 36	19 15	1 01	1 01	+ 3,4	Fische		

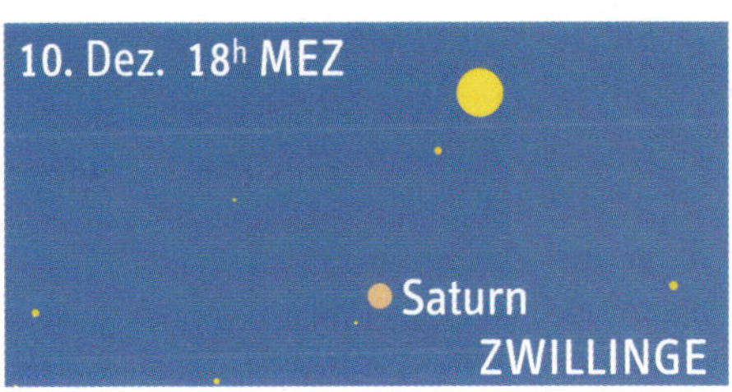

Planetenlauf

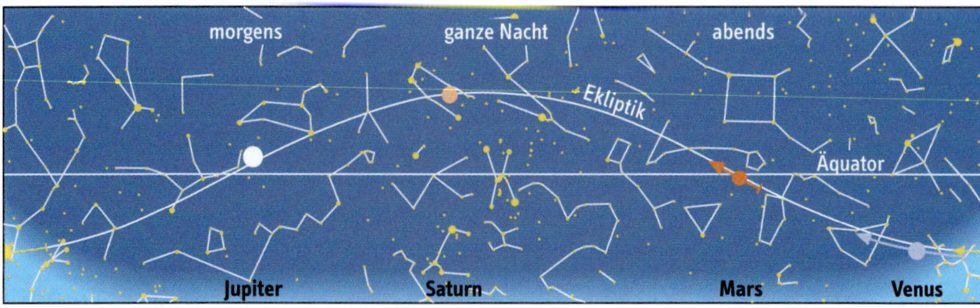

Merkur erreicht am 9. seine größte östliche Elongation von der Sonne. Trotz eines Winkelabstandes von 20°56′ wird man Merkur kaum am Abendhimmel freiäugig erkennen, da er sich extrem weit südlich im Sternbild Schütze aufhält. In südlicheren Gegenden wie etwa in Österreich oder der Schweiz kann man Merkur unter guten Sichtbedingungen um die Zeit der größten östlichen Elongation tief am Südwesthorizont eventuell erkennen. Ein Fernglas kann hier gute Dienste leisten. Am 9. geht der $-0{,}^{m}4$ helle Planet um $17^{h}31^{m}$ unter. Etwa 20^{m} vorher sollte man in südlichen Breiten Merkur erkennen. Die Dichotomie des $7{,}''3$ großen Merkurscheibchens tritt am 12. ein.
Am 17. wird Merkur stationär und bewegt sich anschließend schnell rückläufig auf die Sonne zu. Bereits am 27. steht er in unterer Konjunktion mit ihr. In unterer Konjunktion trennen ihn 101 Millionen Kilometer (= 0,675 AE) von der Erde.
Venus lässt das Jahr als Abendstern ausklingen. Allmählich setzt sie sich am frühen Abendhimmel durch. Sie gewinnt langsam nördlichere Deklinationen. Am 20. wechselt Venus aus dem Sternbild Schütze in den Steinbock. Ihre Untergänge verlagern sich von $17^{h}56^{m}$ am Monatsbeginn auf $19^{h}14^{m}$ zum Jahresende, die Venushelligkeit steigt leicht auf $-4{,}^{m}0$ an.
Am 25. erhält Venus Besuch vom zunehmenden Mond. Gegen 18^{h} sieht man die schmale Mondsichel etwa 4° südlich von Venus knapp über dem Südwesthorizont (siehe Abb. 12.1 auf Seite 221). Die Konjunktion mit Neptun am 30. hingegen bleibt unbeobachtbar.
Im Fernrohr erkennt man, dass das Venusscheibchen eine leichte Phase zeigt, der Beleuchtungsgrad geht auf 83 % zurück, der scheinbare Durchmesser nimmt nur unwesentlich auf knapp 13″ zu.
Mars ist nach wie vor ein auffälliges Gestirn in der ersten Nachthälfte, auch wenn seine Glanzzeit vom Sommer nun vorbei ist. Der rote Planet wandert, zunehmend schneller werdend, rechtläufig durch den Tierkreis und strebt immer nördlicheren Positionen zu. Am 4. verlässt er den Wassermann und tritt in das Sternbild Fische. Den Herbstpunkt (Waagepunkt) passiert er in $0{,}^{\circ}3$ südlichem Abstand am 16. und überschreitet kurz darauf den Himmelsäquator in nördlicher Richtung (Abb. 8.4 auf Seite 159).
Durch die immer nördlicheren Positionen werden die Tagbögen von Mars größer, weshalb sich seine Untergänge nur mäßig verfrühen. Am 1. geht der rote Planet um $0^{h}55^{m}$ unter, am 31. Dezember dann um $0^{h}35^{m}$. Die Marshelligkeit sinkt um $0{,}^{m}6$ auf $0{,}^{m}2$ zum Jahresende ab, der scheinbare Durchmesser des Planetenscheibchens schrumpft auf gut 8″. Einzelheiten sind nur schwer zu erkennen. Allenfalls erkennt man ein Beleuchtungsdefizit: 87 % des Marsscheibchens sind beleuchtet.
Zweimal passiert der Mond in diesem Monat den roten Planeten: Am 1. und am 30. jeweils rund 4° südlich.
Am 29. geht Mars durch den aufsteigenden Knoten seiner Bahn und wechselt damit wieder auf die Nordseite der Erdbahnebene.

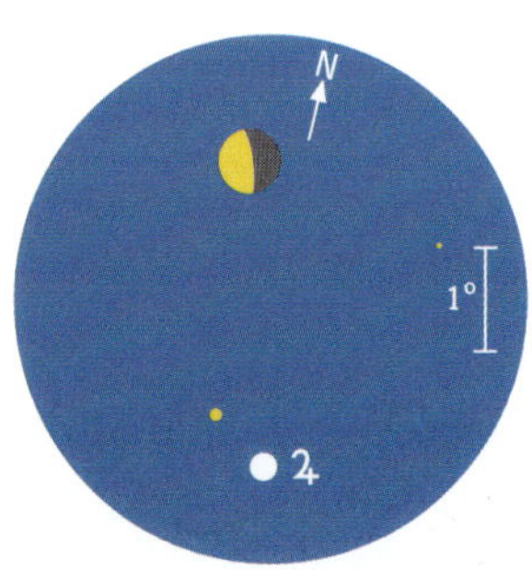

12.2 Begegnung des abnehmenden Halbmondes mit Jupiter am 16. Dezember gegen 7^{h} MEZ. Anblick im Fernglas bei 5° Gesichtsfelddurchmesser.

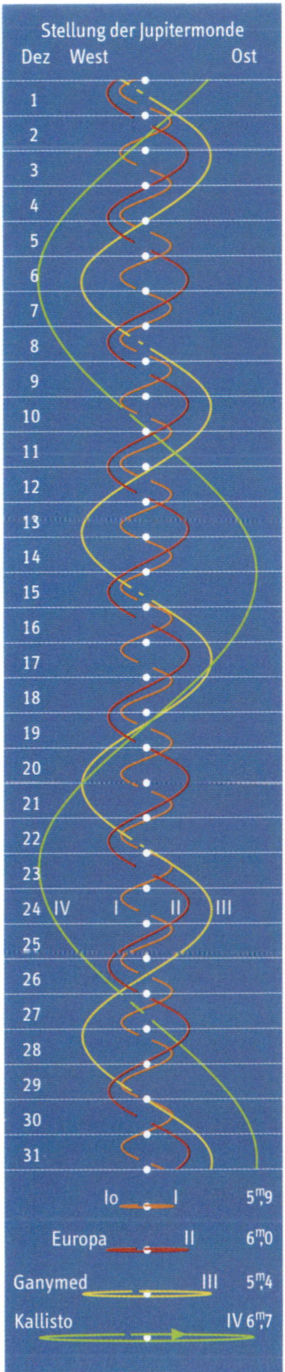

Jupitermond-Erscheinungen

Tag	MEZ		Vorgang	
	h	m		
1.	3	37	III	VA
2.	2	20	II	VA
	4	13	IV	SE
4.	1	46	II	DE
5.	1	59	III	DE
	4	56	I	VA
6.	2	18	I	SA
	3	32	I	DA
	4	34	I	SE
	5	47	I	DE
7.	2	56	I	BE
9.	4	55	II	VA
11.	1	33	II	DA
	1	54	II	SE
	4	21	II	DE
12.	1	02	III	SE
	2	35	III	DA
	5	56	III	DE
	6	49	I	VA
13.	4	12	I	SA
	5	25	I	DA
	6	27	I	SE
15.	1	18	I	VA
	4	49	I	BE
15.	0	56	I	SE
	2	08	I	DE
18.	1	38	II	SA
	4	06	II	DA
	4	28	II	SE
	6	54	II	DE
19.	1	30	III	SA
	4	59	III	SE
	5	54	IV	DA
	6	29	III	DA
20.	2	03	II	BE
	6	05	I	SA
21.	3	11	I	VA
	6	41	I	BE
22.	0	33	I	SA
	1	45	I	DA

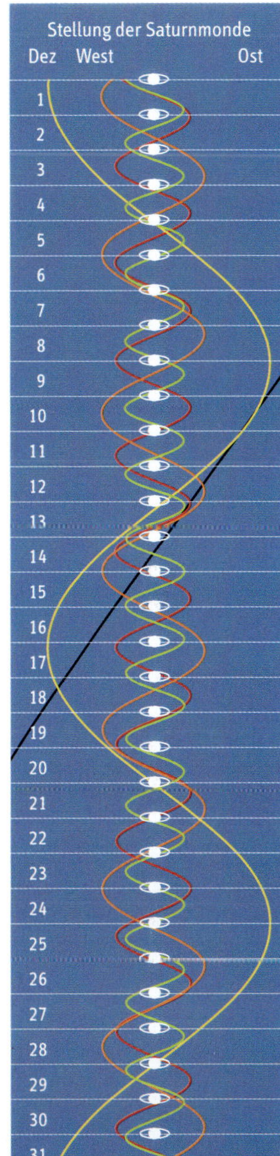

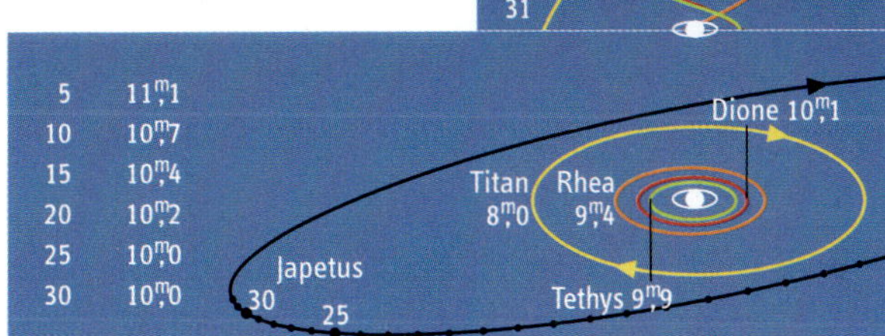

	2 49	I	SE
	3 59	I	DE
23.	1 09	I	BE
25.	4 12	II	SA
	6 37	II	DA
	7 03	II	SE
26.	5 27	III	SA
27.	2 28	IV	VA
	4 32	II	BE
	6 30	IV	VE
28.	5 04	I	VA
29.	2 26	I	SA
	3 36	I	DA
	4 42	I	SE
	5 50	I	DE
	23 33	I	VA
30.	0 18	III	BA
	3 00	I	BE
	3 39	III	BE
31.	0 18	I	DE
	6 47	II	SA

Jupiter ist Planet der zweiten Nachthälfte. Seine Aufgänge verlagert er im Laufe des Monats in die Zeit weit vor Mitternacht, die Jupiterhelligkeit wächst auf $-2\overset{m}{,}2$ leicht an.
Der Riesenplanet geht am 1. um 0^h24^m auf, am 15. um 23^h32^m und am letzten Tag des Jahres um 22^h32^m. Seine Entfernung zur Erde misst zum Jahresende 744 Millionen Kilometer (= 4,97 AE). Damit ist ein Lichtstrahl von Jupiter zu uns 41 Minuten unterwegs.
Am 16. begegnet der abnehmende Halbmond dem Riesenplaneten – ein netter Anblick auch im Fernglas (siehe Abb. 12.2 auf Seite 224).
Saturn, rückläufig in den Zwillingen, kommt kurz vor Jahresende in **Opposition** zur Sonne. Zwei Stunden vor Mitternacht am Silvestertag steht er der Sonne genau gegenüber. Der Ringplanet ist die gesamte Nacht über beobachtbar. Interessant ist der Helligkeitsvergleich mit Mars, der ebenfalls in der ersten Nachthälfte am Firmament vertreten ist. Die Marshelligkeit sinkt im Verlauf des Monats von $-0\overset{m}{,}4$ auf $0\overset{m}{,}2$ erheblich ab, während die Saturnhelligkeit von $-0\overset{m}{,}2$ zu Monatsbeginn auf $-0\overset{m}{,}5$ am 31., dem Oppositionstag, nochmals deutlich ansteigt. Zu Monatsanfang ist Mars noch heller als Saturn, Ende Dezember dominiert der Ringplanet. Erst mit dem Aufgang von Jupiter büßt Saturn etwas von seiner dominierenden Stellung ein.
Am 1. erfolgt der Saturnaufgang um 18^h31^m, am 15. um 17^h31^m und am Oppositionstag schon um 16^h22^m. Die Kulmination bringt Saturn in der Oppositionsnacht um 0^h23^m hinter sich und geht am 1. Januar 2004 um 8^h23^m unter. In 50° nördlicher Breite kulminiert der Ringplanet in $62\overset{\circ}{,}4$ Höhe – Saturn steht in der Zeit um Mitternacht somit steil über unseren Köpfen (siehe Abb. 12.3 unten).
Die Oppositionshelligkeit fällt auch diesmal mit $-0\overset{m}{,}5$ recht groß aus, weil wir auf den mit $25\overset{\circ}{,}5$ weit geöffneten Saturnring sehen – und zwar auf seine Südseite. Gut lässt sich jetzt auch in bescheidenen Fernrohren die Cassini-Teilung des Saturnringes erkennen, dessen

12.3 Scheinbare Bahnen von Saturn in der zweiten Jahreshälfte 2003 sowie des Kleinplaneten Ceres (1) von Anfang Oktober bis Jahresende im Gebiet des Sternbildes Zwillinge.

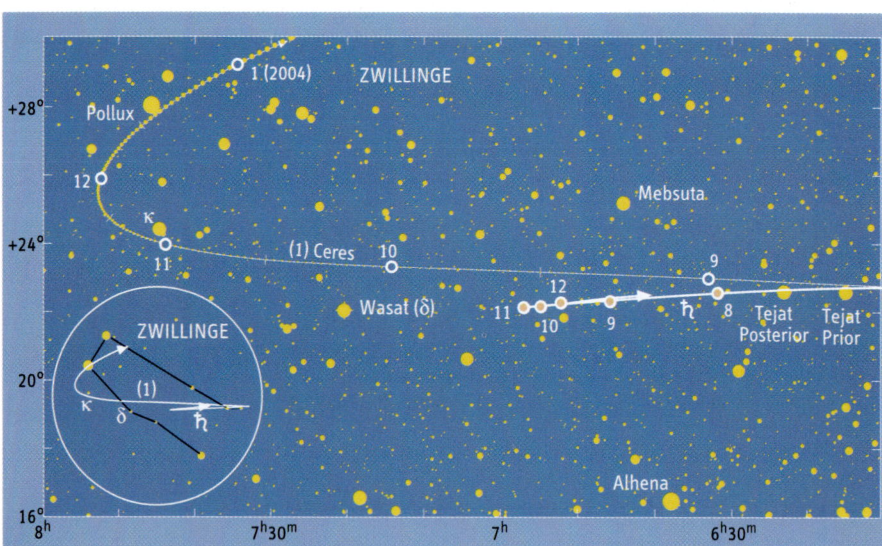

Längsachse einen scheinbaren Durchmesser von 46″,9 und eine senkrechte Achse von 20″,2 aufweist. Das ovale Planetenscheibchen zeigt einen scheinbaren Äquatordurchmesser von 20″,6 und einen Poldurchmesser von 18″,8.
Zur Opposition erreicht Saturn seine geringste Entfernung von der Erde. Sie beträgt 1204 Millionen Kilometer (= 8,05 AE), dies entspricht einer Lichtlaufzeit von einer Stunde und sieben Minuten.
Uranus, wieder rechtläufig im Wassermann, kann noch in den frühen Abendstunden beobachtet werden. Seine Sichtbarkeitszeit schrumpft aber auf gut zwei Stunden zusammen. Am 1. geht Uranus um 22^h47^m unter und am 15. um 21^h54^m. Am 31. erfolgt der Untergang des $5^m,9$ lichtschwachen Planeten bereits um 20^h55^m. Zu beobachten ist Uranus von etwas vor 18^h bis knapp vor 20^h.
Neptun zieht sich vom Abendhimmel zurück und wird unbeobachtbar. Die Sonne rückt immer näher an den bläulichen Planeten heran und holt ihn schließlich Anfang Februar 2004 ein. Am 3. Februar 2004 steht Neptun in Konjunktion mit der Sonne.
Versierte mögen Neptun unter guten Sichtbedingungen am Südwesthimmel nach Ende der nautischen Dämmerung mit lichtstarker Optik auffinden. Am 1. geht Neptun um 21^h08^m unter und am 15. um 20^h15^m. Am Monatsletzten sinkt der nur $8^m,0$ helle Planet schon um 19^h14^m unter die Horizontlinie. Nach dem 15. hat man also kaum Aussicht, den lichtschwachen Planeten noch zu erjagen.
Pluto steht am 12. im Sternbild Serpens Cauda (Schwanz der Schlange) an der Grenze zum Ophiuchus (Schlangenträger) in Konjunktion mit der Sonne. Die Entfernung von der Erde beträgt an diesem Tag 4743 Millionen Kilometer (= 31,70 AE).

Planetoiden

Ceres (1) eilt rückläufig durch die Zwillinge und zieht am 19. nur 0°,2 südwestlich an Pollux (β Geminorum) vorbei (siehe Aufsuchkärtchen Abb. 12.3 auf Seite 226). Sie nähert sich ihrer Opposition mit der Sonne, was sich auch an der kräftig steigenden Helligkeit bemerkbar macht. Die Cereshelligkeit nimmt um $0^m,7$ zu und erreicht zum Jahresende $7^m,0$. Damit wird Ceres zum leichten Fernglasobjekt. Die Opposition wird dann am 9. Januar 2004 um 15^h erreicht. Die Oppositionshelligkeit wird $6^m,6$ betragen, die Entfernung von der Erde 243 Millionen Kilometer (= 1,63 AE). Die Kulminationszeiten von Ceres lauten: 1.: 3^h34^m, 15.: 2^h34^m und 31.: 1^h19^m. Am 12. wird Ceres gegen 2^h vom Mond bedeckt, ein Ereignis, das von Mitteleuropa aus unbeobachtbar bleibt. Diese Bedeckung ist vom Südatlantik aus zu verfolgen.
Pallas (2) wird am 8. um 20^h im Sternbild Walfisch stationär und ist anschließend wieder rechtläufig (siehe Abb. 10.5 auf Seite 193). Damit beendet Planetoid Nr. 2 seine Oppositionsperiode. Ihre Helligkeit sinkt unter 9^m ab, was sie für Liebhaberastronomen mit bescheidenen optischen Hilfsmitteln unattraktiv werden lässt. Als Beobachtungsobjekt ist Pallas zu streichen.
Vesta (4) befindet sich am 24. in Konjunktion mit der Sonne. An diesem Tag ist sie 470 Millionen Kilometer (= 3,14 AE) von der Erde und 323 Millionen Kilometer (= 2,16 AE) von der Sonne entfernt.
Hebe – Planetoid Nr. 6 – wandert rückläufig durch das Stern-

Konstellationen und Ereignisse

Datum	MEZ	Ereignis
1.	17^h	**Mond bei Mars,** Mond 4°,1 südlich, **Abstand 4°,1 um 23^h**
9.	7	Merkur in größter östl. Elongation (21°)
10.	23	**Mond bei Saturn,** Mond 4°,8 nördlich, **Abstand 4°,3 um 21^h**
12.	6	Pluto in Konjunktion mit der Sonne
16.	5	**Mond bei Jupiter,** Mond 3°,8 nördlich, **Abstand 2°,9 um 7^h**
17.	14	Merkur im Stillstand, anschließend rückläufig
22.	8^h04^m	**Sonne im Winterpunkt,** Wintersonnenwende
23.	23	Mond bei Merkur, Mond 5°,3 südlich
25.	17	**Mond bei Venus,** Mond 3°,2 südlich, **Abstand 4°,0 um 18^h**
26.	2	Mond bei Neptun, Mond 5°,3 südlich
27.	2	Merkur in unterer Konjunktion mit der Sonne
27.	9	Mond bei Uranus, Mond 4°,7 südlich
30.	8	**Mond bei Mars,** Mond 3°,8 südlich, **Abstand 4°,9 um 17^h**
30.	8	Venus bei Neptun, Venus 1°,9 südlich
31.	22	**Saturn in Opposition zur Sonne**

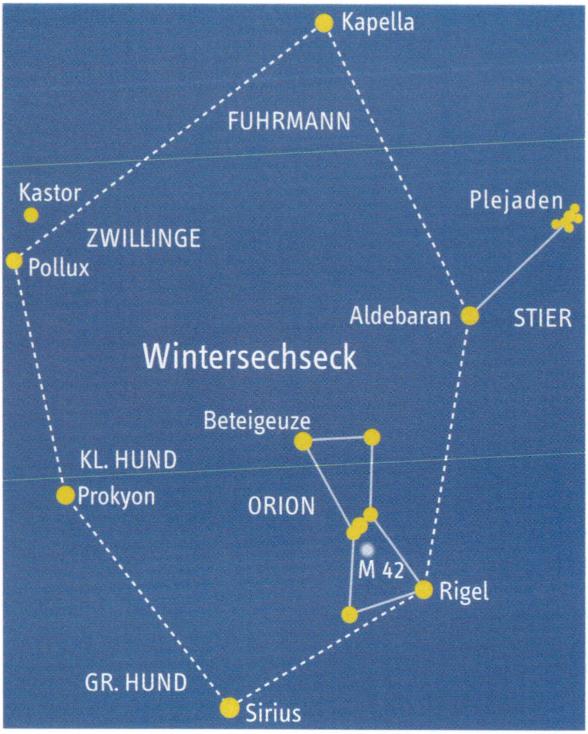

12.4 Das Wintersechseck setzt sich aus den Sternen Kapella im Fuhrmann, Aldebaran im Stier, Rigel im Orion, Sirius im Großen Hund und Pollux in den Zwillingen zusammen.

bild Kleiner Hund. Ihre Helligkeit nimmt von $9{,}^{m}3$ auf $8{,}^{m}8$ während des Monats zu. Sie strebt ihrer Opposition entgegen, die sie am 13. Januar 2004 erreicht. Eine Aufsuchkarte wird im *Himmelsjahr 2004* enthalten sein, das bereits im September 2003 erscheint. Die Hebe-Kulminationen verfrühen sich von $3^{h}41^{m}$ am 1. auf $1^{h}25^{m}$ zum Jahresende. **Amphitrite (29)** hat ihre Opposition zur Sonne im Sternbild Perseus gerade hinter sich. Noch ist sie rückläufig und wandert zur Monatsmitte an ζ Perseï vorbei (siehe Abb. 11.3 auf Seite 209). Ihre Helligkeit sinkt von $8{,}^{m}8$ auf $9{,}^{m}5$ ab. Am 1. kulminiert Amphitrite um $23^{h}48^{m}$, am 15. um $22^{h}39^{m}$ und am 31. um $21^{h}26^{m}$.

Periodische Sternschnuppenströme

Vom 7. bis 17. Dezember macht sich der ekliptikale Strom der **Geminiden** bemerkbar. Ihr Ausstrahlungspunkt liegt in den Zwillingen, rund 1° südwestlich von Kastor. Das Maximum tritt in den Morgenstunden des 13. Dezember ein, wo stündlich bis 120 Meteore, mitunter auch sehr helle Objekte, über den Himmel huschen. Die Geschwindigkeiten liegen um 35 Kilometer pro Sekunde, Beobachtungszeit: 21^{h} bis 6^{h}.
Vom 17. bis 26. Dezember tauchen die **Ursiden** auf, deren Radiant im Sternbild Kleiner Bär zu finden ist. Ihr scharfes Maximum erreichen die Ursiden-Meteore in der Nacht vom 22. auf 23. Dezember gegen Mitternacht. Da der Radiant zirkumpolar ist, können die Ursiden die ganze Nacht beobachtet werden. Der Ursprung der Ursiden wird auf den Kometen 8P/Tuttle (früher 1858 I) zurückgeführt. Die Sternschnuppen haben mittlere Geschwindigkeiten von 35 Kilometer pro Sekunde. In den letzten Jahren wurden rund zehn bis zwanzig, manchmal auch mehr Objekte pro Stunde im Maximum registriert. Wenig ergiebig ist der Strom mit dem Namen **Coma Bereniciden**, dessen Radiant im Haar der Berenike liegt und die um die Jahreswende auftreten – etwa von Mitte Dezember bis Mitte Januar. Es handelt sich um sehr schnelle Objekte (um 65 Kilometer pro Sekunde). Das Maximum liegt um den 20. Dezember, wobei lediglich fünf bis zehn Meteore pro Stunde zu erwarten sind.

Der Fixsternhimmel

Jetzt zeigt der abendliche Sternenhimmel eindeutig winterliche Züge. Mit Ausnahme des Perseus haben alle Herbstbilder die Mittagslinie, den Meridian, überschritten und befinden sich in der westlichen Hemisphäre des Firmaments. In der östlichen Himmelshälfte dagegen sind die Wintersternbilder bereits vollständig vertreten. Allmählich schließt sich somit der Jahresreigen der Sternbilderszenerie. Tief im Nordwesten ist noch das Sternenkreuz des fliegenden Schwans mit dem hellen Stern Deneb zu sehen. Der Schwan ist gewissermaßen ein Relikt des Sommerhimmels. Tief am Nordhorizont flackert die

Wega in der Leier, die bei uns nahezu zirkumpolar ist und daher fast das ganze Jahr über in klaren Nächten beobachtbar bleibt.
Noch hoch in westlicher Richtung erblickt man das Herbstviereck, das Pegasusquadrat, dessen Spitze zum Horizont deutet. Das Pegasusquadrat hängt mit der obersten Ecke an der Sternenkette der Andromeda, die sich vom Zenit ausgehend nach Westen erstreckt. Den Platz im Zenit nimmt nun der Perseus ein, der strahlende Held aus der Andromedasage. Zwischen Kassiopeia und Perseus findet man fast senkrecht über unseren Köpfen die beiden prächtigen offenen Sternhaufen h und χ Perseï. Im Fernglas erscheinen sie allerdings nur als Lichtfleckchen. Erst im Teleskop erkennt man Hunderte funkelnder Lichtpünktchen aller Farben. Für den Anfänger in der Beobachtung von Veränderlichen Sternen sei auf Algol (β Perseï) hingewiesen. Er ist der Prototyp der Algol-Bedeckungsveränderlichen. Algol steht jetzt hoch über unseren Köpfen und ist leicht zu finden. Schon mit bloßen Augen kann man sich im Schätzen seiner Helligkeit üben. Die Helligkeitsminima von Algol sind in der monatlichen Rubrik „Veränderliche Sterne" vermerkt. Hoch im Süden hat gerade der Widder (lat.: Aries) den Meridian durchschritten. Sein Hauptstern Hamal (γ Arietis) leuchtet in einem orange-gelben Licht (Spektralklasse: K2 III) und ist nach Messungen des Astrometriesatelliten Hipparcos 66 Lichtjahre von uns entfernt. Südlich des Widders macht der Sternenhimmel einen vergleichsweise düsteren Eindruck. Helle Sterne fehlen völlig in diesem Areal, das vom Walfisch und dem langgestreckten Fluss Eridanus eingenommen wird. Umso eindrucksvoller zeigt sich nun der Ost- und Südosthimmel. Hoch im Osten, fast im Zenit, steht die helle, gelbliche Kapella im Fuhrmann, darunter die beiden Sternenketten der Zwillinge mit Kastor und Pollux. Ein drittes helles Gestirn zeigt sich in den Zwillingen, das dort nicht immer zu finden ist. Es ist der Planet Saturn, der sich zur Zeit dort aufhält.
Die meisten Völker sahen in diesen beiden Sternenketten zwei Menschengestalten. Die Inder nannten das Bild Mithuna und sahen darin einen Knaben und ein Mädchen. Bei den Persern hießen die Zwillinge Do Patkar, was lediglich „die beiden

12.5 Die Zwillinge – Darstellung in dem Himmelsatlas von Johann Elert Bode aus dem Jahre 1782.

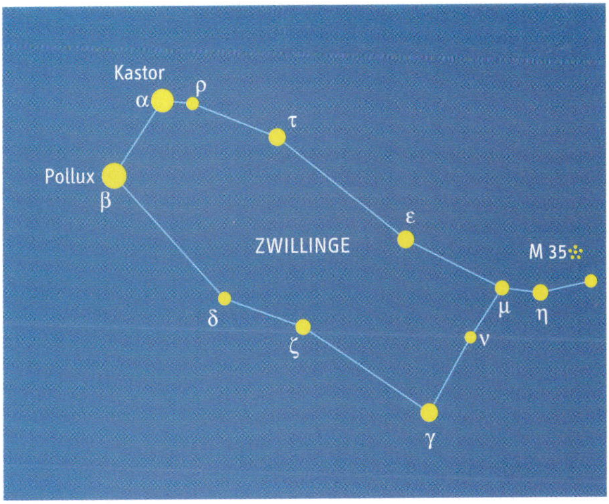

12.6 Skelettkarte des Sternbildes Zwillinge mit der Position des offenen Sternhaufens M 35.

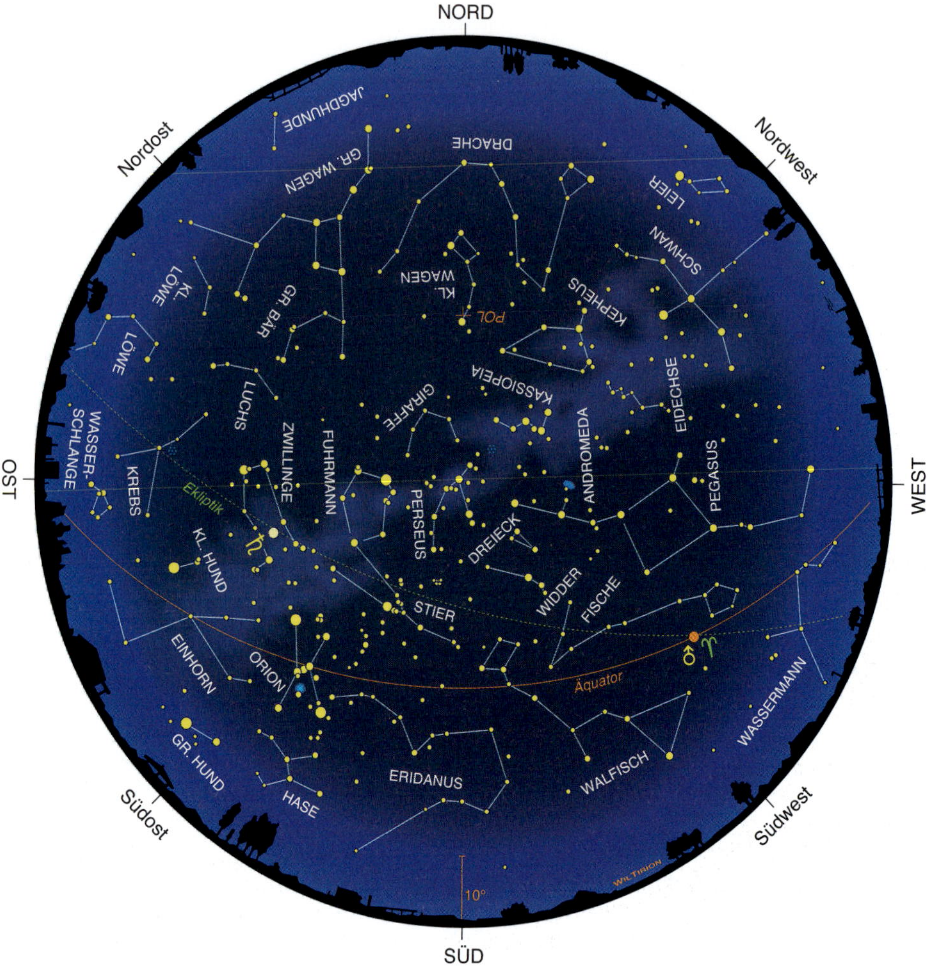

Sternenhimmel am 15. Dezember um 22h MEZ

Fixsternhimmel auch gültig für:

	MEZ	MESZ
15. 9.	4h	5h
1.10.	3	4
15.10.	2	3
1.11.	1	
15.11.	0	
1.12.	**23**	
15.12.	**22**	
31.12.	**21**	
15. 1.	20	
31. 1.	19	

Figuren" bedeutete. Im Mittelalter wurden hier zwei Engel gesehen. Im buddhistischen Tierkreis stellen die Zwillinge eine Frau dar, die ein goldenes Band hält. Im chinesischen Sonnentierkreis ist ein Affe namens Shih Chin in dieser Himmelsgegend vermerkt. Später sahen die Chinesen hier die beiden Prinzipien Yin und Yang unter den Sternen verewigt. Schon bei den Assyrern sah man hier allerdings zwei Knaben. Die griechische Mythologie übernahm diese Deutung. Man sprach von den Didymoi (griech., Zwillinge). Ursprünglich sah man in ihnen das Brüderpaar Amphion und Zethos, Söhne des Göttervater Zeus und der bildhübschen Antiope, die vor ihrem rachsüchtigen Vater Nykteos fliehen muss. Amphion und Zethos werden auch als das thebanische Zwillingspaar bezeichnet, weil beide Brüder die Stadtmauer von Theben erbaut haben.
Weit bekannter sind jedoch die lakedämonischen Zwillinge Kastor und Polydeukes oder rö-

Veränderliche Sterne

Algol-Minima	11. 5^h52^m	14. 2^h41^m	16. 23^h30^m	19. 20^h20^m	22. 17^h09^m
β-Lyrae-Minima	2. 14^h H	9. 1^h N	15. 13^h H	21. 24^h N	28. 11^h H
δ-Cephei-Maxima	5. 22^h	11. 7^h	16. 15^h	22. 0^h	27. 9^h
Mira-Helligkeit	1. 9^m	10. 9^m	20. 9^m	31. 10^m	

misch Pollux, ebenfalls Söhne des Zeus, auch als die Dioskuren bezeichnet. Während Pollux unsterblich ist, war Kastor sterblicher Natur. Nach dem Tod Kastors verbringt Pollux in unsterblicher Bruderliebe jeden zweiten Tag in der Unterwelt, im Hades. Die dritte, leicht gekrümmte Sternenkette, die man noch eventuell als Linie erkennen kann, soll den Bogen der Waffe von Pollux darstellen.

Kastor (α Geminorum) ist mit $1^m{,}6$ scheinbarer Helligkeit etwas lichtschwächer als Pollux (β Geminorum). Kastor ist 52 Lichtjahre entfernt und setzt sich aus sechs Sonnen zusammen. Pollux ist ein orangefarbener, normaler Riesenstern (Spektraltyp K0 III) mit $1^m{,}1$ scheinbarer Helligkeit. Seine Entfernung beträgt 34 Lichtjahre. Damit ist Pollux uns ein wenig näher als Arktur. Er ist somit der sonnennächste rote Riesenstern mit einer dreißigfachen Sonnenleuchtkraft.

Der Stier mit dem prächtigen Sternhaufen der Hyaden, in dessem Vordergrund der rotgelbe Aldebaran auffällig glänzt, und dem Siebengestirn, den Plejaden, schreitet zügig auf den Meridian zu. Die westlichen Teile des Stieres haben bereits die Mittagslinie erreicht. Südöstlich des Stieres strahlt unübersehbar der Orion, das prominenteste der Wintersternbilder, mit den beiden hellen Sternen Beteigeuze und Rigel, sowie den in einer geraden Linie stehenden drei Gürtelsternen. Tief im Süden ist gerade Sirius im Großen Hund (α Canis Maioris), der hellste Fixstern am irdischen Himmel, über die Horizontlinie gestiegen. Auch Prokyon im Kleinen Hund (α Canis Minoris) ist bereits im Osten aufgetaucht. Damit ist das komplette Wintersechseck am Osthimmel vertreten. Es setzt sich aus den Sternen Sirius, Prokyon, Pollux, Kapella, Aldebaran und Rigel zusammen.

Wetter und Klima

Der letzte Monat des Jahres ist meteorologisch gesehen der erste Wintermonat. Im Dezember liegt auch der astronomische Winterbeginn. Die Temperaturen sinken weiter ab, Nebel und tiefliegende Wolkenfelder sind charakteristisch.

Die mittlere Monatsdurchschnittstemperatur sinkt auf 1,5 °C. Die mittlere Monatshöchsttemperatur beträgt 15 °C, die gemessene Monatstiefsttemperatur liegt bei –20 °C. Im Mittel ist mit 15 Frosttagen zu rechnen, davon sind drei bis acht Eistage. An durchschnittlich 17 Tagen fällt Niederschlag. Der Dezember ist der niederschlagsreichste Wintermonat. Mit vermehrter Glatteisbildung ist zu rechnen. Schneefälle setzen nun öfters ein, in Höhenlagen kommt es erstmals zu einer geschlossenen Schneedecke. Die mittlere Sonnenscheindauer beträgt im Monat der

Klimadaten

Nachstehende Tabelle gibt die mittlere Bewölkungswahrscheinlichkeit (BW) und die mittlere Zahl der Tage mit mehr als einem Millimeter Niederschlag (NS) im Monat **Dezember** an.

Ort	BW	NS	Ort	BW	NS	Ort	BW	NS
Schleswig	86%	13	Brüssel	84%	13	Säntis (2496 m)	56%	13
Helgoland	86	14	Frankfurt/Main	88	11	Zugspitze (2962 m)	55	14
Hamburg	88	12	Prag	84	07	Sonnblick (3107 m)	59	13
Hannover	86	09	Nürnberg	85	10	Innsbruck	74	08
Berlin	85	09	Stuttgart	77	08	Graz	77	07
Brocken (1152 m)	79	18	München	84	10	Klagenfurt	84	07
Essen	86	13	Salzburg	76	12	Bozen	67	05
Leipzig	81	10	Wien	83	08	Genf	84	09
Dresden	79	10	Zürich	86	10	Lugano	62	07

Wintersonnenwende nur 40 Stunden. In Berglagen oberhalb der Nebelzone wird diese Zeit oft erheblich überschritten (bis 100 Sonnenscheinstunden).
In tiefen Lagen ist vermehrt mit Nebelbildung zu rechnen. In großen Städten und Industriegebieten tritt Smoggefahr auf. Im Norden sind erste Winterstürme mit Schneefall zu verzeichnen, im Süden bleibt es weniger stürmisch. 70 % der Nachtstunden sind bewölkt oder neblig, bei Hochdrucklagen bildet sich fast immer eine Inversionsschicht (Umkehrschicht): In größeren Höhen ist die Luft wärmer als in Bodennähe. Eine senkrechte Luftbewegung, also Konvektion, kommt nicht zustande, Schadstoffe reichern sich in der bodennahen Kaltluft an.

Monatsthema

Albert Einsteins größter Fehler

Der wohl berühmteste Physiker des 20. Jahrhunderts und einer der größten Naturwissenschaftler aller Zeiten war Albert Einstein (1879–1955). Fast jeder weiß, dass Einstein die Spezielle und die Allgemeine Relativitätstheorie geschaffen hat. Ebenso ist seine weltberühmte Formel $E = mc^2$ allgemein bekannt. Sie drückt die Äquivalenz von Masse und Energie aus.
Weniger bekannt ist, dass Einstein auch die Grundlagen zur Quantenmechanik geschaffen hat. Bereits 1907 publizierte er die Theorie des lichtelektrischen Effektes. Danach ist die Energie der Lichtquanten oder Photonen proportional zu ihrer Frequenz. Je kurzwelliger das Licht, desto höher die Energie der Lichtteilchen. Deshalb kann ultraviolettes Licht die Haut verbrennen und deshalb sind die extrem kurzwelligen Röntgenstrahlen so gefährlich. Für die Theorie des Photoeffektes erhielt Einstein im Jahre 1921 den Nobelpreis für Physik.
Die Allgemeine Relativitätstheorie ist die Theorie der Schwerkraftwirkungen. Vorhandene Massen verändern die Geometrie des Raumes, ein dreidimensionaler Raum wird in einen vierdimensionalen Raum gekrümmt. Die Körper bewegen sich auf so genannten geodätischen Linien in einem vierdimensionalen Raum-Zeit-Kontinuum. Schwere und träge Masse sind äquivalent. Auch das Licht folgt der Raumkrümmung, die die Massen bewirken. So wird ein Lichtstrahl im Schwerefeld der Sonne abgelenkt – ein Effekt, der zu beobachten ist. Auch das Licht ferner Quasare wird auf dem Weg zur Erde durch große Galaxien oder ganze Galaxienhaufen abgelenkt und aufgespalten. Man spricht von Gravitationslinsen. Galaxien erscheinen verzerrt, es sind „Einstein-Ringe“ und -Kreuze zu beobachten. Zahlreiche experimentelle Beweise belegen die Richtigkeit der Einsteinschen Theorien.
Im Jahre 1917 versuchte Einstein, seine Gravitationstheorie auf die großräumige Struktur des Universums anzuwenden. Dabei entdeckte er, dass das Weltall nicht stabil sein kann – entweder dehnt es sich aus, oder es zieht sich zusammen. Da weder die Sterne vom Himmel fallen noch in den Tiefen des Kosmos verschwinden, so muss wohl etwas an der Gravitationstheorie nicht stimmen. Einstein führte einen zusätzlichen Term in seine Gleichungen ein, den kosmologischen Parameter. Er gab ihm den griechischen Buchstaben Λ (Lambda). Mit dem richtigen Zahlenwert versehen, ist Λ in der Lage, das Universum zu stabilisieren. Λ ist eine Eigenschaft des Raumes selbst. Hat es positive Werte, so wirkt es wie eine abstoßende Kraft.
Mit dem 2,5-m-Spiegelteleskop des Mt. Wilson-Observatoriums in Kalifornien, seinerzeit das größte Teleskop der Welt, entdeckten Edwin Powell Hubble und sein Kollege Milton Humason 1929 die Expansion des Universums. Alle Galaxienhaufen entfernen sich voneinander, und zwar umso schneller je weiter sie weg sind. Das Weltall fliegt auseinander. Damit war das Λ-Glied überflüssig – der Kosmos ist nicht statisch. Einstein setzte flugs $\Lambda = 0$ und nannte die Einführung von Λ in seine Gleichungen „die größte Eselei (the greatest blunder)“ seines Lebens. Damit war Λ gewissermaßen gestorben. Nur noch selten bedienten sich die Kosmologen von Λ, um manches Problem zu lösen. Doch meist fand sich eine Lösung ohne ein notwendiges Λ. Damit wäre dieses Monatsthema beendet.

Rückkehr von Lambda

Doch vor rund zwanzig Jahren tauchte das Λ-Glied wieder wie Phönix aus der Asche auf. Die Theoretiker wiesen mit Recht darauf hin, dass Λ als Integrationskonstante in den Feldgleichungen der Allgemeinen Relativitätstheorie nicht einfach gleich Null zu setzen ist. Eine

12.7 Albert Einstein (1879 – 1955), der berühmte Physiker und Schöpfer der Relativitätstheorien.

lange Diskussion entspann sich. Warum sollte Λ nicht exakt Null sein und welche Konsequenzen hat ein von Null verschiedenes Λ? Solche Fragen sind jedoch nicht im Gelehrtenstübchen oder im Hörsaal zu lösen. In den letzten Jahren haben einige Forscherteams weit entfernte Supernovae vom Typ Ia beobachtet und dabei festgestellt, dass die Ausdehnungsgeschwindigkeit des Weltalls offensichtlich früher *kleiner* war als heute. Dies war ein verwirrendes und schwer verständliches Ergebnis. Längst schien klar, dass die Massen im Universum die Expansion abbremsen. Offen war noch, wie stark die Abbremsung wohl sein mag. Entweder gelingt es bei entsprechend hoher mittlerer Materiedichte, die Expansion eines Tages zum Stillstand zu bringen und dann in eine Kontraktion umzuwandeln. Das Ende des Universums wäre dann der Big Crunch, der große Zusammenbruch. Bei geringerer Dichte hielte die Expansion zwar für alle Zeiten an, aber sie würde durch die bremsende Wirkung der Massenanziehung immer langsamer. Im parabolischen Grenzfall käme sie nach unendlich langer Zeit zum Stillstand. Eine beschleunigte Expansion, also eine Ausdehnung, die mit *wachsender* Geschwindigkeit erfolgt, erfordert einen Λ-Term, der größer als Null ist.
Der Wert von Λ ist außerordentlich schwer zu bestimmen. Aus den Einsteinschen Feldgleichungen folgt er nicht. Λ kann danach negativ, Null oder positiv sein. Es gibt Hinweise, dass Λ zwar positiv ist, aber eine extrem kleine Zahl in der Größenordnung von 10^{-56} (dies ist eine Eins geteilt durch die Zahl eins mit 56 Nullen). Oder in Worten: Λ ist nur ein 100 Nonillionstel groß! Wie erwähnt, bedeutet ein positives Λ eine zusätzliche abstoßende Kraft. Sie ist aber so minimal, dass sie selbst in bestausgerüsteten Labors mit hoch empfindlichen Messinstrumenten nicht nachgewiesen werden kann. Selbst im Maßstab unserer Milchstraße macht sie sich nicht durch irgendwelche Wirkungen bemerkbar. Erst auf sehr großen Skalen ab etwa zehn Millionen Lichtjahren zeigt der Raum das Bestreben zu expandieren. Offensichtlich hat das Vakuum eine von Null verschiedene Energiedichte. Manche Kosmologen nenne sie „funny energy“ oder „quintessence“. Doch klingende Worte helfen hier nicht weiter. Auch die Theoretiker stecken hier in der Klemme. Denn noch ist es nicht gelungen, die Allgemeine Relativitätstheorie und die Quantenmechanik zu einer einheitlichen, allumfassenden Theorie („Theory of everything – TOE“) zu verschmelzen. Nach der Quantentheorie gibt es das Vakuum im klassischen Sinne als absolut leeren Raum nicht. Jedes Vakuum ist lediglich ein Zustand niedrigster Energie in einem vorgegebenen Raum. Dabei lässt sich ein scharf definierter Wert Null gar nicht angeben. Dies widerspräche der Heisenbergschen Unschärferelation. Die Vakuumenergiedichte schwankt vielmehr ständig um ein Null-Level (Quantenvakuumfluktuation). Das Quantenvakuum ist gewissermaßen ein See von virtuellen Partikeln, Teilchen und ihren Anti-Teilchen. Wie es scheint, ist das Λ keine konstante Größe, sondern

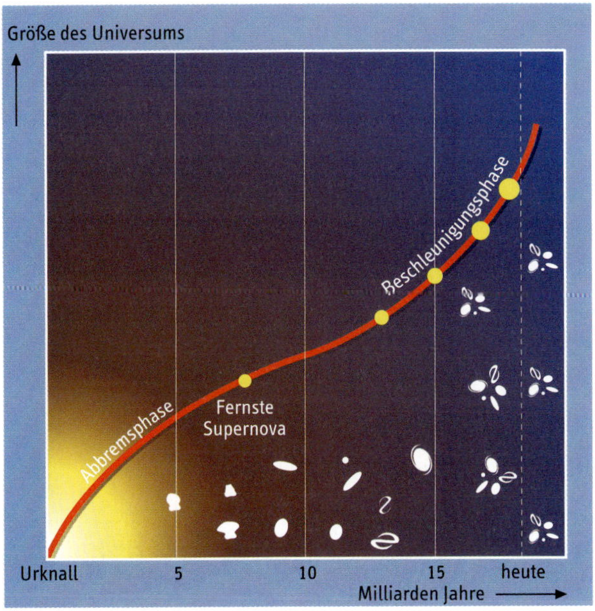

12.8 Aus der Beobachtung fernster Supernovae ergibt sich, dass die Expansion des Universums in der Vergangenheit etwas langsamer erfolgte als heute und in Zukunft etwas schneller sein wird. Nähere Erläuterungen im Text.

nimmt wahrscheinlich mit dem Weltalter permanent ab, bis es eines fernen Tages ganz verschwindet.
Die in den letzten vier Jahren gewonnenen Beobachtungsdaten lassen erkennen, dass wir gegenwärtig in einem Universum leben, das sich mit zunehmender Geschwindigkeit ausdehnt. Wie lange diese Beschleunigung noch anhalten wird, wissen wir nicht.
Die Supernova-Typ Ia-Beobachter gehen davon aus, dass alle Supernova-Erscheinungen des gleichen Typs etwa dieselbe absolute Leuchtkraft einer ganzen Galaxie aufweisen. Bei der Beobachtung fernster Supernovae in Distanzen von rund zehn Milliarden Lichtjahren Entfernung zeigt sich, dass diese Supernovae schwächer leuchten als solche in geringeren Distanzen von nur wenigen Millionen Lichtjahren Entfernung. Geht man davon aus, dass die fernen Supernovae gleiche absolute Helligkeit haben wie ihre näheren Kompagnons, so bedeutet das, dass sie weiter entfernt sein müssen bei gleicher Rotverschiebung. Die Rotverschiebung der Linien im Supernovaspektrum ist aber ein Maß für ihre Fluchtgeschwindigkeit. Gleiche Fluchtgeschwindigkeit bei größerer Distanz bedeutet aber, dass die Expansionsrate, der so genannte Hubble-Parameter früher *kleiner* gewesen sein muss. Manche haben die Resultate der Supernova-Forscher angezweifelt. Sie führen eine Lichtschwächung der Supernovae auf Absorption des intergalaktischen Staubes zurück. Ein solcher ist aber bisher nicht beobachtet worden.
Auch die Rötung des Lichtes weit entfernter Supernovae ist auf die hohe positive Radialgeschwindigkeit zurückzuführen und die damit erhebliche Rotverschiebung des gesamten Spektrums und nicht eine selektive Absorption des Lichtes durch Streuung an Staubpartikeln. Abgesehen davon kommt eine andere Forschergruppe durch Untersuchung des Gravitationslinseneffektes an fernen Quasaren zu ähnlichen Resultaten: Der Hubble-Parameter war früher offensichtlich kleiner, die Ausdehnung des Universums erfolgt immer schneller.
Damit wird offensichtlich: Nicht allein die Geometrie des Raumes bestimmt das Schicksal des Universums, der kosmologische Λ-Term spielt ebenfalls eine wichtige Rolle. Eine zusätzliche Vakuumenergiedichte ermöglicht ein in sich geschlossenes, doch ewig expandierendes Universum. Noch offen ist, inwieweit die „Kosmologische Konstante" wirklich konstant ist. Möglicherweise nimmt sie immer mehr ab, bis sie eines Tages völlig verschwindet. Um das herauszufinden, will man mit einem speziellen Satelliten mehr als zweitausend Supernovae vom Typ Ia aufspüren und vermessen. Eine solche Menge an Beobachtungsdaten wird den Wert von Λ zu verschiedenen Zeitaltern des Universums bestimmen helfen.
Man sieht, dass selbst „Eseleien" von wirklich genialen Forschern, wie Einstein einer war, zu interessanten und weitreichenden Konsequenzen führen können. Wer sich ausführlicher mit diesem Thema beschäftigen möchte, sei auf das spannende Buch von Mario Livio, *Das beschleunigte Universum*, hingewiesen (siehe auch „Literaturtipps" auf der Umschlagklappe hinten).

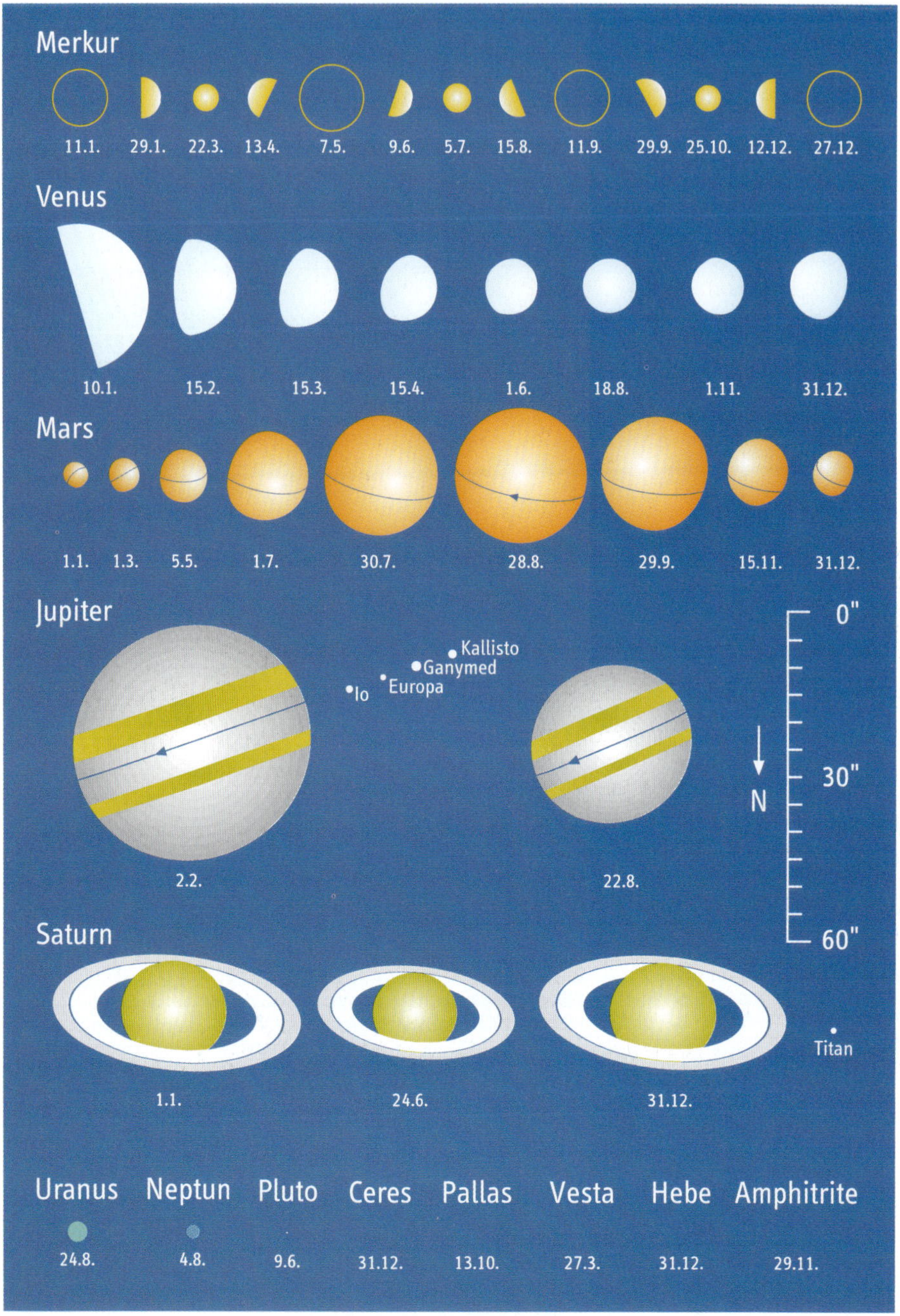

T.1 Die Größe der Planetenscheibchen im Jahre 2003. Man beachte den eingetragenen Maßstab in Bogensekunden. Anblick im umkehrenden Fernrohr (Norden unten, Osten rechts).

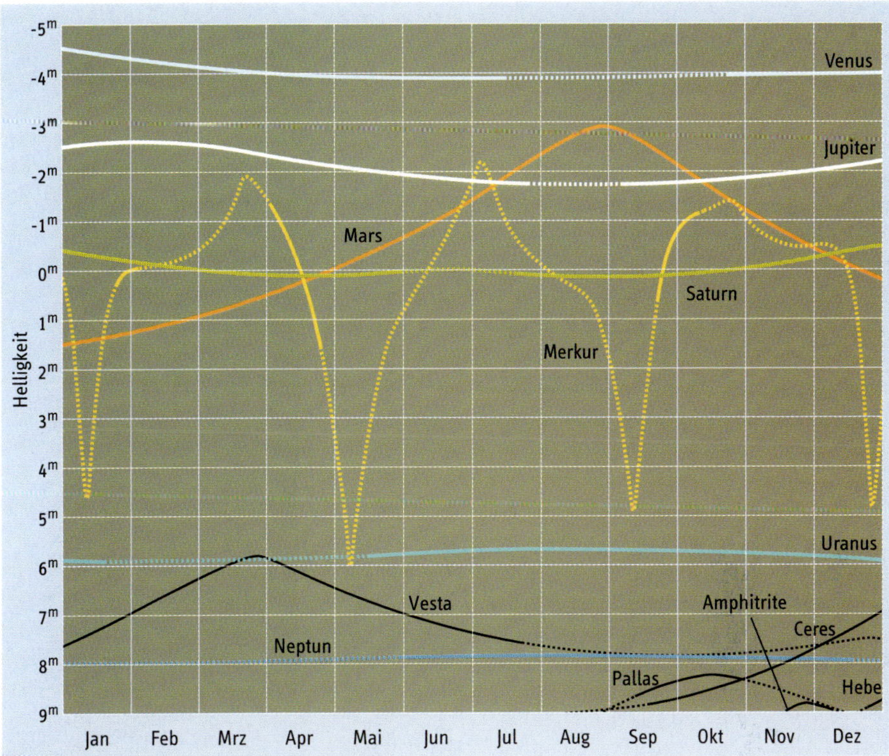

T.2 Die Helligkeiten der Planeten im Jahr 2003

T.3 Die Sichtbarkeiten der Planeten im Jahr 2003

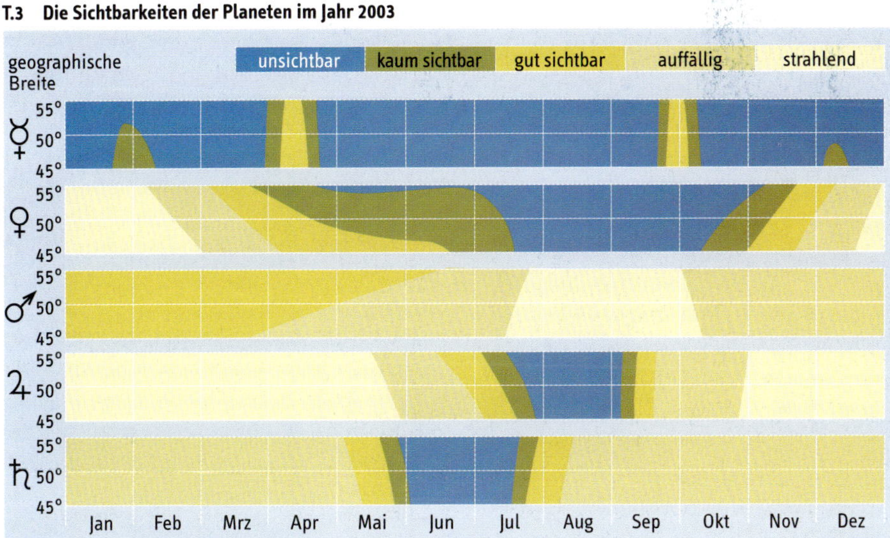

Ekliptikale Koordinaten des Mondes 2003

Tag	JANUAR Länge °	JANUAR Breite °	FEBRUAR Länge °	FEBRUAR Breite °	MÄRZ Länge °	MÄRZ Breite °	APRIL Länge °	APRIL Breite °	MAI Länge °	MAI Breite °	JUNI Länge °	JUNI Breite °
2.	270,1	−1,9	319,3	−4,8	328,1	−5,0	13,9	−3,7	46,4	−1,2	91,2	+2,8
4.	297,7	−3,9	344,7	−5,0	353,1	−4,7	37,7	−2,0	70,1	+1,0	116,0	+4,4
6.	324,1	−5,0	9,1	−4,2	17,3	−3,6	61,2	+0,1	94,1	+3,0	141,8	+5,2
8.	349,2	−5,1	32,9	−2,7	41,0	−1,8	85,1	+2,2	119,0	+4,6	168,7	+5,0
10.	13,3	−4,2	56,6	−0,8	64,6	+0,2	109,8	+4,0	145,1	+5,3	196,8	+3,6
12.	37,0	−2,7	80,9	+1,4	88,8	+2,3	136,1	+5,0	172,9	+4,9	226,1	+1,2
14.	60,9	−0,6	106,5	+3,3	114,3	+4,0	164,2	+5,0	202,3	+3,2	256,0	−1,5
16.	85,7	+1,6	133,7	+4,7	141,7	+5,0	193,9	+3,7	232,5	+0,6	285,3	−3,8
18.	111,8	+3,6	162,4	+5,0	170,8	+4,8	224,4	+1,4	262,6	−2,1	313,3	−5,0
20.	139,2	+4,8	191,7	+4,0	200,8	+3,3	254,2	−1,3	291,3	−4,2	339,6	−5,1
22.	167,3	+5,0	220,6	+2,0	230,5	+0,9	282,5	−3,6	318,3	−5,2	4,5	−4,3
24.	195,7	+4,0	248,8	−0,4	259,1	−1,6	309,3	−4,9	343,7	−5,1	28,3	−2,7
26.	224,0	+2,0	276,0	−2,7	286,3	−3,6	334,6	−5,2	8,0	−4,1	51,9	−0,7
28.	251,9	−0,4	302,4	−4,3	312,4	−4,8	359,0	−4,6	31,6	−2,5	75,8	+1,5
30.	279,3	−2,7	–	–	337,5	−5,1	22,8	−3,1	55,2	−0,4	100,3	+3,4

Tag	JULI Länge °	JULI Breite °	AUGUST Länge °	AUGUST Breite °	SEPTEMBER Länge °	SEPTEMBER Breite °	OKTOBER Länge °	OKTOBER Breite °	NOVEMBER Länge °	NOVEMBER Breite °	DEZEMBER Länge °	DEZEMBER Breite °
2.	125,7	+4,8	176,0	+4,4	229,0	+0,4	268,0	−3,1	319,1	−5,3	354,3	−4,4
4.	152,0	+5,1	204,0	+2,7	257,2	−2,1	295,6	−4,7	344,9	−4,8	18,7	−2,8
6.	179,2	+4,4	232,2	+0,4	285,0	−4,0	322,2	−5,2	9,6	−3,5	42,5	−0,7
8.	207,1	+2,7	260,5	−2,1	312,2	−5,0	347,9	−4,6	33,7	−1,5	66,1	+1,4
10.	235,8	+0,2	288,7	−4,0	338,6	−4,9	12,7	−3,2	57,4	+0,6	89,9	+3,3
12.	264,9	−2,3	316,3	−4,9	4,0	−3,8	36,9	−1,2	81,0	+2,7	114,0	+4,7
14.	293,7	−4,2	342,9	−4,8	28,5	−2,0	60,6	+0,9	104,8	+4,3	138,8	+5,2
16.	321,4	−5,1	8,3	−3,7	52,3	0,0	84,2	+2,9	129,4	+5,2	164,5	+4,7
18.	347,7	−4,8	32,5	−1,9	75,9	+2,1	108,2	+4,4	155,1	+5,1	191,5	+3,2
20.	12,6	−3,6	56,2	+0,1	100,0	+3,8	133,4	+5,2	182,5	+3,9	220,0	+0,9
22.	36,5	−1,8	80,0	+2,2	125,3	+4,9	160,2	+5,0	211,6	+1,7	249,8	−1,8
24.	60,1	+0,2	104,6	+3,9	152,2	+5,0	188,8	+3,5	241,8	−1,0	280,0	−4,0
26.	84,1	+2,3	130,5	+4,9	180,7	+4,0	218,6	+1,1	272,1	−3,5	309,5	−5,1
28.	109,1	+4,0	157,8	+4,9	210,0	+1,9	248,7	−1,7	301,2	−5,0	337,2	−4,9
30.	135,1	+4,9	186,1	+3,7	239,4	−0,7	278,0	−3,9	328,6	−5,2	3,0	−3,7

Koordinaten gelten für 1^h MEZ und sind geozentrische Werte. Von Mitteleuropa aus steht der Mond etwa 0°,7 südlicher. Abstand der Mondbahn relativ zu helleren Sternen 2003:

Stern:	Aldebaran	Al Nath	Pollux	Regulus	Spica	Antares	Nunki
Mond:	6° nördl.	4° südl.	3° südl.	4° nördl.	4° nördl.	3° nördl.	1° südl.

T.4 Lage der Mondbahn im Tierkreis relativ zur Ekliptik von 180° bis 360° ekliptikaler Länge

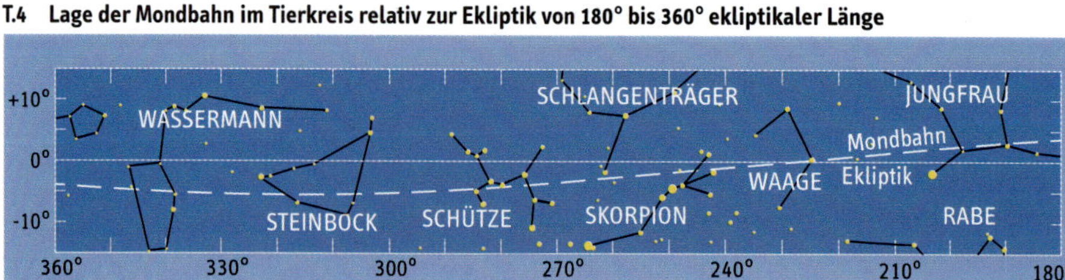

Ekliptikale Koordinaten der Sonne und der großen Planeten 2003

Datum		SONNE Länge	MERKUR Länge	MERKUR Breite	VENUS Länge	VENUS Breite	MARS Länge	MARS Breite	JUPITER Länge	JUPITER Breite	SATURN Länge	SATURN Breite
		°	°	°	°	°	°	°	°	°	°	°
Jan	1.	280,1	298,1	−0,2	233,6	+3,6	229,5	+0,7	136,9	+0,8	84,4	−1,3
	10.	289,3	293,5	+2,5	242,4	+3,5	235,3	+0,6	136,0	+0,8	83,7	−1,3
	20.	299,4	282,9	+3,3	252,8	+3,3	241,8	+0,5	134,8	+0,8	83,1	−1,2
	31.	310,6	285,7	+1,5	264,8	+2,8	248,9	+0,4	133,4	+0,9	82,6	−1,2
Feb	10.	320,8	296,1	−0,1	276,1	+2,2	255,3	+0,3	132,1	+0,9	82,2	−1,2
	20.	330,9	309,5	−1,4	287,6	+1,6	261,7	+0,1	130,8	+0,9	82,1	−1,1
	28.	338,9	321,7	−2,0	297,0	+1,0	266,8	0,0	129,9	+0,9	82,1	−1,1
Mrz	10.	348,9	338,4	−2,2	308,8	+0,4	273,2	−0,2	129,0	+0,9	82,3	−1,1
	20.	358,9	357,0	−1,6	320,7	−0,2	279,6	−0,4	128,4	+0,9	82,7	−1,0
	31.	9,8	19,1	+0,1	333,8	−0,8	286,5	−0,6	128,1	+0,9	83,3	−1,0
Apr	10.	19,7	37,4	+1,9	345,9	−1,2	292,7	−0,9	128,1	+0,9	84,0	−1,0
	20.	29,5	48,5	+2,9	357,9	−1,5	298,8	−1,1	128,4	+0,9	84,9	−0,9
	30.	39,2	50,0	+2,0	10,0	−1,6	304,7	−1,5	129,0	+0,8	85,9	−0,9
Mai	10.	48,9	44,6	−0,6	22,1	−1,7	310,6	−1,8	129,9	+0,8	86,9	−0,9
	20.	58,5	41,1	−2,9	34,3	−1,6	316,1	−2,2	131,1	+0,8	88,1	−0,9
	31.	69,1	45,3	−3,7	47,6	−1,4	322,0	−2,7	132,6	+0,8	89,4	−0,8
Jun	10.	78,7	55,7	−2,9	59,8	−1,1	326,8	−3,2	134,1	+0,8	90,7	−0,8
	20.	88,2	71,3	−1,3	72,0	−0,7	331,2	−3,7	135,9	+0,8	92,0	−0,8
	30.	97,8	91,2	+0,6	84,2	−0,3	334,9	−4,3	137,7	+0,8	93,3	−0,8
Jul	10.	107,3	112,7	+1,7	96,4	+0,1	337,7	−4,9	139,7	+0,8	94,6	−0,8
	20.	116,8	132,4	+1,7	108,7	+0,5	339,6	−5,5	141,7	+0,8	95,9	−0,8
	31.	127,3	150,6	+0,6	122,2	+0,9	340,1	−6,1	144,0	+0,8	97,2	−0,8
Aug	10.	136,9	163,8	−1,0	134,5	+1,1	339,3	−6,5	146,2	+0,8	98,3	−0,8
	20.	146,5	173,2	−2,8	146,9	+1,3	337,3	−6,7	148,3	+0,8	99,4	−0,8
	31.	157,1	176,0	−4,3	160,5	+1,4	334,4	−6,6	150,7	+0,8	100,5	−0,7
Sep	10.	166,8	169,0	−3,8	172,9	+1,4	332,0	−6,1	152,9	+0,8	101,3	−0,7
	20.	176,6	162,2	−0,8	185,3	+1,2	330,5	−5,4	155,0	+0,9	102,0	−0,7
	30.	186,4	169,1	+1,5	197,8	+1,0	330,2	−4,6	157,1	+0,9	102,6	−0,7
Okt	10.	196,2	185,0	+1,9	210,2	+0,7	331,2	−3,9	159,1	+0,9	103,0	−0,7
	20.	206,1	202,4	+1,2	222,7	+0,3	333,4	−3,1	161,0	+0,9	103,2	−0,7
	31.	217,1	220,6	0,0	236,3	−0,2	336,9	−2,4	162,9	+1,0	103,2	−0,7
Nov	10.	227,1	236,4	−1,1	248,8	−0,6	341,0	−1,8	164,4	+1,0	103,0	−0,7
	20.	237,2	251,6	−2,0	261,2	−1,0	345,6	−1,3	165,8	+1,0	102,6	−0,7
	30.	247,3	266,0	−2,4	273,6	−1,4	350,7	−0,9	167,0	+1,1	102,1	−0,7
Dez	10.	257,4	278,3	−2,0	286,0	−1,6	356,2	−0,6	167,9	+1,1	101,4	−0,7
	20.	267,6	282,0	+0,1	298,4	−1,8	2,0	−0,3	168,5	+1,2	100,7	−0,7
	31.	278,8	269,7	+3,1	311,9	−1,8	8,5	0,0	168,8	+1,2	99,8	−0,7

Länge:	Jan 1.	Mrz 1.	Mai 1.	Jul 1.	Sep 1.	Nov 1.	Dez 31.	Breite
URANUS	326,°2	329,°4	332,°2	332,°6	330,°5	328,°9	330,°0	−0,°8 bis −0,°7
NEPTUN	309,5	311,7	313,1	312,6	311,0	310,4	311,6	0,0
PLUTO	258,2	259,8	259,5	258,0	257,2	258,2	260,4	+8,6 bis +9,5

T.4 Lage der Mondbahn im Tierkreis relativ zur Ekliptik von 0° bis 180° ekliptikaler Länge

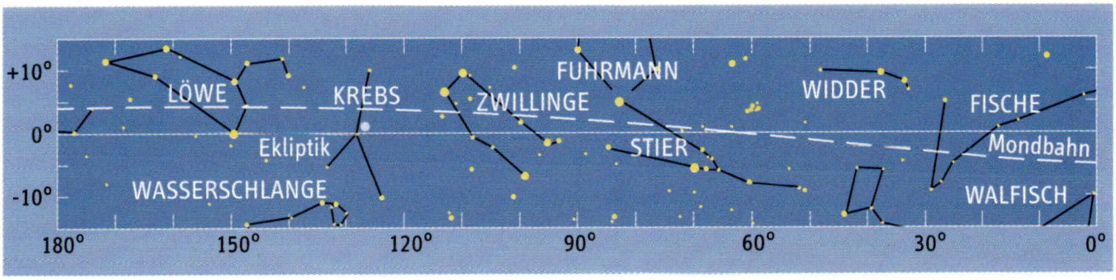

Ephemeriden der großen Planeten Januar – Juni 2003

MERKUR

Datum	Rektas. h m	Deklin. °	Kulmin. h m	Unterg. h m	Du. ″	bel. %
Jan 1.	20 01	−20,7	13 39	17 56	7,9	36
5.	19 59	−19,6	13 19	17 43	8,9	18
10.	19 40	−18,9	12 39		9,9	2
15.	19 12	−19,0	11 52	Aufg.	10,0	5
20.	18 55	−19,6	11 17	6 54	9,2	20
25.	18 53	−20,3	10 57	6 38	8,3	37
31.	19 08	−21,0	10 48	6 33	7,3	54
Feb 5.	19 28	−21,3	10 49	6 35	6,7	64
10.	19 53	−21,1	10 55	6 39	6,2	71
15.	20 20	−20,4	11 03	6 43	5,8	77
20.	20 49	−19,2	11 12	6 46	5,5	82
25.	21 20	−17,5	11 23	6 46	5,3	86
28.	21 39	−16,2	11 30	6 46	5,2	88
Mrz 5.	22 11	−13,6	11 43	6 44	5,1	92
10.	22 43	−10,4	11 56	6 41	5,0	95
15.	23 17	− 6,8	12 10		4,9	98
20.	23 51	− 2,6	12 25	Unterg.	5,0	100
25.	0 27	+ 1,9	12 41	18 57	5,1	99
31.	1 10	+ 7,5	13 00	19 45	5,4	93
Apr 5.	1 46	+12,0	13 16	20 23	5,8	80
10.	2 17	+15,8	13 27	20 54	6,5	63
15.	2 43	+18,5	13 32	21 13	7,4	45
20.	3 01	+20,1	13 29	21 18	8,5	28
25.	3 09	+20,5	13 17	21 05	9,8	15
30.	3 08	+19,7	12 55	20 38	11,0	5
Mai 5.	3 00	+17,9	12 27	19 58	11,8	1
10.	2 49	+15,7	11 57		12,1	1
15.	2 41	+13,6	11 30	Aufg.	11,8	5
20.	2 38	+12,3	11 08	4 05	11,0	12
25.	2 42	+12,0	10 53	3 51	10,0	21
31.	2 56	+12,9	10 43	3 36	8,8	32
Jun 5.	3 13	+14,4	10 41	3 26	7,9	41
10.	3 36	+16,3	10 45	3 19	7,1	51
15.	4 05	+18,6	10 55	3 15	6,4	63
20.	4 40	+20,9	11 10	3 16	5,9	75
25.	5 20	+22,8	11 31	3 25	5,5	87
30.	6 05	+24,0	11 57	3 42	5,2	96

VENUS

Datum	Rektas. h m	Deklin. °	Kulmin. h m	Aufg. h m	Du. ″	bel. %
Jan 1.	15 29	−15,2	9 08	4 20	28,1	45
5.	15 44	−16,1	9 07	4 24	26,8	47
10.	16 04	−17,2	9 08	4 31	25,3	50
15.	16 25	−18,2	9 10	4 38	23,9	52
20.	16 47	−19,1	9 12	4 45	22,7	55
25.	17 10	−19,8	9 15	4 53	21,6	57
31.	17 38	−20,5	9 19	5 01	20,4	60
Feb 5.	18 02	−20,9	9 23	5 08	19,5	62
10.	18 26	−21,1	9 28	5 13	18,7	64
15.	18 51	−21,0	9 33	5 18	18,0	66
20.	19 16	−20,7	9 38	5 21	17,3	67
25.	19 40	−20,2	9 43	5 23	16,7	69
28.	19 55	−19,7	9 46	5 23	16,3	70
Mrz 5.	20 20	−18,8	9 51	5 23	15,8	72
10.	20 44	−17,7	9 56	5 21	15,3	73
15.	21 09	−16,3	10 00	5 18	14,8	75
20.	21 33	−14,8	10 05	5 14	14,4	76
25.	21 56	−13,1	10 09	5 09	14,0	78
31.	22 24	−10,8	10 13	5 01	13,6	80
Apr 5.	22 47	− 8,8	10 16	4 54	13,2	81
10.	23 10	− 6,7	10 19	4 47	12,9	82
15.	23 32	− 4,5	10 22	4 39	12,6	83
20.	23 55	− 2,2	10 24	4 31	12,4	85
25.	0 17	+ 0,1	10 27	4 22	12,1	86
30.	0 39	+ 2,5	10 30	4 14	11,9	87
Mai 5.	1 02	+ 4,8	10 32	4 05	11,7	88
10.	1 24	+ 7,1	10 35	3 57	11,5	89
15.	1 47	+ 9,3	10 38	3 49	11,3	90
20.	2 10	+11,4	10 42	3 42	11,1	91
25.	2 34	+13,5	10 45	3 35	10,9	92
31.	3 02	+15,8	10 50	3 27	10,7	93
Jun 5.	3 27	+17,5	10 55	3 22	10,6	94
10.	3 51	+19,1	11 00	3 18	10,5	95
15.	4 17	+20,4	11 06	3 16	10,4	95
20.	4 42	+21,5	11 12	3 15	10,3	96
25.	5 08	+22,4	11 18	3 16	10,2	97
30.	5 35	+23,0	11 25	3 18	10,1	97

Datum	SATURN Rektas. h m	Deklin. °	Kulmin. h m	Unterg. h m	Äqu. ″	Pol ″	RING gr.A. ″	kl.A. ″	Öffn. °	hel. Ö. °	Leucht.
Jan 1.	5 36	+22,0	23 11	7 14	20,6	18,8	46,7	20,9	−26,7	−26,7	1,37
15.	5 32	+22,0	22 12	6 14	20,3	18,6	46,1	20,7	−26,7	−26,7	1,32
31.	5 28	+22,0	21 05	5 08	19,9	18,2	45,2	20,4	−26,8	−26,7	1,28
Feb 15.	5 26	+22,1	20 05	4 07	19,4	17,8	44,1	19,9	−26,9	−26,7	1,25
28.	5 26	+22,1	19 14	3 16	19,0	17,4	43,1	19,5	−26,9	−26,6	1,24
Mrz 15.	5 28	+22,2	18 16	2 19	18,5	16,9	41,9	19,0	−27,0	−26,6	1,24
31.	5 31	+22,3	17 17	1 21	17,9	16,4	40,7	18,5	−27,0	−28,6	1,24
Apr 15.	5 36	+22,4	16 23	0 27	17,5	16,0	39,7	18,0	−27,0	−26,6	1,26
30.	5 42	+22,5	15 30	23 32	17,1	15,7	38,9	17,6	−27,0	−26,5	1,28
Mai 15.	5 49	+22,5	14 38	22 40	16,9	15,4	38,3	17,3	−26,9	−26,5	1,31
31.	5 58	+22,6	13 44	21 46	16,7	15,2	37,8	17,0	−26,8	−26,4	1,35
Jun 15.	6 06	+22,6	12 53	20 55	16,6	15,1	37,6	16,8	−26,6	−26,4	1,44
30.	6 14	+22,6	12 02	20 05	16,5	15,1	37,5	16,7	−26,4	−26,4	1,48

MARS						JUPITER						
Rektas.	Deklin.	Kulmin.	Aufg.	Du.	bel.	Rektas.	Deklin.	Kulmin.	Aufg.	Äqu.	Pol	Datum
h m	°	h m	h m	″	%	h m	°	h m	h m	″	″	
15 09	−17,0	8 48	4 10	4,6	94	9 18	+16,5	2 57	19 27	44,0	41,1	Jan 1.
15 19	−17,7	8 43	4 08	4,6	94	9 17	+16,6	2 40	19 09	44,3	41,5	5.
15 33	−18,5	8 36	4 06	4,7	93	9 15	+16,8	2 18	18 47	44,7	41,8	10.
15 46	−19,3	8 29	4 04	4,8	93	9 13	+17,0	1 56	18 24	45,0	42,1	15.
15 59	−20,0	8 23	4 02	5,0	93	9 10	+17,2	1 34	18 01	45,3	42,4	20.
16 13	−20,7	8 17	4 00	5,1	92	9 08	+17,4	1 12	17 37	45,5	42,5	25.
16 29	−21,4	8 10	3 57	5,2	92	9 04	+17,6	0 45	17 09	45,6	42,6	31.
16 43	−21,9	8 03	3 54	5,4	91	9 02	+17,8	0 23		45,5	42,6	Feb 5.
16 56	−22,4	7 58	3 51	5,5	91	8 59	+18,0	0 01	Unterg.	45,5	42,5	10.
17 10	−22,7	7 52	3 47	5,7	91	8 57	+18,2	23 34	7 14	45,3	42,3	15.
17 24	−23,1	7 46	3 44	5,8	90	8 54	+18,4	23 12	6 52	45,0	42,1	20.
17 38	−23,3	7 40	3 39	6,0	90	8 52	+18,5	22 50	6 31	44,7	41,8	25.
17 46	−23,4	7 37	3 36	6,1	90	8 50	+18,6	22 37	6 19	44,5	41,6	28.
18 00	−23,5	7 31	3 31	6,3	89	8 49	+18,7	22 16	5 58	44,1	41,2	Mrz 5.
18 14	−23,6	7 25	3 26	6,5	89	8 47	+18,9	21 54	5 37	43,6	40,8	10.
18 28	−23,6	7 19	3 20	6,7	89	8 45	+18,9	21 33	5 17	43,1	40,3	15.
18 42	−23,5	7 13	3 13	6,9	88	8 44	+19,0	21 12	4 56	42,5	39,8	20.
18 55	−23,3	7 07	3 06	7,2	88	8 43	+19,1	20 52	4 36	41,9	39,2	25.
19 12	−23,0	7 00	2 57	7,5	88	8 43	+19,1	20 28	4 12	41,2	38,5	31.
19 25	−22,7	6 54	2 49	7,7	87	8 43	+19,1	20 08	3 52	40,6	38,0	Apr 5.
19 39	−22,4	6 47	2 41	8,0	87	8 43	+19,1	19 49	3 33	40,0	37,4	10.
19 52	−22,0	6 41	2 31	8,3	87	8 43	+19,0	19 30	3 14	39,4	36,8	15.
20 05	−21,5	6 34	2 22	8,7	87	8 44	+19,0	19 11	2 54	38,8	36,2	20.
20 17	−21,0	6 27	2 12	9,0	87	8 45	+18,9	18 52	2 35	38,2	35,7	25.
20 30	−20,5	6 20	2 01	9,4	87	8 47	+18,8	18 34	2 17	37,6	35,1	30.
20 42	−19,9	6 12	1 51	9,8	87	8 49	+18,7	18 16	1 58	37,0	34,6	Mai 5.
20 54	−19,3	6 04	1 39	10,2	86	8 51	+18,6	17 59	1 39	36,5	34,1	10.
21 06	−18,7	5 56	1 28	10,7	86	8 53	+18,4	17 41	1 21	36,0	33,6	15.
21 17	−18,1	5 48	1 16	11,1	87	8 55	+18,2	17 24	1 03	35,5	33,2	20.
21 28	−17,5	5 39	1 04	11,6	87	8 58	+18,1	17 07	0 45	35,0	32,7	25.
21 41	−16,7	5 28	0 49	12,3	87	9 01	+17,8	16 47	0 23	34,4	32,2	31.
21 51	−16,1	5 19	0 36	12,9	87	9 04	+17,6	16 30	0 05	34,0	31,8	Jun 5.
22 01	−15,5	5 09	0 23	13,5	88	9 07	+17,4	16 14	23 44	33,6	31,5	10.
22 10	−15,0	4 58	0 09	14,2	88	9 11	+17,1	15 57	23 26	33,3	31,1	15.
22 18	−14,5	4 47	23 52	14,9	88	9 14	+16,8	15 41	23 09	32,9	30,8	20.
22 26	−14,1	4 35	23 38	15,7	89	9 18	+16,6	15 25	22 51	32,6	30,5	25.
22 33	−13,7	4 23	23 24	16,5	90	9 22	+16,3	15 09	22 31	32,3	30,2	30.

URANUS					NEPTUN					PLUTO		
Rektas.	Deklin.	Kulmin.	Unterg.	Du.	Rektas.	Deklin.	Kulmin.	Unterg.	Du.	Rektas.	Deklin.	Datum
h m	°	h m	h m	″	h m	°	h m	h m	″	h m	°	
21 55	−13,5	15 32	20 29	3,4	20 48	−17,8	14 25	18 58	2,2	17 12	−13,8	Jan 1.
21 57	−13,2	14 39	19 37	3,4	20 50	−17,7	13 32	18 06	2,2	17 14	−13,8	15.
22 01	−12,9	13 40	18 39	3,4	20 52	−17,6	12 31		2,2	17 16	−13,8	31.
22 04	−12,6	12 44	17 45	3,4	20 54	−17,4	11 35	Aufg.	2,2	17 17	−13,8	Feb 15.
22 07	−12,4	11 56		3,4	20 56	−17,3	10 45	6 09	2,2	17 18	−13,7	28.
22 10	−12,1	11 00	Aufg.	3,4	20 58	−17,1	9 48	5 11	2,2	17 19	−13,7	Mrz 15.
22 13	−11,8	10 00	4 55	3,4	21 00	−17,0	8 47	4 10	2,2	17 19	−13,6	31.
22 16	−11,6	9 04	3 57	3,4	21 01	−16,9	7 49	3 11	2,2	17 18	−13,6	Apr 15.
22 18	−11,4	8 07	2 59	3,5	21 02	−16,9	6 51	2 13	2,3	17 17	−13,5	30.
22 19	−11,3	7 09	2 01	3,5	21 02	−16,9	5 53	1 14	2,3	17 16	−13,5	Mai 15.
22 20	−11,2	6 07	0 59	3,5	21 02	−16,9	4 49	0 11	2,3	17 14	−13,5	31.
22 20	−11,2	5 08	23 56	3,6	21 01	−16,9	3 50	23 08	2,3	17 13	−13,4	Jun 15.
22 19	−11,3	4 08	22 56	3,6	21 00	−17,0	2 50	22 08	2,3	17 11	−13,5	30.

Ephemeriden der großen Planeten Juli – Dezember 2003

	MERKUR						VENUS					
Datum	Rektas. h m	Deklin. °	Kulmin. h m	Unterg. h m	Du. ″	bel. %	Rektas. h m	Deklin. °	Kulmin. h m	Aufg. h m	Du. ″	bel. %
Jul 5.	6 53	+24,2	12 25	20 41	5,1	100	6 01	+23,3	11 32	3 23	10,0	98
10.	7 39	+23,2	12 52	20 59	5,1	98	6 28	+23,4	11 39	3 30	9,9	98
15.	8 23	+21,3	13 15	21 09	5,2	92	6 55	+23,2	11 46	3 38	9,9	99
20.	9 01	+18,7	13 34	21 11	5,4	85	7 21	+22,6	11 53	3 49	9,8	99
25.	9 36	+15,7	13 48	21 08	5,7	78	7 47	+21,8	11 59	4 00	9,8	99
31.	10 11	+11,8	14 00	20 58	6,0	70	8 19	+20,5	12 07	4 16	9,8	100
Aug 5.	10 37	+ 8,6	14 05	20 48	6,4	64	8 44	+19,2	12 12	4 30	9,7	100
10.	10 59	+ 5,5	14 07	20 34	6,9	57	9 09	+17,6	12 18	4 45	9,7	100
15.	11 17	+ 2,6	14 05	20 18	7,5	50	9 34	+15,8	12 23		9,7	100
20.	11 31	+ 0,2	13 58	20 00	8,1	42	9 58	+13,8	12 27	Unterg.	9,7	100
25.	11 38	− 1,6	13 46		8,9	32	10 22	+11,7	12 31	19 30	9,7	100
31.	11 38	− 2,3	13 21	Aufg.	9,8	19	10 50	+ 8,9	12 36	19 21	9,8	100
Sep 5.	11 29	− 1,4	12 51	6 55	10,5	8	11 13	+ 6,5	12 39	19 12	9,8	100
10.	11 14	+ 0,9	12 16	6 08	10,6	1	11 36	+ 4,1	12 42	19 04	9,8	99
15.	10 58	+ 3,9	11 42	5 21	10,0	4	11 59	+ 1,6	12 45	18 54	9,9	99
20.	10 53	+ 6,3	11 18	4 45	8,8	18	12 22	− 1,0	12 48	18 45	9,9	99
25.	11 01	+ 6,9	11 08	4 31	7,5	40	12 44	− 3,5	12 51	18 36	10,0	98
30.	11 22	+ 5,7	11 10	4 39	6,5	63	13 07	− 6,1	12 54	18 27	10,0	98
Okt 5.	11 50	+ 3,1	11 18	5 00	5,8	81	13 30	− 8,5	12 58	18 18	10,1	98
10.	12 21	− 0,3	11 30	5 28	5,3	91	13 53	−10,9	13 01	18 10	10,2	97
15.	12 53	− 3,9	11 42	5 57	5,0	97	14 17	−13,2	13 05	18 03	10,3	97
20.	13 25	− 7,6	11 54	6 27	4,8	99	14 41	−15,4	13 10	17 56	10,4	96
25.	13 56	−11,1	12 05		4,7	100	15 06	−17,4	13 15	17 50	10,5	95
31.	14 33	−15,0	12 19	Unterg.	4,7	100	15 36	−19,5	13 21	17 44	10,6	95
Nov 5.	15 04	−17,9	12 30	17 02	4,7	98	15 02	−21,1	13 27	17 41	10,7	94
10.	15 35	−20,4	12 42	16 59	4,8	97	16 28	−22,4	13 34	17 40	10,9	93
15.	16 07	−22,5	12 54	16 59	4,9	95	16 54	−23,4	13 41	17 40	11,0	92
20.	16 39	−24,1	13 06	17 01	5,0	92	17 21	−24,2	13 48	17 43	11,1	92
25.	17 11	−25,2	13 18	17 06	5,3	88	17 49	−24,6	13 56	17 48	11,3	91
30.	17 42	−25,8	13 30	17 14	5,6	82	18 16	−24,8	14 03	17 55	11,5	90
Dez 5.	18 12	−25,8	13 39	17 24	6,1	73	18 43	−24,6	14 11	18 04	11,7	89
10.	18 36	−25,2	13 44	17 33	6,8	60	19 10	−24,1	14 18	18 15	11,9	88
15.	18 52	−24,1	13 38	17 35	7,7	41	19 37	−23,3	14 25	18 27	12,1	87
20.	18 52	−22,8	13 16	17 21	8,9	19	20 04	−22,2	14 32	18 41	12,3	86
25.	18 32	−21,5	12 35	16 47	9,8	2	20 29	−20,9	14 38	18 55	12,5	85
31.	17 59	−20,4	11 39	15 56	9,7	7	21 00	−19,0	14 45	19 14	12,8	84

	SATURN						RING				
Datum	Rektas. h m	Deklin. °	Kulmin. h m	Aufg. h m	Äqu. ″	Pol ″	gr.A. ″	kl.A. ″	Öffn. °	hel. Ö. °	Leucht.
Jul 15.	6 23	+22,6	11 12	3 10	16,6	15,2	37,7	16,6	−26,1	−26,3	1,35
31.	6 31	+22,5	10 17	2 16	16,8	15,3	38,1	16,6	−25,9	−26,3	1,30
Aug 15.	6 39	+22,4	9 26	1 25	17,0	15,6	38,7	16,7	−25,6	−26,2	1,26
31.	6 45	+22,3	8 29	0 29	17,4	15,9	39,5	16,9	−25,3	−26,1	1,23
Sep 15.	6 51	+22,2	7 36	23 33	17,8	16,2	40,4	17,1	−25,1	−26,1	1,20
30.	6 54	+22,1	6 40	22 38	18,3	16,7	41,5	17,5	−24,9	−26,0	1,19
Okt 15.	6 57	+22,1	5 44	21 41	18,8	17,1	42,7	17,9	−24,8	−26,0	1,19
31.	6 57	+22,1	4 41	20 38	19,4	17,6	43,9	18,4	−24,8	−25,9	1,20
Nov 15.	6 55	+22,1	3 41	19 38	19,8	18,1	45,0	19,0	−24,9	−25,8	1,23
30.	6 52	+22,2	2 38	18 35	20,2	18,5	46,0	19,5	−25,0	−25,8	1,26
Dez 15.	6 48	+22,3	1 35	17 31	20,5	18,7	46,6	19,9	−25,3	−25,7	1,32
31.	6 42	+22,4	0 27	16 22	20,6	18,8	46,9	20,2	−25,5	−25,6	1,67

MARS Rektas. h m	Deklin. °	Kulmin. h m	Aufg. h m	Du. ″	bel. %	JUPITER Rektas. h m	Deklin. °	Kulmin. h m	Unterg. h m	Äqu. ″	Pol ″	Datum
22 40	−13,4	4 09	23 09	17,4	91	9 25	+16,0	14 53	22 16	32,1	30,0	Jul 5.
22 45	−13,2	3 55	22 53	18,3	91	9 29	+15,7	14 38	21 58	31,8	29,8	10.
22 50	−13,1	3 40	22 37	19,2	92	9 33	+15,4	14 22	21 41	31,6	29,6	15.
22 53	−13,0	3 23	22 21	20,1	93	9 37	+15,0	14 06	21 24	31,5	29,4	20.
22 55	−13,1	3 06	22 04	21,1	94	9 41	+14,7	13 51	21 06	31,3	29,3	25.
22 56	−13,4	2 43	21 42	22,2	96	9 46	+14,3	13 32	20 45	31,1	29,1	31.
22 55	−13,7	2 23	21 24	23,1	97	9 51	+13,9	13 17	20 28	31,0	29,0	Aug 5.
22 53	−14,1	2 01	21 04	23,8	98	9 55	+13,6	13 01	20 10	31,0	29,0	10.
22 50	−14,6	1 38	20 43	24,4	99	9 59	+13,2	12 46		30,9	28,9	15.
22 46	−15,0	1 15	20 22	24,9	99	10 03	+12,8	12 30	Aufg.	30,9	28,9	20.
22 41	−15,5	0 50	20 00	25,1	100	10 07	+12,4	12 15	5 11	30,9	28,9	25.
22 35	−16,0	0 20		25,1	100	10 12	+12,0	11 56	4 55	30,9	28,9	31.
22 30	−16,3	23 51	Unterg.	24,8	100	10 17	+11,6	11 41	4 41	31,0	29,0	Sep 5.
22 25	−16,4	23 26	4 12	24,3	99	10 21	+11,2	11 25	4 28	31,1	29,0	10.
22 21	−16,5	23 03	3 48	23,6	98	10 25	+10,8	11 09	4 14	31,2	29,1	15.
22 18	−16,4	22 41	3 26	22,8	97	10 29	+10,5	10 54	4 00	31,3	29,3	20.
22 16	−16,1	22 19	3 06	21,9	96	10 33	+10,1	10 38	3 46	31,4	29,4	25.
22 16	−15,8	21 59	2 48	20,9	95	10 37	+ 9,7	10 22	3 32	31,6	29,6	30.
22 17	−15,3	21 41	2 32	19,9	94	10 40	+ 9,4	10 06	3 18	31,8	29,8	Okt 5.
22 19	−14,7	21 23	2 17	18,9	93	10 44	+ 9,0	9 50	3 04	32,1	30,0	10.
22 22	−14,0	21 07	2 04	18,0	92	10 48	+ 8,7	9 34	2 50	32,3	30,2	15.
22 26	−13,2	20 51	1 53	17,0	91	10 51	+ 8,3	9 18	2 35	32,6	30,5	20.
22 31	−12,3	20 37	1 43	16,1	90	10 54	+ 8,0	9 02	2 21	32,9	30,8	25.
22 38	−11,2	20 21	1 32	15,1	90	10 58	+ 7,6	8 42	2 03	33,4	31,2	31.
22 45	−10,2	20 08	1 24	14,4	89	11 01	+ 7,3	8 25	1 47	33,7	31,6	Nov 5.
22 53	− 9,2	19 56	1 17	13,6	88	11 04	+ 7,0	8 08	1 32	34,1	31,9	10.
23 01	− 8,1	19 44	1 11	12,9	88	11 07	+ 6,8	7 51	1 16	34,6	32,3	15.
23 09	− 6,9	19 33	1 05	12,3	88	11 09	+ 6,5	7 34	1 00	35,0	32,8	20.
23 18	− 5,7	19 23	1 00	11,7	87	11 12	+ 6,3	7 17	0 44	35,5	33,2	25.
23 27	− 4,5	19 12	0 56	11,2	87	11 14	+ 6,1	6 59	0 27	36,0	33,7	30.
23 37	− 3,3	19 02	0 52	10,7	87	11 16	+ 6,0	6 41	0 10	36,5	34,2	Dez 5.
23 47	− 2,0	18 53	0 48	10,2	87	11 17	+ 5,8	6 23	23 49	37,1	34,7	10.
23 57	− 0,7	18 43	0 45	9,7	87	11 18	+ 5,7	6 05	23 32	37,6	35,2	15.
0 08	+ 0,6	18 34	0 41	9,3	87	11 20	+ 5,6	5 46	23 13	38,2	35,7	20.
0 18	+ 1,8	18 25	0 39	8,9	87	11 20	+ 5,6	5 27	22 55	38,8	36,3	25.
0 31	+ 3,4	18 14	0 35	8,5	87	11 21	+ 5,5	5 04	22 32	39,5	37,0	31.

URANUS Rektas. h m	Deklin. °	Kulmin. h m	Aufg. h m	Du. ″	NEPTUN Rektas. h m	Deklin. °	Kulmin. h m	Aufg. h m	Du. ″	PLUTO Rektas. h m	Deklin. °	Datum
22 18	−11,4	3 08	21 57	3,7	20 59	−17,1	1 49	21 08	2,3	17 10	−13,5	Jul 15.
22 16	−11,6	2 03	20 53	3,7	20 57	−17,2	0 45		2,3	17 09	−13,5	31.
22 14	−11,8	1 02		3,7	20 55	−17,4	23 40	Unterg.	2,3	17 08	−13,6	Aug 15.
22 12	−12,0	23 53	Unterg.	3,7	20 54	−17,5	22 36	3 15	2,3	17 08	−13,7	31.
22 09	−12,2	22 52	3 59	3,7	20 53	−17,6	21 35	2 14	2,3	17 08	−13,8	Sep 15.
22 07	−12,4	21 51	2 57	3,7	20 52	−17,6	20 35	1 14	2,3	17 09	−13,9	30.
22 06	−12,5	20 50	1 56	3,6	20 51	−17,7	19 36	0 14	2,3	17 10	−14,0	Okt 15.
22 05	−12,6	19 47	0 52	3,6	20 51	−17,7	18 33	23 07	2,3	17 12	−14,2	31.
22 05	−12,6	18 48	23 49	3,5	20 52	−17,6	17 35	22 09	2,3	17 14	−14,3	Nov 15.
22 06	−12,5	17 49	22 51	3,5	20 53	−17,6	16 37	21 11	2,2	17 16	−14,4	30.
22 07	−12,4	16 52	21 54	3,5	20 54	−17,5	15 39	20 15	2,2	17 18	−14,4	Dez 15.
22 09	−12,2	15 51	20 55	3,4	20 56	−17,3	14 38	19 14	2,2	17 21	−14,5	31.

Ephemeriden hellerer Kleinplaneten 2003

CERES (1)

Datum		Rektas. h m	Deklin. °	Kulmin. h m
Aug	1.	5 44	+22,1	9 27
	5.	5 50	+22,2	9 17
	10.	5 58	+22,4	9 06
	15.	6 06	+22,6	8 54
	20.	6 14	+22,7	8 42
	25.	6 22	+22,8	8 30
	31.	6 31	+22,9	8 16
Sep	5.	6 39	+23,0	8 04
	10.	6 46	+23,0	7 51
	15.	6 53	+23,1	7 39
	20.	7 00	+23,1	7 26
	25.	7 06	+23,2	7 12
	30.	7 13	+23,3	6 59
Okt	**5.**	7 18	+23,3	6 45
	10.	7 24	+23,4	6 31
	15.	7 29	+23,5	6 17
	20.	7 34	+23,6	6 02
	25.	7 38	+23,7	5 46
	31.	7 43	+23,9	5 27
Nov.	**5.**	7 46	+24,1	5 11
	10.	7 49	+24,4	4 54
	15.	7 51	+24,7	4 36
	20.	7 52	+25,0	4 17
	25.	7 52	+25,4	3 58
	30.	7 52	+25,8	3 38
Dez	5.	7 51	+26,3	3 18
	10.	7 50	+26,8	2 57
	15.	7 47	+27,3	2 34
	20.	7 44	+27,9	2 12
	25.	7 40	+28,5	1 48
	31.	7 35	+29,1	1 19

HEBE (6)

Datum		Rektas. h m	Deklin. °	Kulmin. h m
Dez	1.	7 59	+ 6,4	3 41
	5.	7 58	+ 6,5	3 24
	10.	7 56	+ 6,7	3 03
	15.	7 53	+ 6,9	2 41
	20.	7 50	+ 7,3	2 18
	25.	7 46	+ 7,7	1 54
	31.	7 41	+ 8,4	1 25

PALLAS (2)

Datum		Rektas. h m	Deklin. °	Kulmin. h m
Aug	1.	1 57	+ 0,4	5 39
	5.	1 59	− 0,1	5 26
	10.	2 02	− 0,8	5 10
	15.	2 05	− 1,7	4 53
	20.	2 07	− 2,6	4 35
	25.	2 08	− 3,7	4 17
	31.	2 10	− 5,0	3 54
Sep	5.	2 10	− 6,2	3 35
	10.	2 10	− 7,6	3 15
	15.	2 09	− 8,9	2 55
	20.	2 08	−10,4	2 34
	25.	2 06	−11,8	2 12
	30.	2 03	−13,3	1 50
Okt	**5.**	2 00	−14,7	1 28
	10.	1 57	−16,2	1 04
	15.	1 53	−17,5	0 41
	20.	1 49	−18,7	0 18
	25.	1 45	−19,9	23 49
	31.	1 40	−21,1	23 21
Nov	5.	1 37	−21,9	22 58
	10.	1 33	−22,5	22 34
	15.	1 30	−23,0	22 12
	20.	1 28	−23,4	21 50
	25.	1 25	−23,6	21 28
	30.	1 24	−23,7	21 07

AMPHITRITE (29)

Datum		Rektas. h m	Deklin. °	Kulmin. h m
Nov	1.	4 39	+30,8	2 20
	5.	4 36	+31,0	2 01
	10.	4 32	+31,1	1 38
	15.	4 28	+31,2	1 14
	20.	4 23	+31,2	0 49
	25.	4 17	+31,2	0 24
	30.	4 11	+31,1	23 53
Dez	**5.**	4 06	+30,9	23 28
	10.	4 01	+30,7	23 03
	15.	3 56	+30,4	22 39
	20.	3 52	+30,1	22 15
	25.	3 48	+29,8	21 53
	31.	3 45	+29,4	21 26

VESTA (4)

Datum		Rektas. h m	Deklin. °	Kulmin. h m
Jan	**1.**	12 34	+ 3,7	6 13
	5.	12 39	+ 3,6	6 02
	10.	12 43	+ 3,4	5 47
	15.	12 48	+ 3,3	5 31
	20.	12 52	+ 3,3	5 15
	25.	12 55	+ 3,4	4 59
	31.	12 58	+ 3,6	4 39
Feb	**5.**	13 00	+ 3,8	4 21
	10.	13 01	+ 4,1	4 02
	15.	13 02	+ 4,5	3 43
	20.	13 02	+ 4,9	3 23
	25.	13 01	+ 5,5	3 03
	28.	13 00	+ 5,8	2 50
Mrz	**5.**	12 58	+ 6,4	2 28
	10.	12 55	+ 7,1	2 06
	15.	12 51	+ 7,7	1 43
	20.	12 47	+ 8,4	1 19
	25.	12 43	+ 9,0	0 55
	31.	12 38	+ 9,7	0 26
Apr	**5.**	12 33	+10,1	0 02
	10.	12 29	+10,5	23 33
	15.	12 24	+10,8	23 09
	20.	12 21	+11,0	22 46
	25.	12 17	+11,1	22 23
	30.	12 15	+11,0	22 01
Mai	**5.**	12 13	+10,9	21 40
	10.	12 12	+10,6	21 19
	15.	12 12	+10,3	20 59
	20.	12 12	+ 9,9	20 40
	25.	12 13	+ 9,4	20 22
	31.	12 15	+ 8,7	20 00
Jun	**5.**	12 17	+ 8,0	19 43
	10.	12 20	+ 7,3	19 27
	15.	12 24	+ 6,6	19 11
	20.	12 28	+ 5,8	18 55
	25.	12 33	+ 4,9	18 40
	30.	12 38	+ 4,1	18 25
Jul	5.	12 43	+ 3,2	18 11
	10.	12 49	+ 2,3	17 57
	15.	12 55	+ 1,3	17 44
	20.	13 01	+ 0,4	17 31
	25.	13 08	− 0,6	17 18
	31.	13 17	− 1,8	17 03

In den **halbfett** gedruckten Tagesintervallen sind die Kleinplaneten einfacher aufzufinden.
Spaltenüberschriften auf Seite 240 bis 244: Rektaszension und Deklination für 1^h MEZ.
Kulmination = Meridiandurchgang in MEZ für 10° östliche Länge.
Aufgang und Untergang: MEZ für 10° östliche Länge und 50° nördliche Breite.
Scheinbarer Durchmesser für 1^h MEZ, Äqu.: Äquatordurchmesser, Pol: Poldurchmesser.
Beleuchteter Teil des Planetenscheibchens für 1^h MEZ.
Saturnring: große und kleine Ringachse, Öffnung: heliozentrische Öffnung, Leuchtkraft relativ zur Leuchtkraft der Saturnkugel.

Zentralmeridiane Mars und Jupiter (1^h MEZ = 2^h MESZ) 2003

Mars

Dat.	Jun	Jul	Aug	Sep	Okt	Nov	Dez
1.	64°	138°	210°	294°	25°	95°	166°
2.	54	128	201	285	16	86	157
3.	45	119	192	276	7	76	147
4.	35	109	183	267	358	67	137
5.	26	100	174	259	348	57	127
6.	16	90	165	250	339	47	118
7.	6	81	156	241	330	38	108
8.	357	72	147	232	321	28	98
9.	347	62	138	223	311	19	88
10.	338	53	129	214	302	9	79
11.	328	44	120	205	293	360	69
12.	318	34	111	196	284	350	59
13.	309	25	102	188	274	340	49
14.	299	16	93	179	265	331	40
15.	290	6	84	170	256	321	30
16.	280	357	76	161	246	311	20
17.	271	348	67	152	237	302	10
18.	261	339	58	143	227	292	0
19.	251	329	49	134	218	283	351
20.	242	320	40	125	209	273	341
21.	232	311	31	116	199	263	331
22.	223	302	22	107	190	254	321
23.	213	292	13	98	180	244	312
24.	204	283	5	89	171	234	302
25.	194	274	356	80	162	224	292
26.	185	265	347	71	152	215	282
27.	175	256	338	62	143	205	272
28.	166	247	329	52	133	195	263
29.	156	237	320	43	124	186	253
30.	147	228	312	34	114	176	243
31.		219	303		105		233
D	−21°	−21°	−19°	−19°	−22°	−25°	−26°

Jupiter System I

Dat.	Jan	Feb	Mrz	Apr	Mai	Jun	Okt	Nov	Dez
1.	266°	125°	229°	84°	138°	346°	143°	354°	49°
2.	64	283	27	242	295	144	301	152	207
3.	222	81	185	40	93	302	99	310	5
4.	20	239	343	198	251	99	256	107	163
5.	178	37	141	355	49	257	54	265	321
6.	336	195	299	153	206	55	212	63	119
7.	134	353	97	311	4	212	10	221	277
8.	292	151	255	109	162	10	167	19	74
9.	90	309	53	267	319	168	325	177	232
10.	248	107	211	64	117	326	123	334	30
11.	46	265	9	222	275	123	281	132	188
12.	204	63	166	20	73	281	78	290	346
13.	2	221	324	178	230	79	236	88	144
14.	160	19	122	336	28	236	34	246	302
15.	318	177	280	133	186	34	192	44	100
16.	116	335	78	291	343	192	350	201	258
17.	274	133	236	89	141	349	147	359	56
18.	73	291	34	247	299	147	305	157	214
19.	231	89	192	45	96	304	103	315	12
20.	29	247	350	202	254	102	261	113	169
21.	187	45	148	0	52	260	58	271	327
22.	345	203	305	158	210	57	216	68	125
23.	143	1	103	316	7	215	14	226	283
24.	301	159	261	113	165	13	172	24	81
25.	99	317	59	271	323	170	330	182	239
26.	257	115	217	69	120	328	127	340	37
27.	55	273	15	227	278	126	285	138	195
28.	213	71	173	24	76	283	83	296	353
29.	11		330	182	233	81	241	94	151
30.	169		128	340	31	239	38	251	309
31.	327		286		189		196		107
D	0°	0°	0°	0°	0°	0°	−1°	−1°	−2°

Jupiter System II

Dat.	Jan	Feb	Mrz	Apr	Mai	Jun	Okt	Nov	Dez
1.	164°	146°	37°	15°	200°	172°	118°	92°	279°
2.	314	297	187	165	350	322	268	243	69
3.	104	87	337	315	140	112	58	33	219
4.	255	238	128	106	290	262	208	183	9
5.	45	28	278	256	80	52	358	333	160
6.	196	178	68	46	230	202	149	123	310
7.	346	329	219	196	20	352	299	273	100
8.	136	119	9	346	170	142	89	64	250
9.	287	269	159	137	321	292	239	214	41
10.	77	60	310	287	111	83	29	4	191
11.	228	210	100	77	261	233	179	154	341
12.	18	1	250	227	51	23	329	304	132
13.	168	151	40	17	201	173	119	95	282
14.	319	301	191	167	351	323	270	245	72
15.	109	92	341	318	141	113	60	35	222
16.	260	242	131	108	291	263	210	185	13
17.	50	33	282	258	81	53	0	335	163
18.	201	183	72	48	231	203	150	126	313
19.	351	333	222	198	21	353	300	276	104
20.	141	124	12	348	171	143	90	66	254
21.	292	274	163	139	321	293	241	216	44
22.	82	64	313	289	112	83	31	7	194
23.	233	215	103	79	262	233	181	157	345
24.	23	5	253	229	52	23	331	307	135
25.	173	155	44	19	202	173	121	97	285
26.	324	306	194	169	352	323	271	247	76
27.	114	96	344	319	142	113	62	38	226
28.	265	246	134	109	292	263	212	188	16
29.	55		284	260	82	53	2	338	167
30.	206		75	50	232	203	152	128	317
31.	356		225		22		302		107

D = Neigung der Planetenachse zur Erde

Korrektur für MEZ	0^h	1^h	2^h	3^h	4^h	5^h	6^h	7^h	18^h	19^h	20^h	21^h	22^h	23^h	24^h	Änderung
Mars	−15°	0°	+15°	+29°	+ 44°	+ 58°	+ 73°	+ 88°	−111°	−97°	−82°	−68°	−53°	−38°	− 24°	+14°,6/Stunde
Jupiter System I	−37°	0°	+37°	+73°	+110°	+146°	+183°	+219°	− 98°	−62°	−25°	+12°	+48°	+85°	+121°	+36°,6/Stunde
Jupiter System II	−36°	0°	+36°	+73°	+109°	+145°	+181°	+218°	−104°	−67°	−31°	+ 5°	+41°	+78°	+114°	+36°,3/Stunde

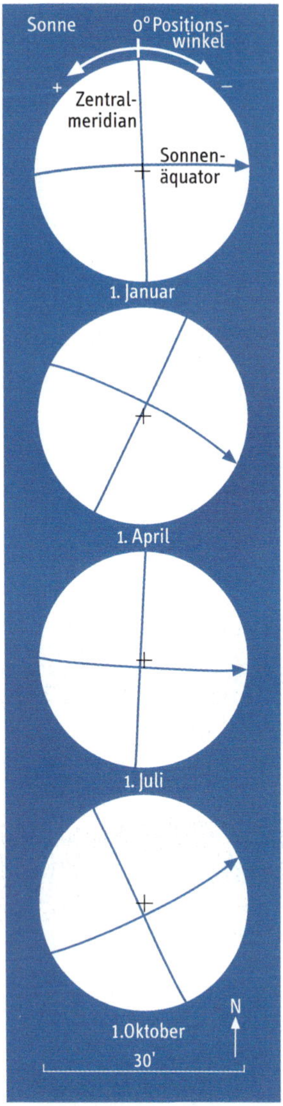

T.5 Lage des Zentralmeridians und des Äquators der Sonne im Verlauf des Jahres relativ zum Beobachter auf der Erde.

Ephemeride der Sonnenscheibe (1^h MEZ) 2003

Datum		Entferng.	Du.	Z. M.	B_0	P	Sternzeit
		AE	'	°	°	°	h m
Jan	1.	0,983	32,5	302,2	−3,0	+ 2,3	6 41
	10.	0,983	32,5	183,6	−4,0	− 2,1	7 16
	20.	0,984	32,5	52,0	−5,0	− 6,7	7 56
	31.	0,985	32,5	267,1	−5,9	−11,6	8 39
Feb	10.	0,987	32,4	135,5	−6,6	−15,5	9 19
	20.	0,989	32,4	3,8	−7,0	−18,9	9 58
	28.	0,990	32,3	258,4	−7,2	−21,1	10 30
Mrz	10.	0,993	32,2	126,7	−7,2	−23,4	11 09
	20.	0,996	32,1	354,9	−7,0	−25,1	11 48
	31.	0,999	32,0	209,8	−6,6	−26,1	12 32
Apr	10.	1,002	31,9	77,9	−6,0	−26,3	13 11
	20.	1,004	31,8	305,8	−5,2	−25,7	13 51
	30.	1,007	31,8	173,7	−4,3	−24,4	14 30
Mai	10.	1,010	31,7	41,5	−3,3	−22,4	15 10
	20.	1,012	31,6	269,3	−2,1	−19,7	15 49
	31.	1,014	31,6	123,7	−0,8	−16,0	16 32
Jun	10.	1,015	31,5	351,4	+0,4	−12,1	17 12
	20.	1,016	31,5	219,0	+1,6	− 7,9	17 51
	30.	1,017	31,5	86,7	+2,7	− 3,4	18 31
Jul	10.	1,017	31,5	314,3	+3,8	+ 1,1	19 10
	20.	1,016	31,5	182,0	+4,7	+ 5,6	19 49
	31.	1,015	31,5	36,5	+5,7	+10,2	20 33
Aug	10.	1,014	31,6	264,2	+6,3	+14,0	21 12
	20.	1,012	31,6	132,0	+6,8	+17,5	21 52
	31.	1,010	31,7	346,7	+7,2	+20,7	22 35
Sep	10.	1,007	31,8	214,6	+7,2	+23,0	23 14
	20.	1,004	31,8	82,6	+7,1	+24,8	23 54
	30.	1,002	31,9	310,6	+6,8	+25,9	0 33
Okt	10.	0,999	32,0	178,7	+6,2	+26,3	1 13
	20.	0,996	32,1	46,7	+5,5	+26,0	1 52
	31.	0,993	32,2	261,7	+4,5	+24,8	2 36
Nov	10.	0,990	32,3	129,8	+3,5	+22,8	3 15
	20.	0,988	32,4	358,0	+2,3	+20,1	3 54
	30.	0,986	32,4	226,2	+1,1	+16,7	4 34
Dez	10.	0,985	32,5	94,4	−0,2	+12,7	5 13
	20.	0,984	32,5	322,7	−1,5	+ 8,2	5 53
	31.	0,983	32,5	177,8	−2,8	+ 2,9	6 36

Z.M. Zentralmeridian (Abnahme 13,°2/Tag), B_0 Neigung der Sonnenachse zur Erde, P Positionswinkel des Sonnen-Nordpols, Sternzeit Greenwich

Beginn der synodischen Sonnenrotation nach Carrington 2003

Rot. Nr.	Datum	MEZ	Rot. Nr.	Datum	MEZ
		h m			h m
1999	Jan 23.	23 42	2006	Aug 2.	19 10
2000	Feb 20.	7 54	2007	Aug 30.	0 49
2001	Mrz 19.	15 40	2008	Sep 26.	7 10
2002	Apr 15.	22 34	2009	Okt 23.	14 03
2003	Mai 13.	4 23	2010	Nov 19.	21 20
2004	Jun 9.	9 24	2011	Dez 17.	4 58
2005	Jul 6.	14 09			

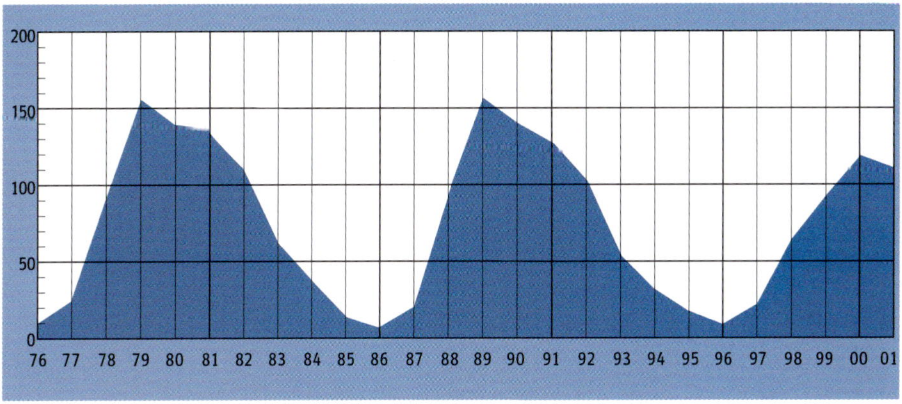

T.6 Jahresmittel der Sonnenfleckenrelativzahlen von 1976 bis 2001.

T.7 Monatsmittel der Sonnenfleckenrelativzahlen von Januar 1996 bis März 2002.

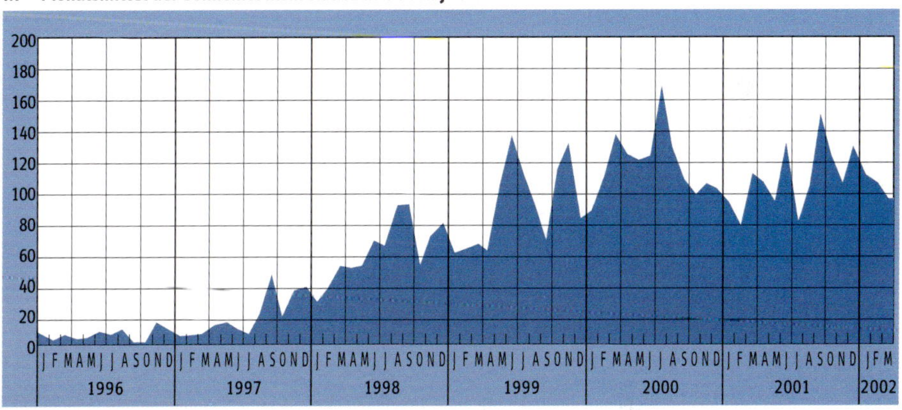

T.8 Stellung und relative Lage der zunehmenden Mondsichel zum Westhorizont jeweils am 1. Sichtbarkeitsabend nach Neumond eine halbe Stunde nach Sonnenuntergang im Jahre 2003.

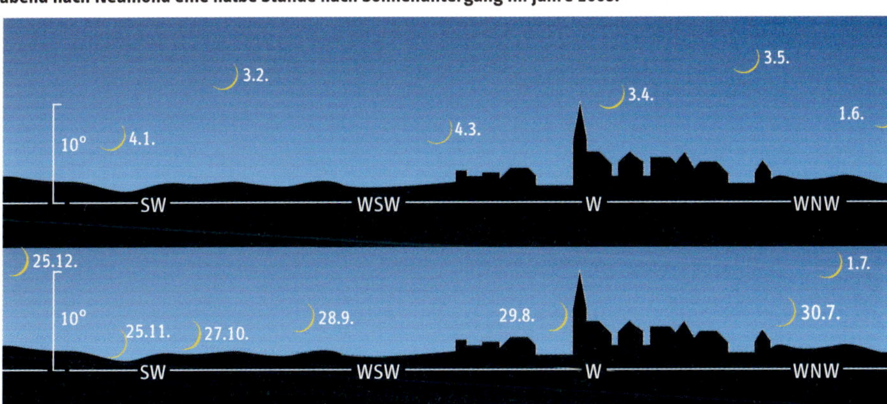

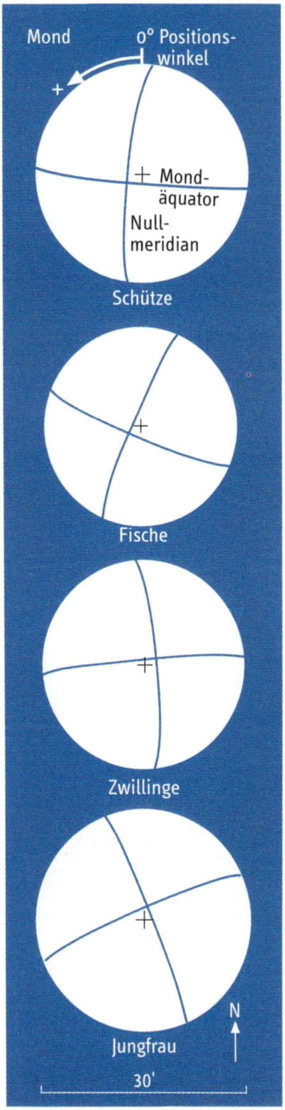

T.9 **Lage des Nullmeridians und des Mondäquators relativ zum Beobachter auf der Erde in Abhängigkeit von der Position des Mondes im Tierkreis (siehe auch monatliche Rubrik „Mondlauf").**

Sternbedeckungen durch den Mond 2003

Datum		MEZ		Stern	Hell.	bel.	E/A	P
		h	m		m	%		°
Jan	5.	17	15	37 Cap	5,7	9	E	15
	16.	5	00	132 Tau	4,9:	94	E	75
	17.	3	55	ε Gem	3,0	98	E	110
	27.	7	10	HR 5934	5,9	29	A	260
Feb	9.	23	45	HR 1085	6,2	54	E	85
	10.	21	25	53 Tau	5,4	63	E	75
	11.	2	05	76 Tau	5,9	65	E	50
Mrz	9.	21	00	SAO 76393	6,8	36	E	80
	10.	22	05	SAO 76812	6,6	46	E	60
	13.	2	25	SAO 96210	6,7	67	E	30
	13.	3	25	37 Gem	5,7	68	E	85
Apr	6.	20	30	SAO 76658	6,8	21	E	25
	7.	23	35	SAO 77252	6,9	30	E	125
	9.	24	00	57 Gem	5,0	50	E	180
	12.	20	55	η Leo	3,5:	79	E	65
	18.	2	25	α Lib	2,8:	98	A	280
Jun	2.	21	25	SAO 78795	7,0	7	E	90
	7.	0	15	46 Leo	5,5	40	E	45
	9.	21	50	46 Vir	6,0:	72	E	110
	9.	23	50	48 Vir	6,6:	73	E	60
	11.	22	30	8 Lib	5,2:	90	E	120
	11.	22	35	α Lib	2,8:	90	E	125
	11.	23	45	α Lib	2,8:	91	A	290
Jul	6.	19	45	γ Vir	2,8:	47	E	190
	6.	20	15	γ Vir	2,8:	47	A	240
	10.	21	00	ρ Oph	4,6:	88	E	95
	11.	22	30	HR 6520	6,0	95	E	60
Aug	21.	0	30	κ Tau	4,2:	41	E	345
	21.	0	40	κ Tau	4,2:	41	A	320
	21.	0	55	67 Tau	5,3:	41	A	280
Sep	4.	20	15	SAO 185900	6,8	65	E	90
	6.	19	20	ω Sgr	4,7	83	E	80
	6.	21	05	60 Sgr	4,8	84	E	85
	19.	4	00	139 Tau	4,8	47	A	225
Okt	16.	3	55	125 Tau	5,0:	73	A	245
	19.	2	20	λ Cnc	6,0	45	A	245
	21.	2	20	η Leo	3,5:	25	A	315
Nov	5.	22	05	14 Cet	5,9	91	E	10
	10.	23	45	υ Tau	4,3:	97	A	240
	27.	17	40	60 Sgr	4,8	19	E	15
	30.	18	20	69 Aqr	5,7:	50	E	95
	30.	19	45	τ Aqr	4,0	51	E	60
Dez	2.	22	05	HR 94	6,1	71	E	115
	18.	7	10	44 Vir	5,8	34	A	315
	21.	13	30	δ Sco	2,0:	5	E	75
	29.	22	40	SAO 128628	6,8	45	E	50

Hell. = Helligkeit („:" = Doppelstern), E/A = Eintritt/Austritt, bel. = beleuchteter Teil der Mondscheibe, P = Positionswinkel

Datum		MEZ Stunde	Hamburg	Hannover	Berlin	Dresden	Leipzig	Düsseldorf	Frankfurt	Nürnberg	Stuttgart	München	Zürich	Wien
Jan	5.	17	19,0	17,3	16,7	15,5	15,7	16,8	14,7	14,0	13,3	13,1	11,9	14,5
	16.	4/5	56,5	57,8	57,6	59,1	58,9	59,0	00,3	00,9	01,8	02,3	03,4	01,6
	17.	3/4	50,2	52,3	53,0	55,7	54,9	53,6	56,3	58,2	59,1	00,8	01,9	01,2
	27.	7	15,9	15,0	20,8	20,7	19,0	09,3	11,9	16,0	12,1	16,2	09,7	–
Feb	9.	23	42,4	43,9	44,8	46,9	46,1	44,4	46,8	48,6	49,1	50,8	51,4	51,5
	10.	21	20,3	20,2	25,0	26,2	24,2	16,3	19,5	23,5	21,1	25,3	21,2	32,0
	11.	2	02,9	03,3	04,0	04,5	04,2	03,4	04,3	05,0	05,2	05,7	06,0	05,9
Mrz	9.	20/21	54,7	55,7	58,6	00,5	59,1	54,2	57,3	00,4	59,6	02,6	01,1	06,2
	10.	22	02,7	02,9	06,2	07,1	05,8	00,6	03,0	05,7	04,5	07,1	05,0	10,9
	13.	2	–	26,1	–	–	–	21,6	22,9	24,8	23,3	24,8	23,0	–
	13.	3	25,2	26,6	25,1	–	–	29,0	29,6	–	–	–	–	–
Apr	6.	20	36,5	32,9	38,7	35,7	34,5	27,5	28,6	30,8	28,3	30,5	27,1	35,4
	7.	23	28,5	30,9	28,9	31,4	31,6	34,7	36,0	36,0	38,5	38,3	42,0	35,3
	9.	23/24	53,6	01,8	52,9	58,3	59,7	–	–	–	–	–	–	07,6
	12.	20/21	58,4	55,3	04,7	02,4	59,6	47,3	49,7	54,1	49,6	54,1	47,3	05,0
	18.	2	20,9	21,2	26,0	27,6	25,5	17,5	20,8	24,9	22,4	26,5	22,0	33,5
Jun	2.	21	24,3	25,9	25,0	26,8	26,6	28,1	29,2	29,3	30,8	30,9	–	–
	7.	0	15,3	15,6	–	–	17,1	15,0	16,4	17,5	17,5	–	18,3	–
	9.	21	43,3	44,3	48,6	50,8	48,7	42,0	45,5	49,4	47,8	51,7	48,8	57,6
	9.	23	46,4	47,3	51,7	53,5	51,6	44,4	48,0	51,8	50,1	53,6	50,6	58,8
	11.	22	25,1	25,6	29,9	31,5	29,5	22,8	25,8	29,3	27,4	31,0	27,7	37,3
	11.	22	33,0	33,5	37,7	39,4	37,5	30,9	33,9	37,5	35,7	39,3	36,1	45,3
	11.	23	41,6	42,6	46,6	48,7	46,8	40,1	43,6	47,4	45,7	49,6	46,3	55,4
Jul	6.	19	37,2	40,2	39,7	43,2	42,5	45,6	47,4	47,9	51,8	51,7	–	50,4
	6.	20	13,4	13,6	20,2	22,1	19,4	06,0	11,2	17,6	12,3	19,1	–	29,0
	10.	20/21	59,0	58,5	04,0	04,4	02,3	53,8	56,4	00,0	57,0	00,6	55,7	08,5
	11.	22	29,2	28,3	34,3	34,5	32,3	22,7	25,4	29,4	25,7	29,8	23,8	38,3
Aug	21.	0	36,2	30,6	–	–	–	–	–	–	–	–	–	–
	21.	0	39,0	40,8	45,6	45,2	44,1	–	40,1	42,2	40,4	41,9	39,5	44,9
	21.	0	57,7	56,0	57,0	55,0	55,1	54,0	52,8	52,3	51,1	50,6	49,3	51,6
Sep	4.	20	13,4	13,5	19,0	20,0	17,8	09,5	12,7	16,7	14,1	18,2	13,6	25,6
	6.	19	24,1	22,7	27,7	26,9	25,3	17,5	18,9	21,7	18,3	21,2	16,0	28,6
	6.	20/21	04,4	03,9	09,3	09,8	07,7	59,1	01,7	05,5	02,2	06,2	00,8	14,3
	19.	3/4	06,9	04,0	07,4	04,0	03,6	09,0	57,5	57,4	54,3	53,9	49,8	57,2
Okt	16.	3/4	59,4	57,9	03,7	02,7	00,9	52,0	53,4	56,3	52,2	55,0	48,7	03,1
	19.	2	28,1	25,5	27,3	24,0	24,2	22,1	20,1	19,1	17,0	15,8	13,3	17,1
	21.	2	20,2	20,0	21,1	20,8	20,5	19,2	19,3	19,6	18,9	19,1	18,3	20,2
Nov	5.	21/22	12,8	09,8	10,7	07,9	08,0	07,0	04,3	03,6	01,4	01,2	58,0	04,5
	10.	23	51,4	49,3	53,8	51,8	50,7	43,9	44,1	45,7	42,3	43,7	38,8	49,3
	27.	17	42,7	41,5	41,3	40,6	40,6	41,2	39,4	39,2	38,3	38,5	37,0	40,5
	30.	18	18,8	18,1	24,5	25,4	22,8	12,7	15,6	20,2	16,4	21,4	14,8	32,4
	30.	19	46,5	46,2	50,1	50,6	49,1	42,7	44,6	47,6	45,2	48,3	44,1	54,7
Dez	2.	21/22	56,0	57,5	04,1	09,1	05,2	53,7	59,9	08,2	05,3	18,0	09,6	–
	18.	7	08,2	08,9	12,2	14,0	12,4	06,6	09,4	12,6	11,0	14,3	11,1	20,0
	21.	13	–	–	–	–	–	27,1	30,0	33,0	32,0	34,9	32,8	–
	29.	22	39,9	40,1	41,1	41,5	41,1	39,5	40,2	41,1	40,8	41,8	41,1	–

Unter jeder Stadt sind die Minuten und Zehntelminuten der Sternbedeckungszeit angegeben.

Sternzeit um 20^h MEZ = 21^h MESZ auf 10° östlicher Länge

Tag	Jan	Feb	Mrz	Apr	Mai	Jun	Jul	Aug	Sep	Okt	Nov	Dez
	h m	h m	h m	h m	h m	h m	h m	h m	h m	h m	h m	h m
1.	2 24	4 26	6 17	8 19	10 17	12 19	14 18	16 20	18 22	20 20	22 23	0 21
2.	2 28	4 30	6 21	8 23	10 21	12 23	14 22	16 24	18 26	20 24	22 27	0 25
3.	2 32	4 34	6 25	8 27	10 25	12 27	14 26	16 28	18 30	20 28	22 31	0 29
4.	2 36	4 38	6 29	8 31	10 29	12 31	14 30	16 32	18 34	20 32	22 34	0 33
5.	2 40	4 42	6 32	8 35	10 33	12 35	14 33	16 36	18 38	20 36	22 38	0 37
6.	2 44	4 46	6 36	8 39	10 37	12 39	14 37	16 40	18 42	20 40	22 42	0 41
7.	2 48	4 50	6 40	8 43	10 41	12 43	14 41	16 44	18 46	20 44	22 46	0 45
8.	2 52	4 54	6 44	8 47	10 45	12 47	14 45	16 47	18 50	20 48	22 50	0 48
9.	2 56	4 58	6 48	8 50	10 49	12 51	14 49	16 51	18 54	20 52	22 54	0 52
10.	3 00	5 02	6 52	8 54	10 53	12 55	14 53	16 55	18 58	20 56	22 58	0 56
11.	3 03	5 06	6 56	8 58	10 57	12 59	14 57	16 59	19 02	21 00	23 02	1 00
12.	3 07	5 10	7 00	9 02	11 01	13 03	15 01	17 03	19 05	21 04	23 06	1 04
13.	3 11	5 14	7 04	9 06	11 04	13 07	15 05	17 07	19 09	21 08	23 10	1 08
14.	3 15	5 18	7 08	9 10	11 08	13 11	15 09	17 11	19 13	21 12	23 14	1 12
15.	3 19	5 21	7 12	9 14	11 12	13 15	15 13	17 15	19 17	21 16	23 18	1 16
16.	3 23	5 25	7 16	9 18	11 16	13 19	15 17	17 19	19 21	21 20	23 22	1 20
17.	3 27	5 29	7 20	9 22	11 20	13 22	15 21	17 23	19 25	21 23	23 26	1 24
18.	3 31	5 33	7 24	9 26	11 24	13 26	15 25	17 27	19 29	21 27	23 30	1 28
19.	3 35	5 37	7 28	9 30	11 28	13 30	15 29	17 31	19 33	21 31	23 34	1 32
20.	3 39	5 41	7 32	9 34	11 32	13 34	15 33	17 35	19 37	21 35	23 38	1 36
21.	3 43	5 45	7 36	9 38	11 36	13 38	15 37	17 39	19 41	21 39	23 41	1 40
22.	3 47	5 49	7 39	9 42	11 40	13 42	15 40	17 43	19 45	21 43	23 45	1 44
23.	3 51	5 53	7 43	9 46	11 44	13 46	15 44	17 47	19 49	21 47	23 49	1 48
24.	3 55	5 57	7 47	9 50	11 48	13 50	15 48	17 51	19 53	21 51	23 53	1 52
25.	3 59	6 01	7 51	9 54	11 52	13 54	15 52	17 55	19 57	21 55	23 57	1 56
26.	4 03	6 05	7 55	9 57	11 56	13 58	15 56	17 58	20 01	21 59	0 01	1 59
27.	4 07	6 09	7 59	10 01	12 00	14 02	16 00	18 02	20 05	22 03	0 05	2 03
28.	4 11	6 13	8 03	10 05	12 04	14 06	16 04	18 06	20 09	22 07	0 09	2 07
29.	4 14	–	8 07	10 09	12 08	14 10	16 08	18 10	20 13	22 11	0 13	2 11
30.	4 18	–	8 11	10 13	12 12	14 14	16 12	18 14	20 16	22 15	0 17	2 15
31.	4 22	–	8 15	–	12 15	–	16 16	18 18	–	22 19	–	2 19

Korrektur für andere östliche geografische Längen

Länge	4°	5°	6°	7°	8°	9°	11°	12°	13°	14°	15°	16°
Korr.	-24^m	-20^m	-16^m	-12^m	-8^m	-4^m	$+4^m$	$+8^m$	$+12^m$	$+16^m$	$+20^m$	$+24^m$

Korrektur für andere Uhrzeiten derselben Nacht (Datumswechsel um Mitternacht)

MEZ	18^h	19^m	21^h	22^h	23^h	0^h	1^h	2^h	3^h	4^h	5^h	6^h
MESZ	19^h	20^h	22^h	23^h	0^h	1^h	2^h	3^h	4^h	5^h	6^h	7^h
Korr.	-2^h00^m	-1^h00^m	$+1^h00^m$	$+2^h00^m$	$+3^h00^m$	$+4^h01^m$	$+5^h01^m$	$+6^h01^m$	$+7^h01^m$	8^h01^m	$+9^h01^m$	$+10^h02^m$

Erläuterungen siehe auch Seite 19 unter „Sternzeit".
Die obige Tabelle gibt für jeden Tag des Jahres die Sternzeit um 20^h MEZ (= 21^h Sommerzeit) am Meridian 10° östlicher Länge an. Für den Ortsmeridian des Beobachters ist eine Korrektur entsprechend der geografischen Längendifferenz zu 10° östlicher Länge anzubringen. Pro Längengrad beträgt diese Korrektur vier Minuten. Für Orte *westlich* des Meridians ist die Korrektur *abzuziehen*, für Orte *östlich* hingegen zu *addieren*. Auf der rechten Seite findet man in der Tabelle „Geografische Koordinaten größerer Städte" in der letzten Spalte die Zeitkorrektur vermerkt. Wer zu einer anderen Zeit als 20^h beobachtet, muss noch die Zeitkorrektur gemäß der obigen Tabelle anbringen. Beispiel: Wieviel Uhr Sternzeit ist es am 25. März um 23^h in München? Aus der Tabelle entnimmt man: Sternzeit am 25. März um $20^h = 7^h51^m$. Dies gilt für 10° östlicher Länge. Die Zeitkorrektur für München beträgt laut Tabelle rechts sechs Minuten. Da München östlich vom 10°-Meridian liegt, sind diese sechs Minuten zu addieren, und man erhält 7^h57^m (**Achtung:** Das Vorzeichen in der Spalte Zeitkorrektur der rechten Tabelle gilt für die Korrektur der Kulminationszeiten! Für die Sternzeitberechnung kehren sich die Vorzeichen um!).- Am 25. März ist es also um 20^h MEZ 7^h57^m Sternzeit. Für 23^h MEZ ist gemäß obiger Tabelle die Korrektur von 3^h00^m anzubringen; um 23^h MEZ ist es also am 25. März in München 10^h57^m Sternzeit.

Geografische Koordinaten größerer Städte mit Zeitkorrektur

Stadt	östl. Länge	nördl. Breite	Zeitkorrektur gegen 10° östl. Länge
Aachen	6°,1	50°,8	$+16^m$
Amsterdam	4,9	52,4	+20
Antwerpen	4,4	51,2	+22
Augsburg	10,9	48,4	− 4
Baden-Baden	8,2	48,8	+ 7
Basel	7,6	47,6	+ 9
Berlin	13,4	52,5	−14
Bern	7,4	46,9	+10
Bielefeld	8,5	52,0	+ 6
Bochum	7,2	51,5	+11
Bonn	7,1	50,7	+12
Bozen	11,3	46,5	− 5
Braunschweig	10,5	52,3	− 2
Bregenz	9,8	47,5	+ 1
Bremen	8,8	53,1	+ 5
Brünn	16,6	49,2	−26
Brüssel	4,3	50,8	+23
Chemnitz	12,9	50,8	−12
Coburg	11,0	50,3	− 4
Darmstadt	8,7	49,9	+ 5
Dortmund	7,5	51,5	+10
Dresden	13,7	51,1	−15
Düsseldorf	6,8	51,2	+13
Duisburg	6,8	51,4	+13
Eisenach	10,3	51,0	− 1
Emden	7,2	53,4	+11
Erfurt	11,0	51,0	− 4
Essen	7,0	51,5	+12
Frankfurt (Main)	8,7	50,1	+ 5
Frankfurt (Oder)	14,6	52,3	−18
Freiburg (Breisgau)	7,9	48,0	+ 9
Genf	6,2	46,2	+15
Görlitz	15,0	51,2	−20
Graz	15,5	47,1	−22
Halle	12,0	51,5	− 8
Hamburg	10,0	53,6	0
Hannover	9,7	52,4	+ 1
Heidelberg	8,7	49,4	+ 5
Heilbronn	9,2	49,1	+ 3
Innsbruck	11,4	47,3	− 6
Kaiserslautern	7,8	49,4	+ 9
Karlsruhe	8,4	49,0	+ 6
Kassel	9,5	51,3	+ 2
Kiel	10°,1	54°,3	-1^m
Klagenfurt	14,3	46,6	−17
Koblenz	7,6	50,4	+10
Köln	7,0	50,9	+12
Konstanz	9,2	47,7	+ 3
Krefeld	6,6	51,3	+14
Leipzig	12,4	51,3	−10
Linz (Donau)	14,3	48,3	−17
Ludwigshafen (Rh.)	8,4	49,5	+ 6
Lübeck	10,7	53,9	− 3
Lüttich	5,5	50,6	+18
Luxemburg	6,1	49,6	+15
Magdeburg	11,6	52,1	− 7
Mailand	9,2	45,5	+ 3
Mainz	8,3	50,0	+ 7
Mannheim	8,5	49,5	+ 6
Mönchengladbach	6,4	51,2	+14
München	11,6	48,1	− 6
Münster	7,6	52,0	+10
Nürnberg	11,1	49,5	− 4
Osnabrück	8,0	52,3	+ 8
Potsdam	13,1	52,4	−12
Prag	14,4	50,1	−18
Regensburg	12,1	49,0	− 8
Reutlingen	9,2	48,5	+ 3
Rostock	12,1	54,1	− 8
Rotterdam	4,5	51,9	+22
Saarbrücken	7,0	49,2	+12
Salzburg	13,1	47,8	−12
Schwerin	11,4	53,6	− 6
Stralsund	13,1	54,3	−12
Straßburg	7,7	48,6	+ 9
Stuttgart	9,2	48,8	+ 3
Trier	6,6	49,8	+13
Tübingen	9,1	48,5	+ 4
Ulm	10,0	48,4	0
Wien	16,4	48,2	−25
Wiesbaden	8,2	50,1	+ 7
Wilhelmshaven	8,1	53,5	+ 8
Worms	8,4	49,6	+ 7
Würzburg	9,9	49,8	0
Wuppertal	7,1	51,3	+11
Zürich	8,6	47,4	+ 6

Erläuterungen siehe auch Seite 19

Die Tabelle enthält die geografischen Koordinaten einiger größerer Städte in Mitteleuropa. In der vierten Spalte ist der Zeitunterschied der Ortszeit zum Meridian 10° östlicher Länge in Minuten angegeben. Um diesen Betrag kulminieren die Gestirne in der jeweiligen Stadt früher (negativer Wert) oder später (positiver Wert). Beispiel: Für Stuttgart findet man $+3^m$, für München -6^m. In Stuttgart gehen die Gestirne jeweils drei Minuten später durch den Meridian als im Himmelsjahr angegeben, in München dagegen um sechs Minuten früher.

Die Auf- und Untergangszeiten sind außer von der geografischen Länge auch noch von der geografischen Breite abhängig. Um sie für einen bestimmten Ort zu korrigieren, benutze man das Nomogramm auf Seite 252.

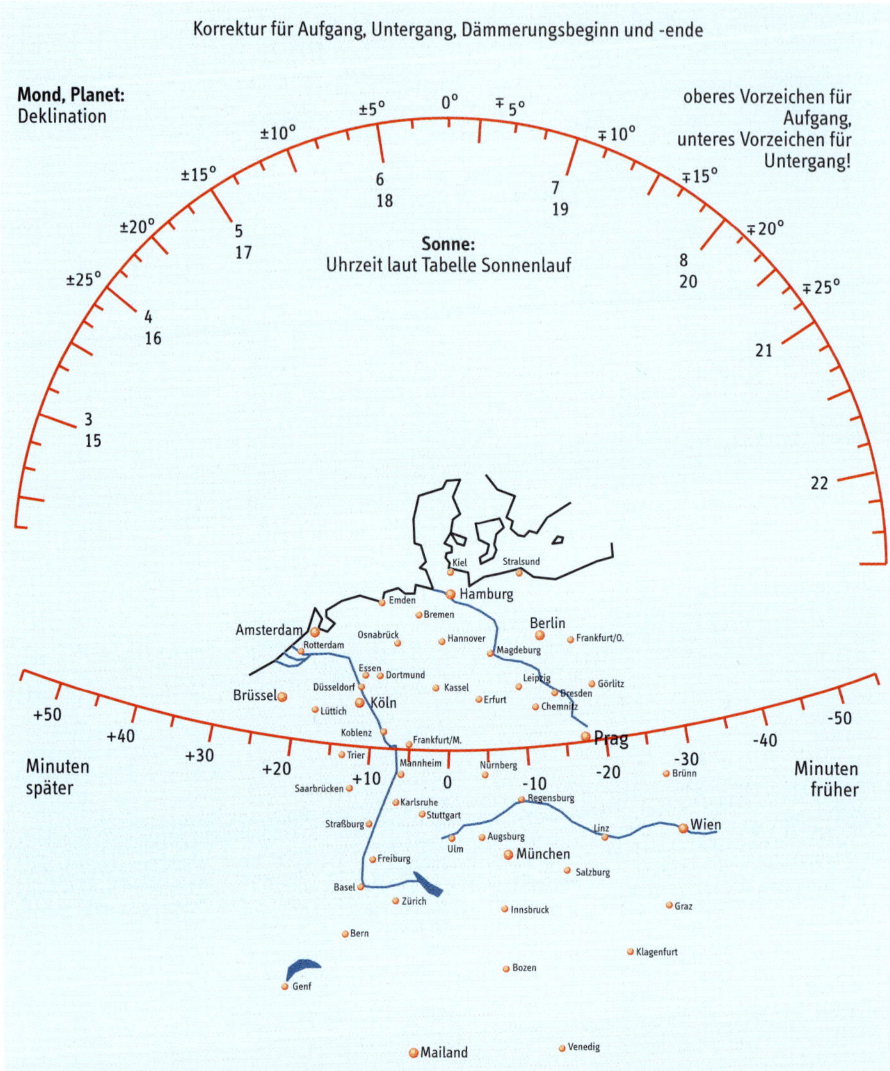

T.10 Nomogramm zur Bestimmung der Auf- und Untergangszeiten (Erläuterungen siehe Seite 19).

Korrektur für Auf- und Untergangszeiten

Sonne: Datum:			Jan. 21.	Febr. 8.	Febr. 23.	März 8.	März 20.	April 2.	April 16.	Mai 1.	Mai 20.	Juni 21.
		Dez. 22.	Nov. 22.	Nov. 3.	Okt. 19.	Okt. 6.	Sept. 23.	Sept. 10.	Aug. 27.	Aug. 12.	Juli 24.	
Mond, Planet:												
Deklination		−25°	−20°	−15°	−10°	− 5°	0°	+ 5°	+10°	+15°	+20°	+25°
Hamburg	Aufgang	$+21^m$	$+15^m$	$+10^m$	$+ 6^m$	$+ 3^m$	$+ 1^m$	$- 4^m$	$- 7^m$	-11^m	-16^m	-22^m
	Unterg.	−21	−15	−10	− 6	− 3	+ 1	+ 4	+ 7	+11	+16	+22
Hannover	Aufgang	+14	+11	+ 8	+ 5	+ 3	+ 1	− 1	− 4	− 6	− 9	−13
	Unterg.	−12	− 9	− 6	− 3	− 1	+ 1	+ 3	+ 6	+ 8	+11	+15
Berlin	Aufgang	+ 1	− 3	− 6	− 9	−12	−14	−16	−19	−21	−25	−29
	Unterg.	−28	−24	−21	−18	−16	−14	−11	− 9	− 6	− 3	+ 1
Dresden	Aufgang	− 9	−11	−12	−13	−14	−15	−16	−17	−18	−19	−21
	Unterg.	−20	−19	−18	−17	−16	−15	−14	−13	−12	−11	− 9
Leipzig	Aufgang	− 2	− 4	− 6	− 7	− 8	−10	−11	−12	−13	−15	−17
	Unterg.	−17	−15	−13	−12	−11	−10	− 8	− 7	− 6	− 4	− 2
Düsseldorf	Aufgang	+19	+18	+16	+15	+14	+13	+12	+11	+10	+ 8	+ 6
	Unterg.	+ 7	+ 8	+10	+11	+12	+13	+14	+15	+16	+18	+20
Frankfurt	Aufgang	+ 6	+ 6	+ 6	+ 5	+ 5	+ 5	+ 5	+ 5	+ 5	+ 5	+ 4
	Unterg.	+ 4	+ 5	+ 5	+ 5	+ 5	+ 5	+ 5	+ 5	+ 6	+ 6	+ 6
Nürnberg	Aufgang	− 6	− 6	− 5	− 5	− 4	− 4	− 3	− 3	− 2	− 2	− 1
	Unterg.	− 1	− 2	− 2	− 3	− 3	− 4	− 4	− 5	− 5	− 6	− 6
Stuttgart	Aufgang	− 3	− 1	0	+ 1	+ 2	+ 3	+ 4	+ 5	+ 6	+ 7	+ 9
	Unterg.	+ 9	+ 7	+ 6	+ 5	+ 4	+ 3	+ 2	+ 1	0	− 1	− 3
München	Aufgang	−15	−13	−11	− 9	− 8	− 6	− 5	− 3	− 1	+ 1	+ 3
	Unterg.	+ 3	0	− 2	− 3	− 5	− 6	− 8	− 9	−11	−13	−16
Zürich	Aufgang	− 7	− 3	0	+ 2	+ 4	+ 6	+ 8	+11	+13	+16	+20
	Unterg.	+19	+15	+12	+10	+ 8	+ 6	+ 4	+ 1	− 1	−4	− 8
Wien	Aufgang	−34	−32	−30	−28	−27	−25	−24	−22	−21	−19	−16
	Unterg.	−17	−19	−21	−22	−24	−25	−27	−28	−30	−32	−35
Halber Tagbogen												
53° nördl. Breite		3^h32^m	4^h09^m	4^h41^m	5^h10^m	5^h37^m	6^h04	6^h31^m	6^h58^m	7^h28^m	8^h00^m	8^h38^m
50° nördl. Breite		3 50	4 21	4 50	5 15	5 40	6 04	6 28	6 52	7 19	7 47	8 20
47° nördl. Breite		4 04	4 32	4 57	5 20	5 42	6 03	6 25	6 47	7 11	7 36	8 04

\+ positiv: Korrektur addieren, Auf- oder Untergang findet später statt
– negativ: Korrektur subtrahieren, Auf- oder Untergang findet früher statt

Beispiel: Auf- und Untergang der Sonne am 20. März in Stuttgart.
Laut Tabelle „Sonnenlauf" auf Seite 76 lauten die Werte 6^h23^m und 18^h33^m für 50° Nord und 10° Ost.
Korrektur +3 und +3. Also geht die Sonne in Stuttgart um 6^h26^m auf und um 18^h36^m unter.
Für Daten und Deklinationen, die nicht in obiger Tabelle aufgeführt sind, nimmt man den nächstliegenden Wert, ohne einen großen Fehler zu begehen.

Astronomische Institute, Planetarien und Sternwarten

Augsburg
ṡ-Planetarium
Im Thäle 3
86152 Augsburg
Tel.: (08 21) 3 24 67 62

Bamberg
Dr.-Remeis-Sternwarte
Bamberg
Astronomisches Institut der
Universität Erlangen-Nürnberg
Sternwartstraße 7
96049 Bamberg
Tel.: (09 51) 9 52 22-0
Fax: (09 51) 9 52 22-22
Telex: 62 98 30 unier
e-Mail: postmaster @
sternwarte.uni-erlangen.de

Basel
Astronomisches Institut der
Universität Basel
Venusstraße 7
CH-4102 Binningen
Tel.: (0 61) 20 55-4 54
Fax: (0 61) 20 55-4 55

Berlin
Institut für Astronomie und
Astrophysik der Technischen
Universität Berlin
Hardenbergstraße 36
10623 Berlin
Tel.: (0 30) 31 42 37 83
Fax: (0 30) 3 14-2 48 85
e-Mail: bordihn @
physik.TU-Berlin.de

Archenhold-Sternwarte
Alt-Treptow 1
12435 Berlin – Treptow
Tel.: (0 30) 5 34 80 80

Wilhelm-Foerster-Sternwarte
und Planetarium
Munsterdamm 90
12169 Berlin
Tel.: (0 30) 7 90 09 30

ZEISS-Großplanetarium
Prenzlauer Allee 80
10405 Berlin
Tel.: (0 30) 42 18 45 12

Bern
Astrodrom
Universität Bern
Muesmattstr. 29
CH-3012 Bern
Tel.: (00 41) 3 16 31 86 52
Fax: (00 41) 3 16 31 42 10
e-Mail: schreng@sis.unibe.ch

Bochum
Astronomisches Institut der
Ruhr-Universität
Postfach 10 21 48
44780 Bochum
Tel.: (02 34) 7 00 34
Fax: (02 34) 70 94-1 69 54
e-Mail: astrorub @
ruba.rz.ruhr-uni-bochum.de

Planetarium und Sternwarte
Castroper Straße 67
44777 Bochum
Tel.: (02 34) 5 16 06-0
Fax: (02 34) 5 16 06-51
e-Mail: planetarium@
bochum.de

Bonn
Astronomische Institute der
Universität Bonn
Sternwarte mit Observatorium
Hoher List
Institut für Astrophysik und
Extraterrestrische Forschung
Auf dem Hügel 71
53121 Bonn
Tel. Sternwarte:
(02 28) 73 36 55, 56
Tel. Radioastronomie:
(02 28) 73 36 57, 58
Tel. Astrophysik:
(02 28) 73 36 71, 76
Gemeinsames Fax:
(02 28) 73-36 72
e-Mail: user@
astro.uni-bonn.de

Radioastronomisches Institut
mit Radioobservatorium
Stockert
e-Mail: mebold@
astro.uni-bonn.de

Observatorium Hoher List
54550 Daun/Eifel
Tel.: (0 65 92) 21 50/29 37

Radioobservatorium Stockert
53902 Eschweiler
Tel.: Bad Münstereifel
(0 22 53) 30 03

Max-Planck-Institut für
Radioastronomie
Auf dem Hügel 69
53121 Bonn
Tel.: (02 28) 52 51
Fax: (02 28) 52 52 29

Bremen
Sternwarte der
Olbers-Gesellschaft
Olbers-Planetarium der Hoch-
schule Bremen, FB Nautik
Werderstr. 73
28199 Bremen
Tel.: (04 21) 70 68 82
e-Mail: Dieter.Vornholz@
t-online.de

Dresden
Technische Universität
Dresden
Lohrmann-Observatorium und
Professur für Astronomie im
Institut für Planetare Geodäsie
Mommsenstraße 13
01069 Dresden
Tel.: (03 51) 4 63-40 97
Telex: 32 81 02 tuni d

Fax: (03 51) 4 63-70 19
e-Mail: lohrmobs@
rcs.urz.tu-dresden.de

Frankfurt
Institut für Theoretische
Physik (Astrophysik)
Robert-Mayer-Straße 10
60325 Frankfurt/Main
Tel.: (0 69) 7 98 23 57
Telex: 41 39 32 Uni FD
Fax: (0 69) 7 98 83 50
e-Mail: kegel @
astro.uni-frankfurt.de

Freiburg im Breisgau
Kiepenheuer-Institut für
Sonnenphysik
Schöneckstraße 6
79104 Freiburg
Tel.: (07 61) 31 98-0
Fax: (07 61) 3 19 81 11
e-Mail: secr@
kis.uni-freiburg.de

Richard-Fehrenbach-Planetarium in der Gewerbeschule II
Friedrichstraße 51
79098 Freiburg im Breisgau
Tel.: (07 61) 27 60 99

Göttingen
Universitäts-Sternwarte
Geismarlandstraße 11
37083 Göttingen
Tel.: (05 51) 39 50 42/39 50 53
Fax: (05 51) 39 50 43
e-Mail: (name)@
uni-sw.gwdg.de

Außenstelle im Observatorio
del Teide/Teneriffa
Tel.: (00 34 22) 3 29-1 41
Telex: (0 52) 9 14 34 obte e
Fax: (00 34 22) 3 29-1 40

Graz
Institut für Astronomie der
Universität Graz
(Universitätssternwarte)
Universitätsplatz 5
A-8010 Graz
Tel.: (03 16) 3 80-52 70/52 71
Fax: (03 16) 38 40 91
e-Mail: arh@
bimgsl.kfunigraz.ac.at

Observatorium Lusthühel
Lustbühelstraße 46
A-8042 Graz
Tel.: (03 16) 4 13 58-16
Telex: 31 10 78 obslgz

Sonnenobservatorium
Kanzelhöhe
A-9521 Treffen/Kärnten
Tel.: (0 42 48) 27 17
Fax: 04 56-42 48-2 00

Halle
Raumflugplanetarium
Peißnitzinsel 4 a
06108 Halle
Tel.: (03 45) 8 06 03 17

Hamburg
Hamburger Sternwarte
Gojenbergsweg 112
21029 Hamburg
Tel.: (0 40) 72 52-41 12
Telex: 21 78 84 hamst d
Fax: (0 40) 72 52-41 98
e-Mail: dreimers@
hs.uni-hamburg.de

Planetarium
Hindenburgstraße 1b
22303 Hamburg
Tel.: (0 40) 51 49 85-0

Hannover
Astronomische Station am
Institut für Erdmessung der
Universität
Schneiderberg 50
30167 Hannover
Tel.: (05 11) 7 62 24 75

Heidelberg
Astronomisches Rechen-
Institut
Mönchhofstraße 12–14
69120 Heidelberg
Tel.: (0 62 21) 40 50
Fax: (0 62 21) 40 52 97

Institut für Theoretische
Astrophysik
Tiergartenstr. 15
69121 Heidelberg
Tel.: (0 62 21) 54 48 37
Telex: 46 15 15 unikl d
Fax: (0 62 21) 54 42 21
e-Mail: wmt@
manki-ita.uni-heidelberg.de

Max-Planck-Institut fur
Astronomie
Königstuhl 17
69117 Heidelberg
Tel.: (0 62 21) 52 80
Telex: 46 17 89 mpia d
Fax: (0 62 21) 52 82 46
e-Mail: mpia-hd.mpg.de

Außenstelle
Deutsch-Spanisches
Astronomisches Zentrum
Calar Alto/Almeria
Apartados Correos 511
Almeria/Spanien
Tel.: (00 34 51) 23 09 88/
22 55 76
Fax: (00 34 51) 22 55 62
e-Mail: internet: caha.es

Landessternwarte
Königstuhl 12
69117 Heidelberg
Tel.: (0 62 21) 50 90
Fax: (0 62 21) 5 09-2 02
e-Mail: Postmaster@
mail.lsw.uni-heidelberg.de

Innsbruck
Institut für Astronomie der
Universität Innsbruck
Technikerstraße 25
A-6020 Innsbruck
Tel.: (05 12) 5 07 60 31
Fax: (05 12) 5 07 29 23
e-Mail: Astro@uibk.ac.at

Jena
Universitäts-Sternwarte
Schillergäßchen 2
07745 Jena
Tel.: (0 36 41) 63 03-23
Fax: (0 36 41) 63 04 17
Telex: 33 15 06 uni dd
e-Mail: obs@
betty.astro.uni-jena.de

Planetarium
Am Planetarium 5
07743 Jena
Tel.: (0 36 41) 88 54 88
Fax: (0 36 41) 88 54 20

Kassel
Planetarium im Museum für Astronomie und Technikgeschichte
Orangerie
An der Karlsaue 20 c
34121 Kassel

Kiel
Institut für Astronomie und Astrophysik
Leibnizstr. 15
24118 Kiel
Tel.: (04 31) 8 80-41 10
Fax: (04 31) 8 80-41 00
e-Mail: jonas@astrophysik.uni-kiel.d400.de

Planetarium
Knooper Weg 62
24103 Kiel
Tel.: (04 31) 51 98-2 11

Klagenfurt
Raumflugplanetarium
Villacher Straße 239
A-9020 Klagenfurt
Sternwarte Kreuzbergl
Tel.: (04 63) 2 17 00

Köln
Physikalisches Institut der Universität zu Köln
Zülpicher Straße 77
50937 Köln
Tel.: (02 21) 4 70-35 67
Fax: (02 21) 4 70-51 62
e-Mail: ...@ph1.uni-koeln.de

Laupheim
Volkssternwarte und Planetarium
Parkweg 44
88471 Laupheim
Tel.: (0 73 92) 9 10 59
Fax: (0 73 92) 9 10 58
e-Mail: contact@planetarium-laupheim.de
http://www.planetarium-laupheim.de

Locarno
Istituto Ricerche Solari Locarno
via Patocchi
CH-6644 Orselina
Tel. + Fax: 00 41 93 33 42 26

Luzern
Planetarium im Verkehrshaus der Schweiz
Lidostraße 5
CH-6006 Luzern
Tel. (0 41) 3 70 44 44

Mannheim
Planetarium
W.-Varnholt-Allee 1
68165 Mannheim
Tel.: (06 21) 41 56 92
Fax: (06 21) 41 24 11

München
Europäische Südsternwarte (ESO)
Karl-Schwarzschild-Straße 2
85748 Garching
Tel.: (0 89) 32 00 62 76
Telex: 05-2 82 82-0 eo d
Fax: (0 89) 3 20 23 62

Institut für Astronomie und Astrophysik der Universität München
Universitäts-Sternwarte
Scheinerstraße 1
81679 München
Tel.: (0 89) 92 20 94-0
e-Mail: sam@usmv23.uni-münchen.de

Max-Planck-Institut für Extraterrestrische Physik
Karl-Schwarzschild-Str. 1
85748 Garching
Tel.: (0 89) 32 99-00
Telex: 05 21 58 45 xter d
Fax: (0 89) 32 99-35 99
e-Mail: mfs@mpe-garching

Max-Planck-Institut für Astrophysik
Karl-Schwarzschild-Straße 1
85748 Garching
Tel.: (0 89) 32 99-00
Telex: 52 46 29
Fax: (0 89) 32 99-32 35

Planetarium und Bayerische Volkssternwarte
Rosenheimer Str. 145h
1671 München
Tel.: (0 89) 40 62 39
Fax: (0 89) 49 49 87
e-Mail: volkssternwarte@lrz.tum.de

Planetarium
Forum der Technik
Museumsinsel 1
80538 München
Tel.: (0 89) 2 11-25-1 80
Fax: (0 89) 2 11-1 89

Münster
Planetarium im Naturkunde-museum
Sentruper Straße 285
48161 Münster
Tel.: (02 51) 8 94 23

Nürnberg
Planetarium
Am Plärrer 41
90317 Nürnberg
Tel.: (09 11) 26 54 67

Sternwarte
Regiomontanusweg 1
90431 Nürnberg
Tel.: (09 11) 9 59 35 38

Osnabrück
Museum am Schölerberg/Planetarium
Am Schölerberg 8
49082 Osnabrück
Tel.: (05 41) 56 00 30

Potsdam
Astrophysikalisches Institut Potsdam
An der Sternwarte 16
14482 Potsdam
Tel.: (03 31) 7 49 90
Fax: (03 31) 7 49 92 00
e-Mail: khraedler@aip.de
Astrophysikalisches Observatorium Potsdam/Sonnenobservatorium Einsteinturm
Telegrafenberg
14473 Potsdam
Tel.: (03 31) 28 80
Fax: (03 31) 2 88 23 10

Observatorium für solare Radioastronomie Tremsdorf
14552 Tremsdorf
Tel.: (03 32 05) 22 61

Recklinghausen
Westf. Volkssternwarte/
Planetarium
Stadtgarten 6
45657 Recklinghausen
Tel.: (0 23 61) 2 31 34
e-Mail: info@sternwarte-recklinghausen.de
www.sternwarte-recklinghausen.de

Schneeberg
Sternwarte und Planetarium
Heinrich-Heine-Straße
08289 Schneeberg
Tel.: (0 37 72) 2 24 39

Siegen
Sternwarte der Universität
Adolf-Reichwein-Straße
57068 Siegen
Tel.: (02 71) 7 40-46 13
Fax: (02 71) 7 40-23 30

Sonneberg
Sternwarte Sonneberg
Sternwartestraße 32
96515 Sonneberg
Tel.: (0 36 75) 8 12 10
Fax: (0 36 75) 8 12 19

Stuttgart
Carl-Zeiss-Planetarium mit
Sternwarte Welzheim
Mittlerer Schlossgarten
70173 Stuttgart
Tel.: (07 11) 1 62 92 15
Fax: (07 11) 216 39 12
e-Mail: planetarium@stuttgart.de
www.planetarium-stuttgart.de
www.sternwarte-welzheim.de

Sternwarte Welzheim
Tel.: (0 71 82) 42 84
http://www.sternwarte-welzheim.de

Tautenburg
Thüringer Landessternwarte
Karl-Schwarzschild-Observatorium
Sternwarte 5
07778 Tautenburg
Tel.: (03 64 27) 86 30
Fax: (03 64 27) 8 63 29

Tübingen
Astronom. Institut der Univ.
Waldhäuser Straße 64
72076 Tübingen
Tel.: (0 70 71) 29 24 86
Telex: 07 26 27 14 ait d
Fax: (0 70 71) 29 34 58
e-Mail: (username) @
ait.physik.uni.tuebingen.de

Lehr- und Forschungsbereich
Theoretische Astrophysik der
Universität Tübingen
Auf der Morgenstelle 10
72076 Tübingen
Tel.: (0 70 71) 29 24 87
Fax: (0 70 71) 29 75 75
e-Mail: username@
tat.physik.uni-tuebingen.de

Welzheim
Siehe Planetarium **Stuttgart**

Wernigerode
Harzplanetarium
Sekundarschule „Maxim Gorki“
Walther-Rathenau-Straße 11
38855 Wernigerode
Tel.: (0 39 43) 3 22 77

Wien
Astronomisches Büro
Hasenwartgasse 32
A-1238 Wien
Tel./Fax: 00 43-1-889 35 41
e-Mail: astbuero@astronomisches-buero-wien.or.at
http://members.ping.at/astbuero
Sterngarten Georgenberg
Freiluftplanetarium

Institut für Astronomie der
Universität Wien,
Universitäts-Sternwarte
Türkenschanzstraße 17
A-1180 Wien
Tel.: (02 22) 4 70 68 00-0
Fax: (02 22) 4 70 68 00-15

Kuffner-Sternwarte
Johann Staud-Straße 10
A-1160 Wien
Tel.: (02 22) 9 14 81 30
Fax: (02 22) 9 14 81 30-31
e-Mail: admin@kuffner.ac.at

URANIA-Sternwarte
Uraniastraße 1
A-1010 Wien
Tel.: (02 22) 7 12 61 91

Planetarium
Oswald-Thomas-Platz 1
A-1020 Wien
Tel.: +43 (0) 1 7 29 54 94
Fax: +43 (0) 1 7 29 54 94-77
admin@planetarium-wien.at
www.planetarium-wien.at

Wolfsburg
Planetarium
Uhlandweg 2
38440 Wolfsburg
Tel.: (0 53 61) 2 19 39

Würzburg
Institut für Astronomie und
Astrophysik
Am Hubland
97074 Würzburg
Tel.: (09 31) 8 88-50 31
Fax: (09 31) 8 88-46 03
e-Mail: deubner@
astro.uni-wuerzburg.de

Zürich
Institut für Astronomie
ETH-Zentrum
CH-8092 Zürich
Tel.: 41-1-6 32 38 13
Fax: 41-1-6 32 12 05
e-Mail: username@
astro.phys.ethz.ch

URANIA-Sternwarte
Uraniastraße 9
CH-8000 Zürich
Tel.: (01) 211 65 23
e-Mail: urania@astronomie.ch
http://urania.astronomie.ch

Das Verzeichnis erhebt keinen Anspruch auf Vollständigkeit. Weitere Institute, Planetarien und Sternwarten nimmt der Herausgeber gerne auf. Entsprechende Hinweise sende man bitte an:
PLANETARIUM STUTTGART
Mittlerer Schlossgarten
70173 Stuttgart

Amateurastronomische Vereinigungen, Beobachtungsstationen und Privatsternwarten

Aachen
Sternwarte am Hangeweiher
VHS Aachen
Peterstr. 21–25
52062 Aachen

Aalen
siehe Oberkochen

Albstadt
Sternwarte und Planetarium
Hartmannstraße 140
72458 Albstadt-Ebingen

Amberg
Volkssternwarte Amberg
Kirchensteig 19 b
92224 Amberg

Arnstadt-Espenfeld
Privatsternwarte Arnstadt-Espenfeld
Espenfeld Nr. 39 a
99338 Arnstadt-Espenfeld

Aschersleben
Planetarium Aschersleben
Im Tierpark
Auf der Alten Burg 40
06449 Aschersleben

Augsburg
siehe **Diedorf**

Backnang
Freie Initiative
Backnanger Sterngucker
Adlerstr. 9
71549 Lippoldsweiler

Bad Driburg
Sternwarte der
F.-W.-Weber-Realschule
Elsterweg 13
33014 Bad Driburg

Bad Dürkheim
Astronomischer Arbeitskreis
Pfalzmuseum für Naturkunde
Hermann-Schäfer-Str. 17
67098 Bad Dürkheim

Bad Homburg
Astronomische Gesellschaft
Orion e. V.
Valkenierstr. 10
61350 Bad Homburg

Bad Mergentheim
Astronomische Vereinigung
Weikersheim
Marienstraße 38
97980 Bad Mergentheim

Bad Nauheim
Volkssternwarte Wetterau e. V.
Burgallee 40
61231 Bad Nauheim

Bad Salzuflen
Schulsternwarte im Zentrum
Lohfeld
Wasserfuhr 25 e
32108 Bad Salzuflen

Bad Salzschlirf
Sternwarte – Freundeskreis der
Himmelskunde
Dr.-Martiny-Straße 1
36364 Bad Salzschlirf

Bad Sauerbrunn
Burgenländische
Amateurastronomen
Postgasse 2
A-7202 Bad Sauerbrunn

Bad Zwesten
Sternwarte der Hardtwaldklinik I
Hardtstr. 31
34596 Bad Zwesten

Baindt
s. **Waldburg-Weingarten**

Basel
Astronomischer Verein
Venusstraße 7
CH-4102 Binningen

Bautzen
Sternwarte Bautzen
Schulsternwarte und
Planetarium
Czornebohstraße 82
(Naturpark)
02625 Bautzen

Bentheim
Astronomischer Verein der
Grafschaft Bentheim e. V.
Jahnstr. 3, 49828 Neuenhaus

Bielefeld
Schulsternwarte
Brackweder Gymnasium
Beckumer Straße 10
33647 Bielefeld

Arbeitsgemeinschaft
Astronomie, Physik, Umwelt
Naturwissenschaftlicher Verein
Kreuzstraße 38
33602 Bielefeld

Volkssternwarte Ubbedissen
Wietkamp 5
33699 Bielefeld

Bietigheim-Bissingen
siehe **Ludwigsburg**

Bonn
Volkssternwarte Bonn e. V.
Poppelsdorfer Allee 47
53115 Bonn

Bozen
Amateurastronomen
„Max Valier“
Verein zur Förderung der
Astronomie in Südtirol
Neustifterweg 5
I-39100 Bozen

Braunschweig
Sternfreunde Braunschweig-Hondelage e. V.
Ackerweg 1 B
38108 Braunschweig

Buchloe
Astronomische Gesellschaft
Buchloe e. V.
Gamsbichlstr. 10
86807 Buchloe

Bülach
Schul- und Volkssternwarte Bülach
Rotzibüch bei Eschenmosen
CH-8180 Bülach

Buxtehude
Astronomie-AG der VHS Buxtehude
Braunschweiger Str. 4
21614 Buxtehude

Diedorf
Astronomische Vereinigung Augsburg e. V.
Pestalozzistraße
86420 Diedorf/Augsburg

Donzdorf
Sternfreunde Donzdorf
Messelberg-Sternwarte beim Schulzentrum
73072 Donzdorf

Dortmund
Sternwarte im Westfalenpark
Astronomischer Verein Dortmund e. V.
Hörder Bahnhofstr. 9
44263 Dortmund

Drebach
Volkssternwarte und Planetarium
Straße der Jugend 14
09430 Drebach (Erzgebirge)

Duisburg
Rudolf-Römer-Sternwarte Rheinhausen e. V.
Schwarzenberger Str. 147 (im KFR)
47226 Duisburg

Düsseldorf
Benzenberg-Sternwarte
Wimpfener Straße 18
40597 Düsseldorf

Egloffstein
Sternwarte Feuerstein e. V.
Sternwarte 1
91320 Ebermannstadt

Eilenburg
Sternwarte und Planetarium
Mansberg 18
04838 Eilenburg

Eisenstadt
Burgenländische Landessternwarte
Dr.-Karl-Renner-Straße 1
A-7000 Eisenstadt

Emmendingen
Internationale Amateursternwarte e. V. Hakos/Namibia
Geranienstr. 2
79312 Emmendingen

Erkrath
Sternwarte Neanderhöhe Hochdahl und Planetarium
Sendentaler Str. 105
40699 Erkrath

Eschwege
Vereinigte Amateur-Astronomen Eschwege VAAE 1975 e. V.
Hauptstraße 36
36205 Sontra-Ulfen

Essen
Verein für volkstümliche Astronomie
Weberplatz 1
45127 Essen

Walter-Hohmann-Sternwarte
Wallneyer Straße 159
45133 Essen

Frankfurt/Main
Volkssternwarte des Phys. Vereins Frankfurt
Robert-Mayer-Straße 2–4
60054 Frankfurt

Freiburg
Volkssternwarte Freiburg
Staudinger Straße 10
79115 Freiburg/Br.

Sternfreunde Breisgau e. V.
Vereinssternwarte Schauinsland
Benzhauserstr. 21
79232 March

Fulda
Hans-Nüchter-Sternwarte
Domänenweg 2
36037 Fulda

Planetarium im Vonderau-Museum
Jesuitenplatz 2
36010 Fulda

Fuldatal
Volkssternwarte Rothwesten
Brüder-Grimm-Str. 24
34233 Fuldatal

Geretsried
Volks- und Schulsternwarte Geretsried e. V.
Adalbert-Stifter-Str. 14
82538 Geretsried

Germering
Sternwarte des Max-Born-Gymnasiums
Johann-Sebastian-Bach-Str. 8
82110 Germering

Glücksburg
Menke Planetarium und Sternwarte der FH Flensburg
Fördestr. 35, 24960 Glücksburg

Gmunden
Eisner-Sternwarte
Kalvarienberg
A-4810 Gmunden

Goch
Volkssternwarte Goch/Kleve e. V.
Berliner Straße 69
47574 Goch-Nierswalde

Görlitz
Scultetus-Sternwarte
An der Sternwarte 1
02827 Görlitz

Gondelsheim
Kraichgau-Sternwarte Gondelsheim e. V.
Lilienstraße 25
76669 Bad Schönborn

Göttingen
Förderkreis Planetarium Göttingen e. V.

Stegemühlenweg 48
37083 Göttingen

Gröbenzell
Astronomische Vereinigung
West-München (AVWM)
Grasslfinger Straße 43
82194 Gröbenzell

Gudensberg
Förderverein Schulsternwarte
Gudensberg e. V.
Schwimmbadweg 30
34281 Gudensberg

Hagen
Volkssternwarte
Eugen-Richter-Turm
58135 Hagen

Halberstadt
Verein für astronom. Bildung
im LK Halberstadt e. V.
Wilhelm-Trautewein-Str. 19
38820 Halberstadt

Hamburg
Gesellschaft für volkstümliche
Astronomie (GvA) e. V.
Hindenburgstraße Ö 1
22303 Hamburg

Hannover
Planetarium der Bismarckschule
An der Bismarckschule 5
30173 Hannover

Volkssternwarte
Am Lindener Berg 27
30449 Hannover

Hardheim
Astronomie-Arbeitskreis
Walter-Hohmann-Sternwarte
Alte Würzburger Straße 5
74736 Hardheim

Hattingen
Volkssternwarte Hattingen e. V.
Schonnefeldstr. 23
45326 Essen

Helmstedt
Astro AG der VHS Helmstedt
Lenauweg 1
38350 Helmstedt

Heilbronn
Robert-Mayer-
Volks- und Schulsternwarte
Bismarckstraße 10
74072 Heilbronn

Heppenheim
Starkenburg-Sternwarte
Kl. Bach 3
64646 Heppenheim

Herzberg
Schulsternwarte
Am Wasserturm
04916 Herzberg

Hildesheim
Volkssternwarte „Gelber Turm"
Auf dem Spitzhut (Galgenberg)
31141 Hildesheim

Hof
Volkssternwarte Hof
Egerländer Weg 25
95032 Hof

Hofheim
Sternwarte Hofheim
Eppsteiner Straße
65719 Hofheim-Langenhain

Hückelhoven
Astronomische
Arbeitsgemeinschaft
Städt. Gymnasium
Hartlpooler Platz
41836 Hückelhoven

Ilsede
Privatsternwarte
Alter Weg 4 B
31241 Ilsede

Ingolstadt
Astronomischer Arbeitskreis
Ingolstadt e. V.
Lilienthalstraße 137
85077 Manching

Jena
Urania-Sternwarte
Schillergäßchen 2
07745 Jena

Karlsruhe
Sternwarte des
Max-Planck-Gymnasiums
Krokusweg
76199 Karlsruhe

Kassel
Astronomischer Arbeitskreis
Kassel e. V.
Wilhelmshöher Allee 300 A
34131 Kassel

Kelheim
Sternfreunde Kelheim
Gstaigkirchl 67 a
93346 Ihrlerstein

Kempten
Astronomieverein Kempten e. V.
Saarlandstr. 1
87437 Kempten

Kiel
Gesellschaft für volkstümliche
Astronomie (GvA) e. V. –
Gruppe Kiel – Hofbrook 64
24119 Kronshagen

Volkssternwarte Kronshagen
Suchsdorfer Weg 33
24119 Kronshagen

Köln
Planetarium
Blücherstraße 17, 50733 Köln

Volkssternwarte
Nikolausstraße 55
50937 Köln

Königsleiten
Sternwarte und Planetarium
Königsleiten
Königsleiten 29
A-5742 Wald i. Pinzgau

Krauschwitz
Privatsternwarte Mönch-Krau-
schwitz
Görlitzer Str. 30 A
02957 Krauschwitz

Krefeld
Vereinigung Krefelder
Sternfreunde e. V.
Friedensstr. 229
47829 Krefeld

Kreuzlingen
Sternwarte Kreuzlingen
Breitenrainstraße 21
CH-8280 Kreuzlingen

Kulmbach
Schul- und Volkssternwarte
im Caspar-Vischer-Gymnasium
Christian-Pertsch-Str. 4
95326 Kulmbach

Laufen
Astronomische Arbeitsgruppe
Laufen e. V.
Goethestraße 8
83410 Laufen

Leinfelden
Schul- und Volkssternwarte
Anemonenstraße 15
70771 Leinfelden-Echterdingen

Lemgo
Sternwarte Lemgo
der FH Lippe
Astronomische Arbeitsgemeinschaft an der FH Lippe e. V.
Liebigstraße 87
32655 Lemgo

Leonberg
Sternwarte Höfingen
Theodor-Heuss-Str. 6/1
71229 Leonberg

Linz
Johannes Kepler
Sternwarte Linz
Sternwarteweg 5
A-4020 Linz

Lohr
Sternwarte Luana
Zum Rötelbrunnen 2
97816 Lohr/Main

Lübeck
Sternwarte Lübeck
Am Ährenfeld 2
23564 Lübeck

Ludwigsburg
Arbeitsgemeinschaft
Astronomie
Rosenstraße 15/2
74321 Bietigheim-Bissingen

Lustenau
Vorarlberger
Amateur Astronomen
Hofsteigstraße 33
A-6890 Lustenau

Luxembourg
Astronomes Amateurs du
Luxembourg
16 B, Rue Emile Mayrisch
L-3522 Dudelange

Magdeburg
Planetarium und Sternwarte
Pablo-Picasso-Straße 21
39128 Magdeburg

Mainz
Astronomische Arbeitsgemeinschaft der Sternfreunde Mainz
und Umgebung e. V.
Petersplatz 2
55116 Mainz

Mönchengladbach
Astronomischer Arbeitskreis
Mönchengladbach e. V.
Engelsholt 143
41069 Mönchengladbach

Moers
Moerser Astronomische
Organisation e. V.
Drinhausstr. 2
47447 Moers

Monschau
Monschauer Sternfreunde
Sternwarte Eifel
Auf der Höhe 22
52156 Monschau

Münster
Sternfreunde Münster e. V.
Sentruper Straße 285
48161 Münster

Neumarkt
Bayerische Volkssternwarte
Moorstraße 5
92318 Neumarkt

Neumünster
Volkshochschule Neumünster
Arbeitsgemeinschaft Sternwarte
Gartenstr. 32
24534 Neumünster

Neustadt/Weinstraße siehe
Bad Dürkheim

Nohfelden-Eiweiler
Sternwarte Peterberg
Verein der Amateurastronomen
des Saarlandes e. V.
66409 Homburg

Nordenham
Planetarium
Bahnhofstraße 52
26954 Nordenham

Norderney
Astronomischer Arbeitskreis
Norderney
„Wilhelm Dorenbusch
Sternwarte"
Birkenweg 22
26548 Norderney

Norderstedt
Volkssternwarte
Norderstedt e. V.
Breslauer Straße 7
22850 Norderstedt

Nürnberg
Astronomie & Philatelie
Brunhildstraße 1 a
90461 Nürnberg

Nürnberger Astronomische
Arbeitsgemeinschaft e. V.
Regiomontanusweg 1
90491 Nürnberg

Nürtingen
Neckar-Alb-Sternwarte
Astronomische Vereinigung
Nürtingen e. V.
Birkenweg 7
72622 Nürtingen

Oberkochen
Astronomische Arbeitsgemeinschaft Aalen e. V.
Besselstr. 5
73447 Oberkochen

Oldenburg
Oldenburger Sternfreunde e. V.
Herbartstr. 15
26122 Oldenburg

Ottobeuren
Allgäuer Volks-
sternwarte e. V.
Schwabenstraße 13
87724 Ottobeuren

Paderborn
Volkssternwarte Paderborn
e. V.
Im Schloßpark, Schloß Neuhaus
Marstallstraße 13
33104 Paderborn

Papenburg
Astronomischer Verein
Wilhelm-Leuschner-Straße 48
26871 Papenburg

Passau
Volkssternwarte
Veste Oberhaus 125
94034 Passau

Pforzheim
Astronomischer Arbeitskreis
Pforzheim 1982 e. V.
Daimlerstr. 1
75334 Straubenhardt

Potsdam
Planetarium –
Beobachtungsstation
Im Neuen Garten 6
14469 Potsdam

Radeberg
Freundeskreis Sternwarte e. V.
Volkssternwarte Erich Bär
Stolpener Straße PF 84–40
01454 Radeberg

Regensburg
Verein der Freunde der Volks-
sternwarte Regensburg
Ägidienplatz 2
93047 Regensburg

Reutlingen
Planetarium und Sternwarte
Karlstraße 40
72764 Reutlingen

Rodewisch
Schulsternwarte
Rützengrüner Straße 41 a
08228 Rodewisch
(Vogtland)

Rüsselsheim
Rüsselsheimer
Sternfreunde e. V.
Am Borngraben 40
65428 Rüsselsheim

Salzburg
Arbeitsgruppe für Astronomie
am „Haus der Natur"
Raphael-Donner Straße 8
A-5026 Salzburg

Volkssternwarte am
Voggenberg
Tischlerstraße 8
A-5101 Bergheim/Sbg.

Schaffhausen
Dr. h. c. Hans-Rohr-Sternwarte
Astro-AG der
Naturforschenden Gesellschaft
Etzelstr. 11
CH-8200 Schaffhausen

Schkeuditz
Astronomisches Zentrum
An der Bergbreite
04435 Schkeuditz

Schriesheim
Arbeitsgemeinschaft Volks-
sternwarte Schriesheim e. V.
Entengasse 3
69198 Schriesheim

Schwaz
Planetarium Schwaz GmbH
Alte Landstr. 15
A-6130 Schwaz

Seewalchen
Astronomischer Arbeitskreis
Salzkammergut +
Sternwarte Gahberg bei
Weyregg am Attersee
Sachsenstraße 2
A-4863 Seewalchen

Senftenberg
Planetarium
An der Ingenieurschule
01968 Senftenberg

Singen
Volkssternwarte Singen e. V.
Zeppelin-Realschule
Rielasingerstr. 37
78224 Singen

Soest
Volkssternwarte
Steinkuhlenweg 6
59494 Soest

Sohland
Volks- und Schulsternwarte
Zöllnerweg 12
02689 Sohland

Solingen
Walter-Horn-Ges. e. V.
Sternwarte
Sternstraße 5
42719 Solingen

Steißlingen
Sternwarte Steißlingen
Im Städtle 19
78256 Steißlingen

St. Pölten
Niederösterreichische
Amateurastronomen
Schuhmeierstr. 1
A-3100 St. Pölten

Stuttgart
Schwäbische Sternwarte
Zur Uhlandshöhe 41
70188 Stuttgart

Suhl
Volks- und Schulsternwarte
Auf dem Hoheloh 1
98527 Suhl

Sursee
Sternwarte Sursee
Berufsschule Kotten
Kyburgerstr. 3
CH-6210 Sursee

Tirschenreuth
Volkssternwarte Tirschenreuth
Blankenbühlstraße 28
95643 Tirschenreuth

Traiskirchen
Franz-Kroller-Sternwarte
Bräuhausgasse
.A-2514 Traiskirchen

Trier
Sternwarte Trier e. V.
Max-Planck-Gymnasium
Sichelstr. 3, 54290 Trier

Tübingen
Astronomische Vereinigung
Tübingen e. V.
Sternwarte der Universität
Waldhäuser Straße 64
72076 Tübingen

Überlingen
Sternwarte Überlingen
Ob. St. Leonhardstraße 45
88662 Überlingen

Violau
Sternwarte
Bruder-Klaus-Heim
86450 Violau

Waghäusel
Astronomiefreunde 2000
Waghäusel e. V.
Kettelerstr. 19
68753 Waghäusel

Waldburg
Astronomischer Arbeitskreis
Waldburg-Weingarten e. V.
Gartenstraße 31
88255 Baindt

Wertheim
Johann-Kern-Sternwarte e. V.
Mittlere Flur 20
97877 Wertheim

Wetterau
siehe **Bad Nauheim**

Wetzlar
Astronomischer Arbeitskreis
Wetzlar e. V.
Sternwarte Burgsolms
Lindenstr. 11, 35606 Solms

Wien
Astronomischer Jugendclub
Richard-Wagner-Platz 2/8
A-1160 Wien

Österreichische Astronomie- und Raumfahrtvereinigung
Dammgasse 4 – 6
A-2230 Gänserndorf

Wiener Arbeitsgemeinschaft für Astronomie
Dreyhausenstr. 11/53
A-1140 Wien

Wiesbaden
Astronomische Gesellschaft
Urania e. V. / Volkssternwarte
Bierstadter Str. 47
65189 Wiesbaden

Winterthur
Sternwarte Eschenberg
der AG Winterthur
Breitenstraße 2
CH-8542 Wiesendangen

Überregionale astronomische Amateur-Vereinigungen

Arbeitskreis Meteore e. V.
Berliner Straße 41
14467 Potsdam

Bundesdeutsche Arbeitsgemeinschaft für Veränderliche Sterne e. V. (BAV)
Munsterdamm 90
12169 Berlin

Österreichischer Astronomischer Verein
Baumgartenstraße 23/4
A-1140 Wien

Schweizerische Astronomische Gesellschaft (SAG)
Zentralsekretariat:
Gristenbühl 13
CH-9315 Neukirch (Egnach)

Vereinigung der Sternfreunde e. V. (VdS)
Geschäftsstelle
Am Tonwerk 6
64646 Heppenheim

Das Verzeichnis erhebt keinen Anspruch auf Vollständigkeit. Weitere Vereinigungen nimmt der Herausgeber gerne auf. Entsprechende Hinweise sende man bitte an:
PLANETARIUM STUTTGART
Mittlerer Schlossgarten
70173 Stuttgart

Das Kalendarium 2004 bis 2008

Das Kalendarium enthält für die Jahre 2004 bis 2008 alle Wochentage, die Mondphasen (☽: Erstes Viertel, 🌝: Vollmond, ☾: Letztes Viertel, 🌚: Neumond), die beweglichen Feiertage sowie die Zahl der Tage (Gemeinjahr oder Schaltjahr).
Ferner sind vermerkt: Beginn der Jahreszeiten sowie Sonnennähe und -ferne der Erde (alle Zeiten MEZ), Sonnen- und Mondfinsternisse (in Mitteleuropa sichtbare Finsternisse sind durch **Fettdruck** hervorgehoben) und schließlich die wichtigsten Konstellationen der Planeten. Halbschattenfinsternisse des Mondes sind, da kaum auffallend, nicht vermerkt.

Bei Merkur sind die größten östlichen und westlichen Elongationen angegeben. Sofern es zu einer Abend- oder Morgensichtbarkeit in unseren Breiten kommt, ist das Datum **fettgedruckt.** *Kursivdruck* bedeutet schwierige Sichtbedingungen, Normaldruck: Merkur bleibt unsichtbar. Bei Venus sind außer den Daten der größten Elongationen auch die unteren und oberen Konjunktionen vermerkt.
Für die äußeren Planeten (Mars bis Pluto) sind die Oppositionen und Konjunktionen angegeben sowie das Sternbild, in dem der Planet seine Oppositionsstellung erreicht. Ferner sind die Oppositionsentfernungen von der Erde in Millionen Kilometer vermerkt.

STAR OBSERVER
DAS MAGAZIN FÜR ASTRONOMIE
PHYSIK
GALAXIS
KOMET
RAUMFAHRT
GESCHICHTE
DEEP SKY
SONNENSYSTEM
PLANET ERDE
TESTBERICHT
STAR OBSERVER
ASTRONOMIE & WELTRAUMFORSCHUNG
www.starobserver.com
www.astromarkt.com

USM
...digitale Welten
Software Klassiker!
Pressestimme:
RedShift™ 4 ist eine absolut empfehlenswerte Astronomiesoftware, die kaum Wünsche offen läßt...
Sterne und Weltraum • Mai 2002
RedShift™ 4
Inhalt: CD-ROM für Win
ISBN: 3-8032-1708-3
Preis: € 76,90
Kosmos Himmelsjahr 2003
Sonne, Mond und Sterne im Jahreslauf
Mars so nah wie nie
NAVIGO
REDSHIFT 4
PROFESSIONAL EDITION
VIRTUELLE PLANETARIUM
NAVIGO
Kosmos Himmelsjahr 2003
Inhalt: CD-ROM für Win
ISBN: 3-8032-1722-9
Preis: € 13,50
lieferbar ab 09/02
ATLAS DES UNIVERSUMS
ESO
DER DREIDIMENSIONALE WELTRAUM
NAVIGO
CD-ROM PC
USM
ab Herbst 2002 lieferbar!
ESO™ Atlas des Universums
Inhalt: CD-ROM für Win
ISBN: 3-8032-1725-3
Preis: € 49,90
www.usm.de
NAVIGO
Bestelltelefon 089/24 23 48 03 • Bestellfax 089/28 80 81 41 • bestellung@hqmedia.de

2004

Januar

Mo	–	5	12	19	26
Di	–	**6**	13	20	27
Mi	–	7○	14	21●	28
Do	**1**	8	15☾	22	29☽
Fr	2	9	16	23	30
Sa	3	10	17	24	31
So	**4**	**11**	**18**	**25**	

Februar

Mo	–	2	9	16	23
Di	–	3	10	17	24
Mi	–	4	11	18	25
Do	–	5	12	19	26
Fr	–	6○	13☾	20●	27
Sa	–	7	14	21	28☽
So	**1**	**8**	**15**	**22**	**29**

März

Mo	1	8	15	22	29☽
Di	2	9	16	23	30
Mi	3	10	17	24	31
Do	4	11	18	25	
Fr	5	12	19	26	
Sa	6	13☾	20●	27	
So	**7**○	**14**	**21**	**28**	

April

Mo	–	5○	**12**☾	19●	26
Di	–	6	13	20	27☽
Mi	–	7	14	21	28
Do	1	8	15	22	29
Fr	2	**9**	16	23	30
Sa	3	10	17	24	
So	**4**	**11**	**18**	**25**	

Mai

Mo	–	3	10	17	24	**31**
Di	–	4○	11☾	18	25	
Mi	–	5	12	19●	26	
Do	–	6	13	**20**	27☽	
Fr	–	7	14	21	28	
Sa	**1**	8	15	22	29	
So	**2**	**9**	**16**	**23**	**30**	

Juni

Mo	–	7	14	21	28
Di	1	8	15	22	29
Mi	2	9☾	16	23	30
Do	3○	**10**	17●	24	
Fr	4	11	18	25☽	
Sa	5	12	19	26	
So	**6**	**13**	**20**	**27**	

Juli

Mo	–	5	12	19	26
Di	–	6	13	20	27
Mi	–	7	14	21	28
Do	1	8	15	22	29
Fr	2○	9☾	16	23	30
Sa	3	10	17●	24	31○
So	**4**	**11**	**18**	**25**☽	

August

Mo	–	2	9	16●	23☽	30○
Di	–	3	10	17	24	31
Mi	–	4	11	18	25	
Do	–	5	12	19	26	
Fr	–	6	13	20	27	
Sa	–	7☾	14	21	28	
So	**1**	**8**	**15**	**22**	**29**	

September

Mo	–	6☾	13	20	27
Di	–	7	14●	21☽	28○
Mi	1	8	15	22	29
Do	2	9	16	23	30
Fr	3	10	17	24	
Sa	4	11	18	25	
So	**5**	**12**	**19**	**26**	

Oktober

Mo	–	4	11	18	25
Di	–	5	12	19	26
Mi	–	6☾	13	20☽	27
Do	–	7	14●	21	28○
Fr	1	8	15	22	29
Sa	2	9	16	23	30
So	**3**	**10**	**17**	**24**	**31**

November

Mo	**1**	8	15	22	29
Di	2	9	16	23	30
Mi	3	10	17	24	
Do	4	11	18	25	
Fr	5☾	12●	19☽	26○	
Sa	6	13	20	27	
So	**7**	**14**	**21**	**28**	

Dezember

Mo	–	6	13	20	27
Di	–	7	14	21	28
Mi	1	8	15	22	29
Do	2	9	16	23	30
Fr	3	10	17	24	31
Sa	4	11	18☽	**25**	
So	**5**☾	**12**●	**19**	**26**○	

Feiertage:

Aschermittwoch:	25. Feb.	Pfingstsonntag:	30. Mai	Totensonntag:	21. Nov.
Ostersonntag:	11. April	Fronleichnam:	10. Juni	1. Advent:	28. Nov.
Chr. Himmelfahrt:	20. Mai	Buß- und Bettag	17. Nov.		

Das Jahr 2004 ist ein **Schaltjahr** zu 366 Tagen.

Beginn der Jahreszeiten:

Frühling: 20. März 7^h47^m
Sommer: 21. Juni 1^h57^m
Herbst: 22. Sept. 17^h30^m
Winter: 21. Dez. 13^h42^m
Erde in Sonnennähe: 4. Jan. 19^h
Erde in Sonnenferne: 4. Juli 12^h

Finsternisse:

19. April: Partielle Sonnenfinsternis
4. Mai: totale Mondfinsternis
14. Okt.: Partielle Sonnenfinsternis
28. Okt.: totale Mondfinsternis

Planeten:

Innere Planeten

Merkur:	Größte östliche Elongation:	**29. März** (19°)	27. Juli (27°)	21. Nov (22°)	
	Größte westliche Elongation:	*17. Jan.* (24°)	14. Mai (26°)	**9. Sept.** (18°)	**29. Dez.** (22°)
Venus:	Größte östliche Elongation:	29. März (46°)	Untere Konjunktion: **8. Juni – Transit!**		
	Größte westliche Elongation:	17. Aug. (46°)			

Äußere Planeten	Opposition	(Mio. km)	im Sternbild	Konjunktion
Mars:	–	–	–	15. September
Jupiter:	4. März	662	Löwe	21. September
Saturn:	(13. Januar 2005)	1208	Zwillinge	8. Juli
Uranus:	27. August	2849	Wassermann	22. Februar
Neptun:	6. August	4346	Steinbock	2. Februar
Pluto:	11. Juni	4457	Schlangenträger	13. Dezember

2005

Januar

Mo		3☾	10●	17☽	24	31
Di		4	11	18	25○	
Mi		5	12	19	26	
Do		6	13	20	27	
Fr		7	14	21	28	
Sa	1	8	15	22	29	
So	2	9	16	23	30	

Februar

Mo		7	14	21	28
Di	1	8●	15	22	
Mi	2☾	9	16☽	23	
Do	3	10	17	24○	
Fr	4	11	18	25	
Sa	5	12	19	26	
So	6	13	20	27	

März

Mo		7	14	21	28
Di	1	8	15	22	29
Mi	2	9	16	23	30
Do	3☾	10●	17☽	24	31
Fr	4	11	18	25○	
Sa	5	12	19	26	
So	6	13	20	27	

April

Mo		4	11	18	25
Di		5	12	19	26
Mi		6	13	20	27
Do		7	14	21	28
Fr	1	8●	15	22	29
Sa	2☾	9	16☽	23	30
So	3	10	17	24○	

Mai

Mo		2	9	16☽	23○	30☾
Di		3	10	17	24	31
Mi		4	11	18	25	
Do		5	12	19	26	
Fr		6	13	20	27	
Sa		7	14	21	28	
So	1☾	8●	15	22	29	

Juni

Mo		6●	13	20	27
Di		7	14	21	28☾
Mi	1	8	15☽	22○	29
Do	2	9	16	23	30
Fr	3	10	17	24	
Sa	4	11	18	25	
So	5	12	19	26	

Juli

Mo		4	11	18	25
Di		5	12	19	26
Mi		6●	13	20	27
Do		7	14☽	21○	28☾
Fr	1	8	15	22	29
Sa	2	9	16	23	30
So	3	10	17	24	31

August

Mo	1	8	15	22	29
Di	2	9	16	23	30
Mi	3	10	17	24	31
Do	4	11	18	25	
Fr	5●	12	19○	26☾	
Sa	6	13☽	20	27	
So	7	14	21	28	

September

Mo		5	12	19	26
Di		6	13	20	27
Mi		7	14	21	28
Do	1	8	15	22	29
Fr	2	9	16	23	30
Sa	3●	10	17	24	
So	4	11☽	18○	25☾	

Oktober

Mo		3●	10☽	17○	24	31
Di		4	11	18	25☾	
Mi		5	12	19	26	
Do		6	13	20	27	
Fr		7	14	21	28	
Sa	1	8	15	22	29	
So	2	9	16	23	30	

November

Mo		7	14	21	28
Di	1	8	15	22	29
Mi	2●	9☽	16○	23☾	30
Do	3	10	17	24	
Fr	4	11	18	25	
Sa	5	12	19	26	
So	6	13	20	27	

Dezember

Mo		5	12	19	26
Di		6	13	20	27
Mi		7	14	21	28
Do	1●	8☽	15○	22	29
Fr	2	9	16	23☾	30
Sa	3	10	17	24	31●
So	4	11	18	25	

Feiertage:

Aschermittwoch:	9. Feb.	Pfingstsonntag:	15. Mai	Totensonntag:	20. Nov.
Ostersonntag:	27. März	Fronleichnam:	26. Mai	1. Advent:	27. Nov.
Chr. Himmelfahrt:	5. Mai	Buß- und Bettag	16. Nov.		

Das Jahr 2005 ist ein Gemeinjahr zu 365 Tagen.

Beginn der Jahreszeiten:

Frühling: 20. März 13^h33^m
Sommer: 21. Juni 7^h46^m

Herbst: 22. Sept. 23^h23^m
Winter: 21. Dez. 19^h35^m

Erde in Sonnennähe: 2. Jan. 2^h
Erde in Sonnenferne: 5. Juli 6^h

Finsternisse:

8. April: ringförmig-totale Sonnenfinsternis
3. Okt.: ringförmige Sonnenfinsternis

17. Okt.: partielle Mondfinsternis

Planeten:

Innere Planeten

Merkur:	Größte östliche Elongation:	**12. März** (18°)	9. Juli (26°)	3. Nov (23°)
	Größte westliche Elongation:	26. April (27°)	**23. Aug.** (18°)	**12. Dez.** (21°)
Venus:	Obere Konjunktion:	31. März		
	Größte östliche Elongation:	3. Nov. (47°)		

Äußere Planeten	Opposition	(Mio. km)	im Sternbild	Konjunktion
Mars:	7. November	69	Widder	–
Jupiter:	3. April	667	Jungfrau	22. Oktober
Saturn:	13. Januar	1208	Zwillinge	23. Juli
Uranus:	1. September	2851	Wassermann	25. Februar
Neptun:	8. August	4345	Steinbock	3. Februar
Pluto:	14. Juni	4482	Schlangenträger	16. Dezember

2006

Januar

Mo		2	9	16	23	30
Di		3	10	17	24	31
Mi		4	11	18	25	
Do		5	12	19	26	
Fr		6☽	13	20	27	
Sa		7	14○	21	28	
So	1	8	15	22☾	29●	

Februar

Mo		6	13○	20	27
Di		7	14	21☾	28●
Mi	1	8	15	22	
Do	2	9	16	23	
Fr	3	10	17	24	
Sa	4	11	18	25	
So	5☽	12	19	26	

März

Mo		6☽	13	20	27
Di		7	14	21	28
Mi	1	8	15○	22☾	29●
Do	2	9	16	23	30
Fr	3	10	17	24	31
Sa	4	11	18	25	
So	5	12	19	26	

April

Mo		3	10	17	24
Di		4	11	18	25
Mi		5☽	12	19	26
Do		6	13○	20	27●
Fr		7	14	21☾	28
Sa	1	8	15	22	29
So	2	9	16	23	30

Mai

Mo	1	8	15	22	29
Di	2	9	16	23	30
Mi	3	10	17	24	31
Do	4	11	18	25	
Fr	5☽	12	19	26	
Sa	6	13○	20☾	27●	
So	7	14	21	28	

Juni

Mo		5	12	19	26
Di		6	13	20	27
Mi		7	14	21	28
Do	1	8	15	22	29
Fr	2	9	16	23	30
Sa	3	10	17	24	
So	4☽	11○	18☾	25●	

Juli

Mo		3☽	10	17☾	24	31
Di		4	11○	18	25●	
Mi		5	12	19	26	
Do		6	13	20	27	
Fr		7	14	21	28	
Sa	1	8	15	22	29	
So	2	9	16	23	30	

August

Mo		7	14	21	28
Di	1	8	15	22	29
Mi	2☽	9○	16☾	23●	30
Do	3	10	17	24	31☽
Fr	4	11	18	25	
Sa	5	12	19	26	
So	6	13	20	27	

September

Mo		4	11	18	25
Di		5	12	19	26
Mi		6	13	20	27
Do		7○	14☾	21	28
Fr	1	8	15	22●	29
Sa	2	9	16	23	30☽
So	3	10	17	24	

Oktober

Mo		2	9	16	23	30
Di		3	10	17	24	31
Mi		4	11	18	25	
Do		5	12	19	26	
Fr		6	13	20	27	
Sa		7○	14☾	21	28	
So	1	8	15	22●	29☽	

November

Mo		6	13	20●	27
Di		7	14	21	28☽
Mi	1	8	15	22	29
Do	2	9	16	23	30
Fr	3	10	17	24	
Sa	4	11	18	25	
So	5○	12☾	19	26	

Dezember

Mo		4	11	18	25
Di		5○	12☾	19	26
Mi		6	13	20●	27☽
Do		7	14	21	28
Fr	1	8	15	22	29
Sa	2	9	16	23	30
So	3	10	17	24	31

Feiertage:

Aschermittwoch:	1. März	Pfingstsonntag:	4. Juni	Totensonntag:	26. Nov.
Ostersonntag:	16. April	Fronleichnam:	15. Juni	1. Advent:	3. Dez.
Chr. Himmelfahrt:	25. Mai	Buß- undBettag	22. Nov.		

Das Jahr 2006 ist ein Gemeinjahr zu 365 Tagen.

Beginn der Jahreszeiten:

Frühling: 20. März $19^{h}25^{m}$
Sommer: 21. Juni $13^{h}26^{m}$
Herbst: 23. Sept. $5^{h}03^{m}$
Winter: 22. Dez. $1^{h}22^{m}$
Erde in Sonnennähe: 4. Jan. 17^{h}
Erde in Sonnenferne: 4. Juli 0^{h}

Finsternisse:

29. März: totale Sonnenfinsternis
7. Sept.: partielle Mondfinsternis
22. Sept.: ringförmige Sonnenfinsternis

Planeten:

Innere Planeten

Merkur:	Größte östliche Elongation:	**24. Feb.** (18°)	*20. Juni* (25°)	17. Okt. (25°)
	Größte westliche Elongation:	8. April (28°)	*7. Aug.* (19°)	**25. Nov.** (20°)
Venus:	Untere Konjunktion:	13. Jan.	Obere Konjunktion: 27. Oktober	
	Größte westliche Elongation:	25. März (47°)		

Äußere Planeten	Opposition	(Mio. km)	im Sternbild	Konjunktion
Mars:	–	–	–	23. Oktober
Jupiter:	4. Mai	660	Waage	21. November
Saturn:	27. Januar	1216	Krebs	7. August
Uranus:	5. September	2854	Wassermann	1. März
Neptun:	11. August	4344	Steinbock	6. Februar
Pluto:	16. Juni	4506	Schlangenträger	18. Dezember

2007

Januar

Mo	**1**	8	15	22	29
Di	2	9	16	23	30
Mi	3○	10	17	24	31
Do	4	11☾	18	25	
Fr	5	12	19●	26☽	
Sa	6	13	20	27	
So	7	14	21	28	

Februar

Mo		5	12	19	26
Di		6	13	20	27
Mi		7	14	21	28
Do	1	8	15	22	
Fr	2○	9	16	23	
Sa	3	10☾	17●	24☽	
So	4	11	18	25	

März

Mo		5	12☾	19●	26
Di		6	13	20	27
Mi		7	14	21	28
Do	1	8	15	22	29
Fr	2	9	16	23	30
Sa	3	10	17	24	31
So	4○	11	18	25☽	

April

Mo		2○	**9**	16	23	30
Di		3	10☾	17●	24☽	
Mi		4	11	18	25	
Do		5	12	19	26	
Fr		6	13	20	27	
Sa		7	14	21	28	
So	1	8	15	22	29	

Mai

Mo		7	14	**21**	**28**
Di	1	8	15	22	29
Mi	2○	9	16●	23☽	30
Do	3	10☾	**17**	24	31
Fr	4	11	18	**25**	
Sa	5	12	19	26	
So	6	13	20	27	

Juni

Mo		4	11	18	25
Di		5	12	19	26
Mi		6	13	20	27
Do		**7**	14	21	28
Fr	1○	8☾	15●	22☽	29
Sa	2	9	16	23	30○
So	3	10	17	24	

Juli

Mo		2	9	16	23	30○
Di		3	10	17	24	31
Mi		4	11	18	25	
Do		5	12	19	26	
Fr		6	13	20	27	
Sa		7☾	14●	21	28	
So	1	8	15	22☽	29	

August

Mo		6	13●	20	27
Di		7	14	21☽	28○
Mi	1	8	15	22	29
Do	2	9	16	23	30
Fr	3	10	17	24	31
Sa	4	11	18	25	
So	5☾	12	19	26	

September

Mo		3	10	17	**24**
Di		4☾	11●	18	25
Mi		5	12	19☽	26○
Do		6	13	20	27
Fr		7	14	21	28
Sa	1	8	15	22	29
So	2	9	16	23	30

Oktober

Mo	1	8	15	22	29
Di	2	9	16	23	30
Mi	**3**☾	10	17	24	31
Do	4	11●	18	25	
Fr	5	12	19☽	26○	
Sa	6	13	20	27	
So	7	14	21	28	

November

Mo		5	12	19	26
Di		6	13	20	27
Mi		7	14	21	28
Do	1☾	8	15	22	29
Fr	2	9	16	23	30
Sa	3	10●	17☽	24○	
So	4	11	18	25	

Dezember

Mo		3	10	17☽	24○	31☾
Di		4	11	18	**25**	
Mi		5	12	19	**26**	
Do		6	13	20	27	
Fr		7	14	21	28	
Sa	1☾	8	15	22	29	
So	2	9●	16	23	30	

Feiertage:

Aschermittwoch:	21. Februar	Pfingstsonntag:	27. Mai	Totensonntag:	25. Nov.
Ostersonntag:	8. April	Fronleichnam:	7. Juni	1. Advent:	2. Dez.
Chr. Himmelfahrt:	17. Mai	Buß- und Bettag:	21. Nov.		

Das Jahr 2007 ist ein Gemeinjahr zu 365 Tagen.

Beginn der Jahreszeiten:

Frühling: 21. März 1^h07^m
Sommer: 21. Juni 19^h06^m

Herbst: 23. Sept. 10^h51^m
Winter: 22. Dez. 7^h08^m

Erde in Sonnennähe: 3. Jan. 21^h
Erde in Sonnenferne: 7. Juli 1^h

Finsternisse:

29. März: Partielle Sonnenfinsternis
11. Sept.: Partielle Sonnenfinsternis

3./4. März: Totale Mondfinsternis
28. Aug.: Totale Mondfinsternis

Planeten:

Innere Planeten

Merkur:	Größte östliche Elongation:	**7. Feb.** (18°)	*2. Juni* (23°)	29. Sept. (26°)
	Größte westliche Elongation:	22. März (28°)	*20. Juli* (20°)	**8. Nov.** (19°)
Venus:	Größte östliche Elongation:	9. Juni (45°)	Untere Konjunktion: 18. Aug.	
	Größte westliche Elongation:	28. Okt. (46°)		

Äußere Planeten	Opposition	(Mio. km)	im Sternbild	Konjunktion
Mars:	24. Dezember	88	Zwillinge	–
Jupiter:	5. Juni	644	Schlangenträger	23. Dezember
Saturn:	10. Februar	1227	Löwe	21. August
Uranus:	9. September	2855	Wassermann	5. März
Neptun:	13. August	4343	Steinbock	8. Februar
Pluto:	19. Juni	4532	Schütze	21. Dezember

2008

Januar

Mo		7	14	21	28
Di	**1**	8●	15☽	22○	29
Mi	2	9	16	23	30☾
Do	3	10	17	24	31
Fr	4	11	18	25	
Sa	5	12	19	26	
So	6	13	20	27	

Februar

Mo		4	11	18	25
Di		5	12	19	26
Mi		6	13	20	27
Do		7●	14☽	21○	28
Fr	1	8	15	22	29☾
Sa	2	9	16	23	
So	3	10	17	24	

März

Mo		3	10	17	**24**	31
Di		4	11	18	25	
Mi		5	12	19	26	
Do		6	13	20	27	
Fr		7●	14☽	21○	28	
Sa	1	8	15	22	29☾	
So	2	9	16	23	30	

April

Mo		7	14	21	28☾
Di	1	8	15	22	29
Mi	2	9	16	23	30
Do	3	10	17	24	
Fr	4	11	18	25	
Sa	5	12☽	19	26	
So	6●	13	20○	27	

Mai

Mo		5●	12☽	19	26
Di		6	13	20○	27
Mi		7	14	21	28☾
Do	**1**	8	15	**22**	29
Fr	2	9	16	23	30
Sa	3	10	17	24	31
So	4	11	18	25	

Juni

Mo		2	9	16	23	30
Di		3●	10☽	17	24	
Mi		4	11	18○	25	
Do		5	12	19	26☾	
Fr		6	13	20	27	
Sa		7	14	21	28	
So	1	8	15	22	29	

Juli

Mo		7	14	21	28
Di	1	8	15	22	29
Mi	2	9	16	23	**30**
Do	3●	10☽	17	24	31
Fr	4	11	18○	25☾	
Sa	5	12	19	26	
So	6	13	20	27	

August

Mo		4	11	18	25
Di		5	12	19	26
Mi		6	13	20	27
Do		7	14	21	28
Fr	1●	8☽	15	22	29
Sa	2	9	16○	23☾	30●
So	3	10	17	24	31

September

Mo	1	8	15○	22☾	29●
Di	2	9	16	23	30
Mi	3	10	17	**24**	
Do	4	11	18	25	
Fr	5	12	19	26	
Sa	6	13	20	27	
So	7☽	14	21	28	

Oktober

Mo		6	13	20	27
Di		7☽	14○	21☾	28
Mi	1	8	15	22	29●
Do	2	9	16	23	30
Fr	**3**	10	17	24	31
Sa	4	11	18	25	
So	5	12	19	26	

November

Mo		3	10	17	24
Di		4	11	18	25
Mi		5	12	19☾	26
Do		6☽	13○	20	27●
Fr		7	14	21	28
Sa	**1**	8	15	22	29
So	2	9	16	23	30

Dezember

Mo	1	8	15	22	29
Di	2	9	16	23	30
Mi	3	10	17	24	31
Do	4	11	18	**25**	
Fr	5☽	12○	19☾	**26**	
Sa	6	13	20	27●	
So	7	14	21	28	

Feiertage:

Aschermittwoch:	6. Februar	Pfingstsonntag:	11. Mai	Totensonntag:	23. Nov.
Ostersonntag:	23. März	Fronleichnam:	22. Mai	1. Advent:	30. Nov.
Chr. Himmelfahrt:	1. Mai	Buß- und Bettag:	19. Nov.		

Das Jahr 2008 ist ein **Schaltjahr** zu 366 Tagen.

Beginn der Jahreszeiten:

Frühling: 20. März 6^h48^m
Sommer: 21. Juni 0^h59^m
Herbst: 22. Sept. 16^h44^m
Winter: 21. Dez. 13^h03^m
Erde in Sonnennähe: 3. Jan. 1^h
Erde in Sonnenferne: 4. Juli 9^h

Finsternisse:

7. Februar: Ringförmige Sonnenfinsternis
21. Februar: Totale Mondfinsternis
1. August: Totale Sonnenfinsternis
16. August: Partielle Mondfinsternis

Planeten:

Innere Planeten

Merkur:	Größte östliche Elongation:	*22. Jan.* (19°)	**14. Mai** (22°)	11. Sept. (27°)
	Größte westliche Elongation:	3. März (27°)	*1. Juli* (22°)	**22. Okt.** (18°)

Venus: Obere Konjunktion: 9. Juni

Äußere Planeten	Opposition	(Mio. km)	im Sternbild	Konjunktion
Mars:	–	–	Schütze	5. Dezember
Jupiter:	9. Juli	622	Schlangenträger	–
Saturn:	24. Februar	1240	Löwe	4. September
Uranus:	13. September	2856	Wassermann	8. März
Neptun:	15. August	4342	Steinbock	11. Februar
Pluto:	20. Juni	4558	Schütze	22. Dezember